人工智能与机器人系列

机器人学中的状态估计

State Estimation for Robotics

〔加〕蒂莫西·D. 巴富特 著
Timothy D. Barfoot

高翔 谢晓佳 等译

CAMBRIDGE

西安交通大學出版社
XI'AN JIAOTONG UNIVERSITY PRESS

图书在版编目（CIP）数据

机器人学中的状态估计/（加）蒂莫西·D.巴富特（Timothy D.Barfoot）著；高翔等译.—西安：西安交通大学出版社，2018.9（2024.1重印）
书名原文：State Estimation for Robotics
ISBN 978-7-5693-0791-7

Ⅰ.①机… Ⅱ.①蒂… ②高… Ⅲ.①机器人—运动控制—研究 Ⅳ.①TP242

中国版本图书馆CIP数据核字(2018)第176826号

书　　名　机器人学中的状态估计
著　　者　（加）蒂莫西·D.巴富特
译　　者　高 翔 谢晓佳 等
责任编辑　李 颖

出版发行　西安交通大学出版社
　　　　　（西安市兴庆南路1号　邮政编码 710048）
网　　址　http://www.xjtupress.com
电　　话　(029)82668357　82667874(市场营销中心)
　　　　　(029)82668315(总编办)
传　　真　(029)82668280
印　　刷　西安日报社印务中心

开　　本　787 mm×1092 mm　1/16　印 张　22.25　字 数　560千字
版次印次　2018年11月第1版　2024年1月第7次印刷
书　　号　ISBN 978-7-5693-0791-7
定　　价　102.00元

如发现印装质量问题，请与本社市场营销中心联系。
订购热线：（029）82665248　（029）82667874
投稿热线：（029）82665397
读者信箱：banquan1809@126.com

简 介

如何估计机器人在空间中移动时的状态（如位置、方向）是机器人研究中一个重要的问题。大多数机器人、自动驾驶汽车都需要导航信息。导航的数据来自于相机、激光测距仪等各种传感器，而它们往往受噪声影响，这给状态估计带来了挑战。本书将介绍常用的传感器模型，以及如何在现实世界中利用传感器数据对旋转或其他状态变量进行估计。本书涵盖了经典的状态估计方法（如卡尔曼滤波）以及更为现代的方法（如批量估计、贝叶斯滤波、sigmapoint 滤波和粒子滤波、剔除外点的鲁棒估计、连续时间的轨迹估计和高斯过程回归）。这些方法在诸如点云对齐、位姿图松弛、光束平差法以及同时定位与地图构建等重要应用中得以验证。对机器人领域的学生和相关从业者来说，本书将是一份宝贵的资料。

Timothy Barfoot 博士（多伦多大学航空航天研究所 UTIAS 教授）在工业和学术界的移动机器人导航中已有逾十五年的研究历史。他的研究领域涉及空间探索、采矿、军事和运输等，并在定位、建图、规划和控制方面作出了贡献。他是 *International Journal of Robotics Research* 和 *Journal of Field Robotics* 的编辑委员会成员，并且在 2015 年多伦多举办的 Field and Service Robotics 会议中担任主席。

译者序

Timothy Barfoot 教授的《机器人学中的状态估计》一书，前后花费了两年时间写成。初稿甫成，就将草稿公开于互联网，供世界各地读者阅读、纠错。当时，我们就觉得这本书理论之深刻、叙述之严谨、应用之广泛，实在是一本机器人方向不可多得的好书。倘若中国读者，或为语言之碍，或为地域所隔，无法了解此书的奥秘，实乃遗憾之事。2017 年春，机缘巧合，西安交大出版社获得了本书的中文版权，而我们亦有幸参与此书的翻译工作。希望这本中译本能够让中国的学生、研究人员更好地理解状态估计的内容，将理论知识运用到实践中去。

书籍内容在前文已有简述。在此，我们需要向读者说明中译本中对原书进行斟酌修改的部分内容。

1. 对于外文人名，若此人有经典的中译名，就使用中译名，比如贝叶斯、卡尔曼；如果中译名不明确，或容易与他人混淆，就保留原名，比如 Isserlis, Sherman-Morrison-Woodbury 等。至于是否“经典”，是根据我们自身的经验来判断的。
2. 原书的旁注，由于排版原因，在中译本中都放入正文中。旁注有小图的，亦放入正文，多个小图时合并成一个图。
3. 原书的术语和重点词句（以斜体注明），在本书以黑体注明，重要的用语已加上英文原文，书末附有索引表，方便读者查询。
4. 原书的部分数学公式字体，按照中文图书的标准进行了调整。例如原书使用黑正体表示矩阵和向量，中译本则使用黑斜体；原书矩阵转置使用斜体 ^{T}，中译本使用正体 ^{T}。尽管稍有不同，但我们觉得不影响原意，并且保证整个中译本使用一致的字体设定。唯一的例外是：原书仅在表示时不变（time invariant）的向量和矩阵使用黑斜体变量，而由于中译本统一使用黑斜体，因此时不变的向量与矩阵和普通向量、矩阵相比没有字体上的区别，但这仍然不影响意义的表达。
5. 原书在第 6、7 章大量使用带下箭头的数学符号表示向量，这与标准向量格式有较大差异，但由于不影响理解，我们不作修改。
6. 标点部分亦参考中文习惯作了调整。由于本书不是数学类书，所以使用中文的逗号和句号，而非像数学书籍那样使用半角的句点。
7. 为了符合中文行文习惯，在不影响意思的前提下，我们对部分句子的表达方式作了省略、调整或补充。比如，把“x 服从高斯概率密度分布”简化为“x 是高斯的”，“估计 y 的后验概率密度函数”简化为“估计 y 的后验”，把“最大化状态的似然函数”简化为“最大化状态的似然”，等等。请读者不要在这些表达方式上产生混淆。
8. 加入了一部分译者的脚注，以便读者理解文中内容。

本书理论十分深刻。如果读者是该领域的初学者，可能在理解过程中会遇到一些困难。本书的编排大体符合由简入深的顺序，但是部分章节的细节比较琐碎，初读此书时可以略过。我们建议初学者应该重点阅读以下章节：滤波器与优化理论部分（3.1-3.2，4.1-4.3）、矩阵李群部分（第6，7章）；可以略过以下章节：连续时间部分（2.3，3.4，4.4，第10章）、二阶以上的理论和方法（2.2.2，2.3及其他章节中关于四阶方法的内容）。

本书的中译本是许多同学、老师协作的成果。每一章节基本由一到两位同学负责翻译，分工如下：第1、2章由范帝楷、郭玉峰负责；第3章由高翔负责；第4章由谢晓佳负责；第5章由左星星负责；第6章由秦超负责；第7章由吴博、颜沁睿和张明明负责；第8章由郑帆、刘富强负责；第9章由张明负责；第10章由范帝楷负责。最后由谢晓佳和高翔做了整体的校订工作。审稿期间，浙江大学CAD&CG国家重点实验室计算机视觉组的章国锋教授团队（含学生李津羽、王儒、黄昭阳、杨镑镑、叶智超、唐庆、曹健、钱权浩），湘潭大学的黄山老师，扬州大学的莫小雨同学，UCL的李天威同学，中国科学院电子所的肖麟慧同学，刘施菲博士，以及许多互联网上的老师、同学均参与了本书的审稿工作，进一步保证了译文的质量。翻译过程中，最大的工作量在于把原书上千条数学公式用 LaTeX 重新进行输入和整理，在此特别向各位参与翻译和审稿工作的同学致以谢意。

鉴于译者的知识水平所限，译文中疏误之处在所难免，恳请读者不吝指正。“细推物理须行乐，何须浮名绊此身”，我们也希望读者能在阅读过程中，学到知识，产生兴趣。

高翔 (gao.xiang.thu@gmail.com)，谢晓佳 (zerosmemories@gmail.com)
德国慕尼黑
2018年8月

序 言

我的研究方向是移动机器人学，特别是用于空间探索的那一类机器人。在研究过程中，我对状态估计问题产生了浓厚的兴趣。在这个领域中，有一个广为人知、倍受青睐的研究方向：概率机器人（probabilistic robotics）。随着近年来计算资源的日渐廉价，数码相机、激光测距仪等大量新型传感器技术不断涌现，机器人学作为一个前沿研究方向，已经在状态估计领域中催生了大量激动人心的新思想、新动态。

机器人学也是最先将贝叶斯滤波器应用于实际场合的领域。所谓贝叶斯滤波器，事实上是著名的卡尔曼滤波器更为一般的形式。在短短的几年中，移动机器人的研究方法已经从贝叶斯滤波器走向了批量的非线性优化方法，并取得了丰硕的成果。就我而言，我的研究方向主要是室外机器人导航，所以经常会遇到一些三维空间中运动车辆的问题。于是，我们将在本书中，详细地谈论三维空间中的状态估计问题。特别地，对于三维的旋转和姿态，我们将介绍简单实用的矩阵李群方法来处理它们。为了读懂本书，读者需要具备本科生水平的线性代数和微积分知识，不过即使没有，本书也自成一个体系。我希望这部分介绍对读者有所帮助，同时，教学相长，我亦在写作过程中受益匪浅。

我在书页旁边加上了一些有趣的历史小知识。它们大部分是著名研究者的生平介绍，你会看到有许多概念、公式、技术以他们命名。这些资料主要来源于维基百科。另外，第 6 章第一部分（到“其他旋转表示形式”为止）介绍的三维几何知识，大部分基于多伦多大学航空学院 Chris Damaren 教授的笔记。

本书的问世离不开众多优秀学生的通力协作。Paul Furgales 的博士论文向我展示了如何用矩阵李群方法描述位姿，极大地扩展了我对它们的理解。由于他的工作，我们能够详细介绍变换矩阵以及相关估计问题的有趣细节。Paul 后来的工作让我对连续时间下的状态估计产生了兴趣。Chi Hay Tong 的博士论文向我介绍了将高斯过程应用于估计理论的方法，并推导了许多连续时间情况下的结果。在牛津大学学术休假期间，通过与阿尔托大学的 Simo Särkkä 合作，我进一步学到这方面更多的知识。另外，在与 Sean Anderson, Patrick Carle, Hang Dong, Andrew Lambert, Keith Leung, Colin McManus 和 Braden Stenning 等人的共事过程中，我亦学到许多知识。特别是 Colin，他曾多次鼓励我，建议我将课程笔记写成这本状态估计的书。

感谢 Gabriele D’Eleuterio，他引领我进入动力学中旋转和参考帧问题的研究。他也提供了很多高效的状态估计工具，还教我使用统一的、无歧义的符号系统。

最后，感谢那些在本书草稿期间进行阅读和指出错误的人们，尤其是 Marc Gallant 和 Shu-Hua Tsao，他们指出了很多笔误；James Forbes 志愿阅读了本书，并给出了一些评论。

彼得鲁斯·阿皮亚努斯（Petrus Apianus，1495—1552）的 *Introductio Geographica*。他是德国数学家、天文学家和地图制图师。大部分三维状态估计需要三角测量法（triangulation）和/或三边测量法（trilateration）。我们只需测量一部分角度和长度，就可以通过三角几何学推导出其余的部分

缩略语

BA	bundle adjustment	光束平差法
BCH	Baker-Campbell-Hausdorff	贝克-坎贝尔-豪斯多夫公式
BLUE	best linear unbiased estimate	最优线性无偏估计
CRLB	Cramér-Rao lower bound	克拉美罗下限
DARCES	data-aligned rigidity-constrained exhaustive search	刚体约束下的数据配准穷举搜索
EKF	extended Kalman filter	扩展卡尔曼滤波
GP	Gaussian process	高斯过程
GPS	Global Positioning System	全球定位系统
ICP	iterative closest point	迭代最近点算法
IEKF	iterated extended Kalman filter	迭代扩展卡尔曼滤波
IMU	inertial measurement unit	惯性测量单元
IRLS	iteratively reweighted least squares	迭代重加权最小二乘法
ISPKF	iterated sigmapoint Kalman filter	迭代 sigmapoint 卡尔曼滤波
KF	Kalman filter	卡尔曼滤波
LDU	lower-diagonal-upper	下三角-对角-上三角形式
LG	linear-Gaussian	线性高斯系统
LTI	linear time-invariant	线性时不变系统
LTV	linear time-varying	线性时变系统
MAP	maximum a posteriori	最大后验估计
ML	maximum likelihood	最大似然估计
NASA	National Aeronautics and Space Administration	美国国家航空航天局
NLNG	nonlinear, non-Gaussian	非线性非高斯系统
PDF	probability density function	概率密度函数
RAE	range-azimuth-elevation	距离-方位角-俯仰角
RANSAC	random sample consensus	随机采样一致性
RTS	Rauch-Tung-Striebel	RTS 平滑算法
SDE	stochastic differential equation	随机微分方程
SLAM	simultaneous localization and mapping	同时定位与地图构建
SMW	Sherman-Morrison-Woodbury	SMW 恒等式
SP	sigmapoint	sigma 点
SPKF	sigmapoint Kalman filter	sigmapoint 卡尔曼滤波
STEAM	simultaneous trajectory estimation and mapping	同时轨迹估计与地图构建
SWF	sliding-window filter	滑动窗口滤波
UDL	upper-diagonal-lower	上三角-对角-下三角形式
UKF	unscented Kalman filter (also called SPKF)	无迹卡尔曼滤波

符号对照表

一般符号

a	标量
$\boldsymbol{a}$	向量
$\boldsymbol{A}$	矩阵
$p(\boldsymbol{a})$	$\boldsymbol{a}$ 的概率密度函数
$p(\boldsymbol{a}\vert\boldsymbol{b})$	在条件 $\boldsymbol{b}$ 下 $\boldsymbol{a}$ 的概率密度函数
$\mathcal{N}(\boldsymbol{a}, \boldsymbol{B})$	均值为 $\boldsymbol{a}$，协方差为 $\boldsymbol{B}$ 的高斯概率密度函数
$\mathcal{GP}(\boldsymbol{\mu}(t), \boldsymbol{\mathcal{K}}(t,t'))$	均值函数为 $\boldsymbol{\mu}(t)$，协方差函数为 $\boldsymbol{\mathcal{K}}(t,t')$ 的高斯过程
$\mathcal{O}$	能观性矩阵
$(\cdot)_k$	k 时刻的值
$(\cdot)_{k_1:k_2}$	由 k_1 时刻到 k_2 时刻的值的集合
$\underrightarrow{\mathcal{F}}_a$	三维空间中的参考系
$\underrightarrow{a}$	三维空间中的向量
$(\cdot)^{\times}$	叉积运算符，可将 3×1 的向量生成反对称矩阵
$\mathbf{1}$	单位矩阵
$\mathbf{0}$	零矩阵
$\mathbb{R}^{M\times N}$	$M\times N$ 的矩阵
$\hat{(\cdot)}$	后验
$\check{(\cdot)}$	先验

矩阵李群符号

$SO(3)$	特殊正交群，表示旋转
$\mathfrak{so}(3)$	$SO(3)$ 对应的李代数
$SE(3)$	特殊欧几里得群，表示位姿
$\mathfrak{se}(3)$	$SE(3)$ 对应的李代数
$(\cdot)^\wedge$	与李代数相关的运算符
$(\cdot)^\curlywedge$	与李代数的伴随相关的运算符
$\mathrm{Ad}(\cdot)$	生成李群的伴随的运算符
$\mathrm{ad}(\cdot)$	生成李代数的伴随的运算符
$\boldsymbol{C}_{ba}$	3×3 的旋转矩阵，可以计算在 $\underrightarrow{\mathcal{F}}_a$ 中的点在 $\underrightarrow{\mathcal{F}}_b$ 下的表示
$\boldsymbol{T}_{ba}$	4×4 的变换矩阵，可以计算在 $\underrightarrow{\mathcal{F}}_a$ 中的点在 $\underrightarrow{\mathcal{F}}_b$ 下的表示
$\boldsymbol{\mathcal{T}}_{ba}$	变换矩阵的 6×6 伴随矩阵

目录

第1章 引言

机器人学，本质上研究的是世界上运动物体的问题。机器人的时代已经来临：火星车正在太空探索，无人机正在地表巡航，很快，自动驾驶汽车亦将闯入眼帘。尽管每种机器人的功能各异，然而在实际应用中，它们往往会面对一些共同的问题——**状态估计**（state estimation）和**控制**（control）。

机器人的**状态**，是指一组完整描述它随时间运动的物理量，比如位置、角度和速度。本书重点关注机器人的状态估计，控制的问题则不在讨论之列。控制的确非常重要——我们希望机器人按照给定的要求工作，但首要的一步乃是确定它的状态。人们往往低估了真实世界中状态估计问题的难度，而我们要指出，至少应该把状态估计与控制放在同等重要的地位。

在本书中我们先介绍受高斯噪声影响下的线性系统状态估计中的经典结论。然后，我们介绍如何将它们拓展到非线性非高斯系统下。与经典的估计理论教程不同，我们会详细讲解三维空间机器人的状态估计，并对旋转采用更具针对性的方法。

本章的其余部分将简单介绍一些估计理论的历史，讨论不同类型的传感器与测量手段，最后引出什么是状态估计问题。本章的内容可视作对全书的概述。本章末尾会介绍本书的结构，并推荐一些相关的阅读材料。

1.1 状态估计简史

早在4000年前，航海家们就面临着一个状态估计问题：如何判断船只在大海中的位置。早期的做法是制作一个简单的图表，不断地观测太阳方位，让船只沿着海岸线实现局部导航。直到15世纪，随着一些关键技术和工具的问世，在开阔海域的全局导航才变为可能。水手们能够通过一种早期的磁铁指南针——航海指南针，粗略地测量船只自身的方向，再配合粗略的航海图，就可以在两个目标点间直线前行（最简单的情况下，可以跟随指南针的方向）。随后，直角器、星盘、四分仪、六分仪、经纬仪等一系列发明的出现，让人们得以更精确地测量远距离点之间的角度。

这些工具能够准确地测量纬度，帮助人们进行天文导航。例如，在北半球测量北极星和地平线之间的夹角，就能得到自己的纬度。然而，测量经度却困难得多。人们在很早之前就已经认识到，经度测量问题的关键在于一台精确的计时器。在地球的不同位置上观察时，一些重要天体的运行方式看起来是不同的，只有知道了当地的时间，才能准确地推测经度。1764年，英国钟表匠John Harrison制造了世界上第一台可携带的精确计时工具，成功地解决了经度测量问题。从那时起，人们就可以在10海里的误差范围内确定一艘船的经度了。

图 1–1 四分仪，测量角度的一种工具

图 1–2 Harrison 制造的 H4，第一个用于准确航海计时的手持式钟表，用于确定经度

状态估计理论的起源，亦可追溯至早期的天文学。高斯（Gauss）最早[1]提出了最小二乘法，并用于最小化观测误差对行星估计轨道的影响。据记载，在谷神星最后一次被观测到的九个月后，他用最小二乘法预测了谷神星出现在太阳背后的位置，误差仅在 0.5 度以内。那是 1801 年，高斯仅 23 岁。随后在 1809 年，他证明了在正态分布误差假设下，最小二乘解即最优估计。大部分沿用至今的经典估计方法，都可以追溯到高斯的最小二乘法。

卡尔·弗里德里希·高斯（Carl Friedrich Gauss，1777—1855），德国数学家，在很多领域都有重大贡献，包括统计学和估计理论。

用测量数据拟合模型，最小化测量误差的想法应运而生，但直到 20 世纪中期，状态估计理论才真正起步。这可能与我们刚进入计算机时代有着密切联系。1960 年，卡尔曼发表了两篇里程碑式的文章，指明了随后状态估计研究的大部分内容。首先，他引入了**能观性**（observability）这一概念[1]，即动态系统的状态何时能够从该系统的一组观测值中推断出来。其次，对于受观测噪声影响的系统，他提出了一个估计系统状态的优化框架[2]。这种经典的、针对受高斯观测噪声影响下线性系统的状态估计方法，就是著名的**卡尔曼滤波**（Kalman filter），也是暨它诞生之后五十年内研究的基石。卡尔曼滤波的应用甚为广泛，最重要的是在航天领域。美国国家航空航天局（National Aeronautics and Space Administration, NASA）的研究者们最先采用卡尔曼滤波，估计徘徊者计划（Ranger），水手号计划（Mariner）和阿波罗计划（Apollo）中的飞船轨道。特别地，阿波罗 11 登月模块的星载计算机，作为第一个载人登月飞行器，在月面着陆过程中采用了卡尔曼滤波，在雷达受噪声干扰的情况下，估计自身在月球表面的位置。

鲁道夫·埃米尔·卡尔曼（Rudolf Emil Kálmán，1930—2016），匈牙利裔美国人，电子工程师、数学家和发明家。

在这些早期的里程碑之后，状态估计理论的发展日新月益。更快、更廉价的计算机让许多带有复杂计算的技术也能用于实际的系统之中。将近 15 年前[2]，原本活跃的状态估计领域似乎逐渐

[1] 有一些争议认为勒让德（Adrien Marie Legendre）比高斯更早地提出了最小二乘法。

[2] 指 2000 年左右。——译者注

趋于成熟、暗淡了。但同时，另一些东西在掀起新的波澜：新的传感器如数字相机、激光成像、GPS 等的出现，为这个古老的领域带来了新的挑战。

表 1–1 估计理论的里程碑

1654	帕斯卡和费马奠定了概率论的基础
1764	贝叶斯法则
1801	高斯用最小二乘法估计出谷神星的轨道
1805	勒让德发表“最小二乘法”
1913	马尔科夫链（Markov chains）
1933	查普曼-柯尔莫哥洛夫等式（Chapman-Kolmogorov equations）
1949	维纳滤波器（Wiener filter）
1960	卡尔曼滤波器（Kalman (Bucy) Filter）
1965	Rauch-Tung-Striebel 平滑算法
1970	Jazwinski 提出“贝叶斯滤波”

1.2　传感器、测量和问题定义

状态估计的过程是理解传感器本质的过程。任何传感器的精度都是有限的，所以每个真实传感器的测量值都有不确定性。特定传感器在测量特定物理量时会有优势，然而即便是最好的传感器，也有一定程度的不确定性。当我们想结合多种传感器的测量值来估计状态时，最重要的就是了解所有的不确定量，从而推断我们对状态估计的置信度。

在某种意义上，状态估计解决了**如何以最好的方式利用已有的传感器**的问题。不过这并不妨碍传感器本身的改进。1787 年发明的**经纬仪**就是一个很好的例子，它主要用于英吉利海峡的三角测量上。它的精度比先前的传感器高得多，并帮助人们发现：相比于测量好的法国地图而言，之前绘制的英格兰地图存在着大量的错误。

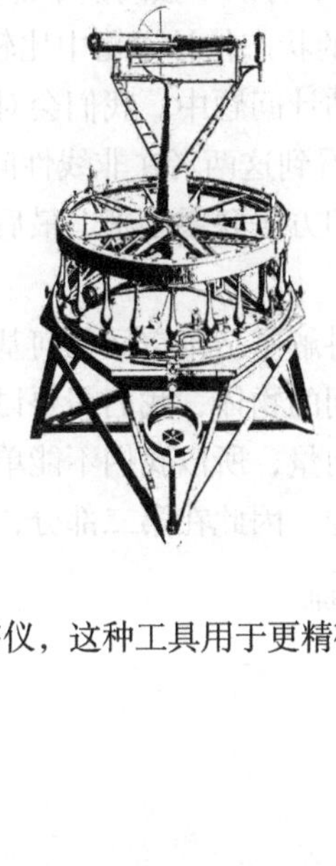

图 1–3　经纬仪，这种工具用于更精确地测量角度

为了方便理解，我们把传感器分为两大类：**内感受型**（interoceptive）[3]和**外感受型**（exteroceptive）。这些名词来源于人类生理学，但现已变成工程领域的通用名词。其定义如下[4]：

in·tero·cep·tive，形容词：自身的，自身相关的，或由自身刺激产生的反应。

ex·tero·cep·tive，形容词：与外部相关的，是外部机体的，或由外部机体接收刺激而激活的。

典型的内感受型传感器有加速度计（测量平移加速度）、陀螺仪（测量角速度）和轮式编码器（测量转动频率）。典型的外感受型传感器有相机（测量到路标的距离）和飞行时间发射器/接收器（比如，激光、虚拟卫星、全球定位系统（Global Positioning System, GPS）发射器/接收器）。大致来说，我们可以将外感受型观测值理解成测量运动主体的位置和朝向的装置，而内感受型传感器则测量运动主体的速度或加速度。在大多数情况下，最好的状态估计就是同时有效地利用内感受型和外感受型传感器的观测值。比如，融合 GPS（外感受型）和惯性测量单元（Inertial Measument Unit, IMU）（三轴线性加速度计和三轴陀螺仪，内感受型）是一种通用的方法，用于估计地球上车辆的位置与速度。同时，融合太阳/星敏感器（外感受型）和三轴陀螺仪（内感受型）则是经常用于测定卫星姿态的方法。

既然我们已经了解了一些传感器的知识，那么可以定义本书主要研究的问题了：

状态估计，是根据系统的先验模型和测量序列，对系统内在状态进行重构的问题。

这个问题的描述有不同版本，解决方法也很多。我们的主要目的是理解在不同情况下，哪种方法能更好地解决问题，从而有针对性地选择最好的工具。

1.3 本书组织结构

本书主要分为三大部分：

1. 状态估计机理；
2. 三维空间运动机理；
3. 应用。

第一部分，**状态估计机理**，介绍了经典的和最流行的估计工具，但并不针对三维空间的情况（平移和旋转）作专门的展开。我们会用普通的向量来表示待估计的状态。第一部分自成一个主体，对三维空间的情况不感兴趣的读者，可以单独阅读本部分。它涵盖了**递归**（recursive）状态估计方法和**批量**（batch）方法（在传统的状态估计书籍中比较少见）。与当今的机器人学和机器学习一样，本书也将**贝叶斯方法**应用于估计问题中。我们会对比全贝叶斯方法和**最大后验估计方法**（maximum a posteriori, MAP），而且会看到这两者在非线性问题中的差异。本书还将连续时间状态估计与机器学习领域中的高斯过程回归方法联系起来。最后还涉及到了一些实践中的问题，比如鲁棒估计和偏差（biases）。

第二部分，**三维空间运动机理**，讲解了三维空间几何基础。特别地，我们会详细又通俗地介绍矩阵李群的知识。为了表示三维空间的物体，我们需要讨论它的平移和旋转，其中旋转是个大问题，因为旋转并不是通常意义下的向量，所以我们不能单纯地应用第一部分中讲述的方法处理三维空间中带有旋转属性的机器人问题。因此在第二部分，我们会讨论几何学、运动学，以及与

[3] 有时候也用**本体感受** proprioceptive 这个单词。

[4] 见韦氏词典。

这些量（旋转和位姿）相关的概率论与统计方法。

最后，第三部分，**应用**，会将本书前两部分与这部分结合起来。我们将分析大量经典的三维估计问题，包括如何估计三维空间中物体的平移和旋转。我们展示了如何基于第二部分的知识使用第一部分的方法，最后得到一整套易于实现的估计方法。通过这些例子，我们希望相关的思想可以在未来衍生出全新的技术。

1.4 与其他教程的关系

讲述状态估计和机器人学的优秀书籍有很多，但它们很少同时涵盖这两个主题。我们简要摘录一些有关这两个主题的最新著作，看看它们与本书的关系。

《概率机器人》(*Probabilistic Robotics*)[3] 是移动机器人方面的经典书籍，专注于定位和建图的状态估计[5]。它介绍的概率方法至今在机器人领域中占据主导地位。不过它描述的机器人主要在二维的水平面上运行。当然概率方法并不局限于二维情况，但是此书也没有详细说明三维情形是怎样扩展的。

Computational principles of mobile robotics[4] 是一本移动机器人的综述类书籍，涉及了状态估计，同样地，专注于定位和地图构建方面。它也没有详细描述三维空间中实现状态估计的方法。

Mobile Robotics: Mathematics, Models, and Methods[5] 是另一本移动机器人的优秀书籍，介绍了大量的状态估计知识，也包括了三维空间情景，特别是卫星和惯性导航的部分。这本书包含了机器人的所有方面，但并没有深入介绍如何处理三维空间状态估计中的旋转变量。

Robotics, vision and control[6] 是一本易于理解的书，它涵盖了机器人状态估计问题，包括三维空间情形。与前面提到的书类似，Corke 的书涵盖范围比较宽泛，但没有深入到状态估计中去。

Bayesian Filtering and Smoothing[7] 是专注递归贝叶斯估计方法的好书。这本书比本书更详细地讲解了递归方法，但它没有包含批处理方法，也没有关注三维空间中的状态估计。

Stochastic Models, Information Theory, and Lie Groups: Classical Results and Geometric Methods[8]，这是非常优秀的两卷著作，大概是内容最接近本书的书籍。它明确研究了矩阵李群上（包括旋转变量的）状态估计的结果。它的理论完备，在某种程度上超越了本书，也包含了机器人以外的应用。

Engineering Applications of Noncommutative Harmonic Analysis: With Emphasis on Rotation and Motion Groups[9] 以及之后更新的版本：*Harmonic Analysis for Engineers and Applied Scientists: Updated and Expanded Edition*[10] 介绍了李群上表达全局概率的主要观点。不过在本书中，我们会局限于讨论一些近似的方法，它们在旋转不确定性不高时是比较合适的。

Optimization on Matrix Manifolds[11] 尽管不是一本关于估计的书，但仍然值得一提。此书详细讨论了当需要优化的数值不是向量时，如何处理优化问题。这一思想对机器人学领域非常有帮助，因为旋转不是向量（它是李群）。

综上所述，本书在某种程度上，是唯一一本既关注状态估计，又详细介绍了三维空间问题的书籍。我们的讨论会十分细致，足以让读者根据本书的算法进行实现。

---

[5] 已有中译本。——译者注

1.4 与其他教材的关系

第一部分

状态估计机理

第 2 章　概率论基础

本书会大量使用概率学和统计学的基本概念，本章将介绍这些基本概念。对于经典概率和随机过程的内容，读者可以参看文献 [12]。如果想简单了解一些概率论的历史，文献 [13] 对此作出了详尽的介绍，同时它还谈到了**频率学派**（frequentist）和**贝叶斯学派**（Bayesian）的不同之处。在引入概率和统计的基本概念时，我们将主要基于频率学派的基本思想，但对于状态估计问题，则采用贝叶斯学派的观点。本章将从**概率密度函数**（probability density functions, PDFs）开始，着重介绍高斯分布的密度函数，最后以高斯过程作结。

2.1　概率密度函数

2.1.1　定 义

我们定义 x 为区间 $[a, b]$ 上的**随机变量**（random variable），服从某个概率密度函数 $p(x)$，那么这个非负函数[1] 必须满足：

$$\int_a^b p(x)\mathrm{d}x = 1 \tag{2.1}$$

这个积分等于 1 的条件，实际上是为了满足**全概率公理**（axiom of total probability）[2]。请注意公式里面的 $p(x)$ 是**概率密度**（probability density），而不是**概率**（probability）。

概率是指密度函数在区间上的积分面积[3]。比如说我们要计算 x 落在区间 $[c, d]$ 上的概率 $\Pr(c \leqslant x \leqslant d)$，即用密度函数在该区间上积分，公式如下：

$$\Pr(c \leqslant x \leqslant d) = \int_c^d p(x)\mathrm{d}x \tag{2.2}$$

---

[1] 有些书把这个性质叫做非负性，即 $\forall x \in [a, b], p(x) \geqslant 0$。——译者注

[2] 这个公理说的是柯尔莫哥洛夫第二公理，有些书也叫规范性或者归一性，即假设我们有一个基础集合 Ω，它的所有子集构成的集合 $\mathcal{F}$ 为 σ 代数，给 $\mathcal{F}$ 中的元素定义一个到实数的映射 $\boldsymbol{P}$，那么 $\mathcal{F}$ 中的元素被称为“**事件**”，这个实数被称为“**事件的概率**”，此时这个映射必须满足第二公理，即 $P(\Omega) = 1$，相关资料可参考维基百科。——译者注

[3] 经典概率理论一般从概率分布函数、柯尔莫哥洛夫的三条公理开始，然后在可微分条件下，通过求微分推导出概率密度函数。但在机器人领域，我们一般直接在贝叶斯框架下使用概率密度，而跳过经典概率熟悉的公式，只专注于我们用到的那些概率密度。注意，在谈论连续时间的变量时，必须谨慎地使用术语**密度**而不是**分布**。

图 2–1 描述了一个在有限区间上的概率密度函数，取子区间上的积分则得到概率。本书将采用概率密度函数来表达，即在给定某些数据的条件下，状态 x 在所有可能的取值中，取到 $[a,b]$ 上的**可能性**（likehood）。

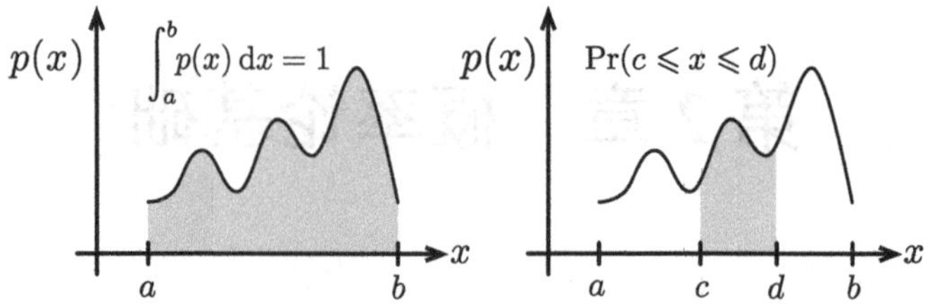

图 2–1　左图为定义在一个有限区域上的概率密度；右图为在一个子区间上的概率

接下来，我们引入条件概率。假设 $p(x|y)$ 表示自变量 $x \in [a,b]$ 在条件 $y \in [r,s]$ 下的概率密度函数，那么它满足：

$$(\forall y) \quad \int_a^b p(x|y)\mathrm{d}x = 1 \tag{2.3}$$

N 维连续型随机变量的**联合概率密度函数**（joint probability densities）也可以用之前的方法表示为 $p(\boldsymbol{x})$，其中 $\boldsymbol{x} = (x_1, \cdots, x_N)$。对于每个 x_i，满足 $x_i \in [a_i, b_i]$。那么，实际上也可以用

$$p(x_1, x_2, \cdots, x_N) \tag{2.4}$$

代替 $p(\boldsymbol{x})$。有时候本书也交替使用两种写法，即用

$$p(\boldsymbol{x}, \boldsymbol{y}) \tag{2.5}$$

来表示 $\boldsymbol{x}, \boldsymbol{y}$ 的联合密度。注意在 N 维情况下，全概率公理要求：

$$\int_{\boldsymbol{a}}^{\boldsymbol{b}} p(\boldsymbol{x})\mathrm{d}\boldsymbol{x} = \int_{a_N}^{b_N} \cdots \int_{a_2}^{b_2} \int_{a_1}^{b_1} p(x_1, x_2, \cdots, x_N)\mathrm{d}x_1 \mathrm{d}x_2 \cdots \mathrm{d}x_N = 1 \tag{2.6}$$

其中 $\boldsymbol{a} = (a_1, a_2, \cdots, a_N)$，$\boldsymbol{b} = (b_1, b_2, \cdots, b_N)$。为了保持记号简洁，接下来本书可能会省略掉积分上下界 $\boldsymbol{a}, \boldsymbol{b}$。

2.1.2　贝叶斯公式及推断

我们可以把一个联合概率密度分解成一个条件概率密度和一个非条件概率密度的乘积[4,5]：

$$p(\boldsymbol{x}, \boldsymbol{y}) = p(\boldsymbol{x}|\boldsymbol{y})p(\boldsymbol{y}) = p(\boldsymbol{y}|\boldsymbol{x})p(\boldsymbol{x}) \tag{2.7}$$

重新整理一下上面的公式，可以得到**贝叶斯公式**（Bayes' rule）：

$$p(\boldsymbol{x}|\boldsymbol{y}) = \frac{p(\boldsymbol{y}|\boldsymbol{x})p(\boldsymbol{x})}{p(\boldsymbol{y})} \tag{2.8}$$

---

[4] 这里的非条件概率密度很多书上都叫做边缘概率密度。——译者注

[5] 在一些特殊的情况下，$\boldsymbol{x}, \boldsymbol{y}$ 统计独立，我们可以将公式整理为 $p(\boldsymbol{x}, \boldsymbol{y}) = p(\boldsymbol{x})p(\boldsymbol{y})$。

托马斯·贝叶斯（Thomas Bayes，1701—1761）是一位英国统计学家、哲学家和长老会牧师。贝叶斯以其在概率论领域的研究闻名于世，他提出的贝叶斯定理对于现代概率论和数理统计的发展有重要的影响。他生前没有发表任何科学论著；他的笔记在他死后由理查德·普莱斯（Richard Price）编辑出版[14]。

如果我们有了状态的**先验**（prior）概率密度函数 $p(\boldsymbol{x})$ 和传感器模型 $p(\boldsymbol{y}|\boldsymbol{x})$，就可以**推断**（infer）状态的**后验**（posterior）概率密度函数[6]。为此，将分母展开：

$$p(\boldsymbol{x}|\boldsymbol{y}) = \frac{p(\boldsymbol{y}|\boldsymbol{x})p(\boldsymbol{x})}{\int p(\boldsymbol{y}|\boldsymbol{x})p(\boldsymbol{x})\mathrm{d}\boldsymbol{x}} \tag{2.9}$$

可以通过如下**边缘化**（marginalization）方式计算分母 $p(\boldsymbol{y})$[7]：

$$\begin{aligned} p(\boldsymbol{y}) &= p(\boldsymbol{y}) \underbrace{\int p(\boldsymbol{x}|\boldsymbol{y})\mathrm{d}\boldsymbol{x}}_{1} = \int p(\boldsymbol{x}|\boldsymbol{y})p(\boldsymbol{y})\mathrm{d}\boldsymbol{x} \\ &= \int p(\boldsymbol{x},\boldsymbol{y})\mathrm{d}\boldsymbol{x} = \int p(\boldsymbol{y}|\boldsymbol{x})p(\boldsymbol{x})\mathrm{d}\boldsymbol{x} \end{aligned} \tag{2.10}$$

但是在非线性情况下，这个计算代价很大。

在贝叶斯推断中，$p(\boldsymbol{x})$ 称为**先验**密度，$p(\boldsymbol{x}|\boldsymbol{y})$ 称为**后验**密度。因此，所有的先验信息被包含在了 $p(\boldsymbol{x})$ 中。同样地，所有的后验信息被包含在 $p(\boldsymbol{x}|\boldsymbol{y})$ 中。

2.1.3 矩

在动力学中，当我们处理质量分布（或者密度函数）的时候，通常仅关心某些简单的特性，即**矩**（moments）（比如说质量、质心、转动惯量等）。这在概率密度中同样适用。概率密度的零阶矩正好是整个全事件的概率，因此恒等于 1。概率一阶矩称为**期望**（expectation/mean），用 $\boldsymbol{\mu}$ 表示：

$$\boldsymbol{\mu} = E[\boldsymbol{x}] = \int \boldsymbol{x} p(\boldsymbol{x})\,\mathrm{d}\boldsymbol{x} \tag{2.11}$$

这里的 $E[\cdot]$ 叫做期望算子。对一般的矩阵函数 $\boldsymbol{F}(\boldsymbol{x})$，这个算子定义为：

$$E[\boldsymbol{F}(\boldsymbol{x})] = \int \boldsymbol{F}(\boldsymbol{x})p(\boldsymbol{x})\mathrm{d}\boldsymbol{x} \tag{2.12}$$

注意它的展开形式为：

$$E[\boldsymbol{F}(\boldsymbol{x})] = [E[f_{ij}(\boldsymbol{x})]] = \left[\int f_{ij}(\boldsymbol{x})p(\boldsymbol{x})\mathrm{d}\boldsymbol{x}\right] \tag{2.13}$$

概率二阶矩是广为人知的**协方差矩阵**（covariance matrix）$\boldsymbol{\Sigma}$：

$$\boldsymbol{\Sigma} = E\left[(\boldsymbol{x}-\boldsymbol{\mu})(\boldsymbol{x}-\boldsymbol{\mu})^{\mathrm{T}}\right] \tag{2.14}$$

接下来的三阶和四阶矩分别叫做**偏度**（skewness）和**峰度**（kurtosis）。但它们在多变量情况下形式很复杂，需要使用张量来表示。在这里我们不展开介绍它们了，但是请读者了解，这种概率矩可以无限定义下去。

---

6 **先验概率**是由以往经验分析对状态进行估计得到的概率；**后验概率**指的在当前状态下，得到了一定的观测，或者造成了一定的效应，得到这个观测或者效应信息之后，对状态修正后的概率。——译者注

7 当积分限没有明确给出的时候，默认为整个定义域上的积分，比如对于 $\boldsymbol{x}$ 来说，就是在 $[\boldsymbol{a},\boldsymbol{b}]$ 上的积分。

2.1.4 样本均值和样本方差

假设有随机变量 $\boldsymbol{x}$，它的概率密度函数为 $p(\boldsymbol{x})$。我们可以从密度函数进行抽样，记作：

$$\boldsymbol{x}_{\text{meas}} \leftarrow p(\boldsymbol{x}) \tag{2.15}$$

所谓样本，有时也称作随机变量的一次**实现**（realization），我们可以直观地把它理解为一次测量值。如果想通过采样得到 N 个样本去估计随机变量的期望和方差，我们可以直接使用**样本均值**和**样本方差**去近似它们。公式如下：

$$\boldsymbol{\mu}_{\text{meas}} = \frac{1}{N}\sum_{i=1}^{N}\boldsymbol{x}_{i,\text{meas}} \tag{2.16a}$$

$$\boldsymbol{\Sigma}_{\text{meas}} = \frac{1}{N-1}\sum_{i=1}^{N}(\boldsymbol{x}_{i,\text{meas}} - \boldsymbol{\mu}_{\text{meas}})(\boldsymbol{x}_{i,\text{meas}} - \boldsymbol{\mu}_{\text{meas}})^{\text{T}} \tag{2.16b}$$

注意样本方差的归一化参数分母是 $N-1$ 而不是 N，这称为**贝塞尔修正**（Bessel's correction）。直观上说，样本方差使用了测量值和样本均值的差，而样本均值本身又是通过相同的测量值得到的，它们之间存在一个轻微的相关性，于是就出现了这样一个轻微的修正量[8]。可以证明，样本方差其实正好是随机变量方差的无偏估计，同时也能证明，这个量比分母使用 N 算出来的那个估计量要"大"一些。当然，如果 N 变得足够大，这时候 $N-1 \approx N$，那么实际上给样本协方差的补偿作用就不是那么明显了。

弗里德里希·威廉·贝塞尔（Friedrich Wilhelm Bessel，1784—1846），德国天文学家、数学家（整理了由伯努利发现的贝塞尔函数）。他首先使用平行线法测量了太阳与其他星星的距离。贝塞尔修正是指，在有偏估计前方乘以因子 $N/(N-1)$，即用 $N-1$ 替换之前的 N，作为对有偏估计的修正。

2.1.5 统计独立性与不相关性

如果两个随机变量 $\boldsymbol{x}$ 和 $\boldsymbol{y}$ 的联合概率密度可以用以下的因式分解，那么我们称这两个随机变量是**统计独立**（statistically independent）的：

$$p(\boldsymbol{x},\boldsymbol{y}) = p(\boldsymbol{x})p(\boldsymbol{y}) \tag{2.17}$$

同样地，如果两个变量的期望运算满足下式，我们称它们是**不相关的**（uncorrelated）：

$$E[\boldsymbol{x}\boldsymbol{y}^{\text{T}}] = E[\boldsymbol{x}]E[\boldsymbol{y}]^{\text{T}} \tag{2.18}$$

"不相关"比"独立"更弱。如果两随机变量是统计独立的，也就意味着它们也是不相关的，但不相关的两个随机变量不一定是独立的[9]。出于简化计算的目的，我们经常会直接认为（或假设）变量是统计独立的。

[8] 更具体地说，这是因为 N 个样本的样本方差自由度是 $N-1$，其中一个自由度因为均值而消去，所以归一化系数是 $1/(N-1)$。——译者注

[9] 对于高斯概率密度函数而言，不相关意味着独立，后面会详细讨论。

2.1.6　归一化积

对于同一个随机变量的两个不同的概率密度函数，我们有时会计算它们的**归一化积**（normalized product）[10]。如果 $p_1(\boldsymbol{x})$ 和 $p_2(\boldsymbol{x})$ 是随机变量 $\boldsymbol{x}$ 的两个不同的概率密度函数，那么它们的归一化积 $p(\boldsymbol{x})$ 定义为：

$$p(\boldsymbol{x}) = \eta p_1(\boldsymbol{x}) p_2(\boldsymbol{x}) \tag{2.19}$$

其中

$$\eta = \left(\int p_1(\boldsymbol{x}) p_2(\boldsymbol{x}) \mathrm{d}\boldsymbol{x} \right)^{-1} \tag{2.20}$$

是一个常值的归一化因子，用于确保 $p(\boldsymbol{x})$ 满足全概率公理。

根据贝叶斯理论，归一化积可用于融合对同一个随机变量的多次估计（以概率密度函数形式表示），只要假设其先验为均匀分布即可。设 $\boldsymbol{x}$ 为待估计变量，$\boldsymbol{y}_1, \boldsymbol{y}_2$ 为两次独立测量，那么：

$$p(\boldsymbol{x}|\boldsymbol{y}_1, \boldsymbol{y}_2) = \eta p(\boldsymbol{x}|\boldsymbol{y}_1) p(\boldsymbol{x}|\boldsymbol{y}_2) \tag{2.21}$$

同理，η 是一个用于满足概率公理的归一化常数，下面我们来推导此式。使用贝叶斯公式展开左边的式子：

$$p(\boldsymbol{x}|\boldsymbol{y}_1, \boldsymbol{y}_2) = \frac{p(\boldsymbol{y}_1, \boldsymbol{y}_2|\boldsymbol{x}) p(\boldsymbol{x})}{p(\boldsymbol{y}_1, \boldsymbol{y}_2)} \tag{2.22}$$

给定 $\boldsymbol{x}$，假定 $\boldsymbol{y}_1, \boldsymbol{y}_2$ 是统计独立的（即观测中的噪声统计独立），我们有：

$$p(\boldsymbol{y}_1, \boldsymbol{y}_2|\boldsymbol{x}) = p(\boldsymbol{y}_1|\boldsymbol{x}) p(\boldsymbol{y}_2|\boldsymbol{x}) = \frac{p(\boldsymbol{x}|\boldsymbol{y}_1) p(\boldsymbol{y}_1)}{p(\boldsymbol{x})} \frac{p(\boldsymbol{x}|\boldsymbol{y}_2) p(\boldsymbol{y}_2)}{p(\boldsymbol{x})} \tag{2.23}$$

我们再次对等式中间的两个乘积因式使用贝叶斯公式，得到了等式右侧。将上式代入式（2.22）中，最终得到：

$$p(\boldsymbol{x}|\boldsymbol{y}_1, \boldsymbol{y}_2) = \eta p(\boldsymbol{x}|\boldsymbol{y}_1) p(\boldsymbol{x}|\boldsymbol{y}_2) \tag{2.24}$$

其中

$$\eta = \frac{p(\boldsymbol{y}_1) p(\boldsymbol{y}_2)}{p(\boldsymbol{y}_1, \boldsymbol{y}_2) p(\boldsymbol{x})} \tag{2.25}$$

如果令先验 $p(\boldsymbol{x})$ 为均匀分布（即取常数），那么 η 也是一个常量，式（2.24）为归一化积。

2.1.7　香农信息和互信息

克劳德·艾尔伍德·香农（Claude Elwood Shannon，1916—2001）是一位美国数学家、电子工程师和密码学家，被称为“信息论之父”[15]。

通常，当我们在估计某一随机变量的概率密度函数时，我们也希望知道对某个量（比如均值）有多么不确定。定量刻画不确定性的一种方法是计算事件的**负熵**（negative entropy）或**香农信息**（Shannon information），记作 H：

$$H(\boldsymbol{x}) = -E[\ln p(\boldsymbol{x})] = -\int p(\boldsymbol{x}) \ln p(\boldsymbol{x}) \mathrm{d}\boldsymbol{x} \tag{2.26}$$

---

[10] 这个和我们计算两个不同的随机变量的联合概率密度是完全不同的。

后文我们将讨论此式在高斯分布下的具体形式。

另一种定量表示方法是两个随机变量 $\boldsymbol{x}$ 和 $\boldsymbol{y}$ 之间的**互信息**（mutual information）$I(\boldsymbol{x},\boldsymbol{y})$，定义如下：

$$I(\boldsymbol{x},\boldsymbol{y})=E\left[\ln\left(\frac{p(\boldsymbol{x},\boldsymbol{y})}{p(\boldsymbol{x})p(\boldsymbol{y})}\right)\right]=\iint p(\boldsymbol{x},\boldsymbol{y})\ln\left(\frac{p(\boldsymbol{x},\boldsymbol{y})}{p(\boldsymbol{x})p(\boldsymbol{y})}\right)\mathrm{d}\boldsymbol{x}\mathrm{d}\boldsymbol{y} \tag{2.27}$$

互信息刻画了已知一个随机变量的信息之后，另一个随机变量的不确定性减少了多少。当 $\boldsymbol{x}$ 和 $\boldsymbol{y}$ 相互独立时，有：

$$\begin{aligned}I(\boldsymbol{x},\boldsymbol{y})&=\iint p(\boldsymbol{x},\boldsymbol{y})\ln\left(\frac{p(\boldsymbol{x},\boldsymbol{y})}{p(\boldsymbol{x})p(\boldsymbol{y})}\right)\mathrm{d}\boldsymbol{x}\mathrm{d}\boldsymbol{y}\\&=\iint p(\boldsymbol{x})p(\boldsymbol{y})\underbrace{\ln(1)}_{0}\mathrm{d}\boldsymbol{x}\mathrm{d}\boldsymbol{y}=0\end{aligned} \tag{2.28}$$

当 $\boldsymbol{x}$ 和 $\boldsymbol{y}$ 不独立时，互信息 $I(\boldsymbol{x},\boldsymbol{y})\geqslant 0$。此外，互信息和香农信息之间有一个换算关系，即：

$$I(\boldsymbol{x},\boldsymbol{y})=H(\boldsymbol{x})+H(\boldsymbol{y})-H(\boldsymbol{x},\boldsymbol{y}) \tag{2.29}$$

2.1.8 克拉美罗下界和费歇尔信息量

哈拉尔德·克拉梅尔（Harald Cramér，1893—1985），瑞士数学家、精算师和统计学家，专精于数理统计与概率数论。C.R. 劳（Calyampudi Radhakrishna Rao，1920—）是一位印度裔美国数学家和统计学家。克拉梅尔和劳首次提出了人们所知的 CRLB [11]。

假设有一个确定的参数 $\boldsymbol{\theta}$，它影响着随机变量 $\boldsymbol{x}$ 的概率密度。我们可以用条件概率密度函数对此进行描述：

$$p(\boldsymbol{x}|\boldsymbol{\theta}) \tag{2.30}$$

更进一步，假设我们从 $p(\boldsymbol{x}|\boldsymbol{\theta})$ 中取一个样本 $\boldsymbol{x}_{\text{meas}}$：

$$\boldsymbol{x}_{\text{meas}}\leftarrow p(\boldsymbol{x}|\boldsymbol{\theta}) \tag{2.31}$$

这里的 $\boldsymbol{x}_{\text{meas}}$ 称为随机变量 $\boldsymbol{x}$ 的一次实现；我们可以把它认为是一个观测值。

那么，**克拉美罗下界**（Cramér-Rao Lower Bound, CRLB）指出，参数真实值 $\boldsymbol{\theta}$ 的任意**无偏估计**[12] $\hat{\boldsymbol{\theta}}$（基于观测值 $\boldsymbol{x}_{\text{meas}}$）的协方差，可以由**费歇尔信息矩阵**（Fisher information matrix）$\boldsymbol{I}(\boldsymbol{x}|\boldsymbol{\theta})$ 来定义边界，即：

$$\operatorname{cov}(\hat{\boldsymbol{\theta}}|\boldsymbol{x}_{\text{meas}})=E\left[(\hat{\boldsymbol{\theta}}-\boldsymbol{\theta})(\hat{\boldsymbol{\theta}}-\boldsymbol{\theta})^{\mathrm{T}}\right]\geqslant\boldsymbol{I}^{-1}(\boldsymbol{x}|\boldsymbol{\theta}) \tag{2.32}$$

其中“无偏”指的是：$E\left[\hat{\boldsymbol{\theta}}-\boldsymbol{\theta}\right]=\mathbf{0}$，“边界”意味着：

$$\operatorname{cov}(\hat{\boldsymbol{\theta}}|\boldsymbol{x}_{\text{meas}})-\boldsymbol{I}^{-1}(\boldsymbol{x}|\boldsymbol{\theta})\geqslant 0 \tag{2.33}$$

---

[11] 由于翻译原因，现在 CRLB 通常译为克拉美·罗下界（或克拉美罗界），而不是克拉梅尔·劳下界。——译者注

[12] 我们用 $(\hat{\cdot})$ 来表示**估计**（estimated）量。

即矩阵半正定。费歇尔信息矩阵为：

$$\boldsymbol{I}(\boldsymbol{x}|\boldsymbol{\theta}) = E\left[\left(\frac{\partial \ln p(\boldsymbol{x}|\boldsymbol{\theta})}{\partial \boldsymbol{\theta}}\right)^{\mathrm{T}}\left(\frac{\partial \ln p(\boldsymbol{x}|\boldsymbol{\theta})}{\partial \boldsymbol{\theta}}\right)\right] \tag{2.34}$$

也就是说，克拉美罗下界设定了一个基本界限。它可以明确定义出利用已有观测值估计参数的效果和衡量估计方式好坏的标准。

罗纳德·艾尔默·费希尔（Sir Ronald Aylmer Fisher，1890—1962）是英国统计学家、演化生物学家和基因学家。他对统计学的贡献包括协方差分析、最大似然方法、置信推断，以及许多抽样分布的推导。

2.2 高斯概率密度函数

2.2.1 定 义

后文很多地方会用到高斯概率密度函数。在一维情况下，高斯概率密度函数表示为：

$$p(x|\mu,\sigma^2) = \frac{1}{\sqrt{2\pi\sigma^2}}\exp\left(-\frac{1}{2}\frac{(x-\mu)^2}{\sigma^2}\right) \tag{2.35}$$

其中 μ 称为**均值**（mean），σ^2 为**方差**（variance），σ 称为**标准差**（standard deviation）。图 2–2 画出了一维高斯 PDF 的图像。

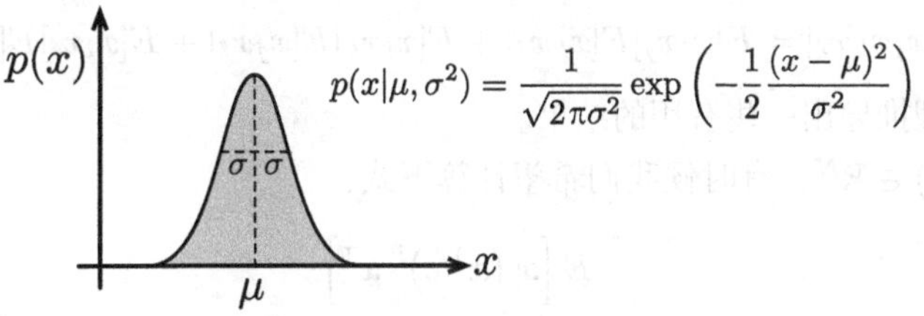

图 2–2 一维高斯密度函数。高斯分布的一个显著特征为期望和模（mode，x 最可能的取值）都是 μ

多维变量的高斯分布是说，随机变量 $\boldsymbol{x} \in \mathbb{R}^N$，服从的分布 $p(\boldsymbol{x}|\boldsymbol{\mu},\boldsymbol{\Sigma})$ 可以写为：

$$p(\boldsymbol{x}|\boldsymbol{\mu},\boldsymbol{\Sigma}) = \frac{1}{\sqrt{(2\pi)^N \det \boldsymbol{\Sigma}}}\exp\left(-\frac{1}{2}(\boldsymbol{x}-\boldsymbol{\mu})^{\mathrm{T}}\boldsymbol{\Sigma}^{-1}(\boldsymbol{x}-\boldsymbol{\mu})\right) \tag{2.36}$$

其中 $\boldsymbol{\mu} \in \mathbb{R}^N$ 是均值，$\boldsymbol{\Sigma} \in \mathbb{R}^{N\times N}$ 是协方差矩阵（对称正定矩阵），它们可以通过以下方式计算：

$$\boldsymbol{\mu} = E[\boldsymbol{x}] = \int_{-\infty}^{\infty} \boldsymbol{x}\frac{1}{\sqrt{(2\pi)^N \det \boldsymbol{\Sigma}}}\exp\left(-\frac{1}{2}(\boldsymbol{x}-\boldsymbol{\mu})^{\mathrm{T}}\boldsymbol{\Sigma}^{-1}(\boldsymbol{x}-\boldsymbol{\mu})\right)\mathrm{d}\boldsymbol{x} \tag{2.37}$$

以及

$$\begin{aligned}\boldsymbol{\Sigma} &= E\left[(\boldsymbol{x}-\boldsymbol{\mu})(\boldsymbol{x}-\boldsymbol{\mu})^{\mathrm{T}}\right] \\ &= \int_{-\infty}^{\infty}(\boldsymbol{x}-\boldsymbol{\mu})(\boldsymbol{x}-\boldsymbol{\mu})^{\mathrm{T}}\frac{1}{\sqrt{(2\pi)^N \det \boldsymbol{\Sigma}}}\exp\left(-\frac{1}{2}(\boldsymbol{x}-\boldsymbol{\mu})^{\mathrm{T}}\boldsymbol{\Sigma}^{-1}(\boldsymbol{x}-\boldsymbol{\mu})\right)\mathrm{d}\boldsymbol{x}\end{aligned} \tag{2.38}$$

习惯上，我们也将**正态**分布（即高斯分布）记为：

$$\boldsymbol{x} \sim \mathcal{N}(\boldsymbol{\mu}, \boldsymbol{\Sigma})$$

如果随机变量 $\boldsymbol{x}$ 满足：

$$\boldsymbol{x} \sim \mathcal{N}(\mathbf{0}, \mathbf{1})$$

其中 $\mathbf{1}$ 是一个 $N \times N$ 的单位矩阵，我们可以说随机变量服从**标准正态分布**（standard normally distributed）。

2.2.2 Isserlis 定理

莱昂·伊瑟利斯（Leon Isserlis，1881—1966）是出生于俄罗斯的英国统计学家，主要致力于样本矩中具体分布的研究。

多变量高斯分布中高阶矩的计算较为复杂。但是在后面的篇幅中，我们需要用到除了期望和方差之外的矩，所以现在加以讨论。为了计算某些高阶矩，我们引入 **Isserlis 定理**。令 $\boldsymbol{x} = (x_1, x_2, \cdots, x_{2M}) \in \mathbb{R}^{2M}$ 为服从高维高斯分布的随机变量，那么有：

$$E[x_1 x_2 x_3 \cdots x_{2M}] = \sum \prod E[x_i x_j] \tag{2.39}$$

这意味着，计算 $2M$ 个变量乘积的期望，可以首先计算所有两两不同的变量乘积的期望，然后把计算出来这些期望做乘积。这样的组合有 $\frac{(2M)!}{(2^M M!)}$ 种[13]，最后将这些乘积的值求和。四个变量的情况如下：

$$E[x_i x_j x_k x_\ell] = E[x_i x_j]E[x_k x_\ell] + E[x_i x_k]E[x_j x_\ell] + E[x_i x_\ell]E[x_j x_k] \tag{2.40}$$

我们可以用这个定理推导出一些有用的结果。

设 $\boldsymbol{x} \sim \mathcal{N}(\mathbf{0}, \boldsymbol{\Sigma}) \in \mathbb{R}^N$，有时候我们希望计算下式：

$$E\left[\boldsymbol{x}\left(\boldsymbol{x}^{\mathrm{T}}\boldsymbol{x}\right)^p \boldsymbol{x}^{\mathrm{T}}\right] \tag{2.41}$$

其中 p 是一个非负整数。当 $p=0$ 时，易得：$E[\boldsymbol{x}\boldsymbol{x}^{\mathrm{T}}] = \boldsymbol{\Sigma}$。当 $p=1$ 时，我们可以得到[14]：

$$\begin{aligned}
E\left[\boldsymbol{x}\boldsymbol{x}^{\mathrm{T}}\boldsymbol{x}\boldsymbol{x}^{\mathrm{T}}\right] &= E\left[\left[x_i x_j \left(\sum_{k=1}^{N} x_k^2\right)\right]_{ij}\right] = \left[\sum_{k=1}^{N} E\left[x_i x_j x_k^2\right]\right]_{ij} \\
&= \left[\sum_{k=1}^{N}\left(E\left[x_i x_j\right] E\left[x_k^2\right] + 2E\left[x_i x_k\right] E\left[x_k x_j\right]\right)\right]_{ij} \\
&= \left[E\left[x_i x_j\right]\right]_{ij} \sum_{k=1}^{N} E\left[x_k^2\right] + 2\left[\sum_{k=1}^{N} E\left[x_i x_k\right] E\left[x_k x_j\right]\right]_{ij} \\
&= \boldsymbol{\Sigma}\, \mathrm{tr}\left(\boldsymbol{\Sigma}\right) + 2\boldsymbol{\Sigma}^2 \\
&= \boldsymbol{\Sigma}\left(\mathrm{tr}\left(\boldsymbol{\Sigma}\right)\mathbf{1} + 2\boldsymbol{\Sigma}\right)
\end{aligned} \tag{2.42}$$

---

[13] $\frac{(2M)!}{(2^M M!)} = \frac{1}{M!}\mathrm{C}_{2M}^2 \mathrm{C}_{2M-2}^2 \cdots \mathrm{C}_2^2$。——译者注

[14] 符号 $[\cdot]_{ij}$ 是用矩阵的第 i 行、第 j 列的元素表示一个矩阵，这个符号也等价为 $[a_{ij}]$。

注意在标量情况下，即 $x \sim \mathcal{N}(0,\sigma^2)$，我们得到一个广为人知的结论：$E\left[x^4\right] = \sigma^2(\sigma^2+2\sigma^2) = 3\sigma^4$。当 $p>1$ 时，也可以用类似的方法得到一些有用的结果，但这里我们不展开介绍了。

再来考虑如下情况：

$$\boldsymbol{x} = \begin{bmatrix} \boldsymbol{x}_1 \\ \boldsymbol{x}_2 \end{bmatrix} \sim \mathcal{N}\left(\mathbf{0}, \begin{bmatrix} \boldsymbol{\Sigma}_{11} & \boldsymbol{\Sigma}_{12} \\ \boldsymbol{\Sigma}_{12}^{\mathrm{T}} & \boldsymbol{\Sigma}_{22} \end{bmatrix}\right) \tag{2.43}$$

其中 $\dim(\boldsymbol{x}_1) = N_1$ 和 $\dim(\boldsymbol{x}_2) = N_2$。我们需要计算如下表达式：

$$E\left[\boldsymbol{x}(\boldsymbol{x}_1^{\mathrm{T}}\boldsymbol{x}_1)^p\boldsymbol{x}^{\mathrm{T}}\right] \tag{2.44}$$

其中 p 是非负整数。同样地，当 $p=0$ 时，有 $E\left[\boldsymbol{x}\boldsymbol{x}^{\mathrm{T}}\right] = \boldsymbol{\Sigma}$。当 $p=1$ 时，我们有：

$$\begin{aligned}
E\left[\boldsymbol{x}\boldsymbol{x}_1^{\mathrm{T}}\boldsymbol{x}_1\boldsymbol{x}^{\mathrm{T}}\right] &= E\left[\left[x_i x_j \left(\sum_{k=1}^{N_1} x_k^2\right)\right]_{ij}\right] = \left[\sum_{k=1}^{N_1} E\left[x_i x_j x_k^2\right]\right]_{ij} \\
&= \left[\sum_{k=1}^{N_1} \left(E\left[x_i x_j\right] E\left[x_k^2\right] + 2E\left[x_i x_k\right] E\left[x_k x_j\right]\right)\right]_{ij} \\
&= \left[E\left[x_i x_j\right]\right]_{ij} \sum_{k=1}^{N_1} E\left[x_k^2\right] + 2\left[\sum_{k=1}^{N_1} E\left[x_i x_k\right] E\left[x_k x_j\right]\right]_{ij} \\
&= \boldsymbol{\Sigma}\,\mathrm{tr}\left(\boldsymbol{\Sigma}_{11}\right) + 2\begin{bmatrix} \boldsymbol{\Sigma}_{11}^2 & \boldsymbol{\Sigma}_{11}\boldsymbol{\Sigma}_{12} \\ \boldsymbol{\Sigma}_{12}^{\mathrm{T}}\boldsymbol{\Sigma}_{11} & \boldsymbol{\Sigma}_{12}^{\mathrm{T}}\boldsymbol{\Sigma}_{12} \end{bmatrix} \\
&= \boldsymbol{\Sigma}\left(\mathrm{tr}\left(\boldsymbol{\Sigma}_{11}\right)\mathbf{1} + 2\begin{bmatrix} \boldsymbol{\Sigma}_{11} & \boldsymbol{\Sigma}_{12} \\ \mathbf{0} & \mathbf{0} \end{bmatrix}\right)
\end{aligned} \tag{2.45}$$

同理可得：

$$\begin{aligned}
E\left[\boldsymbol{x}\boldsymbol{x}_2^{\mathrm{T}}\boldsymbol{x}_2\boldsymbol{x}^{\mathrm{T}}\right] &= \boldsymbol{\Sigma}\,\mathrm{tr}\left(\boldsymbol{\Sigma}_{22}\right) + 2\begin{bmatrix} \boldsymbol{\Sigma}_{12}\boldsymbol{\Sigma}_{12}^{\mathrm{T}} & \boldsymbol{\Sigma}_{12}\boldsymbol{\Sigma}_{22} \\ \boldsymbol{\Sigma}_{22}\boldsymbol{\Sigma}_{12}^{\mathrm{T}} & \boldsymbol{\Sigma}_{22}^2 \end{bmatrix} \\
&= \boldsymbol{\Sigma}\left(\mathrm{tr}\left(\boldsymbol{\Sigma}_{22}\right)\mathbf{1} + 2\begin{bmatrix} \mathbf{0} & \mathbf{0} \\ \boldsymbol{\Sigma}_{12}^{\mathrm{T}} & \boldsymbol{\Sigma}_{22} \end{bmatrix}\right)
\end{aligned} \tag{2.46}$$

可作如下验证：

$$E\left[\boldsymbol{x}\boldsymbol{x}^{\mathrm{T}}\boldsymbol{x}\boldsymbol{x}^{\mathrm{T}}\right] = E\left[\boldsymbol{x}\left(\boldsymbol{x}_1^{\mathrm{T}}\boldsymbol{x}_1 + \boldsymbol{x}_2^{\mathrm{T}}\boldsymbol{x}_2\right)\boldsymbol{x}^{\mathrm{T}}\right] = E\left[\boldsymbol{x}\boldsymbol{x}_1^{\mathrm{T}}\boldsymbol{x}_1\boldsymbol{x}^{\mathrm{T}}\right] + E\left[\boldsymbol{x}\boldsymbol{x}_2^{\mathrm{T}}\boldsymbol{x}_2\boldsymbol{x}^{\mathrm{T}}\right] \tag{2.47}$$

进一步有：

$$
\begin{aligned}
E\left[\boldsymbol{x}\boldsymbol{x}^{\mathrm{T}}\boldsymbol{A}\boldsymbol{x}\boldsymbol{x}^{\mathrm{T}}\right] &= E\left[\left[x_i x_j \left(\sum_{k=1}^{N}\sum_{\ell=1}^{N} x_k a_{k\ell} x_\ell\right)\right]_{ij}\right] \\
&= \left[\sum_{k=1}^{N}\sum_{\ell=1}^{N} a_{k\ell} E\left[x_i x_j x_k x_\ell\right]\right]_{ij} \\
&= \left[\sum_{k=1}^{N}\sum_{\ell=1}^{N} a_{k\ell}\left(E\left[x_i x_j\right]E\left[x_k x_\ell\right] + E\left[x_i x_k\right]E\left[x_j x_\ell\right] + E\left[x_i x_\ell\right]E\left[x_j x_k\right]\right)\right]_{ij} \\
&= \left[E\left[x_i x_j\right]\right]_{ij}\left(\sum_{k=1}^{N}\sum_{\ell=1}^{N} a_{k\ell}E\left[x_k x_\ell\right]\right) + \left[\sum_{k=1}^{N}\sum_{\ell=1}^{N} E\left[x_i x_k\right]a_{k\ell}E\left[x_\ell x_j\right]\right]_{ij} \\
&\quad + \left[\sum_{k=1}^{N}\sum_{\ell=1}^{N} E\left[x_i x_\ell\right]a_{k\ell}E\left[x_k x_j\right]\right]_{ij} \\
&= \boldsymbol{\Sigma}\,\mathrm{tr}\left(\boldsymbol{A}\boldsymbol{\Sigma}\right) + \boldsymbol{\Sigma}\boldsymbol{A}\boldsymbol{\Sigma} + \boldsymbol{\Sigma}\boldsymbol{A}^{\mathrm{T}}\boldsymbol{\Sigma} \\
&= \boldsymbol{\Sigma}\left(\mathrm{tr}\left(\boldsymbol{A}\boldsymbol{\Sigma}\right)\mathbf{1} + \boldsymbol{A}\boldsymbol{\Sigma} + \boldsymbol{A}^{\mathrm{T}}\boldsymbol{\Sigma}\right)
\end{aligned} \tag{2.48}
$$

其中 $\boldsymbol{A}$ 为方阵，行数和列数满足矩阵乘法要求。

2.2.3 联合高斯概率密度函数，分解与推断

设有一对服从多元正态分布的变量 $(\boldsymbol{x},\boldsymbol{y})$，可以写出它们的联合概率密度函数：

$$
p(\boldsymbol{x},\boldsymbol{y}) = \mathcal{N}\left(\begin{bmatrix}\boldsymbol{\mu}_x \\ \boldsymbol{\mu}_y\end{bmatrix}, \begin{bmatrix}\boldsymbol{\Sigma}_{xx} & \boldsymbol{\Sigma}_{xy} \\ \boldsymbol{\Sigma}_{yx} & \boldsymbol{\Sigma}_{yy}\end{bmatrix}\right) \tag{2.49}
$$

它的指数形式见式（2.36），注意 $\boldsymbol{\Sigma}_{yx} = \boldsymbol{\Sigma}_{xy}^{\mathrm{T}}$。我们总是可以将联合密度分解成两个因子的乘积（**条件概率**乘以**边缘概率**），$p(\boldsymbol{x},\boldsymbol{y}) = p(\boldsymbol{x}|\boldsymbol{y})p(\boldsymbol{y})$。特别地，对于高斯分布，我们可以用**舒尔补**（Schur complement）详细地推演出分解的过程[15]。我们从以下等式开始：

$$
\begin{bmatrix}\boldsymbol{\Sigma}_{xx} & \boldsymbol{\Sigma}_{xy} \\ \boldsymbol{\Sigma}_{yx} & \boldsymbol{\Sigma}_{yy}\end{bmatrix} = \begin{bmatrix}\mathbf{1} & \boldsymbol{\Sigma}_{xy}\boldsymbol{\Sigma}_{yy}^{-1} \\ \mathbf{0} & \mathbf{1}\end{bmatrix}\begin{bmatrix}\boldsymbol{\Sigma}_{xx} - \boldsymbol{\Sigma}_{xy}\boldsymbol{\Sigma}_{yy}^{-1}\boldsymbol{\Sigma}_{yx} & \mathbf{0} \\ \mathbf{0} & \boldsymbol{\Sigma}_{yy}\end{bmatrix}\begin{bmatrix}\mathbf{1} & \mathbf{0} \\ \boldsymbol{\Sigma}_{yy}^{-1}\boldsymbol{\Sigma}_{yx} & \mathbf{1}\end{bmatrix} \tag{2.50}
$$

其中 $\mathbf{1}$ 为单位矩阵。我们对两边进行求逆操作就会发现：

$$
\begin{aligned}
\begin{bmatrix}\boldsymbol{\Sigma}_{xx} & \boldsymbol{\Sigma}_{xy} \\ \boldsymbol{\Sigma}_{yx} & \boldsymbol{\Sigma}_{yy}\end{bmatrix}^{-1} &= \begin{bmatrix}\mathbf{1} & \mathbf{0} \\ -\boldsymbol{\Sigma}_{yy}^{-1}\boldsymbol{\Sigma}_{yx} & \mathbf{1}\end{bmatrix} \\
&\times \begin{bmatrix}\left(\boldsymbol{\Sigma}_{xx} - \boldsymbol{\Sigma}_{xy}\boldsymbol{\Sigma}_{yy}^{-1}\boldsymbol{\Sigma}_{yx}\right)^{-1} & \mathbf{0} \\ \mathbf{0} & \boldsymbol{\Sigma}_{yy}^{-1}\end{bmatrix}\begin{bmatrix}\mathbf{1} & -\boldsymbol{\Sigma}_{xy}\boldsymbol{\Sigma}_{yy}^{-1} \\ \mathbf{0} & \mathbf{1}\end{bmatrix}
\end{aligned} \tag{2.51}
$$

伊沙海·舒尔（Issai Schur，1875—1941）是德国数学家，主要贡献为群表示论（与他最相关的主题），同时也在组合数学、数论甚至理论物理上有所贡献。

[15] 如本例，我们对 $\boldsymbol{\Sigma}_{yy}$ 进行舒尔补，变成 $\boldsymbol{\Sigma}_{xx} - \boldsymbol{\Sigma}_{xy}\boldsymbol{\Sigma}_{yy}^{-1}\boldsymbol{\Sigma}_{yx}$。

接下来，如果我们研究一下联合概率密度函数 $p(\boldsymbol{x},\boldsymbol{y})$ 指数部分的二次项，可以得到：

$$\begin{aligned}
&\left(\begin{bmatrix}\boldsymbol{x}\\ \boldsymbol{y}\end{bmatrix}-\begin{bmatrix}\boldsymbol{\mu}_x\\ \boldsymbol{\mu}_y\end{bmatrix}\right)^{\mathrm{T}}\begin{bmatrix}\boldsymbol{\Sigma}_{xx} & \boldsymbol{\Sigma}_{xy}\\ \boldsymbol{\Sigma}_{yx} & \boldsymbol{\Sigma}_{yy}\end{bmatrix}^{-1}\left(\begin{bmatrix}\boldsymbol{x}\\ \boldsymbol{y}\end{bmatrix}-\begin{bmatrix}\boldsymbol{\mu}_x\\ \boldsymbol{\mu}_y\end{bmatrix}\right)\\
&=\left(\begin{bmatrix}\boldsymbol{x}\\ \boldsymbol{y}\end{bmatrix}-\begin{bmatrix}\boldsymbol{\mu}_x\\ \boldsymbol{\mu}_y\end{bmatrix}\right)^{\mathrm{T}}\begin{bmatrix}\mathbf{1} & \mathbf{0}\\ -\boldsymbol{\Sigma}_{yy}^{-1}\boldsymbol{\Sigma}_{yx} & \mathbf{1}\end{bmatrix}\begin{bmatrix}\left(\boldsymbol{\Sigma}_{xx}-\boldsymbol{\Sigma}_{xy}\boldsymbol{\Sigma}_{yy}^{-1}\boldsymbol{\Sigma}_{yx}\right)^{-1} & \mathbf{0}\\ \mathbf{0} & \boldsymbol{\Sigma}_{yy}^{-1}\end{bmatrix}\\
&\quad\times\begin{bmatrix}\mathbf{1} & -\boldsymbol{\Sigma}_{xy}\boldsymbol{\Sigma}_{yy}^{-1}\\ \mathbf{0} & \mathbf{1}\end{bmatrix}\left(\begin{bmatrix}\boldsymbol{x}\\ \boldsymbol{y}\end{bmatrix}-\begin{bmatrix}\boldsymbol{\mu}_x\\ \boldsymbol{\mu}_y\end{bmatrix}\right)\\
&=\left(\boldsymbol{x}-\boldsymbol{\mu}_x-\boldsymbol{\Sigma}_{xy}\boldsymbol{\Sigma}_{yy}^{-1}(\boldsymbol{y}-\boldsymbol{\mu}_y)\right)^{\mathrm{T}}\left(\boldsymbol{\Sigma}_{xx}-\boldsymbol{\Sigma}_{xy}\boldsymbol{\Sigma}_{yy}^{-1}\boldsymbol{\Sigma}_{yx}\right)^{-1}\\
&\quad\times\left(\boldsymbol{x}-\boldsymbol{\mu}_x-\boldsymbol{\Sigma}_{xy}\boldsymbol{\Sigma}_{yy}^{-1}(\boldsymbol{y}-\boldsymbol{\mu}_y)\right)+(\boldsymbol{y}-\boldsymbol{\mu}_y)^{\mathrm{T}}\boldsymbol{\Sigma}_{yy}^{-1}(\boldsymbol{y}-\boldsymbol{\mu}_y)
\end{aligned} \tag{2.52}$$

这是两个二次项的和。由于幂运算中同底数幂相乘，底数不变、指数相加的性质，可以得到：

$$p(\boldsymbol{x},\boldsymbol{y})=p(\boldsymbol{x}|\boldsymbol{y})p(\boldsymbol{y}) \tag{2.53a}$$

$$p(\boldsymbol{x}|\boldsymbol{y})=\mathcal{N}\left(\boldsymbol{\mu}_x+\boldsymbol{\Sigma}_{xy}\boldsymbol{\Sigma}_{yy}^{-1}(\boldsymbol{y}-\boldsymbol{\mu}_y),\boldsymbol{\Sigma}_{xx}-\boldsymbol{\Sigma}_{xy}\boldsymbol{\Sigma}_{yy}^{-1}\boldsymbol{\Sigma}_{yx}\right) \tag{2.53b}$$

$$p(\boldsymbol{y})=\mathcal{N}(\boldsymbol{\mu}_y,\boldsymbol{\Sigma}_{yy}) \tag{2.53c}$$

我们发现一件重要的事情：因子 $p(\boldsymbol{x}|\boldsymbol{y})$，$p(\boldsymbol{y})$ 都是高斯概率密度函数。更进一步，如果我们知道 $\boldsymbol{y}$ 的值（比如，它的观测值），就可以用等式（2.53b）通过计算 $p(\boldsymbol{x}|\boldsymbol{y})$ 得到在给定 $\boldsymbol{y}$ 值情况下的 $\boldsymbol{x}$ 的似然值。

这实际上就是**高斯推断**（Gaussian inference）中最重要的部分：我们从状态的先验概率分布出发，然后基于一些观测值 $\boldsymbol{y}_{\text{meas}}$ 来缩小这个范围。在式（2.53b）中，可以看到均值发生了一些调整，协方差矩阵则变小了一些。

2.2.4　统计独立性、不相关性

在高斯概率密度函数的情况下，统计独立性和不相关性是等价的，即统计独立的两个高斯变量是不相关的（对于一般的概率密度函数通常成立），不相关的两个高斯变量也是统计独立的（并不是所有的概率密度函数都成立）。通过式（2.53）可以很容易发现这点。如果我们假设它们是概率独立的，即 $p(\boldsymbol{x},\boldsymbol{y})=p(\boldsymbol{x})p(\boldsymbol{y})$，那么 $p(\boldsymbol{x}|\boldsymbol{y})=p(\boldsymbol{x})=\mathcal{N}(\boldsymbol{\mu}_x,\boldsymbol{\Sigma}_{xx})$。仔细观察式（2.53b），可以发现：

$$\boldsymbol{\Sigma}_{xy}\boldsymbol{\Sigma}_{yy}^{-1}(\boldsymbol{y}-\boldsymbol{\mu}_y)=\mathbf{0} \tag{2.54a}$$

$$\boldsymbol{\Sigma}_{xy}\boldsymbol{\Sigma}_{yy}^{-1}\boldsymbol{\Sigma}_{yx}=\mathbf{0} \tag{2.54b}$$

更进一步，可以得到 $\boldsymbol{\Sigma}_{xy}=\mathbf{0}$。既然

$$\boldsymbol{\Sigma}_{xy}=E\left[(\boldsymbol{x}-\boldsymbol{\mu}_x)(\boldsymbol{y}-\boldsymbol{\mu}_y)^{\mathrm{T}}\right]=E\left[\boldsymbol{x}\boldsymbol{y}^{\mathrm{T}}\right]-E[\boldsymbol{x}]E[\boldsymbol{y}]^{\mathrm{T}} \tag{2.55}$$

那么就可以得到不相关成立的条件：

$$E\left[\boldsymbol{x}\boldsymbol{y}^{\mathrm{T}}\right]=E[\boldsymbol{x}]E[\boldsymbol{y}]^{\mathrm{T}} \tag{2.56}$$

我们也可以从另一个角度来思考这件事。首先假设变量是不相关的，那么 $\boldsymbol{\Sigma}_{xy}=\mathbf{0}$，于是它们是统计独立的。既然这些条件都是一样的，在高斯概率密度函数的情况下，就可以相互替代着使用**统计独立**和**不相关**的术语。

2.2.5 高斯分布随机变量的线性变换

假设有高斯随机变量

$$\boldsymbol{x}\in\mathbb{R}^N\sim\mathcal{N}(\boldsymbol{\mu}_x,\boldsymbol{\Sigma}_{xx})$$

以及另一个与 $\boldsymbol{x}$ 线性相关的随机变量 $\boldsymbol{y}\in\mathbb{R}^M$：

$$\boldsymbol{y}=\boldsymbol{G}\boldsymbol{x} \tag{2.57}$$

其中 $\boldsymbol{G}\in\mathbb{R}^{M\times N}$ 是一个常量矩阵。我们的目标是研究 $\boldsymbol{y}$ 的统计特性。一个简单的方法是直接计算期望和方差：

$$\boldsymbol{\mu}_y=E[\boldsymbol{y}]=E[\boldsymbol{G}\boldsymbol{x}]=\boldsymbol{G}E[\boldsymbol{x}]=\boldsymbol{G}\boldsymbol{\mu}_x \tag{2.58a}$$

$$\begin{aligned}\boldsymbol{\Sigma}_{yy}&=E\left[(\boldsymbol{y}-\boldsymbol{\mu}_y)(\boldsymbol{y}-\boldsymbol{\mu}_y)^{\mathrm{T}}\right]\\&=\boldsymbol{G}E\left[(\boldsymbol{x}-\boldsymbol{\mu}_x)(\boldsymbol{x}-\boldsymbol{\mu}_x)^{\mathrm{T}}\right]\boldsymbol{G}^{\mathrm{T}}=\boldsymbol{G}\boldsymbol{\Sigma}_{xx}\boldsymbol{G}^{\mathrm{T}}\end{aligned} \tag{2.58b}$$

那么，我们就得到 $\boldsymbol{y}\sim\mathcal{N}(\boldsymbol{\mu}_y,\boldsymbol{\Sigma}_{yy})=\mathcal{N}(\boldsymbol{G}\boldsymbol{\mu}_x,\boldsymbol{G}\boldsymbol{\Sigma}_{xx}\boldsymbol{G}^{\mathrm{T}})$。

接下来我们用到的另外一个方法是变量代换法。我们假设这个映射是**单射**，意思是两个 $\boldsymbol{x}$ 值不可能和同一个 $\boldsymbol{y}$ 值对应；事实上，我们可以通过假定一个更严格的条件来简化单射条件，即 $\boldsymbol{G}$ 是可逆的（因此 $M=N$）。根据全概率公理：

$$\int_{-\infty}^{\infty}p(\boldsymbol{x})\mathrm{d}\boldsymbol{x}=1 \tag{2.59}$$

一个小区域内的 $\boldsymbol{x}$ 映射到 $\boldsymbol{y}$ 上，变为：

$$\mathrm{d}\boldsymbol{y}=|\det\boldsymbol{G}|\,\mathrm{d}\boldsymbol{x} \tag{2.60}$$

于是可以代入上式，有：

$$\begin{aligned}1&=\int_{-\infty}^{\infty}p(\boldsymbol{x})\mathrm{d}\boldsymbol{x}\\&=\int_{-\infty}^{\infty}\frac{1}{\sqrt{(2\pi)^N\det\boldsymbol{\Sigma}_{xx}}}\exp\left(-\frac{1}{2}(\boldsymbol{x}-\boldsymbol{\mu}_x)^{\mathrm{T}}\boldsymbol{\Sigma}_{xx}^{-1}(\boldsymbol{x}-\boldsymbol{\mu}_x)\right)\mathrm{d}\boldsymbol{x}\\&=\int_{-\infty}^{\infty}\frac{1}{\sqrt{(2\pi)^N\det\boldsymbol{\Sigma}_{xx}}}\exp\left(-\frac{1}{2}(\boldsymbol{G}^{-1}\boldsymbol{y}-\boldsymbol{\mu}_x)^{\mathrm{T}}\boldsymbol{\Sigma}_{xx}^{-1}(\boldsymbol{G}^{-1}\boldsymbol{y}-\boldsymbol{\mu}_x)\right)|\det\boldsymbol{G}|^{-1}\mathrm{d}\boldsymbol{y}\\&=\int_{-\infty}^{\infty}\frac{1}{\sqrt{(2\pi)^N\det\boldsymbol{G}\det\boldsymbol{\Sigma}_{xx}\det\boldsymbol{G}^{\mathrm{T}}}}\exp\left(-\frac{1}{2}(\boldsymbol{y}-\boldsymbol{G}\boldsymbol{\mu}_x)^{\mathrm{T}}\boldsymbol{G}^{-\mathrm{T}}\boldsymbol{\Sigma}_{xx}^{-1}\boldsymbol{G}^{-1}(\boldsymbol{y}-\boldsymbol{G}\boldsymbol{\mu}_x)\right)\mathrm{d}\boldsymbol{y}\\&=\int_{-\infty}^{\infty}\frac{1}{\sqrt{(2\pi)^N\det(\boldsymbol{G}\boldsymbol{\Sigma}_{xx}\boldsymbol{G}^{\mathrm{T}})}}\exp\left(-\frac{1}{2}(\boldsymbol{y}-\boldsymbol{G}\boldsymbol{\mu}_x)^{\mathrm{T}}(\boldsymbol{G}\boldsymbol{\Sigma}_{xx}\boldsymbol{G}^{\mathrm{T}})^{-1}(\boldsymbol{y}-\boldsymbol{G}\boldsymbol{\mu}_x)\right)\mathrm{d}\boldsymbol{y}\end{aligned} \tag{2.61}$$

从上式我们同样可以得到 $\boldsymbol{\mu}_y = \boldsymbol{G}\boldsymbol{\mu}_x$ 以及 $\boldsymbol{\Sigma}_{yy} = \boldsymbol{G}\boldsymbol{\Sigma}_{xx}\boldsymbol{G}^{\mathrm{T}}$。值得注意的是，如果 $M < N$，线性映射就不是单射的了，我们就无法通过定积分变量代换的方法求得 $\boldsymbol{y}$ 的分布。

但是反过来，如果 $M < N$，$\operatorname{rank}(\boldsymbol{G}) = M$，同样可以考虑从 $\boldsymbol{y}$ 到 $\boldsymbol{x}$ 的线性映射。但这其实有点麻烦，因为这个映射[16]把变量扩张到了一个更大的空间当中，因此实际上得到的 $\boldsymbol{x}$ 的协方差矩阵会变大[17]。为了避免这个问题，我们采用**信息矩阵形式**（information form）。令

$$\boldsymbol{u} = \boldsymbol{\Sigma}_{yy}^{-1}\boldsymbol{y} \tag{2.62}$$

我们得到：

$$\boldsymbol{u} \sim \mathcal{N}\left(\boldsymbol{\Sigma}_{yy}^{-1}\boldsymbol{\mu}_y, \boldsymbol{\Sigma}_{yy}^{-1}\right) \tag{2.63}$$

同样地，令

$$\boldsymbol{v} = \boldsymbol{\Sigma}_{xx}^{-1}\boldsymbol{x} \tag{2.64}$$

可以得到：

$$\boldsymbol{v} \sim \mathcal{N}\left(\boldsymbol{\Sigma}_{xx}^{-1}\boldsymbol{\mu}_x, \boldsymbol{\Sigma}_{xx}^{-1}\right) \tag{2.65}$$

由于 $\boldsymbol{y}$ 到 $\boldsymbol{x}$ 的映射不是唯一的，所以我们需要选择一个特别的映射，设为：

$$\boldsymbol{v} = \boldsymbol{G}^{\mathrm{T}}\boldsymbol{u} \quad\Leftrightarrow\quad \boldsymbol{\Sigma}_{xx}^{-1}\boldsymbol{x} = \boldsymbol{G}^{\mathrm{T}}\boldsymbol{\Sigma}_{yy}^{-1}\boldsymbol{y} \tag{2.66}$$

那么就可以计算期望：

$$\boldsymbol{\Sigma}_{xx}^{-1}\boldsymbol{\mu}_x = E[\boldsymbol{v}] = E\left[\boldsymbol{G}^{\mathrm{T}}\boldsymbol{u}\right] = \boldsymbol{G}^{\mathrm{T}}E[\boldsymbol{u}] = \boldsymbol{G}^{\mathrm{T}}\boldsymbol{\Sigma}_{yy}^{-1}\boldsymbol{\mu}_y \tag{2.67a}$$

$$\begin{aligned}\boldsymbol{\Sigma}_{xx}^{-1} &= E\left[\left(\boldsymbol{v} - \boldsymbol{\Sigma}_{xx}^{-1}\boldsymbol{\mu}_x\right)\left(\boldsymbol{v} - \boldsymbol{\Sigma}_{xx}^{-1}\boldsymbol{\mu}_x\right)^{\mathrm{T}}\right] \\ &= \boldsymbol{G}^{\mathrm{T}}E\left[\left(\boldsymbol{u} - \boldsymbol{\Sigma}_{yy}^{-1}\boldsymbol{\mu}_y\right)\left(\boldsymbol{u} - \boldsymbol{\Sigma}_{yy}^{-1}\boldsymbol{\mu}_y\right)^{\mathrm{T}}\right]\boldsymbol{G} = \boldsymbol{G}^{\mathrm{T}}\boldsymbol{\Sigma}_{yy}^{-1}\boldsymbol{G}\end{aligned} \tag{2.67b}$$

值得注意的是，如果 $\boldsymbol{\Sigma}_{xx}^{-1}$ 没有满秩，那就不能恢复 $\boldsymbol{\Sigma}_{xx}$ 和 $\boldsymbol{\mu}_x$，因而只能以信息的形式表达分布。但是不用担心，这种信息形式表达的分布也能够融合起来，这是我们下一节将要讨论的内容。

2.2.6　高斯概率密度函数的归一化积

我们现在来讨论高斯概率密度函数中一个有用的性质，即 K 个高斯概率密度函数的归一化积（参考 2.1.6 节）仍然是高斯概率密度函数：

$$\exp\left(-\frac{1}{2}(\boldsymbol{x}-\boldsymbol{\mu})^{\mathrm{T}}\boldsymbol{\Sigma}^{-1}(\boldsymbol{x}-\boldsymbol{\mu})\right) \equiv \eta\prod_{k=1}^{K}\exp\left(-\frac{1}{2}(\boldsymbol{x}-\boldsymbol{\mu}_k)^{\mathrm{T}}\boldsymbol{\Sigma}_k^{-1}(\boldsymbol{x}-\boldsymbol{\mu}_k)\right) \tag{2.68}$$

其中

$$\boldsymbol{\Sigma}^{-1} = \sum_{k=1}^{K}\boldsymbol{\Sigma}_k^{-1} \tag{2.69a}$$

$$\boldsymbol{\Sigma}^{-1}\boldsymbol{\mu} = \sum_{k=1}^{K}\boldsymbol{\Sigma}_k^{-1}\boldsymbol{\mu}_k \tag{2.69b}$$

[16] 扩张指的是反向的映射。

[17] 此处指矩阵的尺寸。——译者注

η 是一个归一化常量，它确保密度函数满足全概率公理。当我们把多个估计融合在一起的时候，就需要使用高斯归一化乘积。图 2–3 提供了一个一维的例子。

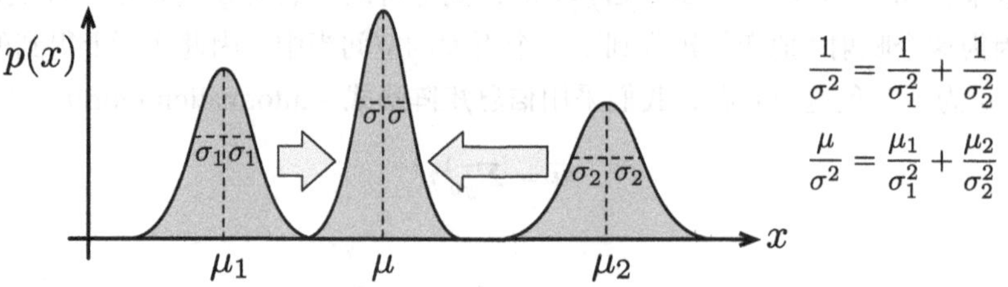

图 2–3　两个高斯密度函数做归一化积后，得到一个新的高斯密度函数

对于高斯分布随机变量的线性变换，我们也有类似的结果：

$$\exp\left(-\frac{1}{2}(\boldsymbol{x}-\boldsymbol{\mu})^{\mathrm{T}}\boldsymbol{\Sigma}^{-1}(\boldsymbol{x}-\boldsymbol{\mu})\right) \equiv \eta\prod_{k=1}^{K}\exp\left(-\frac{1}{2}(\boldsymbol{G}_k\boldsymbol{x}-\boldsymbol{\mu}_k)^{\mathrm{T}}\boldsymbol{\Sigma}_k^{-1}(\boldsymbol{G}_k\boldsymbol{x}-\boldsymbol{\mu}_k)\right) \tag{2.70}$$

其中

$$\boldsymbol{\Sigma}^{-1} = \sum_{k=1}^{K}\boldsymbol{G}_k^{\mathrm{T}}\boldsymbol{\Sigma}_k^{-1}\boldsymbol{G}_k \tag{2.71a}$$

$$\boldsymbol{\Sigma}^{-1}\boldsymbol{\mu} = \sum_{k=1}^{K}\boldsymbol{G}_k^{\mathrm{T}}\boldsymbol{\Sigma}_k^{-1}\boldsymbol{\mu}_k \tag{2.71b}$$

其中矩阵 $\boldsymbol{G}_k \in \mathbb{R}^{M_k\times N}$ $(M_k \leqslant N)$，η 是一个归一化常数。注意此式是对式（2.68）的推广。

2.2.7 Sherman-Morrison-Woodbury 等式

本节我们讲解 Sherman-Morrison-Woodbury（SMW）[16–18] 恒等式（有时也称为**矩阵求逆引理**（matrix inversion lemma））。实际上，这个等式是从一个恒等式衍生出来的四个不同的等式。

SMW 公式以美国统计学家 Jack Sherman，Winifred J. Morrison 和 Max A. Woodbury 的名字命名，但也曾经由英国数学家 W. Duncan，美国统计学家 L. Guttman 和 M. Bartlett 以及其他人独立提出。

对于可逆矩阵，我们可以将它分解为一个下三角-对角-上三角（lower-diagonal-upper，LDU）形式或上三角-对角-下三角（upper-diagonal-lower，UDL）形式，如下所示：

$$\begin{aligned}
&\begin{bmatrix} \boldsymbol{A}^{-1} & -\boldsymbol{B} \\ \boldsymbol{C} & \boldsymbol{D} \end{bmatrix} \\
&= \begin{bmatrix} \boldsymbol{1} & \boldsymbol{0} \\ \boldsymbol{CA} & \boldsymbol{1} \end{bmatrix}\begin{bmatrix} \boldsymbol{A}^{-1} & \boldsymbol{0} \\ \boldsymbol{0} & \boldsymbol{D}+\boldsymbol{CAB} \end{bmatrix}\begin{bmatrix} \boldsymbol{1} & -\boldsymbol{AB} \\ \boldsymbol{0} & \boldsymbol{1} \end{bmatrix} \quad \text{(LDU)} \\
&= \begin{bmatrix} \boldsymbol{1} & -\boldsymbol{BD}^{-1} \\ \boldsymbol{0} & \boldsymbol{1} \end{bmatrix}\begin{bmatrix} \boldsymbol{A}^{-1}+\boldsymbol{BD}^{-1}\boldsymbol{C} & \boldsymbol{0} \\ \boldsymbol{0} & \boldsymbol{D} \end{bmatrix}\begin{bmatrix} \boldsymbol{1} & \boldsymbol{0} \\ \boldsymbol{D}^{-1}\boldsymbol{C} & \boldsymbol{1} \end{bmatrix} \quad \text{(UDL)}
\end{aligned} \tag{2.72}$$

接着对等式两侧求逆。对于 LDU，有：

$$\begin{aligned}&\begin{bmatrix}\boldsymbol{A}^{-1} & -\boldsymbol{B}\\ \boldsymbol{C} & \boldsymbol{D}\end{bmatrix}^{-1}\\ &= \begin{bmatrix}\mathbf{1} & \boldsymbol{AB}\\ \mathbf{0} & \mathbf{1}\end{bmatrix}\begin{bmatrix}\boldsymbol{A} & \mathbf{0}\\ \mathbf{0} & (\boldsymbol{D}+\boldsymbol{CAB})^{-1}\end{bmatrix}\begin{bmatrix}\mathbf{1} & \mathbf{0}\\ -\boldsymbol{CA} & \mathbf{1}\end{bmatrix}\\ &= \begin{bmatrix}\boldsymbol{A}-\boldsymbol{AB}(\boldsymbol{D}+\boldsymbol{CAB})^{-1}\boldsymbol{CA} & \boldsymbol{AB}(\boldsymbol{D}+\boldsymbol{CAB})^{-1}\\ -(\boldsymbol{D}+\boldsymbol{CAB})^{-1}\boldsymbol{CA} & (\boldsymbol{D}+\boldsymbol{CAB})^{-1}\end{bmatrix}\end{aligned} \tag{2.73}$$

对于 UDL，有：

$$\begin{aligned}&\begin{bmatrix}\boldsymbol{A}^{-1} & -\boldsymbol{B}\\ \boldsymbol{C} & \boldsymbol{D}\end{bmatrix}^{-1}\\ &= \begin{bmatrix}\mathbf{1} & \mathbf{0}\\ -\boldsymbol{D}^{-1}\boldsymbol{C} & \mathbf{1}\end{bmatrix}\begin{bmatrix}(\boldsymbol{A}^{-1}+\boldsymbol{BD}^{-1}\boldsymbol{C})^{-1} & \mathbf{0}\\ \mathbf{0} & \boldsymbol{D}^{-1}\end{bmatrix}\begin{bmatrix}\mathbf{1} & \boldsymbol{BD}^{-1}\\ \mathbf{0} & \mathbf{1}\end{bmatrix}\\ &= \begin{bmatrix}(\boldsymbol{A}^{-1}+\boldsymbol{BD}^{-1}\boldsymbol{C})^{-1} & (\boldsymbol{A}^{-1}+\boldsymbol{BD}^{-1}\boldsymbol{C})^{-1}\boldsymbol{BD}^{-1}\\ -\boldsymbol{D}^{-1}\boldsymbol{C}(\boldsymbol{A}^{-1}+\boldsymbol{BD}^{-1}\boldsymbol{C})^{-1} & \boldsymbol{D}^{-1}-\boldsymbol{D}^{-1}\boldsymbol{C}(\boldsymbol{A}^{-1}+\boldsymbol{BD}^{-1}\boldsymbol{C})^{-1}\boldsymbol{BD}^{-1}\end{bmatrix}\end{aligned} \tag{2.74}$$

对比式（2.73）和式（2.74）的结果，得到如下恒等式：

$$(\boldsymbol{A}^{-1}+\boldsymbol{BD}^{-1}\boldsymbol{C})^{-1} \equiv \boldsymbol{A}-\boldsymbol{AB}(\boldsymbol{D}+\boldsymbol{CAB})^{-1}\boldsymbol{CA} \tag{2.75a}$$

$$(\boldsymbol{D}+\boldsymbol{CAB})^{-1} \equiv \boldsymbol{D}^{-1}-\boldsymbol{D}^{-1}\boldsymbol{C}(\boldsymbol{A}^{-1}+\boldsymbol{BD}^{-1}\boldsymbol{C})^{-1}\boldsymbol{BD}^{-1} \tag{2.75b}$$

$$\boldsymbol{AB}(\boldsymbol{D}+\boldsymbol{CAB})^{-1} \equiv (\boldsymbol{A}^{-1}+\boldsymbol{BD}^{-1}\boldsymbol{C})^{-1}\boldsymbol{BD}^{-1} \tag{2.75c}$$

$$(\boldsymbol{D}+\boldsymbol{CAB})^{-1}\boldsymbol{CA} \equiv \boldsymbol{D}^{-1}\boldsymbol{C}(\boldsymbol{A}^{-1}+\boldsymbol{BD}^{-1}\boldsymbol{C})^{-1} \tag{2.75d}$$

在处理高斯概率密度函数的协方差矩阵时，这些恒等式会被频繁地用到。

2.2.8　高斯分布随机变量的非线性变换

接下来我们来研究高斯分布经过一个随机非线性变换之后的情况，即计算：

$$p(\boldsymbol{y}) = \int_{-\infty}^{\infty} p(\boldsymbol{y}|\boldsymbol{x})\, p(\boldsymbol{x})\, \mathrm{d}\boldsymbol{x} \tag{2.76}$$

其中

$$p(\boldsymbol{y}|\boldsymbol{x}) = \mathcal{N}(\boldsymbol{g}(\boldsymbol{x}), \boldsymbol{R}) \tag{2.77a}$$

$$p(\boldsymbol{x}) = \mathcal{N}(\boldsymbol{\mu}_x, \boldsymbol{\Sigma}_{xx}) \tag{2.77b}$$

这里 $\boldsymbol{g}(\cdot)$ 表示 $\boldsymbol{g}: \boldsymbol{x} \mapsto \boldsymbol{y}$，是一个非线性映射。它受零均值高斯噪声干扰，其协方差为 $\boldsymbol{R}$。后文我们需要用到这类随机非线性映射对传感器进行建模。将高斯分布传递进非线性变换中是有必要的，例如，在贝叶斯推断时，贝叶斯公式的分母往往就存在这样的一个非线性变换。

标量情况下的非线性映射

先来看一下简化的情况：x 为标量，非线性函数 $g(\cdot)$ 是确定的（即 $R=0$）。设 $x\in\mathbb{R}^1$ 为高斯随机变量：

$$x \sim \mathcal{N}\left(0,\sigma^2\right) \tag{2.78}$$

x 的 PDF 为：

$$p(x)=\frac{1}{\sqrt{2\pi\sigma^2}}\exp\left(-\frac{1}{2}\frac{x^2}{\sigma^2}\right) \tag{2.79}$$

现在考虑非线性映射：

$$y=\exp(x) \tag{2.80}$$

它显然是可逆的：

$$x=\ln(y) \tag{2.81}$$

在无穷小区间上，x 和 y 的关系为：

$$\mathrm{d}y=\exp(x)\mathrm{d}x \tag{2.82}$$

或者

$$\mathrm{d}x=\frac{1}{y}\mathrm{d}y \tag{2.83}$$

根据全概率公理，有：

$$\begin{aligned}
1&=\int_{-\infty}^{\infty}p(x)\mathrm{d}x \\
&=\int_{-\infty}^{\infty}\frac{1}{\sqrt{2\pi\sigma^2}}\exp\left(-\frac{1}{2}\frac{x^2}{\sigma^2}\right)\mathrm{d}x \\
&=\int_{0}^{\infty}\underbrace{\frac{1}{\sqrt{2\pi\sigma^2}}\exp\left(-\frac{1}{2}\frac{(\ln(y))^2}{\sigma^2}\right)\frac{1}{y}}_{p(y)}\mathrm{d}y \\
&=\int_{0}^{\infty}p(y)\mathrm{d}y
\end{aligned} \tag{2.84}$$

上式为 $p(y)$ 的确切表达式，在 $\sigma^2=1$ 时，它的图像如图 2–4 中黑色曲线所示；曲线以下的部分，从 $y=0$ 到 ∞ 的面积总和为 1。通过对 x 进行大量采样，再经过非线性变换 $g(\cdot)$ 后，可以得到灰色的直方图，它可以看作是黑色曲线的近似值。可以看到该近似值吻合于真实值，验证了上述变换的正确性。

注意，因为经过了非线性变换，$p(y)$ 不再服从高斯分布。我们可以从数值上验证这个函数下方区域的面积仍然是 1（即是一个有效的概率密度函数）。需要注意的是，这里需要仔细处理变量代换过程（比如不能漏掉 $1/y$ 因子），否则，我们可能会得到一个无效的概率密度函数。

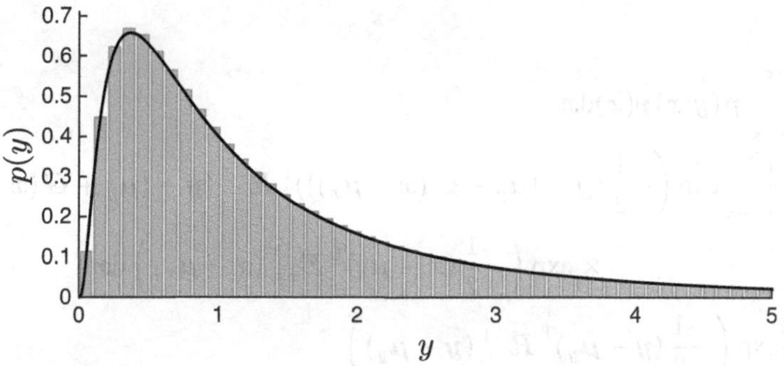

图 2–4 对高斯随机变量 $p(x)=\frac{1}{\sqrt{2\pi}}\exp\left(-\frac{1}{2}x^2\right)$ 进行非线性变换 $y=\exp(x)$ 后，得到的密度函数图像

一般情况下的线性化处理

然而式（2.76）并不是对于每个 $\boldsymbol{g}(\cdot)$ 都能得到闭式解[18]，而且在多维变量的情况下，计算会变得无比复杂。还有，当非线性变换具有随机性时（$\boldsymbol{R}>0$），由于存在多余的噪声输入，映射必然是不可逆的，我们需要一个不同的方法来处理这种情况。实际上存在若干种不同的处理方式。本节我们将介绍最常用的方法，**线性化**（linearization）。

对非线性变换进行线性化后，得到：

$$
\begin{aligned}
\boldsymbol{g}(\boldsymbol{x}) &\approx \boldsymbol{\mu}_y+\boldsymbol{G}(\boldsymbol{x}-\boldsymbol{\mu}_x)\\
\boldsymbol{G} &= \left.\frac{\partial \boldsymbol{g}(\boldsymbol{x})}{\partial \boldsymbol{x}}\right|_{\boldsymbol{x}=\boldsymbol{\mu}_x}\\
\boldsymbol{\mu}_y &= \boldsymbol{g}(\boldsymbol{\mu}_x)
\end{aligned}
\tag{2.85}
$$

其中 $\boldsymbol{G}$ 是 $\boldsymbol{g}(\cdot)$ 关于 $\boldsymbol{x}$ 的雅可比矩阵。在线性化后，我们就可以得到上述问题的"闭式解"，这个解实际上是上述问题的一个近似解，当这个映射的非线性性质不强的时候，该近似解才成立。

图 2–5 描述了一个一维高斯 PDF通过非线性变换 $g(\cdot)$ 后的结果，其中我们对 $g(\cdot)$ 进行了线性化。大体来说，使用随机函数进行计算都会引入附加噪声。

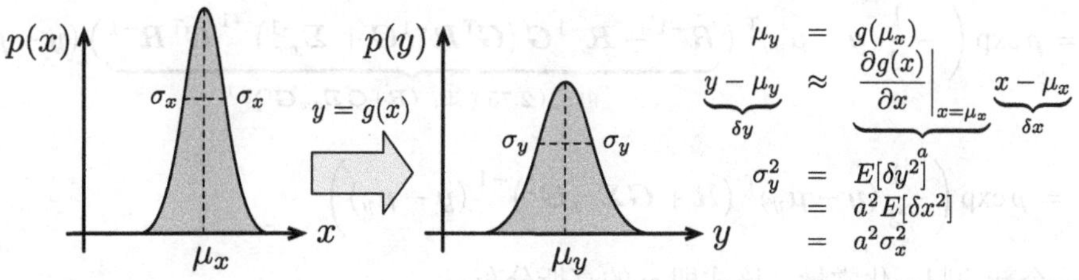

图 2–5 把一维高斯随机变量传入确定的非线性变换 $g(\cdot)$ 后的结果。我们通过对变换进行线性化，近似地传递了它的协方差

回到式（2.76），我们有：

[18] 闭式解就是解析解。——译者注

$$
\begin{aligned}
p(\boldsymbol{y}) &= \int_{-\infty}^{\infty} p(\boldsymbol{y}|\boldsymbol{x})\, p(\boldsymbol{x}) \mathrm{d}\boldsymbol{x} \\
&= \eta \int_{-\infty}^{\infty} \exp\left(-\frac{1}{2}\left(\boldsymbol{y}-\left(\boldsymbol{\mu}_y+\boldsymbol{G}\left(\boldsymbol{x}-\boldsymbol{\mu}_x\right)\right)\right)^{\mathrm{T}} \boldsymbol{R}^{-1}\left(\boldsymbol{y}-\left(\boldsymbol{\mu}_y+\boldsymbol{G}\left(\boldsymbol{x}-\boldsymbol{\mu}_x\right)\right)\right)\right) \\
&\qquad \times \exp\left(-\frac{1}{2}\left(\boldsymbol{x}-\boldsymbol{\mu}_x\right)^{\mathrm{T}} \boldsymbol{\Sigma}_{xx}^{-1}\left(\boldsymbol{x}-\boldsymbol{\mu}_x\right)\right) \mathrm{d}\boldsymbol{x} \\
&= \eta \exp\left(-\frac{1}{2}\left(\boldsymbol{y}-\boldsymbol{\mu}_y\right)^{\mathrm{T}} \boldsymbol{R}^{-1}\left(\boldsymbol{y}-\boldsymbol{\mu}_y\right)\right) \\
&\qquad \times \int_{-\infty}^{\infty} \exp\left(-\frac{1}{2}\left(\boldsymbol{x}-\boldsymbol{\mu}_x\right)^{\mathrm{T}}\left(\boldsymbol{\Sigma}_{xx}^{-1}+\boldsymbol{G}^{\mathrm{T}} \boldsymbol{R}^{-1} \boldsymbol{G}\right)\left(\boldsymbol{x}-\boldsymbol{\mu}_x\right)\right) \\
&\qquad \times \exp\left(\left(\boldsymbol{y}-\boldsymbol{\mu}_y\right)^{\mathrm{T}} \boldsymbol{R}^{-1} \boldsymbol{G}\left(\boldsymbol{x}-\boldsymbol{\mu}_x\right)\right) \mathrm{d}\boldsymbol{x}
\end{aligned}
\tag{2.86}
$$

其中 η 是归一化常量。定义矩阵 $\boldsymbol{F}$，使得：

$$
\boldsymbol{F}^{\mathrm{T}}\left(\boldsymbol{G}^{\mathrm{T}} \boldsymbol{R}^{-1} \boldsymbol{G}+\boldsymbol{\Sigma}_{xx}^{-1}\right)=\boldsymbol{R}^{-1} \boldsymbol{G}
\tag{2.87}
$$

于是我们可以补全积分里面的平方项[19]，即：

$$
\begin{aligned}
&\exp\left(-\frac{1}{2}\left(\boldsymbol{x}-\boldsymbol{\mu}_x\right)^{\mathrm{T}}\left(\boldsymbol{\Sigma}_{xx}^{-1}+\boldsymbol{G}^{\mathrm{T}} \boldsymbol{R}^{-1} \boldsymbol{G}\right)\left(\boldsymbol{x}-\boldsymbol{\mu}_x\right)\right) \times \exp\left(\left(\boldsymbol{y}-\boldsymbol{\mu}_y\right)^{\mathrm{T}} \boldsymbol{R}^{-1} \boldsymbol{G}\left(\boldsymbol{x}-\boldsymbol{\mu}_x\right)\right) \\
&= \exp\left(-\frac{1}{2}\left(\left(\boldsymbol{x}-\boldsymbol{\mu}_x\right)-\boldsymbol{F}\left(\boldsymbol{y}-\boldsymbol{\mu}_y\right)\right)^{\mathrm{T}}\left(\boldsymbol{G}^{\mathrm{T}} \boldsymbol{R}^{-1} \boldsymbol{G}+\boldsymbol{\Sigma}_{xx}^{-1}\right)\left(\left(\boldsymbol{x}-\boldsymbol{\mu}_x\right)-\boldsymbol{F}\left(\boldsymbol{y}-\boldsymbol{\mu}_y\right)\right)\right) \\
&\qquad \times \exp\left(\frac{1}{2}\left(\boldsymbol{y}-\boldsymbol{\mu}_y\right)^{\mathrm{T}} \boldsymbol{F}^{\mathrm{T}}\left(\boldsymbol{G}^{\mathrm{T}} \boldsymbol{R}^{-1} \boldsymbol{G}+\boldsymbol{\Sigma}_{xx}^{-1}\right) \boldsymbol{F}\left(\boldsymbol{y}-\boldsymbol{\mu}_y\right)\right)
\end{aligned}
\tag{2.88}
$$

其中第二个因子与 $\boldsymbol{x}$ 无关，可以拿到积分外面去。剩下的积分部分（第一个因子）就是 $\boldsymbol{x}$ 的高斯分布，因此对 $\boldsymbol{x}$ 积分可以得到一个常数，再与常数 η 合并。同样地，对 $p(\boldsymbol{y})$，我们有：

$$
\begin{aligned}
p(\boldsymbol{y}) &= \rho \exp\left(-\frac{1}{2}\left(\boldsymbol{y}-\boldsymbol{\mu}_y\right)^{\mathrm{T}}\left(\boldsymbol{R}^{-1}-\boldsymbol{F}^{\mathrm{T}}\left(\boldsymbol{G}^{\mathrm{T}} \boldsymbol{R}^{-1} \boldsymbol{G}+\boldsymbol{\Sigma}_{xx}^{-1}\right) \boldsymbol{F}\right)\left(\boldsymbol{y}-\boldsymbol{\mu}_y\right)\right) \\
&= \rho \exp\Bigg(-\frac{1}{2}\left(\boldsymbol{y}-\boldsymbol{\mu}_y\right)^{\mathrm{T}} \underbrace{\left(\boldsymbol{R}^{-1}-\boldsymbol{R}^{-1} \boldsymbol{G}\left(\boldsymbol{G}^{\mathrm{T}} \boldsymbol{R}^{-1} \boldsymbol{G}+\boldsymbol{\Sigma}_{xx}^{-1}\right)^{-1} \boldsymbol{G}^{\mathrm{T}} \boldsymbol{R}^{-1}\right)}_{\text{由式（2.75）知：}\left(\boldsymbol{R}+\boldsymbol{G} \boldsymbol{\Sigma}_{xx} \boldsymbol{G}^{\mathrm{T}}\right)^{-1}}\left(\boldsymbol{y}-\boldsymbol{\mu}_y\right)\Bigg) \\
&= \rho \exp\left(-\frac{1}{2}\left(\boldsymbol{y}-\boldsymbol{\mu}_y\right)^{\mathrm{T}}\left(\boldsymbol{R}+\boldsymbol{G} \boldsymbol{\Sigma}_{xx} \boldsymbol{G}^{\mathrm{T}}\right)^{-1}\left(\boldsymbol{y}-\boldsymbol{\mu}_y\right)\right)
\end{aligned}
\tag{2.89}
$$

其中 ρ 是一个新的归一化常量。该式即 $\boldsymbol{y}$ 的高斯分布：

$$
\boldsymbol{y} \sim \mathcal{N}\left(\boldsymbol{\mu}_y, \boldsymbol{\Sigma}_{yy}\right)=\mathcal{N}\left(\boldsymbol{g}\left(\boldsymbol{\mu}_x\right), \boldsymbol{R}+\boldsymbol{G} \boldsymbol{\Sigma}_{xx} \boldsymbol{G}^{\mathrm{T}}\right)
\tag{2.90}
$$

后文我们将会看到，式（2.70）和式（2.89）分别组成了经典的离散时间（扩展）卡尔曼滤波[2]的预测和观测部分。这两步分别被看作是滤波器中信息的合成与分解。

---

19 此处是一个配平方，类似于 $a^2-2ab=(a-b)^2-b^2$。——译者注

2.2.9　高斯分布的香农信息

在高斯概率密度分布中，对香农信息，我们有如下表达式：

$$\begin{aligned}
H(\boldsymbol{x}) &= -\int_{-\infty}^{\infty} p(\boldsymbol{x}) \ln p(\boldsymbol{x})\, \mathrm{d}\boldsymbol{x} \\
&= -\int_{-\infty}^{\infty} p(\boldsymbol{x}) \left(-\frac{1}{2}(\boldsymbol{x}-\boldsymbol{\mu})^{\mathrm{T}} \boldsymbol{\Sigma}^{-1}(\boldsymbol{x}-\boldsymbol{\mu}) - \ln\sqrt{(2\pi)^N \det \boldsymbol{\Sigma}}\right) \mathrm{d}\boldsymbol{x} \\
&= \frac{1}{2}\ln\left((2\pi)^N \det \boldsymbol{\Sigma}\right) + \int_{-\infty}^{\infty} \frac{1}{2}(\boldsymbol{x}-\boldsymbol{\mu})^{\mathrm{T}} \boldsymbol{\Sigma}^{-1}(\boldsymbol{x}-\boldsymbol{\mu})\, p(\boldsymbol{x})\, \mathrm{d}\boldsymbol{x} \\
&= \frac{1}{2}\ln\left((2\pi)^N \det \boldsymbol{\Sigma}\right) + \frac{1}{2}E\left[(\boldsymbol{x}-\boldsymbol{\mu})^{\mathrm{T}} \boldsymbol{\Sigma}^{-1}(\boldsymbol{x}-\boldsymbol{\mu})\right]
\end{aligned} \tag{2.91}$$

其中，我们用期望算子来表示第二项。实际上，第二项就是平方**马氏距离**（Mahalanobis distance）的期望值。这个距离与平方欧几里得距离相似，但是在距离计算中引入了协方差矩阵的逆作为权重。这种漂亮的二次形式可以通过线性代数中的**迹**（线性算子）来重写[20]：

$$(\boldsymbol{x}-\boldsymbol{\mu})^{\mathrm{T}} \boldsymbol{\Sigma}^{-1}(\boldsymbol{x}-\boldsymbol{\mu}) = \operatorname{tr}\left(\boldsymbol{\Sigma}^{-1}(\boldsymbol{x}-\boldsymbol{\mu})(\boldsymbol{x}-\boldsymbol{\mu})^{\mathrm{T}}\right) \tag{2.92}$$

普拉桑塔·钱德拉·马哈拉诺比斯（Prasanta Chandra Mahalanobis，1893—1972）是一位印度科学家、应用统计学家，以统计距离中的马氏距离[19]而著称。

由于期望是一种线性运算，我们可以交换期望和迹的运算顺序，得到：

$$\begin{aligned}
E\left[(\boldsymbol{x}-\boldsymbol{\mu})^{\mathrm{T}} \boldsymbol{\Sigma}^{-1}(\boldsymbol{x}-\boldsymbol{\mu})\right] &= \operatorname{tr}\left(E\left[\boldsymbol{\Sigma}^{-1}(\boldsymbol{x}-\boldsymbol{\mu})(\boldsymbol{x}-\boldsymbol{\mu})^{\mathrm{T}}\right]\right) \\
&= \operatorname{tr}\Big(\boldsymbol{\Sigma}^{-1} \underbrace{E\left[(\boldsymbol{x}-\boldsymbol{\mu})(\boldsymbol{x}-\boldsymbol{\mu})^{\mathrm{T}}\right]}_{\boldsymbol{\Sigma}}\Big) \\
&= \operatorname{tr}\left(\boldsymbol{\Sigma}^{-1}\boldsymbol{\Sigma}\right) \\
&= \operatorname{tr}\mathbf{1} \\
&= N
\end{aligned} \tag{2.93}$$

其结果是变量的维度 N。将这个值代回香农信息的表达式中，就得到：

$$\begin{aligned}
H(\boldsymbol{x}) &= \frac{1}{2}\ln\left((2\pi)^N \det \boldsymbol{\Sigma}\right) + \frac{1}{2}E\left[(\boldsymbol{x}-\boldsymbol{\mu})^{\mathrm{T}} \boldsymbol{\Sigma}^{-1}(\boldsymbol{x}-\boldsymbol{\mu})\right] \\
&= \frac{1}{2}\ln\left((2\pi)^N \det \boldsymbol{\Sigma}\right) + \frac{1}{2}N \\
&= \frac{1}{2}\left(\ln\left((2\pi)^N \det \boldsymbol{\Sigma}\right) + N\ln \mathrm{e}\right) \\
&= \frac{1}{2}\ln\left((2\pi\mathrm{e})^N \det \boldsymbol{\Sigma}\right)
\end{aligned} \tag{2.94}$$

这是一个仅和协方差矩阵 $\boldsymbol{\Sigma}$ 有关的函数。实际上，从几何的观点看，可以将 $\sqrt{\det \boldsymbol{\Sigma}}$ 解释为高斯概率密度函数形成的**不确定性椭球**（uncertainty ellipsoid）的体积。图 2–6 显示了一个二维高斯概率密度函数的不确定性椭球（椭圆）。

---

[20] 利用 $\boldsymbol{x}^{\mathrm{T}}\boldsymbol{A}\boldsymbol{x} = \operatorname{tr}(\boldsymbol{A}\boldsymbol{x}\boldsymbol{x}^{\mathrm{T}})$ 可得。——译者注

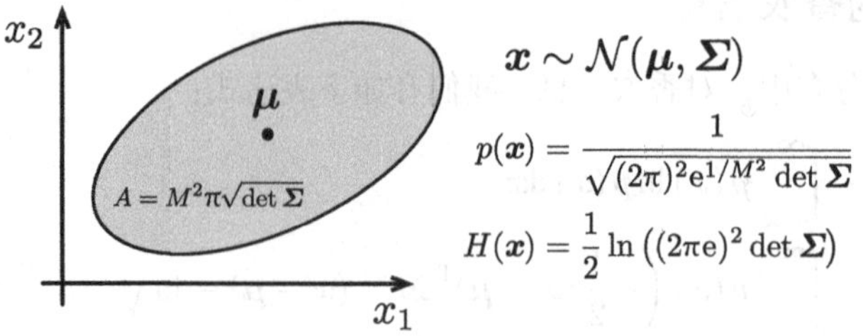

图 2–6 二维高斯密度函数的不确定性椭圆。椭圆内部的集合面积为 $A = M^2\pi\sqrt{\det \boldsymbol{\Sigma}}$。请对比香农信息的表达式

注意，沿着不确定椭圆的边缘，$p(\boldsymbol{x})$ 是一个常量。因为椭圆上的点必须满足：

$$(\boldsymbol{x}-\boldsymbol{\mu})^{\mathrm{T}} \boldsymbol{\Sigma}^{-1} (\boldsymbol{x}-\boldsymbol{\mu}) = \frac{1}{M^2} \tag{2.95}$$

其中 M 是协方差的缩放因子。在这种情况下，我们的 $p(\boldsymbol{x})$ 可以写成：

$$p(\boldsymbol{x}) = \frac{1}{\sqrt{(2\pi)^N e^{1/M^2} \det \boldsymbol{\Sigma}}} \tag{2.96}$$

它实际上是与 $\boldsymbol{x}$ 无关的常量。从这个式子可见，当数据的维度 N 增加时，为了保证 $p(\boldsymbol{x})$ 是定值，我们需要迅速增大 M 的值。

2.2.10 联合高斯概率密度函数的互信息

假设随机变量 $\boldsymbol{x} \in \mathbb{R}^N$ 和 $\boldsymbol{y} \in \mathbb{R}^M$ 的联合高斯分布如下：

$$p(\boldsymbol{x}, \boldsymbol{y}) = \mathcal{N}(\boldsymbol{\mu}, \boldsymbol{\Sigma}) = \mathcal{N}\left(\begin{bmatrix} \boldsymbol{\mu}_x \\ \boldsymbol{\mu}_y \end{bmatrix}, \begin{bmatrix} \boldsymbol{\Sigma}_{xx} & \boldsymbol{\Sigma}_{xy} \\ \boldsymbol{\Sigma}_{yx} & \boldsymbol{\Sigma}_{yy} \end{bmatrix}\right) \tag{2.97}$$

将式（2.94）代入式（2.29）中，我们可以很容易地计算出联合高斯分布的互信息：

$$\begin{aligned} I(\boldsymbol{x}, \boldsymbol{y}) &= \frac{1}{2}\ln\left((2\pi e)^N \det \boldsymbol{\Sigma}_{xx}\right) + \frac{1}{2}\ln\left((2\pi e)^M \det \boldsymbol{\Sigma}_{yy}\right) \\ &\quad - \frac{1}{2}\ln\left((2\pi e)^{M+N} \det \boldsymbol{\Sigma}\right) \\ &= -\frac{1}{2}\ln\left(\frac{\det \boldsymbol{\Sigma}}{\det \boldsymbol{\Sigma}_{xx} \det \boldsymbol{\Sigma}_{yy}}\right) \end{aligned} \tag{2.98}$$

再看式（2.50），有：

$$\begin{aligned} \det \boldsymbol{\Sigma} &= \det \boldsymbol{\Sigma}_{xx} \det\left(\boldsymbol{\Sigma}_{yy} - \boldsymbol{\Sigma}_{yx}\boldsymbol{\Sigma}_{xx}^{-1}\boldsymbol{\Sigma}_{xy}\right) \\ &= \det \boldsymbol{\Sigma}_{yy} \det\left(\boldsymbol{\Sigma}_{xx} - \boldsymbol{\Sigma}_{xy}\boldsymbol{\Sigma}_{yy}^{-1}\boldsymbol{\Sigma}_{yx}\right) \end{aligned} \tag{2.99}$$

将这个式子代入上面的互信息式子就可以得到：

$$\begin{aligned} I(\boldsymbol{x}, \boldsymbol{y}) &= -\frac{1}{2}\ln\det\left(\mathbf{1} - \boldsymbol{\Sigma}_{xx}^{-1}\boldsymbol{\Sigma}_{xy}\boldsymbol{\Sigma}_{yy}^{-1}\boldsymbol{\Sigma}_{yx}\right) \\ &= -\frac{1}{2}\ln\det\left(\mathbf{1} - \boldsymbol{\Sigma}_{yy}^{-1}\boldsymbol{\Sigma}_{yx}\boldsymbol{\Sigma}_{xx}^{-1}\boldsymbol{\Sigma}_{xy}\right) \end{aligned} \tag{2.100}$$

两个式子可以用**西尔维斯特判定定理**（Sylvester's determinant theorem）证明等价。

詹姆斯·约瑟夫·西尔维斯特（James Joseph Sylvester，1814—1897），英国数学家。主要贡献在矩阵论、不变性理论、数论、分拆论和组合数学。西尔维斯特判定定理说的是，即使矩阵 $\boldsymbol{A}, \boldsymbol{B}$ 不为方阵，也有 $\det(\mathbf{1} - \boldsymbol{AB}) = \det(\mathbf{1} - \boldsymbol{BA})$。

2.2.11 高斯概率密度函数的克拉美罗下界

假设我们从高斯概率密度函数进行 K 次采样（即测量），那么每个 $\boldsymbol{x}_{\text{meas},k} \in \mathbb{R}^N$ 都满足高斯分布，而且这 K 个变量是**统计独立**的，因此：

$$(\forall k)\ \boldsymbol{x}_k \sim \mathcal{N}(\boldsymbol{\mu}, \boldsymbol{\Sigma}) \tag{2.101}$$

统计独立的意思是，当 $k \neq \ell$ 时，有 $E\left[(\boldsymbol{x}_k - \boldsymbol{\mu})(\boldsymbol{x}_\ell - \boldsymbol{\mu})^{\mathrm{T}}\right] = \mathbf{0}$。现在，假设我们的目标是从观测值 $\boldsymbol{x}_{\text{meas},1}, \cdots, \boldsymbol{x}_{\text{meas},K}$ 中估计出这个概率密度函数的均值 $\boldsymbol{\mu}$。记 $\boldsymbol{x} = (\boldsymbol{x}_1, \cdots, \boldsymbol{x}_K)$ 表示所有的随机变量，我们有：

$$\ln p(\boldsymbol{x}|\boldsymbol{\mu}, \boldsymbol{\Sigma}) = -\frac{1}{2}(\boldsymbol{x} - \boldsymbol{A\mu})^{\mathrm{T}} \boldsymbol{B}^{-1}(\boldsymbol{x} - \boldsymbol{A\mu}) - \ln\sqrt{(2\pi)^{NK} \det \boldsymbol{B}} \tag{2.102}$$

其中

$$\boldsymbol{A} = \underbrace{[\mathbf{1}\ \mathbf{1}\ \cdots\ \mathbf{1}]}_{K\text{ 块}}^{\mathrm{T}}, \quad \boldsymbol{B} = \operatorname{diag}\underbrace{(\boldsymbol{\Sigma}, \boldsymbol{\Sigma}, \cdots, \boldsymbol{\Sigma})}_{K\text{ 块}} \tag{2.103}$$

这时，我们有：

$$\frac{\partial \ln p(\boldsymbol{x}|\boldsymbol{\mu}, \boldsymbol{\Sigma})^{\mathrm{T}}}{\partial \boldsymbol{\mu}} = \boldsymbol{A}^{\mathrm{T}} \boldsymbol{B}^{-1}(\boldsymbol{x} - \boldsymbol{A\mu}) \tag{2.104}$$

那么费歇尔信息矩阵就是：

$$\begin{aligned}
\boldsymbol{I}(\boldsymbol{x}|\boldsymbol{\mu}) &= E\left[\left(\frac{\partial \ln p(\boldsymbol{x}|\boldsymbol{\mu}, \boldsymbol{\Sigma})}{\partial \boldsymbol{\mu}}\right)^{\mathrm{T}}\left(\frac{\partial \ln p(\boldsymbol{x}|\boldsymbol{\mu}, \boldsymbol{\Sigma})}{\partial \boldsymbol{\mu}}\right)\right] \\
&= E\left[\boldsymbol{A}^{\mathrm{T}}\boldsymbol{B}^{-1}(\boldsymbol{x} - \boldsymbol{A\mu})(\boldsymbol{x} - \boldsymbol{A\mu})^{\mathrm{T}}\boldsymbol{B}^{-1}\boldsymbol{A}\right] \\
&= \boldsymbol{A}^{\mathrm{T}}\boldsymbol{B}^{-1}\underbrace{E\left[(\boldsymbol{x} - \boldsymbol{A\mu})(\boldsymbol{x} - \boldsymbol{A\mu})^{\mathrm{T}}\right]}_{\boldsymbol{B}}\boldsymbol{B}^{-1}\boldsymbol{A} \\
&= \boldsymbol{A}^{\mathrm{T}}\boldsymbol{B}^{-1}\boldsymbol{A} \\
&= K\boldsymbol{\Sigma}^{-1}
\end{aligned} \tag{2.105}$$

我们可以看到它正是高斯逆协方差的 K 倍。因此克拉美罗下界（CRLB）就是：

$$\operatorname{cov}(\hat{\boldsymbol{x}}|\boldsymbol{x}_{\text{meas},1}, \cdots, \boldsymbol{x}_{\text{meas},K}) \geqslant \frac{1}{K}\boldsymbol{\Sigma} \tag{2.106}$$

换句话说，均值估计值 $\hat{\boldsymbol{x}}$ 的不确定下界，随着观测值数量的增加就变得越来越小（这正是我们希望的）。

注意，在计算克拉美罗下界时，我们不需要确定无偏估计的具体形式，因为克拉美罗下界是任何无偏估计的下界。对于高斯分布，不难找到正好位于克拉美罗下界处的估计：

$$\hat{\boldsymbol{x}} = \frac{1}{K}\sum_{k=1}^{K}\boldsymbol{x}_{\mathrm{meas},k} \tag{2.107}$$

这时候估计量的期望为：

$$E[\hat{\boldsymbol{x}}] = E\left[\frac{1}{K}\sum_{k=1}^{K}\boldsymbol{x}_k\right] = \frac{1}{K}\sum_{k=1}^{K}E[\boldsymbol{x}_k] = \frac{1}{K}\sum_{k=1}^{K}\boldsymbol{\mu} = \boldsymbol{\mu} \tag{2.108}$$

这说明此估计的确是无偏的。这时我们可以计算一下估计量的协方差：

$$\begin{aligned}\operatorname{cov}(\hat{\boldsymbol{x}}|\boldsymbol{x}_{\mathrm{meas},1},\cdots,\boldsymbol{x}_{\mathrm{meas},K}) &= E\left[(\hat{\boldsymbol{x}}-\boldsymbol{\mu})(\hat{\boldsymbol{x}}-\boldsymbol{\mu})^{\mathrm{T}}\right] \\ &= E\left[\left(\frac{1}{K}\sum_{k=1}^{K}\boldsymbol{x}_k-\boldsymbol{\mu}\right)\left(\frac{1}{K}\sum_{k=1}^{K}\boldsymbol{x}_k-\boldsymbol{\mu}\right)^{\mathrm{T}}\right] \\ &= \frac{1}{K^2}\sum_{k=1}^{K}\sum_{\ell=1}^{K}\underbrace{E\left[(\boldsymbol{x}_k-\boldsymbol{\mu})(\boldsymbol{x}_\ell-\boldsymbol{\mu})^{\mathrm{T}}\right]}_{\text{当 } k=\ell \text{ 时为 } \boldsymbol{\Sigma}\text{，其他情况为 } \mathbf{0}} \\ &= \frac{1}{K}\boldsymbol{\Sigma}\end{aligned} \tag{2.109}$$

正好等于克拉美罗下界。

2.3 高斯过程

我们已经讨论了高斯随机变量和它们的概率密度。我们将满足高斯分布的变量 $\boldsymbol{x} \in \mathbb{R}^N$ 记为：

$$\boldsymbol{x} \sim \mathcal{N}(\boldsymbol{\mu}, \boldsymbol{\Sigma}) \tag{2.110}$$

并大量使用这类随机变量表达离散时间的状态量。接下来我们要着手讨论时间 t 上的连续的状态量。为此，首先需要引入**高斯过程**（Gaussian processes，GPs）[20]。图 2–7 描述了高斯过程表示的轨迹，其中每个时刻的均值用一个**均值函数**（mean function）$\boldsymbol{\mu}(t)$ 刻画，两个不同时刻的方差用一个**协方差函数**（covariance function）$\boldsymbol{\Sigma}(t,t')$ 刻画。

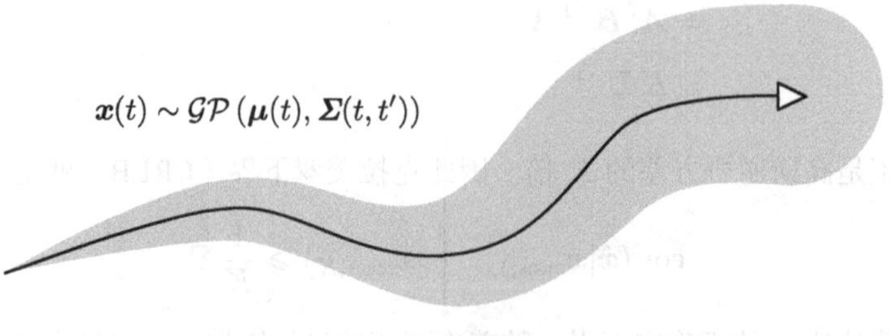

图 2–7 连续时间轨迹可以用高斯过程表示。它的均值函数为黑色的实直线，协方差函数为阴影区域

我们认为整个轨迹是一类函数集合中的一个随机变量。一个函数越接近均值函数，轨迹就越相像。协方差函数通过描述两个时刻 t, t' 的随机变量的相关性来刻画轨迹的平滑程度。我们把这个随机变量函数记为：

$$\boldsymbol{x}(t) \sim \mathcal{GP}\left(\boldsymbol{\mu}(t), \boldsymbol{\Sigma}(t, t')\right) \tag{2.111}$$

它表明了连续时间轨迹是一个高斯过程。实际上高斯过程不仅限于表达对于时间是一维的情况，但本书的内容中仅需要考虑这个特例即可。

如果我们只对某个特定时间 τ 的情况感兴趣，可以写出如下表达式

$$\boldsymbol{x}(\tau) \sim \mathcal{N}\left(\boldsymbol{\mu}(\tau), \boldsymbol{\Sigma}(\tau, \tau)\right) \tag{2.112}$$

此处 $\boldsymbol{\Sigma}(\tau, \tau)$ 就是普通的协方差矩阵了。我们可以边缘化所有其他时刻，只留下这个特定时间 τ 下的 $\boldsymbol{x}(\tau)$，可以把它看作一般的高斯随机变量。

通常，高斯过程有不同的表现形式。我们常用的一个高斯过程是**零均值、白噪声的高斯过程**（zero-mean, white noise process）。对于零均值白噪声 $\boldsymbol{w}(\tau)$，记为：

$$\boldsymbol{w}(\tau) \sim \mathcal{GP}\left(\mathbf{0}, \boldsymbol{Q}\delta(t - t')\right) \tag{2.113}$$

其中 $\boldsymbol{Q}$ 是**能量谱密度矩阵**（power spectral density matrix），$\delta(t-t')$ 是**狄拉克 $\boldsymbol{\delta}$ 函数**（Dirac's delta function）[21]。由于它的值只取决于时间差 $t-t'$，因此零均值的白噪声过程实际上是一个平稳噪声过程[22]。

保罗·埃德里安·莫里斯·狄拉克（Paul Adrien Maurice Dirac, 1902—1984），英国理论物理学家，对量子物理和量子电动力学有杰出贡献。

后文的连续时间状态估计章节中，我们将再次讨论高斯过程。我们将说明，在这种情况下的估计问题被看作是**高斯过程回归**（Gaussian process regression）的一种应用[20]。

2.4　总　结

本章的主要知识点如下：

1. 我们用连续状态空间的概率密度函数表示机器人的状态。
2. 我们将问题约束到高斯概率密度函数，使得计算变得更简单。
3. 我们会频繁地采用贝叶斯法则进行贝叶斯推断，这是一种有效的状态估计方法：我们从一组可能的状态（先验信息）开始，基于实际观测值（后验信息）缩小可能性。

下一章，我们将介绍经典线性高斯系统下的状态估计方法。

---

[21] n 维 δ 函数定义为：$\int_{\mathbb{R}^n} \delta(\boldsymbol{x})\mathrm{d}\boldsymbol{x} = 1$，且 $\delta(\boldsymbol{x}) = \begin{cases} 0 & \boldsymbol{x} \neq \mathbf{0} \\ \infty & \boldsymbol{x} = \mathbf{0} \end{cases}$。但是请注意在零点取值为无穷大并不严谨。——译者注

[22] 所谓平稳过程指的是在任意的若干时刻，它们之间的统计依赖关系仅与这些时刻之间的相对位置有关，而与其绝对位置无关的随机过程。——译者注

2.5 习 题

1. 假设 $\boldsymbol{u}, \boldsymbol{v}$ 是两个相同维度的列向量，请证明下面这个等式：

$$\boldsymbol{u}^{\mathrm{T}}\boldsymbol{v} = \operatorname{tr}\left(\boldsymbol{v}\boldsymbol{u}^{\mathrm{T}}\right)$$

2. 如果我们有两个相互独立的随机变量 $\boldsymbol{x}$ 和 $\boldsymbol{y}$，它们的联合分布为 $p(\boldsymbol{x}, \boldsymbol{y})$，请证明它们联合概率的香农信息等于各自独立香农信息的和：

$$H(\boldsymbol{x}, \boldsymbol{y}) = H(\boldsymbol{x}) + H(\boldsymbol{y})$$

3. 对于高斯分布的随机变量，$\boldsymbol{x} \sim \mathcal{N}(\boldsymbol{\mu}, \boldsymbol{\Sigma})$，请证明下面这个等式：

$$E\left[\boldsymbol{x}\boldsymbol{x}^{\mathrm{T}}\right] = \boldsymbol{\Sigma} + \boldsymbol{\mu}\boldsymbol{\mu}^{\mathrm{T}}$$

4. 对于高斯分布的随机变量，$\boldsymbol{x} \sim \mathcal{N}(\boldsymbol{\mu}, \boldsymbol{\Sigma})$，请证明下面这个等式：

$$\boldsymbol{\mu} = E[\boldsymbol{x}] = \int_{-\infty}^{\infty} \boldsymbol{x} p(\boldsymbol{x}) \mathrm{d}\boldsymbol{x}$$

5. 对于高斯分布的随机变量，$\boldsymbol{x} \sim \mathcal{N}(\boldsymbol{\mu}, \boldsymbol{\Sigma})$，请证明下面这个等式：

$$\boldsymbol{\Sigma} = E\left[(\boldsymbol{x}-\boldsymbol{\mu})(\boldsymbol{x}-\boldsymbol{\mu})^{\mathrm{T}}\right] = \int_{-\infty}^{\infty} (\boldsymbol{x}-\boldsymbol{\mu})(\boldsymbol{x}-\boldsymbol{\mu})^{\mathrm{T}} p(\boldsymbol{x}) \mathrm{d}\boldsymbol{x}$$

6. 对于 K 个相互独立的高斯变量，$\boldsymbol{x}_k \sim \mathcal{N}(\boldsymbol{\mu}_k, \boldsymbol{\Sigma}_k)$，请证明它们的归一化积仍然是高斯分布：

$$\exp\left(-\frac{1}{2}(\boldsymbol{x}-\boldsymbol{\mu})^{\mathrm{T}}\boldsymbol{\Sigma}^{-1}(\boldsymbol{x}-\boldsymbol{\mu})\right) \equiv \eta \prod_{k=1}^{K} \exp\left(-\frac{1}{2}(\boldsymbol{x}_k-\boldsymbol{\mu}_k)^{\mathrm{T}}\boldsymbol{\Sigma}_k^{-1}(\boldsymbol{x}_k-\boldsymbol{\mu}_k)\right)$$

其中

$$\boldsymbol{\Sigma}^{-1} = \sum_{k=1}^{K} \boldsymbol{\Sigma}_k^{-1}, \qquad \boldsymbol{\Sigma}^{-1}\boldsymbol{\mu} = \sum_{k=1}^{K} \boldsymbol{\Sigma}_k^{-1}\boldsymbol{\mu}_k$$

且 η 是归一化因子。

7. 假设有 K 个相互独立的随机变量 $\boldsymbol{x}_k$，它们通过加权组成一个新的随机变量：

$$\boldsymbol{x} = \sum_{k=1}^{K} w_k \boldsymbol{x}_k$$

其中 $\sum_{k=1}^{K} w_k = 1$ 且 $w_k \geqslant 0$，它们的期望表示为：

$$\boldsymbol{\mu} = \sum_{k=1}^{K} w_k \boldsymbol{\mu}_k$$

其中 $\boldsymbol{\mu}_k$ 是 $\boldsymbol{x}_k$ 的均值。请定义出一个计算方差的表达式，注意，这些随机变量并没有假设服从高斯分布。

8. 当 K 维随机变量 $\boldsymbol{x}$ 服从标准正态分布，即 $\boldsymbol{x} \sim \mathcal{N}(\mathbf{0}, \mathbf{1})$，则随机变量

$$y = \boldsymbol{x}^{\mathrm{T}}\boldsymbol{x}$$

服从自由度为 K 的**卡方分布**（chi-squared）。请证明该随机变量的均值为 K，方差为 $2K$。提示：使用 Isserlis 定理。

第 3 章　线性高斯系统的状态估计

本章将介绍含有高斯随机变量的线性系统状态估计问题中的一些经典结论，包括重要的卡尔曼滤波器[2]。我们从离散时间的**批量**（batch）优化问题开始讨论，这可以导出随后非线性情况下的一些重要的结论，作为后文的铺垫。从批量式处理过程中，我们将导出**递归式**（recursive）算法的流程。最后，我们再回到最一般的情况，处理连续时间运动模型，并把连续时间与离散时间的结论统一起来。此外，我们还能看到这些结论与机器学习领域的高斯过程回归有异曲同工之处。除本书以外，其他介绍线性状态估计的经典书籍还有文献 [21–23]。

3.1　离散时间的批量估计问题

我们先来讨论此类问题的定义，再介绍其解决方法。

3.1.1　问题定义

本章绝大多数时候，我们都在考虑**离散时间线性时变**（discrete-time, linear, time-varying）的系统。定义运动和观测模型如下：

$$\text{运动方程：}\boldsymbol{x}_k = \boldsymbol{A}_{k-1}\boldsymbol{x}_{k-1} + \boldsymbol{v}_k + \boldsymbol{w}_k, \quad k = 1, \cdots, K \tag{3.1a}$$

$$\text{观测方程：}\boldsymbol{y}_k = \boldsymbol{C}_k\boldsymbol{x}_k + \boldsymbol{n}_k, \quad k = 0, \cdots, K \tag{3.1b}$$

其中 k 为时间下标，最大值为 K。各变量的含义如下：

$$\begin{array}{ll}
\text{系统状态：} & \boldsymbol{x}_k \in \mathbb{R}^N \\
\text{初始状态：} & \boldsymbol{x}_0 \in \mathbb{R}^N \sim \mathcal{N}(\check{\boldsymbol{x}}_0, \check{\boldsymbol{P}}_0) \\
\text{输入：} & \boldsymbol{v}_k \in \mathbb{R}^N \\
\text{过程噪声：} & \boldsymbol{w}_k \in \mathbb{R}^N \sim \mathcal{N}(\boldsymbol{0}, \boldsymbol{Q}_k) \\
\text{测量：} & \boldsymbol{y}_k \in \mathbb{R}^M \\
\text{测量噪声：} & \boldsymbol{n}_k \in \mathbb{R}^M \sim \mathcal{N}(\boldsymbol{0}, \boldsymbol{R}_k)
\end{array}$$

这些变量中，除了 $\boldsymbol{v}_k$ 为确定性变量之外[1]，其他的变量都是**随机变量**。噪声和初始状态一般假设为互不相关的，并且在各个时刻与自己也互不相关。将矩阵 $\boldsymbol{A}_k \in \mathbb{R}^{N\times N}$ 称为**转移矩阵**（transition matrix），$\boldsymbol{C}_k \in \mathbb{R}^{M\times N}$ 称为**观测矩阵**（observation matrix）。

[1] 有时候，输入又写作 $\boldsymbol{v}_k = \boldsymbol{B}_k\boldsymbol{u}_k$，其中 $\boldsymbol{u}_k \in \mathbb{R}^U$ 称为**输入**，而 $\boldsymbol{B}_k \in \mathbb{R}^{N\times U}$ 称为**控制矩阵**。我们在需要用到它们的时候再介绍这些术语。

尽管我们想知道整个系统在所有时刻的状态，然而我们实际知道的只有以下几个变量，并且要根据它们的信息来估计状态 $\hat{\boldsymbol{x}}_k$：

1. 初始状态 $\check{\boldsymbol{x}}_0$，以及相应的初始协方差矩阵 $\check{\boldsymbol{P}}_0$。有时候我们也不知道初始信息，那就必须在没有初始信息的情况下进行推导[2]。
2. 输入量 $\boldsymbol{v}_k$，通常来自控制器，是已知的[3]；它的噪声协方差矩阵是 $\boldsymbol{Q}_k$。
3. 观测数据 $\boldsymbol{y}_{k,\text{meas}}$ 是观测变量 $\boldsymbol{y}_k$ 的一次**实现**（realization），它的协方差为 $\boldsymbol{R}_k$。

根据前文介绍的模型，我们定义**状态估计问题**为：

状态估计问题是指，在 k 个（一个或多个）时间点上，基于初始的状态信息 $\check{\boldsymbol{x}}_0$、一系列观测数据 $\boldsymbol{y}_{0:K,\text{meas}}$、一系列输入 $\boldsymbol{v}_{1:K}$，以及系统的运动模型和观测模型，来计算系统的真实状态的估计值 $\hat{\boldsymbol{x}}_k$。

本章的后续章节将介绍一系列求解此状态估计问题的方法。我们不光计算状态的估计值，同时也要计算它的不确定性。

为了求解那些更加困难的状态估计问题，我们首先来讨论批量的线性高斯系统的（linear Gaussian, LG）状态估计问题，作为整个旅程的起点。为何要从批量的线性高斯系统出发呢？因为这样一个系统允许我们一次性使用所有的数据，来推算所有时刻的状态——这也是“批量”（batch）一词的用意所在。但是，批量处理方式无法在实时场合应用，因为我们不可能用未来的信息估计过去时刻的状态。因此，我们还需要用到递归式（recursive）的方法，这将在本章后续部分介绍。

为了显示各种方法之间的联系，我们从两个不同的途径着手解决批量 LG 系统的估计问题：

1. **贝叶斯推断**（Bayesian inference） 我们从状态的先验概率密度函数出发，通过初始状态、输入、运动方程和观测数据，计算状态的后验概率密度函数。
2. **最大后验估计**（Maximum A Posteriori, MAP） 我们也可以用优化理论，来寻找给定信息下（初始状态、输入、观测）的最大后验估计。

请注意，尽管上述两种方法本质上是不同的，但我们最终会发现，对 LG 系统，它们将给出同样的结论。主要原因是，在 LG 系统中，贝叶斯后验概率正好是高斯的。所以优化方法会找到高斯分布的最大值（也就是它的**模**（mode）），这也正是高斯的均值。这一点非常关键！因为当我们步入非线性、非高斯领域之后，一个分布的均值和模将不再重合，使得这两类方法给出不同的答案。我们先来看最大后验估计，它更容易解释。

3.1.2 最大后验估计

在批量估计中，MAP 的目标是求解这样一个问题：

$$\hat{\boldsymbol{x}} = \arg\max_{\boldsymbol{x}} p(\boldsymbol{x}|\boldsymbol{v}, \boldsymbol{y}) \tag{3.2}$$

---

[2] 我们用 $(\hat{\cdot})$（上帽子）来表示**后验**估计（包含了观测量的），用 $(\check{\cdot})$（下帽子）表示**先验**估计（不含观测量的）。

[3] 在机器人学中，输入量也可以写成某种内质的测量。这种表示混合了两个不确定性的来源：过程噪声和观测噪声，因此我们需要细致地处理 $\boldsymbol{Q}$，使其能正确地反映这两种不确定性。

也就是说，我们希望在给定先验信息和所有时刻的运动 $\boldsymbol{v}$、观测 $\boldsymbol{y}$[4]的情况下，推测出所有时刻的最优状态 $\hat{\boldsymbol{x}}$。为此我们定义几个宏观的变量：

$$\boldsymbol{x}=\boldsymbol{x}_{0:K}=(\boldsymbol{x}_0,\cdots,\boldsymbol{x}_K),\quad \boldsymbol{v}=(\check{\boldsymbol{x}}_0,\boldsymbol{v}_{1:K})=(\check{\boldsymbol{x}},\boldsymbol{v}_1,\cdots,\boldsymbol{v}_K)$$
$$\boldsymbol{y}=\boldsymbol{y}_{0:K}=(\boldsymbol{y}_0,\cdots,\boldsymbol{y}_K)$$

这里省去了变量的下标，表示所有时刻（也就是时间下标从可能的最小值取到可能的最大值）[5]。请注意我们已经把初始状态和输入量放在了一起，它们给出了先验的信息。然后我们再用观测数据来改进这些先验信息。

首先，用贝叶斯公式重写 MAP 估计：

$$\hat{\boldsymbol{x}}=\arg\max_{\boldsymbol{x}} p(\boldsymbol{x}|\boldsymbol{v},\boldsymbol{y})=\arg\max_{\boldsymbol{x}}\frac{p(\boldsymbol{y}|\boldsymbol{x},\boldsymbol{v})\,p(\boldsymbol{x}|\boldsymbol{v})}{p(\boldsymbol{y}|\boldsymbol{v})}=\arg\max_{\boldsymbol{x}} p(\boldsymbol{y}|\boldsymbol{x})\,p(\boldsymbol{x}|\boldsymbol{v}) \tag{3.3}$$

这里我们把分母略去，因为它和 $\boldsymbol{x}$ 无关。同时省略 $p(\boldsymbol{y}|\boldsymbol{x},\boldsymbol{v})$ 中的 $\boldsymbol{v}$，因为如果 $\boldsymbol{x}$ 已知，它不会影响观测数据（观测方程与它无关）。

接下来我们要做出一个重要的假设：对于所有时刻 $k=0,\cdots,K$，所有的噪声项 $\boldsymbol{w}_k$ 和 $\boldsymbol{n}_k$ 之间是无关的。这使得我们可以用贝叶斯公式对 $p(\boldsymbol{y}|\boldsymbol{x})$ 进行因子分解：

$$p(\boldsymbol{y}|\boldsymbol{x})=\prod_{k=0}^{K} p(\boldsymbol{y}_k|\boldsymbol{x}_k) \tag{3.4}$$

另一方面，贝叶斯定理又允许我们将 $p(\boldsymbol{x}|\boldsymbol{v})$ 分解为：

$$p(\boldsymbol{x}|\boldsymbol{v})=p(\boldsymbol{x}_0|\check{\boldsymbol{x}}_0)\prod_{k=1}^{K} p(\boldsymbol{x}_k|\boldsymbol{x}_{k-1},\boldsymbol{v}_k) \tag{3.5}$$

在线性系统中，高斯密度函数可展开为：

$$p(\boldsymbol{x}_0|\check{\boldsymbol{x}}_0)=\frac{1}{\sqrt{(2\pi)^N\det\check{\boldsymbol{P}}_0}}\times\exp\left(-\frac{1}{2}(\boldsymbol{x}_0-\check{\boldsymbol{x}}_0)^{\mathrm{T}}\check{\boldsymbol{P}}_0^{-1}(\boldsymbol{x}_0-\check{\boldsymbol{x}}_0)\right) \tag{3.6a}$$

$$p(\boldsymbol{x}_k|\boldsymbol{x}_{k-1},\boldsymbol{v}_k)=\frac{1}{\sqrt{(2\pi)^N\det\boldsymbol{Q}_k}}\times\exp\left(-\frac{1}{2}(\boldsymbol{x}_k-\boldsymbol{A}_{k-1}\boldsymbol{x}_{k-1}-\boldsymbol{v}_k)^{\mathrm{T}}\boldsymbol{Q}_k^{-1}(\boldsymbol{x}_k-\boldsymbol{A}_{k-1}\boldsymbol{x}_{k-1}-\boldsymbol{v}_k)\right) \tag{3.6b}$$

$$p(\boldsymbol{y}_k|\boldsymbol{x}_k)=\frac{1}{\sqrt{(2\pi)^M\det\boldsymbol{R}_k}}\times\exp\left(-\frac{1}{2}(\boldsymbol{y}_k-\boldsymbol{C}_k\boldsymbol{x}_k)^{\mathrm{T}}\boldsymbol{R}_k^{-1}(\boldsymbol{y}_k-\boldsymbol{C}_k\boldsymbol{x}_k)\right) \tag{3.6c}$$

---

[4] 为简洁起见，省略 $\boldsymbol{y}_{\text{meas}}$ 的下标 meas。

[5] 有时候，我们称这种对整个序列都有效，而不是对单个时间点的变量使用“提升的”（lifted）形式。提升形式的变量不带下标，所以读者应能分清与普通变量的区别。

请注意我们必须保证 $\check{\boldsymbol{P}}_0, \boldsymbol{Q}_k$ 和 $\boldsymbol{R}_k$ 是可逆的。事实上它们通常被假设为正定的，因而也是可逆的。为了简化优化的过程，对等式两侧各取对数[6]：

$$\ln\left(p\left(\boldsymbol{y}|\boldsymbol{x}\right)p\left(\boldsymbol{x}|\boldsymbol{v}\right)\right)=\ln p\left(\boldsymbol{x}_0|\check{\boldsymbol{x}}_0\right)+\sum_{k=1}^{K}\ln p\left(\boldsymbol{x}_k|\boldsymbol{x}_{k-1},\boldsymbol{v}_k\right)+\sum_{k=0}^{K}\ln p\left(\boldsymbol{y}_k|\boldsymbol{x}_k\right) \tag{3.7}$$

这个过程中：

$$\begin{aligned}\ln p\left(\boldsymbol{x}_0|\check{\boldsymbol{x}}_0\right)=&-\frac{1}{2}(\boldsymbol{x}_0-\check{\boldsymbol{x}}_0)^{\mathrm{T}}\check{\boldsymbol{P}}_0^{-1}\left(\boldsymbol{x}-\check{\boldsymbol{x}}_0\right)\\&\underbrace{-\frac{1}{2}\ln\left((2\pi)^N\det\check{\boldsymbol{P}}_0\right)}_{\text{与 }\boldsymbol{x}\text{ 无关}}\end{aligned} \tag{3.8a}$$

$$\begin{aligned}\ln p\left(\boldsymbol{x}_k|\boldsymbol{x}_{k-1},\boldsymbol{v}_k\right)=&-\frac{1}{2}(\boldsymbol{x}_k-\boldsymbol{A}_{k-1}\boldsymbol{x}_{k-1}-\boldsymbol{v}_k)^{\mathrm{T}}\boldsymbol{Q}_k^{-1}\left(\boldsymbol{x}_k-\boldsymbol{A}_{k-1}\boldsymbol{x}_{k-1}-\boldsymbol{v}_k\right)\\&\underbrace{-\frac{1}{2}\ln\left((2\pi)^N\det\boldsymbol{Q}_k\right)}_{\text{与 }\boldsymbol{x}\text{ 无关}}\end{aligned} \tag{3.8b}$$

$$\begin{aligned}\ln p\left(\boldsymbol{y}_k|\boldsymbol{x}_k\right)=&-\frac{1}{2}(\boldsymbol{y}_k-\boldsymbol{C}_k\boldsymbol{x}_k)^{\mathrm{T}}\boldsymbol{R}_k^{-1}\left(\boldsymbol{y}_k-\boldsymbol{C}_k\boldsymbol{x}_k\right)\\&\underbrace{-\frac{1}{2}\ln\left((2\pi)^M\det\boldsymbol{R}_k\right)}_{\text{与 }\boldsymbol{x}\text{ 无关}}\end{aligned} \tag{3.8c}$$

注意到式（3.8）中出现了一些与 $\boldsymbol{x}$ 无关的项，可以把它们忽略掉。因此，定义下面这些量：

$$J_{v,k}\left(\boldsymbol{x}\right)=\begin{cases}\frac{1}{2}\left(\boldsymbol{x}_0-\check{\boldsymbol{x}}_0\right)^{\mathrm{T}}\check{\boldsymbol{P}}_0^{-1}\left(\boldsymbol{x}_0-\check{\boldsymbol{x}}_0\right), & k=0\\ \frac{1}{2}\left(\boldsymbol{x}_k-\boldsymbol{A}_{k-1}\boldsymbol{x}_{k-1}-\boldsymbol{v}_k\right)^{\mathrm{T}}\boldsymbol{Q}_k^{-1}\left(\boldsymbol{x}_k-\boldsymbol{A}_{k-1}\boldsymbol{x}_{k-1}-\boldsymbol{v}_k\right), & k=1,\cdots,K\end{cases} \tag{3.9a}$$

$$J_{y,k}\left(\boldsymbol{x}\right)=\frac{1}{2}(\boldsymbol{y}_k-\boldsymbol{C}_k\boldsymbol{x}_k)^{\mathrm{T}}\boldsymbol{R}_k^{-1}\left(\boldsymbol{y}_k-\boldsymbol{C}_k\boldsymbol{x}_k\right),\quad k=0,\cdots,K \tag{3.9b}$$

这些都是平方**马氏距离**（Mahalanobis distance）。然后我们就可以定义整体的**目标函数**（Objective function）$J(\boldsymbol{x})$。通过最小化这个目标函数，我们来求解**自变量** $\boldsymbol{x}$ 的值：

$$J(\boldsymbol{x})=\sum_{k=0}^{K}(J_{v,k}(\boldsymbol{x})+J_{y,k}(\boldsymbol{x})) \tag{3.10}$$

当然，我们可以选择直接使用像上面列写的这种原始形式的 $J(\boldsymbol{x})$。不过，只要我们乐意，也可以向这个表达式中加入其他可能影响最优估计的项，比方说约束项、惩罚项等。从优化的角度来看，我们寻求下面这个优化问题的最优解：

$$\hat{\boldsymbol{x}}=\arg\min_{\boldsymbol{x}}J(\boldsymbol{x}) \tag{3.11}$$

这个问题的解与式（3.2）的解是一样的，都是系统状态的最优估计 $\hat{\boldsymbol{x}}$。换句话说，为了寻找最优状态估计，我们可以根据已有的数据计算最大似然估计。这个问题是一个**无约束的优化问题**（unconstrained optimization problem），对于状态变量 $\boldsymbol{x}$ 本身并没有任何约束。

[6] 对数函数是单调递增的，因此不会改变优化问题的解。

因为式（3.9）中所有的项都是 $\boldsymbol{x}$ 的二次形式，我们还能进一步简化问题。我们把所有数据排成一列，称为**提升形式**。那么可以把所有时刻的状态组成一个向量 $\boldsymbol{x}$，并把所有时刻已知的数据组成一个向量 $\boldsymbol{z}$：

$$\boldsymbol{z}=\begin{bmatrix}\check{\boldsymbol{x}}_0\\ \boldsymbol{v}_1\\ \vdots\\ \boldsymbol{v}_K\\ \hline \boldsymbol{y}_0\\ \boldsymbol{y}_1\\ \vdots\\ \boldsymbol{y}_K\end{bmatrix},\quad \boldsymbol{x}=\begin{bmatrix}\boldsymbol{x}_0\\ \vdots\\ \boldsymbol{x}_K\end{bmatrix} \tag{3.12}$$

然后，定义以下的块矩阵：

$$\boldsymbol{H}=\begin{bmatrix}\mathbf{1} & & & \\ -\boldsymbol{A}_0 & \mathbf{1} & & \\ & \ddots & \ddots & \\ & & -\boldsymbol{A}_{K-1} & \mathbf{1}\\ \hline \boldsymbol{C}_0 & & & \\ & \boldsymbol{C}_1 & & \\ & & \ddots & \\ & & & \boldsymbol{C}_K\end{bmatrix} \tag{3.13a}$$

$$\boldsymbol{W}=\left[\begin{array}{cccc|cccc}\check{\boldsymbol{P}}_0 & & & & & & & \\ & \boldsymbol{Q}_1 & & & & & & \\ & & \ddots & & & & & \\ & & & \boldsymbol{Q}_K & & & & \\ \hline & & & & \boldsymbol{R}_0 & & & \\ & & & & & \boldsymbol{R}_1 & & \\ & & & & & & \ddots & \\ & & & & & & & \boldsymbol{R}_K\end{array}\right] \tag{3.13b}$$

该式只显示了非零块，分割线用以区分矩阵的不同部分，例如先验信息、输入 $\boldsymbol{v}$、测量 $\boldsymbol{y}$ 以及提升形式的 $\boldsymbol{z}$。根据上面这些定义，我们把目标函数写成：

$$J(\boldsymbol{x})=\frac{1}{2}(\boldsymbol{z}-\boldsymbol{H}\boldsymbol{x})^{\mathrm{T}}\boldsymbol{W}^{-1}(\boldsymbol{z}-\boldsymbol{H}\boldsymbol{x}) \tag{3.14}$$

这正是 $\boldsymbol{x}$ 的二次形式。同时有

$$p(\boldsymbol{z}|\boldsymbol{x})=\eta\exp\left(-\frac{1}{2}(\boldsymbol{z}-\boldsymbol{H}\boldsymbol{x})^{\mathrm{T}}\boldsymbol{W}^{-1}(\boldsymbol{z}-\boldsymbol{H}\boldsymbol{x})\right) \tag{3.15}$$

这里 η 是归一化因子。

因为 $J(\boldsymbol{x})$ 刚好是个抛物面（paraboloid），我们能解析地找到它的最小值。这只需让目标函数相对于自变量的偏导数为零即可：

$$\left.\frac{\partial J(\boldsymbol{x})}{\partial \boldsymbol{x}^{\mathrm{T}}}\right|_{\hat{\boldsymbol{x}}} = -\boldsymbol{H}^{\mathrm{T}}\boldsymbol{W}^{-1}(\boldsymbol{z} - \boldsymbol{H}\hat{\boldsymbol{x}}) = \boldsymbol{0} \tag{3.16a}$$

$$\Rightarrow \left(\boldsymbol{H}^{\mathrm{T}}\boldsymbol{W}^{-1}\boldsymbol{H}\right)\hat{\boldsymbol{x}} = \boldsymbol{H}^{\mathrm{T}}\boldsymbol{W}^{-1}\boldsymbol{z} \tag{3.16b}$$

式（3.16）的解 $\hat{\boldsymbol{x}}$ 是经典的**批量最小二乘法**（batch least-squares）的解，同时也等价于传统估计理论中的**固定区间平滑算法**（fixed-interval smoother）[7]。批量最小二乘法的求解利用了矩阵求**伪逆**（pseudoinverse）[8]的方法。从计算角度来说，我们并不会真的去计算 $\boldsymbol{H}^{\mathrm{T}}\boldsymbol{W}^{-1}\boldsymbol{H}$ 的逆（即使它是个稠密矩阵）。后文会提到，这个 $\boldsymbol{H}^{\mathrm{T}}\boldsymbol{W}^{-1}\boldsymbol{H}$ 会有一种特殊的对角块结构，因此可以利用稀疏的求解算法来更高效地求解[9]。

批量线性高斯系统的一种直观的解释，是把它看成一个弹簧-重物系统，如图 3–1 所示。最小二乘中的每一项代表了每个弹簧的能量，它和重物的位置有关。而最小二乘的最优解，就是整个系统处于最低能量的状态。

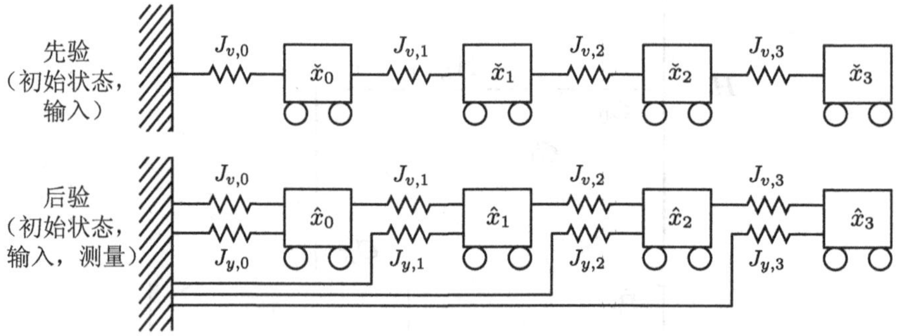

图 3–1 批量 LG 问题就像是一个弹簧-重物系统。目标函数中每一项表示一个弹簧中存储的能量，它们随着重物的位置而改变。最优解则对应于这个系统的最低能量状态

3.1.3 贝叶斯推断

我们已经介绍了批量 LG 系统的优化问题求解，现在来看一看如何计算全贝叶斯后验概率 $p(\boldsymbol{x}|\boldsymbol{v}, \boldsymbol{y})$，而不是简单地最大化它。我们需要从先验的概率密度函数出发，然后再用测量的数据来更新它。

在这个情况下，可以用初始状态和输入来建立状态的先验估计：$p(\boldsymbol{x}|\boldsymbol{v})$。用运动方程来建立先验：

$$\boldsymbol{x}_k = \boldsymbol{A}_{k-1}\boldsymbol{x}_{k-1} + \boldsymbol{v}_k + \boldsymbol{w}_k \tag{3.17}$$

7 固定区间平滑算法通常用递归形式来描述，后文我们要讨论它。

8 即**莫尔-彭罗斯逆**（Moore-Penrose pseudoinverse）。

9 仅对上述的问题有效，并非对所有 LG 系统有效。

在**提升形式**中[10]，可以写成：

$$\boldsymbol{x}=\boldsymbol{A}(\boldsymbol{v}+\boldsymbol{w}) \tag{3.18}$$

这里 $\boldsymbol{w}$ 也是初始状态和运动噪声的提升形式，同时，

$$\boldsymbol{A}=\begin{bmatrix} \mathbf{1} & & & & & \\ \boldsymbol{A}_0 & \mathbf{1} & & & & \\ \boldsymbol{A}_1\boldsymbol{A}_0 & \boldsymbol{A}_1 & \mathbf{1} & & & \\ \vdots & \vdots & \vdots & \ddots & & \\ \boldsymbol{A}_{K-2}\cdots\boldsymbol{A}_0 & \boldsymbol{A}_{K-2}\cdots\boldsymbol{A}_1 & \boldsymbol{A}_{K-2}\cdots\boldsymbol{A}_2 & \cdots & \mathbf{1} & \\ \boldsymbol{A}_{K-1}\cdots\boldsymbol{A}_0 & \boldsymbol{A}_{K-1}\cdots\boldsymbol{A}_1 & \boldsymbol{A}_{K-1}\cdots\boldsymbol{A}_2 & \cdots & \boldsymbol{A}_{K-1} & \mathbf{1} \end{bmatrix} \tag{3.19}$$

是转移矩阵的提升形式，可见它是下三角的。于是，提升之后的均值为：

$$\check{\boldsymbol{x}}=E[\boldsymbol{x}]=E[\boldsymbol{A}(\boldsymbol{v}+\boldsymbol{w})]=\boldsymbol{A}\boldsymbol{v} \tag{3.20}$$

提升的协方差为：

$$\check{\boldsymbol{P}}=E\left[(\boldsymbol{x}-E[\boldsymbol{x}])(\boldsymbol{x}-E[\boldsymbol{x}])^{\mathrm{T}}\right]=\boldsymbol{A}\boldsymbol{Q}\boldsymbol{A}^{\mathrm{T}} \tag{3.21}$$

其中 $\boldsymbol{Q}=E[\boldsymbol{w}\boldsymbol{w}^{\mathrm{T}}]=\operatorname{diag}(\check{\boldsymbol{P}}_0,\boldsymbol{Q}_1,\cdots,\boldsymbol{Q}_K)$。那么，先验就可以简洁地写成：

$$p(\boldsymbol{x}|\boldsymbol{v})=\mathcal{N}\left(\check{\boldsymbol{x}},\check{\boldsymbol{P}}\right)=\mathcal{N}\left(\boldsymbol{A}\boldsymbol{v},\boldsymbol{A}\boldsymbol{Q}\boldsymbol{A}^{\mathrm{T}}\right) \tag{3.22}$$

再来看观测。观测模型为：

$$\boldsymbol{y}_k=\boldsymbol{C}_k\boldsymbol{x}_k+\boldsymbol{n}_k \tag{3.23}$$

写成提升形式：

$$\boldsymbol{y}=\boldsymbol{C}\boldsymbol{x}+\boldsymbol{n} \tag{3.24}$$

其中 $\boldsymbol{n}$ 是提升之后的测量噪声，且

$$\boldsymbol{C}=\operatorname{diag}(\boldsymbol{C}_0,\boldsymbol{C}_1,\cdots,\boldsymbol{C}_K) \tag{3.25}$$

是提升后的观测矩阵。于是，提升之后的状态、观测联合概率密度函数可写成：

$$p(\boldsymbol{x},\boldsymbol{y}|\boldsymbol{v})=\mathcal{N}\left(\begin{bmatrix}\check{\boldsymbol{x}}\\ \boldsymbol{C}\check{\boldsymbol{x}}\end{bmatrix},\begin{bmatrix}\check{\boldsymbol{P}} & \check{\boldsymbol{P}}\boldsymbol{C}^{\mathrm{T}}\\ \boldsymbol{C}\check{\boldsymbol{P}} & \boldsymbol{C}\check{\boldsymbol{P}}\boldsymbol{C}^{\mathrm{T}}+\boldsymbol{R}\end{bmatrix}\right) \tag{3.26}$$

这里 $\boldsymbol{R}=E[\boldsymbol{n}\boldsymbol{n}^{\mathrm{T}}]=\operatorname{diag}(\boldsymbol{R}_0,\boldsymbol{R}_1,\cdots,\boldsymbol{R}_K)$。这个式子可以因式分解：

$$p(\boldsymbol{x},\boldsymbol{y}|\boldsymbol{v})=p(\boldsymbol{x}|\boldsymbol{v},\boldsymbol{y})p(\boldsymbol{y}|\boldsymbol{v}) \tag{3.27}$$

我们只关心第一个因子，它表示了全贝叶斯后验概率。这一项可以用 2.2.3 节的方法重写成：

$$\begin{aligned} p(\boldsymbol{x}|\boldsymbol{v},\boldsymbol{y})=\mathcal{N}\Big(&\check{\boldsymbol{x}}+\check{\boldsymbol{P}}\boldsymbol{C}^{\mathrm{T}}\left(\boldsymbol{C}\check{\boldsymbol{P}}\boldsymbol{C}^{\mathrm{T}}+\boldsymbol{R}\right)^{-1}(\boldsymbol{y}-\boldsymbol{C}\check{\boldsymbol{x}}),\\ &\check{\boldsymbol{P}}-\check{\boldsymbol{P}}\boldsymbol{C}^{\mathrm{T}}\left(\boldsymbol{C}\check{\boldsymbol{P}}\boldsymbol{C}^{\mathrm{T}}+\boldsymbol{R}\right)^{-1}\boldsymbol{C}\check{\boldsymbol{P}}\Big) \end{aligned} \tag{3.28}$$

---

10 “提升形式”是说我们在整条轨迹层面考虑问题。

利用式（2.75）中的 SMW 等式[11]，可将上式转换成：

$$p(\boldsymbol{x}|\boldsymbol{v},\boldsymbol{y})=\mathcal{N}\Bigg(\underbrace{\left(\check{\boldsymbol{P}}^{-1}+\boldsymbol{C}^{\mathrm{T}}\boldsymbol{R}^{-1}\boldsymbol{C}\right)^{-1}\left(\check{\boldsymbol{P}}^{-1}\check{\boldsymbol{x}}+\boldsymbol{C}^{\mathrm{T}}\boldsymbol{R}^{-1}\boldsymbol{y}\right)}_{\text{即均值 }\hat{\boldsymbol{x}}},\underbrace{\left(\check{\boldsymbol{P}}^{-1}+\boldsymbol{C}^{\mathrm{T}}\boldsymbol{R}^{-1}\boldsymbol{C}\right)^{-1}}_{\text{即后验协方差 }\hat{\boldsymbol{P}}}\Bigg) \tag{3.29}$$

事实上，基于这个等式就能实现一个贝叶斯估计器，因为它代表了全贝叶斯后验概率，但这种做法不高效。

为显示此方法与之前讲的优化方法的联系，我们来整理均值项，让它成为 $\hat{\boldsymbol{x}}$ 的线性函数：

$$\underbrace{\left(\check{\boldsymbol{P}}^{-1}+\boldsymbol{C}^{\mathrm{T}}\boldsymbol{R}^{-1}\boldsymbol{C}\right)}_{\hat{\boldsymbol{P}}^{-1}}\hat{\boldsymbol{x}}=\check{\boldsymbol{P}}^{-1}\check{\boldsymbol{x}}+\boldsymbol{C}^{\mathrm{T}}\boldsymbol{R}^{-1}\boldsymbol{y} \tag{3.30}$$

可见，左侧出现了先验的协方差矩阵的逆。代入 $\check{\boldsymbol{x}}=\boldsymbol{A}\boldsymbol{v}$ 和 $\check{\boldsymbol{P}}^{-1}=(\boldsymbol{A}\boldsymbol{Q}\boldsymbol{A}^{\mathrm{T}})^{-1}=\boldsymbol{A}^{-\mathrm{T}}\boldsymbol{Q}^{-1}\boldsymbol{A}^{-1}$，可以将它重写成：

$$\underbrace{\left(\boldsymbol{A}^{-\mathrm{T}}\boldsymbol{Q}^{-1}\boldsymbol{A}^{-1}+\boldsymbol{C}^{\mathrm{T}}\boldsymbol{R}^{-1}\boldsymbol{C}\right)}_{\hat{\boldsymbol{P}}^{-1}}\hat{\boldsymbol{x}}=\boldsymbol{A}^{-\mathrm{T}}\boldsymbol{Q}^{-1}\boldsymbol{v}+\boldsymbol{C}^{\mathrm{T}}\boldsymbol{R}^{-1}\boldsymbol{y} \tag{3.31}$$

这里需要计算 $\boldsymbol{A}^{-1}$，不过它正好有个很漂亮的形式[12]：

$$\boldsymbol{A}^{-1}=\begin{bmatrix}\boldsymbol{1} & & & & & \\ -\boldsymbol{A}_0 & \boldsymbol{1} & & & & \\ & -\boldsymbol{A}_1 & \boldsymbol{1} & & & \\ & & -\boldsymbol{A}_2 & \ddots & & \\ & & & \ddots & \boldsymbol{1} & \\ & & & & -\boldsymbol{A}_{K-1} & \boldsymbol{1}\end{bmatrix} \tag{3.32}$$

它仍是个下三角矩阵，但形式非常稀疏（仅有主对角线和下方的一块非零）。如果定义：

$$\boldsymbol{z}=\begin{bmatrix}\boldsymbol{v}\\ \boldsymbol{y}\end{bmatrix},\quad \boldsymbol{H}=\begin{bmatrix}\boldsymbol{A}^{-1}\\ \boldsymbol{C}\end{bmatrix},\quad \boldsymbol{W}=\begin{bmatrix}\boldsymbol{Q} & \\ & \boldsymbol{R}\end{bmatrix} \tag{3.33}$$

就可以把系统写成：

$$\left(\boldsymbol{H}^{\mathrm{T}}\boldsymbol{W}^{-1}\boldsymbol{H}\right)\hat{\boldsymbol{x}}=\boldsymbol{H}^{\mathrm{T}}\boldsymbol{W}^{-1}\boldsymbol{z} \tag{3.34}$$

这和之前讨论的最优化方法的解完全一致。

我们重申一遍，在 LG 系统中，贝叶斯推断给出了与优化方法一致的解，本质上是因为 LG 系统的贝叶斯后验概率仍是高斯的，而高斯函数的均值和模是一样的。请读者仔细体会这一点。

[11] 确切地说，均值部分使用式（2.75c），方差部分使用式（2.75a）。——译者注

[12] 事实上，$\boldsymbol{A}^{-1}$ 这种特殊的稀疏结构对经典 LG 系统的结论非常关键，我们后文也会谈。这使得式（3.31）左侧正好是一个三对角块矩阵。也就意味着我们能以 $O(K)$ 的复杂度计算 $\hat{\boldsymbol{x}}$，而不用像求逆矩阵那样使用 $O(K^3)$ 的算法。正是这件事情导出了常用的卡尔曼滤波/平滑算法，而稀疏结构则是由系统的马尔可夫性质导致的。

3.1.4 存在性、唯一性与能观性

LG 系统的许多结论可以看成是式（3.34）的特例。因此，一个重要的问题是，什么时候式（3.34）有唯一解，这是本节要解决的问题。

审视式（3.34），从基本的线性代数可以看出，当且仅当 $\boldsymbol{H}^{\mathrm{T}}\boldsymbol{W}^{-1}\boldsymbol{H}$ 可逆时，$\hat{\boldsymbol{x}}$ 存在且唯一。那么

$$\hat{\boldsymbol{x}} = \left(\boldsymbol{H}^{\mathrm{T}}\boldsymbol{W}^{-1}\boldsymbol{H}\right)^{-1}\boldsymbol{H}^{\mathrm{T}}\boldsymbol{W}^{-1}\boldsymbol{z} \tag{3.35}$$

于是，问题变为，何时 $\boldsymbol{H}^{\mathrm{T}}\boldsymbol{W}^{-1}\boldsymbol{H}$ 可逆？再从基本的线性代数来看，因为 $\dim \boldsymbol{x} = N(K+1)$，所以可逆的充要条件是：

$$\mathrm{rank}(\boldsymbol{H}^{\mathrm{T}}\boldsymbol{W}^{-1}\boldsymbol{H}) = N(K+1) \tag{3.36}$$

又因为 $\boldsymbol{W}^{-1}$ 是实对称且正定的[13]，所以我们可以仅检测：

$$\mathrm{rank}(\boldsymbol{H}^{\mathrm{T}}\boldsymbol{H}) = \mathrm{rank}(\boldsymbol{H}^{\mathrm{T}}) = N(K+1) \tag{3.37}$$

即要求 $\boldsymbol{H}^{\mathrm{T}}$ 有 $N(K+1)$ 个线性无关的行/列向量。

接下来，情况分为两种，需要分类讨论：

1. 我们对初始状态有先验知识：$\check{\boldsymbol{x}}_0$；
2. 我们对初始状态没有先验知识。

我们将发现第一种情况要简单得多。

情况 1：有先验知识

将 $\boldsymbol{H}^{\mathrm{T}}$ 展开，我们需要检测秩的矩阵为：

$$\begin{aligned}&\mathrm{rank}\,\boldsymbol{H}^{\mathrm{T}}\\ =&\mathrm{rank}\left[\begin{array}{ccccc|ccccc}\mathbf{1} & -\boldsymbol{A}_0^{\mathrm{T}} & & & & \boldsymbol{C}_0^{\mathrm{T}} & & & & \\ & \mathbf{1} & -\boldsymbol{A}_1^{\mathrm{T}} & & & & \boldsymbol{C}_1^{\mathrm{T}} & & & \\ & & \mathbf{1} & \ddots & & & & \boldsymbol{C}_2^{\mathrm{T}} & & \\ & & & \ddots & -\boldsymbol{A}_{K-1}^{\mathrm{T}} & & & & \ddots & \\ & & & & \mathbf{1} & & & & & \boldsymbol{C}_K^{\mathrm{T}}\end{array}\right]\end{aligned} \tag{3.38}$$

这是一个阶梯形矩阵。显然它每一行都是线性无关的，这意味着该矩阵是满秩的。所以，我们能够得到一个唯一解 $\hat{\boldsymbol{x}}$，只须：

$$\check{\boldsymbol{P}}_0 > 0, \quad \boldsymbol{Q}_k > 0 \tag{3.39}$$

这里 >0 意味着矩阵是正定的（因此也是可逆的）。直观上说，因为先验已经给出了系统的一个解，我们只是用观测来修正它。请注意这只是充分但不是必要的条件。

[13] 正如 $\boldsymbol{Q}$ 和 $\boldsymbol{R}$ 是实对称且正定的一样。

情况 2：没有先验知识

$\boldsymbol{H}^{\mathrm{T}}$ 中每一列中的块都表示了一部分有关系统的信息，而第一列的块表达了我们对初始状态信息的了解程度。因此，去掉第一列之后，变为：

$$\operatorname{rank} \boldsymbol{H}^{\mathrm{T}} = \operatorname{rank}\left[\begin{array}{cccc|cccc} -\boldsymbol{A}_0^{\mathrm{T}} & & & & \boldsymbol{C}_0^{\mathrm{T}} & & & \\ \hline \mathbf{1} & -\boldsymbol{A}_1^{\mathrm{T}} & & & & \boldsymbol{C}_1^{\mathrm{T}} & & \\ & \mathbf{1} & \ddots & & & & \boldsymbol{C}_2^{\mathrm{T}} & \\ & & \ddots & -\boldsymbol{A}_{K-1}^{\mathrm{T}} & & & & \ddots \\ & & & \mathbf{1} & & & & \boldsymbol{C}_K^{\mathrm{T}} \end{array}\right] \tag{3.40}$$

这个矩阵有 $K+1$ 个行（每块大小为 N）。将最上一行移到最下（这不会改变矩阵的秩），得：

$$\operatorname{rank} \boldsymbol{H}^{\mathrm{T}} = \operatorname{rank}\left[\begin{array}{cccc|cccc} \mathbf{1} & -\boldsymbol{A}_1^{\mathrm{T}} & & & \boldsymbol{C}_1^{\mathrm{T}} & & & \\ & \mathbf{1} & \ddots & & & \boldsymbol{C}_2^{\mathrm{T}} & & \\ & & \ddots & -\boldsymbol{A}_{K-1}^{\mathrm{T}} & & & \ddots & \\ & & & \mathbf{1} & & & & \boldsymbol{C}_K^{\mathrm{T}} \\ \hline -\boldsymbol{A}_0^{\mathrm{T}} & & & & \boldsymbol{C}_0^{\mathrm{T}} & & & \end{array}\right] \tag{3.41}$$

那么，除去最后一行，这个矩阵仍是阶梯形矩阵。同理，在不影响秩的前提下，我们可以用 $\boldsymbol{A}_0^{\mathrm{T}}$ 乘第一行，然后加到最后一行上；再用 $\boldsymbol{A}_0^{\mathrm{T}}\boldsymbol{A}_1^{\mathrm{T}}$ 乘第二行，加到最后一行上……最后用 $\boldsymbol{A}_0^{\mathrm{T}}\boldsymbol{A}_1^{\mathrm{T}}\cdots\boldsymbol{A}_{K-1}^{\mathrm{T}}$ 乘倒数第二行，加到最后一行，得到：

$$\operatorname{rank} \boldsymbol{H}^{\mathrm{T}} = \operatorname{rank}\left[\begin{array}{cccc|ccccc} \mathbf{1} & -\boldsymbol{A}_1^{\mathrm{T}} & & & & \boldsymbol{C}_1^{\mathrm{T}} & & & \\ & \mathbf{1} & \ddots & & & & \boldsymbol{C}_2^{\mathrm{T}} & & \\ & & \ddots & -\boldsymbol{A}_{K-1}^{\mathrm{T}} & & & & \ddots & \\ & & & \mathbf{1} & & & & & \boldsymbol{C}_K^{\mathrm{T}} \\ \hline & & & & \boldsymbol{C}_0^{\mathrm{T}} & \boldsymbol{A}_0^{\mathrm{T}}\boldsymbol{C}_1^{\mathrm{T}} & \boldsymbol{A}_0^{\mathrm{T}}\boldsymbol{A}_1^{\mathrm{T}}\boldsymbol{C}_2^{\mathrm{T}} & \cdots & \boldsymbol{A}_0^{\mathrm{T}}\cdots\boldsymbol{A}_{K-1}^{\mathrm{T}}\boldsymbol{C}_K^{\mathrm{T}} \end{array}\right] \tag{3.42}$$

检查最终的表达式，可见左下角块为零，同时，左上角块是阶梯形矩阵，所以是满秩的（每一行有一个领头的非零块）。于是，对 $\boldsymbol{H}^{\mathrm{T}}$ 的秩判定，归结于右下角部分是否为秩 N：

$$\operatorname{rank}\left[\begin{array}{ccccc} \boldsymbol{C}_0^{\mathrm{T}} & \boldsymbol{A}_0^{\mathrm{T}}\boldsymbol{C}_1^{\mathrm{T}} & \boldsymbol{A}_0^{\mathrm{T}}\boldsymbol{A}_1^{\mathrm{T}}\boldsymbol{C}_2^{\mathrm{T}} & \cdots & \boldsymbol{A}_0^{\mathrm{T}}\cdots\boldsymbol{A}_{K-1}^{\mathrm{T}}\boldsymbol{C}_K^{\mathrm{T}} \end{array}\right] = N \tag{3.43}$$

如果进一步假设系统是时不变的，那么对所有的 k，有 $\boldsymbol{A}_k = \boldsymbol{A}, \boldsymbol{C}_k = \boldsymbol{C}$，并且做一个不那么严格的假设：$K \gg N$，之后我们还能进一步简化这个条件。

卡莱-哈密顿定理：任意实方阵 $\boldsymbol{A}$ 满足它自己的特征方程 $\det(\lambda \boldsymbol{I} - \boldsymbol{A}) = 0$。

为了做这件事，我们需要引入线性代数中的**卡莱－哈密顿定理**（Cayley-Hamilton theorem）。因为 $\boldsymbol{A}$ 是 $N \times N$ 的，它的特征方程最多有 N 项，因此 $\boldsymbol{A}$ 的大于等于 N 次以上的高阶项必能写成 $\mathbf{1}, \boldsymbol{A}, \cdots, \boldsymbol{A}^{(N-1)}$ 的一种线性组合。展开来说，对于 $\forall k \geqslant N$，能够找到一组不全为零的系数 $a_0, a_1, \cdots, a_{N-1}$，使得：

$$\begin{aligned} &\left(\boldsymbol{A}^{\mathrm{T}}\right)^{(k-1)} \boldsymbol{C}^{\mathrm{T}} \\ =&a_0 \mathbf{1}^{\mathrm{T}} \boldsymbol{C}^{\mathrm{T}} + a_1 \boldsymbol{A}^{\mathrm{T}} \boldsymbol{C}^{\mathrm{T}} + a_2 \boldsymbol{A}^{\mathrm{T}} \boldsymbol{A}^{\mathrm{T}} \boldsymbol{C}^{\mathrm{T}} + \cdots + a_{N-1} \left(\boldsymbol{A}^{\mathrm{T}}\right)^{(N-1)} \boldsymbol{C}^{\mathrm{T}} \end{aligned} \tag{3.44}$$

又因为矩阵的行秩和列秩是一样的，因而：

$$\begin{aligned} &\operatorname{rank}\left[\begin{array}{lllll} \boldsymbol{C}^{\mathrm{T}} & \boldsymbol{A}^{\mathrm{T}} \boldsymbol{C}^{\mathrm{T}} & \boldsymbol{A}^{\mathrm{T}} \boldsymbol{A}^{\mathrm{T}} \boldsymbol{C}^{\mathrm{T}} & \cdots & \left(\boldsymbol{A}^{\mathrm{T}}\right)^{K} \boldsymbol{C}^{\mathrm{T}} \end{array}\right] \\ =&\operatorname{rank}\left[\begin{array}{llll} \boldsymbol{C}^{\mathrm{T}} & \boldsymbol{A}^{\mathrm{T}} \boldsymbol{C}^{\mathrm{T}} & \cdots & \left(\boldsymbol{A}^{\mathrm{T}}\right)^{(N-1)} \boldsymbol{C}^{\mathrm{T}} \end{array}\right] \end{aligned} \tag{3.45}$$

定义**能观性矩阵**（observability matrix）$\mathcal{O}$ 为：

$$\mathcal{O} = \begin{bmatrix} \boldsymbol{C} \\ \boldsymbol{C}\boldsymbol{A} \\ \vdots \\ \boldsymbol{C}\boldsymbol{A}^{(N-1)} \end{bmatrix} \tag{3.46}$$

那么秩条件就简化为：

$$\operatorname{rank} \mathcal{O} = N \tag{3.47}$$

熟悉控制理论的读者应该能认出，这正是能观性的判别条件[1]。在此我们指明了系统能观性和 $\boldsymbol{H}^{\mathrm{T}} \boldsymbol{W}^{-1} \boldsymbol{H}$ 可逆性之间的联系。总而言之，式（3.34）的解存在且唯一的条件是：

$$\boldsymbol{Q}_k > 0, \quad \boldsymbol{R}_k > 0, \quad \operatorname{rank} \mathcal{O} = N \tag{3.48}$$

这里大于 0 的意思是矩阵正定（因而可逆）。这些仍是充分条件而非必要条件。

解释

我们仍然回到弹簧-质点模型，来理解能观性方面的问题。图 3–2 展现了一些例子。当我们有初始状态时（顶上的图例），系统总是能观的，因为你没法在不改变（至少一个）弹簧长度的条件下，移动任意一个（或多个）重物。也就是说，这样一个系统有一个唯一的最小能量状态。对于中间的例子，结论也是一样的，即使我们不知道初始状态。最下面的例子则是不能观的，因为我们可以把所有重物任意左移或右移，同时不改变弹簧储存的能量。这样一个系统的最小能量就是不唯一的。

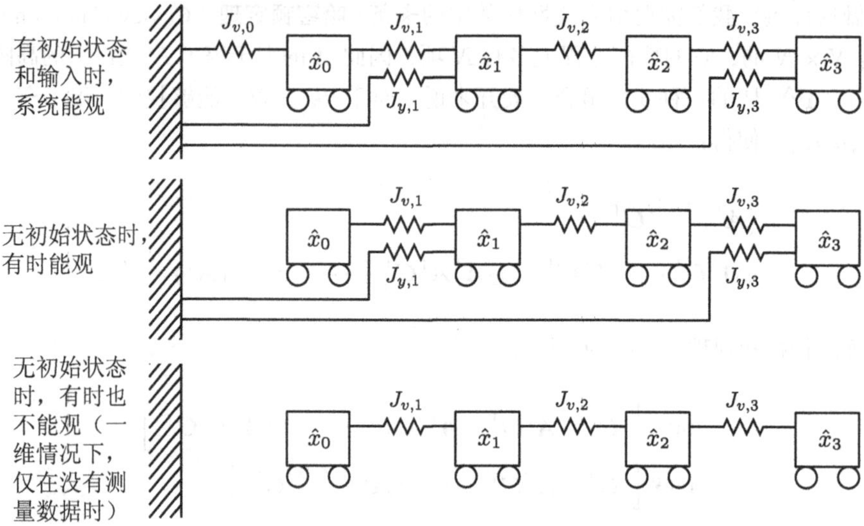

图 3–2 在一维情况下，弹簧-重物系统是能观的，相当于说，不可能在不改变至少一个弹簧长度的条件下，移动一个或多个重物。第一个例子有初始状态和输入，因而总是能观的。第二个例子也是能观的，因为移动任意一个或多个重物，就会改变弹簧长度。而第三个例子是不能观的，因为我们可以把整个系统任意左右移动而不改变弹簧的长度。这种情况发生在没有初始状态也没有观测的情形

3.1.5 MAP 的协方差

回到式（3.35），$\hat{\boldsymbol{x}}$ 表示了状态真值 $\boldsymbol{x}$ 最可能的估计。那么另一个重要的问题是说，我们对 $\hat{\boldsymbol{x}}$ 的置信度如何？也就是说，我们可以用高斯形式对最小二乘解作另一种解释：

$$\underbrace{\left(\boldsymbol{H}^{\mathrm{T}}\boldsymbol{W}^{-1}\boldsymbol{H}\right)}_{\text{协方差的逆}}\underbrace{\hat{\boldsymbol{x}}}_{\text{均值}} = \underbrace{\boldsymbol{H}^{\mathrm{T}}\boldsymbol{W}^{-1}\boldsymbol{z}}_{\text{信息向量}} \tag{3.49}$$

等式右侧称为**信息向量**（information vector）。为了说明它的含义，用贝叶斯法则重写式（3.15）：

$$p(\boldsymbol{x}|\boldsymbol{z}) = \beta \exp\left(-\frac{1}{2}(\boldsymbol{H}\boldsymbol{x}-\boldsymbol{z})^{\mathrm{T}}\boldsymbol{W}^{-1}(\boldsymbol{H}\boldsymbol{x}-\boldsymbol{z})\right) \tag{3.50}$$

这里 β 是归一化因子。然后把式（3.35）代入并做一些简化，易得：

$$p(\boldsymbol{x}|\hat{\boldsymbol{x}}) = \kappa \exp\left(-\frac{1}{2}(\boldsymbol{x}-\hat{\boldsymbol{x}})^{\mathrm{T}}\left(\boldsymbol{H}^{\mathrm{T}}\boldsymbol{W}^{-1}\boldsymbol{H}\right)(\boldsymbol{x}-\hat{\boldsymbol{x}})\right) \tag{3.51}$$

这里 κ 也是另一个归一化因子。从该式可以看出，$\mathcal{N}(\hat{\boldsymbol{x}}, \hat{\boldsymbol{P}})$ 是最小二乘算法对 $\boldsymbol{x}$ 的高斯估计，其中均值即最优解，而协方差 $\hat{\boldsymbol{P}} = (\boldsymbol{H}^{\mathrm{T}}\boldsymbol{W}^{-1}\boldsymbol{H})^{-1}$。

另一种处理方式是直接对最优解取期望。注意到：

$$\boldsymbol{x} - \underbrace{\left(\boldsymbol{H}^{\mathrm{T}}\boldsymbol{W}^{-1}\boldsymbol{H}\right)^{-1}\boldsymbol{H}^{\mathrm{T}}\boldsymbol{W}^{-1}\boldsymbol{z}}_{E[\boldsymbol{x}]} = \left(\boldsymbol{H}^{\mathrm{T}}\boldsymbol{W}^{-1}\boldsymbol{H}\right)^{-1}\boldsymbol{H}^{\mathrm{T}}\boldsymbol{W}^{-1}\underbrace{(\boldsymbol{H}\boldsymbol{x}-\boldsymbol{z})}_{\boldsymbol{s}} \tag{3.52}$$

其中

$$s = \begin{bmatrix} w \\ n \end{bmatrix} \tag{3.53}$$

那么就有：

$$\begin{aligned} \hat{P} &= E\left[(x - E[x])(x - E[x])^{\mathrm{T}}\right] \\ &= \left(H^{\mathrm{T}}W^{-1}H\right)^{-1}H^{\mathrm{T}}W^{-1}\underbrace{E\left[ss^{\mathrm{T}}\right]}_{W}W^{-1}H\left(H^{\mathrm{T}}W^{-1}H\right)^{-1} \\ &= \left(H^{\mathrm{T}}W^{-1}H\right)^{-1} \end{aligned} \tag{3.54}$$

仍能得到上述的结论。

3.2　离散时间的递归平滑算法

批量优化方法给出了一个简洁漂亮的结论。它容易构建，也容易从最小二乘的角度来理解。然而，大多数时候暴力求解线性方程是非常低效的。事实上，等式左侧的逆协方差矩阵有稀疏结构（对角块），我们可以利用这个性质加速方程的求解：一次前向递推和一次后向递推。这样的做法被称为典型的**固定区间平滑算法**（fixed-interval smoother）。所谓平滑算法，最好是把它想象成批量优化的一种精确的实现而不是近似。本节接下来的内容要介绍这件事具体是如何完成的。我们首先要谈稀疏 Cholesky 方法，然后是代数上等价的 Rauch-Tung-Striebel 平滑算法[24]。Särkkä 的文章[7] 对平滑和滤波提供了精彩的介绍，供读者参考。

3.2.1　利用批量优化结论中的稀疏结构

如前所述，式（3.34）左侧的 $H^{\mathrm{T}}W^{-1}H$ 是一个三对角块（当 x 的变量按时间顺序排列时）：

$$H^{\mathrm{T}}W^{-1}H = \begin{bmatrix} * & * & & & & \\ * & * & * & & & \\ & * & * & * & & \\ & & \ddots & \ddots & \ddots & \\ & & & * & * & * \\ & & & & * & * \end{bmatrix} \tag{3.55}$$

此处 $*$ 表示非零块。有一些求解器可以高效地在这种结构的线性方程中解出 $\hat{x}$。

André Louis Cholesky（1875—1918）是法国军官，也是一位数学家。他主要的贡献是一种特殊的矩阵分解，用于他在军队中的制图工作。Cholesky 分解是指，将一个共轭对称正定矩阵 A，分解成 $A = LL^*$，其中 L 是一个下三角矩阵，对角线上为正实数。L^* 为 L 的共轭转置。任意一个共轭对称的正定矩阵（因而也是实对称正定矩阵）都有唯一的 Cholesky 分解。

其中一种方式是采用稀疏 **Cholesky 分解**（sparse Cholesky decomposition），需要一次前向和后向迭代。根据 Cholesky 分解，我们可以高效地将 $\boldsymbol{H}^{\mathrm{T}}\boldsymbol{W}^{-1}\boldsymbol{H}$ 分解为：

$$\boldsymbol{H}^{\mathrm{T}}\boldsymbol{W}^{-1}\boldsymbol{H} = \boldsymbol{L}\boldsymbol{L}^{\mathrm{T}} \tag{3.56}$$

其中 $\boldsymbol{L}$ 称为 Cholesky 因子，是下三角块矩阵[14]。由于 $\boldsymbol{H}^{\mathrm{T}}\boldsymbol{W}^{-1}\boldsymbol{H}$ 是三对角块，$\boldsymbol{L}$ 具有以下形式：

$$\boldsymbol{L} = \begin{bmatrix} * & & & & & \\ * & * & & & & \\ & * & * & & & \\ & & \ddots & \ddots & & \\ & & & * & * & \\ & & & & * & * \end{bmatrix} \tag{3.57}$$

这个分解的复杂度是 $O(N(K+1))$。然后，求解

$$\boldsymbol{L}\boldsymbol{d} = \boldsymbol{H}^{\mathrm{T}}\boldsymbol{W}^{-1}\boldsymbol{z} \tag{3.58}$$

得到 $\boldsymbol{d}$。这也是一个 $O(N(K+1))$ 的操作，因为可以从上往下求解 $\boldsymbol{d}$ 的每一项，再把结果代入下一行中。这个操作称为前向迭代（forward pass）。然后，求解

$$\boldsymbol{L}^{\mathrm{T}}\hat{\boldsymbol{x}} = \boldsymbol{d} \tag{3.59}$$

得到 $\hat{\boldsymbol{x}}$。同理，由于 $\boldsymbol{L}^{\mathrm{T}}$ 的特殊结构，可以从最后一行开始，逐步求解 $\hat{\boldsymbol{x}}$ 的每一行元素，再代入上一行元素即可。这个操作称为后向迭代（backward pass）。综上所述，批量优化方程的求解时间与状态变量的维度呈线性关系。下一节我们来看每步操作的细节。

3.2.2 Cholesky 平滑算法

在本节中，我们来详细推导稀疏 Cholesky 求解批量优化的过程，最终会得到一系列前向-后向的递归操作，我们称之为 **Cholesky 平滑算法**（Cholesky smoother）。文献中也存在其他类似的均方根信息平滑算法（square-root information smoother），例如文献 [25] 等。

让我们从定义 $\boldsymbol{L}$ 的非零块开始。$\boldsymbol{L}$ 是这样的：

$$\boldsymbol{L} = \begin{bmatrix} \boldsymbol{L}_0 & & & & & \\ \boldsymbol{L}_{10} & \boldsymbol{L}_1 & & & & \\ & \boldsymbol{L}_{21} & \boldsymbol{L}_2 & & & \\ & & \ddots & \ddots & & \\ & & & \boldsymbol{L}_{K-1,K-2} & \boldsymbol{L}_{K-1} & \\ & & & & \boldsymbol{L}_{K,K-1} & \boldsymbol{L}_K \end{bmatrix} \tag{3.60}$$

[14] 我们也可以同样地将 $\boldsymbol{H}^{\mathrm{T}}\boldsymbol{W}^{-1}\boldsymbol{H}$ 分解成上三角块矩阵 $\boldsymbol{U}\boldsymbol{U}^{\mathrm{T}}$，那么后续处理变成先后向再前向的过程。

利用式（3.13）对 $\boldsymbol{H}$ 和 $\boldsymbol{W}$ 的定义，只要展开 $\boldsymbol{H}^{\mathrm{T}}\boldsymbol{W}^{-1}\boldsymbol{H}=\boldsymbol{L}\boldsymbol{L}^{\mathrm{T}}$，并比较每块的元素，立得：

$$\boldsymbol{L}_0\boldsymbol{L}_0^{\mathrm{T}} = \underbrace{\check{\boldsymbol{P}}_0^{-1}+\boldsymbol{C}_0^{\mathrm{T}}\boldsymbol{R}_0^{-1}\boldsymbol{C}_0}_{\boldsymbol{I}_0}+\boldsymbol{A}_0^{\mathrm{T}}\boldsymbol{Q}_1^{-1}\boldsymbol{A}_0 \tag{3.61a}$$

$$\boldsymbol{L}_{10}\boldsymbol{L}_0^{\mathrm{T}} = -\boldsymbol{Q}_1^{-1}\boldsymbol{A}_0 \tag{3.61b}$$

$$\boldsymbol{L}_1\boldsymbol{L}_1^{\mathrm{T}} = \underbrace{-\boldsymbol{L}_{10}\boldsymbol{L}_{10}^{\mathrm{T}}+\boldsymbol{Q}_1^{-1}+\boldsymbol{C}_1^{\mathrm{T}}\boldsymbol{R}_1^{-1}\boldsymbol{C}_1}_{\boldsymbol{I}_1}+\boldsymbol{A}_1^{\mathrm{T}}\boldsymbol{Q}_2^{-1}\boldsymbol{A}_1 \tag{3.61c}$$

$$\boldsymbol{L}_{21}\boldsymbol{L}_1^{\mathrm{T}} = -\boldsymbol{Q}_2^{-1}\boldsymbol{A}_1 \tag{3.61d}$$

$$\vdots$$

$$\boldsymbol{L}_{K-1}\boldsymbol{L}_{K-1}^{\mathrm{T}} = \underbrace{-\boldsymbol{L}_{K-1,K-2}\boldsymbol{L}_{K-1,K-2}^{\mathrm{T}}+\boldsymbol{Q}_{K-1}^{-1}+\boldsymbol{C}_{K-1}^{\mathrm{T}}\boldsymbol{R}_{K-1}^{-1}\boldsymbol{C}_{K-1}}_{\boldsymbol{I}_{K-1}}+\boldsymbol{A}_{K-1}^{\mathrm{T}}\boldsymbol{Q}_K^{-1}\boldsymbol{A}_{K-1} \tag{3.61e}$$

$$\boldsymbol{L}_{K,K-1}\boldsymbol{L}_{K-1}^{\mathrm{T}} = -\boldsymbol{Q}_K^{-1}\boldsymbol{A}_{K-1} \tag{3.61f}$$

$$\boldsymbol{L}_K\boldsymbol{L}_K^{\mathrm{T}} = \underbrace{-\boldsymbol{L}_{K,K-1}\boldsymbol{L}_{K,K-1}^{\mathrm{T}}+\boldsymbol{Q}_K^{-1}+\boldsymbol{C}_K^{\mathrm{T}}\boldsymbol{R}_K^{-1}\boldsymbol{C}_K}_{\boldsymbol{I}_K} \tag{3.61g}$$

式中我们标出了一些中间量 $\boldsymbol{I}_k$，后面会说明定义它的目的[15]。从这些式子中可以看出，我们可以先解 $\boldsymbol{L}_0$，这需要一步对小块稠密矩阵的 Cholesky 分解。然后，把结果代入第二步中，得到 $\boldsymbol{L}_{10}$。然后再代入第三个式子，求解 $\boldsymbol{L}_1$，一直到解得 $\boldsymbol{L}_K$。所以，我们可以从上往下（前向地），在 $O(N(K+1))$ 的时间内解出整个 $\boldsymbol{L}$。

接下来，我们从 $\boldsymbol{L}\boldsymbol{d}=\boldsymbol{H}^{\mathrm{T}}\boldsymbol{W}^{-1}\boldsymbol{z}$ 解得 $\boldsymbol{d}$。把 $\boldsymbol{d}$ 写成：

$$\boldsymbol{d}=\begin{bmatrix}\boldsymbol{d}_0\\ \boldsymbol{d}_1\\ \vdots\\ \boldsymbol{d}_k\end{bmatrix} \tag{3.62}$$

[15] 本书使用 $\mathbf{1}$ 表示单位矩阵（identity matrix），而 $\boldsymbol{I}$ 用于表示**信息矩阵**（即协方差矩阵的逆），请读者不要混淆。

展开矩阵乘法并比较每个块，得：

$$\begin{aligned}
\boldsymbol{L}_0\boldsymbol{d}_0 &= \underbrace{\check{\boldsymbol{P}}_0^{-1}\check{\boldsymbol{x}}_0 + \boldsymbol{C}_0^{\mathrm{T}}\boldsymbol{R}_0^{-1}\boldsymbol{y}_0}_{\boldsymbol{q}_0} - \boldsymbol{A}_0^{\mathrm{T}}\boldsymbol{Q}_1^{-1}\boldsymbol{v}_1 && \text{(3.63a)}\\
\boldsymbol{L}_1\boldsymbol{d}_1 &= \underbrace{-\boldsymbol{L}_{10}\boldsymbol{d}_0 + \boldsymbol{Q}_1^{-1}\boldsymbol{v}_1 + \boldsymbol{C}_1^{\mathrm{T}}\boldsymbol{R}_1^{-1}\boldsymbol{y}_1}_{\boldsymbol{q}_1} - \boldsymbol{A}_1^{\mathrm{T}}\boldsymbol{Q}_2^{-1}\boldsymbol{v}_2 && \text{(3.63b)}\\
&\vdots\\
\boldsymbol{L}_{K-1}\boldsymbol{d}_{K-1} &= \underbrace{-\boldsymbol{L}_{K-1,K-2}\boldsymbol{d}_{K-2} + \boldsymbol{Q}_{K-1}^{-1}\boldsymbol{v}_{K-1} + \boldsymbol{C}_{K-1}^{\mathrm{T}}\boldsymbol{R}_{K-1}^{-1}\boldsymbol{y}_{K-1}}_{\boldsymbol{q}_{K-1}} - \boldsymbol{A}_{K-1}^{\mathrm{T}}\boldsymbol{Q}_K^{-1}\boldsymbol{v}_K && \text{(3.63c)}\\
\boldsymbol{L}_K\boldsymbol{d}_K &= \underbrace{-\boldsymbol{L}_{K,K-1}\boldsymbol{d}_{K-1} + \boldsymbol{Q}_K^{-1}\boldsymbol{v}_K + \boldsymbol{C}_K^{\mathrm{T}}\boldsymbol{R}_K^{-1}\boldsymbol{y}_K}_{\boldsymbol{q}_K} && \text{(3.63d)}
\end{aligned}$$

同样，我们标出了 $\boldsymbol{q}_k$ 的定义，后文会用到。我们从第一式中解出 $\boldsymbol{d}_0$，然后代入第二式中解出 $\boldsymbol{d}_1$，依次迭代，直到解得 $\boldsymbol{d}_K$。于是我们能在一次前向迭代过程中，在 $O(N(K+1))$ 时间内解出所有的 $\boldsymbol{d}$。

Cholesky 方法的最后一步是通过 $\boldsymbol{L}^{\mathrm{T}}\hat{\boldsymbol{x}} = \boldsymbol{d}$ 解出 $\hat{\boldsymbol{x}}$。设

$$\hat{\boldsymbol{x}} = \begin{bmatrix} \hat{\boldsymbol{x}}_0 \\ \hat{\boldsymbol{x}}_1 \\ \vdots \\ \hat{\boldsymbol{x}}_K \end{bmatrix} \tag{3.64}$$

展开矩阵块运算，有：

$$\begin{aligned}
\boldsymbol{L}_K^{\mathrm{T}}\hat{\boldsymbol{x}}_K &= \boldsymbol{d}_K && \text{(3.65a)}\\
\boldsymbol{L}_{K-1}^{\mathrm{T}}\hat{\boldsymbol{x}}_{K-1} &= -\boldsymbol{L}_{K,K-1}^{\mathrm{T}}\hat{\boldsymbol{x}}_K + \boldsymbol{d}_{K-1} && \text{(3.65b)}\\
&\vdots\\
\boldsymbol{L}_1^{\mathrm{T}}\hat{\boldsymbol{x}}_1 &= -\boldsymbol{L}_{21}^{\mathrm{T}}\hat{\boldsymbol{x}}_2 + \boldsymbol{d}_1 && \text{(3.65c)}\\
\boldsymbol{L}_0^{\mathrm{T}}\hat{\boldsymbol{x}}_0 &= -\boldsymbol{L}_{10}^{\mathrm{T}}\hat{\boldsymbol{x}}_1 + \boldsymbol{d}_0 && \text{(3.65d)}
\end{aligned}$$

该方程组中，从第一个子式可解得 $\hat{\boldsymbol{x}}_K$，然后代入第二式解得 $\hat{\boldsymbol{x}}_{K-1}$，一直往复最后得到 $\hat{\boldsymbol{x}}_0$。这同样允许我们在一次后向迭代中以 $O(N(K+1))$ 时间解出所有的变量。

对于中间量 $\boldsymbol{I}_k$ 和 $\boldsymbol{q}_k$，我们能够综合前向与后向两步（即解 $\boldsymbol{L}$ 和 $\boldsymbol{d}$ 的过程），将它们写成：

前向：$k = 1, \cdots, K$

$$\boldsymbol{L}_{k-1}\boldsymbol{L}_{k-1}^{\mathrm{T}} = \boldsymbol{I}_{k-1} + \boldsymbol{A}_{k-1}^{\mathrm{T}}\boldsymbol{Q}_k^{-1}\boldsymbol{A}_{k-1} \tag{3.66a}$$

$$\boldsymbol{L}_{k-1}\boldsymbol{d}_{k-1} = \boldsymbol{q}_{k-1} - \boldsymbol{A}_{k-1}^{\mathrm{T}}\boldsymbol{Q}_k^{-1}\boldsymbol{v}_k \tag{3.66b}$$

$$\boldsymbol{L}_{k,k-1}\boldsymbol{L}_{k-1}^{\mathrm{T}} = -\boldsymbol{Q}_k^{-1}\boldsymbol{A}_{k-1} \tag{3.66c}$$

$$\boldsymbol{I}_k = -\boldsymbol{L}_{k,k-1}\boldsymbol{L}_{k,k-1}^{\mathrm{T}} + \boldsymbol{Q}_k^{-1} + \boldsymbol{C}_k^{\mathrm{T}}\boldsymbol{R}_k^{-1}\boldsymbol{C}_k \tag{3.66d}$$

$$\boldsymbol{q}_k = -\boldsymbol{L}_{k,k-1}\boldsymbol{d}_{k-1} + \boldsymbol{Q}_k^{-1}\boldsymbol{v}_k + \boldsymbol{C}_k^{\mathrm{T}}\boldsymbol{R}_k^{-1}\boldsymbol{y}_k \tag{3.66e}$$

后向：$k = K, \cdots, 1$

$$\boldsymbol{L}_{k-1}^{\mathrm{T}}\hat{\boldsymbol{x}}_{k-1} = -\boldsymbol{L}_{k,k-1}^{\mathrm{T}}\hat{\boldsymbol{x}}_k + \boldsymbol{d}_{k-1} \tag{3.66f}$$

这些量的初始值为：

$$\boldsymbol{I}_0 = \check{\boldsymbol{P}}_0^{-1} + \boldsymbol{C}_0^{\mathrm{T}}\boldsymbol{R}_0^{-1}\boldsymbol{C}_0 \tag{3.67a}$$

$$\boldsymbol{q}_0 = \check{\boldsymbol{P}}_0^{-1}\check{\boldsymbol{x}}_0 + \boldsymbol{C}_0^{\mathrm{T}}\boldsymbol{R}_0^{-1}\boldsymbol{y}_0 \tag{3.67b}$$

$$\hat{\boldsymbol{x}}_K = \boldsymbol{L}_K^{-\mathrm{T}}\boldsymbol{d}_K \tag{3.67c}$$

前向迭代将 $\{\boldsymbol{q}_{k-1}, \boldsymbol{I}_{k-1}\}$ 映射到了下个时刻同样的量 $\{\boldsymbol{q}_k, \boldsymbol{I}_k\}$。而后向迭代将 $\hat{\boldsymbol{x}}_k$ 映射到了前一个时刻的 $\hat{\boldsymbol{x}}_{k-1}$。在这个过程中我们求解了所有的 $\boldsymbol{L}$ 和 $\boldsymbol{d}$，用到的只有基础的线性代数运算，包括 Cholesky 分解、矩阵乘法、加法，以及通过前向/后向代入法求解线性方程。

后文我们会看到，这六个递归的方程在代数上等价于传统的 **Rauch-Tung-Striebel 平滑算法**；而五个前向迭代，则等价于著名的**卡尔曼滤波器**。

3.2.3 Rauch-Tung-Striebel 平滑算法

尽管 Cholesky 平滑算法是一种很便利的实现，从批量优化导出的过程也通俗易懂，但它并不是平滑算法的标准方程形式。事实上它代数地等价于经典的 **Rauch-Tung-Striebel（RTS）平滑算法**。我们接下来将说明此事，这需要用到 SMW 等式（2.75）的一些变体。

Herbert E. Rauch（1935—2011）是控制与估计问题的先驱。Frank F. Tung（1933—2006）是计算与控制科学的研究者。Charlotte T. Striebel（1929—2014）是统计学家，也是数学教授。他们在洛克希德导弹及宇航公司（Lockheed Missiles and Space Company）研究飞船轨迹估计的过程中共同提出了 Rauch-Tung-Striebel 平滑算法。

我们从前向迭代开始。求解式（3.66c）中的 $\boldsymbol{L}_{k,k-1}$，并将该结果和式（3.66a）一起代入式（3.66d）中，得：

$$\boldsymbol{I}_k = \underbrace{\boldsymbol{Q}_k^{-1} - \boldsymbol{Q}_k^{-1}\boldsymbol{A}_{k-1}\left(\boldsymbol{I}_{k-1} + \boldsymbol{A}_{k-1}^{\mathrm{T}}\boldsymbol{Q}_k^{-1}\boldsymbol{A}_{k-1}\right)^{-1}\boldsymbol{A}_{k-1}^{\mathrm{T}}\boldsymbol{Q}_k^{-1}}_{\text{由式（2.75）：}\left(\boldsymbol{A}_{k-1}\boldsymbol{I}_{k-1}^{-1}\boldsymbol{A}_{k-1}^{\mathrm{T}}+\boldsymbol{Q}_k\right)^{-1}} + \boldsymbol{C}_k^{\mathrm{T}}\boldsymbol{R}_k^{-1}\boldsymbol{C}_k \tag{3.68}$$

我们由 SMW 等式得到下括号中的结论。令 $\hat{\boldsymbol{P}}_{k,f}=\boldsymbol{I}_k^{-1}$，那么上式可以写成两步：

$$\check{\boldsymbol{P}}_{k,f}=\boldsymbol{A}_{k-1}\hat{\boldsymbol{P}}_{k-1,f}\boldsymbol{A}_{k-1}^{\mathrm{T}}+\boldsymbol{Q}_k \tag{3.69a}$$

$$\hat{\boldsymbol{P}}_{k,f}^{-1}=\check{\boldsymbol{P}}_{k,f}^{-1}+\boldsymbol{C}_k^{\mathrm{T}}\boldsymbol{R}_k^{-1}\boldsymbol{C}_k \tag{3.69b}$$

这里 $\check{\boldsymbol{P}}_{k,f}$ 表示"预测的"协方差，而 $\hat{\boldsymbol{P}}_{k,f}$ 表示"修正的"协方差。这里我们增加了一个下标 $(\cdot)_f$，表示该式来自于前向（forward）迭代，即滤波器。第二个方程是以信息矩阵（information matrix，即协方差的逆）来写的。为了把它写成经典形式，定义**卡尔曼增益**（Kalman gain matrix）$\boldsymbol{K}_k$：

$$\boldsymbol{K}_k=\hat{\boldsymbol{P}}_{k,f}\boldsymbol{C}_k^{\mathrm{T}}\boldsymbol{R}_k^{-1} \tag{3.70}$$

代入式（3.69b），就可以重写成：

$$\boldsymbol{K}_k=\left(\check{\boldsymbol{P}}_{k,f}^{-1}+\boldsymbol{C}_k^{\mathrm{T}}\boldsymbol{R}_k^{-1}\boldsymbol{C}_k\right)^{-1}\boldsymbol{C}_k^{\mathrm{T}}\boldsymbol{R}_k^{-1}=\check{\boldsymbol{P}}_{k,f}\boldsymbol{C}_k^{\mathrm{T}}\left(\boldsymbol{C}_k\check{\boldsymbol{P}}_{k,f}\boldsymbol{C}_k^{\mathrm{T}}+\boldsymbol{R}_k\right)^{-1} \tag{3.71}$$

得到后一个式子仍需要用式（2.75）中的 SMW 等式。于是，式（3.69b）可以重写成：

$$\check{\boldsymbol{P}}_{k,f}^{-1}=\hat{\boldsymbol{P}}_{k,f}^{-1}-\boldsymbol{C}_k^{\mathrm{T}}\boldsymbol{R}_k^{-1}\boldsymbol{C}_k=\hat{\boldsymbol{P}}_{k,f}^{-1}\big(\mathbf{1}-\underbrace{\hat{\boldsymbol{P}}_{k,f}\boldsymbol{C}_k^{\mathrm{T}}\boldsymbol{R}_k^{-1}}_{\boldsymbol{K}_k}\boldsymbol{C}_k\big)=\hat{\boldsymbol{P}}_{k,f}^{-1}\left(\mathbf{1}-\boldsymbol{K}_k\boldsymbol{C}_k\right) \tag{3.72}$$

最后，把 $\hat{\boldsymbol{P}}_{k,f}$ 写至左边，得：

$$\hat{\boldsymbol{P}}_{k,f}=\left(\mathbf{1}-\boldsymbol{K}_k\boldsymbol{C}_k\right)\check{\boldsymbol{P}}_{k,f} \tag{3.73}$$

这和经典的卡尔曼滤波中协方差的更新步骤是一样的。

然后，求解式（3.66c）中的 $\boldsymbol{L}_{k,k-1}$ 和式（3.66b）中的 $\boldsymbol{d}_{k-1}$，得：

$$\boldsymbol{L}_{k,k-1}\boldsymbol{d}_{k-1}=-\boldsymbol{Q}_k^{-1}\boldsymbol{A}_{k-1}\left(\boldsymbol{L}_{k-1}\boldsymbol{L}_{k-1}^{\mathrm{T}}\right)^{-1}\left(\boldsymbol{q}_{k-1}-\boldsymbol{A}_{k-1}^{\mathrm{T}}\boldsymbol{Q}_k^{-1}\boldsymbol{v}_k\right) \tag{3.74}$$

将式（3.66a）代入到上式，然后再将结果代入到式（3.66e）中，有：

$$\begin{aligned}\boldsymbol{q}_k=\;&\underbrace{\boldsymbol{Q}_k^{-1}\boldsymbol{A}_{k-1}\left(\boldsymbol{I}_{k-1}+\boldsymbol{A}_{k-1}^{\mathrm{T}}\boldsymbol{Q}_k^{-1}\boldsymbol{A}_{k-1}\right)^{-1}}_{\text{由式（2.75）：}\left(\boldsymbol{A}_{k-1}\boldsymbol{I}_{k-1}^{-1}\boldsymbol{A}_{k-1}^{\mathrm{T}}+\boldsymbol{Q}_k\right)^{-1}\boldsymbol{A}_{k-1}\boldsymbol{I}_{k-1}^{-1}}\boldsymbol{q}_{k-1}\\&+\underbrace{\left(\boldsymbol{Q}_k^{-1}-\boldsymbol{Q}_k^{-1}\boldsymbol{A}_{k-1}\left(\boldsymbol{I}_{k-1}+\boldsymbol{A}_{k-1}^{\mathrm{T}}\boldsymbol{Q}_k^{-1}\boldsymbol{A}_{k-1}\right)^{-1}\boldsymbol{A}_{k-1}^{\mathrm{T}}\boldsymbol{Q}_k^{-1}\right)}_{\text{由式（2.75）：}\left(\boldsymbol{A}_{k-1}\boldsymbol{I}_{k-1}^{-1}\boldsymbol{A}_{k-1}^{\mathrm{T}}+\boldsymbol{Q}_k\right)^{-1}}\boldsymbol{v}_k\\&+\boldsymbol{C}_k^{\mathrm{T}}\boldsymbol{R}_k^{-1}\boldsymbol{y}_k\end{aligned} \tag{3.75}$$

这里我们用到了两种形式的 SMW 等式，来计算下括号里的内容。令 $\hat{\boldsymbol{P}}_{k,f}^{-1}\hat{\boldsymbol{x}}_{k,f}=\boldsymbol{q}_k$，又可以将它写成两步：

$$\check{\boldsymbol{x}}_{k,f}=\boldsymbol{A}_{k-1}\hat{\boldsymbol{x}}_{k-1,f}+\boldsymbol{v}_k \tag{3.76a}$$

$$\hat{\boldsymbol{P}}_{k,f}^{-1}\hat{\boldsymbol{x}}_{k,f}=\check{\boldsymbol{P}}_{k,f}^{-1}\check{\boldsymbol{x}}_{k,f}+\boldsymbol{C}_k^{\mathrm{T}}\boldsymbol{R}_k^{-1}\boldsymbol{y}_k \tag{3.76b}$$

其中 $\check{\boldsymbol{x}}_{k,f}$ 表示"预测的"，$\hat{\boldsymbol{x}}_{k,f}$ 表示"修正的"。同理，第二行的式子中用了**信息矩阵**（协方差的逆）。为了得到经典形式，我们重写成：

$$\hat{\boldsymbol{x}}_{k,f}=\underbrace{\hat{\boldsymbol{P}}_{k,f}\check{\boldsymbol{P}}_{k,f}^{-1}}_{\mathbf{1}-\boldsymbol{K}_k\boldsymbol{C}_k}\check{\boldsymbol{x}}_{k,f}+\underbrace{\hat{\boldsymbol{P}}_{k,f}\boldsymbol{C}_k^{\mathrm{T}}\boldsymbol{R}_k^{-1}}_{\boldsymbol{K}_k}\boldsymbol{y}_k \tag{3.77}$$

或

$$\hat{\boldsymbol{x}}_{k,f} = \check{\boldsymbol{x}}_{k,f} + \boldsymbol{K}_k\left(\boldsymbol{y}_k - \boldsymbol{C}_k\check{\boldsymbol{x}}_{k,f}\right) \tag{3.78}$$

这正是均值更新方程的经典形式。

最后一步是将后向迭代写成经典形式。我们从式（3.66f）中乘 $\boldsymbol{L}_{k-1}$ 并求解 $\hat{\boldsymbol{x}}_{k-1}$ 开始：

$$\hat{\boldsymbol{x}}_{k-1} = \left(\boldsymbol{L}_{k-1}\boldsymbol{L}_{k-1}^{\mathrm{T}}\right)^{-1}\boldsymbol{L}_{k-1}\left(-\boldsymbol{L}_{k,k-1}^{\mathrm{T}}\hat{\boldsymbol{x}}_k + \boldsymbol{d}_{k-1}\right) \tag{3.79}$$

代入式（3.66a），式（3.66b），式（3.66c），得：

$$\begin{aligned}\hat{\boldsymbol{x}}_{k-1} = &\underbrace{\left(\boldsymbol{I}_{k-1} + \boldsymbol{A}_{k-1}^{\mathrm{T}}\boldsymbol{Q}_k^{-1}\boldsymbol{A}_{k-1}\right)^{-1}\boldsymbol{A}_{k-1}^{\mathrm{T}}\boldsymbol{Q}_k^{-1}}_{\text{由式（2.75）：}\boldsymbol{I}_{k-1}^{-1}\boldsymbol{A}_{k-1}^{\mathrm{T}}\left(\boldsymbol{A}_{k-1}\boldsymbol{I}_{k-1}^{-1}\boldsymbol{A}_{k-1}^{\mathrm{T}}+\boldsymbol{Q}_k\right)^{-1}}\left(\hat{\boldsymbol{x}}_k - \boldsymbol{v}_k\right) \\ &+ \underbrace{\left(\boldsymbol{I}_{k-1} + \boldsymbol{A}_{k-1}^{\mathrm{T}}\boldsymbol{Q}_k^{-1}\boldsymbol{A}_{k-1}\right)^{-1}}_{\text{由式（2.75）：}\boldsymbol{I}_{k-1}^{-1}-\boldsymbol{I}_{k-1}^{-1}\boldsymbol{A}_{k-1}^{\mathrm{T}}\left(\boldsymbol{A}_{k-1}\boldsymbol{I}_{k-1}^{-1}\boldsymbol{A}_{k-1}^{\mathrm{T}}+\boldsymbol{Q}_k\right)^{-1}\boldsymbol{A}_{k-1}\boldsymbol{I}_{k-1}^{-1}}\boldsymbol{q}_{k-1}\end{aligned} \tag{3.80}$$

使用前面的符号将它重写成：

$$\hat{\boldsymbol{x}}_{k-1} = \hat{\boldsymbol{x}}_{k-1,f} + \hat{\boldsymbol{P}}_{k-1,f}\boldsymbol{A}_{k-1}^{\mathrm{T}}\check{\boldsymbol{P}}_{k,f}^{-1}\left(\hat{\boldsymbol{x}}_k - \check{\boldsymbol{x}}_{k,f}\right) \tag{3.81}$$

这是典型的后向平滑算法形式。

综上所述，式（3.69a），式（3.71），式（3.76a），式（3.78），式（3.81）构成了 Rauch-Tung-Striebel 平滑算法：

前向：$k = 1, \cdots, K$

$$\check{\boldsymbol{P}}_{k,f} = \boldsymbol{A}_{k-1}\hat{\boldsymbol{P}}_{k-1,f}\boldsymbol{A}_{k-1}^{\mathrm{T}} + \boldsymbol{Q}_k \tag{3.82a}$$

$$\check{\boldsymbol{x}}_{k,f} = \boldsymbol{A}_{k-1}\hat{\boldsymbol{x}}_{k-1,f} + \boldsymbol{v}_k \tag{3.82b}$$

$$\boldsymbol{K}_k = \check{\boldsymbol{P}}_{k,f}\boldsymbol{C}_k^{\mathrm{T}}\left(\boldsymbol{C}_k\check{\boldsymbol{P}}_{k,f}\boldsymbol{C}_k^{\mathrm{T}} + \boldsymbol{R}_k\right)^{-1} \tag{3.82c}$$

$$\hat{\boldsymbol{P}}_{k,f} = (\boldsymbol{1} - \boldsymbol{K}_k\boldsymbol{C}_k)\check{\boldsymbol{P}}_{k,f} \tag{3.82d}$$

$$\hat{\boldsymbol{x}}_{k,f} = \check{\boldsymbol{x}}_{k,f} + \boldsymbol{K}_k(\boldsymbol{y}_k - \boldsymbol{C}_k\check{\boldsymbol{x}}_{k,f}) \tag{3.82e}$$

后向：$k = K, \cdots, 1$

$$\hat{\boldsymbol{x}}_{k-1} = \hat{\boldsymbol{x}}_{k-1,f} + \hat{\boldsymbol{P}}_{k-1,f}\boldsymbol{A}_{k-1}^{\mathrm{T}}\check{\boldsymbol{P}}_{k,f}^{-1}(\hat{\boldsymbol{x}}_k - \check{\boldsymbol{x}}_{k,f}) \tag{3.82f}$$

它们的初始值为：

$$\check{\boldsymbol{P}}_{0,f} = \check{\boldsymbol{P}}_0 \tag{3.83a}$$

$$\check{\boldsymbol{x}}_{0,f} = \check{\boldsymbol{x}}_0 \tag{3.83b}$$

$$\hat{\boldsymbol{x}}_K = \hat{\boldsymbol{x}}_{K,f} \tag{3.83c}$$

下一节我们将详细讨论这些式子。前五个前向的过程被称为**卡尔曼滤波器**。然而，请读者牢记，本节更重要的事情是，这六个公式表达的 RTS 平滑算法，能够高效且无近似地解决之前提出的批量优化问题。这件事情成立的原因正是由于优化算法左侧矩阵的特殊三对角块的稀疏结构。

3.3 离散时间的递归滤波算法

上文介绍的批量优化的方案（以及对应的平滑算法方案），是我们在 LG 问题下能够找到的最好的方法了。它利用了所有能用到的数据来估计所有时刻的状态。不过这种方法有一个致命的问题：它无法在线运行（online）[16]，因为它需要用未来时刻的信息估计过去的状态，即，它是**非因果的**（not causal）[17]。为了在实时场合使用，当前时刻的状态只能由它之前时间的信息决定，而**卡尔曼滤波**则是对这样一个问题的传统解决方案。我们先前已经引出卡尔曼滤波了——在 RTS 平滑算法的前向迭代过程中。本章的其余部分要介绍其他几种推导卡尔曼滤波的方法。

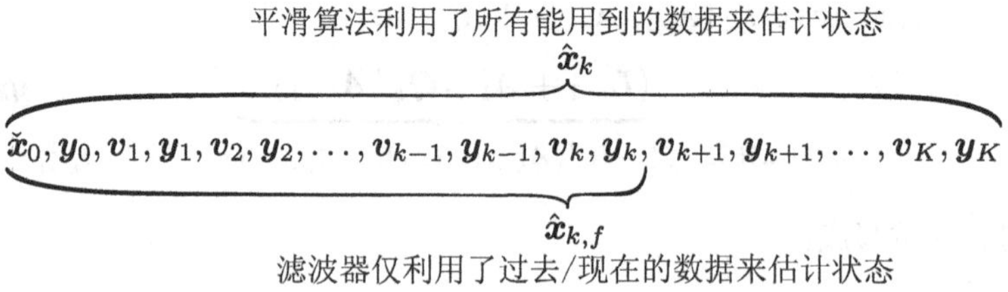

图 3–3 批量 LG 解法是一个平滑算法。为了让它实时化，我们需要一个滤波器

3.3.1 批量优化结论的分解

有了前文的结论，我们不必从头开始推导递归 LG 系统估计的问题。事实上，可以将批量优化的结果分解成两次递归的估计：一次是前向的，一次是后向的。这里的后向递推与平滑算法中的并不完全相同，请留意后向不是纠正前向的结果，而是用未来的测量作出估计。

为了把结论写成递归的形式，我们重新排列一下批量优化中的一些变量。将 $\boldsymbol{z}, \boldsymbol{H}, \boldsymbol{W}$ 重新定义成：

$$
\boldsymbol{z} = \begin{bmatrix} \check{\boldsymbol{x}}_0 \\ \boldsymbol{y}_0 \\ \hline \boldsymbol{v}_1 \\ \boldsymbol{y}_1 \\ \hline \boldsymbol{v}_2 \\ \boldsymbol{y}_2 \\ \hline \vdots \\ \hline \boldsymbol{v}_K \\ \boldsymbol{y}_K \end{bmatrix}, \quad \boldsymbol{H} = \left[\begin{array}{ccccc} \mathbf{1} & & & & \\ \boldsymbol{C}_0 & & & & \\ \hline -\boldsymbol{A}_0 & \mathbf{1} & & & \\ & \boldsymbol{C}_1 & & & \\ \hline & -\boldsymbol{A}_1 & \mathbf{1} & & \\ & & \boldsymbol{C}_2 & & \\ \hline & & \ddots & \ddots & \\ \hline & & & -\boldsymbol{A}_{K-1} & \mathbf{1} \\ & & & & \boldsymbol{C}_K \end{array}\right]
$$

[16] 这里用“在线”更贴切，而不是用“实时”（real-time）。

[17] 此处是说，在 $k < K$ 时刻看来，它们的状态用到了未来的信息。——译者注

$$
\boldsymbol{W} = \left[\begin{array}{cc|cc|cc|c|cc}
\check{\boldsymbol{P}}_0 & & & & & & & & \\
& \boldsymbol{R}_0 & & & & & & & \\ \hline
& & \boldsymbol{Q}_1 & & & & & & \\
& & & \boldsymbol{R}_1 & & & & & \\ \hline
& & & & \boldsymbol{Q}_2 & & & & \\
& & & & & \boldsymbol{R}_2 & & & \\ \hline
& & & & & & \ddots & & \\ \hline
& & & & & & & \boldsymbol{Q}_K & \\
& & & & & & & & \boldsymbol{R}_K
\end{array}\right] \tag{3.84}
$$

其中分割线区分了不同时刻的变量。请注意这个重排并不影响系统状态 $\boldsymbol{x}$，所以 $\boldsymbol{H}^{\mathrm{T}}\boldsymbol{W}^{-1}\boldsymbol{H}$ 仍是三对角块形式。

现在我们从概率密度函数的层面考虑如何分解。根据 3.1.5 节的讨论，我们已得到了 $p(\boldsymbol{x}|\boldsymbol{v},\boldsymbol{y})$ 的表达式。如果仅考虑 k 时刻的情况，我们可以把其他时刻的变量进行积分，从而边缘化出去：

$$
p\left(\boldsymbol{x}_k|\boldsymbol{v},\boldsymbol{y}\right) = \int_{\boldsymbol{x}_{i,\forall i\neq k}} p\left(\boldsymbol{x}_0,\cdots,\boldsymbol{x}_K|\boldsymbol{v},\boldsymbol{y}\right)\mathrm{d}\boldsymbol{x}_{i,\forall i\neq k} \tag{3.85}
$$

于是，我们能够把概率密度函数分解成两部分：

$$
p\left(\boldsymbol{x}_k|\boldsymbol{v},\boldsymbol{y}\right) = \eta\, p\left(\boldsymbol{x}_k|\check{\boldsymbol{x}}_0,\boldsymbol{v}_{1:k},\boldsymbol{y}_{0:k}\right) p\left(\boldsymbol{x}_k|\boldsymbol{v}_{k+1:K},\boldsymbol{y}_{k+1:K}\right) \tag{3.86}
$$

其中 η 是归一化因子。换句话说，我们能够把批量优化的结果分解成两个高斯概率密度函数的归一化积，就像在 2.2.6 节讨论的一样。

为了实现分解，我们要用到 3.2.1 节中 $\boldsymbol{H}$ 的稀疏结构。首先把 $\boldsymbol{H}$ 分解成 12 个块（仅有 6 个块非零）：

$$
\boldsymbol{H} = \begin{bmatrix}
\boldsymbol{H}_{11} & & \\
\boldsymbol{H}_{21} & \boldsymbol{H}_{22} & \\
& \boldsymbol{H}_{32} & \boldsymbol{H}_{33} \\
& & \boldsymbol{H}_{43}
\end{bmatrix}
\begin{array}{l}
\text{从 } 0,\cdots,k-1 \text{ 的信息} \\
k \text{ 时刻的信息} \\
k+1 \text{ 时刻的信息} \\
\text{从 } k+2,\cdots,K \text{ 的信息}
\end{array} \tag{3.87}
$$

↑从 $k+1,\cdots,K$ 的状态

↑k 时刻的状态

↑从 $0,\cdots,k-1$ 的状态

该矩阵的每一行和每一列的含义如上所示。例如，对于 $k=2$，$K=4$ 的情况，矩阵分块为：

$$
\boldsymbol{H}=\left[\begin{array}{cc|c|cc}
\mathbf{1} & & & & \\
\boldsymbol{C}_0 & & & & \\
-\boldsymbol{A}_0 & \mathbf{1} & & & \\
 & \boldsymbol{C}_1 & & & \\
\hline
 & -\boldsymbol{A}_1 & \mathbf{1} & & \\
 & & \boldsymbol{C}_2 & & \\
\hline
 & & -\boldsymbol{A}_2 & \mathbf{1} & \\
 & & & \boldsymbol{C}_3 & \\
\hline
 & & & -\boldsymbol{A}_3 & \mathbf{1} \\
 & & & & \boldsymbol{C}_4
\end{array}\right] \tag{3.88}
$$

把 $\boldsymbol{z}$ 和 $\boldsymbol{W}$ 也划分为同样的形式：

$$
\boldsymbol{z}=\begin{bmatrix}\boldsymbol{z}_1\\ \boldsymbol{z}_2\\ \boldsymbol{z}_3\\ \boldsymbol{z}_4\end{bmatrix},\quad \boldsymbol{W}=\begin{bmatrix}\boldsymbol{W}_1 & & & \\ & \boldsymbol{W}_2 & & \\ & & \boldsymbol{W}_3 & \\ & & & \boldsymbol{W}_4\end{bmatrix} \tag{3.89}
$$

那么，矩阵 $\boldsymbol{H}^{\mathrm{T}}\boldsymbol{W}^{-1}\boldsymbol{H}$ 的具体计算为：

$$
\begin{aligned}
&\boldsymbol{H}^{\mathrm{T}}\boldsymbol{W}^{-1}\boldsymbol{H}\\
&=\begin{bmatrix}
\boldsymbol{H}_{11}^{\mathrm{T}}\boldsymbol{W}_1^{-1}\boldsymbol{H}_{11}+\boldsymbol{H}_{21}^{\mathrm{T}}\boldsymbol{W}_2^{-1}\boldsymbol{H}_{21} & \boldsymbol{H}_{21}^{\mathrm{T}}\boldsymbol{W}_2^{-1}\boldsymbol{H}_{22} & \\
\boldsymbol{H}_{22}^{\mathrm{T}}\boldsymbol{W}_2^{-1}\boldsymbol{H}_{21} & \boldsymbol{H}_{22}^{\mathrm{T}}\boldsymbol{W}_2^{-1}\boldsymbol{H}_{22}+\boldsymbol{H}_{32}^{\mathrm{T}}\boldsymbol{W}_3^{-1}\boldsymbol{H}_{32} & \boldsymbol{H}_{32}^{\mathrm{T}}\boldsymbol{W}_3^{-1}\boldsymbol{H}_{33}\\
 & \boldsymbol{H}_{33}^{\mathrm{T}}\boldsymbol{W}_3^{-1}\boldsymbol{H}_{32} & \boldsymbol{H}_{33}^{\mathrm{T}}\boldsymbol{W}_3^{-1}\boldsymbol{H}_{33}+\boldsymbol{H}_{43}^{\mathrm{T}}\boldsymbol{W}_4^{-1}\boldsymbol{H}_{43}
\end{bmatrix}\\
&=\begin{bmatrix}
\boldsymbol{L}_{11} & \boldsymbol{L}_{12} & \\
\boldsymbol{L}_{12}^{\mathrm{T}} & \boldsymbol{L}_{22} & \boldsymbol{L}_{32}^{\mathrm{T}}\\
 & \boldsymbol{L}_{32} & \boldsymbol{L}_{33}
\end{bmatrix}
\end{aligned} \tag{3.90}
$$

我们把一些用到的中间变量记作 $\boldsymbol{L}_{ij}$。对于 $\boldsymbol{H}^{\mathrm{T}}\boldsymbol{W}^{-1}\boldsymbol{z}$，有：

$$
\boldsymbol{H}^{\mathrm{T}}\boldsymbol{W}^{-1}\boldsymbol{z}=\begin{bmatrix}
\boldsymbol{H}_{11}^{\mathrm{T}}\boldsymbol{W}_1^{-1}\boldsymbol{z}_1+\boldsymbol{H}_{21}^{\mathrm{T}}\boldsymbol{W}_2^{-1}\boldsymbol{z}_2\\
\boldsymbol{H}_{22}^{\mathrm{T}}\boldsymbol{W}_2^{-1}\boldsymbol{z}_2+\boldsymbol{H}_{32}^{\mathrm{T}}\boldsymbol{W}_3^{-1}\boldsymbol{z}_3\\
\boldsymbol{H}_{33}^{\mathrm{T}}\boldsymbol{W}_3^{-1}\boldsymbol{z}_3+\boldsymbol{H}_{43}^{\mathrm{T}}\boldsymbol{W}_4^{-1}\boldsymbol{z}_4
\end{bmatrix}=\begin{bmatrix}\boldsymbol{r}_1\\ \boldsymbol{r}_2\\ \boldsymbol{r}_3\end{bmatrix} \tag{3.91}
$$

同样把一些用到的中间变量定义成 $\boldsymbol{r}_i$。然后，将状态变量用以下方式划分：

$$
\boldsymbol{x}=\begin{bmatrix}\boldsymbol{x}_{0:k-1}\\ \boldsymbol{x}_k\\ \boldsymbol{x}_{k+1:K}\end{bmatrix}\begin{array}{l}0,\cdots,k-1\text{ 的状态}\\ k\text{ 时刻状态}\\ k+1,\cdots,K\text{ 时刻状态}\end{array} \tag{3.92}
$$

那么整个批量优化的方程变为：

$$\begin{bmatrix} \boldsymbol{L}_{11} & \boldsymbol{L}_{12} & \\ \boldsymbol{L}_{12}^{\mathrm{T}} & \boldsymbol{L}_{22} & \boldsymbol{L}_{32}^{\mathrm{T}} \\ & \boldsymbol{L}_{32} & \boldsymbol{L}_{33} \end{bmatrix} \begin{bmatrix} \hat{\boldsymbol{x}}_{0:k-1} \\ \hat{\boldsymbol{x}}_k \\ \hat{\boldsymbol{x}}_{k+1:K} \end{bmatrix} = \begin{bmatrix} \boldsymbol{r}_1 \\ \boldsymbol{r}_2 \\ \boldsymbol{r}_3 \end{bmatrix} \tag{3.93}$$

这里我们加上了 $(\hat{\cdot})$ 符号来表示这是先前谈论的优化问题的解。我们的短期目标是推导一个递归 LG 估计器来求解 $\hat{\boldsymbol{x}}_k$。为了将 $\hat{\boldsymbol{x}}_k$ 拿出来，对式（3.93）两侧左乘：

$$\begin{bmatrix} \mathbf{1} & & \\ -\boldsymbol{L}_{12}^{\mathrm{T}}\boldsymbol{L}_{11}^{-1} & \mathbf{1} & -\boldsymbol{L}_{32}^{\mathrm{T}}\boldsymbol{L}_{33}^{-1} \\ & & \mathbf{1} \end{bmatrix} \tag{3.94}$$

这可以看成对式（3.93）进行一些代数上的基本行操作，而不影响方程的解。之后得到：

$$\begin{aligned} &\begin{bmatrix} \boldsymbol{L}_{11} & \boldsymbol{L}_{12} & \\ & \boldsymbol{L}_{22}-\boldsymbol{L}_{12}^{\mathrm{T}}\boldsymbol{L}_{11}^{-1}\boldsymbol{L}_{12}-\boldsymbol{L}_{32}^{\mathrm{T}}\boldsymbol{L}_{33}^{-1}\boldsymbol{L}_{32} & \\ & \boldsymbol{L}_{32} & \boldsymbol{L}_{33} \end{bmatrix} \begin{bmatrix} \hat{\boldsymbol{x}}_{0:k-1} \\ \hat{\boldsymbol{x}}_k \\ \hat{\boldsymbol{x}}_{k+1:K} \end{bmatrix} \\ &= \begin{bmatrix} \boldsymbol{r}_1 \\ \boldsymbol{r}_2-\boldsymbol{L}_{12}^{\mathrm{T}}\boldsymbol{L}_{11}^{-1}\boldsymbol{r}_1-\boldsymbol{L}_{32}^{\mathrm{T}}\boldsymbol{L}_{33}^{-1}\boldsymbol{r}_3 \\ \boldsymbol{r}_3 \end{bmatrix} \end{aligned} \tag{3.95}$$

那么 $\hat{\boldsymbol{x}}_k$ 的解最后由

$$\underbrace{\left(\boldsymbol{L}_{22}-\boldsymbol{L}_{12}^{\mathrm{T}}\boldsymbol{L}_{11}^{-1}\boldsymbol{L}_{12}-\boldsymbol{L}_{32}^{\mathrm{T}}\boldsymbol{L}_{33}^{-1}\boldsymbol{L}_{32}\right)}_{\hat{\boldsymbol{P}}_k^{-1}}\hat{\boldsymbol{x}}_k = \underbrace{\left(\boldsymbol{r}_2-\boldsymbol{L}_{12}^{\mathrm{T}}\boldsymbol{L}_{11}^{-1}\boldsymbol{r}_1-\boldsymbol{L}_{32}^{\mathrm{T}}\boldsymbol{L}_{33}^{-1}\boldsymbol{r}_3\right)}_{\boldsymbol{q}_k} \tag{3.96}$$

给出。本式也标出了 $\hat{\boldsymbol{P}}_k$（逆的形式）和 $\boldsymbol{q}_k$。该方程和式（3.85）一样，将 $\hat{\boldsymbol{x}}_{0:k-1}$ 和 $\hat{\boldsymbol{x}}_{k+1:K}$ 边缘化了。代入上式的 $\boldsymbol{L}_{ij}$，可见：

$$\begin{aligned} \hat{\boldsymbol{P}}_k^{-1} &= \boldsymbol{L}_{22}-\boldsymbol{L}_{12}^{\mathrm{T}}\boldsymbol{L}_{11}^{-1}\boldsymbol{L}_{12}-\boldsymbol{L}_{32}^{\mathrm{T}}\boldsymbol{L}_{33}^{-1}\boldsymbol{L}_{32} \\ &= \boldsymbol{H}_{22}^{\mathrm{T}}\underbrace{\left(\boldsymbol{W}_2^{-1}-\boldsymbol{W}_2^{-1}\boldsymbol{H}_{21}\left(\boldsymbol{H}_{11}^{\mathrm{T}}\boldsymbol{W}_1^{-1}\boldsymbol{H}_{11}+\boldsymbol{H}_{21}^{\mathrm{T}}\boldsymbol{W}_2^{-1}\boldsymbol{H}_{21}\right)^{-1}\boldsymbol{H}_{21}^{\mathrm{T}}\boldsymbol{W}_2^{-1}\right)}_{\text{由式（2.75）：}\hat{\boldsymbol{P}}_{k,f}^{-1}=\left(\boldsymbol{W}_2+\boldsymbol{H}_{21}\left(\boldsymbol{H}_{11}^{\mathrm{T}}\boldsymbol{W}_1^{-1}\boldsymbol{H}_{11}\right)^{-1}\boldsymbol{H}_{21}^{\mathrm{T}}\right)^{-1}}\boldsymbol{H}_{22} \\ &\quad+\boldsymbol{H}_{32}^{\mathrm{T}}\underbrace{\left(\boldsymbol{W}_3^{-1}-\boldsymbol{W}_3^{-1}\boldsymbol{H}_{33}\left(\boldsymbol{H}_{33}^{\mathrm{T}}\boldsymbol{W}_3^{-1}\boldsymbol{H}_{33}+\boldsymbol{H}_{43}^{\mathrm{T}}\boldsymbol{W}_4^{-1}\boldsymbol{H}_{43}\right)^{-1}\boldsymbol{H}_{33}^{\mathrm{T}}\boldsymbol{W}_3^{-1}\right)}_{\text{由式（2.75）：}\hat{\boldsymbol{P}}_{k,b}^{-1}=\left(\boldsymbol{W}_3+\boldsymbol{H}_{33}\left(\boldsymbol{H}_{43}^{\mathrm{T}}\boldsymbol{W}_4^{-1}\boldsymbol{H}_{43}\right)^{-1}\boldsymbol{H}_{33}^{\mathrm{T}}\right)^{-1}}\boldsymbol{H}_{32} \\ &= \underbrace{\boldsymbol{H}_{22}^{\mathrm{T}}\hat{\boldsymbol{P}}_{k,f}^{-1}\boldsymbol{H}_{22}}_{\text{前向过程}}+\underbrace{\boldsymbol{H}_{32}^{\mathrm{T}}\hat{\boldsymbol{P}}_{k,b}^{-1}\boldsymbol{H}_{32}}_{\text{后向过程}} \end{aligned} \tag{3.97}$$

这里标出的“前向过程”中，仅用了 k 时刻以前 $\boldsymbol{H}$ 和 $\boldsymbol{W}$ 块，相应的“后向过程”也仅用到了 $k+1$ 至 K 时刻的 $\boldsymbol{H}$ 与 $\boldsymbol{W}$ 块。接下来看 $\boldsymbol{q}_k$，我们代入 $\boldsymbol{L}_{ij}$ 和 $\boldsymbol{r}_i$ 的块，得：

$$\begin{aligned} \boldsymbol{q}_k &= \boldsymbol{r}_2-\boldsymbol{L}_{12}^{\mathrm{T}}\boldsymbol{L}_{11}^{-1}\boldsymbol{r}_1-\boldsymbol{L}_{32}^{\mathrm{T}}\boldsymbol{L}_{33}^{-1}\boldsymbol{r}_3 \\ &= \underbrace{\boldsymbol{H}_{22}^{\mathrm{T}}\boldsymbol{q}_{k,f}}_{\text{前向过程}}+\underbrace{\boldsymbol{H}_{32}^{\mathrm{T}}\boldsymbol{q}_{k,b}}_{\text{后向过程}} \end{aligned} \tag{3.98}$$

同理，标有“前向过程”的部分仅依赖 k 时刻之前的量，而“后向过程”仅依赖 $k+1$ 至 K 时刻的量。定义以下变量：

$$\begin{aligned}
\boldsymbol{q}_{k,f} = &- \boldsymbol{W}_2^{-1}\boldsymbol{H}_{21}\left(\boldsymbol{H}_{11}^{\mathrm{T}}\boldsymbol{W}_1^{-1}\boldsymbol{H}_{11} + \boldsymbol{H}_{21}^{\mathrm{T}}\boldsymbol{W}_2^{-1}\boldsymbol{H}_{21}\right)^{-1}\boldsymbol{H}_{11}^{\mathrm{T}}\boldsymbol{W}_1^{-1}\boldsymbol{z}_1 \\
&+ \left(\boldsymbol{W}_2^{-1} - \boldsymbol{W}_2^{-1}\boldsymbol{H}_{21}\left(\boldsymbol{H}_{11}^{\mathrm{T}}\boldsymbol{W}_1^{-1}\boldsymbol{H}_{11} + \boldsymbol{H}_{21}^{\mathrm{T}}\boldsymbol{W}_2^{-1}\boldsymbol{H}_{21}\right)^{-1}\boldsymbol{H}_{21}^{\mathrm{T}}\boldsymbol{W}_2^{-1}\right)\boldsymbol{z}_2
\end{aligned} \tag{3.99a}$$

$$\begin{aligned}
\boldsymbol{q}_{k,b} = &\left(\boldsymbol{W}_3^{-1} - \boldsymbol{W}_3^{-1}\boldsymbol{H}_{33}\left(\boldsymbol{H}_{33}^{\mathrm{T}}\boldsymbol{W}_3^{-1}\boldsymbol{H}_{33} + \boldsymbol{H}_{43}^{\mathrm{T}}\boldsymbol{W}_4^{-1}\boldsymbol{H}_{43}\right)^{-1}\boldsymbol{H}_{33}^{\mathrm{T}}\boldsymbol{W}_3^{-1}\right)\boldsymbol{z}_3 \\
&- \boldsymbol{W}_3^{-1}\boldsymbol{H}_{33}\left(\boldsymbol{H}_{43}^{\mathrm{T}}\boldsymbol{W}_4^{-1}\boldsymbol{H}_{43} + \boldsymbol{H}_{33}^{\mathrm{T}}\boldsymbol{W}_3^{-1}\boldsymbol{H}_{33}\right)^{-1}\boldsymbol{H}_{43}^{\mathrm{T}}\boldsymbol{W}_4^{-1}\boldsymbol{z}_4
\end{aligned} \tag{3.99b}$$

于是，我们就可义定义“前向”和“后向”的估计器，分别计算 $\hat{\boldsymbol{x}}_{k,f}$ 和 $\hat{\boldsymbol{x}}_{k,b}$：

$$\hat{\boldsymbol{P}}_{k,f}^{-1}\hat{\boldsymbol{x}}_{k,f} = \boldsymbol{q}_{k,f} \tag{3.100a}$$

$$\hat{\boldsymbol{P}}_{k,b}^{-1}\hat{\boldsymbol{x}}_{k,b} = \boldsymbol{q}_{k,b} \tag{3.100b}$$

其中 $\hat{\boldsymbol{x}}_{k,f}$ 仅依赖 k 时刻之前的估计，$\hat{\boldsymbol{x}}_{k,b}$ 则依赖 $k+1$ 到 K 的估计。在此定义下，有：

$$\hat{\boldsymbol{P}}_k^{-1} = \boldsymbol{H}_{22}^{\mathrm{T}}\hat{\boldsymbol{P}}_{k,f}^{-1}\boldsymbol{H}_{22} + \boldsymbol{H}_{32}^{\mathrm{T}}\hat{\boldsymbol{P}}_{k,b}^{-1}\boldsymbol{H}_{32} \tag{3.101}$$

$$\hat{\boldsymbol{x}}_k = \hat{\boldsymbol{P}}_k\left(\boldsymbol{H}_{22}^{\mathrm{T}}\hat{\boldsymbol{P}}_{k,f}^{-1}\hat{\boldsymbol{x}}_{k,f} + \boldsymbol{H}_{32}^{\mathrm{T}}\hat{\boldsymbol{P}}_{k,b}^{-1}\hat{\boldsymbol{x}}_{k,b}\right) \tag{3.102}$$

这正是两个高斯密度函数的归一化积，见第 2.2.6 节。回到式（3.86），我们有：

$$p(\boldsymbol{x}_k|\boldsymbol{v},\boldsymbol{y}) \rightarrow \mathcal{N}\left(\hat{\boldsymbol{x}}_k, \hat{\boldsymbol{P}}_k\right) \tag{3.103a}$$

$$p(\boldsymbol{x}_k|\check{\boldsymbol{x}}_0,\boldsymbol{v}_{1:k},\boldsymbol{y}_{0:k}) \rightarrow \mathcal{N}\left(\hat{\boldsymbol{x}}_{k,f}, \hat{\boldsymbol{P}}_{k,f}\right) \tag{3.103b}$$

$$p(\boldsymbol{x}_k|\boldsymbol{v}_{k+1:K},\boldsymbol{y}_{k+1:K}) \rightarrow \mathcal{N}\left(\hat{\boldsymbol{x}}_{k,b}, \hat{\boldsymbol{P}}_{k,b}\right) \tag{3.103c}$$

其中 $\hat{\boldsymbol{P}}_k, \hat{\boldsymbol{P}}_{k,f}, \hat{\boldsymbol{P}}_{k,b}$ 分别是 $\hat{\boldsymbol{x}}_k, \hat{\boldsymbol{x}}_{k,f}, \hat{\boldsymbol{x}}_{k,b}$ 的协方差。也就是说，我们对前向、后向均进行了高斯估计，其均值正是 MAP 的估计，而方差如上所示。

在接下来的章节中，我们来看如何把前向的高斯估计 $\hat{\boldsymbol{x}}_{k,f}$ 写成递归滤波的形式[18]。

3.3.2 通过 MAP 推导卡尔曼滤波

本节介绍如何把上一节的前向估计转换成递归滤波器，即卡尔曼滤波器[2] 的形式。为简洁起见，我们把 $\hat{\boldsymbol{x}}_{k,f}$ 记成 $\hat{\boldsymbol{x}}_k$，把 $\hat{\boldsymbol{P}}_{k,f}$ 记成 $\hat{\boldsymbol{P}}_k$。请读者不要与之前介绍批量/平滑算法时用到的符号混淆。假设我们已经有了 $k-1$ 时刻的前向估计：

$$\{\hat{\boldsymbol{x}}_{k-1}, \hat{\boldsymbol{P}}_{k-1}\} \tag{3.104}$$

这两个量是根据初始时刻到 $k-1$ 时刻的数据推导得到的。我们的目标是计算：

$$\{\hat{\boldsymbol{x}}_k, \hat{\boldsymbol{P}}_k\} \tag{3.105}$$

[18] 反过来也可以，即把后向的写成递归的形式，但这种方法会沿着时间反向递归。

其中要用直到 k 时刻的数据。事实上我们无需从头开始，而是简单地用 $k-1$ 时刻的状态，以及 k 时刻的 $\boldsymbol{v}_k$、$\boldsymbol{y}_k$ 来估计 k 时刻的状态：

$$\{\hat{\boldsymbol{x}}_{k-1}, \hat{\boldsymbol{P}}_{k-1}, \boldsymbol{v}_k, \boldsymbol{y}_k\} \mapsto \{\hat{\boldsymbol{x}}_k, \hat{\boldsymbol{P}}_k\} \tag{3.106}$$

为了推导这个过程，定义：

$$\boldsymbol{z} = \begin{bmatrix} \hat{\boldsymbol{x}}_{k-1} \\ \boldsymbol{v}_k \\ \boldsymbol{y}_k \end{bmatrix}, \quad \boldsymbol{H} = \begin{bmatrix} \mathbf{1} & \\ -\boldsymbol{A}_{k-1} & \mathbf{1} \\ & \boldsymbol{C}_k \end{bmatrix}, \quad \boldsymbol{W} = \begin{bmatrix} \hat{\boldsymbol{P}}_{k-1} & & \\ & \boldsymbol{Q}_k & \\ & & \boldsymbol{R}_k \end{bmatrix} \tag{3.107}$$

这里 $\{\hat{\boldsymbol{x}}_{k-1}, \hat{\boldsymbol{P}}_{k-1}\}$ 代表了直到 $k-1$ 时刻的状态估计[19]。图 3–4 是它的示意图。

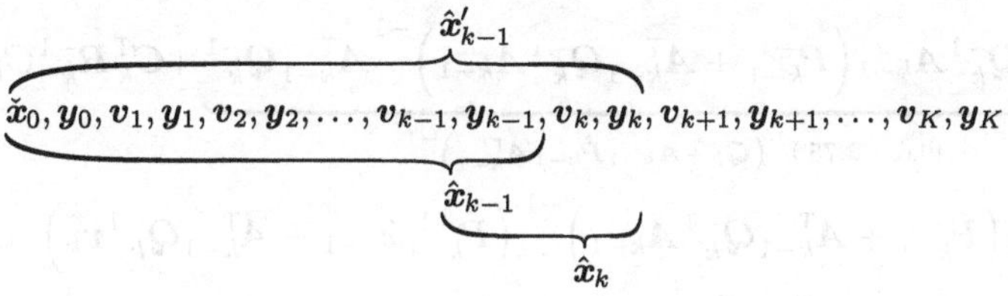

图 3–4 递归滤波将过去所有的数据融合成一次估计

通常 MAP的最优解 $\hat{\boldsymbol{x}}$ 写成：

$$(\boldsymbol{H}^{\mathrm{T}} \boldsymbol{W}^{-1} \boldsymbol{H}) \hat{\boldsymbol{x}} = \boldsymbol{H}^{\mathrm{T}} \boldsymbol{W}^{-1} \boldsymbol{z} \tag{3.108}$$

我们定义：

$$\hat{\boldsymbol{x}} = \begin{bmatrix} \hat{\boldsymbol{x}}'_{k-1} \\ \hat{\boldsymbol{x}}_k \end{bmatrix} \tag{3.109}$$

我们刻意区分了 $\hat{\boldsymbol{x}}'_{k-1}$ 和 $\hat{\boldsymbol{x}}_{k-1}$，加了上标 $'$ 之后的 $\hat{\boldsymbol{x}}'_{k-1}$ 表示用 0 到 k 时刻的数据计算的 $k-1$ 时刻的状态估计，而 $\hat{\boldsymbol{x}}_{k-1}$ 表示用 0 至 $k-1$ 时刻数据估计的 $k-1$ 时刻的状态。将上面这些定义代入式（3.108）中，可以得到最小二乘解：

$$\begin{bmatrix} \hat{\boldsymbol{P}}_{k-1}^{-1} + \boldsymbol{A}_{k-1}^{\mathrm{T}} \boldsymbol{Q}_k^{-1} \boldsymbol{A}_{k-1} & -\boldsymbol{A}_{k-1}^{\mathrm{T}} \boldsymbol{Q}_k^{-1} \\ -\boldsymbol{Q}_k^{-1} \boldsymbol{A}_{k-1} & \boldsymbol{Q}_k^{-1} + \boldsymbol{C}_k^{\mathrm{T}} \boldsymbol{R}_k^{-1} \boldsymbol{C}_k \end{bmatrix} \begin{bmatrix} \hat{\boldsymbol{x}}'_{k-1} \\ \hat{\boldsymbol{x}}_k \end{bmatrix} = \begin{bmatrix} \hat{\boldsymbol{P}}_{k-1}^{-1} \hat{\boldsymbol{x}}_{k-1} - \boldsymbol{A}_{k-1}^{\mathrm{T}} \boldsymbol{Q}_k^{-1} \boldsymbol{v}_k \\ \boldsymbol{Q}_k^{-1} \boldsymbol{v}_k + \boldsymbol{C}_k^{\mathrm{T}} \boldsymbol{R}_k^{-1} \boldsymbol{y}_k \end{bmatrix} \tag{3.110}$$

不过我们并不关心 $\hat{\boldsymbol{x}}'_{k-1}$ 的实际值，因为现在需要的是一个递归的估计，而这个量中用到了未来的信息。我们可以把它边缘化掉，等式两侧左乘：

$$\begin{bmatrix} \mathbf{1} & \mathbf{0} \\ \boldsymbol{Q}_k^{-1} \boldsymbol{A}_{k-1} \left(\hat{\boldsymbol{P}}_{k-1}^{-1} + \boldsymbol{A}_{k-1}^{\mathrm{T}} \boldsymbol{Q}_k^{-1} \boldsymbol{A}_{k-1} \right)^{-1} & \mathbf{1} \end{bmatrix} \tag{3.111}$$

[19] 我们实际上用到了**马尔可夫性**（Markov property），这一点在非线性非高斯系统中还要详细讨论。不过对于 LG 系统，这个假设是成立的。

这是一次线性方程的行操作[20]，于是式（3.110）变成：

$$
\begin{aligned}
&\begin{bmatrix} \hat{\boldsymbol{P}}_{k-1}^{-1}+\boldsymbol{A}_{k-1}^{\mathrm{T}}\boldsymbol{Q}_k^{-1}\boldsymbol{A}_{k-1} & -\boldsymbol{A}_{k-1}^{\mathrm{T}}\boldsymbol{Q}_k^{-1} \\ \boldsymbol{0} & \begin{array}{r}\boldsymbol{Q}_k^{-1}-\boldsymbol{Q}_k^{-1}\boldsymbol{A}_{k-1}\left(\hat{\boldsymbol{P}}_{k-1}^{-1}+\boldsymbol{A}_{k-1}^{\mathrm{T}}\boldsymbol{Q}_k^{-1}\boldsymbol{A}_{k-1}\right)^{-1} \\ \times\boldsymbol{A}_{k-1}^{\mathrm{T}}\boldsymbol{Q}_k^{-1}+\boldsymbol{C}_k^{\mathrm{T}}\boldsymbol{R}_k^{-1}\boldsymbol{C}_k\end{array} \end{bmatrix}\begin{bmatrix}\hat{\boldsymbol{x}}_{k-1}' \\ \hat{\boldsymbol{x}}_k\end{bmatrix} \\
&=\begin{bmatrix} \hat{\boldsymbol{P}}_{k-1}^{-1}\hat{\boldsymbol{x}}_{k-1}-\boldsymbol{A}_{k-1}^{\mathrm{T}}\boldsymbol{Q}_k^{-1}\boldsymbol{v}_k \\ \boldsymbol{Q}_k^{-1}\boldsymbol{A}_{k-1}\left(\hat{\boldsymbol{P}}_{k-1}^{-1}+\boldsymbol{A}_{k-1}^{\mathrm{T}}\boldsymbol{Q}_k^{-1}\boldsymbol{A}_{k-1}\right)^{-1}\left(\hat{\boldsymbol{P}}_{k-1}^{-1}\hat{\boldsymbol{x}}_{k-1}-\boldsymbol{A}_{k-1}^{\mathrm{T}}\boldsymbol{Q}_k^{-1}\boldsymbol{v}_k\right) \\ +\boldsymbol{Q}_k^{-1}\boldsymbol{v}_k+\boldsymbol{C}_k^{\mathrm{T}}\boldsymbol{R}_k^{-1}\boldsymbol{y}_k \end{bmatrix}
\end{aligned}
\tag{3.112}
$$

该问题的解 $\hat{\boldsymbol{x}}_k$ 为：

$$
\begin{aligned}
&\Big(\underbrace{\boldsymbol{Q}_k^{-1}-\boldsymbol{Q}_k^{-1}\boldsymbol{A}_{k-1}\left(\hat{\boldsymbol{P}}_{k-1}^{-1}+\boldsymbol{A}_{k-1}^{\mathrm{T}}\boldsymbol{Q}_k^{-1}\boldsymbol{A}_{k-1}\right)^{-1}\boldsymbol{A}_{k-1}^{\mathrm{T}}\boldsymbol{Q}_k^{-1}}_{\text{由式（2.75）：}\left(\boldsymbol{Q}_k+\boldsymbol{A}_{k-1}\hat{\boldsymbol{P}}_{k-1}\boldsymbol{A}_{k-1}^{\mathrm{T}}\right)^{-1}}+\boldsymbol{C}_k^{\mathrm{T}}\boldsymbol{R}_k^{-1}\boldsymbol{C}_k\Big)\hat{\boldsymbol{x}}_k \\
&=\boldsymbol{Q}_k^{-1}\boldsymbol{A}_{k-1}\left(\hat{\boldsymbol{P}}_{k-1}^{-1}+\boldsymbol{A}_{k-1}^{\mathrm{T}}\boldsymbol{Q}_k^{-1}\boldsymbol{A}_{k-1}\right)^{-1}\left(\hat{\boldsymbol{P}}_{k-1}^{-1}\hat{\boldsymbol{x}}_{k-1}-\boldsymbol{A}_{k-1}^{\mathrm{T}}\boldsymbol{Q}_k^{-1}\boldsymbol{v}_k\right) \\
&\qquad+\boldsymbol{Q}_k^{-1}\boldsymbol{v}_k+\boldsymbol{C}_k^{\mathrm{T}}\boldsymbol{R}_k^{-1}\boldsymbol{y}_k
\end{aligned}
\tag{3.113}
$$

然后定义下面一些变量：

$$
\check{\boldsymbol{P}}_k=\boldsymbol{Q}_k+\boldsymbol{A}_{k-1}\hat{\boldsymbol{P}}_{k-1}\boldsymbol{A}_{k-1}^{\mathrm{T}} \tag{3.114a}
$$

$$
\hat{\boldsymbol{P}}_k=\left(\check{\boldsymbol{P}}_k^{-1}+\boldsymbol{C}_k^{\mathrm{T}}\boldsymbol{R}_k^{-1}\boldsymbol{C}_k\right)^{-1} \tag{3.114b}
$$

那么式（3.113）变为：

$$
\begin{aligned}
\hat{\boldsymbol{P}}_k^{-1}\hat{\boldsymbol{x}}_k&=\boldsymbol{Q}_k^{-1}\boldsymbol{A}_{k-1}\left(\hat{\boldsymbol{P}}_{k-1}^{-1}+\boldsymbol{A}_{k-1}^{\mathrm{T}}\boldsymbol{Q}_k^{-1}\boldsymbol{A}_{k-1}\right)^{-1} \\
&\qquad\times\left(\hat{\boldsymbol{P}}_{k-1}^{-1}\hat{\boldsymbol{x}}_{k-1}-\boldsymbol{A}_{k-1}^{\mathrm{T}}\boldsymbol{Q}_k^{-1}\boldsymbol{v}_k\right)+\boldsymbol{Q}_k^{-1}\boldsymbol{v}_k+\boldsymbol{C}_k^{\mathrm{T}}\boldsymbol{R}_k^{-1}\boldsymbol{y}_k \\
&=\underbrace{\boldsymbol{Q}_k^{-1}\boldsymbol{A}_{k-1}\left(\hat{\boldsymbol{P}}_{k-1}^{-1}+\boldsymbol{A}_{k-1}^{\mathrm{T}}\boldsymbol{Q}_k^{-1}\boldsymbol{A}_{k-1}\right)^{-1}\hat{\boldsymbol{P}}_{k-1}^{-1}}_{\text{由下文：}\check{\boldsymbol{P}}_k^{-1}\boldsymbol{A}_{k-1}}\hat{\boldsymbol{x}}_{k-1} \\
&\qquad+\underbrace{\left(\boldsymbol{Q}_k^{-1}-\boldsymbol{Q}_k^{-1}\boldsymbol{A}_{k-1}\left(\hat{\boldsymbol{P}}_{k-1}^{-1}+\boldsymbol{A}_{k-1}^{\mathrm{T}}\boldsymbol{Q}_k^{-1}\boldsymbol{A}_{k-1}\right)^{-1}\boldsymbol{A}_{k-1}^{\mathrm{T}}\boldsymbol{Q}_k^{-1}\right)}_{\check{\boldsymbol{P}}_k^{-1}}\boldsymbol{v}_k+\boldsymbol{C}_k^{\mathrm{T}}\boldsymbol{R}_k^{-1}\boldsymbol{y}_k \\
&=\check{\boldsymbol{P}}_k^{-1}\underbrace{\left(\boldsymbol{A}_{k-1}\hat{\boldsymbol{x}}_{k-1}+\boldsymbol{v}_k\right)}_{\check{\boldsymbol{x}}_k}+\boldsymbol{C}_k^{\mathrm{T}}\boldsymbol{R}_k^{-1}\boldsymbol{y}_k
\end{aligned}
\tag{3.115}
$$

[20] 有时也叫**舒尔补**（Schur complement）。

此处令 $\check{\boldsymbol{x}}_k$ 为状态的"预测"。上面第二行标注部分的化简用到了下面的逻辑：

$$
\begin{aligned}
&\boldsymbol{Q}_k^{-1}\boldsymbol{A}_{k-1}\underbrace{\left(\hat{\boldsymbol{P}}_{k-1}^{-1}+\boldsymbol{A}_{k-1}^{\mathrm{T}}\boldsymbol{Q}_k^{-1}\boldsymbol{A}_{k-1}\right)^{-1}}_{\text{再次由式（2.75）}}\hat{\boldsymbol{P}}_{k-1}^{-1}\\
=&\boldsymbol{Q}_k^{-1}\boldsymbol{A}_{k-1}\Bigg(\hat{\boldsymbol{P}}_{k-1}-\hat{\boldsymbol{P}}_{k-1}\boldsymbol{A}_{k-1}^{\mathrm{T}}\underbrace{\left(\boldsymbol{Q}_k+\boldsymbol{A}_{k-1}\hat{\boldsymbol{P}}_{k-1}\boldsymbol{A}_{k-1}^{\mathrm{T}}\right)^{-1}}_{\check{\boldsymbol{P}}_k^{-1}}\\
&\times\boldsymbol{A}_{k-1}\hat{\boldsymbol{P}}_{k-1}\Bigg)\hat{\boldsymbol{P}}_{k-1}^{-1} \qquad (3.116)\\
=&\Big(\boldsymbol{Q}_k^{-1}-\boldsymbol{Q}_k^{-1}\underbrace{\boldsymbol{A}_{k-1}\hat{\boldsymbol{P}}_{k-1}\boldsymbol{A}_{k-1}^{\mathrm{T}}}_{\check{\boldsymbol{P}}_k-\boldsymbol{Q}_k}\check{\boldsymbol{P}}_k^{-1}\Big)\boldsymbol{A}_{k-1}\\
=&\left(\boldsymbol{Q}_k^{-1}-\boldsymbol{Q}_k^{-1}+\check{\boldsymbol{P}}_k^{-1}\right)\boldsymbol{A}_{k-1}\\
=&\check{\boldsymbol{P}}_k^{-1}\boldsymbol{A}_{k-1}
\end{aligned}
$$

总结上述公式，可以写成递归滤波器形式：

预测：

$$\check{\boldsymbol{P}}_k=\boldsymbol{A}_{k-1}\hat{\boldsymbol{P}}_{k-1}\boldsymbol{A}_{k-1}^{\mathrm{T}}+\boldsymbol{Q}_k \qquad (3.117a)$$

$$\check{\boldsymbol{x}}_k=\boldsymbol{A}_{k-1}\hat{\boldsymbol{x}}_{k-1}+\boldsymbol{v}_k \qquad (3.117b)$$

更新：

$$\hat{\boldsymbol{P}}_k^{-1}=\check{\boldsymbol{P}}_k^{-1}+\boldsymbol{C}_k^{\mathrm{T}}\boldsymbol{R}_k^{-1}\boldsymbol{C}_k \qquad (3.117c)$$

$$\hat{\boldsymbol{P}}_k^{-1}\hat{\boldsymbol{x}}_k=\check{\boldsymbol{P}}_k^{-1}\check{\boldsymbol{x}}_k+\boldsymbol{C}_k^{\mathrm{T}}\boldsymbol{R}_k^{-1}\boldsymbol{y}_k \qquad (3.117d)$$

我们称之为**逆协方差**（信息）形式的卡尔曼滤波。图 3–5 显示了预测-更新两步的卡尔曼滤波过程。为了得到**经典**形式的卡尔曼滤波，我们对符号稍加修改。定义**卡尔曼增益** $\boldsymbol{K}_k$ 为：

$$\boldsymbol{K}_k=\hat{\boldsymbol{P}}_k\boldsymbol{C}_k^{\mathrm{T}}\boldsymbol{R}_k^{-1} \qquad (3.118)$$

那么：

$$
\begin{aligned}
\mathbf{1}&=\hat{\boldsymbol{P}}_k\left(\check{\boldsymbol{P}}_k^{-1}+\boldsymbol{C}_k^{\mathrm{T}}\boldsymbol{R}_k^{-1}\boldsymbol{C}_k\right)\\
&=\hat{\boldsymbol{P}}_k\check{\boldsymbol{P}}_k^{-1}+\boldsymbol{K}_k\boldsymbol{C}_k \qquad (3.119a)\\
\hat{\boldsymbol{P}}_k&=\left(\mathbf{1}-\boldsymbol{K}_k\boldsymbol{C}_k\right)\check{\boldsymbol{P}}_k \qquad (3.119b)\\
\underbrace{\hat{\boldsymbol{P}}_k\boldsymbol{C}_k^{\mathrm{T}}\boldsymbol{R}_k^{-1}}_{\boldsymbol{K}_k}&=\left(\mathbf{1}-\boldsymbol{K}_k\boldsymbol{C}_k\right)\check{\boldsymbol{P}}_k\boldsymbol{C}_k^{\mathrm{T}}\boldsymbol{R}_k^{-1} \qquad (3.119c)\\
\boldsymbol{K}_k\left(\mathbf{1}+\boldsymbol{C}_k\check{\boldsymbol{P}}_k\boldsymbol{C}_k^{\mathrm{T}}\boldsymbol{R}_k^{-1}\right)&=\check{\boldsymbol{P}}_k\boldsymbol{C}_k^{\mathrm{T}}\boldsymbol{R}_k^{-1} \qquad (3.119d)
\end{aligned}
$$

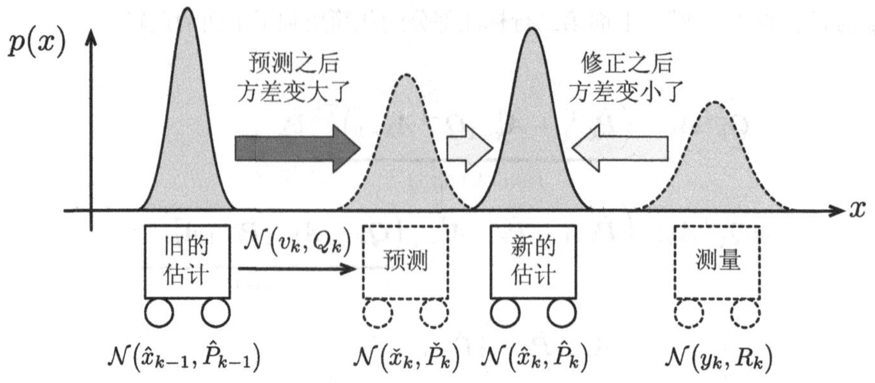

图 3–5 卡尔曼滤波有两个步骤：预测和更新。预测步骤将上一时刻的估计值 $\hat{\boldsymbol{x}}_{k-1}$ 向前迭代一次，通过输入 $\boldsymbol{v}$ 和运动方程，得到预测值 $\check{\boldsymbol{x}}_k$。更新步骤则用最近的测量 $\boldsymbol{y}_k$，来计算修正之后的估计 $\hat{\boldsymbol{x}}_k$。这个过程用到了高斯分布的归一化积，通过逆协方差形式的卡尔曼滤波器就能看出

解出最后一式中 $\boldsymbol{K}_k$ 的表达式，就可以将递归滤波重写成：

预测：

$$\check{\boldsymbol{P}}_k = \boldsymbol{A}_{k-1}\hat{\boldsymbol{P}}_{k-1}\boldsymbol{A}_{k-1}^{\mathrm{T}} + \boldsymbol{Q}_k \tag{3.120a}$$

$$\check{\boldsymbol{x}}_k = \boldsymbol{A}_{k-1}\hat{\boldsymbol{x}}_{k-1} + \boldsymbol{v}_k \tag{3.120b}$$

卡尔曼增益：

$$\boldsymbol{K}_k = \check{\boldsymbol{P}}_k\boldsymbol{C}_k^{\mathrm{T}}\left(\boldsymbol{C}_k\check{\boldsymbol{P}}_k\boldsymbol{C}_k^{\mathrm{T}} + \boldsymbol{R}_k\right)^{-1} \tag{3.120c}$$

更新：

$$\hat{\boldsymbol{P}}_k = (\boldsymbol{1} - \boldsymbol{K}_k\boldsymbol{C}_k)\,\check{\boldsymbol{P}}_k \tag{3.120d}$$

$$\hat{\boldsymbol{x}}_k = \check{\boldsymbol{x}}_k + \boldsymbol{K}_k\underbrace{(\boldsymbol{y}_k - \boldsymbol{C}_k\check{\boldsymbol{x}}_k)}_{\text{更新量}} \tag{3.120e}$$

请注意标出的“**更新量**”（innovation）部分。它的物理意义是实际与期望观测量的误差，而卡尔曼增益则是这部分更新量对于估计值（适当）的权重。这五个方程，以及它们在非线性形式下的拓展，由卡尔曼在文献 [2] 中提出后，成为了状态估计领域的重要结论。它与上一节介绍的 Rauch-Tung-Striebel 平滑算法的前向过程是等价的（除了下标 $(\cdot)_f$ 被省略掉之外）。

3.3.3 通过贝叶斯推断推导卡尔曼滤波

用贝叶斯推断方法还能够以更简洁的方式推出卡尔曼滤波[21]。设 $k-1$ 时刻的高斯先验为：

$$p\left(\boldsymbol{x}_{k-1}|\check{\boldsymbol{x}}_0, \boldsymbol{v}_{1:k-1}, \boldsymbol{y}_{0:k-1}\right) = \mathcal{N}\left(\hat{\boldsymbol{x}}_{k-1}, \hat{\boldsymbol{P}}_{k-1}\right) \tag{3.121}$$

首先，对于**预测部分**，我们考虑最近时刻的输入 $\boldsymbol{v}_k$，来计算 k 时刻的“先验”：

$$p\left(\boldsymbol{x}_k|\check{\boldsymbol{x}}_0, \boldsymbol{v}_{1:k}, \boldsymbol{y}_{0:k-1}\right) = \mathcal{N}\left(\check{\boldsymbol{x}}_k, \check{\boldsymbol{P}}_k\right) \tag{3.122}$$

[21] 下一章我们要介绍**贝叶斯滤波器**（Bayes filter），它可以处理非线性和非高斯的情况。本节内容可视为贝叶斯滤波器的一个特例，不需要任何近似。

其中

$$\check{\boldsymbol{P}}_k = \boldsymbol{A}_{k-1}\hat{\boldsymbol{P}}_{k-1}\boldsymbol{A}_{k-1}^{\mathrm{T}} + \boldsymbol{Q}_k \tag{3.123a}$$

$$\check{\boldsymbol{x}}_k = \boldsymbol{A}_{k-1}\hat{\boldsymbol{x}}_{k-1} + \boldsymbol{v}_k \tag{3.123b}$$

简单地将 $k-1$ 时刻的分布通过线性运动模型传递，即可得到这两个式子，注意它们和预测步骤是等价的。对于均值有：

$$\begin{aligned}\check{\boldsymbol{x}}_k &= E[\boldsymbol{x}_k] = E\left[\boldsymbol{A}_{k-1}\boldsymbol{x}_{k-1} + \boldsymbol{v}_k + \boldsymbol{w}_k\right] \\ &= \boldsymbol{A}_{k-1}\underbrace{E\left[\boldsymbol{x}_{k-1}\right]}_{\hat{\boldsymbol{x}}_{k-1}} + \boldsymbol{v}_k + \underbrace{E\left[\boldsymbol{w}_k\right]}_{\mathbf{0}} = \boldsymbol{A}_{k-1}\hat{\boldsymbol{x}}_{k-1} + \boldsymbol{v}_k\end{aligned} \tag{3.124}$$

对于协方差则有：

$$\begin{aligned}\check{\boldsymbol{P}}_k &= E\left[\left(\boldsymbol{x}_k - E\left[\boldsymbol{x}_k\right]\right)\left(\boldsymbol{x}_k - E\left[\boldsymbol{x}_k\right]\right)^{\mathrm{T}}\right] \\ &= E\Big[\left(\boldsymbol{A}_{k-1}\boldsymbol{x}_{k-1} + \boldsymbol{v}_k + \boldsymbol{w}_k - \boldsymbol{A}_{k-1}\hat{\boldsymbol{x}}_{k-1} - \boldsymbol{v}_k\right) \\ &\qquad \times \left(\boldsymbol{A}_{k-1}\boldsymbol{x}_{k-1} + \boldsymbol{v}_k + \boldsymbol{w}_k - \boldsymbol{A}_{k-1}\hat{\boldsymbol{x}}_{k-1} - \boldsymbol{v}_k\right)^{\mathrm{T}}\Big] \\ &= \boldsymbol{A}_{k-1}\underbrace{E\left[\left(\boldsymbol{x}_{k-1} - \hat{\boldsymbol{x}}_{k-1}\right)\left(\boldsymbol{x}_{k-1} - \hat{\boldsymbol{x}}_{k-1}\right)^{\mathrm{T}}\right]}_{\hat{\boldsymbol{P}}_{k-1}}\boldsymbol{A}_{k-1}^{\mathrm{T}} + \underbrace{E\left[\boldsymbol{w}_k\boldsymbol{w}_k^{\mathrm{T}}\right]}_{\boldsymbol{Q}_k} \\ &= \boldsymbol{A}_{k-1}\hat{\boldsymbol{P}}_{k-1}\boldsymbol{A}_{k-1}^{\mathrm{T}} + \boldsymbol{Q}_k\end{aligned} \tag{3.125}$$

然后，对于**更新部分**，我们将状态与最近的一次测量（即 k 时刻）写成联合高斯分布的形式：

$$\begin{aligned}p\left(\boldsymbol{x}_k, \boldsymbol{y}_k | \check{\boldsymbol{x}}_0, \boldsymbol{v}_{1:k}, \boldsymbol{y}_{0:k-1}\right) &= \mathcal{N}\left(\begin{bmatrix}\boldsymbol{\mu}_x \\ \boldsymbol{\mu}_y\end{bmatrix}, \begin{bmatrix}\boldsymbol{\Sigma}_{xx} & \boldsymbol{\Sigma}_{xy} \\ \boldsymbol{\Sigma}_{yx} & \boldsymbol{\Sigma}_{yy}\end{bmatrix}\right) \\ &= \mathcal{N}\left(\begin{bmatrix}\check{\boldsymbol{x}}_k \\ \boldsymbol{C}_k\check{\boldsymbol{x}}_k\end{bmatrix}, \begin{bmatrix}\check{\boldsymbol{P}}_k & \check{\boldsymbol{P}}_k\boldsymbol{C}_k^{\mathrm{T}} \\ \boldsymbol{C}_k\check{\boldsymbol{P}}_k & \boldsymbol{C}_k\check{\boldsymbol{P}}_k\boldsymbol{C}_k^{\mathrm{T}} + \boldsymbol{R}_k\end{bmatrix}\right)\end{aligned} \tag{3.126}$$

回顾 2.2.3 节引入的贝叶斯推断，我们可以直接将 $\boldsymbol{x}_k$ 的条件分布（即后验概率）写成：

$$p\left(\boldsymbol{x}_k | \check{\boldsymbol{x}}_0, \boldsymbol{v}_{1:k}, \boldsymbol{y}_{0:k}\right) = \mathcal{N}\Big(\underbrace{\boldsymbol{\mu}_x + \boldsymbol{\Sigma}_{xy}\boldsymbol{\Sigma}_{yy}^{-1}\left(\boldsymbol{y}_k - \boldsymbol{\mu}_y\right)}_{\hat{\boldsymbol{x}}_k}, \underbrace{\boldsymbol{\Sigma}_{xx} - \boldsymbol{\Sigma}_{xy}\boldsymbol{\Sigma}_{yy}^{-1}\boldsymbol{\Sigma}_{yx}}_{\hat{\boldsymbol{P}}_k}\Big) \tag{3.127}$$

此处我们定义 $\hat{\boldsymbol{x}}_k$ 作为均值，$\hat{\boldsymbol{P}}_k$ 作为协方差。代入之前的结果，有：

$$\boldsymbol{K}_k = \check{\boldsymbol{P}}_k\boldsymbol{C}_k^{\mathrm{T}}\left(\boldsymbol{C}_k\check{\boldsymbol{P}}_k\boldsymbol{C}_k^{\mathrm{T}} + \boldsymbol{R}_k\right)^{-1} \tag{3.128a}$$

$$\hat{\boldsymbol{P}}_k = \left(\mathbf{1} - \boldsymbol{K}_k\boldsymbol{C}_k\right)\check{\boldsymbol{P}}_k \tag{3.128b}$$

$$\hat{\boldsymbol{x}}_k = \check{\boldsymbol{x}}_k + \boldsymbol{K}_k\left(\boldsymbol{y}_k - \boldsymbol{C}_k\check{\boldsymbol{x}}_k\right) \tag{3.128c}$$

这与 MAP给出的更新步骤的方程是完全一致的。重申一遍，这件事情的根本在于我们使用了**线性**模型，而噪声和先验也都是高斯的。在这些条件下，后验概率亦是高斯的，于是它的**均值**（mean）和**模**（mode）正巧是一样的。然而在使用**非线性**模型之后就不能保证这个性质了。我们在下一章会详细讨论。

3.3.4 从增益最优化的角度来看卡尔曼滤波

我们通常说卡尔曼滤波是**最优的**（optimal）。事实上，我们也确实从 MAP 中推导出了卡尔曼滤波与递归形式优化之间的关系。不过，也可以从其他角度来看卡尔曼滤波的最优特性。下面介绍其中的一个。

假设我们有一个估计器，形式如下：

$$\hat{\boldsymbol{x}}_k = \check{\boldsymbol{x}}_k + \boldsymbol{K}_k \left(\boldsymbol{y}_k - \boldsymbol{C}_k \check{\boldsymbol{x}}_k\right) \tag{3.129}$$

但是此时不知道如何选取 $\boldsymbol{K}_k$ 的值，才能正确地衡量修正部分的权重。如果定义状态的误差为：

$$\hat{\boldsymbol{e}}_k = \hat{\boldsymbol{x}}_k - \boldsymbol{x}_k \tag{3.130}$$

那么有[22]：

$$E\left[\hat{\boldsymbol{e}}_k \hat{\boldsymbol{e}}_k^{\mathrm{T}}\right] = \left(\mathbf{1} - \boldsymbol{K}_k \boldsymbol{C}_k\right) \check{\boldsymbol{P}}_k \left(\mathbf{1} - \boldsymbol{K}_k \boldsymbol{C}_k\right)^{\mathrm{T}} + \boldsymbol{K}_k \boldsymbol{R}_k \boldsymbol{K}_k^{\mathrm{T}} \tag{3.131}$$

于是可以由它定义出一个代价函数：

$$J\left(\boldsymbol{K}_k\right) = \frac{1}{2} \operatorname{tr} E\left[\hat{\boldsymbol{e}}_k \hat{\boldsymbol{e}}_k^{\mathrm{T}}\right] = E\left[\frac{1}{2} \hat{\boldsymbol{e}}_k^{\mathrm{T}} \hat{\boldsymbol{e}}_k\right] \tag{3.132}$$

它（在一定程度上）量化了 $\hat{\boldsymbol{e}}_k$ 协方差的大小。我们可以求使该误差最小化的 $\boldsymbol{K}_k$，来计算一个“最小协方差”的解。推导过程需要用到下面的恒等式：

$$\frac{\partial \operatorname{tr} \boldsymbol{X}\boldsymbol{Y}}{\partial \boldsymbol{X}} \equiv \boldsymbol{Y}^{\mathrm{T}}, \qquad \frac{\partial \operatorname{tr} \boldsymbol{X}\boldsymbol{Z}\boldsymbol{X}^{\mathrm{T}}}{\partial \boldsymbol{X}} \equiv 2\boldsymbol{X}\boldsymbol{Z} \tag{3.133}$$

这里 $\boldsymbol{Z}$ 是一个对称矩阵。那么有：

$$\frac{\partial J\left(\boldsymbol{K}_k\right)}{\partial \boldsymbol{K}_k} = -\left(\mathbf{1} - \boldsymbol{K}_k \boldsymbol{C}_k\right) \check{\boldsymbol{P}}_k \boldsymbol{C}_k^{\mathrm{T}} + \boldsymbol{K}_k \boldsymbol{R}_k \tag{3.134}$$

令它为零然后求解 $\boldsymbol{K}_k$，得：

$$\boldsymbol{K}_k = \check{\boldsymbol{P}}_k \boldsymbol{C}_k^{\mathrm{T}} \left(\boldsymbol{C}_k \check{\boldsymbol{P}}_k \boldsymbol{C}_k^{\mathrm{T}} + \boldsymbol{R}_k\right)^{-1} \tag{3.135}$$

这正是卡尔曼增益的普遍写法。

3.3.5 关于卡尔曼滤波的讨论

以下是卡尔曼滤波的要点：

1. 对于高斯噪声的线性系统，卡尔曼滤波器是**最优线性无偏估计**（best linear unbiased estimate, BLUE）。这意味着它给出的解的协方差矩阵正位于克拉美罗下界处。
2. 必须有初始状态：$\{\check{\boldsymbol{x}}_0, \check{\boldsymbol{P}}_0\}$。
3. 协方差部分与均值部分可以独立地递推。有时可以计算一个固定的 $\boldsymbol{K}_k$，用于所有时刻的均值修正。这种做法称为**固定状态的卡尔曼滤波**（steady-state Kalman filter）。
4. 实现当中我们必须用实际的 $\boldsymbol{y}_{k,\mathrm{meas}}$，它们来自传感器的实际读数。

---

[22] 有时候称之为 Joseph form。

5. 从后向过程一样能推导出类似的滤波方法，这种方法会沿着时间反向递归。

需要指出的是，我们从两种不同的途径得到了卡尔曼滤波器：一是由优化方法，二是由贝叶斯方法。尽管在线性高斯系统中它们是一致的，但在非线性场合下，它们的差别就会很显著（这也是为什么卡尔曼滤波的非线性扩展——**扩展卡尔曼滤波器**（extended Kalman filter, EKF），在许多场合下工作得并不顺利的原因）。

3.3.6 误差动态过程

下面来看估计状态和实际状态之间的误差。如下定义：

$$\check{\boldsymbol{e}}_k = \check{\boldsymbol{x}}_k - \boldsymbol{x}_k \tag{3.136a}$$

$$\hat{\boldsymbol{e}}_k = \hat{\boldsymbol{x}}_k - \boldsymbol{x}_k \tag{3.136b}$$

利用式（3.1）和式（3.120），我们可以写出它们的“误差动态过程”：

$$\check{\boldsymbol{e}}_k = \boldsymbol{A}_{k-1}\hat{\boldsymbol{e}}_{k-1} - \boldsymbol{w}_k \tag{3.137a}$$

$$\hat{\boldsymbol{e}}_k = (\boldsymbol{1} - \boldsymbol{K}_k\boldsymbol{C}_k)\,\check{\boldsymbol{e}}_k + \boldsymbol{K}_k\boldsymbol{n}_k \tag{3.137b}$$

其中，指定 $\hat{\boldsymbol{e}}_0 = \hat{\boldsymbol{x}}_0 - \boldsymbol{x}_0$。从中不难看出，对于 $k > 0$，只要 $E[\hat{\boldsymbol{e}}_0] = \boldsymbol{0}$，就有 $E[\hat{\boldsymbol{e}}_k] = \boldsymbol{0}$。这意味着估计算法是**无偏**（unbiased）的，该结论可以用数学归纳法证明。在 $k = 0$ 时刻，按照假设，结论成立。那么当假设 $k - 1$ 时刻结论成立时，有：

$$E[\check{\boldsymbol{e}}_k] = \boldsymbol{A}_{k-1}\underbrace{E[\hat{\boldsymbol{e}}_{k-1}]}_{\boldsymbol{0}} - \underbrace{E[\boldsymbol{w}_k]}_{\boldsymbol{0}} = \boldsymbol{0} \tag{3.138a}$$

$$E[\hat{\boldsymbol{e}}_k] = (\boldsymbol{1} - \boldsymbol{K}_k\boldsymbol{C}_k)\underbrace{E[\check{\boldsymbol{e}}_k]}_{\boldsymbol{0}} + \boldsymbol{K}_k\underbrace{E[\boldsymbol{n}_k]}_{\boldsymbol{0}} = \boldsymbol{0} \tag{3.138b}$$

因此，该结论对所有时刻 k 均成立。相对不那么明显的，有：

$$E[\check{\boldsymbol{e}}_k\check{\boldsymbol{e}}_k^{\mathrm{T}}] = \check{\boldsymbol{P}}_k \tag{3.139a}$$

$$E[\hat{\boldsymbol{e}}_k\hat{\boldsymbol{e}}_k^{\mathrm{T}}] = \hat{\boldsymbol{P}}_k \tag{3.139b}$$

只要 $E[\hat{\boldsymbol{e}}_0\hat{\boldsymbol{e}}_0^{\mathrm{T}}] = \hat{\boldsymbol{P}}_0$，则对 $k > 0$ 时刻均成立。这说明此估计是**一致的**（consistent）。同样用数学归纳法证明。对 $k = 0$，依据假设成立；设 $E[\hat{\boldsymbol{e}}_{k-1}\hat{\boldsymbol{e}}_{k-1}^{\mathrm{T}}] = \hat{\boldsymbol{P}}_{k-1}$，那么：

$$\begin{aligned}
E\left[\check{\boldsymbol{e}}_k\check{\boldsymbol{e}}_k^{\mathrm{T}}\right] &= E\left[(\boldsymbol{A}_{k-1}\hat{\boldsymbol{e}}_{k-1} - \boldsymbol{w}_k)(\boldsymbol{A}_{k-1}\hat{\boldsymbol{e}}_{k-1} - \boldsymbol{w}_k)^{\mathrm{T}}\right] \\
&= \boldsymbol{A}_{k-1}\underbrace{E\left[\hat{\boldsymbol{e}}_{k-1}\hat{\boldsymbol{e}}_{k-1}^{\mathrm{T}}\right]}_{\hat{\boldsymbol{P}}_{k-1}}\boldsymbol{A}_{k-1}^{\mathrm{T}} - \boldsymbol{A}_{k-1}\underbrace{E\left[\hat{\boldsymbol{e}}_{k-1}\boldsymbol{w}_k^{\mathrm{T}}\right]}_{\text{由独立性知为 }\boldsymbol{0}} \\
&\quad - \underbrace{E\left[\boldsymbol{w}_k\hat{\boldsymbol{e}}_{k-1}^{\mathrm{T}}\right]}_{\text{由独立性知为 }\boldsymbol{0}}\boldsymbol{A}_{k-1}^{\mathrm{T}} + \underbrace{E\left[\boldsymbol{w}_k\boldsymbol{w}_k^{\mathrm{T}}\right]}_{\boldsymbol{Q}_k} \\
&= \check{\boldsymbol{P}}_k
\end{aligned} \tag{3.140}$$

并且

$$\begin{aligned}E\left[\hat{\boldsymbol{e}}_k\hat{\boldsymbol{e}}_k^{\mathrm{T}}\right] &= E\left[\left((\mathbf{1}-\boldsymbol{K}_k\boldsymbol{C}_k)\,\check{\boldsymbol{e}}_k+\boldsymbol{K}_k\boldsymbol{n}_k\right)\left((\mathbf{1}-\boldsymbol{K}_k\boldsymbol{C}_k)\,\check{\boldsymbol{e}}_k+\boldsymbol{K}_k\boldsymbol{n}_k\right)^{\mathrm{T}}\right]\\ &= (\mathbf{1}-\boldsymbol{K}_k\boldsymbol{C}_k)\underbrace{E\left[\check{\boldsymbol{e}}_k\check{\boldsymbol{e}}_k^{\mathrm{T}}\right]}_{\check{\boldsymbol{P}}_k}(\mathbf{1}-\boldsymbol{K}_k\boldsymbol{C}_k)^{\mathrm{T}}\\ &\quad+(\mathbf{1}-\boldsymbol{K}_k\boldsymbol{C}_k)\underbrace{E\left[\check{\boldsymbol{e}}_k\boldsymbol{n}_k^{\mathrm{T}}\right]}_{\text{由独立性知为 }\mathbf{0}}\boldsymbol{K}_k^{\mathrm{T}}\\ &\quad+\boldsymbol{K}_k\underbrace{E\left[\boldsymbol{n}_k\check{\boldsymbol{e}}_k^{\mathrm{T}}\right]}_{\text{由独立性知为 }\mathbf{0}}(\mathbf{1}-\boldsymbol{K}_k\boldsymbol{C}_k)^{\mathrm{T}}+\boldsymbol{K}_k\underbrace{E\left[\boldsymbol{n}_k\boldsymbol{n}_k^{\mathrm{T}}\right]}_{\boldsymbol{R}_k}\boldsymbol{K}_k^{\mathrm{T}}\\ &= (\mathbf{1}-\boldsymbol{K}_k\boldsymbol{C}_k)\,\check{\boldsymbol{P}}_k\underbrace{-\hat{\boldsymbol{P}}_k\boldsymbol{C}_k^{\mathrm{T}}\boldsymbol{K}_k^{\mathrm{T}}+\boldsymbol{K}_k\boldsymbol{R}_k\boldsymbol{K}_k^{\mathrm{T}}}_{\mathbf{0}\text{，因为 }\boldsymbol{K}_k=\hat{\boldsymbol{P}}_k\boldsymbol{C}_k^{\mathrm{T}}\boldsymbol{R}_k^{-1}}\\ &= \hat{\boldsymbol{P}}_k\end{aligned} \tag{3.141}$$

因此，该结论在所有 k 时刻均成立。这也意味着系统状态的不确定性（即误差的协方差 $E\left[\hat{\boldsymbol{e}}_k\hat{\boldsymbol{e}}_k^{\mathrm{T}}\right]$）由 $\hat{\boldsymbol{P}}_k$ 完美地刻画。从这个角度来说，卡尔曼滤波器是最优的滤波器。这也正是它有时候被称为**最优线性无偏估计**（best linear unbiased estimate，BLUE）的原因。当然，换一种说法，我们可以说卡尔曼滤波器的方差，正好在克拉美罗下界处。直观地说，从给定的带噪声的测量数据中，我们没法得到更加确定的估计了。

最后，需要指出的是，所谓的“期望”是对随机变量的所有输出而言的，而非在时间上取平均。如果我们作无限次的实验，然后对这些变量取均值（即总体均值（ensemble average）），那么我们将看到这个平均误差将为零（即无偏估计）。但这并不代表在每一次实验中（即，一次实现）误差会等于零或随时间收敛到零。

3.3.7 存在性、唯一性以及能观性

卡尔曼滤波的稳定性证明见文献 [26]。我们先来考虑时不变的情况，并对符号稍作修改：$\boldsymbol{A}_k=\boldsymbol{A},\boldsymbol{C}_k=\boldsymbol{C},\boldsymbol{Q}_k=\boldsymbol{Q},\boldsymbol{R}_k=\boldsymbol{R}$。证明思路如下：

1. 卡尔曼滤波器的协方差方程，可以在迭代收敛之后再用于计算均值方程。那么一个很大的问题就是协方差会不会收敛到一个稳定值。如果收敛，其收敛结果是不是唯一的？令 $\boldsymbol{P}$ 为 $\check{\boldsymbol{P}}_k$ 的稳态值，我们有（将预测和观测的协方差部分合并之后）以下的式子，它在稳态时必定成立：

$$\boldsymbol{P}=\boldsymbol{A}\left(\mathbf{1}-\boldsymbol{K}\boldsymbol{C}\right)\boldsymbol{P}(\mathbf{1}-\boldsymbol{K}\boldsymbol{C})^{\mathrm{T}}\boldsymbol{A}^{\mathrm{T}}+\boldsymbol{A}\boldsymbol{K}\boldsymbol{R}\boldsymbol{K}^{\mathrm{T}}\boldsymbol{A}^{\mathrm{T}}+\boldsymbol{Q} \tag{3.142}$$

这是离散时间代数 Riccati 方程（Discrete Algebraic Riccati Equation, DARE）的特定形式之一。注意上式中 $\boldsymbol{K}$ 依赖于 $\boldsymbol{P}$。DARE 方程有一个唯一的半正定解，记为 $\boldsymbol{P}$，当且仅当：

- $\boldsymbol{R}>0$，在 LG 系统中已作此假设；
- $\boldsymbol{Q}\geqslant 0$，在批量 LG 系统中假设 $\boldsymbol{Q}>0$，因此下一个条件是冗余的；
- $(\boldsymbol{A},\boldsymbol{V})$ 对于 $\boldsymbol{V}^{\mathrm{T}}\boldsymbol{V}=\boldsymbol{Q}$ 是能稳的（stablizable）。当 $\boldsymbol{Q}>0$ 时该条件是冗余的；
- $(\boldsymbol{A},\boldsymbol{C})$ 是可检测的（detectable），即系统是能观的，或允许存在不能观的特征值，但它们是稳定的。我们已经在批量 LG 系统下讨论过能观性判定条件。

对该条件的证明超出了本书内容[23]。

2. 如果协方差进入了稳态 $\boldsymbol{P}$，那么卡尔曼增益也会进入稳态。令 $\boldsymbol{K}$ 为 $\boldsymbol{K}_k$ 的稳态情况，那么它满足：

$$\boldsymbol{K}=\boldsymbol{P}\boldsymbol{C}^{\mathrm{T}}\left(\boldsymbol{C}\boldsymbol{P}\boldsymbol{C}^{\mathrm{T}}+\boldsymbol{R}\right)^{-1} \tag{3.143}$$

3. 此时滤波器的误差动态过程是稳定的：

$$E[\check{\boldsymbol{e}}_k]=\underbrace{\boldsymbol{A}(\mathbf{1}-\boldsymbol{K}\boldsymbol{C})}_{\text{特征值绝对值小于 1}}E[\check{\boldsymbol{e}}_{k-1}] \tag{3.144}$$

为了说明这件事，考虑 $(\mathbf{1}-\boldsymbol{K}\boldsymbol{C})^{\mathrm{T}}\boldsymbol{A}^{\mathrm{T}}$ 的任意特征向量 $\boldsymbol{v}$，对应特征值 λ，它们满足：

$$\begin{aligned}\boldsymbol{v}^{\mathrm{T}}\boldsymbol{P}\boldsymbol{v}&=\underbrace{\boldsymbol{v}^{\mathrm{T}}\boldsymbol{A}(\mathbf{1}-\boldsymbol{K}\boldsymbol{C})}_{\lambda\boldsymbol{v}^{\mathrm{T}}}\boldsymbol{P}\underbrace{(\mathbf{1}-\boldsymbol{K}\boldsymbol{C})^{\mathrm{T}}\boldsymbol{A}^{\mathrm{T}}\boldsymbol{v}}_{\lambda\boldsymbol{v}} \\ &\quad+\boldsymbol{v}^{\mathrm{T}}\left(\boldsymbol{A}\boldsymbol{K}\boldsymbol{R}\boldsymbol{K}^{\mathrm{T}}\boldsymbol{A}^{\mathrm{T}}+\boldsymbol{Q}\right)\boldsymbol{v}\end{aligned} \tag{3.145a}$$

$$\left(1-\lambda^2\right)\underbrace{\boldsymbol{v}^{\mathrm{T}}\boldsymbol{P}\boldsymbol{v}}_{>0}=\underbrace{\boldsymbol{v}^{\mathrm{T}}\left(\boldsymbol{A}\boldsymbol{K}\boldsymbol{R}\boldsymbol{K}^{\mathrm{T}}\boldsymbol{A}^{\mathrm{T}}+\boldsymbol{Q}\right)\boldsymbol{v}}_{>0} \tag{3.145b}$$

这意味着必定有 $|\lambda|<1$，因此误差动态过程是稳定的。事实上，等式右侧可能为零，不过在进行 N 次迭代之后，我们在右侧建立了一个能观性格拉姆矩阵（observability Grammian），使得它还是可逆的（如果系统是能观的话）。

3.4　连续时间的批量估计问题

本节中，我们将讨论一个比本章开头提出的离散时间状态估计更一般的问题。特别地，我们来考虑，当运动模型为连续时间时，整个问题将发生什么样的变化。我们将从**高斯过程回归**（Gaussian process regression）的角度来解决这个问题[20]。我们将说明，对于线性高斯系统，离散时间问题的数学模型能够在一定条件下转化为连续时间上的问题[27,28]。

3.4.1　高斯过程回归

我们将利用**高斯过程回归**来进行状态估计[24]。这能够让我们：（1）表达连续时间的轨迹（从而查询任意时间点上的解）；（2）对于非线性情况，可以在整个轨迹的层面进行迭代（在递归的模型中较为困难，因为通常仅将时间往前迭代一步）。我们将说明，在某些特定的先验运动模型下，高斯过程回归会有一个漂亮的稀疏结构，并且能够高效地求解。

考虑连续时间的高斯过程作为运动模型，同时观测模型是离散时间、线性的模型：

$$\boldsymbol{x}(t)\sim\mathcal{GP}\left(\check{\boldsymbol{x}}(t),\check{\boldsymbol{P}}(t,t')\right),\quad t_0<t,t' \tag{3.146}$$

$$\boldsymbol{y}_k=\boldsymbol{C}_k\boldsymbol{x}(t_k)+\boldsymbol{n}_k,\quad t_0<t_1<\cdots<t_K \tag{3.147}$$

---

[23] 读者可参见任何一本现代控制理论教材。——译者注

[24] 也存在一些其他的表示连续时间轨迹的方法，见文献 [29]。

其中 $\boldsymbol{x}(t)$ 为状态，$\check{\boldsymbol{x}}_t$ 是期望函数，$\check{\boldsymbol{P}}(t,t')$ 是协方差函数，$\boldsymbol{y}_k$ 是测量，$\boldsymbol{n}_k \sim \mathcal{N}(\boldsymbol{0}, \boldsymbol{R}_k)$ 为高斯测量噪声，$\boldsymbol{C}_k$ 是测量模型的参数。

现在设我们希望在某些时间点 $(\tau_0 < \tau_1 < \cdots < \tau_J)$ 上对状态进行查询。这些时间点可能与测量时刻 $(t_0 < t_1 < \cdots < t_K)$ 相同，也可能不相同。图 3–6 描述了这个问题。那么，各时间点上的状态与所有（在测量时刻点上的）测量的联合分布可以写成：

$$p\left(\begin{bmatrix} \boldsymbol{x}_\tau \\ \boldsymbol{y} \end{bmatrix}\right) = \mathcal{N}\left(\begin{bmatrix} \check{\boldsymbol{x}}_\tau \\ \boldsymbol{C}\check{\boldsymbol{x}} \end{bmatrix}, \begin{bmatrix} \check{\boldsymbol{P}}_{\tau\tau} & \check{\boldsymbol{P}}_\tau \boldsymbol{C}^{\mathrm{T}} \\ \boldsymbol{C}\check{\boldsymbol{P}}_\tau^{\mathrm{T}} & \boldsymbol{R} + \boldsymbol{C}\check{\boldsymbol{P}}\boldsymbol{C}^{\mathrm{T}} \end{bmatrix}\right) \tag{3.148}$$

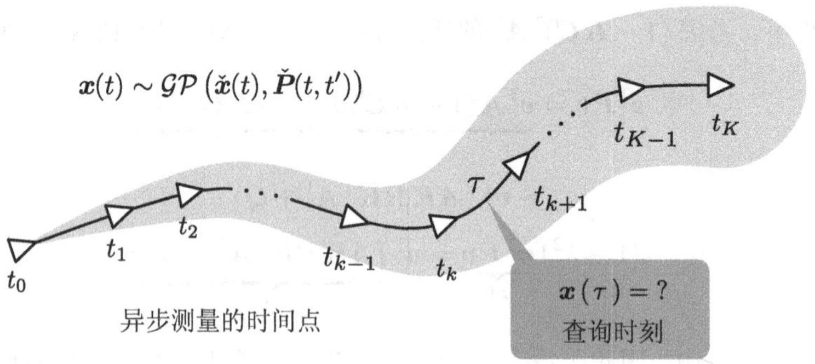

图 3–6 可以把连续时间运动模型的状态估计问题看成是一个将时间作为独立变量的一维高斯过程回归。在整个轨迹上，我们有一些异步时间上的测量，同时我们对某些时间点上的状态感兴趣

其中

$$\boldsymbol{x} = \begin{bmatrix} \boldsymbol{x}(t_0) \\ \vdots \\ \boldsymbol{x}(t_K) \end{bmatrix}, \quad \check{\boldsymbol{x}} = \begin{bmatrix} \check{\boldsymbol{x}}(t_0) \\ \vdots \\ \check{\boldsymbol{x}}(t_K) \end{bmatrix}, \quad \boldsymbol{x}_\tau = \begin{bmatrix} \boldsymbol{x}(\tau_0) \\ \vdots \\ \boldsymbol{x}(\tau_J) \end{bmatrix}, \quad \check{\boldsymbol{x}}_\tau = \begin{bmatrix} \check{\boldsymbol{x}}(\tau_0) \\ \vdots \\ \check{\boldsymbol{x}}(\tau_J) \end{bmatrix}$$

$$\boldsymbol{y} = \begin{bmatrix} \boldsymbol{y}_0 \\ \vdots \\ \boldsymbol{y}_K \end{bmatrix}, \quad \boldsymbol{C} = \operatorname{diag}(\boldsymbol{C}_0, \cdots, \boldsymbol{C}_K), \quad \boldsymbol{R} = \operatorname{diag}(\boldsymbol{R}_0, \cdots, \boldsymbol{R}_K)$$

$$\check{\boldsymbol{P}} = \left[\check{\boldsymbol{P}}(t_i, t_j)\right]_{ij}, \quad \check{\boldsymbol{P}}_\tau = \left[\check{\boldsymbol{P}}(\tau_i, t_j)\right]_{ij}, \quad \check{\boldsymbol{P}}_{\tau\tau} = \left[\check{\boldsymbol{P}}(\tau_i, \tau_j)\right]_{ij}$$

在高斯回归中，矩阵 $\check{\boldsymbol{P}}$ 称为**核矩阵**（kernel matrix）。基于 2.2.3 节讨论的分解式，有：

$$p(\boldsymbol{x}_\tau|\boldsymbol{y}) = \mathcal{N}\Big(\underbrace{\check{\boldsymbol{x}}_\tau + \check{\boldsymbol{P}}_\tau \boldsymbol{C}^{\mathrm{T}}\left(\boldsymbol{C}\check{\boldsymbol{P}}\boldsymbol{C}^{\mathrm{T}} + \boldsymbol{R}\right)^{-1}(\boldsymbol{y} - \boldsymbol{C}\check{\boldsymbol{x}})}_{\hat{\boldsymbol{x}}_\tau\text{，均值}}, \underbrace{\check{\boldsymbol{P}}_{\tau\tau} - \check{\boldsymbol{P}}_\tau \boldsymbol{C}^{\mathrm{T}}\left(\boldsymbol{C}\check{\boldsymbol{P}}\boldsymbol{C}^{\mathrm{T}} + \boldsymbol{R}\right)^{-1}\boldsymbol{C}\check{\boldsymbol{P}}_\tau^{\mathrm{T}}}_{\hat{\boldsymbol{P}}_{\tau\tau}\text{，协方差}}\Big) \tag{3.149}$$

该式指出了在每次查询时，根据观测量确定的状态分布情况。

如果查询时刻正好为测量时刻（即 $\tau_k = t_k, K = J$），那么上式还能进一步化简。这意味着：

$$\check{\boldsymbol{P}} = \check{\boldsymbol{P}}_\tau = \check{\boldsymbol{P}}_{\tau\tau} \tag{3.150}$$

于是有：

$$p(\boldsymbol{x}|\boldsymbol{y})=\mathcal{N}\bigg(\underbrace{\check{\boldsymbol{x}}+\check{\boldsymbol{P}}\boldsymbol{C}^{\mathrm{T}}\left(\boldsymbol{C}\check{\boldsymbol{P}}\boldsymbol{C}^{\mathrm{T}}+\boldsymbol{R}\right)^{-1}(\boldsymbol{y}-\boldsymbol{C}\check{\boldsymbol{x}})}_{\hat{\boldsymbol{x}},\text{ 均值}}, \underbrace{\check{\boldsymbol{P}}-\check{\boldsymbol{P}}\boldsymbol{C}^{\mathrm{T}}\left(\boldsymbol{C}\check{\boldsymbol{P}}\boldsymbol{C}^{\mathrm{T}}+\boldsymbol{R}\right)^{-1}\boldsymbol{C}\check{\boldsymbol{P}}^{\mathrm{T}}}_{\hat{\boldsymbol{P}},\text{ 协方差}}\bigg) \tag{3.151}$$

或者，利用 SMW 等式（2.75），能够写成：

$$p(\boldsymbol{x}|\boldsymbol{y})=\mathcal{N}\bigg(\underbrace{\left(\check{\boldsymbol{P}}^{-1}+\boldsymbol{C}^{\mathrm{T}}\boldsymbol{R}^{-1}\boldsymbol{C}\right)^{-1}\left(\check{\boldsymbol{P}}^{-1}\check{\boldsymbol{x}}+\boldsymbol{C}^{\mathrm{T}}\boldsymbol{R}^{-1}\boldsymbol{y}\right)}_{\hat{\boldsymbol{x}},\text{ 均值}}, \underbrace{\left(\check{\boldsymbol{P}}^{-1}+\boldsymbol{C}^{\mathrm{T}}\boldsymbol{R}^{-1}\boldsymbol{C}\right)^{-1}}_{\hat{\boldsymbol{P}},\text{ 协方差}}\bigg) \tag{3.152}$$

整理均值的表达式，可以将 $\hat{\boldsymbol{x}}$ 写成线性方程的形式：

$$\left(\check{\boldsymbol{P}}^{-1}+\boldsymbol{C}^{\mathrm{T}}\boldsymbol{R}^{-1}\boldsymbol{C}\right)\hat{\boldsymbol{x}}=\check{\boldsymbol{P}}^{-1}\check{\boldsymbol{x}}+\boldsymbol{C}^{\mathrm{T}}\boldsymbol{R}^{-1}\boldsymbol{y} \tag{3.153}$$

该式可以看成以下优化问题的最优解：

$$\hat{\boldsymbol{x}}=\arg\min_{\boldsymbol{x}}\frac{1}{2}(\check{\boldsymbol{x}}-\boldsymbol{x})^{\mathrm{T}}\check{\boldsymbol{P}}^{-1}(\check{\boldsymbol{x}}-\boldsymbol{x})+\frac{1}{2}(\boldsymbol{y}-\boldsymbol{C}\boldsymbol{x})^{\mathrm{T}}\boldsymbol{R}^{-1}(\boldsymbol{y}-\boldsymbol{C}\boldsymbol{x}) \tag{3.154}$$

请注意在实际应用中，应当使用 $\boldsymbol{y}_{\text{meas}}$，即传感器的测量数据。

如果在求解了测量时刻点的状态之后，我们又想要查询其他时间上的状态（$\tau_0<\tau_1<\cdots<\tau_J$），那么可以用高斯过程插值来完成此事：

$$\hat{\boldsymbol{x}}_\tau=\check{\boldsymbol{x}}_\tau+\left(\check{\boldsymbol{P}}_\tau\check{\boldsymbol{P}}^{-1}\right)(\hat{\boldsymbol{x}}-\check{\boldsymbol{x}}) \tag{3.155a}$$

$$\hat{\boldsymbol{P}}_{\tau\tau}=\check{\boldsymbol{P}}_{\tau\tau}+\left(\check{\boldsymbol{P}}_\tau\check{\boldsymbol{P}}^{-1}\right)\left(\hat{\boldsymbol{P}}-\check{\boldsymbol{P}}\right)\left(\check{\boldsymbol{P}}_\tau\check{\boldsymbol{P}}^{-1}\right)^{\mathrm{T}} \tag{3.155b}$$

这是对状态变量的线性插值（不过没必要对时间插值）。为了推导此式，我们回到式（3.151），整理均值和协方差的表达式：

$$\check{\boldsymbol{P}}^{-1}(\hat{\boldsymbol{x}}-\check{\boldsymbol{x}})=\boldsymbol{C}^{\mathrm{T}}\left(\boldsymbol{C}\check{\boldsymbol{P}}\boldsymbol{C}^{\mathrm{T}}+\boldsymbol{R}\right)^{-1}(\boldsymbol{y}-\boldsymbol{C}\check{\boldsymbol{x}}) \tag{3.156a}$$

$$\check{\boldsymbol{P}}^{-1}\left(\hat{\boldsymbol{P}}-\check{\boldsymbol{P}}\right)\check{\boldsymbol{P}}^{-\mathrm{T}}=-\boldsymbol{C}^{\mathrm{T}}\left(\boldsymbol{C}\check{\boldsymbol{P}}\boldsymbol{C}^{\mathrm{T}}+\boldsymbol{R}\right)^{-1}\boldsymbol{C} \tag{3.156b}$$

再把它们代入式（3.149），得：

$$\hat{\boldsymbol{x}}_\tau=\check{\boldsymbol{x}}_\tau+\check{\boldsymbol{P}}_\tau\underbrace{\boldsymbol{C}^{\mathrm{T}}\left(\boldsymbol{C}\check{\boldsymbol{P}}\boldsymbol{C}^{\mathrm{T}}+\boldsymbol{R}\right)^{-1}(\boldsymbol{y}-\boldsymbol{C}\check{\boldsymbol{x}})}_{\check{\boldsymbol{P}}^{-1}(\hat{\boldsymbol{x}}-\check{\boldsymbol{x}})} \tag{3.157a}$$

$$\hat{\boldsymbol{P}}_{\tau\tau}=\check{\boldsymbol{P}}_{\tau\tau}-\check{\boldsymbol{P}}_\tau\underbrace{\boldsymbol{C}^{\mathrm{T}}\left(\boldsymbol{C}\check{\boldsymbol{P}}\boldsymbol{C}^{\mathrm{T}}+\boldsymbol{R}\right)^{-1}\boldsymbol{C}}_{-\check{\boldsymbol{P}}^{-1}\left(\hat{\boldsymbol{P}}-\check{\boldsymbol{P}}\right)\check{\boldsymbol{P}}^{-\mathrm{T}}}\check{\boldsymbol{P}}_\tau^{\mathrm{T}} \tag{3.157b}$$

于是得式（3.155）。

总体而言，GP 方法有 $O(K^3+K^2J)$ 的复杂度。最初的求解是 $O(K^3)$ 的，而查询是 $O(K^2J)$，这是相当大的计算量。接下来，我们从矩阵结构上来寻找降低计算量的方法。

3.4.2 一种稀疏的高斯过程先验方法

接下来，我们将提出一种特殊的 GP 先验，可以非常快速地求解。这种先验是基于**线性时变**（linear time-varying, LTV）的**随机微分方程**（stochastic differential equations, SDEs）：

$$\dot{\boldsymbol{x}}(t)=\boldsymbol{A}(t)\,\boldsymbol{x}(t)+\boldsymbol{v}(t)+\boldsymbol{L}(t)\,\boldsymbol{w}(t) \tag{3.158}$$

其中

$$\boldsymbol{w}(t)\sim\mathcal{GP}\left(\mathbf{0},\boldsymbol{Q}\delta(t-t')\right) \tag{3.159}$$

这是一种（稳定）零均值的高斯过程，且有对称正定的**能量谱密度矩阵**（power spectral density matrix）$\boldsymbol{Q}$。接下来我们用一些工程的手段来避免引入**伊藤积分**（Itō calculus）。我们接下来的叙述可能不够正式，但看上去会比较易懂。如果读者对处理随机微分方程更正式的说明感兴趣，请参见文献 [30]。

伊藤清（Kiyoshi Itō, 1915—2008）是一位日本数学家，也是随机积分和随机微分方程的先驱，伊藤积分的创立者。

对于 LTV 系统常微分方程的解可以列写如下：

$$\boldsymbol{x}(t)=\boldsymbol{\Phi}(t,t_0)\,\boldsymbol{x}(t_0)+\int_{t_0}^{t}\boldsymbol{\Phi}(t,s)\left(\boldsymbol{v}(s)+\boldsymbol{L}(s)\,\boldsymbol{w}(s)\right)\mathrm{d}s \tag{3.160}$$

其中 $\boldsymbol{\Phi}(t,s)$ 称为**转移函数**（transition function），有以下性质：

$$\begin{aligned}\boldsymbol{\Phi}(t,t)&=\mathbf{1} &(3.161)\\ \dot{\boldsymbol{\Phi}}(t,s)&=\boldsymbol{A}(t)\,\boldsymbol{\Phi}(t,s) &(3.162)\\ \boldsymbol{\Phi}(t,s)&=\boldsymbol{\Phi}(t,r)\,\boldsymbol{\Phi}(r,s) &(3.163)\end{aligned}$$

在实践当中，解出转移函数通常是直截了当的，但并没有一种通用的方式。

均值函数

对于均值函数，有：

$$\underbrace{E[\boldsymbol{x}(t)]}_{\check{\boldsymbol{x}}(t)}=\boldsymbol{\Phi}(t,t_0)\underbrace{E[\boldsymbol{x}(t_0)]}_{\check{\boldsymbol{x}}_0}+\int_{t_0}^{t}\boldsymbol{\Phi}(t,s)\Big(\boldsymbol{v}(s)+\boldsymbol{L}(s)\underbrace{E[\boldsymbol{w}(s)]}_{\mathbf{0}}\Big)\mathrm{d}s \tag{3.164}$$

其中 $\check{\boldsymbol{x}}_0$ 为 t_0 时刻均值的初始值。根据上式中的说明，均值函数为：

$$\check{\boldsymbol{x}}(t)=\boldsymbol{\Phi}(t,t_0)\,\check{\boldsymbol{x}}_0+\int_{t_0}^{t}\boldsymbol{\Phi}(t,s)\,\boldsymbol{v}(s)\,\mathrm{d}s \tag{3.165}$$

若有一个时间序列 $t_0<t_1<t_2<\cdots<t_K$，那么可以写出这些时刻的均值：

$$\check{\boldsymbol{x}}(t_k)=\boldsymbol{\Phi}(t_k,t_0)\,\check{\boldsymbol{x}}_0+\sum_{n=1}^{k}\boldsymbol{\Phi}(t_k,t_n)\,\boldsymbol{v}_n \tag{3.166}$$

其中

$$\boldsymbol{v}_k = \int_{t_{k-1}}^{t_k} \boldsymbol{\Phi}(t_k, s)\, \boldsymbol{v}(s)\, \mathrm{d}s, \qquad k = 1, \cdots, K \tag{3.167}$$

或者，写成**提升形式**：

$$\check{\boldsymbol{x}} = \boldsymbol{A}\boldsymbol{v} \tag{3.168}$$

其中

$$\check{\boldsymbol{x}} = \begin{bmatrix} \check{\boldsymbol{x}}(t_0) \\ \check{\boldsymbol{x}}(t_1) \\ \vdots \\ \check{\boldsymbol{x}}(t_K) \end{bmatrix}, \quad \boldsymbol{v} = \begin{bmatrix} \check{\boldsymbol{x}}_0 \\ \boldsymbol{v}_1 \\ \vdots \\ \boldsymbol{v}_K \end{bmatrix}$$

$$\boldsymbol{A} = \begin{bmatrix} \mathbf{1} & & & & & \\ \boldsymbol{\Phi}(t_1, t_0) & \mathbf{1} & & & & \\ \boldsymbol{\Phi}(t_2, t_0) & \boldsymbol{\Phi}(t_2, t_1) & \mathbf{1} & & & \\ \vdots & \vdots & \vdots & \ddots & & \\ \boldsymbol{\Phi}(t_{K-1}, t_0) & \boldsymbol{\Phi}(t_{K-1}, t_1) & \boldsymbol{\Phi}(t_{K-1}, t_2) & \cdots & \mathbf{1} & \\ \boldsymbol{\Phi}(t_K, t_0) & \boldsymbol{\Phi}(t_K, t_1) & \boldsymbol{\Phi}(t_K, t_2) & \cdots & \boldsymbol{\Phi}(t_K, t_{K-1}) & \mathbf{1} \end{bmatrix} \tag{3.169}$$

这里 $\boldsymbol{A}$ 是提升的转移矩阵，为下三角块矩阵。

若进一步假设 $\boldsymbol{v}(t) = \boldsymbol{B}(t)\boldsymbol{u}(t)$，且 $\boldsymbol{u}(t)$ 在测量时刻之间保持常量，就能进一步简化此表达式。令 $\boldsymbol{u}_k$ 为 $t \in (t_{k-1}, t_k]$ 期间的常量输入，那么可以定义：

$$\boldsymbol{B} = \operatorname{diag}(\mathbf{1}, \boldsymbol{B}_1, \cdots, \boldsymbol{B}_K), \qquad \boldsymbol{u} = \begin{bmatrix} \check{\boldsymbol{x}}_0 \\ \boldsymbol{u}_1 \\ \vdots \\ \boldsymbol{u}_K \end{bmatrix} \tag{3.170}$$

其中

$$\boldsymbol{B}_k = \int_{t_{k-1}}^{t_k} \boldsymbol{\Phi}(t_k, s)\, \boldsymbol{B}(s)\, \mathrm{d}s, \qquad k = 1, \cdots, K \tag{3.171}$$

于是有：

$$\check{\boldsymbol{x}}(t_k) = \boldsymbol{\Phi}(t_k, t_{k-1})\, \check{\boldsymbol{x}}(t_{k-1}) + \boldsymbol{B}_k \boldsymbol{u}_k \tag{3.172}$$

以及

$$\check{\boldsymbol{x}} = \boldsymbol{A}\boldsymbol{B}\boldsymbol{u} \tag{3.173}$$

此式定义了均值向量。

协方差函数

对于协方差函数，有：

$$
\begin{aligned}
&\underbrace{E\left[\left(\boldsymbol{x}(t)-E[\boldsymbol{x}(t)]\right)\left(\boldsymbol{x}(t')-E[\boldsymbol{x}(t')]\right)^{\mathrm{T}}\right]}_{\check{\boldsymbol{P}}(t,t')} \\
&=\boldsymbol{\Phi}(t,t_0)\underbrace{E\left[\left(\boldsymbol{x}(t_0)-E[\boldsymbol{x}(t_0)]\right)\left(\boldsymbol{x}(t_0)-E[\boldsymbol{x}(t_0)]\right)^{\mathrm{T}}\right]}_{\check{\boldsymbol{P}}_0}\boldsymbol{\Phi}(t',t_0)^{\mathrm{T}} \\
&\quad+\int_{t_0}^{t}\int_{t_0}^{t'}\boldsymbol{\Phi}(t,s)\boldsymbol{L}(s)\underbrace{E\left[\boldsymbol{w}(s)\boldsymbol{w}(s')^{\mathrm{T}}\right]}_{\boldsymbol{Q}\delta(s-s')}\boldsymbol{L}(s')^{\mathrm{T}}\boldsymbol{\Phi}(t',s')^{\mathrm{T}}\mathrm{d}s'\mathrm{d}s
\end{aligned}
\tag{3.174}
$$

其中 $\check{\boldsymbol{P}}_0$ 为 t_0 时刻的初始协方差，我们假设 $E[\boldsymbol{x}(t_0)\boldsymbol{w}(t)^{\mathrm{T}}]=\boldsymbol{0}$。因此，可以将协方差函数写成：

$$
\begin{aligned}
\check{\boldsymbol{P}}(t,t')&=\boldsymbol{\Phi}(t,t_0)\check{\boldsymbol{P}}_0\boldsymbol{\Phi}(t',t_0)^{\mathrm{T}} \\
&\quad+\int_{t_0}^{t}\int_{t_0}^{t'}\boldsymbol{\Phi}(t,s)\boldsymbol{L}(s)\boldsymbol{Q}\boldsymbol{L}(s')^{\mathrm{T}}\boldsymbol{\Phi}(t',s')^{\mathrm{T}}\delta(s-s')\,\mathrm{d}s'\mathrm{d}s
\end{aligned}
\tag{3.175}
$$

观察第二项，再作一次整理：

$$
\int_{t_0}^{t}\boldsymbol{\Phi}(t,s)\boldsymbol{L}(s)\boldsymbol{Q}\boldsymbol{L}(s)^{\mathrm{T}}\boldsymbol{\Phi}(t',s)^{\mathrm{T}}H(t'-s)\,\mathrm{d}s
\tag{3.176}
$$

其中 $H(\cdot)$ 为**单位阶跃函数**（Heaviside step function）。现在，分类讨论三类情况：$t<t', t=t', t>t'$。第一类情况，积分的上界限制了积分范围；同理，在第三类情况中，单位阶跃函数亦将限制积分范围。这件事情使得协方差函数的第二项可以写成：

$$
\begin{aligned}
&\int_{t_0}^{\min(t,t')}\boldsymbol{\Phi}(t,s)\boldsymbol{L}(s)\boldsymbol{Q}\boldsymbol{L}(s)^{\mathrm{T}}\boldsymbol{\Phi}(t',s)^{\mathrm{T}}\mathrm{d}s \\
&=\begin{cases}
\boldsymbol{\Phi}(t,t')\left(\int_{t_0}^{t'}\boldsymbol{\Phi}(t',s)\boldsymbol{L}(s)\boldsymbol{Q}\boldsymbol{L}(s)^{\mathrm{T}}\boldsymbol{\Phi}(t',s)^{\mathrm{T}}\mathrm{d}s\right) & t'<t \\
\int_{t_0}^{t}\boldsymbol{\Phi}(t,s)\boldsymbol{L}(s)\boldsymbol{Q}\boldsymbol{L}(s)^{\mathrm{T}}\boldsymbol{\Phi}(t,s)^{\mathrm{T}}\mathrm{d}s & t=t' \\
\left(\int_{t_0}^{t}\boldsymbol{\Phi}(t,s)\boldsymbol{L}(s)\boldsymbol{Q}\boldsymbol{L}(s)^{\mathrm{T}}\boldsymbol{\Phi}(t,s)^{\mathrm{T}}\mathrm{d}s\right)\boldsymbol{\Phi}(t',t)^{\mathrm{T}} & t<t'
\end{cases}
\end{aligned}
\tag{3.177}
$$

若有一个时间序列 $t_0<t_1<t_2<\cdots<t_K$，那么可以写出这些时刻之间的协方差函数：

$$
\check{\boldsymbol{P}}(t_i,t_j)=\begin{cases}
\boldsymbol{\Phi}(t_i,t_j)\left(\sum\limits_{n=0}^{j}\boldsymbol{\Phi}(t_j,t_n)\boldsymbol{Q}_n\boldsymbol{\Phi}(t_j,t_n)^{\mathrm{T}}\right) & t_j<t_i \\
\sum\limits_{n=0}^{i}\boldsymbol{\Phi}(t_i,t_n)\boldsymbol{Q}_n\boldsymbol{\Phi}(t_i,t_n)^{\mathrm{T}} & t_i=t_j \\
\left(\sum\limits_{n=0}^{i}\boldsymbol{\Phi}(t_i,t_n)\boldsymbol{Q}_n\boldsymbol{\Phi}(t_i,t_n)^{\mathrm{T}}\right)\boldsymbol{\Phi}(t_j,t_i)^{\mathrm{T}} & t_i<t_j
\end{cases}
\tag{3.178}
$$

其中

$$
\boldsymbol{Q}_k=\int_{t_{k-1}}^{t_k}\boldsymbol{\Phi}(t_k,s)\boldsymbol{L}(s)\boldsymbol{Q}\boldsymbol{L}(s)^{\mathrm{T}}\boldsymbol{\Phi}(t_k,s)^{\mathrm{T}}\mathrm{d}s,\qquad k=1,\cdots,K
\tag{3.179}
$$

这里令 $\boldsymbol{Q}_0=\check{\boldsymbol{P}}_0$ 以对应式（3.177）。

根据上述表达式，我们将本节的结论归纳如下。令 $t_0 < t_1 < t_2 < \cdots < t_K$ 为运动过程中递增的时间序列，那么定义**核矩阵**为：

$$\check{\boldsymbol{P}} = \left[\boldsymbol{\Phi}(t_i, t_0)\check{\boldsymbol{P}}_0\boldsymbol{\Phi}(t_j, t_0)^{\mathrm{T}} + \int_{t_0}^{\min(t_i,t_j)} \boldsymbol{\Phi}(t_i, s)\boldsymbol{L}(s)\boldsymbol{Q}\boldsymbol{L}(s)^{\mathrm{T}}\boldsymbol{\Phi}(t_j, s)^{\mathrm{T}}\mathrm{d}s\right]_{ij} \tag{3.180}$$

其中 $\boldsymbol{Q} > 0$ 为对称矩阵。注意 $\check{\boldsymbol{P}}$ 有 $(K+1)\times(K+1)$ 个块，于是我们对 $\check{\boldsymbol{P}}$ 进行 LDU 分解：

$$\check{\boldsymbol{P}} = \boldsymbol{A}\boldsymbol{Q}\boldsymbol{A}^{\mathrm{T}} \tag{3.181}$$

其中 $\boldsymbol{A}$ 为式（3.169）中给出的下三角块矩阵，且：

$$\boldsymbol{Q}_k = \int_{t_{k-1}}^{t_k} \boldsymbol{\Phi}(t_k, s)\boldsymbol{L}(s)\boldsymbol{Q}\boldsymbol{L}(s)^{\mathrm{T}}\boldsymbol{\Phi}(t_k, s)^{\mathrm{T}}\mathrm{d}s, \qquad k = 1, \cdots, K \tag{3.182}$$

$$\boldsymbol{Q} = \mathrm{diag}\left(\check{\boldsymbol{P}}_0, \boldsymbol{Q}_1, \boldsymbol{Q}_2, \cdots, \boldsymbol{Q}_K\right) \tag{3.183}$$

因此，$\check{\boldsymbol{P}}^{-1}$ 为三对角块矩阵，由

$$\check{\boldsymbol{P}}^{-1} = \left(\boldsymbol{A}\boldsymbol{Q}\boldsymbol{A}^{\mathrm{T}}\right)^{-1} = \boldsymbol{A}^{-\mathrm{T}}\boldsymbol{Q}^{-1}\boldsymbol{A}^{-1} \tag{3.184}$$

给出，其中

$$\boldsymbol{A}^{-1} = \begin{bmatrix} \mathbf{1} & & & & & \\ -\boldsymbol{\Phi}(t_1, t_0) & \mathbf{1} & & & & \\ & -\boldsymbol{\Phi}(t_2, t_1) & \mathbf{1} & & & \\ & & -\boldsymbol{\Phi}(t_3, t_2) & \ddots & & \\ & & & \ddots & \mathbf{1} & \\ & & & & -\boldsymbol{\Phi}(t_K, t_{K-1}) & \mathbf{1} \end{bmatrix} \tag{3.185}$$

由于 $\boldsymbol{A}^{-1}$ 仅在主对角线和它下方处有非零块，而 $\boldsymbol{Q}^{-1}$ 为对角块矩阵，于是 $\check{\boldsymbol{P}}^{-1}$ 的下三角块结构可以直接通过矩阵乘法来计算并验证。这正好与本章开头处讨论的离散时间情况对应。

先验部分小结

我们可以将高斯过程最终的 $\boldsymbol{x}(t)$ 写成：

$$\boldsymbol{x}(t) \sim \mathcal{GP}\Bigg(\underbrace{\boldsymbol{\Phi}(t, t_0)\check{\boldsymbol{x}}_0 + \int_{t_0}^{t}\boldsymbol{\Phi}(t, s)\boldsymbol{v}(s)\,\mathrm{d}s}_{\check{\boldsymbol{x}}(t)}, \underbrace{\boldsymbol{\Phi}(t, t_0)\check{\boldsymbol{P}}_0\boldsymbol{\Phi}(t', t_0)^{\mathrm{T}} + \int_{t_0}^{\min(t,t')}\boldsymbol{\Phi}(t, s)\boldsymbol{L}(s)\boldsymbol{Q}\boldsymbol{L}(s)^{\mathrm{T}}\boldsymbol{\Phi}(t', s)^{\mathrm{T}}\,\mathrm{d}s}_{\check{\boldsymbol{P}}(t,t')}\Bigg) \tag{3.186}$$

在测量的时刻 $t_0 < t_1 < \cdots < t_K$ 时，亦有：

$$\boldsymbol{x} \sim \mathcal{N}\left(\check{\boldsymbol{x}}, \check{\boldsymbol{P}}\right) = \mathcal{N}\left(\boldsymbol{A}\boldsymbol{v}, \boldsymbol{A}\boldsymbol{Q}\boldsymbol{A}^{\mathrm{T}}\right) \tag{3.187}$$

进而，若测量时刻之间的输入为常量，还可以代入 $\boldsymbol{v} = \boldsymbol{B}\boldsymbol{u}$。

查询高斯过程

除了得到测量时刻的轨迹，我们有时也希望求得非测量时刻的轨迹，就需要查询该高斯过程。这可以由式（3.155）给出的高斯过程线性插值公式给出。不失一般性，考虑某个单独的查询时刻 $t_k \leqslant \tau < t_{k+1}$，有：

$$\hat{\boldsymbol{x}}(\tau) = \check{\boldsymbol{x}}(\tau) + \check{\boldsymbol{P}}(\tau)\check{\boldsymbol{P}}^{-1}(\hat{\boldsymbol{x}} - \check{\boldsymbol{x}}) \tag{3.188a}$$

$$\hat{\boldsymbol{P}}(\tau,\tau) = \check{\boldsymbol{P}}(\tau,\tau) + \check{\boldsymbol{P}}(\tau)\check{\boldsymbol{P}}^{-1}\left(\hat{\boldsymbol{P}} - \check{\boldsymbol{P}}\right)\check{\boldsymbol{P}}^{-\mathrm{T}}\check{\boldsymbol{P}}(\tau)^{\mathrm{T}} \tag{3.188b}$$

查询时刻的均值函数可简单地写成：

$$\check{\boldsymbol{x}}(\tau) = \boldsymbol{\Phi}(\tau, t_k)\check{\boldsymbol{x}}(t_k) + \int_{t_k}^{\tau} \boldsymbol{\Phi}(\tau, s)\boldsymbol{v}(s)\,\mathrm{d}s \tag{3.189}$$

计算该式仅有 $O(1)$ 的复杂度。对于查询时刻的协方差函数，有：

$$\check{\boldsymbol{P}}(\tau,\tau) = \boldsymbol{\Phi}(\tau, t_k)\check{\boldsymbol{P}}(t_k, t_k)\boldsymbol{\Phi}(\tau, t_k)^{\mathrm{T}} + \int_{t_k}^{\tau} \boldsymbol{\Phi}(\tau, s)\boldsymbol{L}(s)\boldsymbol{Q}\boldsymbol{L}(s)^{\mathrm{T}}\boldsymbol{\Phi}(\tau, s)^{\mathrm{T}}\mathrm{d}s \tag{3.190}$$

亦只需 $O(1)$ 时间即可计算。

下面来考虑在常规 LTV运动模型下，$\check{\boldsymbol{P}}(\tau)\check{\boldsymbol{P}}^{-1}$ 的稀疏性。注意 $\check{\boldsymbol{P}}(\tau)$ 矩阵可以写成：

$$\check{\boldsymbol{P}}(\tau) = \begin{bmatrix} \check{\boldsymbol{P}}(\tau, t_0) & \check{\boldsymbol{P}}(\tau, t_1) & \cdots & \check{\boldsymbol{P}}(\tau, t_K) \end{bmatrix} \tag{3.191}$$

每一个小块由：

$$\check{\boldsymbol{P}}(\tau, t_j) = \begin{cases} \boldsymbol{\Phi}(\tau, t_k)\boldsymbol{\Phi}(t_k, t_j)\left(\sum\limits_{n=0}^{j}\boldsymbol{\Phi}(t_j, t_n)\boldsymbol{Q}_n\boldsymbol{\Phi}(t_j, t_n)^{\mathrm{T}}\right) & t_j < t_k \\ \boldsymbol{\Phi}(\tau, t_k)\left(\sum\limits_{n=0}^{k}\boldsymbol{\Phi}(t_k, t_n)\boldsymbol{Q}_n\boldsymbol{\Phi}(t_k, t_n)^{\mathrm{T}}\right) & t_k = t_j \\ \begin{gathered}\boldsymbol{\Phi}(\tau, t_k)\left(\sum\limits_{n=0}^{k}\boldsymbol{\Phi}(t_k, t_n)\boldsymbol{Q}_n\boldsymbol{\Phi}(t_k, t_n)^{\mathrm{T}}\right)\boldsymbol{\Phi}(t_{k+1}, t_k)^{\mathrm{T}} \\ +\boldsymbol{Q}_r\boldsymbol{\Phi}(t_{k+1}, \tau)^{\mathrm{T}}\end{gathered} & t_{k+1} = t_j \\ \begin{gathered}\boldsymbol{\Phi}(\tau, t_k)\left(\sum\limits_{n=0}^{k}\boldsymbol{\Phi}(t_k, t_n)\boldsymbol{Q}_n\boldsymbol{\Phi}(t_k, t_n)^{\mathrm{T}}\right)\boldsymbol{\Phi}(t_j, t_k)^{\mathrm{T}} \\ +\boldsymbol{Q}_r\boldsymbol{\Phi}(t_{k+1}, \tau)^{\mathrm{T}}\boldsymbol{\Phi}(t_j, t_{k+1})^{\mathrm{T}}\end{gathered} & t_{k+1} < t_j \end{cases} \tag{3.192}$$

给出，其中

$$\boldsymbol{Q}_r = \int_{t_k}^{\tau} \boldsymbol{\Phi}(\tau, s)\boldsymbol{L}(s)\boldsymbol{Q}\boldsymbol{L}(s)^{\mathrm{T}}\boldsymbol{\Phi}(\tau, s)^{\mathrm{T}}\mathrm{d}s \tag{3.193}$$

尽管形式有点复杂，但可以令：

$$\check{\boldsymbol{P}}(\tau) = \boldsymbol{V}(\tau)\boldsymbol{A}^{\mathrm{T}} \tag{3.194}$$

其中 $\boldsymbol{A}$ 的定义见前文，且

$$\begin{aligned} \boldsymbol{V}(\tau) = \Big[\quad & \boldsymbol{\Phi}(\tau, t_k)\boldsymbol{\Phi}(t_k, t_0)\check{\boldsymbol{P}}_0 \quad \boldsymbol{\Phi}(\tau, t_k)\boldsymbol{\Phi}(t_k, t_1)\boldsymbol{Q}_1 \quad \cdots \\ \cdots \quad & \boldsymbol{\Phi}(\tau, t_k)\boldsymbol{\Phi}(t_k, t_{k-1})\boldsymbol{Q}_{k-1} \quad \boldsymbol{\Phi}(\tau, t_k)\boldsymbol{Q}_k \quad \boldsymbol{Q}_r\boldsymbol{\Phi}(t_{k+1}, \tau)^{\mathrm{T}} \quad \cdots \\ & \cdots \quad \boldsymbol{0} \quad \cdots \quad \boldsymbol{0} \Big] \end{aligned} \tag{3.195}$$

回到待求的乘积，有：

$$\check{\boldsymbol{P}}(\tau)\check{\boldsymbol{P}}^{-1} = \boldsymbol{V}(\tau)\underbrace{\boldsymbol{A}^{\mathrm{T}}\boldsymbol{A}^{-\mathrm{T}}}_{\mathbf{1}}\boldsymbol{Q}^{-1}\boldsymbol{A}^{-1} = \boldsymbol{V}(\tau)\boldsymbol{Q}^{-1}\boldsymbol{A}^{-1} \tag{3.196}$$

由于 $\boldsymbol{Q}^{-1}$ 为对角块矩阵，且 $\boldsymbol{A}^{-1}$ 仅有对角线和下方一行非零，很容易验证它们的积。计算如下：

$$\begin{aligned}\check{\boldsymbol{P}}(\tau)\check{\boldsymbol{P}}^{-1} = \Big[\mathbf{0} \quad \cdots \quad \mathbf{0} \quad & \underbrace{\boldsymbol{\Phi}(\tau,t_k) - \boldsymbol{Q}_\tau\boldsymbol{\Phi}(t_{k+1},\tau)^{\mathrm{T}}\boldsymbol{Q}_{k+1}^{-1}\boldsymbol{\Phi}(t_{k+1},t_k)}_{\boldsymbol{\Lambda}(\tau),\ 第\ k\ 列} \\ & \cdots \quad \underbrace{\boldsymbol{Q}_\tau\boldsymbol{\Phi}(t_{k+1},\tau)^{\mathrm{T}}\boldsymbol{Q}_{k+1}^{-1}}_{\boldsymbol{\Psi}(\tau),\ 第\ k+1\ 列} \quad \mathbf{0} \quad \cdots \mathbf{0}\Big]\end{aligned} \tag{3.197}$$

该式正好有两个非零列。代入式（3.188），得：

$$\hat{\boldsymbol{x}}(\tau) = \check{\boldsymbol{x}}(\tau) + \begin{bmatrix}\boldsymbol{\Lambda}(\tau) & \boldsymbol{\Psi}(\tau)\end{bmatrix}\left(\begin{bmatrix}\hat{\boldsymbol{x}}_k \\ \hat{\boldsymbol{x}}_{k+1}\end{bmatrix} - \begin{bmatrix}\check{\boldsymbol{x}}(t_k) \\ \check{\boldsymbol{x}}(t_{k+1})\end{bmatrix}\right) \tag{3.198a}$$

$$\begin{aligned}\hat{\boldsymbol{P}}(\tau,\tau) = \check{\boldsymbol{P}}(\tau,\tau) + \begin{bmatrix}\boldsymbol{\Lambda}(\tau) & \boldsymbol{\Psi}(\tau)\end{bmatrix}\Bigg(&\begin{bmatrix}\hat{\boldsymbol{P}}_{k,k} & \hat{\boldsymbol{P}}_{k,k+1} \\ \hat{\boldsymbol{P}}_{k+1,k} & \hat{\boldsymbol{P}}_{k+1,k+1}\end{bmatrix} \\ &- \begin{bmatrix}\check{\boldsymbol{P}}(t_k,t_k) & \check{\boldsymbol{P}}(t_k,t_{k+1}) \\ \check{\boldsymbol{P}}(t_{k+1},t_k) & \check{\boldsymbol{P}}(t_{k+1},t_{k+1})\end{bmatrix}\Bigg)\begin{bmatrix}\boldsymbol{\Lambda}(\tau)^{\mathrm{T}} \\ \boldsymbol{\Psi}(\tau)^{\mathrm{T}}\end{bmatrix}\end{aligned} \tag{3.198b}$$

它仅是 t_k 与 t_{k+1} 时间项的简单结合。因此，查询轨迹上任意时间的状态仅有 $O(1)$ 的复杂度。

例 3.1 我们举一个简单的例子，考虑系统：

$$\dot{\boldsymbol{x}}(t) = \boldsymbol{w}(t) \tag{3.199}$$

它可以写成：

$$\dot{\boldsymbol{x}}(t) = \boldsymbol{A}(t)\boldsymbol{x}(t) + \boldsymbol{v}(t) + \boldsymbol{L}(t)\boldsymbol{w}(t) \tag{3.200}$$

其中 $\boldsymbol{A}(t) = \mathbf{0}, \boldsymbol{v}(t) = \mathbf{0}, \boldsymbol{L}(t) = \mathbf{1}$。在这个例子中，假设均值函数在任意时刻均为零，那么查询公式为：

$$\hat{\boldsymbol{x}}_\tau = (1-\alpha)\hat{\boldsymbol{x}}_k + \alpha\hat{\boldsymbol{x}}_{k+1} \tag{3.201}$$

其中

$$\alpha = \frac{\tau - t_k}{t_{k+1} - t_k} \in [0,1] \tag{3.202}$$

这是一个关于 τ 的简单线性插值。如果用更复杂的运动模型，我们也会得到更加复杂的插值方法。

3.4.3 线性时不变情况

在线性时不变（linear time-invariant, LTI）情况下，可想而知，方程会变得更加简单：

$$\dot{\boldsymbol{x}}(t) = \boldsymbol{A}\boldsymbol{x}(t) + \boldsymbol{B}\boldsymbol{u}(t) + \boldsymbol{L}\boldsymbol{w}(t) \tag{3.203}$$

其中 $\boldsymbol{A},\boldsymbol{B},\boldsymbol{L}$ 为常量[25]。此时转移函数为：

$$\boldsymbol{\Phi}(t,s)=\exp(\boldsymbol{A}(t-s)) \tag{3.204}$$

注意到它仅与两个时刻有关（因此是稳定的）。因此可写出简化的表达式：

$$\Delta t_{k:k-1}=t_k-t_{k-1},\qquad k=1,\cdots,K \tag{3.205}$$

$$\boldsymbol{\Phi}\left(t_k,t_{k-1}\right)=\exp\left(\boldsymbol{A}\Delta t_{k:k-1}\right),\qquad k=1,\cdots,K \tag{3.206}$$

$$\boldsymbol{\Phi}\left(t_k,t_j\right)=\boldsymbol{\Phi}\left(t_k,t_{k-1}\right)\boldsymbol{\Phi}\left(t_{k-1},t_{k-2}\right)\cdots\boldsymbol{\Phi}\left(t_{j+1},t_j\right) \tag{3.207}$$

均值函数

对于均值函数，可以作以下简化：

$$\boldsymbol{v}_k=\int_0^{\Delta t_{k:k-1}}\exp\left(\boldsymbol{A}\left(\Delta t_{k:k-1}-s\right)\right)\boldsymbol{B}\boldsymbol{u}\left(s\right)\mathrm{d}s,\quad k=1,\cdots,K \tag{3.208}$$

如果假设 $\boldsymbol{u}(t)$ 在连续的测量时刻内保持不变，那么此式还能进一步简化。令 $\boldsymbol{u}_k$ 为 $t\in(t_{k-1},t_k]$ 之间的常量输入，那么可以定义：

$$\boldsymbol{B}=\operatorname{diag}\left(\mathbf{1},\boldsymbol{B}_1,\cdots,\boldsymbol{B}_M\right),\qquad \boldsymbol{u}=\begin{bmatrix}\check{\boldsymbol{x}}_0\\ \boldsymbol{u}_1\\ \vdots\\ \boldsymbol{u}_M\end{bmatrix} \tag{3.209}$$

并且

$$\begin{aligned}\boldsymbol{B}_k&=\int_0^{\Delta t_{k:k-1}}\exp\left(\boldsymbol{A}\left(\Delta t_{k:k-1}-s\right)\right)\mathrm{d}s\,\boldsymbol{B}\\&=\boldsymbol{\Phi}\left(t_k,t_{k-1}\right)\left(1-\boldsymbol{\Phi}(t_k,t_{k-1})^{-1}\right)\boldsymbol{A}^{-1}\boldsymbol{B},\quad k=1,\cdots,K\end{aligned} \tag{3.210}$$

于是，均值能写成：

$$\check{\boldsymbol{x}}=\boldsymbol{A}\boldsymbol{B}\boldsymbol{u} \tag{3.211}$$

协方差函数

协方差函数可以简化成：

$$\boldsymbol{Q}_k=\int_0^{\Delta t_{k:k-1}}\exp\left(\boldsymbol{A}\left(\Delta t_{k:k-1}-s\right)\right)\boldsymbol{L}\boldsymbol{Q}\boldsymbol{L}^{\mathrm{T}}\exp\left(\boldsymbol{A}\left(\Delta t_{k:k-1}-s\right)\right)^{\mathrm{T}}\mathrm{d}s \tag{3.212}$$

其中 $k=1,\cdots,K$。该式的计算是简单的，特别是当 $\boldsymbol{A}$ 为幂零矩阵（nilpotent）时[26]。令：

$$\boldsymbol{Q}=\operatorname{diag}\left(\check{\boldsymbol{P}}_0,\boldsymbol{Q}_1,\boldsymbol{Q}_2,\cdots,\boldsymbol{Q}_K\right) \tag{3.213}$$

那么对于协方差矩阵，有：

$$\check{\boldsymbol{P}}=\boldsymbol{A}\boldsymbol{Q}\boldsymbol{A}^{\mathrm{T}} \tag{3.214}$$

[25] 原书用斜体字以示区别，但与我国标准不同。中译本对矩阵和向量一律使用黑斜体。——译者注

[26] 幂零矩阵 $\boldsymbol{A}$ 是说，存在正整数 N，使得 $\boldsymbol{A}^N=\mathbf{0}$。——译者注

查询高斯过程

查询高斯过程需要用到下面几个量：

$$\boldsymbol{\Phi}(t_{k+1}:\tau)=\exp\left(\boldsymbol{A}\Delta t_{k+1:\tau}\right),\qquad \Delta t_{k+1:\tau}=t_{k+1}-\tau \tag{3.215}$$

$$\boldsymbol{\Phi}(\tau,t_k)=\exp\left(\boldsymbol{A}\Delta t_{\tau:k}\right),\qquad \Delta t_{\tau:k}=\tau-t_k \tag{3.216}$$

$$\boldsymbol{Q}_r=\int_0^{\Delta t_{\tau:k}}\exp\left(\boldsymbol{A}\left(\Delta t_{\tau:k}-s\right)\right)\boldsymbol{L}\boldsymbol{Q}\boldsymbol{L}^{\mathrm{T}}\exp\left(\boldsymbol{A}(\Delta t_{\tau:k}-s)^{\mathrm{T}}\right)\mathrm{d}s \tag{3.217}$$

插值方程仍为：

$$\begin{aligned}\hat{\boldsymbol{x}}(\tau)=\check{\boldsymbol{x}}(\tau)&+\left(\boldsymbol{\Phi}(\tau,t_k)-\boldsymbol{Q}_r\boldsymbol{\Phi}(t_{k+1},\tau)^{\mathrm{T}}\boldsymbol{Q}_{k+1}^{-1}\boldsymbol{\Phi}(t_{k+1},t_k)\right)(\hat{\boldsymbol{x}}_k-\check{\boldsymbol{x}}_k)\\&+\boldsymbol{Q}_r\boldsymbol{\Phi}(t_{k+1},\tau)^{\mathrm{T}}\boldsymbol{Q}_{k+1}^{-1}(\hat{\boldsymbol{x}}_{k+1}-\check{\boldsymbol{x}}_{k+1})\end{aligned} \tag{3.218}$$

这亦是 t_k 和 t_{k+1} 项的简单线性组合。

例 3.2 考虑以下例子：

$$\ddot{\boldsymbol{p}}(t)=\boldsymbol{w}(t) \tag{3.219}$$

其中 $\boldsymbol{p}(t)$ 为位移，且

$$\boldsymbol{w}(t)\sim\mathcal{GP}(\boldsymbol{0},\boldsymbol{Q}\delta(t-t')) \tag{3.220}$$

为白噪声。它的物理意义为加速度上的白噪声（即匀速运动模型）。我们可以将上述模型写成：

$$\dot{\boldsymbol{x}}(t)=\boldsymbol{A}\boldsymbol{x}(t)+\boldsymbol{B}\boldsymbol{u}(t)+\boldsymbol{L}\boldsymbol{w}(t) \tag{3.221}$$

其中

$$\boldsymbol{x}(t)=\begin{bmatrix}\boldsymbol{p}(t)\\\dot{\boldsymbol{p}}(t)\end{bmatrix},\quad \boldsymbol{A}=\begin{bmatrix}\boldsymbol{0}&\boldsymbol{1}\\\boldsymbol{0}&\boldsymbol{0}\end{bmatrix},\quad \boldsymbol{B}=\boldsymbol{0},\quad \boldsymbol{L}=\begin{bmatrix}\boldsymbol{0}\\\boldsymbol{1}\end{bmatrix} \tag{3.222}$$

在此例中，我们有：

$$\exp(\boldsymbol{A}\Delta t)=\boldsymbol{1}+\boldsymbol{A}\Delta t+\frac{1}{2}\underbrace{\boldsymbol{A}^2}_{\boldsymbol{0}}\Delta t^2+\cdots=\boldsymbol{1}+\begin{bmatrix}\boldsymbol{0}&\boldsymbol{1}\\\boldsymbol{0}&\boldsymbol{0}\end{bmatrix}\Delta t=\begin{bmatrix}\boldsymbol{1}&\Delta t\boldsymbol{1}\\\boldsymbol{0}&\boldsymbol{1}\end{bmatrix} \tag{3.223}$$

因为 $\boldsymbol{A}$ 是幂零的，所以有

$$\boldsymbol{\Phi}(t_k,t_{k-1})=\begin{bmatrix}\boldsymbol{1}&\Delta t_{k:k-1}\boldsymbol{1}\\\boldsymbol{0}&\boldsymbol{1}\end{bmatrix} \tag{3.224}$$

对于 $\boldsymbol{Q}_k$，我们有：

$$\begin{aligned}\boldsymbol{Q}_k&=\int_0^{\Delta t_{k:k-1}}\begin{bmatrix}\boldsymbol{1}&(\Delta t_{k:k-1}-s)\boldsymbol{1}\\\boldsymbol{0}&\boldsymbol{1}\end{bmatrix}\begin{bmatrix}\boldsymbol{0}\\\boldsymbol{1}\end{bmatrix}\boldsymbol{Q}[\boldsymbol{0}\quad\boldsymbol{1}]\begin{bmatrix}\boldsymbol{1}&\boldsymbol{0}\\(\Delta t_{k:k-1}-s)\boldsymbol{1}&\boldsymbol{1}\end{bmatrix}\mathrm{d}s\\&=\int_0^{\Delta t_{k:k-1}}\begin{bmatrix}(\Delta t_{k:k-1}-s)^2\boldsymbol{Q}&(\Delta t_{k:k-1}-s)\boldsymbol{Q}\\(\Delta t_{k:k-1}-s)\boldsymbol{Q}&\boldsymbol{Q}\end{bmatrix}\mathrm{d}s\\&=\begin{bmatrix}\frac{1}{3}\Delta t_{k:k-1}^3\boldsymbol{Q}&\frac{1}{2}\Delta t_{k:k-1}^2\boldsymbol{Q}\\\frac{1}{2}\Delta t_{k:k-1}^2\boldsymbol{Q}&\Delta t_{k:k-1}\boldsymbol{Q}\end{bmatrix}\end{aligned} \tag{3.225}$$

注意它仍是正定的，即使 $\boldsymbol{LQL}^{\mathrm{T}}$ 不正定。它的逆为：

$$\boldsymbol{Q}_k^{-1}=\begin{bmatrix}12\Delta t_{k:k-1}^{-3}\boldsymbol{Q}^{-1} & -6\Delta t_{k:k-1}^{-2}\boldsymbol{Q}^{-1}\\ -6\Delta t_{k:k-1}^{-2}\boldsymbol{Q}^{-1} & 4\Delta t_{k:k-1}^{-1}\boldsymbol{Q}^{-1}\end{bmatrix} \tag{3.226}$$

它用来计算 $\check{\boldsymbol{P}}^{-1}$。对于均值函数我们有：

$$\check{\boldsymbol{x}}_k=\boldsymbol{\Phi}(t_k,t_0)\,\check{\boldsymbol{x}}_0,\quad k=1,\cdots,K \tag{3.227}$$

为了方便起见，我们将它叠成矩阵形式：

$$\check{\boldsymbol{x}}=\boldsymbol{A}\begin{bmatrix}\check{\boldsymbol{x}}_0\\ \mathbf{0}\\ \vdots\\ \mathbf{0}\end{bmatrix} \tag{3.228}$$

对于轨迹的查询，需要定义：

$$\begin{aligned}&\boldsymbol{\Phi}(\tau,t_k)=\begin{bmatrix}\mathbf{1} & \Delta t_{\tau:k}\mathbf{1}\\ \mathbf{0} & \mathbf{1}\end{bmatrix},\quad \boldsymbol{\Phi}(t_{k+1},\tau)=\begin{bmatrix}\mathbf{1} & \Delta t_{k+1:\tau}\mathbf{1}\\ \mathbf{0} & \mathbf{1}\end{bmatrix}\\ &\check{\boldsymbol{x}}_\tau=\boldsymbol{\Phi}(\tau,t_k)\,\check{\boldsymbol{x}}_k,\quad \boldsymbol{Q}_\tau=\begin{bmatrix}\frac{1}{3}\Delta t_{\tau:k}^3\boldsymbol{Q} & \frac{1}{2}\Delta t_{\tau:k}^2\boldsymbol{Q}\\ \frac{1}{2}\Delta t_{\tau:k}^2\boldsymbol{Q} & \Delta t_{\tau:k}\boldsymbol{Q}\end{bmatrix}\end{aligned} \tag{3.229}$$

我们将看到计算结果与 τ 不呈线性关系。将它们代入插值等式，有：

$$\begin{aligned}\hat{\boldsymbol{x}}_\tau&=\check{\boldsymbol{x}}_\tau+\left(\boldsymbol{\Phi}(\tau,t_k)-\boldsymbol{Q}_\tau\boldsymbol{\Phi}(t_{k+1},\tau)^{\mathrm{T}}\boldsymbol{Q}_{k+1}^{-1}\boldsymbol{\Phi}(t_{k+1},t_k)\right)(\hat{\boldsymbol{x}}_k-\check{\boldsymbol{x}}_k)\\ &\quad+\boldsymbol{Q}_\tau\boldsymbol{\Phi}(t_{k+1},\tau)^{\mathrm{T}}\boldsymbol{Q}_{k+1}^{-1}(\hat{\boldsymbol{x}}_{k+1}-\check{\boldsymbol{x}}_{k+1})\\ &=\check{\boldsymbol{x}}_\tau+\begin{bmatrix}(1-3\alpha^2+2\alpha^3)\mathbf{1} & T(\alpha-2\alpha^2+\alpha^3)\mathbf{1}\\ \frac{1}{T}6(-\alpha+\alpha^2)\mathbf{1} & (1-4\alpha+3\alpha^2)\mathbf{1}\end{bmatrix}(\hat{\boldsymbol{x}}_k-\check{\boldsymbol{x}}_k)\\ &\quad+\begin{bmatrix}(3\alpha^2-2\alpha^3)\mathbf{1} & T(-\alpha^2+\alpha^3)\mathbf{1}\\ \frac{1}{T}6(\alpha-\alpha^2)\mathbf{1} & (-2\alpha+3\alpha^2)\mathbf{1}\end{bmatrix}(\hat{\boldsymbol{x}}_{k+1}-\check{\boldsymbol{x}}_{k+1})\end{aligned} \tag{3.230}$$

其中

$$\alpha=\frac{\tau-t_k}{t_{k+1}-t_k}\in[0,1],\qquad T=\Delta t_{k+1:k}=t_{k+1}-t_k \tag{3.231}$$

值得一提的是，第一行正是**三次埃尔米特插值**（cubic Hermite polynomial interpolation）：

$$\begin{aligned}\hat{\boldsymbol{p}}_\tau-\check{\boldsymbol{p}}_\tau&=h_{00}(\alpha)(\hat{\boldsymbol{p}}_k-\check{\boldsymbol{p}}_k)+h_{10}(\alpha)T\left(\hat{\dot{\boldsymbol{p}}}_k-\check{\dot{\boldsymbol{p}}}_k\right)\\ &\quad+h_{01}(\alpha)(\hat{\boldsymbol{p}}_{k+1}-\check{\boldsymbol{p}}_{k+1})+h_{11}(\alpha)T\left(\hat{\dot{\boldsymbol{p}}}_{k+1}-\check{\dot{\boldsymbol{p}}}_{k+1}\right)\end{aligned} \tag{3.232}$$

其中

$$h_{00}(\alpha)=1-3\alpha^2+2\alpha^3,\quad h_{10}(\alpha)=\alpha-2\alpha^2+\alpha^3 \tag{3.233a}$$

$$h_{01}(\alpha)=3\alpha^2-2\alpha^3,\quad h_{11}(\alpha)=-\alpha^2+\alpha^3 \tag{3.233b}$$

为**埃尔米特基函数**（Hermite basis functions）。下一行（对应到速度）仅为 α 的二次形式，所以基函数是用于插值位移部分的导数项。需要注意的是，当我们用 GP 回归方法推导我们的先验运动模型时，埃尔米特插值法是自动出现的。因此，在实现当中，我们可以简单地用通常矩阵方程即可，而不必推导插值部分的细节。

夏尔·埃尔米特（Charles Hermite, 1822—1901）是法国数学家，在正交多项式上有杰出贡献。

在 $\alpha = 0$ 时，容易验证：

$$\hat{\boldsymbol{x}}_\tau = \check{\boldsymbol{x}}_\tau + (\hat{\boldsymbol{x}}_k - \check{\boldsymbol{x}}_k) \tag{3.234}$$

当 $\alpha = 1$ 时，我们有：

$$\hat{\boldsymbol{x}}_\tau = \check{\boldsymbol{x}}_\tau + (\hat{\boldsymbol{x}}_{k+1} - \check{\boldsymbol{x}}_{k+1}) \tag{3.235}$$

这可以看作在边界处的结论。

3.4.4 与批量离散时间情况的关系

现在我们已经描述了如何高效地定义先验部分，让我们转回到式（3.154）处定义的 GP 优化问题。代入我们的先验项，问题变为：

$$\begin{aligned}\hat{\boldsymbol{x}} = \arg\min_{\boldsymbol{x}} \frac{1}{2}(\underbrace{\boldsymbol{A}\boldsymbol{v}}_{\check{\boldsymbol{x}}} - \boldsymbol{x})^{\mathrm{T}} \underbrace{\boldsymbol{A}^{-\mathrm{T}}\boldsymbol{Q}^{-1}\boldsymbol{A}^{-1}}_{\check{\boldsymbol{P}}^{-1}}(\underbrace{\boldsymbol{A}\boldsymbol{v}}_{\check{\boldsymbol{x}}} - \boldsymbol{x}) \\ + \frac{1}{2}(\boldsymbol{y} - \boldsymbol{C}\boldsymbol{x})^{\mathrm{T}}\boldsymbol{R}^{-1}(\boldsymbol{y} - \boldsymbol{C}\boldsymbol{x})\end{aligned} \tag{3.236}$$

整理之，得：

$$\begin{aligned}\hat{\boldsymbol{x}} = \arg\min_{\boldsymbol{x}} \frac{1}{2}(\boldsymbol{v} - \boldsymbol{A}^{-1}\boldsymbol{x})^{\mathrm{T}}\boldsymbol{Q}^{-1}(\boldsymbol{v} - \boldsymbol{A}^{-1}\boldsymbol{x}) \\ + \frac{1}{2}(\boldsymbol{y} - \boldsymbol{C}\boldsymbol{x})^{\mathrm{T}}\boldsymbol{R}^{-1}(\boldsymbol{y} - \boldsymbol{C}\boldsymbol{x})\end{aligned} \tag{3.237}$$

此问题的解为：

$$\underbrace{(\boldsymbol{A}^{-\mathrm{T}}\boldsymbol{Q}^{-1}\boldsymbol{A}^{-1} + \boldsymbol{C}^{\mathrm{T}}\boldsymbol{R}^{-1}\boldsymbol{C})}_{\text{三对角块}}\hat{\boldsymbol{x}} = \boldsymbol{A}^{-\mathrm{T}}\boldsymbol{Q}^{-1}\boldsymbol{v} + \boldsymbol{C}^{\mathrm{T}}\boldsymbol{R}^{-1}\boldsymbol{y} \tag{3.238}$$

因为左侧是三对角块，所以能够用稀疏求解方法（如带有稀疏前向与后向过程的稀疏 Cholesky 分解），在 $O(K)$ 时间内求解。如果需要在其他 J 个时刻内查询轨迹，那就还需 $O(J)$ 的时间，因为每次查询的时间为 $O(1)$。这意味着我们能够在 $O(K+J)$ 时间内求解并查询整个系统，相比于不使用特定 GP 先验时的 $O(K^3+K^2J)$ 时间来说，是一个重大的提升。

连续时间的结论，和我们在离散时间情况下介绍的结论是等价的。因此，离散时间方法在测量时刻上完全可以用于连续时间的情形，它们都可以看成是高斯过程的回归。

3.5 总 结

本章主要的结论有以下几条：

1. 当运动和观测模型为线性，且运动与观测噪声为零均值的高斯噪声时，状态估计问题的批量和递归方法都十分直接，无需做任何近似。
2. 线性高斯系统的贝叶斯后验状态估计正是高斯的。这说明最大后验估计正是全贝叶斯估计的均值，因为高斯分布的模与均值是一样的。
3. 批量的离散时间高斯解，在测量时刻中可以直接应用于连续时间情况下只需使用连续时间的运动模型，但我们选择一种合适的近似先验项。

下一章我们将介绍，在运动和观测模型为非线性情况下会发生什么事情。

3.6 习题

1. 考虑离散时间系统：

$$
\begin{aligned}
x_k &= x_{k-1} + v_k + w_k, & w &\sim \mathcal{N}(0, Q) \\
y_k &= x_k + n_k, & n_k &\sim \mathcal{N}(0, R)
\end{aligned}
$$

这可以表达一辆沿 x 轴前进或后退的汽车。初始状态 $\check{x}_0$ 未知。请建立批量最小二乘的状态估计方程：

$$
\left(\boldsymbol{H}^{\mathrm{T}}\boldsymbol{W}^{-1}\boldsymbol{H}\right)\hat{\boldsymbol{x}} = \boldsymbol{H}^{\mathrm{T}}\boldsymbol{W}^{-1}\boldsymbol{z}
$$

即推导 $\boldsymbol{H}, \boldsymbol{W}, \boldsymbol{z}$ 和 $\hat{\boldsymbol{x}}$ 的详细形式。令最大时间步数为 $K = 5$，并假设所有噪声相互无关。该问题存在唯一的解吗？

2. 使用第一题的系统，令 $Q = R = 1$，证明：

$$
\boldsymbol{H}^{\mathrm{T}}\boldsymbol{W}^{-1}\boldsymbol{H} = \begin{bmatrix} 2 & -1 & 0 & 0 & 0 \\ -1 & 3 & -1 & 0 & 0 \\ 0 & -1 & 3 & -1 & 0 \\ 0 & 0 & -1 & 3 & -1 \\ 0 & 0 & 0 & -1 & 2 \end{bmatrix}
$$

此时 Cholesky 因子 $\boldsymbol{L}$ 是什么，才能满足 $\boldsymbol{L}\boldsymbol{L}^{\mathrm{T}} = \boldsymbol{H}^{\mathrm{T}}\boldsymbol{W}^{-1}\boldsymbol{H}$？

3. 使用第一题的系统，修改最小二乘解，假设噪声之间存在相关性：

$$
E\left[y_k y_\ell\right] = \begin{cases} R & |k-\ell| = 0 \\ R/2 & |k-\ell| = 1 \\ R/4 & |k-\ell| = 2 \\ 0 & \text{其他} \end{cases}
$$

此时存在唯一的最小二乘解吗？

4. 使用第一题的系统，推导卡尔曼滤波器的详细过程。本例设初始状态均值为 $\check{x}_0$，方差为 $\check{P}_0$。证明：稳态时的先验和后验方差 $\check{P}$ 和 $\hat{P}$，当 $K \to \infty$ 时，为以下两个二次方程组的解：

$$
\begin{aligned}
\check{P}^2 - Q\check{P} - QR &= 0 \\
\hat{P}^2 + Q\hat{P} - QR &= 0
\end{aligned}
$$

此二式正是离散 Riccati 方程的两个不同版本。同时，解释为什么这两个二次方程里，仅有一个是物理意义上可行的。

5. 使用 3.3.2 节的 MAP 方法，推导后向的卡尔曼滤波器（而非前向的）。
6. 证明：

$$\begin{bmatrix} \mathbf{1} & & & & & \\ \boldsymbol{A} & \mathbf{1} & & & & \\ \boldsymbol{A}^2 & \boldsymbol{A} & \mathbf{1} & & & \\ \vdots & \vdots & \vdots & \ddots & & \\ \boldsymbol{A}^{K-1} & \boldsymbol{A}^{K-2} & \boldsymbol{A}^{K-3} & \cdots & \mathbf{1} & \\ \boldsymbol{A}^{K} & \boldsymbol{A}^{K-1} & \boldsymbol{A}^{K-2} & \cdots & \boldsymbol{A} & \mathbf{1} \end{bmatrix}^{-1} = \begin{bmatrix} \mathbf{1} & & & & & \\ -\boldsymbol{A} & \mathbf{1} & & & & \\ & -\boldsymbol{A} & \mathbf{1} & & & \\ & & -\boldsymbol{A} & \ddots & & \\ & & & \ddots & \mathbf{1} & \\ & & & & -\boldsymbol{A} & \mathbf{1} \end{bmatrix}$$

7. 我们已经介绍了在批量最小二乘解中，后验协方差为：

$$\hat{\boldsymbol{P}} = (\boldsymbol{H}^{\mathrm{T}}\boldsymbol{W}^{-1}\boldsymbol{H})^{-1}$$

同时我们也知道，Cholesky 分解：

$$\boldsymbol{L}\boldsymbol{L}^{\mathrm{T}} = \boldsymbol{H}^{\mathrm{T}}\boldsymbol{W}^{-1}\boldsymbol{H}$$

的计算代价为 $O(N(K+1))$，这是由于系统具有稀疏性。反之，我们有：

$$\hat{\boldsymbol{P}} = \boldsymbol{L}^{-\mathrm{T}}\boldsymbol{L}^{-1}$$

请说明用这种方法计算 $\hat{\boldsymbol{P}}$ 的复杂度。

第 4 章　非线性非高斯系统的状态估计

第 4 章是本书的核心章节。在这里，我们将研究如何处理现实世界中的系统——这些系统往往不是线性高斯的。可以说**非线性非高斯**（nonlinear, non-Gaussian, NLNG）系统的状态估计仍然是一个非常热门的研究课题。限于篇幅，本章仅对一些常见的处理非线性和/或非高斯系统[1]的方法进行讲解。首先，我们对非线性系统中的全贝叶斯估计和**最大后验**（maximum a posteriori, MAP）估计进行对比。接着，针对递归滤波问题，我们将介绍一种称为**贝叶斯滤波**的通用理论框架。我们熟知的扩展卡尔曼滤波、sigmapoint 卡尔曼滤波和粒子滤波都可以看作是贝叶斯滤波的近似。最后，我们再探讨非线性离散时间系统和非线性连续时间系统中的批量式状态估计问题。除本书以外，介绍非线性估计的书籍还有文献 [22, 26, 31]。

4.1　引　言

在线性高斯系统的状态估计一章中，我们从**全贝叶斯**（full Bayesian）和**最大后验**（maximum a posteriori）这两个角度对状态估计问题进行了讨论。对于由高斯噪声驱动的线性运动和观测模型，这两类方法得到的答案是相同的（即最大后验的最优估计值等于全贝叶斯方法的均值）；这是因为得到的全后验概率正是高斯的，所以均值和模（即极大值点）是相同的点。

一旦我们转向非线性模型，这个结论就不正确了，因为此时全贝叶斯后验概率不再是高斯的。为了对该问题有更直观的理解，我们从一个简化的、一维的非线性状态估计问题入手：估计立体相机中路标点的位置。

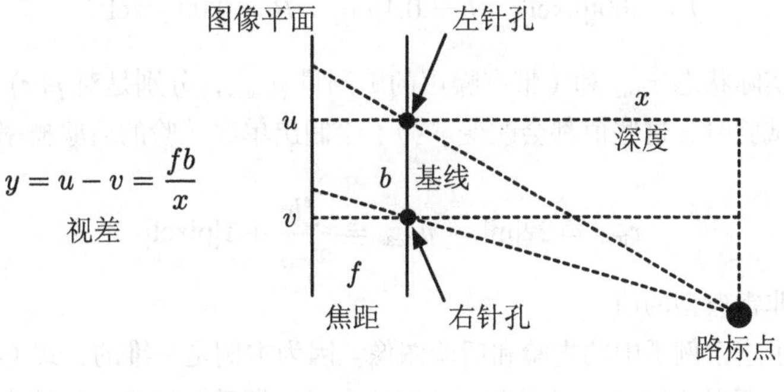

图 4-1　在理想的立体相机模型中，深度为 x 的路标点，其对应的（理想）视差为 y

[1] 尽管在本章中大部分方法均假设噪声是高斯分布。

4.1.1 全贝叶斯估计

为了更容易理解，首先考虑在非线性相机模型中一个简单的估计问题：

$$y = \frac{fb}{x} + n \tag{4.1}$$

这是**立体相机**（stereo camera）中的非线性问题（如图 4–1 所示），其中状态 x 为路标点的位置（以米为单位），测量 y 为左、右图像中水平坐标之间的差（以像素为单位），f 为焦距（以像素为单位），b 为基线长度（左右相机之间的水平距离；以米为单位），n 是测量噪声（以像素为单位）。

为了进行贝叶斯推断：

$$p(x|y) = \frac{p(y|x)p(x)}{\int_{-\infty}^{\infty} p(y|x)p(x)\mathrm{d}x} \tag{4.2}$$

我们需要知道 $p(y|x)$ 和 $p(x)$ 的表达式。为此我们作两个假设：第一，测量噪声服从零均值高斯分布，即 $n \sim \mathcal{N}(0, R)$，因此

$$p(y|x) = \mathcal{N}\left(\frac{fb}{x}, R\right) = \frac{1}{\sqrt{2\pi R}}\exp\left(-\frac{1}{2R}\left(y - \frac{fb}{x}\right)^2\right) \tag{4.3}$$

第二，假设先验也服从高斯分布：

$$p(x) = \mathcal{N}(\check{x}, \check{P}) = \frac{1}{\sqrt{2\pi\check{P}}}\exp\left(-\frac{1}{2\check{P}}(x - \check{x})^2\right) \tag{4.4}$$

在继续推导以前，我们注意到贝叶斯框架隐含了一个操作顺序[2]：

$$\text{给定先验} \to \text{采样 } x_{\text{true}} \to \text{采样 } y_{\text{meas}} \to \text{计算后验}$$

换句话说，我们从给定的先验开始，采样出“实际”状态。接着通过相机模型对实际状态 x_{true} 进行观测，再添加噪声来产生测量值。而贝叶斯估计则是在不知道 x_{true} 的情况下，从测量和先验构建出后验概率。这一过程确保了不同状态估计算法之间的比较是“公平”的。

为了更直观地理解，我们再次用具体的数值代入数学模型中：

$$\begin{gathered}\check{x} = 20[\mathrm{m}], \quad \check{P} = 9[\mathrm{m}^2] \\ f = 400[\mathrm{pixel}], \quad b = 0.1[\mathrm{m}], \quad R = 0.09[\mathrm{pixel}^2]\end{gathered} \tag{4.5}$$

正如前面提到的，实际状态 x_{true} 和（带有噪声的）测量 y_{meas}，分别是对 $p(x)$ 和 $p(y|x)$ 随机采样得到的。每次重复试验时，这些值都会改变。为了绘制出单次试验的后验概率密度图像，我们使用了特定的值：

$$x_{\text{true}} = 22[\mathrm{m}], \quad y_{\text{meas}} = \frac{fb}{x_{\text{true}}} + 1[\mathrm{pixel}]$$

这在立体相机中是非常典型的值。

图 4–2 绘制出了这个例子中的先验和后验图像。因为本例是一维的，式（4.2）中的分母可以通过数值计算得到，所以我们可以得到没有近似的全贝叶斯后验概率。尽管先验和测量均服从高斯分布，但我们得到的后验却是非对称的；经过非线性的观测模型后，后验明显偏向一边。然而，

---

[2] 这可以看成数值仿真的过程。——译者注

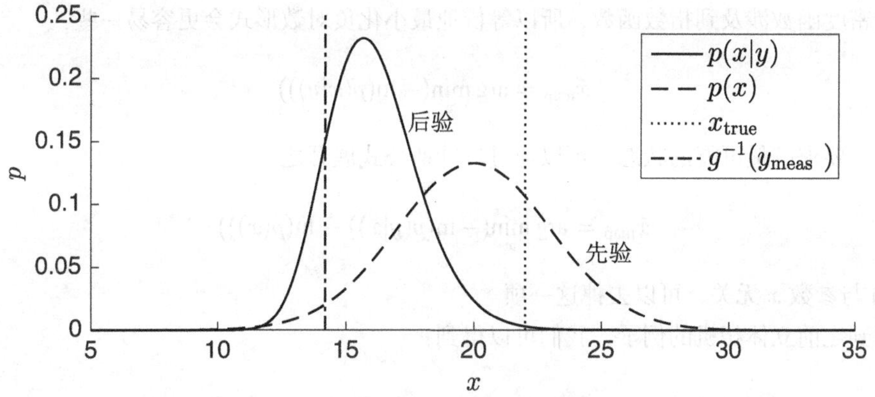

图 4–2　立体相机中的贝叶斯推断问题，由于非线性的测量模型，可以看出全后验并非高斯

由于后验仍然是单峰的（存在单个极值），我们仍可用高斯近似它，具体的做法将在本章后面展开讨论。我们还注意到，在引入测量后，得到的后验概率密度比先验更加集中（即更加确定）；这正是隐含在贝叶斯状态估计背后的主要思想：**我们希望将测量结果与先验结合，得到更确定的后验状态**。

虽然在这个简单的例子中，我们能够计算出确切的贝叶斯后验，但在实际的问题中却很难这样处理，因此我们需要采用其他方法来计算近似的后验。例如，MAP 方法关注如何找到最可能的状态，即后验中的模或者“极值点”。接下来我们来讨论其细节。

4.1.2　最大后验估计

上一节提到，计算全贝叶斯后验通常是不切实际的。一般的做法是估计单个点，在这个点上状态后验概率得以最大化。这称为**最大后验**（MAP）估计，如图 4–3 所示。

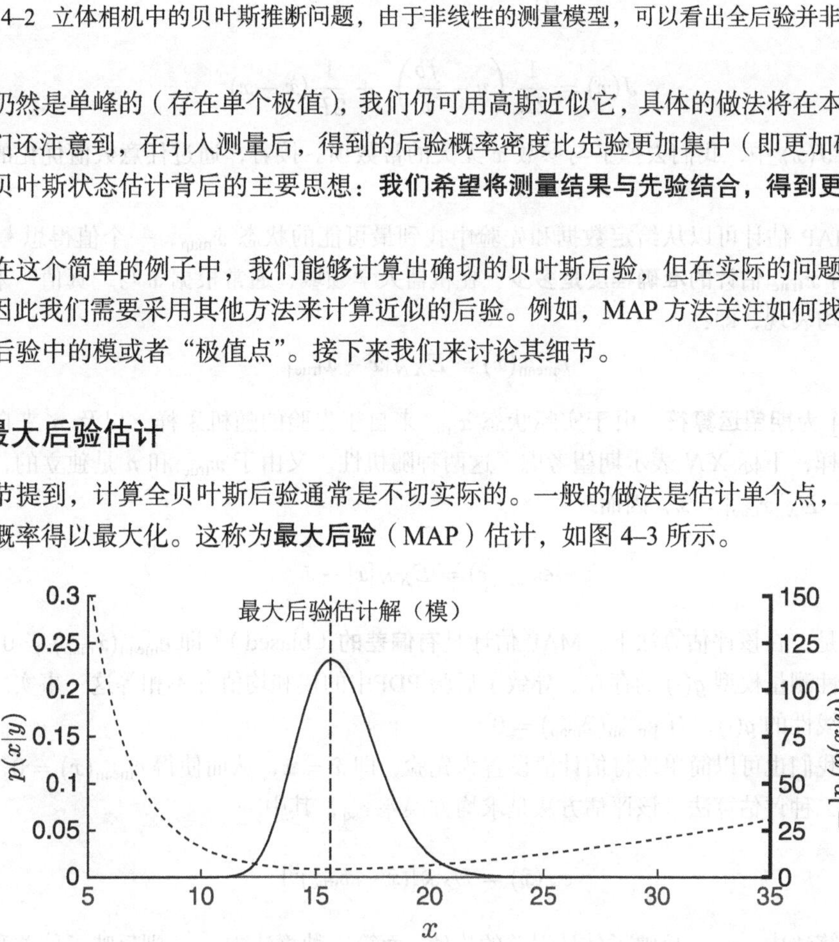

图 4–3　立体相机例子中的后验 $p(x|y)$，以及似然函数的负对数 $-\ln(p(x|y))$（虚线）。MAP 估计的结果即为后验的极大值（或负对数形式的极小值），也就是说 MAP 的结果等于后验的模，通常并不等于均值

我们需要计算

$$\hat{x}_{\text{map}} = \arg\max_{x} p(x|y) \tag{4.6}$$

由于高斯密度函数涉及到指数函数，所以等价地最小化负对数形式会更容易一些：

$$\hat{x}_{\text{map}} = \arg\min_{x}(-\ln(p(x|y))) \tag{4.7}$$

由于我们只要求解最可能的状态，可以通过贝叶斯公式展开之：

$$\hat{x}_{\text{map}} = \arg\min_{x}(-\ln(p(y|x)) - \ln(p(x))) \tag{4.8}$$

由于 $p(y)$ 与参数 x 无关，可以去掉这一项。

再回到之前立体相机的例子，我们可以得到：

$$\hat{x}_{\text{map}} = \arg\min_{x} J(x) \tag{4.9}$$

其中

$$J(x) = \frac{1}{2R}\left(y - \frac{fb}{x}\right)^2 + \frac{1}{2\check{P}}(\check{x} - x)^2 \tag{4.10}$$

同样地，在 $J(x)$ 中，我们去掉了与参数 x 无关的常数项。接着，通过任意数值优化的方法求得 $\hat{x}_{\text{map}}$ 即可。

由于 MAP 估计可以从给定数据和先验中找到最可能的状态 $\hat{x}_{\text{map}}$，一个值得思考的问题是，**MAP 估计对 x_{true} 估计的准确程度是多少**？在机器人学领域，通常根据 $\hat{x}$ 与"真值"来计算并评估算法的平均表现，即：

$$e_{\text{mean}}(\hat{x}) = E_{XN}[\hat{x} - x_{\text{true}}] \tag{4.11}$$

其中 $E_{XN}[\cdot]$ 为**期望运算符**；由于实际状态 x_{true} 来自于先验的随机采样，以及 n 来自于测量噪声的随机采样，下标 XN 表示期望考虑了这两种随机性。又由于 x_{true} 和 n 是独立的，可以得到 $E_{XN}[x_{\text{true}}] = E_X[x_{\text{true}}] = \check{x}$，因而

$$e_{\text{mean}}(\hat{x}) = E_{XN}[\hat{x}] - \check{x} \tag{4.12}$$

令人惊讶的是，在该评估算法下，MAP 估计是**有偏差的**（biased）（即 $e_{\text{mean}}(\hat{x}_{\text{map}}) \neq 0$）。这可以归因于非线性测量模型 $g(\cdot)$ 的存在，导致了后验 PDF中的模和均值并不相等这一事实。而在上一章中，对于线性的 $g(\cdot)$，有 $e_{\text{mean}}(\hat{x}_{\text{map}}) = 0$。

当然，我们也可以简单地将估计值设置为先验，即 $\hat{x} = \check{x}$，从而使得 $e_{\text{mean}}(\check{x}) = 0$，因此我们需要定义第二种评估算法。该评估方法是求均方误差 e_{sq}，其中

$$e_{\text{sq}}(\hat{x}) = E_{XN}[(\hat{x} - x_{\text{true}})^2] \tag{4.13}$$

第一种评估算法中，e_{mean} 反映了估计误差的均值，而第二种算法中，e_{sq} 则反映了偏差和方差共同带来的影响。这两种不同的评估算法，代表了机器学习文献中对偏差和方差的权衡[32]。对于实际的状态估计器，我们往往要求在这两种评估算法上都有较好的表现。

图 4-4 展示了立体相机例子中 MAP 估计的偏差。在大量的试验中（采用式（4.5）中的参数），MAP 估计的 $\hat{x}_{\text{map}}$ 与真值 $x_{\text{true}} = 20\text{m}$ 的平均误差 $e_{\text{mean}} \approx -33.0\text{cm}$，表明偏差是存在的。均方误差为 $e_{\text{sq}} \approx 4.41\text{m}^2$。

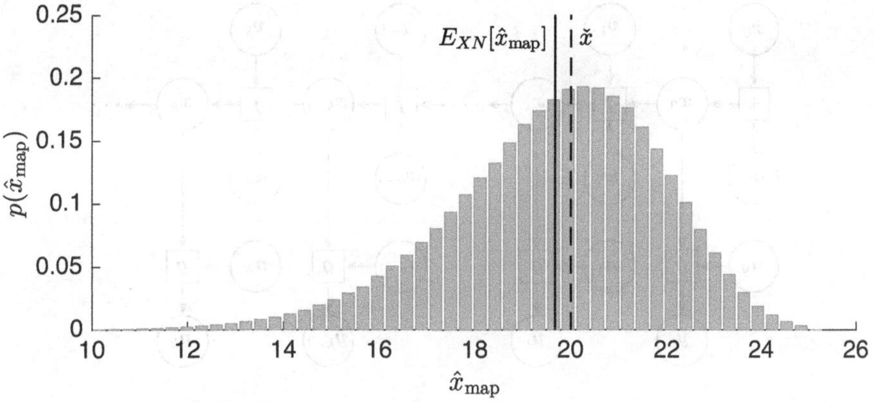

图 4–4　1 000 000 次试验得到的统计直方图，每次试验中 x_{true} 根据先验随机地采样，y_{meas} 根据测量模型随机地采样。虚线表示先验的均值 $\check{x}$，实线表示 MAP 估计的期望 $\hat{x}_{\text{map}}$。虚线和实线的误差为 $e_{\text{mean}} \approx -33.0\text{cm}$，表示存在偏差。均方误差为 $e_{\text{sq}} \approx 4.41\text{m}^2$

需要注意的是，在试验中我们先根据先验采样出实际状态，再进行剩余的处理，但即使如此偏差仍然存在。而实际上，我们通常不知道实际状态是根据哪个先验采样的（一般会假设一个先验），因此偏差可能会更大。

在本章的其余部分，我们将讨论非线性非高斯系统中其他的估计方法。我们必须仔细了解每个方法中全贝叶斯后验代表的含义：均值、模，或者其他。我们更倾向弄清楚不同方法间的区别，而不是简单地说一种方法比另一种方法更准确。只有当两种方法能够得到相同的答案时，我们才能对这两种方法的准确度进行比较。

4.2　离散时间的递归估计问题

4.2.1　问题定义

和线性高斯系统的状态估计一样，我们首先需要为估计器定义一系列的运动和观测模型。我们同样考虑离散时间情况下的时不变系统，但该系统中包含了非线性方程（本章结尾将讨论连续时间系统）。定义以下运动和观测模型：

$$\text{运动方程：} \boldsymbol{x}_k = \boldsymbol{f}(\boldsymbol{x}_{k-1}, \boldsymbol{v}_k, \boldsymbol{w}_k), \quad k = 1, \cdots, K \tag{4.14a}$$

$$\text{观测方程：} \boldsymbol{y}_k = \boldsymbol{g}(\boldsymbol{x}_k, \boldsymbol{n}_k), \quad k = 0, \cdots, K \tag{4.14b}$$

其中 k 为时间下标，最大值为 K。函数 $\boldsymbol{f}(\cdot)$ 为非线性的运动模型，函数 $\boldsymbol{g}(\cdot)$ 为非线性的观测模型。变量的含义与上一章相同。不同的是，我们并没有假设任何随机变量是高斯的。

图 4–5 展示了由式（4.14）描述的系统随时间演变的图模型。从这张图中，我们可以观察到该系统一个非常重要的性质，**马尔可夫性**（Markov property）：

当一个随机过程在给定现在状态及所有过去状态的情况下，其未来状态的条件概率分布仅依赖于当前状态；换句话说，在给定现在状态时，未来状态与过去状态（即该过程的历史路径）是

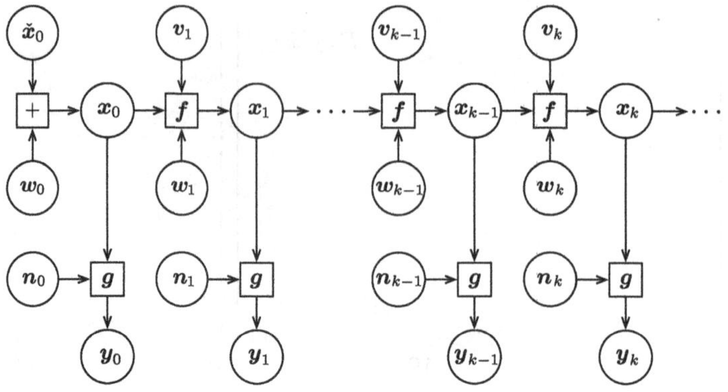

图 4–5 式（4.14）描述的 NLNG 系统构成的图模型表示

条件独立的，那么此随机过程称为马尔可夫过程，或者说它具有马尔可夫性。

我们的系统便是马尔可夫过程。于是，一旦知道 $\boldsymbol{x}_{k-1}$，在不需要知道任何过去状态的情况下，就可以向前递推计算出 $\boldsymbol{x}_k$。在上一章，我们充分利用了这个性质，推导出一个优雅的递归滤波器——卡尔曼滤波器。但是对于 NLNG系统呢？还可以有递归形式吗？答案是肯定的，但只能是近似。在接下来的几个小节中，我们将会验证这个结论。

4.2.2 贝叶斯滤波

在线性高斯估计一章中，我们从批量式估计开始讲起，接着是递归卡尔曼滤波器。在本节中，我们则从递归滤波器、贝叶斯滤波[31] 开始讲起，最后再回到批量式方法。这个顺序也正符合状态估计在历史中的发展过程，从中我们能够清楚地了解到这些方法做了哪些假设和近似。

贝叶斯滤波仅使用过去以及当前的测量，构造一个完整的 PDF 来刻画当前状态。使用之前的符号，即计算 $\boldsymbol{x}_k$ 的**置信度**（belief）：

$$p(\boldsymbol{x}_k|\check{\boldsymbol{x}}_0, \boldsymbol{v}_{1:k}, \boldsymbol{y}_{0:k}) \tag{4.15}$$

回忆批量式 LG 系统中，我们将它分解成：

$$p(\boldsymbol{x}_k|\boldsymbol{v}, \boldsymbol{y}) = \eta \underbrace{p(\boldsymbol{x}_k|\check{\boldsymbol{x}}_0, \boldsymbol{v}_{1:k}, \boldsymbol{y}_{0:k})}_{\text{前向}} \underbrace{p(\boldsymbol{x}_k|\boldsymbol{v}_{k+1:K}, \boldsymbol{y}_{k+1:K})}_{\text{后向}} \tag{4.16}$$

因此，在本节中，我们将关注于将“前向”部分转换成递归滤波器（对于非线性非高斯系统）。由于所有的观测是独立的[3]，可以将最新的观测分解出来：

$$p(\boldsymbol{x}_k|\check{\boldsymbol{x}}_0, \boldsymbol{v}_{1:k}, \boldsymbol{y}_{0:k}) = \eta p(\boldsymbol{y}_k|\boldsymbol{x}_k) p(\boldsymbol{x}_k|\check{\boldsymbol{x}}_0, \boldsymbol{v}_{1:k}, \boldsymbol{y}_{0:k-1}) \tag{4.17}$$

这里用了贝叶斯公式调整了依赖关系，而 η 则使得公式仍满足全概率公理。现在将注意力转向第

[3] 正如之前的 LG 系统，我们继续假设所有的测量是独立的。

二个因子，我们将引入隐藏状态 $\boldsymbol{x}_{k-1}$，并对其进行积分：

$$
\begin{aligned}
p(\boldsymbol{x}_k|\check{\boldsymbol{x}}_0, \boldsymbol{v}_{1:k}, \boldsymbol{y}_{0:k-1}) &= \int p(\boldsymbol{x}_k, \boldsymbol{x}_{k-1}|\check{\boldsymbol{x}}_0, \boldsymbol{v}_{1:k}, \boldsymbol{y}_{0:k-1}) \mathrm{d}\boldsymbol{x}_{k-1} \\
&= \int p(\boldsymbol{x}_k|\boldsymbol{x}_{k-1}, \check{\boldsymbol{x}}_0, \boldsymbol{v}_{1:k}, \boldsymbol{y}_{0:k-1}) p(\boldsymbol{x}_{k-1}|\check{\boldsymbol{x}}_0, \boldsymbol{v}_{1:k}, \boldsymbol{y}_{0:k-1}) \mathrm{d}\boldsymbol{x}_{k-1}
\end{aligned} \tag{4.18}
$$

隐藏状态的引入可以看作是边缘化的相反操作。到目前为止，我们还没有引入任何的近似。下一步操作是非常微妙的，它是递归式估计中存在许多局限的原因。由于我们的系统具有马尔可夫性，可以写出：

$$
p(\boldsymbol{x}_k|\boldsymbol{x}_{k-1}, \check{\boldsymbol{x}}_0, \boldsymbol{v}_{1:k}, \boldsymbol{y}_{0:k-1}) = p(\boldsymbol{x}_k|\boldsymbol{x}_{k-1}, \boldsymbol{v}_k) \tag{4.19a}
$$

$$
p(\boldsymbol{x}_{k-1}|\check{\boldsymbol{x}}_0, \boldsymbol{v}_{1:k}, \boldsymbol{y}_{0:k-1}) = p(\boldsymbol{x}_{k-1}|\check{\boldsymbol{x}}_0, \boldsymbol{v}_{1:k-1}, \boldsymbol{y}_{0:k-1}) \tag{4.19b}
$$

结合图 4–5 看来，这似乎是完全合理的。但是最后我们还要回到本式（4.19），审视它是否合理。将式（4.19）和式（4.18）代入式（4.17）中，可以得到贝叶斯滤波器[4]：

$$
\begin{aligned}
&\underbrace{p(\boldsymbol{x}_k|\check{\boldsymbol{x}}_0, \boldsymbol{v}_{1:k}, \boldsymbol{y}_{0:k})}_{\text{后验置信度}} \\
&= \eta \underbrace{p(\boldsymbol{y}_k|\boldsymbol{x}_k)}_{\text{利用}\boldsymbol{g}(\cdot)\text{进行更新}} \int \underbrace{p(\boldsymbol{x}_k|\boldsymbol{x}_{k-1}, \boldsymbol{v}_k)}_{\text{利用}\boldsymbol{f}(\cdot)\text{进行预测}} \underbrace{p(\boldsymbol{x}_{k-1}|\check{\boldsymbol{x}}_0, \boldsymbol{v}_{1:k-1}, \boldsymbol{y}_{0:k-1})}_{\text{先验置信度}} \mathrm{d}\boldsymbol{x}_{k-1}
\end{aligned} \tag{4.20}
$$

可以看到式（4.20）具有预测-校正的形式。在预测阶段，先验[5]置信度 $p(\boldsymbol{x}_{k-1}|\check{\boldsymbol{x}}_0, \boldsymbol{v}_{1:k-1}, \boldsymbol{y}_{0:k-1})$ 通过输入 $\boldsymbol{v}_k$ 和运动模型 $\boldsymbol{f}(\cdot)$ 在时间上进行前向传播。在校正阶段，则通过观测 $\boldsymbol{y}_k$ 和观测模型 $\boldsymbol{g}(\cdot)$ 来更新预测估计状态，并得到后验置信度 $p(\boldsymbol{x}_k|\check{\boldsymbol{x}}_0, \boldsymbol{v}_{1:k}, \boldsymbol{y}_{0:k})$。图 4–6 展示了贝叶斯滤波器中的信息流向。该图的要点是，我们需要掌握通过非线性函数 $\boldsymbol{f}(\cdot)$ 和 $\boldsymbol{g}(\cdot)$ 来传递 PDF 的方法。

贝叶斯滤波器虽然精确，但也仅仅是一个精美的数学产物；除了线性高斯的情况外，在实际中它基本不可能实现。主要原因有两个，为此我们需要适当地作一些近似：

1. 概率密度函数存在于在无限维的空间中（与所有的连续函数一样），因此需要无限的存储空间（即无限的参数）来完全表示置信度 $p(\boldsymbol{x}_k|\check{\boldsymbol{x}}_0, \boldsymbol{v}_{1:k}, \boldsymbol{y}_{0:k})$。为了克服存储空间的问题，需要将这个置信度大致地表现出来。一种方法是将该函数近似为高斯（即只关心一、二阶矩：均值和协方差），另一种方法是使用有限数量的随机样本来近似。我们将在后面研究这两种方法。
2. 贝叶斯滤波器的积分在计算上十分耗时，它需要无限的计算资源去计算精确的结果。为了克服计算资源的问题，必须对积分进行近似。一种方法是对运动和观测模型进行线性化，然后对积分进行闭式求解。另一种方法是使用**蒙特卡罗积分**（Monte Carlo integration）。我们也会在后面研究这两种方法。

递归式状态估计的大部分研究集中在如何用更好的近似来处理这两个问题。这些方面已经有了相当大的进展，值得我们更加详细地去研究。因此，在接下来的几节中，我们将介绍一些经典

[4] 在第一个时间 $k = 0$ 时存在特殊情况。此时只有 $\boldsymbol{y}_0$ 的观测更新而没有运动方程，但为了简单起见，我们忽略了它。我们假设滤波器用从 $p(\boldsymbol{x}_0|\check{\boldsymbol{x}}_0, \boldsymbol{y}_0)$ 开始进行初始化。

[5] 需要澄清一点，贝叶斯滤波器使用了贝叶斯推断，但只是应用于单一的时间步长上。上一章讨论的批量式方法则是对整条轨迹进行了一次推断。我们将在本章后面回归到批量式方法中。

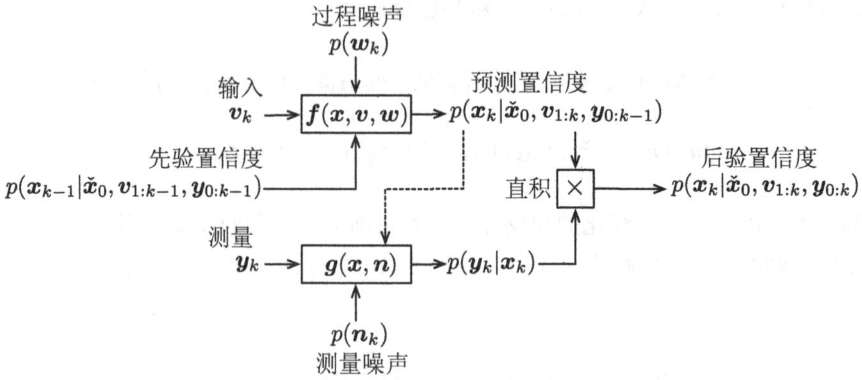

图 4–6 贝叶斯滤波器示意图。虚线表示在实践中可以将状态的置信函数在概率上集中分布的信息传递到“校正阶段”，以降低在给定状态 $\boldsymbol{x}_k$ 下求解观测 $\boldsymbol{y}_k$ 的全概率密度的要求

和现代的方法来近似贝叶斯滤波器。但是，我们必须牢记贝叶斯滤波器的假设：马尔可夫性。我们必须不断地审视：如果对贝叶斯滤波器做这些近似，马尔可夫性会发生什么改变？我们稍后会讲解这个问题。

4.2.3 扩展卡尔曼滤波

如果将置信度和噪声限制为高斯分布，并且对运动模型和观测模型进行线性化，计算贝叶斯滤波中的积分（以及归一化积），我们将得到著名的**扩展卡尔曼滤波**（EKF）[6]。在很多领域，EKF 仍然是状态估计和数据融合的主流，对于轻度非线性非高斯系统来说，它们往往是有效的。关于 EKF 的更多信息，参见文献 [22]。

斯坦利 · F. 施密特（1926—2015），美国宇航工程师。他将卡尔曼滤波用于阿波罗计划飞船的轨迹估计问题中，并导出了现在所谓的扩展卡尔曼滤波器。

EKF 曾作为 NASA阿波罗计划中估计航天器轨迹的关键工具。卡尔曼在他的原始文章[2] 出版后不久，会见了美国宇航局艾姆斯研究中心的斯坦利 · 施密特（Stanley F. Schmidt）。施密特对卡尔曼滤波器印象尤为深刻，他的团队继续将其修改完善，并将它应用于航天飞行任务工作中。特别是，他们（1）将其扩展，使之能够应对非线性运动和观测模型；（2）提出了将当前最佳估计的最优状态进行线性化，以减少非线性影响的想法；（3）将原始滤波器重新设计为现在的预测和校正步骤[33]。由于这些重要的贡献，EKF 有时又被称为施密特-卡尔曼滤波器，但是由于与施密特稍后提出的其他类似命名的贡献混淆（解决了不能观的偏差问题，同时保持较少的状态维度），这个名称已经失去了意义。施密特还继续研究了 EKF 的平方根式来提高数值稳定性[25]。之后，在洛克希德导弹与宇航公司（Lockheed Missiles Space Company），施密特推出的卡尔曼工作也启发了夏洛特 · 斯特里贝尔（Charlotte Striebel）开始研究卡尔曼滤波与其他类型的轨迹估计的结合，最

[6] 之所以将 EKF 称为“扩展”，是因为它是卡尔曼滤波对非线性系统的扩展。

终得到了上一章讨论的 Rauch-Tung-Striebel 平滑算法。

为了推导 EKF，我们首先将 $\boldsymbol{x}_k$ 的置信度函数限制为高斯分布：

$$p(\boldsymbol{x}_k|\check{\boldsymbol{x}}_0, \boldsymbol{v}_{1:k}, \boldsymbol{y}_{0:k}) = \mathcal{N}\left(\hat{\boldsymbol{x}}_k, \hat{\boldsymbol{P}}_k\right) \tag{4.21}$$

其中 $\hat{\boldsymbol{x}}_k$ 为均值，$\hat{\boldsymbol{P}}_k$ 为协方差。接下来，我们假设噪声变量 $\boldsymbol{w}_k$ 和 $\boldsymbol{n}_k(\forall k)$ 也是高斯的：

$$\boldsymbol{w}_k \sim \mathcal{N}(\boldsymbol{0}, \boldsymbol{Q}_k) \tag{4.22a}$$

$$\boldsymbol{n}_k \sim \mathcal{N}(\boldsymbol{0}, \boldsymbol{R}_k) \tag{4.22b}$$

请注意，高斯 PDF通过非线性函数转换后，可能会成为非高斯的。实际上，我们将在本章的后面再详细介绍这件事。对于我们的噪声变量而言，这种情况也是存在的；换句话说，非线性运动和观测模型可能会对 $\boldsymbol{w}_k$ 和 $\boldsymbol{n}_k(\forall k)$ 造成影响。它们不一定是在非线性函数后以加法的形式存在，如：

$$\boldsymbol{x}_k = \boldsymbol{f}(\boldsymbol{x}_{k-1}, \boldsymbol{v}_k) + \boldsymbol{w}_k \tag{4.23a}$$

$$\boldsymbol{y}_k = \boldsymbol{g}(\boldsymbol{x}_k) + \boldsymbol{n}_k \tag{4.23b}$$

而是如式（4.14）所示的包含在非线性函数之内。式（4.23）实际上是式（4.14）的特殊情况。然而，我们可以通过线性化将其恢复为加性噪声（取近似）的形式，接下来我们将对此进行讲解。

由于 $\boldsymbol{g}(\cdot)$ 和 $\boldsymbol{f}(\cdot)$ 的非线性特性，我们仍然无法计算得到贝叶斯滤波器中的积分的闭式解，转而使用线性化的方法。我们在当前状态估计的均值处展开，对运动和观测模型进行线性化：

$$\boldsymbol{f}(\boldsymbol{x}_{k-1}, \boldsymbol{v}_k, \boldsymbol{w}_k) \approx \check{\boldsymbol{x}}_k + \boldsymbol{F}_{k-1}(\boldsymbol{x}_{k-1} - \hat{\boldsymbol{x}}_{k-1}) + \boldsymbol{w}'_k \tag{4.24a}$$

$$\boldsymbol{g}(\boldsymbol{x}_k, \boldsymbol{n}_k) \approx \check{\boldsymbol{y}}_k + \boldsymbol{G}_k(\boldsymbol{x}_k - \check{\boldsymbol{x}}_k) + \boldsymbol{n}'_k \tag{4.24b}$$

其中

$$\check{\boldsymbol{x}}_k = \boldsymbol{f}(\hat{\boldsymbol{x}}_{k-1}, \boldsymbol{v}_k, \boldsymbol{0}), \quad \boldsymbol{F}_{k-1} = \left.\frac{\partial \boldsymbol{f}(\boldsymbol{x}_{k-1}, \boldsymbol{v}_k, \boldsymbol{w}_k)}{\partial \boldsymbol{x}_{k-1}}\right|_{\hat{\boldsymbol{x}}_{k-1}, \boldsymbol{v}_k, \boldsymbol{0}} \tag{4.25a}$$

$$\boldsymbol{w}'_k = \left.\frac{\partial \boldsymbol{f}(\boldsymbol{x}_{k-1}, \boldsymbol{v}_k, \boldsymbol{w}_k)}{\partial \boldsymbol{w}_k}\right|_{\hat{\boldsymbol{x}}_{k-1}, \boldsymbol{v}_k, \boldsymbol{0}} \boldsymbol{w}_k \tag{4.25b}$$

并且

$$\check{\boldsymbol{y}}_k = \boldsymbol{g}(\check{\boldsymbol{x}}_k, \boldsymbol{0}), \quad \boldsymbol{G}_k = \left.\frac{\partial \boldsymbol{g}(\boldsymbol{x}_k, \boldsymbol{n}_k)}{\partial \boldsymbol{x}_k}\right|_{\check{\boldsymbol{x}}_k, \boldsymbol{0}} \tag{4.26a}$$

$$\boldsymbol{n}'_k = \left.\frac{\partial \boldsymbol{g}(\boldsymbol{x}_k, \boldsymbol{n}_k)}{\partial \boldsymbol{n}_k}\right|_{\check{\boldsymbol{x}}_k, \boldsymbol{0}} \boldsymbol{n}_k \tag{4.26b}$$

给定过去的状态和最新输入，则当前状态 $\boldsymbol{x}_k$ 的统计学特性为：

$$\boldsymbol{x}_k \approx \check{\boldsymbol{x}}_k + \boldsymbol{F}_{k-1}(\boldsymbol{x}_{k-1} - \hat{\boldsymbol{x}}_{k-1}) + \boldsymbol{w}'_k \tag{4.27a}$$

$$E[\boldsymbol{x}_k] \approx \check{\boldsymbol{x}}_k + \boldsymbol{F}_{k-1}(\boldsymbol{x}_{k-1} - \hat{\boldsymbol{x}}_{k-1}) + \underbrace{E[\boldsymbol{w}'_k]}_{\boldsymbol{0}} \tag{4.27b}$$

$$E\left[(\boldsymbol{x}_k - E[\boldsymbol{x}_k])(\boldsymbol{x}_k - E[\boldsymbol{x}_k])^{\mathrm{T}}\right] \approx \underbrace{E\left[\boldsymbol{w}'_k \boldsymbol{w}'^{\mathrm{T}}_k\right]}_{\boldsymbol{Q}'_k} \tag{4.27c}$$

$$p(\boldsymbol{x}_k|\boldsymbol{x}_{k-1}, \boldsymbol{v}_k) \approx \mathcal{N}(\check{\boldsymbol{x}}_k + \boldsymbol{F}_{k-1}(\boldsymbol{x}_{k-1} - \hat{\boldsymbol{x}}_{k-1}), \boldsymbol{Q}'_k) \tag{4.27d}$$

给定当前状态，则当前观测 $\boldsymbol{y}_k$ 的统计学特性为：

$$\boldsymbol{y}_k \approx \check{\boldsymbol{y}}_k + \boldsymbol{G}_k(\boldsymbol{x}_k - \check{\boldsymbol{x}}_k) + \boldsymbol{n}'_k \tag{4.28a}$$

$$E[\boldsymbol{y}_k] \approx \check{\boldsymbol{y}}_k + \boldsymbol{G}_k(\boldsymbol{x}_k - \check{\boldsymbol{x}}_k) + \underbrace{E[\boldsymbol{n}'_k]}_{\boldsymbol{0}} \tag{4.28b}$$

$$E\left[(\boldsymbol{y}_k - E[\boldsymbol{y}_k])(\boldsymbol{y}_k - E[\boldsymbol{y}_k])^{\mathrm{T}}\right] \approx \underbrace{E\left[\boldsymbol{n}'_k \boldsymbol{n}'^{\mathrm{T}}_k\right]}_{\boldsymbol{R}'_k} \tag{4.28c}$$

$$p(\boldsymbol{y}_k|\boldsymbol{x}_k) \approx \mathcal{N}(\check{\boldsymbol{y}}_k + \boldsymbol{G}_k(\boldsymbol{x}_k - \check{\boldsymbol{x}}_k), \boldsymbol{R}'_k) \tag{4.28d}$$

将上面的等式代入贝叶斯滤波中，则可以得到

$$\begin{aligned}\underbrace{p(\boldsymbol{x}_k|\check{\boldsymbol{x}}_0, \boldsymbol{v}_{1:k}, \boldsymbol{y}_{0:k})}_{\mathcal{N}(\hat{\boldsymbol{x}}_k, \hat{\boldsymbol{P}}_k)} &= \eta \underbrace{p(\boldsymbol{y}_k|\boldsymbol{x}_k)}_{\mathcal{N}(\check{\boldsymbol{y}}_k + \boldsymbol{G}_k(\boldsymbol{x}_k - \check{\boldsymbol{x}}_k), \boldsymbol{R}'_k)} \\ &\times \int \underbrace{p(\boldsymbol{x}_k|\boldsymbol{x}_{k-1}, \boldsymbol{v}_k)}_{\mathcal{N}(\check{\boldsymbol{x}}_k + \boldsymbol{F}_{k-1}(\boldsymbol{x}_{k-1} - \hat{\boldsymbol{x}}_{k-1}), \boldsymbol{Q}'_k)} \underbrace{p(\boldsymbol{x}_{k-1}|\check{\boldsymbol{x}}_0, \boldsymbol{v}_{1:k-1}, \boldsymbol{y}_{0:k-1})}_{\mathcal{N}(\hat{\boldsymbol{x}}_{k-1}, \hat{\boldsymbol{P}}_{k-1})} \mathrm{d}\boldsymbol{x}_{k-1}\end{aligned} \tag{4.29}$$

利用式（2.90）将服从高斯分布的变量传入非线性函数中，可以看到积分仍然是高斯的：

$$\begin{aligned}\underbrace{p(\boldsymbol{x}_k|\check{\boldsymbol{x}}_0, \boldsymbol{v}_{1:k}, \boldsymbol{y}_{0:k})}_{\mathcal{N}(\hat{\boldsymbol{x}}_k, \hat{\boldsymbol{P}}_k)} &= \eta \underbrace{p(\boldsymbol{y}_k|\boldsymbol{x}_k)}_{\mathcal{N}(\check{\boldsymbol{y}}_k + \boldsymbol{G}_k(\boldsymbol{x}_k - \check{\boldsymbol{x}}_k), \boldsymbol{R}'_k)} \\ &\times \underbrace{\int p(\boldsymbol{x}_k|\boldsymbol{x}_{k-1}, \boldsymbol{v}_k) p(\boldsymbol{x}_{k-1}|\check{\boldsymbol{x}}_0, \boldsymbol{v}_{1:k-1}, \boldsymbol{y}_{0:k-1}) \mathrm{d}\boldsymbol{x}_{k-1}}_{\mathcal{N}(\check{\boldsymbol{x}}_k, \boldsymbol{F}_{k-1}\hat{\boldsymbol{P}}_{k-1}\boldsymbol{F}^{\mathrm{T}}_{k-1} + \boldsymbol{Q}'_k)}\end{aligned} \tag{4.30}$$

现在只剩下两个高斯 PDF的归一化积，正如 2.2.6 节中讨论的那样。应用式（2.70），可以得到：

$$\begin{aligned}&\underbrace{p(\boldsymbol{x}_k|\check{\boldsymbol{x}}_0, \boldsymbol{v}_{1:k}, \boldsymbol{y}_{0:k})}_{\mathcal{N}(\hat{\boldsymbol{x}}_k, \hat{\boldsymbol{P}}_k)} \\ &= \underbrace{\eta p(\boldsymbol{y}_k|\boldsymbol{x}_k) \int p(\boldsymbol{x}_k|\boldsymbol{x}_{k-1}, \boldsymbol{v}_k) p(\boldsymbol{x}_{k-1}|\check{\boldsymbol{x}}_0, \boldsymbol{v}_{1:k-1}, \boldsymbol{y}_{0:k-1}) \mathrm{d}\boldsymbol{x}_{k-1}}_{\mathcal{N}\left(\check{\boldsymbol{x}}_k + \boldsymbol{K}_k(\boldsymbol{y}_k - \check{\boldsymbol{y}}_k), (\boldsymbol{1} - \boldsymbol{K}_k\boldsymbol{G}_k)(\boldsymbol{F}_{k-1}\hat{\boldsymbol{P}}_{k-1}\boldsymbol{F}^{\mathrm{T}}_{k-1} + \boldsymbol{Q}'_k)\right)}\end{aligned} \tag{4.31}$$

其中，$\boldsymbol{K}_k$ 被称为卡尔曼增益矩阵（在下面给出）。到最后一行需要经过许多乏味的代数运算，这里的具体推导就留给读者了。比较上式的左右两侧，我们有：

$$\text{预测：}\quad \check{\boldsymbol{P}}_k = \boldsymbol{F}_{k-1}\hat{\boldsymbol{P}}_{k-1}\boldsymbol{F}^{\mathrm{T}}_{k-1} + \boldsymbol{Q}'_k \tag{4.32a}$$

$$\check{\boldsymbol{x}}_k = \boldsymbol{f}(\hat{\boldsymbol{x}}_{k-1}, \boldsymbol{v}_k, \boldsymbol{0}) \tag{4.32b}$$

$$\text{卡尔曼增益：}\quad \boldsymbol{K}_k = \check{\boldsymbol{P}}_k\boldsymbol{G}^{\mathrm{T}}_k(\boldsymbol{G}_k\check{\boldsymbol{P}}_k\boldsymbol{G}^{\mathrm{T}}_k + \boldsymbol{R}'_k)^{-1} \tag{4.32c}$$

$$\text{更新：}\quad \hat{\boldsymbol{P}}_k = (\boldsymbol{1} - \boldsymbol{K}_k\boldsymbol{G}_k)\check{\boldsymbol{P}}_k \tag{4.32d}$$

$$\hat{\boldsymbol{x}}_k = \check{\boldsymbol{x}}_k + \boldsymbol{K}_k\underbrace{(\boldsymbol{y}_k - \boldsymbol{g}(\check{\boldsymbol{x}}_k, \boldsymbol{0}))}_{\text{更新量}} \tag{4.32e}$$

式（4.32）被称为 EKF 的经典递归更新方程。通过更新方程，我们可以由 $\{\hat{\boldsymbol{x}}_{k-1}, \hat{\boldsymbol{P}}_{k-1}\}$ 计算出 $\{\hat{\boldsymbol{x}}_k, \hat{\boldsymbol{P}}_k\}$。注意到这与线性高斯估计一章中的式（3.120）具有类似的结构。然而，这里有两个主要的区别：

1. 通过非线性的运动和观测模型来传递估计的均值。
2. 噪声协方差 $\boldsymbol{Q}_k'$ 和 $\boldsymbol{R}_k'$ 中包含了雅可比矩阵，这是因为我们允许噪声应用于非线性模型中，如式（4.14）所示。

需要注意的是，EKF并不能保证在一般的非线性系统中能够充分地发挥作用。为了评估 EKF 在特定非线性系统上的性能，通常只能做一些简单的尝试。EKF 的主要问题在于，其线性化的工作点是估计状态的均值，而不是真实状态。这一点微小的差异可能导致 EKF 在某些情况下快速地发散。有时 EKF 的估计虽然没有明显异常，但常常是**有偏差**或**不一致**的，更经常是两者都有。

4.2.4　广义高斯滤波

贝叶斯滤波的迷人之处在于它具有精确的表达。我们可以采用不同的近似形式和处理，推导出一些可实现的滤波器。不过，如果假设估计的状态是高斯的，就存在更清晰的推导方法。实际上，在 3.3.3 节使用贝叶斯推断推导卡尔曼滤波器时，就用到了这种方法。

一般来说，我们先从 $k-1$ 时刻的高斯先验开始：

$$p(\boldsymbol{x}_{k-1}|\check{\boldsymbol{x}}_0, \boldsymbol{v}_{1:k-1}, \boldsymbol{y}_{0:k-1}) = \mathcal{N}\left(\hat{\boldsymbol{x}}_{k-1}, \hat{\boldsymbol{P}}_{k-1}\right) \tag{4.33}$$

我们通过非线性运动模型 $\boldsymbol{f}(\cdot)$ 在时间上向前传递，以得到在 k 时刻的高斯先验：

$$p(\boldsymbol{x}_k|\check{\boldsymbol{x}}_0, \boldsymbol{v}_{1:k}, \boldsymbol{y}_{0:k-1}) = \mathcal{N}\left(\check{\boldsymbol{x}}_k, \check{\boldsymbol{P}}_k\right) \tag{4.34}$$

这是**预测步骤**，结合了最新的输入 $\boldsymbol{v}_k$。

对于**校正步骤**，我们采用 2.2.3 节的方法，写出在时刻 k 状态和最新测量的联合高斯分布：

$$p(\boldsymbol{x}_k, \boldsymbol{y}_k|\check{\boldsymbol{x}}_0, \boldsymbol{v}_{1:k}, \boldsymbol{y}_{0:k-1}) = \mathcal{N}\left(\begin{bmatrix} \boldsymbol{\mu}_{x,k} \\ \boldsymbol{\mu}_{y,k} \end{bmatrix}, \begin{bmatrix} \boldsymbol{\Sigma}_{xx,k} & \boldsymbol{\Sigma}_{xy,k} \\ \boldsymbol{\Sigma}_{yx,k} & \boldsymbol{\Sigma}_{yy,k} \end{bmatrix}\right) \tag{4.35}$$

然后我们写出 $\boldsymbol{x}_k$ 的条件高斯密度函数（即后验概率）：

$$\begin{aligned} &p(\boldsymbol{x}_k|\check{\boldsymbol{x}}_0, \boldsymbol{v}_{1:k}, \boldsymbol{y}_{0:k}) \\ =&\mathcal{N}\Big(\underbrace{\boldsymbol{\mu}_{x,k} + \boldsymbol{\Sigma}_{xy,k}\boldsymbol{\Sigma}_{yy,k}^{-1}(\boldsymbol{y}_k - \boldsymbol{\mu}_{y,k})}_{\hat{\boldsymbol{x}}_k}, \underbrace{\boldsymbol{\Sigma}_{xx,k} - \boldsymbol{\Sigma}_{xy,k}\boldsymbol{\Sigma}_{yy,k}^{-1}\boldsymbol{\Sigma}_{yx,k}}_{\hat{\boldsymbol{P}}_k}\Big) \end{aligned} \tag{4.36}$$

其中，我们将 $\hat{\boldsymbol{x}}_k$ 定义为均值，将 $\hat{\boldsymbol{P}}_k$ 定义为协方差，而 $\boldsymbol{\mu}_{y,k}$ 则通过非线性观测模型 $\boldsymbol{g}(\cdot)$ 来计算。这里，我们可以写出广义高斯滤波中校正步骤的方程：

$$\boldsymbol{K}_k = \boldsymbol{\Sigma}_{xy,k}\boldsymbol{\Sigma}_{yy,k}^{-1} \tag{4.37a}$$

$$\hat{\boldsymbol{P}}_k = \check{\boldsymbol{P}}_k - \boldsymbol{K}_k\boldsymbol{\Sigma}_{xy,k}^{\mathrm{T}} \tag{4.37b}$$

$$\hat{\boldsymbol{x}}_k = \check{\boldsymbol{x}}_k + \boldsymbol{K}_k\left(\boldsymbol{y}_k - \boldsymbol{\mu}_{y,k}\right) \tag{4.37c}$$

其中，令 $\boldsymbol{\mu}_{x,k} = \check{\boldsymbol{x}}_k$，$\boldsymbol{\Sigma}_{xx,k} = \check{\boldsymbol{P}}_k$，$\check{\boldsymbol{K}}_k$ 仍被称为卡尔曼增益。然而，除非运动和观测模型是线性的，否则我们无法计算所需的剩余的变量：$\boldsymbol{\mu}_{y,k}$，$\boldsymbol{\Sigma}_{yy,k}$ 和 $\boldsymbol{\Sigma}_{xy,k}$。这是因为将高斯 PDF代入非线性函数中通常会成为非高斯的。因此，在这个阶段需要考虑对其进行近似。

下一节中，我们将重新审视运动和观测模型的线性化过程，以完成本节的推导。在这之后，我们将讨论通过非线性函数传递 PDF 的其他方法，从而推导出其他类型的贝叶斯和卡尔曼滤波。

4.2.5 迭代扩展卡尔曼滤波

继续上一节的内容，我们将完成迭代扩展卡尔曼滤波（IEKF）的推导。其中**预测步骤**相当直接，与 4.2.3 节中的基本相同。因此略去此部分的推导，但需要注意的是，在 k 时刻的先验为：

$$p(\boldsymbol{x}_k|\check{\boldsymbol{x}}_0, \boldsymbol{v}_{1:k}, \boldsymbol{y}_{0:k-1}) = \mathcal{N}\left(\check{\boldsymbol{x}}_k, \check{\boldsymbol{P}}_k\right) \tag{4.38}$$

包含了 $\boldsymbol{v}_k$。

校正步骤则会更有意思一些。我们的**非线性**观测模型为：

$$\boldsymbol{y}_k = \boldsymbol{g}(\boldsymbol{x}_k, \boldsymbol{n}_k) \tag{4.39}$$

对其中任意一个点 $\boldsymbol{x}_{\mathrm{op},k}$ 进行线性化，可得：

$$\boldsymbol{g}(\boldsymbol{x}_k, \boldsymbol{n}_k) \approx \boldsymbol{y}_{\mathrm{op},k} + \boldsymbol{G}_k(\boldsymbol{x}_k - \boldsymbol{x}_{\mathrm{op},k}) + \boldsymbol{n}'_k \tag{4.40}$$

其中

$$\boldsymbol{y}_{\mathrm{op},k} = \boldsymbol{g}(\boldsymbol{x}_{\mathrm{op},k}, \boldsymbol{0}), \quad \boldsymbol{G}_k = \left.\frac{\partial \boldsymbol{g}(\boldsymbol{x}_k, \boldsymbol{n}_k)}{\partial \boldsymbol{x}_k}\right|_{\boldsymbol{x}_{\mathrm{op},k}, \boldsymbol{0}} \tag{4.41a}$$

$$\boldsymbol{n}'_k = \left.\frac{\partial \boldsymbol{g}(\boldsymbol{x}_k, \boldsymbol{n}_k)}{\partial \boldsymbol{n}_k}\right|_{\boldsymbol{x}_{\mathrm{op},k}, \boldsymbol{0}} \boldsymbol{n}_k \tag{4.41b}$$

注意，观测模型和雅可比矩阵均在 $\boldsymbol{x}_{\mathrm{op},k}$ 处计算。

使用上面这种线性化的模型，我们可以将时刻 k 处的状态和测量的联合概率近似为高斯分布：

$$\begin{aligned} p(\boldsymbol{x}_k, \boldsymbol{y}_k|\check{\boldsymbol{x}}_0, \boldsymbol{v}_{1:k}, \boldsymbol{y}_{0:k-1}) &\approx \mathcal{N}\left(\begin{bmatrix} \boldsymbol{\mu}_{x,k} \\ \boldsymbol{\mu}_{y,k} \end{bmatrix}, \begin{bmatrix} \boldsymbol{\Sigma}_{xx,k} & \boldsymbol{\Sigma}_{xy,k} \\ \boldsymbol{\Sigma}_{yx,k} & \boldsymbol{\Sigma}_{yy,k} \end{bmatrix}\right) \\ &= \mathcal{N}\left(\begin{bmatrix} \check{\boldsymbol{x}}_k \\ \boldsymbol{y}_{\mathrm{op},k} + \boldsymbol{G}_k(\check{\boldsymbol{x}}_k - \boldsymbol{x}_{\mathrm{op},k}) \end{bmatrix}, \begin{bmatrix} \check{\boldsymbol{P}}_k & \check{\boldsymbol{P}}_k\boldsymbol{G}_k^{\mathrm{T}} \\ \boldsymbol{G}_k\check{\boldsymbol{P}}_k & \boldsymbol{G}_k\check{\boldsymbol{P}}_k\boldsymbol{G}_k^{\mathrm{T}} + \boldsymbol{R}'_k \end{bmatrix}\right) \end{aligned} \tag{4.42}$$

如果测量值 $\boldsymbol{y}_k$ 已知，我们可以使用式（2.53b）写出 $\boldsymbol{x}_k$（即后验）的条件概率密度：

$$\begin{aligned} & p(\boldsymbol{x}_k|\check{\boldsymbol{x}}_0, \boldsymbol{v}_{1:k}, \boldsymbol{y}_{0:k}) \\ =& \mathcal{N}\Big(\underbrace{\boldsymbol{\mu}_{x,k} + \boldsymbol{\Sigma}_{xy,k}\boldsymbol{\Sigma}_{yy,k}^{-1}(\boldsymbol{y}_k - \boldsymbol{\mu}_{y,k})}_{\hat{\boldsymbol{x}}_k}, \underbrace{\boldsymbol{\Sigma}_{xx,k} - \boldsymbol{\Sigma}_{xy,k}\boldsymbol{\Sigma}_{yy,k}^{-1}\boldsymbol{\Sigma}_{yx,k}}_{\hat{\boldsymbol{P}}_k}\Big) \end{aligned} \tag{4.43}$$

这里，我们再次将 $\hat{\boldsymbol{x}}_k$ 定义为均值，将 $\hat{\boldsymbol{P}}_k$ 定义为协方差。如上一节所示，广义高斯滤波校正步骤的方程为：

$$\boldsymbol{K}_k = \boldsymbol{\Sigma}_{xy,k}\boldsymbol{\Sigma}_{yy,k}^{-1} \tag{4.44a}$$

$$\hat{\boldsymbol{P}}_k = \check{\boldsymbol{P}}_k - \boldsymbol{K}_k\boldsymbol{\Sigma}_{xy,k}^{\mathrm{T}} \tag{4.44b}$$

$$\hat{\boldsymbol{x}}_k = \check{\boldsymbol{x}}_k + \boldsymbol{K}_k\left(\boldsymbol{y}_k - \boldsymbol{\mu}_{y,k}\right) \tag{4.44c}$$

将矩 $\boldsymbol{\mu}_{y,k}, \boldsymbol{\Sigma}_{yy,k}$ 和 $\boldsymbol{\Sigma}_{xy,k}$ 代入上式，可以得到

$$\boldsymbol{K}_k = \check{\boldsymbol{P}}_k \boldsymbol{G}_k^{\mathrm{T}} \left(\boldsymbol{G}_k \check{\boldsymbol{P}}_k \boldsymbol{G}_k^{\mathrm{T}} + \boldsymbol{R}_k'\right)^{-1} \tag{4.45a}$$

$$\hat{\boldsymbol{P}}_k = (\boldsymbol{1} - \boldsymbol{K}_k \boldsymbol{G}_k)\, \check{\boldsymbol{P}}_k \tag{4.45b}$$

$$\hat{\boldsymbol{x}}_k = \check{\boldsymbol{x}}_k + \boldsymbol{K}_k (\boldsymbol{y}_k - \boldsymbol{y}_{\mathrm{op},k} - \boldsymbol{G}_k (\check{\boldsymbol{x}}_k - \boldsymbol{x}_{\mathrm{op},k})) \tag{4.45c}$$

这些方程与式（4.32）中的卡尔曼增益和校正方程非常相似，唯一的区别在于线性化的工作点。如果我们将线性化的工作点设置为预测先验的均值，即 $\boldsymbol{x}_{\mathrm{op},k} = \check{\boldsymbol{x}}_k$，那么式（4.45）和式（4.32）是完全相同的。

然而，如果我们迭代地重新计算式（4.45），并且在每一次迭代中将工作点设置为上一次迭代的后验均值，将得到更好的结果：

$$\boldsymbol{x}_{\mathrm{op},k} \leftarrow \hat{\boldsymbol{x}}_k \tag{4.46}$$

在第一次迭代中，我们令 $\boldsymbol{x}_{\mathrm{op},k} = \check{\boldsymbol{x}}_k$。这使得我们能够对更好的估计进行线性化，从而改进每次迭代的近似程度。在迭代的过程中，若 $\boldsymbol{x}_{\mathrm{op},k}$ 的改变足够小的时候就终止迭代。注意，卡尔曼增益方程和更新方程收敛之后，协方差方程只需要计算一次。

4.2.6　从 MAP 角度看 IEKF

一个重要的问题是：EKF、IEKF 与全贝叶斯后验之间的关系是什么？可以发现，IEKF 对应于全后验概率的（局部）极大值[7]；换句话说，它是一个 MAP 估计。另一方面，由于 EKF 的校正部分并没有迭代，它可能远离局部极大值；实际上我们很难说清楚它与全后验概率的关系。

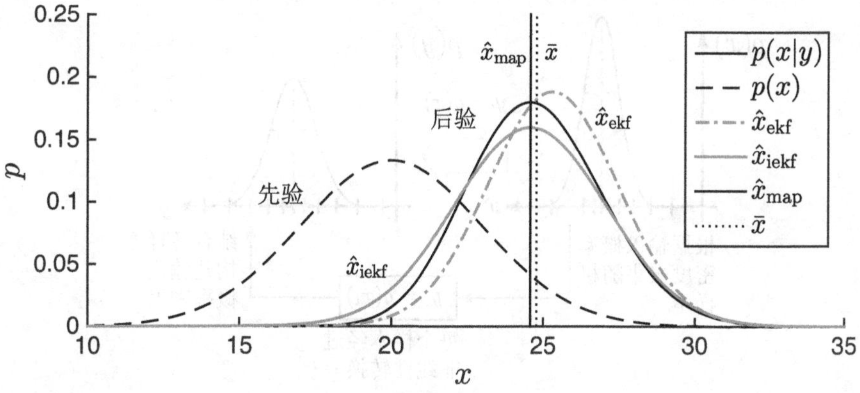

图 4–7　立体相机例子，将 EKF 和 IEKF 的推理（即“校正”）步骤与全贝叶斯后验概率 $p(x|y)$ 进行比较。可以看到 IEKF 的均值与 MAP 的解 x_{map} 相匹配，而 EKF 则没有。后验的实际均值为 $\bar{x}$

这些关系如图 4–7 所示。基于 4.1.2 节的立体相机例子，我们将 IEKF 和 EKF 的校正步骤与全贝叶斯后验进行比较。在本例中，我们使用：

$$x_{\mathrm{true}} = 26[\mathrm{m}], \quad y_{\mathrm{meas}} = \frac{fb}{x_{\mathrm{true}}} - 0.6[\mathrm{pixel}]$$

[7] 澄清一下，该结论只适用于单个时间步长的校正步骤。

来增大这几个方法之间的区别。正如之前讨论的，IEKF 的均值对应于 MAP 的解（即 MAP 的模），而 EKF 则很难与全后验概率联系起来。

为了了解 IEKF 与 MAP 估计相同的原因，我们需要用到本章稍后介绍的优化方法。目前，仅根据前面章节的知识，我们能够得到的信息是，由于 IEKF 在最优估计处迭代地进行线性化，其估计结果等同于 MAP的解。因此，IEKF 高斯估计器的“均值”并不等于全贝叶斯后验的均值——它计算的是模。

4.2.7 其他将 PDF 传入非线性函数的方法

在推导 EKF 和 IEKF 时，我们使用一种特殊的方法将 PDF 传递进非线性函数中。具体来说，就是在非线性模型的工作点处进行线性化，然后通过解析的线性化模型传递高斯 PDF。这当然是一种可行的方法，但还存在其他的方法。本节将讨论三种常用方法：蒙特卡罗方法（暴力的），线性化方法（如 EKF 中采用的），以及 **sigmapoint** 或**无迹**（unscented）[8]变换。我们的动机是引入一些可以在贝叶斯滤波器框架中使用的方法，以获得 EKF和 IEKF的替代方案。

蒙特卡罗方法

蒙特卡罗方法本质上是一种“暴力”的方法，其过程如图 4–8 所示。我们根据输入的概率密度采集大量样本，接着通过非线性函数将每一个样本精确地进行转换，最后从转换的样本中构建输出的概率密度（例如，通过计算矩来构建）。笼统地说，**大数定律**（the law of large numbers）确保了当样本数量接近无穷大时，这种做法将会使结果收敛到正确的值。

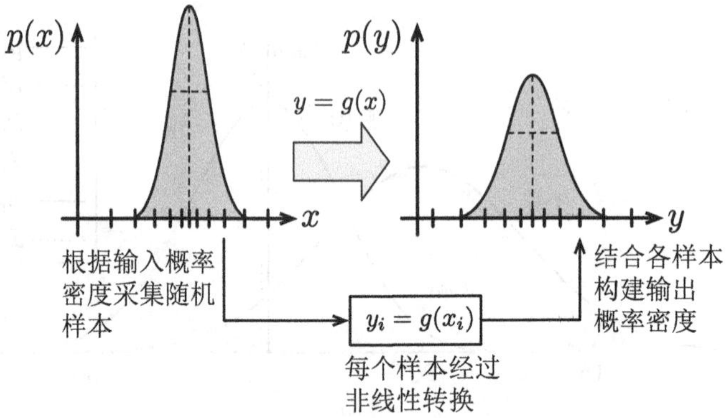

图 4–8 蒙特卡罗方法，通过非线性模型传递 PDF。根据输入概率密度采集大量的样本，通过非线性函数进行转换，并对转换结果构建输出概率密度

这种方法存在的明显问题是，它可能非常低效，特别是在高维问题上。除了这个明显的缺点，这个方法还有以下优点：

1. 适用于任何 PDF，而不仅仅是高斯分布。

[8] 这个词一直在文献中存在。西蒙 · 朱利尔（Simon Julier）以无香味的除臭剂来命名，是为了指出人们常常在不知道这些词语原本的含义的情况下，理所当然地接受以这些词语来命名的习惯。

2. 可以处理任何类型的非线性函数（不要求可微，甚至连续）。
3. 不需要知道非线性函数的数学形式。在实际中，非线性函数可以是任何其他形式的。
4. 这是一个“任意时间”算法[9]——通过调整采样点数量，我们很容易在精度和速度上进行折中。由于可以使用大量采样点来得到很高的精度，我们可以用蒙特卡罗法来衡量其他方法的性能。

另一个值得一提的地方是，输出概率密度的均值和输入均值通过非线性变换后的值是不同的。这可以通过一个简单的例子来解释。考虑在区间 $[0,1]$ 上服从均匀分布的变量 x；即 $p(x)=1$，$x\in[0,1]$。令非线性函数为 $y=x^2$。输入的均值为 $\mu_x=1/2$，通过非线性函数后，得到 $\mu_y=1/4$。然而，输出的实际均值为 $\mu_y=\int_0^1 p(x)x^2\mathrm{d}x=1/3$。同样，这种情况也会发生在更高阶矩中。蒙特卡罗方法能够在有大量样本的情况下得到正确的解，但是我们将看到，其他一部分方法则不能。

线性化方法

通过非线性函数传递高斯 PDF 最常见的方法是线性化，我们已经使用它来导出 EKF和 IEKF。严谨地说，均值实际上是通过非线性函数精确地传递的，而协方差则是近似地通过非线性函数的线性化版本。通常，线性化过程的工作点是 PDF 的均值。该过程如图 4–9 所示（为方便起见，再次给出图 2–5）。这个过程是非常不准确的，原因如下：

1. 通过非线性函数传递高斯 PDF 的结果不会是另一个高斯 PDF。线性化方法仅仅保留了后验 PDF 的均值和协方差，是对后验的一种近似（丢弃了高阶矩）。
2. 通过线性化非线性函数来近似真实输出 PDF 的协方差。
3. 线性化的工作点通常不是先验 PDF 的真实均值，而是我们对输入 PDF 的均值的估计。这也是引入误差的地方。
4. 通过简单地将先验 PDF 的均值经过非线性变换来逼近真实输出 PDF 的均值。这并不是真实的输出均值。

线性化的另一个缺点是，我们必须解析地或者数值地计算非线性函数的雅可比矩阵（这又引入了一个误差）。

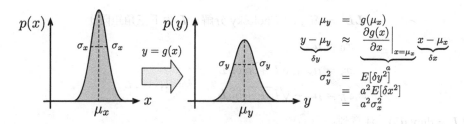

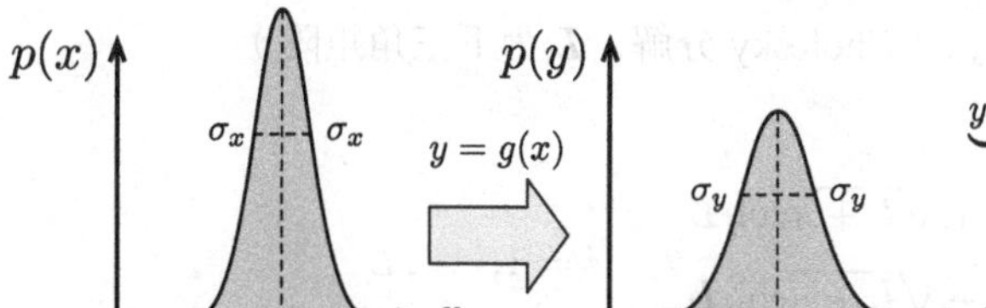

$$\begin{aligned}\mu_y &= g(\mu_x)\\ \underbrace{y-\mu_y}_{\delta y} &\approx \underbrace{\left.\frac{\partial g(x)}{\partial x}\right|_{x=\mu_x}}_{a}\underbrace{x-\mu_x}_{\delta x}\\ \sigma_y^2 &= E[\delta y^2]\\ &= a^2E[\delta x^2]\\ &= a^2\sigma_x^2\end{aligned}$$

图 4–9　通过非线性函数 $g(\cdot)$ 来传递一维高斯 PDF。这里，我们通过线性化非线性函数以对协方差进行近似

尽管有着种种近似和缺点，但是如果函数只是“轻微”的非线性，并且输入是高斯的，那么线性化方法可以说是一种简单易懂并且易于实现的方法。线性化方法的一个优点[10]是，线性化的操作实际上是可逆的（如果非线性函数是局部可逆的）。也就是说，我们可以将输出 PDF 通过非线性函数的“逆”（使用相同的线性化过程）来精确地恢复输入 PDF。但是这对其他通过非线性

[9] 即计算时间可以随需求进行调整。——译者注
[10] 与其说是优点，倒不如说是副产品更准确一些，因为它是线性化中近似的直接结果。

函数传递 PDF 的方法来说，并不都成立，因为它们并不像线性化方法那样做出相同的近似。例如，sigmapoint 变换就是不可逆的。

sigmapoint 变换

从某种意义上说，当输入概率密度大致为高斯时，**sigmapoint**（SP）或**无迹**变换[34] 是蒙特卡罗方法和线性化方法的折中。它比线性化方法更准确，除了计算开销稍大一些。蒙特卡罗仍然是最准确的方法，但在大多数情况下，其计算开销令人望而生畏。

对于本章使用的"sigmapoint 变换"，这里有一点误导，因为实际上有一整套这样的变换都称之为 sigmapoint 变换。图 4–10 展示了一维情况下最简单的版本。一般来说，任何一个 SP 变换的版本，都是在输入概率密度均值的基础版本上添加了一个附加样本。具体步骤如下：

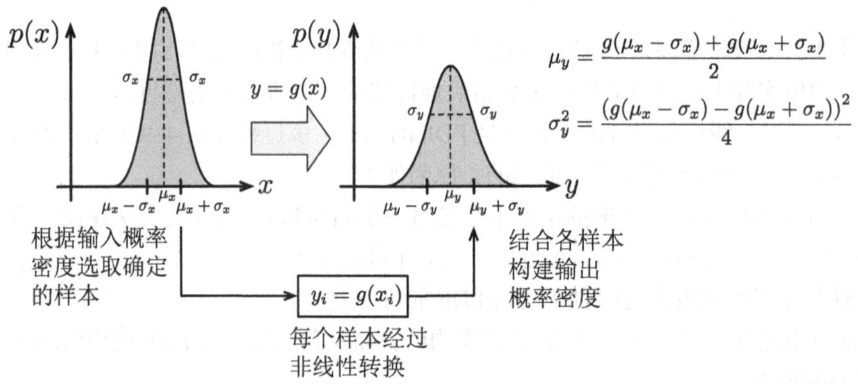

图 4–10 通过非线性函数 $g(\cdot)$ 来传递一维高斯 PDF。这里采用简化的 sigmapoint 变换，即使用两个确定的采样点（在均值左右两边各取一个）对输入概率密度进行近似

1. 根据输入概率密度 $\mathcal{N}(\boldsymbol{\mu}_x, \boldsymbol{\Sigma}_{xx})$ 计算出 $2L+1$ 个 sigmapoint：

$$\boldsymbol{L}\boldsymbol{L}^{\mathrm{T}} = \boldsymbol{\Sigma}_{xx}, \text{（Cholesky 分解，}\boldsymbol{L}\text{ 为下三角矩阵）} \tag{4.47a}$$

$$\boldsymbol{x}_0 = \boldsymbol{\mu}_x \tag{4.47b}$$

$$\boldsymbol{x}_i = \boldsymbol{\mu}_x + \sqrt{L+\kappa}\,\mathrm{col}_i\boldsymbol{L} \quad i = 1,\cdots,L \tag{4.47c}$$

$$\boldsymbol{x}_{i+L} = \boldsymbol{\mu}_x - \sqrt{L+\kappa}\,\mathrm{col}_i\boldsymbol{L} \tag{4.47d}$$

其中 $L = \dim(\boldsymbol{\mu}_x)$。注意到：

$$\boldsymbol{\mu}_x = \sum_{i=0}^{2L} \alpha_i \boldsymbol{x}_i \tag{4.48a}$$

$$\boldsymbol{\Sigma}_{xx} = \sum_{i=0}^{2L} \alpha_i (\boldsymbol{x}_i - \boldsymbol{\mu}_x)(\boldsymbol{x}_i - \boldsymbol{\mu}_x)^{\mathrm{T}} \tag{4.48b}$$

其中

$$\alpha_i = \begin{cases} \frac{\kappa}{L+\kappa} & i = 0 \\ \frac{1}{2}\frac{1}{L+\kappa} & \text{其他} \end{cases} \tag{4.49}$$

注意到 α_i 的和为 1。而用户定义的参数 κ 则在下一节中解释。

2. 把每个 sigmapoint 单独代入非线性函数 $\boldsymbol{g}(\cdot)$ 中：

$$\boldsymbol{y}_i = \boldsymbol{g}(\boldsymbol{x}_i), \quad i = 0, \cdots, 2L \tag{4.50}$$

3. 输出概率的均值 $\boldsymbol{\mu}_y$ 通过下面的式子计算：

$$\boldsymbol{\mu}_y = \sum_{i=0}^{2L} \alpha_i \boldsymbol{y}_i \tag{4.51}$$

4. 输出概率的协方差 $\boldsymbol{\Sigma}_{yy}$ 通过下面的式子计算：

$$\boldsymbol{\Sigma}_{yy} = \sum_{i=0}^{2L} \alpha_i (\boldsymbol{y}_i - \boldsymbol{\mu}_y)(\boldsymbol{y}_i - \boldsymbol{\mu}_y)^{\mathrm{T}} \tag{4.52}$$

5. 最后，得到输出概率密度 $\mathcal{N}(\boldsymbol{\mu}_y, \boldsymbol{\Sigma}_{yy})$。

相比于线性化方法，这种方法具有许多优点：

1. 通过对输入密度进行近似，避免了线性化方法中非线性函数的雅可比矩阵（解析或数值）的计算。图 4–11 展示了二维高斯中 sigmapoint 的选取。
2. 仅使用标准线性代数运算（Cholesky 分解、外积、矩阵求和）。
3. 计算代价和线性化方法（当使用数值方法求解雅可比矩阵时）相似。
4. 不要求非线性函数光滑和可微。

下一节，我们将通过例子进一步说明，无迹变换也可以比线性化方法得到更准确的后验密度。

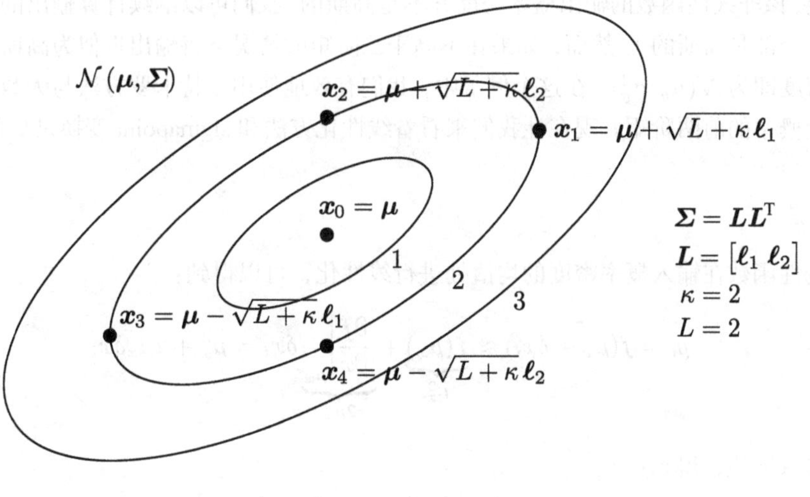

图 4–11 二维高斯 PDF（$L = 2$），图中给出标准差为 1，2 和 3 的等概率椭圆线，其中 $2L + 1 = 5$，$\kappa = 2$

例 4.1 我们将使用简单的一维非线性函数 $f(x) = x^2$ 作为示例，比较各种转换方法的优劣。设先验概率密度为 $\mathcal{N}(\mu_x, \sigma_x^2)$。

蒙特卡罗方法

事实上，对于这种特别的非线性函数，基本上可以使用闭式的蒙特卡罗方法（即不需要采集任何样本）来获得确切的结果。根据输入密度获得的任意样本由下式给出：

$$x_i = \mu_x + \delta x_i, \quad \delta x_i \leftarrow \mathcal{N}(0, \sigma_x^2) \tag{4.53}$$

将样本代入非线性函数中，可以得到：

$$y_i = f(x_i) = f(\mu_x + \delta x_i) = (\mu_x + \delta x_i)^2 = \mu_x^2 + 2\mu_x \delta x_i + \delta x_i^2 \tag{4.54}$$

对式子两边求期望，可以得到输出的均值：

$$\mu_y = E[y_i] = \mu_x^2 + 2\mu_x \underbrace{E[\delta x_i]}_{0} + \underbrace{E[\delta x_i^2]}_{\sigma_x^2} = \mu_x^2 + \sigma_x^2 \tag{4.55}$$

同样地，我们可以推导出输出的方差：

$$\begin{aligned}
\sigma_y^2 &= E[(y_i - \mu_y)^2] && (4.56\text{a}) \\
&= E[(2\mu_x \delta x_i + \delta x_i^2 - \sigma_x^2)^2] && (4.56\text{b}) \\
&= \underbrace{E[\delta x_i^4]}_{3\sigma_x^4} + 4\mu_x \underbrace{E[\delta x_i^3]}_{0} + (4\mu_x^2 - 2\sigma_x^2) \underbrace{E[\delta x_i^2]}_{\sigma_x^2} - 4\mu_x \sigma_x^2 \underbrace{E[\delta x_i]}_{0} + \sigma_x^4 && (4.56\text{c}) \\
&= 4\mu_x^2 \sigma_x^2 + 2\sigma_x^4 && (4.56\text{d})
\end{aligned}$$

其中 $E[\delta x_i^3] = 0$ 和 $E[\delta x_i^4] = 3\sigma_x^4$ 为高斯 PDF的三阶矩和四阶矩。

实际上，该非线性函数的输出概率密度并不是高斯的。我们可以继续计算输出的更高阶矩（并且它们不会全部是高斯的）。然而，如果在不高于二阶矩的情况下将输出近似为高斯，那么得到的输出概率密度即为 $\mathcal{N}(\mu_y, \sigma_y^2)$。在这个例子中，我们有效地使用蒙特卡罗方法与无数个样本，闭式地求得后验概率的前两阶矩。现在让我们来看看线性化方法和 sigmapoint 变换是如何操作的。

线性化方法

对非线性函数在输入概率密度的均值处进行线性化，可以得到：

$$y_i = f(\mu_x + \delta x_i) \approx \underbrace{f(\mu_x)}_{\mu_x^2} + \underbrace{\left.\frac{\partial f}{\partial x}\right|_{\mu_x}}_{2\mu_x} \delta x_i = \mu_x^2 + 2\mu_x \delta x_i \tag{4.57}$$

对等式两边取期望，得到：

$$\mu_y = E[y_i] = \mu_x^2 + 2\mu_x \underbrace{E[\delta x_i]}_{0} = \mu_x^2 \tag{4.58}$$

它正好等于把输入的均值代入非线性函数中：$\mu_y = f(\mu_x)$。对于输出的方差，有：

$$\sigma_y^2 = E[(y_i - \mu_y)^2] = E[(2\mu_x \delta x_i)^2] = 4\mu_x^2 \sigma_x^2 \tag{4.59}$$

比较式（4.55）与式（4.58），式（4.56）与式（4.59），可以看到存在一些差异。事实上，线性化方法的均值是有偏差的，方差也减小了（即“过度确信”[11]）。接下来，让我们看看 sigmapoint 转换会是怎样的情况。

sigmapoint 变换

在维度 $L=1$ 的情况下，有 $2L+1=3$ 个 sigmapoint：

$$x_0=\mu_x,\quad x_1=\mu_x+\sqrt{1+\kappa}\sigma_x,\quad x_2=\mu_x-\sqrt{1+\kappa}\sigma_x \tag{4.60}$$

其中 κ 为用户自定义的参数，具体含义在下面讨论。将每个 sigmapoint 代入非线性函数中：

$$y_0=f(x_0)=\mu_x^2 \tag{4.61a}$$

$$y_1=f(x_1)=\left(\mu_x+\sqrt{1+\kappa}\sigma_x\right)^2=\mu_x^2+2\mu_x\sqrt{1+\kappa}\sigma_x+(1+\kappa)\sigma_x^2 \tag{4.61b}$$

$$y_2=f(x_2)=\left(\mu_x-\sqrt{1+\kappa}\sigma_x\right)^2=\mu_x^2-2\mu_x\sqrt{1+\kappa}\sigma_x+(1+\kappa)\sigma_x^2 \tag{4.61c}$$

输出的均值为：

$$\mu_y=\frac{1}{1+\kappa}\left(\kappa y_0+\frac{1}{2}\sum_{i=1}^{2}y_i\right) \tag{4.62a}$$

$$=\frac{1}{1+\kappa}\left(\kappa\mu_x^2+\frac{1}{2}\left(\mu_x^2+2\mu_x\sqrt{1+\kappa}\sigma_x+(1+\kappa)\sigma_x^2+\mu_x^2\right.\right. \tag{4.62b}$$

$$\left.\left.-2\mu_x\sqrt{1+\kappa}\sigma_x+(1+\kappa)\sigma_x^2\right)\right)$$

$$=\frac{1}{1+\kappa}\left(\kappa\mu_x^2+\mu_x^2+(1+\kappa)\sigma_x^2\right) \tag{4.62c}$$

$$=\mu_x^2+\sigma_x^2 \tag{4.62d}$$

该结果与参数 κ 无关，并且与式（4.55）是相同的。对于方差，则有：

$$\sigma_y^2=\frac{1}{1+\kappa}\left(\kappa(y_0-\mu_y)^2+\frac{1}{2}\sum_{i=1}^{2}(y_i-\mu_y)^2\right) \tag{4.63a}$$

$$=\frac{1}{1+\kappa}\left(\kappa\sigma_x^4+\frac{1}{2}\left(\left(2\mu_x\sqrt{1+\kappa}\sigma_x+\kappa\sigma_x^2\right)^2\right.\right. \tag{4.63b}$$

$$\left.\left.+\left(-2\mu_x\sqrt{1+\kappa}\sigma_x+\kappa\sigma_x^2\right)^2\right)\right)$$

$$=\frac{1}{1+\kappa}\left(\kappa\sigma_x^4+4(1+\kappa)\mu_x^2\sigma_x^2+\kappa^2\sigma_x^4\right) \tag{4.63c}$$

$$=4\mu_x^2\sigma_x^2+\kappa\sigma_x^4 \tag{4.63d}$$

通过修改自定义参数 κ，即 $\kappa=2$，可以得到和式（4.56）相同的结果。因此，对于非线性函数，无迹变换可以确切地反映出输出的真实均值和方差。

[11] overconfident，即表示对原有的方差估计过于乐观。——译者注

为了理解为什么选择 $\kappa = 2$，我们只需要关注输入概率密度即可。参数 κ 表示了 sigmapoint 距离均值的远近。这不影响 sigmapoint的前三个矩（即 μ_x，σ_x^2 和零**偏度**）。然而，κ 的变化影响了四阶矩，即**峰度**。在前面，我们已经利用了高斯 PDF的四阶矩是 $3\sigma_x^4$ 这个性质。这里我们可以选择合适的 κ，使得 sigmapoint 的四阶矩匹配高斯输入概率密度的真实峰度：

$$3\sigma_x^4 = \frac{1}{1+\kappa}\left(\kappa\underbrace{(x_0-\mu_x)^4}_{0} + \frac{1}{2}\sum_{i=1}^{2}(x_i-\mu_x)^4\right) \tag{4.64a}$$

$$= \frac{1}{2(1+\kappa)}\left(\left(\sqrt{1+\kappa}\sigma_x\right)^4 + \left(-\sqrt{1+\kappa}\sigma_x\right)^4\right) \tag{4.64b}$$

$$= (1+\kappa)\sigma_x^4 \tag{4.64c}$$

比较等式左右两边，可以知道应该选择 $\kappa = 2$ 使它们完全匹配，从而使得 sigmapoint 的变换的精度得到了提高。

总而言之，这个例子表明，如果目标是获得输出的真实均值，那么线性化方法是这几种方法中较差的一类。图 4–12 给出了这个例子的示意图。

在接下来的几节中，我们将回到贝叶斯滤波器的讲解中，并结合本节的新知识，对 EKF进行一些有用的改进。我们将从使用蒙特卡罗方法的粒子滤波开始讲解。然后，我们将尝试使用 SP 转换来实现高斯滤波器。

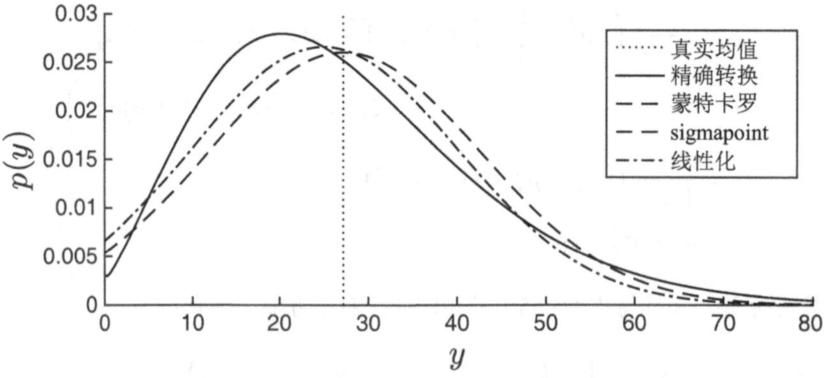

图 4–12 使用不同方法将高斯 PDF，$p(x) = \mathcal{N}(5, (3/2)^2)$ 通过非线性函数 $y = x^2$ 的图形表示。可以看到蒙特卡罗和 sigmapoint 方法匹配了真实的均值，而线性化方法则没有。图中还显示了精确转换的 PDF，它并不是高斯的，因此其均值并不等于模

4.2.8 粒子滤波

前面讲到，采集大量的样本就可以近似地描述 PDF。同时，将每个样本代入非线性函数中再进行重新组合，可以获得 PDF 转换后的近似值。在本节中，我们将这个想法扩展到贝叶斯滤波中，推导出粒子滤波[35]。

粒子滤波是唯一一种能够处理非高斯噪声、非线性观测模型和运动模型的实用技术。其实用之处在于它很容易实现：甚至不需要知道 $\boldsymbol{f}(\cdot)$ 和 $\boldsymbol{g}(\cdot)$ 的解析表达式，也不需要求得它们的偏导。

粒子滤波器有很多版本，我们介绍一个基础版本，然后指出从哪些地方可以推出一些变化。这里采用的方法是**重要性重采样**（sample importance resampling）[12]，其中所谓的 proposal PDF[13]即贝叶斯滤波中的先验 PDF，它使用运动模型和最新的运动测量 $\boldsymbol{v}_k$ 进行前向传播。粒子滤波有时又称为**自举**（bootstrap）算法，**凝聚**（condensation）算法或**适者生存**（survival-of-the-fittest）算法。

粒子滤波算法

使用贝叶斯滤波中的部分符号，我们将粒子滤波的主要步骤列写如下：

1. 从由先验和运动噪声的联合概率密度中抽取 M 个样本：

$$\begin{bmatrix} \hat{\boldsymbol{x}}_{k-1,m} \\ \boldsymbol{w}_{k,m} \end{bmatrix} \leftarrow p(\boldsymbol{x}_{k-1}|\check{\boldsymbol{x}}_0, \boldsymbol{v}_{1:k-1}, \boldsymbol{y}_{1:k-1})p(\boldsymbol{w}_k) \tag{4.65}$$

其中 m 为唯一的粒子序号。实际上，我们可以根据联合概率密度的每个因子分开来抽样。

2. 使用 $\boldsymbol{v}_k$ 得到后验 PDF 的预测。这可以将每个先验粒子和噪声样本代入非线性运动模型：

$$\check{\boldsymbol{x}}_{k,m} = \boldsymbol{f}(\hat{\boldsymbol{x}}_{k-1,m}, \boldsymbol{v}_k, \boldsymbol{w}_{k,m}) \tag{4.66}$$

这些新的“预测粒子”共同近似刻画了概率密度 $p(\boldsymbol{x}_k|\check{\boldsymbol{x}}_0, \boldsymbol{v}_{1:k}, \boldsymbol{y}_{1:k-1})$。

3. 结合 $\boldsymbol{y}_k$ 对后验概率进行校正，主要分两步：

— 第一步，根据每个粒子的期望后验和预测后验的收敛程度，对每个粒子赋予权值 $w_{k,m}$：

$$w_{k,m} = \frac{p(\check{\boldsymbol{x}}_{k,m}|\check{\boldsymbol{x}}_0, \boldsymbol{v}_{1:k}, \boldsymbol{y}_{1:k})}{p(\check{\boldsymbol{x}}_{k,m}|\check{\boldsymbol{x}}_0, \boldsymbol{v}_{1:k}, \boldsymbol{y}_{1:k-1})} = \eta p(\boldsymbol{y}_k|\check{\boldsymbol{x}}_{k,m}) \tag{4.67}$$

其中 η 为归一化系数。在实践中，通常使用非线性观测模型来模拟期望的传感器读数 $\check{\boldsymbol{y}}_{k,m}$：

$$\check{\boldsymbol{y}}_{k,m} = \boldsymbol{g}(\check{\boldsymbol{x}}_{k,m}, \boldsymbol{0}) \tag{4.68}$$

接着假设 $p(\boldsymbol{y}_k|\check{\boldsymbol{x}}_{k,m}) = p(\boldsymbol{y}_k|\check{\boldsymbol{y}}_{k,m})$，其中等式右边的概率密度已知（比如高斯分布）。

— 根据赋予的权重，对每个粒子进行重要性重采样：

$$\hat{\boldsymbol{x}}_{k,m} \xleftarrow{\text{重要性重采样}} \{\check{\boldsymbol{x}}_{k,m}, w_{k,m}\} \tag{4.69}$$

这可以通过几种不同的方法实现。其中 Madow 提出了一个简单的技术来进行重采样，我们将在下面进行讲解。

图 4-13 以框图方式展示了这些步骤。

这里还需提出一些额外的需求，使得这个基本的粒子滤波能够实际工作：

1. 要使用多少粒子？这在很大程度上取决于具体的估计问题。通常，对于低维问题（例如 $\boldsymbol{x} = (x, y, \theta)$），只需要数百个粒子即可。
2. 我们可以使用启发式策略，例如设置 $\Sigma w_{k,m} \geqslant w_{\text{thresh}}$，来动态调整选择的粒子数量。即重复步骤 1 到 3，不断添加粒子，直到权重之和超过设定的阈值。

[12] 字面意思为根据重要性进行重采样。——译者注

[13] 即用于产生粒子的那个分布。——译者注

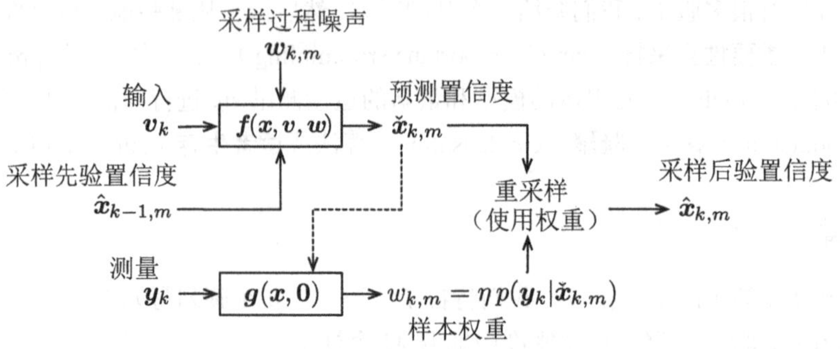

图 4–13 粒子滤波的框图表示

3. 在算法的每次迭代中，不一定都需要进行重采样。我们可以推迟重采样，但是需要将权重转移到下一次迭代中。
4. 为了稳妥起见，一般在步骤 1 中添加少量从整个状态样本空间均匀采样出来的样本。这样可以降低来自传感器测量和运动模型中异常值的干扰。
5. 对于高维状态估计问题，从计算量角度来看，粒子滤波器会变得不可实现。如果使用太少的粒子，则相关的概率密度是欠采样的，产生的结果带有严重的偏差。粒子滤波所需的样本数量随状态空间的大小呈指数增长。Thrun 等人[35] 提供了一些替代版本的粒子滤波来处理少量样本的情况。
6. 粒子滤波是“任意时间”算法。也就是说，我们可以不停地添加粒子，直到设定的时间耗尽，然后再重新采样并给出结果。使用更多的粒子总是有利的，但是与此同时会增加计算代价。
7. 克拉美罗下限（Cramér-Rao Lower Bound, CRLB）是根据测量的不确定性来设置的。即使使用再多的样本，我们的估计也不会低于 CRLB。有关 CRLB 的一些讨论，请参阅 2.2.11 节。

重采样

粒子滤波的一个关键要素在于，它需要根据分配给当前每个样本的权重重新采样出后验密度。一种方法是使用 Madow[36] 描述的系统重采样。假设有 M 个样本，并且每个样本被赋予了一个非归一化的权重 $w_m \in \mathbb{R} > 0$。根据权重，建立以 β_m 为边界的小区间：

$$\beta_m = \frac{\sum_{n=1}^{m} w_n}{\sum_{\ell=1}^{M} w_\ell} \tag{4.70}$$

各个 β_m 形成了区间 $[0,1]$ 上 M 个边界：

$$0 \leqslant \beta_1 \leqslant \beta_2 \leqslant \cdots \leqslant \beta_{M-1} \leqslant 1$$

注意到 $\beta_M \equiv 1$。然后，生成在区间 $[0,1)$ 上服从均匀分布的随机数 ρ。对于 M 次迭代，我们将包含 ρ 的小区间中的样本加入到新的样本列表中。在每次迭代时，我们将 ρ 增加 $1/M$，这就保证了长度大于 $1/M$ 的所有小区间的样本都在新样本列表中。

4.2.9 sigmapoint 卡尔曼滤波

对于基础的 EKF 算法，可以改进的另一个思路是：在非线性的运动和观测模型中，不采用线性化的方法，而是使用 sigmapoint 变换来传递 PDF。这就导出了 **sigmapoint 卡尔曼滤波**（SPKF），有时也称为**无迹卡尔曼滤波**（UKF）。下面将分开讨论预测和校正步骤[14]：

预测步骤

预测步骤是 sigmapoint 变换的直接应用，因为我们只是将先验通过运动模型向前进行传递。我们采用如下步骤将先验置信度 $\left\{\hat{\boldsymbol{x}}_{k-1}, \hat{\boldsymbol{P}}_{k-1}\right\}$ 转换为预测置信度 $\{\check{\boldsymbol{x}}_k, \check{\boldsymbol{P}}_k\}$：

1. 先验置信度和运动噪声都有不确定性，将它们按以下方式堆叠在一起：

$$\boldsymbol{\mu}_z = \begin{bmatrix} \hat{\boldsymbol{x}}_{k-1} \\ \mathbf{0} \end{bmatrix}, \quad \boldsymbol{\Sigma}_{zz} = \begin{bmatrix} \hat{\boldsymbol{P}}_{k-1} & \mathbf{0} \\ \mathbf{0} & \boldsymbol{Q}_k \end{bmatrix} \tag{4.71}$$

可以看到 $\{\boldsymbol{\mu}_z, \boldsymbol{\Sigma}_{zz}\}$ 仍然是高斯形式。我们令 $L = \dim \boldsymbol{\mu}_z$。

2. 将 $\{\boldsymbol{\mu}_z, \boldsymbol{\Sigma}_{zz}\}$ 转化为 sigmapoint 表示：

$$\boldsymbol{L}\boldsymbol{L}^{\mathrm{T}} = \boldsymbol{\Sigma}_{zz}, \text{（Cholesky 分解，}\boldsymbol{L}\text{ 为下三角矩阵）} \tag{4.72a}$$

$$\boldsymbol{z}_0 = \boldsymbol{\mu}_z \tag{4.72b}$$

$$\boldsymbol{z}_i = \boldsymbol{\mu}_z + \sqrt{L+\kappa}\,\mathrm{col}_i \boldsymbol{L} \qquad i = 1, \cdots, L \tag{4.72c}$$

$$\boldsymbol{z}_{i+L} = \boldsymbol{\mu}_z - \sqrt{L+\kappa}\,\mathrm{col}_i \boldsymbol{L} \tag{4.72d}$$

3. 对每个 sigmapoint 展开为状态和运动噪声的形式：

$$\boldsymbol{z}_i = \begin{bmatrix} \hat{\boldsymbol{x}}_{k-1,i} \\ \boldsymbol{w}_{k,i} \end{bmatrix} \tag{4.73}$$

接着将每个 sigmapoint 代入非线性运动模型进行精确求解：

$$\check{\boldsymbol{x}}_{k,i} = \boldsymbol{f}(\hat{\boldsymbol{x}}_{k-1,i}, \boldsymbol{v}_k, \boldsymbol{w}_{k,i}), \quad i = 0, \cdots, 2L \tag{4.74}$$

注意上式中需要用到最新时刻的输入 $\boldsymbol{v}_k$。

4. 将转换后的 sigmapoint 重新组合成预测置信度：

$$\check{\boldsymbol{x}}_k = \sum_{i=0}^{2L} \alpha_i \check{\boldsymbol{x}}_{k,i} \tag{4.75a}$$

$$\check{\boldsymbol{P}}_k = \sum_{i=0}^{2L} \alpha_i (\check{\boldsymbol{x}}_{k,i} - \check{\boldsymbol{x}}_k)(\check{\boldsymbol{x}}_{k,i} - \check{\boldsymbol{x}}_k)^{\mathrm{T}} \tag{4.75b}$$

其中

$$\alpha_i = \begin{cases} \frac{\kappa}{L+\kappa} & i = 0 \\ \frac{1}{2}\frac{1}{L+\kappa} & \text{其他} \end{cases} \tag{4.76}$$

接下来，我们将讨论校正步骤，即 sigmapoint 变换的第二个应用。

---

[14] 预测和校正有时统一处理，但我们更倾向于将它们分离，作为 sigmapoint 变换中的单独步骤。

校正步骤

这一步稍微复杂一些。回顾 4.2.4 节，$\boldsymbol{x}_k$ 的条件高斯密度（即后验概率）是:

$$\begin{aligned} &p(\boldsymbol{x}_k|\check{\boldsymbol{x}}_0, \boldsymbol{v}_{1:k}, \boldsymbol{y}_{0:k}) \\ &= \mathcal{N}\Big(\underbrace{\boldsymbol{\mu}_{x,k} + \boldsymbol{\Sigma}_{xy,k}\boldsymbol{\Sigma}_{yy,k}^{-1}(\boldsymbol{y}_k - \boldsymbol{\mu}_{y,k})}_{\hat{\boldsymbol{x}}_k}, \underbrace{\boldsymbol{\Sigma}_{xx,k} - \boldsymbol{\Sigma}_{xy,k}\boldsymbol{\Sigma}_{yy,k}^{-1}\boldsymbol{\Sigma}_{yx,k}}_{\hat{\boldsymbol{P}}_k}\Big) \end{aligned} \tag{4.77}$$

其中 $\hat{\boldsymbol{x}}_k$ 为均值，$\hat{\boldsymbol{P}}_k$ 为协方差。我们可以写出广义高斯滤波中校正步骤的方程:

$$\boldsymbol{K}_k = \boldsymbol{\Sigma}_{xy,k}\boldsymbol{\Sigma}_{yy,k}^{-1} \tag{4.78a}$$

$$\hat{\boldsymbol{P}}_k = \check{\boldsymbol{P}}_k - \boldsymbol{K}_k\boldsymbol{\Sigma}_{xy,k}^{\mathrm{T}} \tag{4.78b}$$

$$\hat{\boldsymbol{x}}_k = \check{\boldsymbol{x}}_k + \boldsymbol{K}_k(\boldsymbol{y}_k - \boldsymbol{\mu}_{y,k}) \tag{4.78c}$$

使用 SP 变换可以得到更优的 $\boldsymbol{\mu}_{y,k}$，$\boldsymbol{\Sigma}_{yy,k}$ 和 $\boldsymbol{\Sigma}_{xy,k}$ 的估计。我们采用以下步骤:

1. 预测置信度和观测噪声都有不确定性，将它们按以下方式堆叠在一起:

$$\boldsymbol{\mu}_z = \begin{bmatrix} \check{\boldsymbol{x}}_k \\ \boldsymbol{0} \end{bmatrix}, \quad \boldsymbol{\Sigma}_{zz} = \begin{bmatrix} \check{\boldsymbol{P}}_k & \boldsymbol{0} \\ \boldsymbol{0} & \boldsymbol{R}_k \end{bmatrix} \tag{4.79}$$

   可以看到 $\{\boldsymbol{\mu}_z, \boldsymbol{\Sigma}_{zz}\}$ 仍然是高斯形式。我们令 $L = \dim\boldsymbol{\mu}_z$。

2. 将 $\{\boldsymbol{\mu}_z, \boldsymbol{\Sigma}_{zz}\}$ 转化为 sigmapoint表示:

$$\boldsymbol{L}\boldsymbol{L}^{\mathrm{T}} = \boldsymbol{\Sigma}_{zz}, \text{（Cholesky 分解，}\boldsymbol{L}\text{ 为下三角矩阵）} \tag{4.80a}$$

$$\boldsymbol{z}_0 = \boldsymbol{\mu}_z \tag{4.80b}$$

$$\boldsymbol{z}_i = \boldsymbol{\mu}_z + \sqrt{L+\kappa}\,\mathrm{col}_i\boldsymbol{L} \tag{4.80c}$$

$$\boldsymbol{z}_{i+L} = \boldsymbol{\mu}_z - \sqrt{L+\kappa}\,\mathrm{col}_i\boldsymbol{L} \qquad i = 1, \cdots, L \tag{4.80d}$$

3. 对每个 sigmapoint 展开为状态和观测噪声的形式:

$$\boldsymbol{z}_i = \begin{bmatrix} \check{\boldsymbol{x}}_{k,i} \\ \boldsymbol{n}_{k,i} \end{bmatrix} \tag{4.81}$$

   接着将每个 sigmapoint 代入非线性观测模型进行精确求解:

$$\check{\boldsymbol{y}}_{k,i} = \boldsymbol{g}(\check{\boldsymbol{x}}_{k,i}, \boldsymbol{n}_{k,i}), \quad i = 0, \cdots, 2L \tag{4.82}$$

4. 将转换后的 sigmapoint 重新组合得到最终的结果:

$$\boldsymbol{\mu}_{y,k} = \sum_{i=0}^{2L} \alpha_i \check{\boldsymbol{y}}_{k,i} \tag{4.83a}$$

$$\boldsymbol{\Sigma}_{yy,k} = \sum_{i=0}^{2L} \alpha_i (\check{\boldsymbol{y}}_{k,i} - \boldsymbol{\mu}_{y,k})(\check{\boldsymbol{y}}_{k,i} - \boldsymbol{\mu}_{y,k})^{\mathrm{T}} \tag{4.83b}$$

$$\boldsymbol{\Sigma}_{xy,k} = \sum_{i=0}^{2L} \alpha_i (\check{\boldsymbol{x}}_{k,i} - \check{\boldsymbol{x}}_k)(\check{\boldsymbol{y}}_{k,i} - \boldsymbol{\mu}_{y,k})^{\mathrm{T}} \tag{4.83c}$$

其中

$$\alpha_i = \begin{cases} \frac{\kappa}{L+\kappa} & i=0 \\ \frac{1}{2}\frac{1}{L+\kappa} & \text{其他} \end{cases} \tag{4.84}$$

将这些式子代入到上面广义高斯滤波的校正步骤方程中，以完成最终的校正步骤。

SPKF 的两个优点是它（1）不需要任何解析形式的导数；（2）仅使用了基本的线性代数运算。此外，我们甚至不需要非线性运动和观测模型的闭式形式，可以把它们看作黑箱。

与 EKF 的比较

可以看出在校正步骤中，矩阵 $\boldsymbol{\Sigma}_{yy,k}$ 可类比于 EKF中的 $\boldsymbol{G}_k\check{\boldsymbol{P}}_k\boldsymbol{G}_k^{\mathrm{T}}+\boldsymbol{R}_k'$。通过线性化观测模型（在预测状态处线性化）可以更直接地看到这一点，在 EKF 中：

$$\check{\boldsymbol{y}}_{k,i} = \boldsymbol{g}(\check{\boldsymbol{x}}_{k,i}, \boldsymbol{n}_{k,i}) \approx \boldsymbol{g}(\check{\boldsymbol{x}}_k, \boldsymbol{0}) + \boldsymbol{G}_k(\check{\boldsymbol{x}}_{k,i} - \check{\boldsymbol{x}}_k) + \boldsymbol{n}_{k,i}' \tag{4.85}$$

代入式（4.83a）中，得：

$$\check{\boldsymbol{y}}_{k,i} - \boldsymbol{\mu}_{y,k} \approx \boldsymbol{G}_k(\check{\boldsymbol{x}}_{k,i} - \check{\boldsymbol{x}}_k) + \boldsymbol{n}_{k,i}' \tag{4.86}$$

代入式（4.83b）中，可见

$$\begin{aligned} \boldsymbol{\Sigma}_{yy,k} \approx\ & \boldsymbol{G}_k \underbrace{\sum_{i=0}^{2L} \alpha_i (\check{\boldsymbol{x}}_{k,i} - \check{\boldsymbol{x}}_k)(\check{\boldsymbol{x}}_{k,i} - \check{\boldsymbol{x}}_k)^{\mathrm{T}}}_{\check{\boldsymbol{P}}_k} \boldsymbol{G}_k^{\mathrm{T}} + \underbrace{\sum_{i=0}^{2L} \alpha_i \boldsymbol{n}_{k,i}' \boldsymbol{n}_{k,i}'^{\mathrm{T}}}_{\boldsymbol{R}_k'} \\ & + \boldsymbol{G}_K \underbrace{\sum_{i=0}^{2L} \alpha_i (\check{\boldsymbol{x}}_{k,i} - \check{\boldsymbol{x}}_k) \boldsymbol{n}_{k,i}'^{\mathrm{T}}}_{\boldsymbol{0}} + \underbrace{\sum_{i=0}^{2L} \alpha_i \boldsymbol{n}_{k,i}' (\check{\boldsymbol{x}}_{k,i} - \check{\boldsymbol{x}}_k)^{\mathrm{T}} \boldsymbol{G}_k^{\mathrm{T}}}_{\boldsymbol{0}} \end{aligned} \tag{4.87}$$

由于 $\boldsymbol{\Sigma}_{zz}$ 为对角块矩阵，所以一些项为零。对于 $\boldsymbol{\Sigma}_{xy,k}$，将近似代入式（4.83c），可以得到：

$$\boldsymbol{\Sigma}_{xy,k} \approx \underbrace{\sum_{i=0}^{2L} \alpha_i (\check{\boldsymbol{x}}_{k,i} - \check{\boldsymbol{x}}_k)(\check{\boldsymbol{x}}_{k,i} - \check{\boldsymbol{x}}_k)^{\mathrm{T}}}_{\check{\boldsymbol{P}}_k} \boldsymbol{G}_k^{\mathrm{T}} + \underbrace{\sum_{i=0}^{2L} \alpha_i (\check{\boldsymbol{x}}_{k,i} - \check{\boldsymbol{x}}_k) \boldsymbol{n}_{k,i}'^{\mathrm{T}}}_{\boldsymbol{0}} \tag{4.88}$$

因此，

$$\boldsymbol{K}_k = \boldsymbol{\Sigma}_{xy,k}\boldsymbol{\Sigma}_{yy,k}^{-1} \approx \check{\boldsymbol{P}}_k\boldsymbol{G}_k^{\mathrm{T}}(\boldsymbol{G}_k\check{\boldsymbol{P}}_k\boldsymbol{G}_k^{\mathrm{T}} + \boldsymbol{R}_k')^{-1} \tag{4.89}$$

这和 EKF一节中推导的结果完全相同。

测量噪声线性独立的特例

若非线性观测模型具有特殊形式：

$$\boldsymbol{y}_k = \boldsymbol{g}(\boldsymbol{x}_k) + \boldsymbol{n}_k \tag{4.90}$$

则 SPKF 的校正步骤可以大大简化。不失一般性，基于矩阵 $\boldsymbol{\Sigma}_{zz}$ 的对角块，可将 sigmapoint 分成两类；其中来自状态维数的有 $2N+1$ 个，来自观测维数的有 $2(L-N)$ 个。方便起见，我们对 sigmapoint 的索引进行重新排序：

$$\check{\boldsymbol{y}}_{k,j} = \begin{cases} \boldsymbol{g}(\check{\boldsymbol{x}}_{k,j}) & j = 0, \cdots, 2N \\ \boldsymbol{g}(\check{\boldsymbol{x}}_k) + \boldsymbol{n}_{k,j} & j = 2N+1, \cdots, 2L+1 \end{cases} \tag{4.91}$$

接着可以写出 $\boldsymbol{\mu}_{y,k}$ 的表达式：

$$\boldsymbol{\mu}_{y,k} = \sum_{j=0}^{2N} \alpha_j \check{\boldsymbol{y}}_{k,j} + \sum_{j=2N+1}^{2L+1} \alpha_j \check{\boldsymbol{y}}_{k,j} \tag{4.92a}$$

$$= \sum_{j=0}^{2N} \alpha_j \check{\boldsymbol{y}}_{k,j} + \sum_{j=2N+1}^{2L+1} \alpha_j (\boldsymbol{g}(\check{\boldsymbol{x}}_k) + \boldsymbol{n}_{k,j}) \tag{4.92b}$$

$$= \sum_{j=0}^{2N} \alpha_j \check{\boldsymbol{y}}_{k,j} + \boldsymbol{g}(\check{\boldsymbol{x}}_k) \sum_{j=2N+1}^{2L+1} \alpha_j \tag{4.92c}$$

$$= \sum_{j=0}^{2N} \beta_j \check{\boldsymbol{y}}_{k,j} \tag{4.92d}$$

其中

$$\beta_i = \begin{cases} \alpha_i + \sum_{j=2N+1}^{2L+1} \alpha_j & i = 0 \\ \alpha_i & \text{其他} \end{cases} \tag{4.93a}$$

$$= \begin{cases} \frac{(\kappa+L-N)}{N+(\kappa+L-N)} & i = 0 \\ \frac{1}{2} \frac{1}{N+(\kappa+L-N)} & \text{其他} \end{cases} \tag{4.93b}$$

这与原来的权重具有相同的形式（和为 1）。可以验证，在没有近似的情况下，有：

$$\boldsymbol{\Sigma}_{yy,k} = \sum_{j=0}^{2N} \beta_j (\check{\boldsymbol{y}}_{k,j} - \boldsymbol{\mu}_{y,k})(\check{\boldsymbol{y}}_{k,j} - \boldsymbol{\mu}_{y,k})^{\mathrm{T}} + \boldsymbol{R}_k \tag{4.94}$$

这意味着求解该问题时并不需要所有的 $2L+1$ 个 sigmapoint，而只需要其中的 $2N+1$ 个。即不需要多次调用 $\boldsymbol{g}(\cdot)$，因为在某些情况下 $\boldsymbol{g}(\cdot)$ 的计算代价可能相当大。

但这里还存在一个问题：我们仍必须计算大小为 $(L-N)\times(L-N)$ 的 $\boldsymbol{\Sigma}_{yy,k}$ 的逆，来计算卡尔曼增益矩阵。如果测量次数 $L-N$ 较大，则计算代价可能很高。但若假设 $\boldsymbol{R}_k$ 的逆可以很容易地计算出来，则可以进一步降低计算量。例如，如果 $\boldsymbol{R}_k = \sigma^2 \mathbf{1}$，则 $\boldsymbol{R}_k^{-1} = \sigma^{-2}\mathbf{1}$。注意到 $\boldsymbol{\Sigma}_{yy,k}$ 可以容易地写成：

$$\boldsymbol{\Sigma}_{yy,k} = \boldsymbol{Z}_k \boldsymbol{Z}_k^{\mathrm{T}} + \boldsymbol{R}_k \tag{4.95}$$

其中

$$\mathrm{col}_j \boldsymbol{Z}_k = \sqrt{\beta_j}(\check{\boldsymbol{y}}_{k,j} - \boldsymbol{\mu}_{y,k}) \tag{4.96}$$

通过 2.2.7 节中的 SMW 等式，可以得到：

$$\boldsymbol{\Sigma}_{yy,k}^{-1} = (\boldsymbol{Z}_k\boldsymbol{Z}_k^{\mathrm{T}} + \boldsymbol{R}_k)^{-1} \tag{4.97a}$$

$$= \boldsymbol{R}_k^{-1} - \boldsymbol{R}_k^{-1}\boldsymbol{Z}_k\underbrace{(\boldsymbol{Z}_k^{\mathrm{T}}\boldsymbol{R}_k^{-1}\boldsymbol{Z}_k + \mathbf{1})^{-1}}_{(2N+1)\times(2N+1)}\boldsymbol{Z}_k^{\mathrm{T}}\boldsymbol{R}_k^{-1} \tag{4.97b}$$

现在我们只需要求得大小为 $(2N+1)\times(2N+1)$ 的矩阵的逆即可（假设 $\boldsymbol{R}_k^{-1}$ 已知）。

4.2.10 迭代 sigmapoint 卡尔曼滤波

Sibley 等人[37] 提出了**迭代 sigmapoint 卡尔曼滤波**（ISPKF），比单次的版本更优秀。在每次迭代中，我们在工作点 $\boldsymbol{x}_{\mathrm{op},k}$ 附近计算作为输入的 sigmapoint。第一次迭代时，令 $\boldsymbol{x}_{\mathrm{op},k} = \check{\boldsymbol{x}}_k$，但在随后每次迭代中 $\boldsymbol{x}_{\mathrm{op},k}$ 都会被优化。这里展示了该算法所有步骤，以避免与之前的算法混淆：

1. 预测置信度和观测噪声都有不确定性，将它们按以下方式堆叠在一起：

$$\boldsymbol{\mu}_z = \begin{bmatrix} \boldsymbol{x}_{\mathrm{op},k} \\ \mathbf{0} \end{bmatrix},\quad \boldsymbol{\Sigma}_{zz} = \begin{bmatrix} \check{\boldsymbol{P}}_k & \mathbf{0} \\ \mathbf{0} & \boldsymbol{R}_k \end{bmatrix} \tag{4.98}$$

   可以看到 $\{\boldsymbol{\mu}_z, \boldsymbol{\Sigma}_{zz}\}$ 仍然是高斯形式。我们令 $L = \dim\boldsymbol{\mu}_z$。

2. 将 $\{\boldsymbol{\mu}_z, \boldsymbol{\Sigma}_{zz}\}$ 转化为 sigmapoint 表示：

$$\boldsymbol{L}\boldsymbol{L}^{\mathrm{T}} = \boldsymbol{\Sigma}_{zz}，（\text{Cholesky 分解，}\boldsymbol{L}\text{ 为下三角矩阵}） \tag{4.99a}$$

$$\boldsymbol{z}_0 = \boldsymbol{\mu}_z \tag{4.99b}$$

$$\boldsymbol{z}_i = \boldsymbol{\mu}_z + \sqrt{L+\kappa}\,\mathrm{col}_i\boldsymbol{L}, \qquad i = 1,\cdots,L \tag{4.99c}$$

$$\boldsymbol{z}_{i+L} = \boldsymbol{\mu}_z - \sqrt{L+\kappa}\,\mathrm{col}_i\boldsymbol{L} \tag{4.99d}$$

3. 对每个 sigmapoint 展开为状态和观测噪声的形式：

$$\boldsymbol{z}_i = \begin{bmatrix} \boldsymbol{x}_{\mathrm{op},k,i} \\ \boldsymbol{n}_{k,i} \end{bmatrix} \tag{4.100}$$

   接着将每个 sigmapoint 代入非线性观测模型进行精确求解：

$$\boldsymbol{y}_{\mathrm{op},k,i} = \boldsymbol{g}(\boldsymbol{x}_{\mathrm{op},k,i}, \boldsymbol{n}_{k,i}) \tag{4.101}$$

4. 将转换后的 sigmapoint 重新组合得到最终的结果：

$$\boldsymbol{\mu}_{y,k} = \sum_{i=0}^{2L}\alpha_i\boldsymbol{y}_{\mathrm{op},k,i} \tag{4.102a}$$

$$\boldsymbol{\Sigma}_{yy,k} = \sum_{i=0}^{2L}\alpha_i(\boldsymbol{y}_{\mathrm{op},k,i} - \boldsymbol{\mu}_{y,k})(\boldsymbol{y}_{\mathrm{op},k,i} - \boldsymbol{\mu}_{y,k})^{\mathrm{T}} \tag{4.102b}$$

$$\boldsymbol{\Sigma}_{xy,k} = \sum_{i=0}^{2L}\alpha_i(\boldsymbol{x}_{\mathrm{op},k,i} - \boldsymbol{x}_{\mathrm{op},k})(\boldsymbol{y}_{\mathrm{op},k,i} - \boldsymbol{\mu}_{y,k})^{\mathrm{T}} \tag{4.102c}$$

$$\boldsymbol{\Sigma}_{xx,k} = \sum_{i=0}^{2L}\alpha_i(\boldsymbol{x}_{\mathrm{op},k,i} - \boldsymbol{x}_{\mathrm{op},k})(\boldsymbol{x}_{\mathrm{op},k,i} - \boldsymbol{x}_{\mathrm{op},k})^{\mathrm{T}} \tag{4.102d}$$

其中

$$\alpha_i = \begin{cases} \frac{\kappa}{L+\kappa} & i=0 \\ \frac{1}{2}\frac{1}{L+\kappa} & \text{其他} \end{cases} \tag{4.103}$$

这里，Sibley 等人使用 SPKF 和 EKF之间的关系来改进 IEKF的校正方程（4.45），使用统计的而不是解析的雅可比矩阵：

$$\boldsymbol{K}_k = \underbrace{\check{\boldsymbol{P}}_k \boldsymbol{G}_k^{\mathrm{T}}}_{\boldsymbol{\Sigma}_{xy,k}} \Big(\underbrace{\boldsymbol{G}_k \check{\boldsymbol{P}}_k \boldsymbol{G}_k^{\mathrm{T}} + \boldsymbol{R}_k'}_{\boldsymbol{\Sigma}_{yy,k}} \Big)^{-1} \tag{4.104a}$$

$$\hat{\boldsymbol{P}}_k = \Big(\mathbf{1} - \boldsymbol{K}_k \underbrace{\boldsymbol{G}_k}_{\boldsymbol{\Sigma}_{yx,k}\boldsymbol{\Sigma}_{xx,k}^{-1}} \Big) \underbrace{\check{\boldsymbol{P}}_k}_{\boldsymbol{\Sigma}_{xx,k}} \tag{4.104b}$$

$$\hat{\boldsymbol{x}}_k = \check{\boldsymbol{x}}_k + \boldsymbol{K}_k \Big(\boldsymbol{y}_k - \underbrace{\boldsymbol{g}(\boldsymbol{x}_{\mathrm{op},k}, \mathbf{0})}_{\boldsymbol{\mu}_{y,k}} - \underbrace{\boldsymbol{G}_k}_{\boldsymbol{\Sigma}_{yx,k}\boldsymbol{\Sigma}_{xx,k}^{-1}} (\check{\boldsymbol{x}}_k - \boldsymbol{x}_{\mathrm{op},k}) \Big) \tag{4.104c}$$

从而

$$\boldsymbol{K}_k = \boldsymbol{\Sigma}_{xy,k} \boldsymbol{\Sigma}_{yy,k}^{-1} \tag{4.105a}$$

$$\hat{\boldsymbol{P}}_k = \boldsymbol{\Sigma}_{xx,k} - \boldsymbol{K}_k \boldsymbol{\Sigma}_{yx,k} \tag{4.105b}$$

$$\hat{\boldsymbol{x}}_k = \check{\boldsymbol{x}}_k + \boldsymbol{K}_k \Big(\boldsymbol{y}_k - \boldsymbol{\mu}_{y,k} - \boldsymbol{\Sigma}_{yx,k} \boldsymbol{\Sigma}_{xx,k}^{-1} (\check{\boldsymbol{x}}_k - \boldsymbol{x}_{\mathrm{op},k}) \Big) \tag{4.105c}$$

最初我们将工作点设置为先验的均值：$\boldsymbol{x}_{\mathrm{op},k} = \check{\boldsymbol{x}}_k$。在随后的迭代中，我们将其设置为当前迭代下的最优估计：

$$\boldsymbol{x}_{\mathrm{op},k} \leftarrow \hat{\boldsymbol{x}}_k \tag{4.106}$$

当下一次迭代的增量足够小时，该过程终止。

可以看到，IEKF 的第一次迭代即对应 EKF 方法，SPKF 和 ISPKF的关系也是如此。令式（4.105c）的 $\boldsymbol{x}_{\mathrm{op},k} = \check{\boldsymbol{x}}_k$，可以得到：

$$\hat{\boldsymbol{x}}_k = \check{\boldsymbol{x}}_k + \boldsymbol{K}_k (\boldsymbol{y}_k - \boldsymbol{\mu}_{y,k}) \tag{4.107}$$

这与单次方法中的式（4.78c）是相同的。

4.2.11 ISPKF 与后验均值

此时需要思考的一个问题是，**基于 sigmapoint 的估计与全后验概率的关系是什么**？图 4–14 比较了在立体相机例子中基于 sigmapoint 的方法、全后验概率和迭代线性化（如 MAP）之间的关系，其中

$$x_{\mathrm{true}} = 26[\mathrm{m}], \quad y_{\mathrm{meas}} = \frac{fb}{x_{\mathrm{true}}} - 0.6[\mathrm{pixel}]$$

这与之前的设置相同，同样用来增大这几个方法之间的区别。基于 sigmapoint 的方法使用 $\kappa = 2$，这适用于先验是高斯的情况。与 EKF 非常相似，单次的 SPKF 方法与全后验概率没有明显的关系。而 ISPKF 方法看起来更接近均值 $\bar{x}$，而不是模 $\hat{x}_{\mathrm{map}}$。这里给出图中相关的结果：

$$\hat{x}_{\mathrm{map}} = 24.5694, \quad \bar{x} = 24.7770$$
$$\hat{x}_{\mathrm{iekf}} = 24.5694, \quad \hat{x}_{\mathrm{ispkf}} = 24.7414$$

我们看到 IEKF 的解与 MAP 估计的相匹配，ISPKF 的解接近（但不完全）于均值。

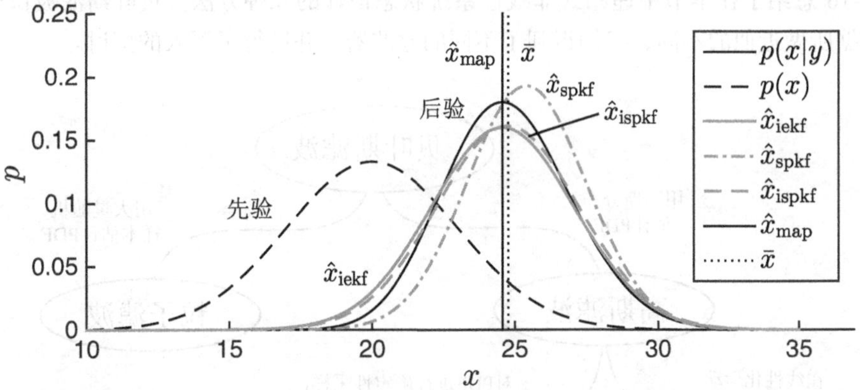

图 4–14 立体相机例子，将 IEKF，SPKF 和 ISPKF 的推断（即，“校正”）步骤与全贝叶斯后验 $p(x|y)$ 进行比较。我们看到基于 sigmapoint 的方法和 MAP 估计的 $\hat{x}_{\text{map}}$ 并不匹配。表面上看来，ISPKF 似乎更接近于全后验概率的均值 $\bar{x}$

现在，让我们再思考一个问题，**迭代的 sigmapoint 方法的解与 x_{true} 相差多少**？我们再次使用大量试验来解答这个问题（使用式（4.5）中的参数）。结果如图 4–15 所示。我们看到，估计值 $\hat{x}_{\text{ispkf}}$ 和真值 x_{true} 的平均误差是 $e_{\text{mean}} = -3.84\,\text{cm}$，表明存在一点偏差。这个方面显著地优于 MAP 估计，MAP 估计器的误差是 $-33.0\,\text{cm}$。而均方误差则大致相同，都为 $e_{\text{sq}} \approx 4.32\,\text{m}^2$。

虽然很难用解析的形式证明，但可以合理地认为迭代的 sigmapoint 方法收敛于全后验概率的均值而不是模。如果我们关心的是与真值的匹配程度，可以从全后验概率的均值出发去推敲。

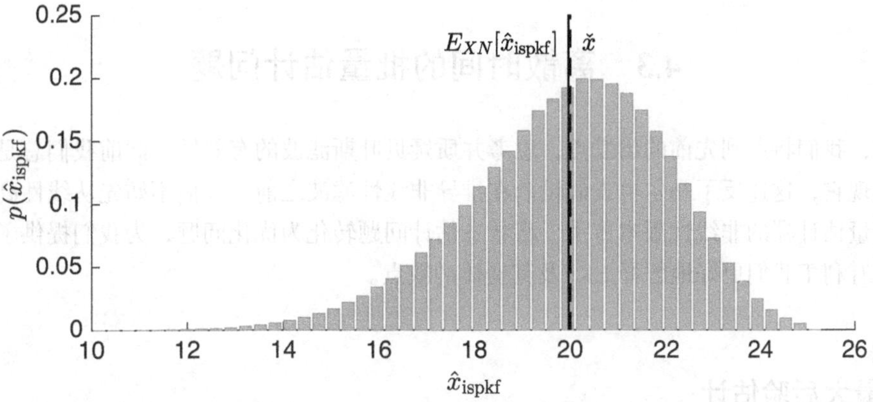

图 4–15 1 000 000 次试验得到的统计直方图，每次试验中 x_{true} 根据先验随机地采样，y_{meas} 根据测量模型随机地采样。虚线表示先验的均值 $\check{x}$，实线表示迭代 sigmapoint 估计的期望 $\hat{x}_{\text{ispkf}}$。虚线和实线的误差为 $e_{\text{mean}} \approx -3.84\,\text{cm}$，表示存在偏差。均方误差为 $e_{\text{sq}} \approx 4.32\,\text{m}^2$

4.2.12 滤波器分类

图 4–16 总结了在本节中递归式非线性系统状态估计的几种方法。贝叶斯滤波位于分类的最顶层。根据所做近似的不同，我们得到了不同的滤波器，并进行了深入的探讨。

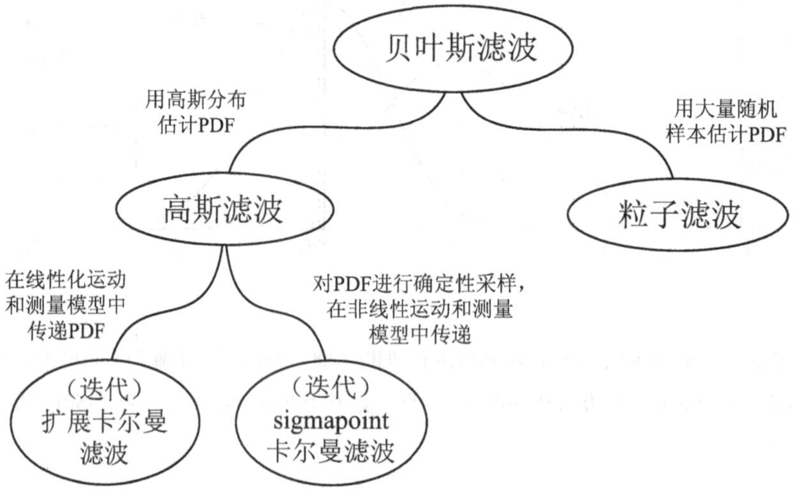

图 4–16 不同滤波方法的分类，展示了它们与贝叶斯滤波的关系

另外，也请读者回顾迭代在滤波方法中的作用。若没有迭代，EKF 和 SPKF 都很难与全贝叶斯后验概率联系起来。然而，我们看到 IEKF方法收敛于 MAP 的解（即模），而 ISPKF方法则收敛于全后验概率的均值。我们将利用这个结论，在下一节的批量式状态估计中，对整条轨迹的状态进行估计。

4.3 离散时间的批量估计问题

本节，我们将退到先前的出发点，思考并质疑贝叶斯滤波的有效性。此前我们总是用近似的方法来实现它，这违反了马尔可夫假设。在推导非线性滤波之前，我们不妨先从线性高斯估计一章中的批量估计器的非线性版本着手。将状态估计问题转化为优化问题，为我们提供了一个不同的视角，有利于我们更好地解释 EKF及其变体的缺点。

4.3.1 最大后验估计

在本节中，我们首先回顾线性高斯估计问题和批量式优化方法，然后利用高斯-牛顿法来解决该估计问题的非线性版本。这种优化方法也可以认为是 MAP 方法。首先我们建立最小化的目标函数，然后考虑如何解决它。

目标函数

构建目标函数，优化变量为：

$$\boldsymbol{x} = \begin{bmatrix} \boldsymbol{x}_0 \\ \boldsymbol{x}_1 \\ \vdots \\ \boldsymbol{x}_K \end{bmatrix} \tag{4.108}$$

即需要估计整条轨迹。

回顾由式（3.10）和式（3.9）给出的线性高斯目标函数。它们均为平方马氏距离的形式，并且与状态的似然的负对数成正比。对于非线性的情况，我们定义相对于先验和测量的误差为

$$\boldsymbol{e}_{v,k}(\boldsymbol{x}) = \begin{cases} \check{\boldsymbol{x}}_0 - \boldsymbol{x}_0 & k = 0 \\ \boldsymbol{f}(\boldsymbol{x}_{k-1}, \boldsymbol{v}_k, \boldsymbol{0}) - \boldsymbol{x}_k & k = 1, \cdots, K \end{cases} \tag{4.109a}$$

$$\boldsymbol{e}_{y,k}(\boldsymbol{x}) = \boldsymbol{y}_k - \boldsymbol{g}(\boldsymbol{x}_k, \boldsymbol{0}), \quad k = 0, \cdots, K \tag{4.109b}$$

它们对目标函数的贡献为

$$J_{v,k}(\boldsymbol{x}) = \frac{1}{2}\boldsymbol{e}_{v,k}(\boldsymbol{x})^{\mathrm{T}}\boldsymbol{W}_{v,k}^{-1}\boldsymbol{e}_{v,k}(\boldsymbol{x}) \tag{4.110a}$$

$$J_{y,k}(\boldsymbol{x}) = \frac{1}{2}\boldsymbol{e}_{y,k}(\boldsymbol{x})^{\mathrm{T}}\boldsymbol{W}_{y,k}^{-1}\boldsymbol{e}_{y,k}(\boldsymbol{x}) \tag{4.110b}$$

那么完整的代价函数为

$$J(\boldsymbol{x}) = \sum_{k=0}^{K}(J_{v,k}(\boldsymbol{x}) + J_{y,k}(\boldsymbol{x})) \tag{4.111}$$

通常我们可以将 $\boldsymbol{W}_{v,k}$ 和 $\boldsymbol{W}_{y,k}$ 简单地认为是对称正定的权重矩阵。通过设置权重矩阵与测量噪声的协方差相关联，则最小化目标函数等同于最大化状态的联合似然函数。

同时，我们定义

$$\boldsymbol{e}(\boldsymbol{x}) = \begin{bmatrix} \boldsymbol{e}_v(\boldsymbol{x}) \\ \boldsymbol{e}_y(\boldsymbol{x}) \end{bmatrix}, \quad \boldsymbol{e}_v(\boldsymbol{x}) = \begin{bmatrix} \boldsymbol{e}_{v,0}(\boldsymbol{x}) \\ \vdots \\ \boldsymbol{e}_{v,K}(\boldsymbol{x}) \end{bmatrix}, \quad \boldsymbol{e}_y(\boldsymbol{x}) = \begin{bmatrix} \boldsymbol{e}_{y,0}(\boldsymbol{x}) \\ \vdots \\ \boldsymbol{e}_{y,K}(\boldsymbol{x}) \end{bmatrix} \tag{4.112a}$$

$$\boldsymbol{W} = \mathrm{diag}(\boldsymbol{W}_v, \boldsymbol{W}_y) \tag{4.112b}$$

$$\boldsymbol{W}_v = \mathrm{diag}(\boldsymbol{W}_{v,0}, \cdots, \boldsymbol{W}_{v,K}), \quad \boldsymbol{W}_y = \mathrm{diag}(\boldsymbol{W}_{y,0}, \cdots, \boldsymbol{W}_{y,K}) \tag{4.112c}$$

因此目标函数可以写成

$$J(\boldsymbol{x}) = \frac{1}{2}\boldsymbol{e}(\boldsymbol{x})^{\mathrm{T}}\boldsymbol{W}^{-1}\boldsymbol{e}(\boldsymbol{x}) \tag{4.113}$$

我们还可以定义修改版本的误差项，令

$$\boldsymbol{u}(\boldsymbol{x}) = \boldsymbol{L}\boldsymbol{e}(\boldsymbol{x}) \tag{4.114}$$

其中 $\boldsymbol{L}^{\mathrm{T}}\boldsymbol{L}=\boldsymbol{W}^{-1}$（因为 $\boldsymbol{W}$ 为对称正定矩阵，可由 Cholesky 分解得到）。使用这些定义，我们可以得到更简单的目标函数：

$$J(\boldsymbol{x})=\frac{1}{2}\boldsymbol{u}(\boldsymbol{x})^{\mathrm{T}}\boldsymbol{u}(\boldsymbol{x}) \tag{4.115}$$

这正是二次型的形式，但不是关于设定变量 $\boldsymbol{x}$ 的二次型[15]。我们的目标是最小化目标函数，得到最优参数 $\hat{\boldsymbol{x}}$：

$$\hat{\boldsymbol{x}}=\arg\min_{\boldsymbol{x}} J(\boldsymbol{x}) \tag{4.116}$$

我们可以应用许多非线性优化的方法来求解这个二次型的表达式。最经典的方法是高斯-牛顿优化方法，但还有许多其他的选择。最重要的一点是，我们将整个问题看成非线性优化问题。下面，我们将通过牛顿法推导出高斯-牛顿算法。

牛顿法

牛顿法是指以迭代的方式，不断用二次函数来近似（可微的）目标函数，朝着二次近似极小值移动的方法。假设自变量的初始估计，或着说工作点为 $\boldsymbol{x}_{\mathrm{op}}$，那么可对原函数 J 在工作点附近进行二阶泰勒展开：

$$J(\boldsymbol{x}_{\mathrm{op}}+\delta\boldsymbol{x})\approx J(\boldsymbol{x}_{\mathrm{op}})+\underbrace{\left(\left.\frac{\partial J(\boldsymbol{x})}{\partial\boldsymbol{x}}\right|_{\boldsymbol{x}_{\mathrm{op}}}\right)}_{\text{雅可比}}\delta\boldsymbol{x}+\frac{1}{2}\delta\boldsymbol{x}^{\mathrm{T}}\underbrace{\left(\left.\frac{\partial^2 J(\boldsymbol{x})}{\partial\boldsymbol{x}\,\partial\boldsymbol{x}^{\mathrm{T}}}\right|_{\boldsymbol{x}_{\mathrm{op}}}\right)}_{\text{海塞}}\delta\boldsymbol{x} \tag{4.117}$$

其中 $\delta\boldsymbol{x}$ 表示相对于初始估计 $\boldsymbol{x}_{\mathrm{op}}$ 的“微小”增量。注意海塞矩阵必须是正定的（否则无法判断该二次近似的极小值是否存在），才能使用牛顿法。

下一步是找到 $\delta\boldsymbol{x}$ 的值，最小化该二次近似。这可以通过令 $\delta\boldsymbol{x}$ 的导数为零来求得：

$$\begin{aligned}\frac{\partial J(\boldsymbol{x}_{\mathrm{op}}+\delta\boldsymbol{x})}{\partial\delta\boldsymbol{x}}&=\left(\left.\frac{\partial J(\boldsymbol{x})}{\partial\boldsymbol{x}}\right|_{\boldsymbol{x}_{\mathrm{op}}}\right)+\delta\boldsymbol{x}^{*\mathrm{T}}\left(\left.\frac{\partial^2 J(\boldsymbol{x})}{\partial\boldsymbol{x}\,\partial\boldsymbol{x}^{\mathrm{T}}}\right|_{\boldsymbol{x}_{\mathrm{op}}}\right)=\mathbf{0}\\ \Rightarrow\left(\left.\frac{\partial^2 J(\boldsymbol{x})}{\partial\boldsymbol{x}\,\partial\boldsymbol{x}^{\mathrm{T}}}\right|_{\boldsymbol{x}_{\mathrm{op}}}\right)\delta\boldsymbol{x}^*&=-\left(\left.\frac{\partial J(\boldsymbol{x})}{\partial\boldsymbol{x}}\right|_{\boldsymbol{x}_{\mathrm{op}}}\right)^{\mathrm{T}}\end{aligned} \tag{4.118}$$

最后一行只是一个线性方程组，当海塞矩阵可逆时（必定可逆，因为前面已经假设为正定的）可以得到方程的解。然后可以根据下面的公式来更新我们的工作点：

$$\boldsymbol{x}_{\mathrm{op}}\leftarrow\boldsymbol{x}_{\mathrm{op}}+\delta\boldsymbol{x}^* \tag{4.119}$$

不停地迭代上述过程，直到 $\delta\boldsymbol{x}^*$ 变得足够小为止。对于牛顿法，有几点需要注意：

1. 它是“局部收敛”的。这意味着当初始估计足够接近解时，不断地改进可以保证结果收敛到一个解。对于复杂的非线性目标函数，这也是我们能期望的最好的结果（即全局收敛难以实现）。
2. 收敛速度是二次的（即它比简单梯度下降收敛得快得多）。
3. 但是海塞矩阵的计算可能很复杂，使得牛顿法在现实中应用存在困难。

在具有特殊形式的目标函数的情况下，高斯-牛顿法是牛顿法的进一步近似。

---

[15] 而是 $\boldsymbol{u}(\boldsymbol{x})$ 的二次型。——译者注

高斯-牛顿法

回到式（4.115）中的非线性二次目标函数中。在这种情况下，雅可比和海塞矩阵为：

$$\text{雅可比：}\quad \left.\frac{\partial J(\boldsymbol{x})}{\partial \boldsymbol{x}}\right|_{\boldsymbol{x}_{\mathrm{op}}} = \boldsymbol{u}(\boldsymbol{x}_{\mathrm{op}})^{\mathrm{T}}\left(\left.\frac{\partial \boldsymbol{u}(\boldsymbol{x})}{\partial \boldsymbol{x}}\right|_{\boldsymbol{x}_{\mathrm{op}}}\right) \tag{4.120a}$$

$$\text{海塞：}\quad \left.\frac{\partial^2 J(\boldsymbol{x})}{\partial \boldsymbol{x}\,\partial \boldsymbol{x}^{\mathrm{T}}}\right|_{\boldsymbol{x}_{\mathrm{op}}} = \left(\left.\frac{\partial \boldsymbol{u}(\boldsymbol{x})}{\partial \boldsymbol{x}}\right|_{\boldsymbol{x}_{\mathrm{op}}}\right)^{\mathrm{T}}\left(\left.\frac{\partial \boldsymbol{u}(\boldsymbol{x})}{\partial \boldsymbol{x}}\right|_{\boldsymbol{x}_{\mathrm{op}}}\right) + \sum_{i=1}^{M} u_i(\boldsymbol{x}_{\mathrm{op}})\left(\left.\frac{\partial^2 u_i(\boldsymbol{x})}{\partial \boldsymbol{x}\,\partial \boldsymbol{x}^{\mathrm{T}}}\right|_{\boldsymbol{x}_{\mathrm{op}}}\right) \tag{4.120b}$$

其中 $\boldsymbol{u}(\boldsymbol{x}) = (u_1(\boldsymbol{x}), \cdots, u_i(\boldsymbol{x}), \cdots, u_M(\boldsymbol{x}))$。在上面的推导中，没有用到任何近似。

注意到在海塞矩阵的表达式中，我们可以假设在 J 的极小值附近，第二项相对于第一项是很小的。直观上看，在极小值附近 $u_i(\boldsymbol{x})$ 的值应该是很小的（理想情况下为零）。因此在忽略了包含二阶导的项时，海塞可以近似为：

$$\left.\frac{\partial^2 J(\boldsymbol{x})}{\partial \boldsymbol{x}\,\partial \boldsymbol{x}^{\mathrm{T}}}\right|_{\boldsymbol{x}_{\mathrm{op}}} \approx \left(\left.\frac{\partial \boldsymbol{u}(\boldsymbol{x})}{\partial \boldsymbol{x}}\right|_{\boldsymbol{x}_{\mathrm{op}}}\right)^{\mathrm{T}}\left(\left.\frac{\partial \boldsymbol{u}(\boldsymbol{x})}{\partial \boldsymbol{x}}\right|_{\boldsymbol{x}_{\mathrm{op}}}\right) \tag{4.121}$$

将式（4.120a）和式（4.121）代入牛顿法更新的式（4.118）中，可以得到

$$\left(\left.\frac{\partial \boldsymbol{u}(\boldsymbol{x})}{\partial \boldsymbol{x}}\right|_{\boldsymbol{x}_{\mathrm{op}}}\right)^{\mathrm{T}}\left(\left.\frac{\partial \boldsymbol{u}(\boldsymbol{x})}{\partial \boldsymbol{x}}\right|_{\boldsymbol{x}_{\mathrm{op}}}\right)\delta\boldsymbol{x}^* = -\left(\left.\frac{\partial \boldsymbol{u}(\boldsymbol{x})}{\partial \boldsymbol{x}}\right|_{\boldsymbol{x}_{\mathrm{op}}}\right)^{\mathrm{T}}\boldsymbol{u}(\boldsymbol{x}_{\mathrm{op}}) \tag{4.122}$$

这是经典的高斯-牛顿更新方法。接着只需要不断地迭代直到收敛即可。

高斯-牛顿法的另一种推导方式

推导高斯-牛顿法的另一种方法则是从 $\boldsymbol{u}(\boldsymbol{x})$ 的泰勒展开开始，而不是对 $J(\boldsymbol{x})$ 进行泰勒展开。对 $\boldsymbol{u}(\boldsymbol{x})$ 的近似为：

$$\boldsymbol{u}(\boldsymbol{x}_{\mathrm{op}} + \delta\boldsymbol{x}) \approx \boldsymbol{u}(\boldsymbol{x}_{\mathrm{op}}) + \left(\left.\frac{\partial \boldsymbol{u}(\boldsymbol{x})}{\partial \boldsymbol{x}}\right|_{\boldsymbol{x}_{\mathrm{op}}}\right)\delta\boldsymbol{x} \tag{4.123}$$

将其代入 J 中，则

$$J(\boldsymbol{x}_{\mathrm{op}} + \delta\boldsymbol{x}) \approx \frac{1}{2}\left(\boldsymbol{u}(\boldsymbol{x}_{\mathrm{op}}) + \left(\left.\frac{\partial \boldsymbol{u}(\boldsymbol{x})}{\partial \boldsymbol{x}}\right|_{\boldsymbol{x}_{\mathrm{op}}}\right)\delta\boldsymbol{x}\right)^{\mathrm{T}}\left(\boldsymbol{u}(\boldsymbol{x}_{\mathrm{op}}) + \left(\left.\frac{\partial \boldsymbol{u}(\boldsymbol{x})}{\partial \boldsymbol{x}}\right|_{\boldsymbol{x}_{\mathrm{op}}}\right)\delta\boldsymbol{x}\right) \tag{4.124}$$

针对 $\delta\boldsymbol{x}$ 最小化：

$$\begin{aligned}
\frac{\partial J(\boldsymbol{x}_{\mathrm{op}} + \delta\boldsymbol{x})}{\partial \delta\boldsymbol{x}} &= \left(\boldsymbol{u}(\boldsymbol{x}_{\mathrm{op}}) + \left(\left.\frac{\partial \boldsymbol{u}(\boldsymbol{x})}{\partial \boldsymbol{x}}\right|_{\boldsymbol{x}_{\mathrm{op}}}\right)\delta\boldsymbol{x}^*\right)^{\mathrm{T}}\left(\left.\frac{\partial \boldsymbol{u}(\boldsymbol{x})}{\partial \boldsymbol{x}}\right|_{\boldsymbol{x}_{\mathrm{op}}}\right) = \mathbf{0} \\
\Rightarrow \left(\left.\frac{\partial \boldsymbol{u}(\boldsymbol{x})}{\partial \boldsymbol{x}}\right|_{\boldsymbol{x}_{\mathrm{op}}}\right)^{\mathrm{T}}&\left(\left.\frac{\partial \boldsymbol{u}(\boldsymbol{x})}{\partial \boldsymbol{x}}\right|_{\boldsymbol{x}_{\mathrm{op}}}\right)\delta\boldsymbol{x}^* = -\left(\left.\frac{\partial \boldsymbol{u}(\boldsymbol{x})}{\partial \boldsymbol{x}}\right|_{\boldsymbol{x}_{\mathrm{op}}}\right)^{\mathrm{T}}\boldsymbol{u}(\boldsymbol{x}_{\mathrm{op}})
\end{aligned} \tag{4.125}$$

这与式（4.122）中的更新相同。在后面章节处理旋转的非线性量时，我们将会使用这种推导方式的高斯-牛顿法进行处理。

高斯-牛顿法的改进

由于高斯-牛顿法不能保证收敛（因为对海塞矩阵进行了近似），我们可以使用两个实际的方法对其进行改进：

1. 一旦计算出最优增量 $\delta\boldsymbol{x}^*$，则实际的更新为

$$\boldsymbol{x}_{\text{op}} \leftarrow \boldsymbol{x}_{\text{op}} + \alpha\delta\boldsymbol{x}^* \tag{4.126}$$

   其中 $\alpha \in [0,1]$ 为自定义的参数。在实际应用中，常常通过线搜索（line search）的方式求得 α 的最优值。该方法能够有效的原因在于，$\delta\boldsymbol{x}^*$ 是下降方向；而我们只是调整了在这个方向上行进的距离，使得收敛性质更加鲁棒（而不是更快）。

2. 可以使用列文伯格-马夸尔特（Levenberg-Marquardt）改进高斯-牛顿法：

$$\left(\left(\left.\frac{\partial\boldsymbol{u}(\boldsymbol{x})}{\partial\boldsymbol{x}}\right|_{\boldsymbol{x}_{\text{op}}}\right)^{\text{T}}\left(\left.\frac{\partial\boldsymbol{u}(\boldsymbol{x})}{\partial\boldsymbol{x}}\right|_{\boldsymbol{x}_{\text{op}}}\right)+\lambda\boldsymbol{D}\right)\delta\boldsymbol{x}^* = -\left(\left.\frac{\partial\boldsymbol{u}(\boldsymbol{x})}{\partial\boldsymbol{x}}\right|_{\boldsymbol{x}_{\text{op}}}\right)^{\text{T}}\boldsymbol{u}(\boldsymbol{x}_{\text{op}}) \tag{4.127}$$

   其中 $\boldsymbol{D}$ 为正定对角矩阵。当 $\boldsymbol{D}=\boldsymbol{1}$ 时，随着 $\lambda \geqslant$ 变大，海塞矩阵所占比重相对较小，此时：

$$\delta\boldsymbol{x}^* \approx -\frac{1}{\lambda}\left(\left.\frac{\partial\boldsymbol{u}(\boldsymbol{x})}{\partial\boldsymbol{x}}\right|_{\boldsymbol{x}_{\text{op}}}\right)^{\text{T}}\boldsymbol{u}(\boldsymbol{x}_{\text{op}}) \tag{4.128}$$

   即最速下降（即负梯度）中非常小的一个步长。当 $\lambda = 0$ 时，则恢复为通常的高斯-牛顿更新。列文伯格-马夸尔特法通过缓慢增加 λ 的值，可以在海塞矩阵近似较差或病态的情况下工作。

我们也可以结合以上两种方法，从而改善收敛性。

关于误差项的高斯-牛顿法

前面提到

$$\boldsymbol{u}(\boldsymbol{x}) = \boldsymbol{L}\boldsymbol{e}(\boldsymbol{x}) \tag{4.129}$$

其中 $\boldsymbol{L}$ 为常量，将上式代入高斯-牛顿的更新方程中，可以得到关于误差项 $\boldsymbol{e}(\boldsymbol{x})$ 的更新

$$(\boldsymbol{H}^{\text{T}}\boldsymbol{W}^{-1}\boldsymbol{H})\delta\boldsymbol{x}^* = \boldsymbol{H}^{\text{T}}\boldsymbol{W}^{-1}\boldsymbol{e}(\boldsymbol{x}_{\text{op}}) \tag{4.130}$$

其中

$$\boldsymbol{H} = -\left.\frac{\partial\boldsymbol{e}(\boldsymbol{x})}{\partial\boldsymbol{x}}\right|_{\boldsymbol{x}_{\text{op}}} \tag{4.131}$$

并且 $\boldsymbol{L}^{\text{T}}\boldsymbol{L} = \boldsymbol{W}^{-1}$。

另一种推导的方式是，首先注意到

$$J(\boldsymbol{x}_{\text{op}}+\delta\boldsymbol{x}) \approx \frac{1}{2}(\boldsymbol{e}(\boldsymbol{x}_{\text{op}}) - \boldsymbol{H}\delta\boldsymbol{x})^{\text{T}}\boldsymbol{W}^{-1}(\boldsymbol{e}(\boldsymbol{x}_{\text{op}}) - \boldsymbol{H}\delta\boldsymbol{x}) \tag{4.132}$$

其中 $\boldsymbol{e}(\boldsymbol{x}_{\text{op}}) = \boldsymbol{L}^{-1}\boldsymbol{u}(\boldsymbol{x}_{\text{op}})$。上式是目标函数对于误差项的近似。关于 $\delta\boldsymbol{x}$ 进行最小化可以得到与高斯-牛顿相同的结论。

批量式估计

再次回到我们具体的估计问题中，并利用高斯-牛顿法求解。不同的是，这次我们将使用“捷径”，从误差表达式的近似开始推导：

$$\boldsymbol{e}_{v,k}(\boldsymbol{x}_{\text{op}} + \delta\boldsymbol{x}) \approx \begin{cases} \boldsymbol{e}_{v,0}(\boldsymbol{x}_{\text{op}}) - \delta\boldsymbol{x}_0, & k=0 \\ \boldsymbol{e}_{v,k}(\boldsymbol{x}_{\text{op}}) + \boldsymbol{F}_{k-1}\delta\boldsymbol{x}_{k-1} - \delta\boldsymbol{x}_k, & k=1,\cdots,K \end{cases} \tag{4.133}$$

$$\boldsymbol{e}_{y,k}(\boldsymbol{x}_{\text{op}} + \delta\boldsymbol{x}) \approx \boldsymbol{e}_{y,k}(\boldsymbol{x}_{\text{op}}) - \boldsymbol{G}_k\delta\boldsymbol{x}_k, \quad k=0,\cdots,K \tag{4.134}$$

其中

$$\boldsymbol{e}_{v,k}(\boldsymbol{x}_{\text{op}}) \approx \begin{cases} \check{\boldsymbol{x}}_0 - \boldsymbol{x}_{\text{op},0}, & k=0 \\ \boldsymbol{f}(\boldsymbol{x}_{\text{op},k-1}, \boldsymbol{v}_k, \boldsymbol{0}) - \boldsymbol{x}_{\text{op},k}, & k=1,\cdots,K \end{cases} \tag{4.135}$$

$$\boldsymbol{e}_{y,k}(\boldsymbol{x}_{\text{op}}) \approx \boldsymbol{y}_k - \boldsymbol{g}(\boldsymbol{x}_{\text{op},k}, \boldsymbol{0}), \quad k=0,\cdots,K \tag{4.136}$$

同时定义非线性运动和观测模型的雅可比矩阵为：

$$\boldsymbol{F}_{k-1} = \left.\frac{\partial \boldsymbol{f}(\boldsymbol{x}_{k-1}, \boldsymbol{v}_k, \boldsymbol{w}_k)}{\partial \boldsymbol{x}_{k-1}}\right|_{\boldsymbol{x}_{\text{op},k-1}, \boldsymbol{v}_k, \boldsymbol{0}}, \quad \boldsymbol{G}_k = \left.\frac{\partial \boldsymbol{g}(\boldsymbol{x}_k, \boldsymbol{n}_k)}{\partial \boldsymbol{x}_k}\right|_{\boldsymbol{x}_{\text{op},k}, \boldsymbol{0}} \tag{4.137}$$

接着定义权重为：

$$\boldsymbol{W}_{v,k} = \boldsymbol{Q}'_k, \quad \boldsymbol{W}_{y,k} = \boldsymbol{R}'_k \tag{4.138}$$

那么就可以定义：

$$\delta\boldsymbol{x} = \begin{bmatrix} \delta\boldsymbol{x}_0 \\ \delta\boldsymbol{x}_1 \\ \delta\boldsymbol{x}_2 \\ \vdots \\ \delta\boldsymbol{x}_K \end{bmatrix}, \quad \boldsymbol{H} = \left[\begin{array}{cccccc} \boldsymbol{1} & & & & & \\ -\boldsymbol{F}_0 & \boldsymbol{1} & & & & \\ & -\boldsymbol{F}_1 & \ddots & & & \\ & & \ddots & \boldsymbol{1} & & \\ & & & -\boldsymbol{F}_{K-1} & \boldsymbol{1} \\ \hline \boldsymbol{G}_0 & & & & \\ & \boldsymbol{G}_1 & & & \\ & & \boldsymbol{G}_2 & & \\ & & & \ddots & \\ & & & & \boldsymbol{G}_K \end{array}\right] \tag{4.139a}$$

$$\boldsymbol{e}(\boldsymbol{x}_{\text{op}}) = \begin{bmatrix} \boldsymbol{e}_{v,0}(\boldsymbol{x}_{\text{op}}) \\ \boldsymbol{e}_{v,1}(\boldsymbol{x}_{\text{op}}) \\ \vdots \\ \boldsymbol{e}_{v,K}(\boldsymbol{x}_{\text{op}}) \\ \hline \boldsymbol{e}_{y,0}(\boldsymbol{x}_{\text{op}}) \\ \boldsymbol{e}_{y,1}(\boldsymbol{x}_{\text{op}}) \\ \vdots \\ \boldsymbol{e}_{y,K}(\boldsymbol{x}_{\text{op}}) \end{bmatrix} \tag{4.139b}$$

以及

$$\boldsymbol{W} = \operatorname{diag}(\check{\boldsymbol{P}}_0, \boldsymbol{Q}'_1, \cdots, \boldsymbol{Q}'_K, \boldsymbol{R}'_0, \boldsymbol{R}'_1, \cdots, \boldsymbol{R}'_K) \tag{4.140}$$

这与 3.3.1 节线性批量估计中矩阵的结构是一致的，只是添加了下标以区分不同时刻的变量，以及添加了运动和观测模型关于噪声的雅可比矩阵。在这些定义下，高斯-牛顿更新由下列方程给出：

$$\underbrace{(\boldsymbol{H}^{\mathrm{T}}\boldsymbol{W}^{-1}\boldsymbol{H})}_{\text{三对角块}}\delta\boldsymbol{x}^* = \boldsymbol{H}^{\mathrm{T}}\boldsymbol{W}^{-1}\boldsymbol{e}(\boldsymbol{x}_{\text{op}}) \tag{4.141}$$

这与批量式线性高斯的情况非常相似。关键区别在于，我们实际上对整条轨迹 $\boldsymbol{x}$ 进行迭代，从而得到最终的解。现在我们可以采用与线性高斯情况下相同的逻辑，利用批量式的解来求解递归 EKF问题。

4.3.2 贝叶斯推断

我们也可以从贝叶斯推断的角度得到相同的更新方程。假设整条轨迹的初值为 $\boldsymbol{x}_{\text{op}}$。我们可以对运动模型在初值处进行线性化，并且使用所有的输入构造整条轨迹的先验。线性化的运动模型为

$$\boldsymbol{x}_k \approx \boldsymbol{f}(\boldsymbol{x}_{\text{op},k-1}, \boldsymbol{v}_k, \boldsymbol{0}) + \boldsymbol{F}_{k-1}(\boldsymbol{x}_{k-1} - \boldsymbol{x}_{\text{op},k-1}) + \boldsymbol{w}'_k \tag{4.142}$$

其中雅可比矩阵 $\boldsymbol{F}_{k-1}$ 与上一节相同。经过一些操作，重写为如下的提升形式

$$\boldsymbol{x} = \boldsymbol{F}(\boldsymbol{\nu} + \boldsymbol{w}') \tag{4.143}$$

其中

$$\boldsymbol{\nu} = \begin{bmatrix} \check{\boldsymbol{x}}_0 \\ \boldsymbol{f}(\boldsymbol{x}_{\text{op},0}, \boldsymbol{v}_1, \boldsymbol{0}) - \boldsymbol{F}_0\boldsymbol{x}_{\text{op},0} \\ \boldsymbol{f}(\boldsymbol{x}_{\text{op},1}, \boldsymbol{v}_2, \boldsymbol{0}) - \boldsymbol{F}_1\boldsymbol{x}_{\text{op},1} \\ \vdots \\ \boldsymbol{f}(\boldsymbol{x}_{\text{op},K-1}, \boldsymbol{v}_K, \boldsymbol{0}) - \boldsymbol{F}_{K-1}\boldsymbol{x}_{\text{op},K-1} \end{bmatrix} \tag{4.144a}$$

$$\boldsymbol{F}=\begin{bmatrix}\mathbf{1} & & & & & \\ \boldsymbol{F}_0 & \mathbf{1} & & & & \\ \boldsymbol{F}_1\boldsymbol{F}_0 & \boldsymbol{F}_1 & \mathbf{1} & & & \\ \vdots & \vdots & \vdots & \ddots & & \\ \boldsymbol{F}_{K-2}\cdots\boldsymbol{F}_0 & \boldsymbol{F}_{K-2}\cdots\boldsymbol{F}_1 & \boldsymbol{F}_{K-2}\cdots\boldsymbol{F}_2 & \cdots & \mathbf{1} & \\ \boldsymbol{F}_{K-1}\cdots\boldsymbol{F}_0 & \boldsymbol{F}_{K-1}\cdots\boldsymbol{F}_1 & \boldsymbol{F}_{K-1}\cdots\boldsymbol{F}_2 & \cdots & \boldsymbol{F}_{K-1} & \mathbf{1}\end{bmatrix} \tag{4.144b}$$

$$\boldsymbol{Q}'=\operatorname{diag}(\check{\boldsymbol{P}}_0,\boldsymbol{Q}'_1,\boldsymbol{Q}'_2,\cdots,\boldsymbol{Q}'_K) \tag{4.144c}$$

并且 $\boldsymbol{w}'=\mathcal{N}(\mathbf{0},\boldsymbol{Q}')$。对于先验的均值 $\check{\boldsymbol{x}}$，易得：

$$\check{\boldsymbol{x}}=E[\boldsymbol{x}]=E[\boldsymbol{F}(\boldsymbol{\nu}+\boldsymbol{w}')]=\boldsymbol{F}\boldsymbol{\nu} \tag{4.145}$$

对于先验的协方差 $\check{\boldsymbol{P}}$，有

$$\check{\boldsymbol{P}}=E\left[(\boldsymbol{x}-E[\boldsymbol{x}])(\boldsymbol{x}-E[\boldsymbol{x}])^{\mathrm{T}}\right]=\boldsymbol{F}E\left[\boldsymbol{w}'\boldsymbol{w}'^{\mathrm{T}}\right]\boldsymbol{F}^{\mathrm{T}}=\boldsymbol{F}\boldsymbol{Q}'\boldsymbol{F}^{\mathrm{T}} \tag{4.146}$$

因此先验可记为 $\boldsymbol{x}\sim\mathcal{N}(\boldsymbol{F}\boldsymbol{\nu},\boldsymbol{F}\boldsymbol{Q}'\boldsymbol{F}^{\mathrm{T}})$。记号 $(\cdot)'$ 表示关于噪声的雅可比矩阵已经包含在变量中。

线性化的观测模型为

$$\boldsymbol{y}_k\approx\boldsymbol{g}(\boldsymbol{x}_{\mathrm{op},k},\mathbf{0})+\boldsymbol{G}_k(\boldsymbol{x}_{k-1}-\boldsymbol{x}_{\mathrm{op},k-1})+\boldsymbol{n}'_k \tag{4.147}$$

可以写成如下提升形式

$$\boldsymbol{y}=\boldsymbol{y}_{\mathrm{op}}+\boldsymbol{G}(\boldsymbol{x}-\boldsymbol{x}_{\mathrm{op}})+\boldsymbol{n}' \tag{4.148}$$

其中

$$\boldsymbol{y}_{\mathrm{op}}=\begin{bmatrix}\boldsymbol{g}(\boldsymbol{x}_{\mathrm{op},0},\mathbf{0})\\ \boldsymbol{g}(\boldsymbol{x}_{\mathrm{op},1},\mathbf{0})\\ \vdots\\ \boldsymbol{g}(\boldsymbol{x}_{\mathrm{op},K},\mathbf{0})\end{bmatrix} \tag{4.149a}$$

$$\boldsymbol{G}=\operatorname{diag}(\boldsymbol{G}_0,\boldsymbol{G}_1,\boldsymbol{G}_2,\cdots,\boldsymbol{G}_K) \tag{4.149b}$$

$$\boldsymbol{R}=\operatorname{diag}(\boldsymbol{R}'_0,\boldsymbol{R}'_1,\boldsymbol{R}'_2,\cdots,\boldsymbol{R}'_K) \tag{4.149c}$$

同时 $\boldsymbol{n}'\sim\mathcal{N}(\mathbf{0},\boldsymbol{R}')$。易得：

$$E[\boldsymbol{y}]=\boldsymbol{y}_{\mathrm{op}}+\boldsymbol{G}(\check{\boldsymbol{x}}-\boldsymbol{x}_{\mathrm{op}}) \tag{4.150a}$$

$$E\left[(\boldsymbol{y}-E[\boldsymbol{y}])(\boldsymbol{y}-E[\boldsymbol{y}])^{\mathrm{T}}\right]=\boldsymbol{G}\check{\boldsymbol{P}}\boldsymbol{G}^{\mathrm{T}}+\boldsymbol{R}' \tag{4.150b}$$

$$E\left[(\boldsymbol{y}-E[\boldsymbol{y}])(\boldsymbol{x}-E[\boldsymbol{x}])^{\mathrm{T}}\right]=\boldsymbol{G}\check{\boldsymbol{P}} \tag{4.150c}$$

同样，这里记号 $(\cdot)'$ 表示关于噪声的雅可比矩阵已经包含在变量中。

有了这些定义，我们可以写出提升形式的轨迹和测量的联合概率密度

$$p(\boldsymbol{x},\boldsymbol{y}|\boldsymbol{v})=\mathcal{N}\left(\begin{bmatrix}\check{\boldsymbol{x}}\\ \boldsymbol{y}_{\mathrm{op}}+\boldsymbol{G}(\check{\boldsymbol{x}}-\boldsymbol{x}_{\mathrm{op}})\end{bmatrix},\begin{bmatrix}\check{\boldsymbol{P}} & \check{\boldsymbol{P}}\boldsymbol{G}^{\mathrm{T}}\\ \boldsymbol{G}\check{\boldsymbol{P}} & \boldsymbol{G}\check{\boldsymbol{P}}\boldsymbol{G}^{\mathrm{T}}+\boldsymbol{R}'\end{bmatrix}\right) \tag{4.151}$$

这与 IEKF一节中的式（4.42）非常相似，但是现在是相对于整条轨迹，而不是对一个时间步长而言的。使用式（2.53b），我们可以立即写出高斯后验概率

$$p(\boldsymbol{x}|\boldsymbol{v},\boldsymbol{y})=\mathcal{N}\left(\hat{\boldsymbol{x}},\hat{\boldsymbol{P}}\right) \tag{4.152}$$

其中

$$\boldsymbol{K}=\check{\boldsymbol{P}}\boldsymbol{G}^{\mathrm{T}}\left(\boldsymbol{G}\check{\boldsymbol{P}}\boldsymbol{G}^{\mathrm{T}}+\boldsymbol{R}'\right)^{-1} \tag{4.153a}$$

$$\hat{\boldsymbol{P}}=(\mathbf{1}-\boldsymbol{K}\boldsymbol{G})\check{\boldsymbol{P}} \tag{4.153b}$$

$$\hat{\boldsymbol{x}}=\check{\boldsymbol{x}}+\boldsymbol{K}(\boldsymbol{y}-\boldsymbol{y}_{\mathrm{op}}-\boldsymbol{G}(\check{\boldsymbol{x}}-\boldsymbol{x}_{\mathrm{op}})) \tag{4.153c}$$

使用式（2.75）的 SMW 等式重新组织方程，可以得到后验均值

$$\left(\check{\boldsymbol{P}}^{-1}+\boldsymbol{G}^{\mathrm{T}}\boldsymbol{R}'^{-1}\boldsymbol{G}\right)\delta\boldsymbol{x}^{*}=\check{\boldsymbol{P}}^{-1}(\check{\boldsymbol{x}}-\boldsymbol{x}_{\mathrm{op}})+\boldsymbol{G}^{\mathrm{T}}\boldsymbol{R}'^{-1}(\boldsymbol{y}-\boldsymbol{y}_{\mathrm{op}}) \tag{4.154}$$

其中 $\delta\boldsymbol{x}^{*}=\hat{\boldsymbol{x}}-\boldsymbol{x}_{\mathrm{op}}$。代入先验，得：

$$\begin{aligned}&\underbrace{\left(\boldsymbol{F}^{-\mathrm{T}}\boldsymbol{Q}'^{-1}\boldsymbol{F}^{-1}+\boldsymbol{G}^{\mathrm{T}}\boldsymbol{R}'^{-1}\boldsymbol{G}\right)\delta\boldsymbol{x}^{*}}_{\text{三对角块}}\\&=\boldsymbol{F}^{-\mathrm{T}}\boldsymbol{Q}'^{-1}(\boldsymbol{\nu}-\boldsymbol{F}^{-1}\boldsymbol{x}_{\mathrm{op}})+\boldsymbol{G}^{\mathrm{T}}\boldsymbol{R}'^{-1}(\boldsymbol{y}-\boldsymbol{y}_{\mathrm{op}})\end{aligned} \tag{4.155}$$

接着定义

$$\boldsymbol{H}=\begin{bmatrix}\boldsymbol{F}^{-1}\\ \boldsymbol{G}\end{bmatrix},\quad \boldsymbol{W}=\mathrm{diag}(\boldsymbol{Q}',\boldsymbol{R}'),\quad \boldsymbol{e}(\boldsymbol{x}_{\mathrm{op}})=\begin{bmatrix}\boldsymbol{\nu}-\boldsymbol{F}^{-1}\boldsymbol{x}_{\mathrm{op}}\\ \boldsymbol{y}-\boldsymbol{y}_{\mathrm{op}}\end{bmatrix} \tag{4.156}$$

则可以得到

$$\underbrace{\left(\boldsymbol{H}^{\mathrm{T}}\boldsymbol{W}^{-1}\boldsymbol{H}\right)}_{\text{三对角块}}\delta\boldsymbol{x}^{*}=\boldsymbol{H}^{\mathrm{T}}\boldsymbol{W}^{-1}\boldsymbol{e}(\boldsymbol{x}_{\mathrm{op}}) \tag{4.157}$$

这与上一节的更新方程相同。接着只需要不断地迭代直到收敛即可。贝叶斯推断和 MAP 方法之间的区别，基本上可以归结于 SMW 等式从哪一边开始；另外，贝叶斯方法明确地得到了协方差，尽管在 MAP 方法中也可以获得协方差。请注意，由于我们选择了迭代地对最优估计的均值进行重新线性化，从而导致了贝叶斯方法与 MAP 具有相同的"均值"。这个现象在之前的 IEKF章节就出现了。我们还可以想象，在批量式优化中，如果不采用线性化的方法（而是采用如粒子滤波、sigmapoint 变换等方法）来计算更新方程所需的矩，得到的结论是不一样的，但这里就不再深入探讨了。

4.3.3 最大似然估计

在本节中，我们将研究批量式估计问题的简化版本，即不考虑先验，仅使用测量数据的情况。

最大似然估计的高斯-牛顿解法

首先假设采用简单形式的观测模型——测量噪声为加数的形式（即在非线性函数之外）：

$$\boldsymbol{y}_k = \boldsymbol{g}_k(\boldsymbol{x}) + \boldsymbol{n}_k \tag{4.158}$$

其中 $\boldsymbol{n}_k \sim \mathcal{N}(\boldsymbol{0}, \boldsymbol{R}_k)$。在这种情况下，测量函数可能随着 k 发生变化，并且可能取决于状态 $\boldsymbol{x}$ 的任意部分。因此我们不再需要将 k 作为时刻看待，只须将它看成测量值的下标即可。

不考虑先验时，目标函数为

$$J(\boldsymbol{x}) = \frac{1}{2}\sum_k (\boldsymbol{y}_k - \boldsymbol{g}_k(\boldsymbol{x}))^{\mathrm{T}} \boldsymbol{R}_k^{-1} (\boldsymbol{y}_k - \boldsymbol{g}_k(\boldsymbol{x})) = -\log p(\boldsymbol{y}|\boldsymbol{x}) + C \tag{4.159}$$

其中 C 为常数。因为目标函数中没有了先验，而最小化目标函数的过程，也是最大化测量似然函数的过程[16]，所以我们称之为**最大似然估计**（maximum likelihood, ML）问题：

$$\hat{\boldsymbol{x}} = \arg\min_{\boldsymbol{x}} J(\boldsymbol{x}) = \arg\max_{\boldsymbol{x}} p(\boldsymbol{y}|\boldsymbol{x}) \tag{4.160}$$

我们仍然可以使用高斯-牛顿算法来求解 ML 问题，就像前面求解 MAP一样。我们从初始估计 $\boldsymbol{x}_{\mathrm{op}}$ 开始，然后计算最优的增量 $\delta\boldsymbol{x}^*$：

$$\left(\sum_k \boldsymbol{G}_k(\boldsymbol{x}_{\mathrm{op}})^{\mathrm{T}} \boldsymbol{R}_k^{-1} \boldsymbol{G}_k(\boldsymbol{x}_{\mathrm{op}})\right) \delta\boldsymbol{x}^* = \sum_k \boldsymbol{G}_k(\boldsymbol{x}_{\mathrm{op}})^{\mathrm{T}} \boldsymbol{R}_k^{-1} (\boldsymbol{y}_k - \boldsymbol{g}_k(\boldsymbol{x}_{\mathrm{op}})) \tag{4.161}$$

其中

$$\boldsymbol{G}_k(\boldsymbol{x}) = \frac{\partial \boldsymbol{g}_k(\boldsymbol{x})}{\partial \boldsymbol{x}} \tag{4.162}$$

为观测模型关于状态的雅可比矩阵。最后将最优更新应用到我们的估计中，并迭代至收敛。

$$\boldsymbol{x}_{\mathrm{op}} \leftarrow \boldsymbol{x}_{\mathrm{op}} + \delta\boldsymbol{x}^* \tag{4.163}$$

一旦收敛，我们取 $\hat{\boldsymbol{x}} = \boldsymbol{x}_{\mathrm{op}}$ 作为最终的估计。此时，应有

$$\left.\frac{\partial J(\boldsymbol{x})}{\partial \boldsymbol{x}^{\mathrm{T}}}\right|_{\hat{\boldsymbol{x}}} = -\sum_k \boldsymbol{G}_k(\hat{\boldsymbol{x}})^{\mathrm{T}} \boldsymbol{R}_k^{-1} (\boldsymbol{y}_k - \boldsymbol{g}_k(\hat{\boldsymbol{x}})) = \boldsymbol{0} \tag{4.164}$$

在后续的章节讨论**光束平差法**（bundle adjustment）时，我们将继续探讨本节的最大似然估计问题。

最大似然估计的偏差估计

在本章开头的例子中可以看出，MAP 方法相对于均值误差是有偏差的。而实际上，ML 方法也是有偏差的（除非测量模型是线性的）。Box 的一篇经典论文[38] 提出了 ML 中偏差的近似表达式，我们将在本节对此进行介绍。

[16] 这是因为对数函数是单调递增的。ML 也可以看作是先验为均匀分布的 MAP。

我们需要在仅求得 $\boldsymbol{G}(\boldsymbol{x})$ 的一阶泰勒展开的情况下，获得 $\boldsymbol{g}(\boldsymbol{x})$ 的二阶泰勒展开。因此，我们有以下近似表达式：

$$\boldsymbol{g}_k(\hat{\boldsymbol{x}}) = \boldsymbol{g}_k(\boldsymbol{x}+\delta\boldsymbol{x}) \approx \boldsymbol{g}_k(\boldsymbol{x}) + \boldsymbol{G}_k(\boldsymbol{x})\delta\boldsymbol{x} + \frac{1}{2}\sum_j \mathbf{1}_j \delta\boldsymbol{x}^{\mathrm{T}}\boldsymbol{\mathcal{G}}_{jk}(\boldsymbol{x})\delta\boldsymbol{x} \tag{4.165a}$$

$$\boldsymbol{G}_k(\hat{\boldsymbol{x}}) = \boldsymbol{G}_k(\boldsymbol{x}+\delta\boldsymbol{x}) \approx \boldsymbol{G}_k(\boldsymbol{x}) + \sum_j \mathbf{1}_j \delta\boldsymbol{x}^{\mathrm{T}}\boldsymbol{\mathcal{G}}_{jk}(\boldsymbol{x}) \tag{4.165b}$$

其中

$$\boldsymbol{g}_k(\boldsymbol{x}) = [g_{jk}(\boldsymbol{x})]_j, \quad \boldsymbol{G}_k(\boldsymbol{x}) = \frac{\partial \boldsymbol{g}_k(\boldsymbol{x})}{\partial \boldsymbol{x}}, \quad \boldsymbol{\mathcal{G}}_{jk} = \frac{\partial g_{jk}(\boldsymbol{x})}{\partial \boldsymbol{x}\,\partial \boldsymbol{x}^{\mathrm{T}}} \tag{4.166}$$

$\mathbf{1}_j$ 表示单位矩阵的第 j 列。上面的雅可比矩阵和海塞矩阵已经注明了在 $\boldsymbol{x}$（真实状态）或 $\hat{\boldsymbol{x}}$（估计状态）处进行求解。在本节中，$\delta\boldsymbol{x} = \hat{\boldsymbol{x}} - \boldsymbol{x}$ 表示估计状态与单次试验中真实状态之间的差异。当测量噪声改变时，我们将得到一个不同的估计状态，从而 $\delta\boldsymbol{x}$ 也随之改变。这里，我们将在测量噪声所有可能的改变范围内，去寻找这个差异的期望值的表达式，即 $E[\delta\boldsymbol{x}]$，这个值称为系统的误差或**偏差**（bias）。

如前面所述，在高斯-牛顿法收敛之后，估值 $\hat{\boldsymbol{x}}$ 将满足以下最优准则：

$$\sum_k \boldsymbol{G}_k(\hat{\boldsymbol{x}})^{\mathrm{T}}\boldsymbol{R}_k^{-1}(\boldsymbol{y}_k - \boldsymbol{g}_k(\hat{\boldsymbol{x}})) = \mathbf{0} \tag{4.167}$$

或者将式（4.165a）和式（4.165b）代入

$$\begin{aligned}\sum_k \left(\boldsymbol{G}_k(\boldsymbol{x}) + \sum_j \mathbf{1}_j\delta\boldsymbol{x}^{\mathrm{T}}\boldsymbol{\mathcal{G}}_{jk}(\boldsymbol{x})\right)^{\mathrm{T}} \boldsymbol{R}_k^{-1} \\ \times\left(\underbrace{\boldsymbol{y}_k - \boldsymbol{g}_k(\boldsymbol{x})}_{\boldsymbol{n}_k} - \boldsymbol{G}_k(\boldsymbol{x})\delta\boldsymbol{x} - \frac{1}{2}\sum_j \mathbf{1}_j\delta\boldsymbol{x}^{\mathrm{T}}\boldsymbol{\mathcal{G}}_{jk}(\boldsymbol{x})\delta\boldsymbol{x}\right) \approx \mathbf{0}\end{aligned} \tag{4.168}$$

假设 $\delta\boldsymbol{x}$ 对噪声变量 $\boldsymbol{n} \sim \mathcal{N}(\mathbf{0}, \boldsymbol{R})$ 仅有一次项和二次项关系[17]：

$$\delta\boldsymbol{x} = \boldsymbol{A}(\boldsymbol{x})\boldsymbol{n} + \boldsymbol{b}(\boldsymbol{n}) \tag{4.169}$$

其中 $\boldsymbol{A}(\boldsymbol{x})$ 是未知的系数矩阵，$\boldsymbol{b}(\boldsymbol{n})$ 是未知的关于 $\boldsymbol{n}$ 的二次型函数。我们将使用投影矩阵 $\boldsymbol{P}_k$ 提取出第 k 个噪声变量：$\boldsymbol{n}_k = \boldsymbol{P}_k\boldsymbol{n}$。将式（4.169）代入，我们有

$$\begin{aligned}\sum_k \left(\boldsymbol{G}_k(\boldsymbol{x}) + \sum_j \mathbf{1}_j(\boldsymbol{A}(\boldsymbol{x})\boldsymbol{n} + \boldsymbol{b}(\boldsymbol{n}))^{\mathrm{T}}\boldsymbol{\mathcal{G}}_{jk}(\boldsymbol{x})\right)^{\mathrm{T}} \\ \times \boldsymbol{R}_k^{-1}\Bigg(\boldsymbol{P}_k\boldsymbol{n} - \boldsymbol{G}_k(\boldsymbol{x})(\boldsymbol{A}(\boldsymbol{x})\boldsymbol{n} + \boldsymbol{b}(\boldsymbol{n})) \\ - \frac{1}{2}\sum_j \mathbf{1}_j(\boldsymbol{A}(\boldsymbol{x})\boldsymbol{n} + \boldsymbol{b}(\boldsymbol{n}))^{\mathrm{T}}\boldsymbol{\mathcal{G}}_{jk}(\boldsymbol{x})(\boldsymbol{A}(\boldsymbol{x})\boldsymbol{n} + \boldsymbol{b}(\boldsymbol{n}))\Bigg) \approx \mathbf{0}\end{aligned} \tag{4.170}$$

---

[17] 事实上应该有无穷项，所以这个表达式是一个很粗糙的近似，但适用于轻度非线性的观测模型。

将上式展开，并忽略 $\boldsymbol{n}$ 的高阶项，可以得到

$$\begin{aligned}&\underbrace{\sum_k \boldsymbol{G}_k(\boldsymbol{x})^{\mathrm{T}}\boldsymbol{R}_k^{-1}(\boldsymbol{P}_k-\boldsymbol{G}_k(\boldsymbol{x})\boldsymbol{A}(\boldsymbol{x}))\boldsymbol{n}}_{\boldsymbol{L}\boldsymbol{n}\text{（}\boldsymbol{n}\text{ 的线性项）}}\\&+\underbrace{\sum_k \boldsymbol{G}_k(\boldsymbol{x})^{\mathrm{T}}\boldsymbol{R}_k^{-1}\left(-\boldsymbol{G}_k(\boldsymbol{x})\boldsymbol{b}(\boldsymbol{n})-\frac{1}{2}\sum_j \boldsymbol{1}_j\underbrace{\boldsymbol{n}^{\mathrm{T}}\boldsymbol{A}(\boldsymbol{x})^{\mathrm{T}}\boldsymbol{\mathcal{G}}_{jk}(\boldsymbol{x})\boldsymbol{A}(\boldsymbol{x})\boldsymbol{n}}_{\text{标量}}\right)}_{\boldsymbol{q}_1(\boldsymbol{n})\text{（}\boldsymbol{n}\text{ 的二阶项）}}\\&+\underbrace{\sum_{j,k}\boldsymbol{\mathcal{G}}_{jk}(\boldsymbol{x})^{\mathrm{T}}\boldsymbol{A}(\boldsymbol{x})\boldsymbol{n}\,\underbrace{\boldsymbol{1}_j^{\mathrm{T}}\boldsymbol{R}_k^{-1}(\boldsymbol{P}_k-\boldsymbol{G}_k(\boldsymbol{x})\boldsymbol{A}(\boldsymbol{x}))\boldsymbol{n}}_{\text{标量}}}_{\boldsymbol{q}_2(\boldsymbol{n})\text{（}\boldsymbol{n}\text{ 的二阶项）}}\approx\boldsymbol{0}\end{aligned}\tag{4.171}$$

为了使表达式等于零，即

$$\boldsymbol{L}\boldsymbol{n}+\boldsymbol{q}_1(\boldsymbol{n})+\boldsymbol{q}_2(\boldsymbol{n})=\boldsymbol{0}\tag{4.172}$$

则必须有 $\boldsymbol{L}=\boldsymbol{0}$。这是因为当对 $\boldsymbol{n}$ 取负号时，有

$$-\boldsymbol{L}\boldsymbol{n}+\boldsymbol{q}_1(-\boldsymbol{n})+\boldsymbol{q}_2(-\boldsymbol{n})=\boldsymbol{0}\tag{4.173}$$

注意到由于二次型的性质，有 $\boldsymbol{q}_1(-\boldsymbol{n})=\boldsymbol{q}_1(\boldsymbol{n})$ 和 $\boldsymbol{q}_2(-\boldsymbol{n})=\boldsymbol{q}_2(\boldsymbol{n})$。两式相减，有 $2\boldsymbol{L}\boldsymbol{n}=\boldsymbol{0}$，由于 $\boldsymbol{n}$ 可以取任意值，$\boldsymbol{L}=\boldsymbol{0}$，同时

$$\boldsymbol{A}(\boldsymbol{x})=\boldsymbol{W}(\boldsymbol{x})^{-1}\sum_k \boldsymbol{G}_k(\boldsymbol{x})^{\mathrm{T}}\boldsymbol{R}_k^{-1}\boldsymbol{P}_k\tag{4.174}$$

其中

$$\boldsymbol{W}(\boldsymbol{x})=\sum_k \boldsymbol{G}_k(\boldsymbol{x})^{\mathrm{T}}\boldsymbol{R}_k^{-1}\boldsymbol{G}_k(\boldsymbol{x})\tag{4.175}$$

选择该表达式作为 $\boldsymbol{A}(\boldsymbol{x})$ 的值，并求期望（对所有的 $\boldsymbol{n}$），可以得到

$$E[\boldsymbol{q}_1(\boldsymbol{n})]+E[\boldsymbol{q}_2(\boldsymbol{n})]=\boldsymbol{0}\tag{4.176}$$

事实上，$E[\boldsymbol{q}_2(\boldsymbol{n})]=\boldsymbol{0}$。为了推导这一点，我们需要两个恒等式：

$$\boldsymbol{A}(\boldsymbol{x})\boldsymbol{R}\boldsymbol{A}(\boldsymbol{x})^{\mathrm{T}}\equiv\boldsymbol{W}(\boldsymbol{x})^{-1}\tag{4.177a}$$

$$\boldsymbol{A}(\boldsymbol{x})\boldsymbol{R}\boldsymbol{P}_k^{\mathrm{T}}\equiv\boldsymbol{W}(\boldsymbol{x})^{-1}\boldsymbol{G}_k(\boldsymbol{x})^{\mathrm{T}}\tag{4.177b}$$

这两个恒等式的证明就留给读者了。接着可以得到

$$\begin{aligned}E[\boldsymbol{q}_2(\boldsymbol{n})]&=E\left[\sum_{j,k}\boldsymbol{\mathcal{G}}_{jk}(\boldsymbol{x})^{\mathrm{T}}\boldsymbol{A}(\boldsymbol{x})\boldsymbol{n}\boldsymbol{1}_j^{\mathrm{T}}\boldsymbol{R}_k^{-1}(\boldsymbol{P}_k-\boldsymbol{G}_k(\boldsymbol{x})\boldsymbol{A}(\boldsymbol{x}))\boldsymbol{n}\right]\\&=\sum_{j,k}\boldsymbol{\mathcal{G}}_{jk}(\boldsymbol{x})^{\mathrm{T}}\boldsymbol{A}(\boldsymbol{x})\underbrace{E[\boldsymbol{n}\boldsymbol{n}^{\mathrm{T}}]}_{\boldsymbol{R}}\left(\boldsymbol{P}_k^{\mathrm{T}}-\boldsymbol{A}(\boldsymbol{x})^{\mathrm{T}}\boldsymbol{G}_k(\boldsymbol{x})^{\mathrm{T}}\right)\boldsymbol{R}_k^{-1}\boldsymbol{1}_j\\&=\sum_{j,k}\boldsymbol{\mathcal{G}}_{jk}(\boldsymbol{x})^{\mathrm{T}}\left(\underbrace{\boldsymbol{A}(\boldsymbol{x})\boldsymbol{R}\boldsymbol{P}_k^{\mathrm{T}}}_{\boldsymbol{W}(\boldsymbol{x})^{-1}\boldsymbol{G}_k(\boldsymbol{x})^{\mathrm{T}}}-\underbrace{\boldsymbol{A}(\boldsymbol{x})\boldsymbol{R}\boldsymbol{A}(\boldsymbol{x})^{\mathrm{T}}}_{\boldsymbol{W}(\boldsymbol{x})^{-1}}\boldsymbol{G}_k(\boldsymbol{x})^{\mathrm{T}}\right)\boldsymbol{R}_k^{-1}\boldsymbol{1}_j\\&=\boldsymbol{0}\end{aligned}\tag{4.178}$$

推导的过程中用到了上面的两个恒等式。此时最初的方程只剩下

$$E[\boldsymbol{q}_1(\boldsymbol{n})] = \mathbf{0} \tag{4.179}$$

或者

$$\begin{aligned}
&E[\boldsymbol{b}(\boldsymbol{n})] \\
&= -\frac{1}{2}\boldsymbol{W}(\boldsymbol{x})^{-1}\sum_k \boldsymbol{G}_k(\boldsymbol{x})^{\mathrm{T}}\boldsymbol{R}_k^{-1}\sum_j \mathbf{1}_j E\left[\boldsymbol{n}^{\mathrm{T}}\boldsymbol{A}(\boldsymbol{x})^{\mathrm{T}}\boldsymbol{\mathcal{G}}_{jk}(\boldsymbol{x})\boldsymbol{A}(\boldsymbol{x})\boldsymbol{n}\right] \\
&= -\frac{1}{2}\boldsymbol{W}(\boldsymbol{x})^{-1}\sum_k \boldsymbol{G}_k(\boldsymbol{x})^{\mathrm{T}}\boldsymbol{R}_k^{-1}\sum_j \mathbf{1}_j E\left[\operatorname{tr}\left(\boldsymbol{\mathcal{G}}_{jk}(\boldsymbol{x})\boldsymbol{A}(\boldsymbol{x})\boldsymbol{n}\boldsymbol{n}^{\mathrm{T}}\boldsymbol{A}(\boldsymbol{x})^{\mathrm{T}}\right)\right] \\
&= -\frac{1}{2}\boldsymbol{W}(\boldsymbol{x})^{-1}\sum_k \boldsymbol{G}_k(\boldsymbol{x})^{\mathrm{T}}\boldsymbol{R}_k^{-1}\sum_j \mathbf{1}_j \operatorname{tr}\Big(\boldsymbol{\mathcal{G}}_{jk}(\boldsymbol{x})\underbrace{\boldsymbol{A}(\boldsymbol{x})\underbrace{E\left[\boldsymbol{n}\boldsymbol{n}^{\mathrm{T}}\right]}_{\boldsymbol{R}}\boldsymbol{A}(\boldsymbol{x})^{\mathrm{T}}}_{\boldsymbol{W}(\boldsymbol{x})^{-1}}\Big) \\
&= -\frac{1}{2}\boldsymbol{W}(\boldsymbol{x})^{-1}\sum_k \boldsymbol{G}_k(\boldsymbol{x})^{\mathrm{T}}\boldsymbol{R}_k^{-1}\sum_j \mathbf{1}_j \operatorname{tr}\left(\boldsymbol{\mathcal{G}}_{jk}(\boldsymbol{x})\boldsymbol{W}(\boldsymbol{x})^{-1}\right)
\end{aligned} \tag{4.180}$$

其中 $\operatorname{tr}(\cdot)$ 表示矩阵的迹。回顾式（4.169），有

$$E[\delta\boldsymbol{x}] = \boldsymbol{A}(\boldsymbol{x})\underbrace{E(\boldsymbol{n})}_{\mathbf{0}} + E[\boldsymbol{b}(\boldsymbol{n})] \tag{4.181}$$

所以系统偏差的最终表达式为

$$E(\delta\boldsymbol{x}) = -\frac{1}{2}\boldsymbol{W}(\boldsymbol{x})^{-1}\sum_k \boldsymbol{G}_k(\boldsymbol{x})^{\mathrm{T}}\boldsymbol{R}_k^{-1}\sum_j \mathbf{1}_j \operatorname{tr}\left(\boldsymbol{\mathcal{G}}_{jk}(\boldsymbol{x})\boldsymbol{W}(\boldsymbol{x})^{-1}\right) \tag{4.182}$$

为了在计算中使用这个表达式，在计算式（4.182）时，我们需要用估计状态 $\hat{\boldsymbol{x}}$ 来代替 $\boldsymbol{x}$。然后可以用下面的公式更新我们的估计

$$\hat{\boldsymbol{x}} \leftarrow \hat{\boldsymbol{x}} - E[\delta\boldsymbol{x}] \tag{4.183}$$

需要注意的是，该表达式是近似的结果，仅在轻度非线性情况下才能正常工作。

4.3.4 讨 论

如果我们把 EKF看作是全非线性高斯-牛顿（或甚至是牛顿）方法的近似，那么它的表现是不尽如人意的。主要原因是，EKF 没有迭代至收敛的过程，其雅可比矩阵也只计算一次（可能远离最优估计）。从本质上看，EKF 可以做得比单次高斯-牛顿迭代更好，因为它没有一次性计算所有的雅可比矩阵[18]。EKF 的主要缺陷在于缺乏迭代这个步骤。从优化的角度来看，这是显而易见的，因为优化是需要迭代至收敛的。然而，EKF 是由贝叶斯滤波推导而来，推导的过程中使用了马尔可夫假设来实现其递归形式。马尔可夫假设的问题在于，一旦估计器建立在该假设上，我们就无法摆脱它。这是一个不能克服的、根本性的制约因素。

[18] 此处是指，一部分雅可比计算是在运动先验中，另一部分在观测中，但是观测部分的雅可比是在推导运动先验之后再计算的。——译者注

目前，包括前面谈的迭代 EKF 在内，人们在提升 EKF 的表现方面已经有了不少的研究工作。然而对于非线性系统，这些提升可能没有太大帮助。IEKF的问题在于它仍然依赖于马尔可夫假设。它仅在一个时刻上进行了迭代，而非在整个轨迹上。高斯-牛顿与 IEKF 的区别可以在图 4–17 中清楚地看到。

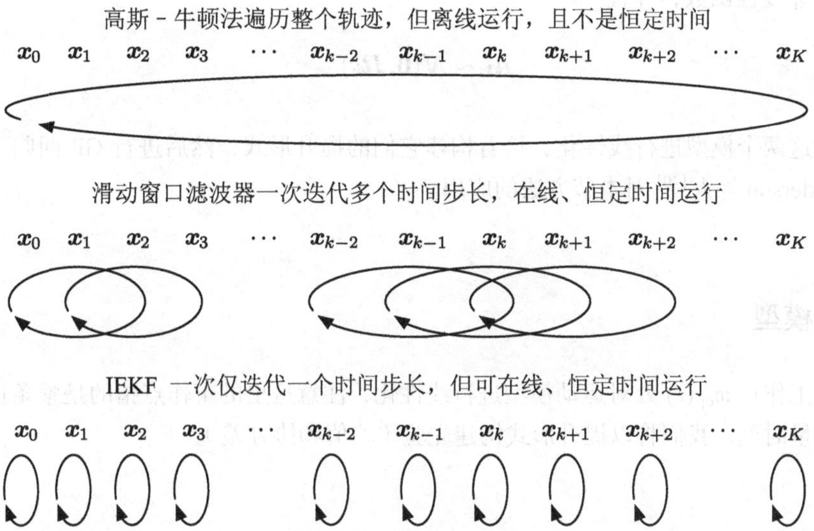

图 4–17 不同迭代方案的比较

不过高斯-牛顿的批量式的估计也存在一些问题。它必须离线运行，不是一个恒定时间的算法。而 EKF 既可以是在线方法，也可以是恒定时间方法。所谓的**滑动窗口滤波器**（sliding window filters）[39] 则是在由多个时间步长组成的窗口内进行迭代，并且将这个窗口进行滑动，从而达到在线和恒定时间的实现。SWF 仍然是一个活跃的研究领域，但是从优化的角度来看，它必将为 EKF及其变种带来显著的改进。

4.4 连续时间的批量估计问题

在上一章中，我们看到了如何利用高斯过程回归来处理连续时间问题的先验。先验是由线性随机微分方程（stochastic differential equations, SDE）产生的，形式如下

$$\dot{\boldsymbol{x}}(t) = \boldsymbol{A}(t)\boldsymbol{x}(t) + \boldsymbol{v}(t) + \boldsymbol{L}(t)\boldsymbol{w}(t) \tag{4.184}$$

其中

$$\boldsymbol{w}(t) \sim \mathcal{GP}(\boldsymbol{0}, \boldsymbol{Q}\,\delta(t-t')) \tag{4.185}$$

$\boldsymbol{Q}$ 为能量谱密度矩阵。

在本节中，我们会将之前的结论进行扩展。非线性连续时间的运动模型具有以下形式

$$\dot{\boldsymbol{x}}(t) = \boldsymbol{f}(\boldsymbol{x}(t), \boldsymbol{v}(t), \boldsymbol{w}(t), t) \tag{4.186}$$

其中 $\boldsymbol{f}(\cdot)$ 为非线性函数。同样，假设观测来自离散时间

$$\boldsymbol{y}_k = \boldsymbol{g}(\boldsymbol{x}(t_k), \boldsymbol{n}_k, t) \tag{4.187}$$

其中 $\boldsymbol{g}(\cdot)$ 也是非线性函数，并且

$$\boldsymbol{n}_k \sim \mathcal{N}(\boldsymbol{0}, \boldsymbol{R}_k) \tag{4.188}$$

我们将首先对这两个模型进行线性化，接着构建它们的提升形式，然后进行 GP 回归（贝叶斯推断）。参见 Anderson 等人[40] 对本节方法的应用。

4.4.1 运动模型

我们将在工作点 $\boldsymbol{x}_{\mathrm{op}}(t)$ 处对运动模型进行线性化，注意这里的工作点指的是整条连续时间轨迹。接着在测量时刻，我们将以提升形式构建先验（均值和协方差）。

线性化

在整条轨迹处对运动模型进行线性化，可得：

$$\begin{aligned}
\dot{\boldsymbol{x}}(t) &= \boldsymbol{f}(\boldsymbol{x}(t), \boldsymbol{v}(t), \boldsymbol{w}(t), t) \\
&\approx \boldsymbol{f}(\boldsymbol{x}_{\mathrm{op}}(t), \boldsymbol{v}(t), \boldsymbol{0}, t) + \left.\frac{\partial \boldsymbol{f}}{\partial \boldsymbol{x}}\right|_{\boldsymbol{x}_{\mathrm{op}}(t), \boldsymbol{v}(t), \boldsymbol{0}, t} (\boldsymbol{x}(t) - \boldsymbol{x}_{\mathrm{op}}(t)) \\
&\quad + \left.\frac{\partial \boldsymbol{f}}{\partial \boldsymbol{w}}\right|_{\boldsymbol{x}_{\mathrm{op}}(t), \boldsymbol{v}(t), \boldsymbol{0}, t} \boldsymbol{w}(t) \\
&= \underbrace{\boldsymbol{f}(\boldsymbol{x}_{\mathrm{op}}(t), \boldsymbol{v}(t), \boldsymbol{0}, t) - \left.\frac{\partial \boldsymbol{f}}{\partial \boldsymbol{x}}\right|_{\boldsymbol{x}_{\mathrm{op}}(t), \boldsymbol{v}(t), \boldsymbol{0}, t} \boldsymbol{x}_{\mathrm{op}}(t)}_{\boldsymbol{\nu}(t)} \\
&\quad + \underbrace{\left.\frac{\partial \boldsymbol{f}}{\partial \boldsymbol{x}}\right|_{\boldsymbol{x}_{\mathrm{op}}(t), \boldsymbol{v}(t), \boldsymbol{0}, t}}_{\boldsymbol{F}(t)} \boldsymbol{x}(t) + \underbrace{\left.\frac{\partial \boldsymbol{f}}{\partial \boldsymbol{w}}\right|_{\boldsymbol{x}_{\mathrm{op}}(t), \boldsymbol{v}(t), \boldsymbol{0}, t}}_{\boldsymbol{L}(t)} \boldsymbol{w}(t)
\end{aligned} \tag{4.189}$$

其中 $\boldsymbol{\nu}(t)$，$\boldsymbol{F}(t)$ 和 $\boldsymbol{L}(t)$ 为已知的关于时间的函数（因为 $\boldsymbol{x}_{\mathrm{op}}(t)$ 已知）。因此，该处理模型可以近似为

$$\dot{\boldsymbol{x}}(t) \approx \boldsymbol{F}(t)\boldsymbol{x}(t) + \boldsymbol{\nu}(t) + \boldsymbol{L}(t)\boldsymbol{w}(t) \tag{4.190}$$

在线性化之后，这正是我们在线性高斯章节中所研究的 LTV 形式。

均值和协方差函数

由于运动模型的 SDE在 LTV形式中做了近似，我们可以继续得到

$$\begin{aligned}\boldsymbol{x}(t) \sim \mathcal{GP}\Bigg(& \underbrace{\boldsymbol{\Phi}(t,t_0)\check{\boldsymbol{x}}_0 + \int_{t_0}^{t} \boldsymbol{\Phi}(t,s)\boldsymbol{\nu}(s)\mathrm{d}s}_{\check{\boldsymbol{x}}(t)}, \\ & \underbrace{\boldsymbol{\Phi}(t,t_0)\check{\boldsymbol{P}}_0\boldsymbol{\Phi}(t',t_0)^{\mathrm{T}} + \int_{t_0}^{\min(t,t')} \boldsymbol{\Phi}(t,s)\boldsymbol{L}(s)\boldsymbol{Q}\boldsymbol{L}(s)^{\mathrm{T}}\boldsymbol{\Phi}(t',s)^{\mathrm{T}}\mathrm{d}s}_{\check{\boldsymbol{P}}(t,t')}\Bigg)\end{aligned} \tag{4.191}$$

其中 $\boldsymbol{\Phi}(t,s)$ 为与 $\boldsymbol{F}(t)$ 有关的转移函数。在测量时刻 $t_0 < t_1 < \cdots < t_K$ 时，我们可以得到先验的提升形式

$$\boldsymbol{x} \sim \mathcal{N}(\check{\boldsymbol{x}}, \check{\boldsymbol{P}}) = \mathcal{N}(\boldsymbol{F}\boldsymbol{\nu}, \boldsymbol{F}\boldsymbol{Q}'\boldsymbol{F}^{\mathrm{T}}) \tag{4.192}$$

其中

$$\boldsymbol{A} = \begin{bmatrix} \mathbf{1} & & & & & \\ \boldsymbol{\Phi}(t_1,t_0) & \mathbf{1} & & & & \\ \boldsymbol{\Phi}(t_2,t_0) & \boldsymbol{\Phi}(t_2,t_1) & \mathbf{1} & & & \\ \vdots & \vdots & \vdots & \ddots & & \\ \boldsymbol{\Phi}(t_{K-1},t_0) & \boldsymbol{\Phi}(t_{K-1},t_1) & \boldsymbol{\Phi}(t_{K-1},t_2) & \cdots & \mathbf{1} & \\ \boldsymbol{\Phi}(t_K,t_0) & \boldsymbol{\Phi}(t_K,t_1) & \boldsymbol{\Phi}(t_K,t_2) & \cdots & \boldsymbol{\Phi}(t_K,t_{K-1}) & \mathbf{1} \end{bmatrix} \tag{4.193a}$$

$$\boldsymbol{\nu} = \begin{bmatrix} \check{\boldsymbol{x}}_0 \\ \boldsymbol{\nu}_1 \\ \vdots \\ \boldsymbol{\nu}_K \end{bmatrix} \tag{4.193b}$$

$$\boldsymbol{\nu}_k = \int_{t_{k-1}}^{t_k} \boldsymbol{\Phi}(t_k,s)\boldsymbol{\nu}(s)\mathrm{d}s, \qquad k=1,\cdots,K \tag{4.193c}$$

$$\boldsymbol{Q}' = \mathrm{diag}\left(\check{\boldsymbol{P}}_0, \boldsymbol{Q}_1', \boldsymbol{Q}_2', \cdots, \boldsymbol{Q}_K'\right) \tag{4.193d}$$

$$\boldsymbol{Q}_k' = \int_{t_{k-1}}^{t_k} \boldsymbol{\Phi}(t_k,s)\boldsymbol{L}(s)\boldsymbol{Q}\boldsymbol{L}(s)^{\mathrm{T}}\boldsymbol{\Phi}(t_k,s)^{\mathrm{T}}\mathrm{d}s, \qquad k=1,\cdots,K \tag{4.193e}$$

不幸的是，为了计算 $\check{\boldsymbol{x}}$ 和 $\check{\boldsymbol{P}}$，我们需要所有 $s \in [t_0, t_M]$ 的 $\boldsymbol{x}_{\mathrm{op}}(s)$ 的表达式。这是因为在计算 $\check{\boldsymbol{x}}(t)$ 和 $\check{\boldsymbol{P}}(t,t')$ 的积分内部出现了 $\boldsymbol{\nu}(s)$，$\boldsymbol{F}(s)$（由于 $\boldsymbol{\Phi}(t,s)$ 的关系）和 $\boldsymbol{L}(s)$，而这些项又依赖于 $\boldsymbol{x}_{\mathrm{op}}(s)$。正如前面讨论的，如果我们执行的是迭代的 GP 回归，我们只能从以前的迭代中获得 $\boldsymbol{x}_{\mathrm{op}}$，因为 $\boldsymbol{x}_{\mathrm{op}}$ 仅在测量时刻进行估计。

然而，GP回归的优点在于我们可以查询任何时刻的状态。此外，在之前已经展示过，对于特定选择的过程模型，查询的过程可以非常高效地完成（即，$O(1)$ 时间），如采用以下模型：

$$\boldsymbol{x}_{\mathrm{op}}(s) = \check{\boldsymbol{x}}(s) + \check{\boldsymbol{P}}(s)\check{\boldsymbol{P}}^{-1}(\boldsymbol{x}_{\mathrm{op}} - \check{\boldsymbol{x}}) \tag{4.194}$$

我们在迭代过程中利用这个特点，因此我们可以使用上一次迭代后的 $\check{\boldsymbol{x}}(s)$，$\check{\boldsymbol{P}}(s)$，$\check{\boldsymbol{x}}$ 和 $\check{\boldsymbol{P}}$ 来计算上面的这个表达式。

这里最大的挑战还是针对具体的问题识别 $\boldsymbol{\Phi}(t,s)$。我们在推导中已经使用了数值积分，因此可以通过归一化的**基础矩阵**（fundamental matrix，控制理论中的）[19]$\boldsymbol{\Upsilon}(t)$ 来数值地计算出转移函数，即

$$\dot{\boldsymbol{\Upsilon}}(t) = \boldsymbol{F}(t)\boldsymbol{\Upsilon}(t), \quad \boldsymbol{\Upsilon}(0) = \mathbf{1} \tag{4.195}$$

在 GP 回归中，我们会通过上面的积分保存所有感兴趣时刻的 $\boldsymbol{\Upsilon}(t)$。接着转移函数可以通过下面的式子给出

$$\boldsymbol{\Phi}(t,s) = \boldsymbol{\Upsilon}(t)\boldsymbol{\Upsilon}(s)^{-1} \tag{4.196}$$

对于特定系统，还有可能得出转移函数的解析形式。

4.4.2 观测模型

线性化的观测模型为

$$\boldsymbol{y}_k \approx \boldsymbol{g}\left(\boldsymbol{x}_{\mathrm{op},k}, \mathbf{0}\right) + \boldsymbol{G}_k\left(\boldsymbol{x}_{k-1} - \boldsymbol{x}_{\mathrm{op},k-1}\right) + \boldsymbol{n}'_k \tag{4.197}$$

写成提升形式则为

$$\boldsymbol{y} = \boldsymbol{y}_{\mathrm{op}} + \boldsymbol{G}(\boldsymbol{x} - \boldsymbol{x}_{\mathrm{op}}) + \boldsymbol{n}' \tag{4.198}$$

其中

$$\boldsymbol{y}_{\mathrm{op}} = \begin{bmatrix} \boldsymbol{g}(\boldsymbol{x}_{\mathrm{op},0}, \mathbf{0}) \\ \boldsymbol{g}(\boldsymbol{x}_{\mathrm{op},1}, \mathbf{0}) \\ \vdots \\ \boldsymbol{g}(\boldsymbol{x}_{\mathrm{op},K}, \mathbf{0}) \end{bmatrix} \tag{4.199a}$$

$$\boldsymbol{G} = \mathrm{diag}(\boldsymbol{G}_0, \boldsymbol{G}_1, \boldsymbol{G}_2, \cdots, \boldsymbol{G}_K) \tag{4.199b}$$

$$\boldsymbol{R} = \mathrm{diag}(\boldsymbol{R}'_0, \boldsymbol{R}'_1, \boldsymbol{R}'_2, \cdots, \boldsymbol{R}'_K) \tag{4.199c}$$

并且 $\boldsymbol{n}' = \mathcal{N}(\mathbf{0}, \boldsymbol{R}')$。易得：

$$E[\boldsymbol{y}] = \boldsymbol{y}_{\mathrm{op}} + \boldsymbol{G}(\check{\boldsymbol{x}} - \boldsymbol{x}_{\mathrm{op}}) \tag{4.200a}$$

$$E\left[(\boldsymbol{y} - \boldsymbol{E}[\boldsymbol{y}])(\boldsymbol{y} - \boldsymbol{E}[\boldsymbol{y}])^{\mathrm{T}}\right] = \boldsymbol{G}\check{\boldsymbol{P}}\boldsymbol{G}^{\mathrm{T}} + \boldsymbol{R}' \tag{4.200b}$$

$$E\left[(\boldsymbol{y} - \boldsymbol{E}[\boldsymbol{y}])(\boldsymbol{x} - \boldsymbol{E}[\boldsymbol{x}])^{\mathrm{T}}\right] = \boldsymbol{G}\check{\boldsymbol{P}} \tag{4.200c}$$

4.4.3 贝叶斯推断

有了以上公式，我们就可以写出提升形式下轨迹和测量的联合概率密度

$$p(\boldsymbol{x}, \boldsymbol{y}|\boldsymbol{v}) = \mathcal{N}\left(\begin{bmatrix} \check{\boldsymbol{x}} \\ \boldsymbol{y}_{\mathrm{op}} + \boldsymbol{G}(\check{\boldsymbol{x}} - \boldsymbol{x}_{\mathrm{op}}) \end{bmatrix}, \begin{bmatrix} \check{\boldsymbol{P}} & \check{\boldsymbol{P}}\boldsymbol{G}^{\mathrm{T}} \\ \boldsymbol{G}\check{\boldsymbol{P}} & \boldsymbol{G}\check{\boldsymbol{P}}\boldsymbol{G}^{\mathrm{T}} + \boldsymbol{R}' \end{bmatrix}\right) \tag{4.201}$$

[19] 不要和计算机视觉中的基础矩阵混淆了。计算机视觉中的基础矩阵是指对极约束中的矩阵。

这与 IEKF中式（4.42）的表达非常相似，但是这里是相对于整条轨迹而不是单一时间步长而言的。利用关系式（2.53b），可以马上写出高斯后验

$$p(\boldsymbol{x}|\boldsymbol{v},\boldsymbol{y}) = \mathcal{N}\left(\hat{\boldsymbol{x}},\hat{\boldsymbol{P}}\right) \tag{4.202}$$

其中

$$\boldsymbol{K} = \check{\boldsymbol{P}}\boldsymbol{G}^{\mathrm{T}}\left(\boldsymbol{G}\check{\boldsymbol{P}}\boldsymbol{G}^{\mathrm{T}} + \boldsymbol{R}'\right)^{-1} \tag{4.203a}$$

$$\hat{\boldsymbol{P}} = (\boldsymbol{1} - \boldsymbol{K}\boldsymbol{G})\check{\boldsymbol{P}} \tag{4.203b}$$

$$\hat{\boldsymbol{x}} = \check{\boldsymbol{x}} + \boldsymbol{K}(\boldsymbol{y} - \boldsymbol{y}_{\mathrm{op}} - \boldsymbol{G}(\check{\boldsymbol{x}} - \boldsymbol{x}_{\mathrm{op}})) \tag{4.203c}$$

使用式（2.75）的 SMW 等式重新组织方程，可以得到后验均值

$$\left(\check{\boldsymbol{P}}^{-1} + \boldsymbol{G}^{\mathrm{T}}\boldsymbol{R}'^{-1}\boldsymbol{G}\right)\delta\boldsymbol{x}^* = \check{\boldsymbol{P}}^{-1}(\check{\boldsymbol{x}} - \boldsymbol{x}_{\mathrm{op}}) + \boldsymbol{G}^{\mathrm{T}}\boldsymbol{R}'^{-1}(\boldsymbol{y} - \boldsymbol{y}_{\mathrm{op}}) \tag{4.204}$$

其中 $\delta\boldsymbol{x}^* = \hat{\boldsymbol{x}} - \boldsymbol{x}_{\mathrm{op}}$。代入先验，则

$$\begin{aligned}&\underbrace{\left(\boldsymbol{F}^{-\mathrm{T}}\boldsymbol{Q}'^{-1}\boldsymbol{F}^{-1} + \boldsymbol{G}^{\mathrm{T}}\boldsymbol{R}'^{-1}\boldsymbol{G}\right)}_{\text{三对角块}}\delta\boldsymbol{x}^* \\ &= \boldsymbol{F}^{-\mathrm{T}}\boldsymbol{Q}'^{-1}(\boldsymbol{\nu} - \boldsymbol{F}^{-1}\boldsymbol{x}_{\mathrm{op}}) + \boldsymbol{G}^{\mathrm{T}}\boldsymbol{R}'^{-1}(\boldsymbol{y} - \boldsymbol{y}_{\mathrm{op}})\end{aligned} \tag{4.205}$$

这个结果与非线性离散时间的批量式估计问题中的结果是一样的。唯一的区别在于，这里的推导是从连续时间运动模型开始的，并且在测量时刻直接通过积分的方式计算了先验。

4.4.4　算法总结

我们总结一下使用非线性运动模型和测量模型进行 GP 回归所需的步骤：

1. 从整条轨迹 $\boldsymbol{x}_{\mathrm{op}}(t)$ 的后验均值的初始估计开始。我们只需要这个初始估计来初始化整个过程，并且只会在测量时刻更新我们的估计 $\boldsymbol{x}_{\mathrm{op}}$，然后使用 GP 插值计算其他时刻的值。
2. 在每一次新迭代的时候计算 $\boldsymbol{\nu}$，$\boldsymbol{F}^{-1}$ 和 $\boldsymbol{Q}'^{-1}$。这可以通过数值的方式计算，并且将涉及到 $\boldsymbol{\nu}(s)$，$\boldsymbol{F}(s)$（由于 $\boldsymbol{\Phi}(t,s)$ 的关系）和 $\boldsymbol{L}(s)$ 的计算，而这些项又依赖于 $\boldsymbol{x}_{\mathrm{op}}(s)$，因此，可以使用上一次迭代后的 $\check{\boldsymbol{x}}(s)$，$\check{\boldsymbol{P}}(s)$，$\check{\boldsymbol{x}}$ 和 $\check{\boldsymbol{P}}$ 来插值，得到所需的积分。
3. 在每一次新迭代的时候计算 $\boldsymbol{y}_{\mathrm{op}}$，$\boldsymbol{G}$，$\boldsymbol{R}'^{-1}$。
4. 求解 $\delta\boldsymbol{x}^*$：

$$\begin{aligned}&\underbrace{\left(\boldsymbol{F}^{-\mathrm{T}}\boldsymbol{Q}'^{-1}\boldsymbol{F}^{-1} + \boldsymbol{G}^{\mathrm{T}}\boldsymbol{R}'^{-1}\boldsymbol{G}\right)}_{\text{三对角块}}\delta\boldsymbol{x}^* \\ &= \boldsymbol{F}^{-\mathrm{T}}\boldsymbol{Q}'^{-1}(\boldsymbol{\nu} - \boldsymbol{F}^{-1}\boldsymbol{x}_{\mathrm{op}}) + \boldsymbol{G}^{\mathrm{T}}\boldsymbol{R}'^{-1}(\boldsymbol{y} - \boldsymbol{y}_{\mathrm{op}})\end{aligned} \tag{4.206}$$

   实际上，我们更愿意只对上述方程矩阵乘积部分的非零块进行构建。
5. 在测量时刻更新我们的估计，即

$$\boldsymbol{x}_{\mathrm{op}} \leftarrow \boldsymbol{x}_{\mathrm{op}} + \delta\boldsymbol{x}^* \tag{4.207}$$

   并检查估计的收敛程度。如果没有收敛，则返回步骤 2。如果收敛，输出 $\hat{\boldsymbol{x}} = \boldsymbol{x}_{\mathrm{op}}$。

6. 如果需要，计算测量时刻的协方差 $\hat{\boldsymbol{P}}$。
7. 也可以使用 GP 插值方程[20]计算出其他时刻 $\hat{\boldsymbol{x}}_\tau$，$\hat{\boldsymbol{P}}_{\tau\tau}$ 的估计。

整个过程中最耗时的一步是构建 $\boldsymbol{\nu}$，$\boldsymbol{F}^{-1}$ 和 $\boldsymbol{Q}'^{-1}$。尽管如此，计算代价（在每次迭代中）仍然是线性于轨迹长度的，因此应该也是可控的。

4.5 总结

本章的主要内容如下：

1. 与线性高斯情况不同，当运动和观测模型是非线性时，贝叶斯后验通常不是高斯的，并且过程噪声和测量噪声也可能是非高斯的。
2. 为了进行非线性估计，需要进行近似。不同的处理方式导致了不同的选择：（i）如何对后验概率进行近似（高斯、高斯混合、采样）；（ii）如何近似地进行推理（线性化、蒙特卡罗、sigmapoint 变换）或 MAP 估计。
3. 将后验近似为高斯也有很多方法，分为批量式和递归式两大类。其中一些方法，将解进行迭代（如批量式 MAP，IEKF）直到收敛于“均值”，即贝叶斯后验的极大值处（但不等于贝叶斯后验的均值）。当不同方法进行比较时，这可能是一个混乱的点，因为根据所做的近似，由不同方法得到的答案可能是不同的。
4. 批量式方法能够遍历整条轨迹，而递归方法一次只能在一个时间步长上进行迭代，这意味着它们会在大多数问题上收敛于不同的答案。

下一章将简要地介绍如何处理估计器的偏差、测量异常值和数据关联问题。

4.6 习题

1. 考虑如下离散时间系统

$$\begin{bmatrix} x_k \\ y_k \\ \theta_k \end{bmatrix} = \begin{bmatrix} x_{k-1} \\ y_{k-1} \\ \theta_{k-1} \end{bmatrix} + T \begin{bmatrix} \cos\theta_{k-1} & 0 \\ \sin\theta_{k-1} & 0 \\ 0 & 1 \end{bmatrix} \left(\begin{bmatrix} v_k \\ \omega_k \end{bmatrix} + \boldsymbol{w}_k \right), \quad \boldsymbol{w}_k \sim \mathcal{N}(\boldsymbol{0}, \boldsymbol{Q})$$

$$\begin{bmatrix} r_k \\ \phi_k \end{bmatrix} = \begin{bmatrix} \sqrt{x_k^2 + y_k^2} \\ \operatorname{atan2}(-y_k, -x_k) - \theta_k \end{bmatrix} + \boldsymbol{n}_k, \quad \boldsymbol{n}_k \sim \mathcal{N}(\boldsymbol{0}, \boldsymbol{R})$$

该系统可以看作是移动机器人在 xy 平面上的移动，测量值为移动机器人距离原点的距离和方位。请建立 EKF方程来估计移动机器人的姿态，并写出雅可比 $\boldsymbol{F}_{k-1}$，$\boldsymbol{G}_k$ 和协方差 $\boldsymbol{Q}'_k$，$\boldsymbol{R}'_k$ 的表达式。

2. 考虑将高斯先验 $\mathcal{N}(\mu_x, \sigma_x^2)$ 传递进非线性函数 $f(x) = x^3$ 中。请使用蒙特卡罗、线性化和 sigma-point 变换方法来确定变换后的均值和协方差，并对结果进行评价。提示：使用 Isserlis 定理来计算高阶矩。

[20] 对于非线性情况，我们并没有进行推导，但可以参照线性高斯一章的 GP部分。

3. 考虑将高斯先验 $\mathcal{N}(\mu_x, \sigma_x^2)$ 传递进非线性函数 $f(x) = x^4$ 中。请使用蒙特卡罗、线性化和 sigmapoint 变换方法来确定变换的均值（协方差可以不计算），并对结果进行评价。提示：使用 Isserlis 定理来计算高阶矩。
4. 在 sigmapoint 卡尔曼滤波部分，当观测模型和测量噪声线性相关时，测量协方差为

$$\boldsymbol{\Sigma}_{yy,k} = \sum_{j=0}^{2N} \beta_j (\check{\boldsymbol{y}}_{k,j} - \boldsymbol{\mu}_{y,k})(\check{\boldsymbol{y}}_{k,j} - \boldsymbol{\mu}_{y,k})^{\mathrm{T}} + \boldsymbol{R}_k$$

请验证这个方程也可以写成

$$\boldsymbol{\Sigma}_{yy,k} = \boldsymbol{Z}_k \boldsymbol{Z}_k^{\mathrm{T}} + \boldsymbol{R}_k$$

其中

$$\mathrm{col}_j \boldsymbol{Z}_k = \sqrt{\beta_j}\, (\check{\boldsymbol{y}}_{k,j} - \boldsymbol{\mu}_{y,k})$$

5. 在 ML 偏差估计一节中，我们使用了两个恒等式，请证明这两个恒等式成立：

$$\boldsymbol{A}(\boldsymbol{x})\boldsymbol{R}\boldsymbol{A}(\boldsymbol{x})^{\mathrm{T}} \equiv \boldsymbol{W}(\boldsymbol{x})^{-1},$$
$$\boldsymbol{A}(\boldsymbol{x})\boldsymbol{R}\boldsymbol{P}_k^{\mathrm{T}} \equiv \boldsymbol{W}(\boldsymbol{x})^{-1}\boldsymbol{G}_k(\boldsymbol{x})^{\mathrm{T}}$$

第 5 章　偏差、匹配和外点

上一章中我们谈到，状态估计可能是有偏的，特别是在运动模型或观测模型是非线性的情况下。在简单的立体相机的例子中，我们看到 MAP 方法相比于全贝叶斯方法来说是有偏的。同时，我们也看到批量 ML 方法对于真实值来说也是有偏的，还推导了该偏差的量化表达式。不幸的是，偏差的来源不仅仅是这些。

在众多状态估计的方法中，我们都假设输入或者测量满足零均值的高斯分布，但实际的输入或测量可能受到其他未知偏差的影响。如果忽视它们，估计的状态就会出现偏差。典型的例子是加速度计，它的偏差与温度有关，并且会随着时间的推移而变化。

状态估计问题中另一个十分重要的部分是，如何确定测量与模型之间的对应关系。例如，当我们测量一个路标离我们的距离时，需要知道观测到的是**哪一个**路标，这点非常重要。以星敏感器为例，当我们看到光点的时候，如何确定这个光点对应星图中的哪一个星星呢？测量与它对应的模型或映射的配对过程被称为**建立匹配**（determining correspondences）或**数据关联**（data association）。

最后，虽然我们可以尽量消除偏差的影响，找到正确的匹配关系，但还存在着一些问题，使得测量值非常不符合噪声模型，我们称这些测量为**外点**（outlier）[1]。如果我们没有正确地检测和剔除外点，很多状态估计的方法都会面临灾难性的失败。

这一章中，我们将研究怎么处理不太完美的输入或测量。我们将介绍一些用于处理偏差、确定匹配关系、检测和剔除外点的经典方法。为了便于理解，一些例子将以插图的形式展示。

5.1　处理输入和测量的偏差

在本节中，我们将研究偏差对于输入和测量的影响。我们会看到输入和测量的偏差都是可以处理的，而且输入偏差会比测量偏差更易于处理。在接下来的讨论中，我们将研究非零均值高斯噪声下，线性时不变的运动模型和观测模型，其中的许多概念也可以拓展到非线性系统中。

5.1.1　偏差对于卡尔曼滤波器的影响

为了展示输入、测量的偏差带来的影响，我们以 3.3.6 节中的误差动态过程为例，来看看在非零均值高斯噪声的情况下，会对卡尔曼滤波器产生什么影响（相比于不显式地考虑偏差）。特别

[1] 又译野值、异常值等，本书译为外点。——译者注

地，我们假设：

$$\boldsymbol{x}_k = \boldsymbol{A}\boldsymbol{x}_{k-1} + \boldsymbol{B}(\boldsymbol{u}_k + \bar{\boldsymbol{u}}) + \boldsymbol{w}_k \tag{5.1a}$$

$$\boldsymbol{y}_k = \boldsymbol{C}\boldsymbol{x}_k + \bar{\boldsymbol{y}} + \boldsymbol{n}_k \tag{5.1b}$$

其中 $\bar{\boldsymbol{u}}$ 是输入的偏差，$\bar{\boldsymbol{y}}$ 是测量的偏差。在这里，我们仍然假设运动和观测模型都受到零均值高斯噪声影响：

$$\boldsymbol{w}_k \sim \mathcal{N}(\boldsymbol{0}, \boldsymbol{Q}), \quad \boldsymbol{n}_k \sim \mathcal{N}(\boldsymbol{0}, \boldsymbol{R}) \tag{5.2}$$

并且噪声之间是相互独立的，即对于所有的 $k \neq l$：

$$E[\boldsymbol{w}_k\boldsymbol{w}_l^{\mathrm{T}}] = \boldsymbol{0}, \quad E[\boldsymbol{n}_k\boldsymbol{n}_l^{\mathrm{T}}] = \boldsymbol{0}, \quad E[\boldsymbol{w}_k\boldsymbol{n}_k^{\mathrm{T}}] = \boldsymbol{0}, \quad E[\boldsymbol{w}_k\boldsymbol{n}_l^{\mathrm{T}}] = \boldsymbol{0} \tag{5.3}$$

但这个假设可能是造成滤波器不一致性的另外一个来源。我们把估计误差定义如下：

$$\check{\boldsymbol{e}}_k = \check{\boldsymbol{x}}_k - \boldsymbol{x}_k \tag{5.4a}$$

$$\hat{\boldsymbol{e}}_k = \hat{\boldsymbol{x}}_k - \boldsymbol{x}_k \tag{5.4b}$$

在这种情况下，我们构建的"误差动态过程"方程如下：

$$\check{\boldsymbol{e}}_k = \boldsymbol{A}\hat{\boldsymbol{e}}_{k-1} - (\boldsymbol{B}\bar{\boldsymbol{u}} + \boldsymbol{w}_k) \tag{5.5a}$$

$$\hat{\boldsymbol{e}}_k = (\boldsymbol{1} - \boldsymbol{K}_k\boldsymbol{C})\check{\boldsymbol{e}}_k + \boldsymbol{K}_k(\bar{\boldsymbol{y}} + \boldsymbol{n}_k) \tag{5.5b}$$

其中 $\hat{\boldsymbol{e}}_0 = \hat{\boldsymbol{x}}_0 - \boldsymbol{x}_0$。前面讨论过，为了让估计是**无偏**和**一致**的，我们需要保证对于所有的 $k = 1, \cdots, K$，有：

$$E[\hat{\boldsymbol{e}}_k] = \boldsymbol{0}, \quad E[\check{\boldsymbol{e}}_k] = \boldsymbol{0}, \quad E\left[\hat{\boldsymbol{e}}_k\hat{\boldsymbol{e}}_k^{\mathrm{T}}\right] = \hat{\boldsymbol{P}}_k, \quad E\left[\check{\boldsymbol{e}}_k\check{\boldsymbol{e}}_k^{\mathrm{T}}\right] = \check{\boldsymbol{P}}_k \tag{5.6}$$

在 $\bar{\boldsymbol{u}} = \bar{\boldsymbol{y}} = \boldsymbol{0}$ 的情况下，这些条件是成立的。现在来看在不满足零偏置条件的情况下将会发生什么。我们仍然假设

$$E[\hat{\boldsymbol{e}}_0] = \boldsymbol{0}, \quad E\left[\hat{\boldsymbol{e}}_0\hat{\boldsymbol{e}}_0^{\mathrm{T}}\right] = \hat{\boldsymbol{P}}_0 \tag{5.7}$$

虽然这个初始条件是另一个可能引入偏差的地方。在 $k = 1$ 时，我们有：

$$E[\check{\boldsymbol{e}}_1] = \boldsymbol{A}\underbrace{E[\hat{\boldsymbol{e}}_0]}_{\boldsymbol{0}} - \Big(\boldsymbol{B}\bar{\boldsymbol{u}} + \underbrace{E[\boldsymbol{w}_1]}_{\boldsymbol{0}}\Big) = -\boldsymbol{B}\bar{\boldsymbol{u}} \tag{5.8a}$$

$$\begin{aligned} E[\hat{\boldsymbol{e}}_1] &= (\boldsymbol{1} - \boldsymbol{K}_1\boldsymbol{C})\underbrace{E[\check{\boldsymbol{e}}_1]}_{-\boldsymbol{B}\bar{\boldsymbol{u}}} + \boldsymbol{K}_1\Big(\bar{\boldsymbol{y}} + \underbrace{E[\boldsymbol{n}_1]}_{\boldsymbol{0}}\Big) \\ &= -(\boldsymbol{1} - \boldsymbol{K}_1\boldsymbol{C})\boldsymbol{B}\bar{\boldsymbol{u}} + \boldsymbol{K}_1\bar{\boldsymbol{y}} \end{aligned} \tag{5.8b}$$

在 $\bar{\boldsymbol{u}} \neq \boldsymbol{0}$ 和/或 $\bar{\boldsymbol{y}} \neq \boldsymbol{0}$ 的情况下，我们看到 $k = 1$ 时已经为有偏估计。"预测误差"的协方差为：

$$\begin{aligned} E\left[\check{\boldsymbol{e}}_1\check{\boldsymbol{e}}_1^{\mathrm{T}}\right] &= E\left[(\boldsymbol{A}\hat{\boldsymbol{e}}_0 - (\boldsymbol{B}\bar{\boldsymbol{u}} + \boldsymbol{w}_1))(\boldsymbol{A}\hat{\boldsymbol{e}}_0 - (\boldsymbol{B}\bar{\boldsymbol{u}} + \boldsymbol{w}_1))^{\mathrm{T}}\right] \\ &= \underbrace{E\left[(\boldsymbol{A}\hat{\boldsymbol{e}}_0 - \boldsymbol{w}_1)(\boldsymbol{A}\hat{\boldsymbol{e}}_0 - \boldsymbol{w}_1)^{\mathrm{T}}\right]}_{\check{\boldsymbol{P}}_1} + (-\boldsymbol{B}\bar{\boldsymbol{u}})\underbrace{E\left[(\boldsymbol{A}\hat{\boldsymbol{e}}_0 - \boldsymbol{w}_1)^{\mathrm{T}}\right]}_{\boldsymbol{0}} \\ &\quad + \underbrace{E[(\boldsymbol{A}\hat{\boldsymbol{e}}_0 - \boldsymbol{w}_1)]}_{\boldsymbol{0}}(-\boldsymbol{B}\bar{\boldsymbol{u}})^{\mathrm{T}} + (-\boldsymbol{B}\bar{\boldsymbol{u}})(-\boldsymbol{B}\bar{\boldsymbol{u}})^{\mathrm{T}} \\ &= \check{\boldsymbol{P}}_1 + (-\boldsymbol{B}\bar{\boldsymbol{u}})(-\boldsymbol{B}\bar{\boldsymbol{u}})^{\mathrm{T}} \end{aligned} \tag{5.9}$$

整理之：

$$\check{\boldsymbol{P}}_1 = E\left[\check{\boldsymbol{e}}_1\check{\boldsymbol{e}}_1^{\mathrm{T}}\right] - \underbrace{E[\check{\boldsymbol{e}}_1]E[\check{\boldsymbol{e}}_1]^{\mathrm{T}}}_{\text{偏差的影响}} \tag{5.10}$$

因此卡尔曼滤波器对真实的误差不确定性是欠估计（低估）的，从而导致了不一致性。最终估计误差（更正后）的协方差为：

$$\begin{aligned}
E\left[\hat{\boldsymbol{e}}_1\hat{\boldsymbol{e}}_1^{\mathrm{T}}\right] &= E\Big[((\mathbf{1}-\boldsymbol{K}_1\boldsymbol{C})\check{\boldsymbol{e}}_1 + \boldsymbol{K}_1(\bar{\boldsymbol{y}}+\boldsymbol{n}_1)) \\
&\qquad \times ((\mathbf{1}-\boldsymbol{K}_1\boldsymbol{C})\check{\boldsymbol{e}}_1 + \boldsymbol{K}_1(\bar{\boldsymbol{y}}+\boldsymbol{n}_1))^{\mathrm{T}}\Big] \\
&= \underbrace{E\Big[((\mathbf{1}-\boldsymbol{K}_1\boldsymbol{C})\check{\boldsymbol{e}}_1 + \boldsymbol{K}_1\boldsymbol{n}_1)((\mathbf{1}-\boldsymbol{K}_1\boldsymbol{C})\check{\boldsymbol{e}}_1 + \boldsymbol{K}_1\boldsymbol{n}_1)^{\mathrm{T}}\Big]}_{\hat{\boldsymbol{P}}_1 + (\mathbf{1}-\boldsymbol{K}_1\boldsymbol{C})\boldsymbol{B}\bar{\boldsymbol{u}}\bar{\boldsymbol{u}}^{\mathrm{T}}\boldsymbol{B}^{\mathrm{T}}(\mathbf{1}-\boldsymbol{K}_1\boldsymbol{C})^{\mathrm{T}}} \\
&\qquad + (\boldsymbol{K}_1\bar{\boldsymbol{y}})\underbrace{E\Big[((\mathbf{1}-\boldsymbol{K}_1\boldsymbol{C})\check{\boldsymbol{e}}_1 + \boldsymbol{K}_1\boldsymbol{n}_1)^{\mathrm{T}}\Big]}_{(-(\mathbf{1}-\boldsymbol{K}_1\boldsymbol{C})\boldsymbol{B}\bar{\boldsymbol{u}})^{\mathrm{T}}} \\
&\qquad + \underbrace{E[((\mathbf{1}-\boldsymbol{K}_1\boldsymbol{C})\check{\boldsymbol{e}}_1 + \boldsymbol{K}_1\boldsymbol{n}_1)]}_{-(\mathbf{1}-\boldsymbol{K}_1\boldsymbol{C})\boldsymbol{B}\bar{\boldsymbol{u}}}(\boldsymbol{K}_1\bar{\boldsymbol{y}})^{\mathrm{T}} + (\boldsymbol{K}_1\bar{\boldsymbol{y}})(\boldsymbol{K}_1\bar{\boldsymbol{y}})^{\mathrm{T}} \\
&= \hat{\boldsymbol{P}}_1 + (-(\mathbf{1}-\boldsymbol{K}_1\boldsymbol{C})\boldsymbol{B}\bar{\boldsymbol{u}} + \boldsymbol{K}_1\bar{\boldsymbol{y}}) \times (-(\mathbf{1}-\boldsymbol{K}_1\boldsymbol{C})\boldsymbol{B}\bar{\boldsymbol{u}} + \boldsymbol{K}_1\bar{\boldsymbol{y}})^{\mathrm{T}}
\end{aligned} \tag{5.11}$$

其中

$$\hat{\boldsymbol{P}}_1 = E\left[\hat{\boldsymbol{e}}_1\hat{\boldsymbol{e}}_1^{\mathrm{T}}\right] - \underbrace{E[\hat{\boldsymbol{e}}_1]E[\hat{\boldsymbol{e}}_1]^{\mathrm{T}}}_{\text{偏差的影响}} \tag{5.12}$$

可以发现，卡尔曼滤波器对于协方差的估计仍然是过度确信（高估）的，因此也是不一致的。有趣的是，不管偏差的正负性如何，卡尔曼滤波器的估计都是过度确信的。另外，很容易看出，随着 k 的增大，偏差带来的影响将会无限制地增长。我们尝试着对卡尔曼滤波器做如下修正：

预测：

$$\check{\boldsymbol{P}}_k = \boldsymbol{A}\hat{\boldsymbol{P}}_{k-1}\boldsymbol{A}^{\mathrm{T}} + \boldsymbol{Q} \tag{5.13a}$$

$$\check{\boldsymbol{x}}_k = \boldsymbol{A}\hat{\boldsymbol{x}}_{k-1} + \boldsymbol{B}\boldsymbol{u}_k + \underbrace{\boldsymbol{B}\bar{\boldsymbol{u}}}_{\text{偏差}} \tag{5.13b}$$

卡尔曼增益：

$$\boldsymbol{K}_k = \check{\boldsymbol{P}}_k\boldsymbol{C}^{\mathrm{T}}\left(\boldsymbol{C}\check{\boldsymbol{P}}_k\boldsymbol{C}^{\mathrm{T}} + \boldsymbol{R}\right)^{-1} \tag{5.13c}$$

更新：

$$\hat{\boldsymbol{P}}_k = (\mathbf{1} - \boldsymbol{K}_k\boldsymbol{C})\check{\boldsymbol{P}}_k \tag{5.13d}$$

$$\hat{\boldsymbol{x}}_k = \check{\boldsymbol{x}}_k + \boldsymbol{K}_k\big(\boldsymbol{y}_k - \boldsymbol{C}\check{\boldsymbol{x}}_k - \underbrace{\bar{\boldsymbol{y}}}_{\text{偏差}}\big) \tag{5.13e}$$

通过上面的修正，我们重新恢复了一个无偏的和一致的估计。这里的问题是，为了有效地抑制偏差带来的影响，我们必须知道偏差的精确值。然而在大多数情况下，并没有办法知道偏差的精确值（它甚至会随着时间变化）。因此，在估计问题中，我们应该尝试着把偏差也估计出来。下面几节里，我们将研究在输入和测量都被影响的情况下，如何去估计偏差。

5.1.2 未知的输入偏差

接着上一节的内容，假设测量偏差 $\bar{\boldsymbol{y}} = \mathbf{0}$，但输入偏差 $\bar{\boldsymbol{u}} \neq \mathbf{0}$。因此除了估计系统状态 $\boldsymbol{x}_k$，还需要估计输入偏差，因此我们要估计的增广状态为：

$$\boldsymbol{x}'_k = \begin{bmatrix} \boldsymbol{x}_k \\ \bar{\boldsymbol{u}}_k \end{bmatrix} \tag{5.14}$$

其中，为了使偏差作为状态的一部分，我们令偏差为时间的函数。因为现在偏差是时间的函数，所以需要为偏差定义一个运动模型。一个典型的模型为：

$$\bar{\boldsymbol{u}}_k = \bar{\boldsymbol{u}}_{k-1} + \boldsymbol{s}_k \tag{5.15}$$

其中 $\boldsymbol{s}_k \sim \mathcal{N}(\mathbf{0}, \boldsymbol{W})$，这正是有偏差的布朗运动（随机游走）模型。由于影响运动的内部偏差是服从零均值高斯分布的，在某种意义上，我们可以简单地利用一个积分器来处理。这种技巧在实际中也是有效的。当然我们也可以采用其他的偏差运动模型，但我们通常无从了解它们在时间上是如何运动的。在有偏差的布朗运动模型下，我们要估计的增广运动模型为：

$$\boldsymbol{x}'_k = \underbrace{\begin{bmatrix} \boldsymbol{A} & \boldsymbol{B} \\ \mathbf{0} & \mathbf{1} \end{bmatrix}}_{\boldsymbol{A}'} \boldsymbol{x}'_{k-1} + \underbrace{\begin{bmatrix} \boldsymbol{B} \\ \mathbf{0} \end{bmatrix}}_{\boldsymbol{B}'} \boldsymbol{u}_k + \underbrace{\begin{bmatrix} \boldsymbol{w}_k \\ \boldsymbol{s}_k \end{bmatrix}}_{\boldsymbol{w}'_k} \tag{5.16}$$

为了方便描述，我们定义了一些新的符号：

$$\boldsymbol{w}'_k \sim \mathcal{N}(\mathbf{0}, \boldsymbol{Q}'), \quad \boldsymbol{Q}' = \begin{bmatrix} \boldsymbol{Q} & \mathbf{0} \\ \mathbf{0} & \boldsymbol{W} \end{bmatrix} \tag{5.17}$$

于是我们又回到了无偏估计系统的形式。这种情况下，观测模型为：

$$\boldsymbol{y}_k = \underbrace{\begin{bmatrix} \boldsymbol{C} & \mathbf{0} \end{bmatrix}}_{\boldsymbol{C}'} \boldsymbol{x}'_k + \boldsymbol{n}_k \tag{5.18}$$

一个至关重要的问题是，该增广状态构建的滤波器会不会收敛到正确的结果。上面的技巧是否真的有效？对于高斯线性批量估计（没有初始状态的先验信息），解存在且唯一的条件为：

$$\boldsymbol{Q} > 0, \quad \boldsymbol{R} > 0, \quad \operatorname{rank} \mathcal{O} = N \tag{5.19}$$

当系统中的偏差为零时，即 $\bar{\boldsymbol{u}} = \mathbf{0}$，我们假设上述条件成立。定义

$$\mathcal{O}' = \begin{bmatrix} \boldsymbol{C}' \\ \boldsymbol{C}'\boldsymbol{A}' \\ \vdots \\ \boldsymbol{C}'\boldsymbol{A}'^{(N+U-1)} \end{bmatrix} \tag{5.20}$$

为了证明增广状态构建的批量估计问题中解的存在性和唯一性，我们需要证明

$$\underbrace{\boldsymbol{Q}' > 0, \quad \boldsymbol{R} > 0}_{\text{由定义得证}}, \quad \operatorname{rank} \mathcal{O}' = N + U \tag{5.21}$$

根据协方差矩阵的定义，前两个条件是成立的。对于最后一个条件，由于增广状态包括了偏差，而偏差的秩 $\dim \bar{\boldsymbol{u}}_k$ 为 U，因此它的秩应为 $N+U$。一般情况下，这个条件不会成立。下面我们举两个例子。

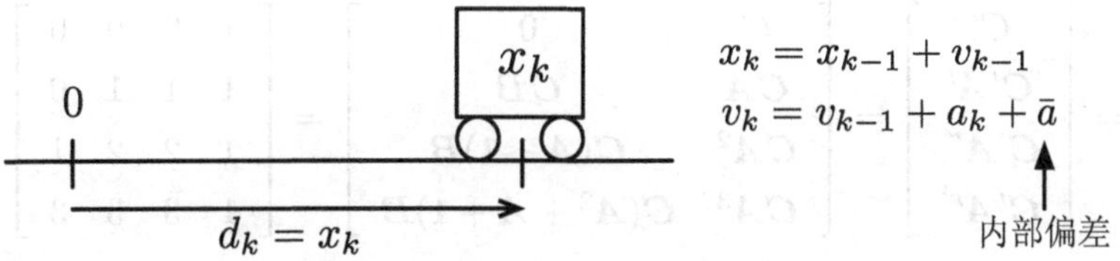

图 5–1 加速度中有输入偏差。这种情况下我们可以把偏差作为状态估计问题的一部分

例 5.1 假设系统矩阵为

$$\boldsymbol{A} = \begin{bmatrix} 1 & 1 \\ 0 & 1 \end{bmatrix}, \quad \boldsymbol{B} = \begin{bmatrix} 0 \\ 1 \end{bmatrix}, \quad \boldsymbol{C} = \begin{bmatrix} 1 & 0 \end{bmatrix} \tag{5.22}$$

此时 $N=2$，$U=1$。可以将该系统想象为一维空间中具有单位质量的推车，如图 5–1 所示，其状态是位置和速度，输入是加速度，测量是推车距离原点的距离，偏差作用于输入上。我们有：

$$\mathcal{O} = \begin{bmatrix} \boldsymbol{C} \\ \boldsymbol{CA} \end{bmatrix} = \begin{bmatrix} 1 & 0 \\ 1 & 1 \end{bmatrix} \quad \Rightarrow \quad \operatorname{rank} \mathcal{O} = 2 = N \tag{5.23}$$

因此该无偏系统是能观的[2]。对于该增广状态系统我们有

$$\mathcal{O}' = \begin{bmatrix} \boldsymbol{C}' \\ \boldsymbol{C}'\boldsymbol{A}' \\ \boldsymbol{C}'\boldsymbol{A}'^2 \end{bmatrix} = \begin{bmatrix} \boldsymbol{C} & \boldsymbol{0} \\ \boldsymbol{CA} & \boldsymbol{CB} \\ \boldsymbol{CA}^2 & \boldsymbol{CAB}+\boldsymbol{CB} \end{bmatrix} = \begin{bmatrix} 1 & 0 & 0 \\ 1 & 1 & 0 \\ 1 & 2 & 1 \end{bmatrix}$$
$$\Rightarrow \quad \operatorname{rank} \mathcal{O}' = 3 = N+U \tag{5.24}$$

所以，它也是能观的。注意，如果取 $\boldsymbol{B} = \begin{bmatrix} 1 \\ 0 \end{bmatrix}$，系统也是能观的[3]。

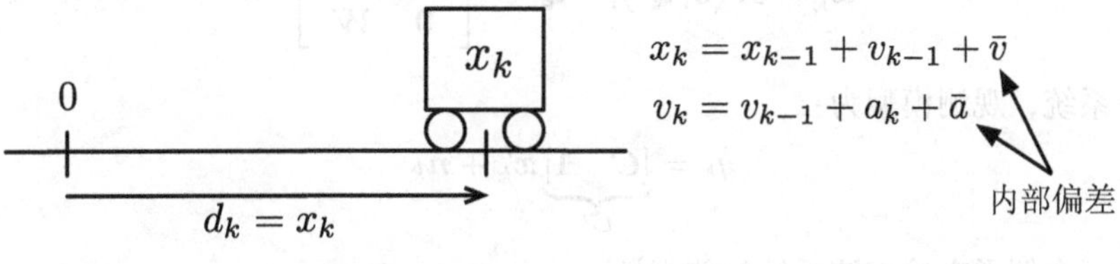

图 5–2 加速度和速度中都有输入偏差。这种情况下我们不能估计出偏差，因为系统是不能观的

例 5.2 假设系统矩阵为

$$\boldsymbol{A} = \begin{bmatrix} 1 & 1 \\ 0 & 1 \end{bmatrix}, \quad \boldsymbol{B} = \begin{bmatrix} 1 & 0 \\ 0 & 1 \end{bmatrix}, \quad \boldsymbol{C} = [1 \quad 0] \tag{5.25}$$

---

2 该系统也是能控的（controllable）。

3 但是该无偏系统不能控。

因此 $N=2$，$U=2$。如图 5–2 所示，这是一个奇怪的系统，其中系统的控制指令是速度和加速度的函数，但这些量都是有偏差的。由于 $\boldsymbol{A}$ 和 $\boldsymbol{C}$ 都是不变的，无偏系统亦是能观的。对于增广状态系统，我们有：

$$\mathcal{O}' = \begin{bmatrix} \boldsymbol{C}' \\ \boldsymbol{C}'\boldsymbol{A}' \\ \boldsymbol{C}'\boldsymbol{A}'^2 \\ \boldsymbol{C}'\boldsymbol{A}'^3 \end{bmatrix} = \begin{bmatrix} \boldsymbol{C} & \boldsymbol{0} \\ \boldsymbol{CA} & \boldsymbol{CB} \\ \boldsymbol{CA}^2 & \boldsymbol{C}(\boldsymbol{A}+\boldsymbol{1})\boldsymbol{B} \\ \boldsymbol{CA}^3 & \boldsymbol{C}(\boldsymbol{A}^2+\boldsymbol{A}+\boldsymbol{1})\boldsymbol{B} \end{bmatrix} = \begin{bmatrix} 1 & 0 & 0 & 0 \\ 1 & 1 & 1 & 0 \\ 1 & 2 & 2 & 1 \\ 1 & 3 & 3 & 3 \end{bmatrix}$$
$$\Rightarrow \quad \operatorname{rank} \mathcal{O}' = 3 < 4 = N + U \tag{5.26}$$

可以看到第二和第三列是相同的，因此该系统不是能观的。

5.1.3 未知的测量偏差

假设输入偏差 $\bar{\boldsymbol{u}}=\boldsymbol{0}$，但测量偏差 $\bar{\boldsymbol{y}} \neq \boldsymbol{0}$。因此我们要估计的增广状态为：

$$\boldsymbol{x}_k' = \begin{bmatrix} \boldsymbol{x}_k \\ \bar{\boldsymbol{y}}_k \end{bmatrix} \tag{5.27}$$

其中，偏差仍然是时间的函数，我们依然假设一个随机游走的噪声模型：

$$\bar{\boldsymbol{y}}_k = \bar{\boldsymbol{y}}_{k-1} + \boldsymbol{s}_k \tag{5.28}$$

其中 $\boldsymbol{s}_k \sim \mathcal{N}(\boldsymbol{0}, \boldsymbol{W})$。在这种偏差运动模型下，增广状态系统的运动模型为：

$$\boldsymbol{x}_k' = \underbrace{\begin{bmatrix} \boldsymbol{A} & \boldsymbol{0} \\ \boldsymbol{0} & \boldsymbol{1} \end{bmatrix}}_{\boldsymbol{A}'} \boldsymbol{x}_{k-1}' + \underbrace{\begin{bmatrix} \boldsymbol{B} \\ \boldsymbol{0} \end{bmatrix}}_{\boldsymbol{B}'} \boldsymbol{u}_k + \underbrace{\begin{bmatrix} \boldsymbol{w}_k \\ \boldsymbol{s}_k \end{bmatrix}}_{\boldsymbol{w}_k'} \tag{5.29}$$

为了简化描述，我们定义下面的符号：

$$\boldsymbol{w}_k' \sim \mathcal{N}(\boldsymbol{0}, \boldsymbol{Q}'), \quad \boldsymbol{Q}' = \begin{bmatrix} \boldsymbol{Q} & \boldsymbol{0} \\ \boldsymbol{0} & \boldsymbol{W} \end{bmatrix} \tag{5.30}$$

对于增广状态系统，观测模型为：

$$\boldsymbol{y}_k = \underbrace{\begin{bmatrix} \boldsymbol{C} & \boldsymbol{1} \end{bmatrix}}_{\boldsymbol{C}'} \boldsymbol{x}_k' + \boldsymbol{n}_k \tag{5.31}$$

下面我们通过一个例子来检查该系统的能观性。

例 5.3 假设系统矩阵为

$$\boldsymbol{A} = \begin{bmatrix} 1 & 1 \\ 0 & 1 \end{bmatrix}, \quad \boldsymbol{B} = \begin{bmatrix} 0 \\ 1 \end{bmatrix}, \quad \boldsymbol{C} = \begin{bmatrix} 1 & 0 \end{bmatrix} \tag{5.32}$$

因此，$N=2$ 和 $U=1$。该系统可以想象为，我们的推车在测量它自身到某一路标的距离（该路标的位置不确定，如图 5–3 所示）。在移动机器人的应用场景中，这是一个典型的**同时定位与地图构建**（SLAM）系统。其中，“定位”对应推车的状态，“地图”对应路标点的位置。

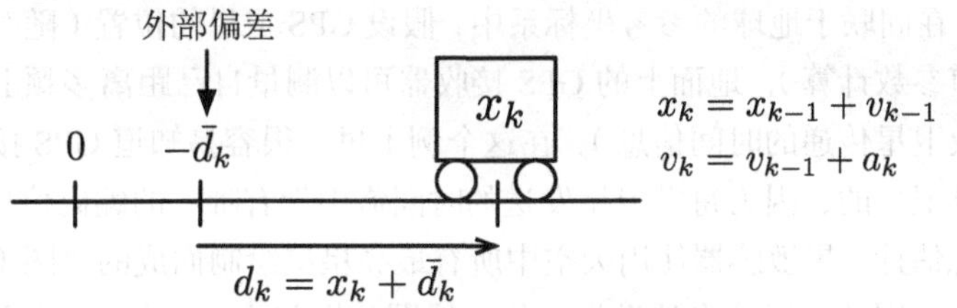

图 5-3　在路标的位置上有测量偏差。这种情况下我们不能估计出偏差，因为系统是不能观的

我们有：

$$\mathcal{O} = \begin{bmatrix} \boldsymbol{C} \\ \boldsymbol{CA} \end{bmatrix} = \begin{bmatrix} 1 & 0 \\ 1 & 1 \end{bmatrix} \quad \Rightarrow \quad \text{rank}\,\mathcal{O} = 2 = N \tag{5.33}$$

因此该无偏系统是能观的。对于增广状态系统，我们有：

$$\mathcal{O}' = \begin{bmatrix} \boldsymbol{C}' \\ \boldsymbol{C}'\boldsymbol{A}' \\ \boldsymbol{C}'\boldsymbol{A}'^2 \end{bmatrix} = \begin{bmatrix} \boldsymbol{C} & \boldsymbol{1} \\ \boldsymbol{CA} & \boldsymbol{1} \\ \boldsymbol{CA}^2 & \boldsymbol{1} \end{bmatrix} = \begin{bmatrix} 1 & 0 & 1 \\ 1 & 1 & 1 \\ 1 & 2 & 1 \end{bmatrix}$$
$$\Rightarrow \quad \text{rank}\,\mathcal{O}' = 2 < 3 = N + U \tag{5.34}$$

因此它是不能观的（第一列和第三列相同）。由于该系统不是满秩的，并且 $\dim(\text{null}\,\mathcal{O}') = 1$；能观性矩阵的零空间对应于产生零输出的向量。可以看到

$$\text{null}\,\mathcal{O}' = \text{span}\left\{ \begin{bmatrix} 1 \\ 0 \\ -1 \end{bmatrix} \right\} \tag{5.35}$$

这意味着当我们同时移动推车和路标（向左或向右移动）时，测量不会发生改变。这是否意味着我们的估计器出错了呢？如果我们小心地妥善地处理就不会估计错误。对于批量式 LG 估计和 KF 估计，我们分别有以下的操作：

1. 在批量式 LG 估计器中，左侧的矩阵不能求逆。但是我们知道，对于每一个线性方程组 $\boldsymbol{Ax} = \boldsymbol{b}$，要么没有解，要么有唯一解，要么有无穷多组解。在这种情况下，我们的线性方程组是有无穷多组解而不是唯一解的。
2. 在 KF 过程中，我们需要对状态有一个初始的估计。我们最终得到的解依赖于初始条件的选取。换句话说，在初始时刻引入的偏置将一直存在于系统中。

对于上面的两种情况，我们都有一些解决方案。

5.2　数据关联

数据关联问题就是找出每一个测量信息对应于模型中的哪一部分。事实上，几乎所有的估计技术，特别是机器人技术，都采用某种形式的模型或地图来确定机器人的状态，如机器人的位置/方向。一些常见例子是：

1. GPS 卫星定位。在固联于地球的参考坐标系中，假设 GPS 卫星的位置（随时间的函数）是已知的（通过其轨道参数计算），地面上的 GPS 接收器可以测量自己距离多颗卫星的距离（利用飞行时间原理以及卫星传递的时间信息）。在这个例子里，很容易知道 GPS 接收器获得的距离信息是相对于哪颗卫星的，因为每颗卫星发送的时间戳中带有唯一的编码信息。
2. 星敏感器的姿态估计。星敏感器使用天空中所有最亮星星绘制而成的星图（或星表）来确定传感器指向的方位。因此可以将自然世界看作为地图（提前绘制的），而这个例子中数据关联问题就是确定现在看到的星星是星表中的哪一颗。这要比 GPS 例子难得多，而且只有提前生成星表，这个系统才能实用。

数据关联技术本质上分为两类：外部关联和内部关联。

5.2.1 外部数据关联

在外部数据关联中，需要用到基于模型和测量的专业知识。这些专业知识对于估计问题来说是“外部的”。从估计问题的角度来看，数据关联的任务已经完成，因此外部数据关联有时被称为“已知的数据关联”。

例如，一些观测物体被涂上了不同的颜色，而通过立体相机观测到的这些物体可以利用颜色信息来进行数据关联。在估计问题中也就不会再用到这些颜色信息了。诸如视觉条形码、特定频率的信号或者编码信息（如 GPS 卫星）也是外部数据关联。

如果我们能够通过某种手段，搭建或把现有系统修改成合作的系统，那么外部数据关联就可以很好地工作，从而大幅地简化状态估计问题。与此同时，前沿的计算机视觉技术也可以使用未经过预处理的模型进行外部数据关联，虽然可能很容易出现错误的数据关联。

5.2.2 内部数据关联

在内部数据关联中，只能用测量和模型的数据来计算数据关联。因此内部数据关联有时被称为“未知的数据关联”。通常，对于给定的模型，内部数据关联与给定观测的似然有关。在最简单的版本中，只有最有可能的数据关联被接受，而其他可能性的关联将会被忽略。更复杂的算法中，也允许存在多种数据关联的假设用于估计问题中。

对于一些特定的模型，比如三维空间中的路标或者星表，路标构成的“星座”有时可以用于数据关联，如图 5–4 所示。**刚体约束下的数据配准穷举搜索**（data-aligned rigidity-constrained exhaustive search, DARCES）[41] 算法是一个典型的基于群集的数据关联算法。其主要思想为，同一群集中，点对的距离可以作为数据关联中独一无二的标识符。

不管采用什么类型的数据关联，只要问题估计失败了，那么极有可能是错误的数据关联导致的。因此，我们应该认识到，在实际应用中数据的误关联是很有可能发生的，所以在技术设计中就应该考虑到如何处理误关联，从而提高系统的鲁棒性。下一节，我们将在外点的检测和剔除部分讨论一些处理此类问题的方法。

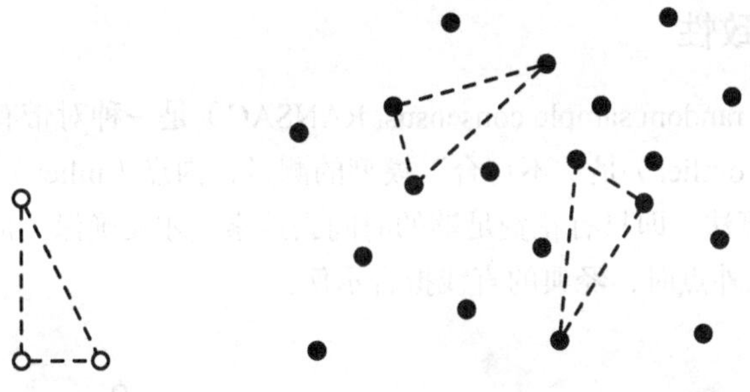

图 5–4　观测和点云模型，有两种可能的数据关联

5.3　处理外点

数据误关联有时会使得估计器完全发散。然而，让估计器发散的原因不仅仅是数据关联。比如，我们的测量会受到许多因素的干扰而变得不可靠。一个典型的例子是，GPS 信号在建筑物附近存在多路径效应，如图 5–5 所示。通过反射信号，我们可以得到测量距离。然而当视距路径被阻挡，并且没有任何附加信息时，接收机是无法知道由较长的路径测得的距离是不正确的。

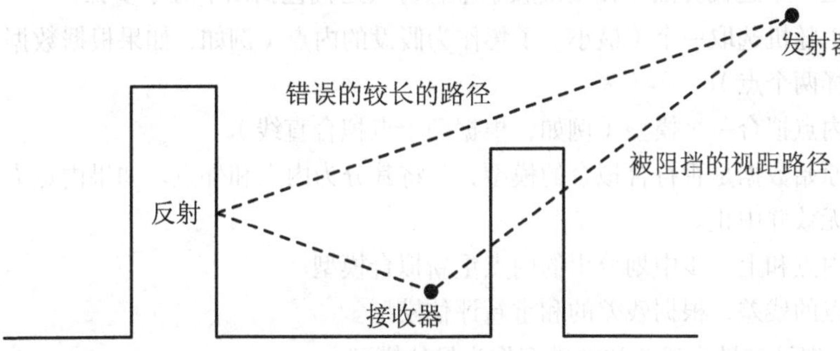

图 5–5　建筑物的复杂结构可能导致 GPS 系统产生错误的观测

我们将非常不可能的测量值（根据测量模型）称为**外点**（outlier）。此处可能性的评判基准有待说明，一种常见的方法（在一维度数据中）是将超出平均值三个标准差的测量值作为外点。

如果我们认为系统中存在一部分（也可能是很大一部分）外点，那么我们将需要设计一种可以检测、减少或移除外点对估计问题影响的方案。我们将会讨论处理外点的两种最常用的方案：

1. 随机采样一致性[42]（random sample consensus）。
2. M 估计[43]（M-Estimation）。

这两种方案可以单独使用或串联使用。我们还将了解到什么是**自适应估计**（如协方差估计）以及自适应估计与 M 估计的联系。

5.3.1 随机采样一致性

随机采样一致性（random sample consensus, RANSAC）是一种对带有外点的数据拟合参数模型的迭代方法。**外点**（outlier）是“不符合”模型的测量，**内点**（inlier）是“符合”模型的测量。RANSAC 是一种概率算法，即只有花费足够的时间去搜索，才能确保（提高）找到合理答案的概率。图 5–6 展示了存在外点时，经典的直线拟合示例。

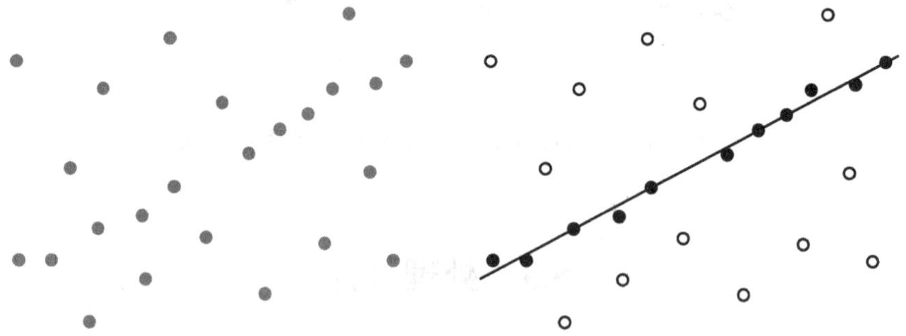

图 5–6 直线拟合的例子。如果根据所有的数据点来拟合直线，则外点将会对结果产生很大干扰。RANSAC 方法把点集分为内点和外点，只用内点集拟合直线

RANSAC 是一个迭代算法。在基础版本中，每次迭代包括以下五个步骤：

1. 在原始数据中随机选取一个（最小）子集作为假设的内点（例如，如果根据数据拟合一条二维直线，则选择两个点）。
2. 根据假设的内点拟合一个模型（例如，根据两个点拟合直线）。
3. 判断剩余的原始数据是否符合拟合的模型，并将其分为内点和外点。如果内点太少，则该次迭代被标记为无效并中止。
4. 根据假设的内点和上一步中划分出的内点重新拟合模型。
5. 计算所有内点的残差，根据残差的和重新评估模型。

迭代上述步骤，把具有最小残差和的模型作为最佳模型。

这里一个重要的问题是，需要多少次迭代，比方说 k 次，才可以确保有概率 p 可以选到仅由内点组成的子集？一般而言，该问题很难求解。然而，如果我们假设每个测量被选取是相互独立的，并且每个测量为内点的概率均为 w，那么有以下关系：

$$1 - p = (1 - w^n)^k \tag{5.36}$$

其中 n 为拟合模型所需要的最少数据个数，k 为总的迭代次数。解得 k 为：

$$k = \frac{\ln(1 - p)}{\ln(1 - w^n)} \tag{5.37}$$

实际上，这可以被认为是 k 的上限，因为数据点通常是顺序选择的，而不是独立地选择。数据点之间存在约束也使得随机子集的选取更加复杂。

5.3.2 M 估计

早期的很多估计技术都是以最小化误差平方和为代价函数。该代价函数的问题是，它非常容易受到外点的干扰。一个偏离较大的外点可以对估计结果产生巨大的影响，因为它主导了代价函数。**M 估计**[4]修改了代价函数的形状，在求解过程中让外点不占据主导地位。

我们之前讲过，总体非线性 MAP 目标函数（对于批量估计）可以写为二次型的形式

$$J(\boldsymbol{x}) = \frac{1}{2}\sum_{i=1}^{N} \boldsymbol{e}_i(\boldsymbol{x})^{\mathrm{T}}\boldsymbol{W}_i^{-1}\boldsymbol{e}_i(\boldsymbol{x}) \tag{5.38}$$

目标函数的梯度为

$$\frac{\partial J(\boldsymbol{x})}{\partial \boldsymbol{x}} = \sum_{i=1}^{N} \boldsymbol{e}_i(\boldsymbol{x})^{\mathrm{T}}\boldsymbol{W}_i^{-1}\frac{\partial \boldsymbol{e}_i(\boldsymbol{x})}{\partial \boldsymbol{x}} \tag{5.39}$$

在目标函数取极小值时梯度为 0。现在让我们一般化这个目标函数，并将其写成

$$J'(\boldsymbol{x}) = \sum_{i=1}^{N} \alpha_i \rho(u_i(\boldsymbol{x})) \tag{5.40}$$

其中 $\alpha_i > 0$，是一个标量权重值，而

$$u_i(\boldsymbol{x}) = \sqrt{\boldsymbol{e}_i(\boldsymbol{x})^{\mathrm{T}}\boldsymbol{W}_i^{-1}\boldsymbol{e}_i(\boldsymbol{x})} \tag{5.41}$$

同时 $\rho(u)$ 为非线性代价函数，满足：有界，在 $u=0$ 处有唯一的零点，在 $u>0$ 时单调递增。

有很多这样的非线性代价函数，包括

$$\underbrace{\rho(u) = \frac{1}{2}u^2}_{\text{二次（quadratic）}}, \quad \underbrace{\rho(u) = \frac{1}{2}\ln(1+u^2)}_{\text{柯西（Cauchy）}}, \quad \underbrace{\rho(u) = \frac{1}{2}\frac{u^2}{1+u^2}}_{\text{Geman-McClure}} \tag{5.42}$$

我们称这些比二次函数增长慢的函数为**鲁棒代价函数**（robust cost functions）。由于梯度的减小，大的误差对应的权重不会太大，对结果的影响也就减弱了。图 5–7 展示了不同的鲁棒函数。读者可以参见文献 [43] 了解更多鲁棒函数，同时文献 [44] 对不同鲁棒代价函数有着细致的比较。

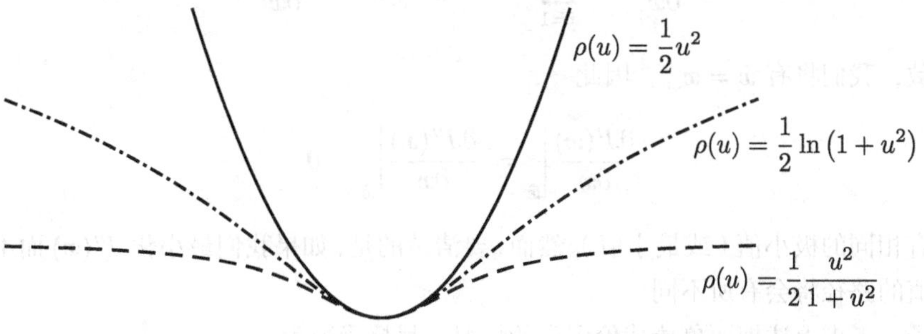

图 5–7　二次、柯西、Geman-McClure 代价函数对于标量输入的响应

[4] “M”代表“最大似然的”，例如，广义的最大似然估计（在前面章节提到了，即等价于最小二乘估计）。

使用链式法则，我们新的代价函数的梯度为：

$$\frac{\partial J'(\boldsymbol{x})}{\partial \boldsymbol{x}} = \sum_{i=1}^{N} \alpha_i \frac{\partial \rho}{\partial u_i} \frac{\partial u_i}{\partial \boldsymbol{e}_i} \frac{\partial \boldsymbol{e}_i}{\partial \boldsymbol{x}} \tag{5.43}$$

如果我们寻找最小值，则应该使梯度为零。代入：

$$\frac{\partial u_i}{\partial \boldsymbol{e}_i} = \frac{1}{u_i(\boldsymbol{x})} \boldsymbol{e}_i(\boldsymbol{x})^{\mathrm{T}} \boldsymbol{W}_i^{-1} \tag{5.44}$$

则梯度可被写作：

$$\frac{\partial J'(\boldsymbol{x})}{\partial \boldsymbol{x}} = \sum_{i=1}^{N} \boldsymbol{e}_i(\boldsymbol{x})^{\mathrm{T}} \boldsymbol{Y}_i(\boldsymbol{x})^{-1} \frac{\partial \boldsymbol{e}_i(\boldsymbol{x})}{\partial \boldsymbol{x}} \tag{5.45}$$

其中

$$\boldsymbol{Y}_i(\boldsymbol{x})^{-1} = \frac{\alpha_i}{u_i(\boldsymbol{x})} \left. \frac{\partial \rho}{\partial u_i} \right|_{u_i(\boldsymbol{x})} \boldsymbol{W}_i^{-1} \tag{5.46}$$

是一个依赖于 $\boldsymbol{x}$ 的新的（逆）协方差矩阵。我们可以看到式（5.45）和式（5.39）是相同的，除了 $\boldsymbol{W}_i$ 被替换为 $\boldsymbol{Y}_i(\boldsymbol{x})$。

由于 $\boldsymbol{e}_i(\boldsymbol{x})$ 对 $\boldsymbol{x}$ 呈非线性关系，我们可以使用迭代式的优化器来求解，其中需要利用上一次迭代的状态值 $\boldsymbol{x}_{\mathrm{op}}$ 去计算 $\boldsymbol{Y}_i(\boldsymbol{x})$ 的值。这意味着，我们可以用下面的代价函数来简化工作

$$J''(\boldsymbol{x}) = \frac{1}{2} \sum_{i=1}^{N} \boldsymbol{e}_i(\boldsymbol{x})^{\mathrm{T}} \boldsymbol{Y}_i(\boldsymbol{x}_{\mathrm{op}})^{-1} \boldsymbol{e}_i(\boldsymbol{x}) \tag{5.47}$$

其中

$$\boldsymbol{Y}_i(\boldsymbol{x}_{\mathrm{op}})^{-1} = \frac{\alpha_i}{u_i(\boldsymbol{x}_{\mathrm{op}})} \left. \frac{\partial \rho}{\partial u_i} \right|_{u_i(\boldsymbol{x}_{\mathrm{op}})} \boldsymbol{W}_i^{-1} \tag{5.48}$$

在每一次迭代中，我们仍然求解原来的最小二乘问题，但是当 $\boldsymbol{x}_{\mathrm{op}}$ 更新时，新的协方差矩阵也在随之变化，我们称之为**迭代重加权最小二乘法**（iteratively reweighted least squares, IRLS）[45]。

为了理解这里迭代方法有效的原因，我们可以检验 $J''(\boldsymbol{x})$ 的梯度：

$$\frac{\partial J''(\boldsymbol{x})}{\partial \boldsymbol{x}} = \sum_{i=1}^{N} \boldsymbol{e}_i(\boldsymbol{x})^{\mathrm{T}} \boldsymbol{Y}_i(\boldsymbol{x}_{\mathrm{op}})^{-1} \frac{\partial \boldsymbol{e}_i(\boldsymbol{x})}{\partial \boldsymbol{x}} \tag{5.49}$$

如果迭代收敛，我们将有 $\hat{\boldsymbol{x}} = \boldsymbol{x}_{\mathrm{op}}$，因此

$$\left. \frac{\partial J'(\boldsymbol{x})}{\partial \boldsymbol{x}} \right|_{\hat{\boldsymbol{x}}} = \left. \frac{\partial J''(\boldsymbol{x})}{\partial \boldsymbol{x}} \right|_{\hat{\boldsymbol{x}}} = \boldsymbol{0} \tag{5.50}$$

两个系统具有相同的极小值（或最小值）。然而，要清楚的是，如果我们最小化 $J''(\boldsymbol{x})$ 而不是 $J'(\boldsymbol{x})$，则达到最优值的路径将会有所不同。

举个例子，考虑上述柯西鲁棒代价函数的情况。目标函数为

$$J'(\boldsymbol{x}) = \frac{1}{2} \sum_{i=1}^{N} \alpha_i \ln \left(1 + \boldsymbol{e}_i(\boldsymbol{x})^{\mathrm{T}} \boldsymbol{W}_i^{-1} \boldsymbol{e}_i(\boldsymbol{x})\right) \tag{5.51}$$

我们有：

$$\boldsymbol{Y}_i(\boldsymbol{x}_{\text{op}})^{-1} = \frac{\alpha_i}{u_i(\boldsymbol{x}_{\text{op}})} \left.\frac{\partial \rho}{\partial u_i}\right|_{u_i(\boldsymbol{x}_{\text{op}})} \boldsymbol{W}_i^{-1} = \frac{\alpha_i}{u_i(\boldsymbol{x}_{\text{op}})} \frac{u_i(\boldsymbol{x}_{\text{op}})}{1+u_i(\boldsymbol{x}_{\text{op}})^2} \boldsymbol{W}_i^{-1} \tag{5.52}$$

因此，

$$\boldsymbol{Y}_i(\boldsymbol{x}_{\text{op}}) = \frac{1}{\alpha_i}\left(1+\boldsymbol{e}_i(\boldsymbol{x}_{\text{op}})^{\mathrm{T}}\boldsymbol{W}_i^{-1}\boldsymbol{e}_i(\boldsymbol{x}_{\text{op}})\right)\boldsymbol{W}_i \tag{5.53}$$

其中，我们看到的协方差矩阵只是原始（非鲁棒的）协方差矩阵 $\boldsymbol{W}_i$ 的膨胀版本；由于二次误差，即 $\boldsymbol{e}_i(\boldsymbol{x}_{\text{op}})^{\mathrm{T}}\boldsymbol{W}_i^{-1}\boldsymbol{e}_i(\boldsymbol{x}_{\text{op}})$ 的存在，它变得更大了。这是合理的，代价非常大的项通常被给予较小的置信度（例如，当存在外点的时候）。

5.3.3 协方差估计

在 MAP 估计中，我们一直在处理下面形式的代价函数：

$$J(\boldsymbol{x}) = \frac{1}{2}\sum_{i=1}^{N}\boldsymbol{e}_i(\boldsymbol{x})^{\mathrm{T}}\boldsymbol{W}_i^{-1}\boldsymbol{e}_i(\boldsymbol{x}) \tag{5.54}$$

其中，我们假设与输入和测量有关的协方差矩阵 $\boldsymbol{W}_i$ 是已知的。我们可以尝试从一些带有真值的训练数据中确定它的值，但实际当中往往得不到带有真值的数据。因此，更现实的做法是通过反复试验来调整。这也在一定程度上说明了为什么要使用鲁棒代价函数——实际的噪声模型并没有那么完整。

另一种方法是同时估计状态与协方差，有时称为**自适应估计**（adaptive estimation）。我们可以修改 MAP 估计问题为

$$\left\{\hat{\boldsymbol{x}}, \hat{\boldsymbol{M}}\right\} = \arg\underbrace{\min}_{\{\boldsymbol{x},\boldsymbol{M}\}} J'(\boldsymbol{x},\boldsymbol{M}) \tag{5.55}$$

其中，$\boldsymbol{M} = \{\boldsymbol{M}_1, \cdots, \boldsymbol{M}_N\}$ 用来表示所有未知协方差矩阵。这与本章前面所讨论的估计偏差的想法相似；我们简单地将 $\boldsymbol{M}_i$ 包含在待估计的一组变量中。为了做到这一点，我们需要以一种先验的方式为 $\boldsymbol{M}_i$ 提供一些可能的指导。如果没有先验，估计器可能会产生过拟合。

一个可能的先验是假设协方差是服从**逆维希特分布**（inverse-Wishart distribution），该分布是在实正定矩阵上定义的：

$$\boldsymbol{M}_i \sim \mathcal{W}^{-1}(\boldsymbol{\varPsi}_i, \nu_i) \tag{5.56}$$

其中 $\boldsymbol{\varPsi}_i > 0$ 为**尺度矩阵**，$\nu_i > M_i - 1$ 是**自由度**参数，并且 $M_i = \dim \boldsymbol{M}_i$。逆维希特概率密度函数具有下面的形式：

$$p(\boldsymbol{M}_i) = \frac{\det(\boldsymbol{\varPsi}_i)^{\frac{\nu_i}{2}}}{2^{\frac{\nu_i M_i}{2}}\Gamma_{M_i}\left(\frac{\nu_i}{2}\right)}\det(\boldsymbol{M}_i)^{-\frac{\nu_i+M_i+1}{2}}\exp\left(-\frac{1}{2}\operatorname{tr}\left(\boldsymbol{\varPsi}_i\boldsymbol{M}_i^{-1}\right)\right) \tag{5.57}$$

其中，$\Gamma_{M_i}(\cdot)$ 为**多变量 Gamma 函数**（multivariate Gamma function）。

在 MAP 问题下，目标函数为

$$J'(\boldsymbol{x},\boldsymbol{M}) = -\ln p(\boldsymbol{x},\boldsymbol{M}|\boldsymbol{z}) \tag{5.58}$$

其中 $\boldsymbol{z}=(\boldsymbol{z}_1,\cdots,\boldsymbol{z}_N)$ 代表我们所有的输入和测量数据。对后验概率进行分解，

$$p(\boldsymbol{x},\boldsymbol{M}|\boldsymbol{z})=p(\boldsymbol{x}|\boldsymbol{z},\boldsymbol{M})p(\boldsymbol{M})=\prod_{i=1}^{N}p(\boldsymbol{x}|\boldsymbol{z}_i,\boldsymbol{M}_i)p(\boldsymbol{M}_i) \tag{5.59}$$

并将其带入逆维希特概率密度函数中，目标函数变为

$$J'(\boldsymbol{x},\boldsymbol{M})=\frac{1}{2}\sum_{i=1}^{N}\left(\boldsymbol{e}_i(\boldsymbol{x})^{\mathrm{T}}\boldsymbol{M}_i^{-1}\boldsymbol{e}_i(\boldsymbol{x})-\alpha_i\ln(\det(\boldsymbol{M}_i^{-1}))+\operatorname{tr}(\boldsymbol{\Psi}_i\boldsymbol{M}_i^{-1})\right) \tag{5.60}$$

其中 $\alpha_i=\nu_i+M_i+2$，我们忽略了其中与 $\boldsymbol{x}$ 或 $\boldsymbol{M}$ 无关的项。

我们的策略[5]是首先找到最优的 $\boldsymbol{M}_i$（对 $\boldsymbol{x}$ 而言），以便从表达式中消除它。由于 $\boldsymbol{M}_i{}^{-1}$ 出现在上述表达式中，因此可以令 $J'(\boldsymbol{x},\boldsymbol{M})$ 关于 $\boldsymbol{M}_i{}^{-1}$ 的导数为零，从而消除掉 $\boldsymbol{M}_i$。利用矩阵性质，我们可以得到

$$\frac{\partial J'(\boldsymbol{x},\boldsymbol{M})}{\partial \boldsymbol{M}_i^{-1}}=\frac{1}{2}\boldsymbol{e}_i(\boldsymbol{x})\boldsymbol{e}_i(\boldsymbol{x})^{\mathrm{T}}-\frac{1}{2}\alpha_i\boldsymbol{M}_i+\frac{1}{2}\boldsymbol{\Psi}_i \tag{5.61}$$

将上式设为零，可以解得 $\boldsymbol{M}_i$，我们有

$$\boldsymbol{M}_i(\boldsymbol{x})=\underbrace{\frac{1}{\alpha_i}\boldsymbol{\Psi}_i}_{\text{常量}}+\underbrace{\frac{1}{\alpha_i}\boldsymbol{e}_i(\boldsymbol{x})\boldsymbol{e}_i(\boldsymbol{x})^{\mathrm{T}}}_{\text{膨胀}} \tag{5.62}$$

这是一个非常有趣的表达式。它展示了最优估计方差 $\boldsymbol{M}_i(\boldsymbol{x})$，由常量处开始膨胀，膨胀的大小与估计中的残差 $\boldsymbol{e}_i(\boldsymbol{x})$ 有关。这种膨胀的形式与上一节 M 估计中式（5.53）的 IRLS 协方差相似，意味着它们之间存在着联系。

为了更清晰地展示它们之间的联系，我们将最优估计的 $\boldsymbol{M}_i(\boldsymbol{x})$ 代入 $J'(\boldsymbol{x},\boldsymbol{M})$ 中，从而消掉 $\boldsymbol{M}_i(\boldsymbol{x})$。丢掉不依赖 $\boldsymbol{x}$ 的项后，最后得到表达式为：

$$J'(\boldsymbol{x})=\frac{1}{2}\sum_{i=1}^{N}\alpha_i\ln\left(1+\boldsymbol{e}_i(\boldsymbol{x})^{\mathrm{T}}\boldsymbol{\Psi}_i^{-1}\boldsymbol{e}_i(\boldsymbol{x})\right) \tag{5.63}$$

当尺度矩阵为通常的（非鲁棒的）协方差矩阵，即 $\boldsymbol{\Psi}_i=\boldsymbol{W}_i$ 时，恰好得到了上一节讨论的加权柯西鲁棒代价函数的形式。因此，原始定义的问题（5.55）可以转化为使用 IRLS 方法的 M 估计问题。

式（5.62）中的膨胀协方差 $\boldsymbol{M}_i(\boldsymbol{x})$ 与式（5.53）中的 $\boldsymbol{Y}_i(\boldsymbol{x})$ 并不完全相同，虽然它们看起来非常相似。这是因为 $\boldsymbol{M}_i(\boldsymbol{x})$ 是最小化目标函数 $J'(\boldsymbol{x})$ 所需的协方差，而 $\boldsymbol{Y}_i(\boldsymbol{x})$ 则是我们在迭代最小化 $J''(\boldsymbol{x})$ 时所用到的近似。在问题收敛的情况下（如 $\hat{\boldsymbol{x}}=\boldsymbol{x}_{\mathrm{op}}$），这两种方法有相同的梯度，因此极小值也相同，虽然它们以稍微不同的途径取得了这个结果。

在这个特定的情况下，协方差估计方法等效于 M 估计问题，这是一个相当不错的结论。这表明，我们可以从 MAP 的角度来解释鲁棒估计方法，而不是简单地将鲁棒估计方法作为一个补救的方案。可能更为普遍的情况是，所有鲁棒代价函数都源于对协方差矩阵 $p(\boldsymbol{M})$ 先验分布的特定选择。我们将这个命题留给读者进一步研究。

[5] 另一个策略是，在开始的时候就从 $p(\boldsymbol{x},\boldsymbol{M}|\boldsymbol{z})$ 中边缘化掉 $\boldsymbol{M}$，这同样可以得到类似于柯西的表达式[46]。

5.4 总 结

本章的主要结论是：

1. 现实世界并不如理论那么理想（存在偏差和外点），这使得实际的估计问题与本书中纯数学的推导不同。这些非理想因素是实际应用中误差的主要来源。
2. 在某些情况下，我们可以将估计的偏差叠加到估计框架中，而在有些情况不能这么做。这是由问题的能观性来决定的。
3. 在大多数实际的估计问题中，外点是真实存在的，因此有必要使用某种形式的预处理（例如 RANSAC）以及鲁棒代价函数。

下一章我们将介绍如何处理三维世界中的状态估计问题。

5.5 习 题

1. 考虑离散时间系统，

$$x_k = x_{k-1} + v_k + \bar{v}_k$$
$$d_k = x_k$$

其中 $\bar{v}_k$ 是未知的输入偏差。请写出增广状态系统并确定该系统是否能观。

2. 考虑离散时间系统，

$$x_k = x_{k-1} + v_{k-1}$$
$$v_k = v_{k-1} + a_k$$
$$d_{1,k} = x_k$$
$$d_{2,k} = x_k + \bar{d}_k$$

其中 $\bar{d}_k$ 是未知的输入偏差（只存在于其中一个测量方程中）。请写出增广状态系统并确定该系统是否能观。

3. 假设每个点为内点的概率为 $w = 0.1$，如果想选择一个内点子集（$n = 3$）的概率为 $p = 0.999$，需要多少次 RANSAC迭代？
4. 下面的鲁棒代价函数相比于 Geman-McClure 代价函数有何优势？

$$\rho(u) = \begin{cases} \frac{1}{2}u^2 & u^2 \leqslant 1 \\ \frac{2u^2}{1+u^2} - \frac{1}{2} & u^2 \geqslant 1 \end{cases}$$

第二部分

三维空间运动机理

第 6 章　三维几何学基础

这一章我们会介绍立体几何学的基础知识。首先，我们会引入**旋转**的概念，然后学习与旋转相关的数学描述工具。我们还会用很大的篇幅来定义不同的**参考系**（reference frame）。文献 [47] 提供了全面的机器人控制学的参考材料，其中包含了三维几何的背景知识。文献 [48] 也提供了很好的三维几何学的核心基础原理。

6.1　向量和参考系

我们熟知的**载具**（vehicle）（如机器人、卫星、飞行器等）的运动可以分为两种：三个自由度的平移和三个自由度的旋转，合计六个自由度。我们把这六个自由度定义为载具的**姿态**（pose），包含**位置**（position）和**朝向**（orientation）。一个载具内可能有多个组成部分，我们把每个部分称作**载体**（body），每个载体有自己的姿态。为了简化问题，我们只考虑单个载体的载具。

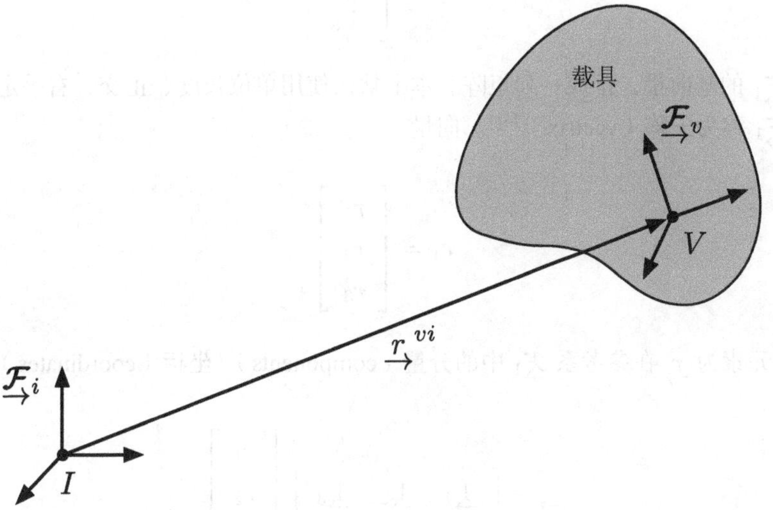

图 6–1　载具参考系和经典参考系的关系

6.1.1 参考系

载具上点的位置可以用由三个元素构成的向量 $\underrightarrow{r}^{vi}$ 来描述。旋转运动可以由固定在载具上的坐标系 $\underrightarrow{\mathcal{F}}_v$ 相对于另一个坐标系 $\underrightarrow{\mathcal{F}}_i$ 的旋转角度来表示。图 6–1 是单载体载具参考系的一个例子。

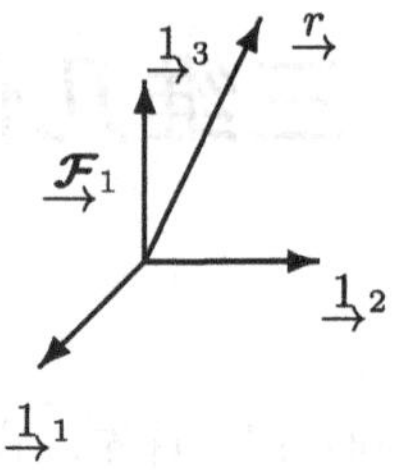

向量与坐标系

我们用 $\underrightarrow{r}$ 来表示一个有长度和方向的**向量**（vector）。在参考坐标系中，这个向量写成如下形式：

$$
\begin{aligned}
\underrightarrow{r} &= r_1 \underrightarrow{1}_1 + r_2 \underrightarrow{1}_2 + r_3 \underrightarrow{1}_3 \\
&= \begin{bmatrix} r_1 & r_2 & r_3 \end{bmatrix} \begin{bmatrix} \underrightarrow{1}_1 \\ \underrightarrow{1}_2 \\ \underrightarrow{1}_3 \end{bmatrix} \\
&= \boldsymbol{r}_1^{\mathrm{T}} \underrightarrow{\mathcal{F}}_1
\end{aligned}
\tag{6.1}
$$

其中

$$
\underrightarrow{\mathcal{F}}_1 = \begin{bmatrix} \underrightarrow{1}_1 \\ \underrightarrow{1}_2 \\ \underrightarrow{1}_3 \end{bmatrix}
$$

是把坐标系 $\underrightarrow{\mathcal{F}}_1$ 的基向量，排成一列矩阵。本书默认使用单位长度、正交、右手定则定义的基向量。我们把 $\underrightarrow{\mathcal{F}}_1$ 称为**矢阵**（vectrix）[48]。向量

$$
\boldsymbol{r}_1 = \begin{bmatrix} r_1 \\ r_2 \\ r_3 \end{bmatrix}
$$

是列向量，其元素为 $\underrightarrow{r}$ 在参考系 $\underrightarrow{\mathcal{F}}_1$ 中的**分量**（components）/ **坐标**（coordinates）值。同样也可以写成：

$$
\begin{aligned}
\underrightarrow{r} &= \begin{bmatrix} \underrightarrow{1}_1 & \underrightarrow{1}_2 & \underrightarrow{1}_3 \end{bmatrix} \begin{bmatrix} r_1 \\ r_2 \\ r_3 \end{bmatrix} \\
&= \underrightarrow{\mathcal{F}}_1^{\mathrm{T}} \boldsymbol{r}_1
\end{aligned}
$$

6.1.2 点积

考虑 $\underrightarrow{\mathcal{F}}_1$ 参考系下的两个向量 $\underrightarrow{r}$ 和 $\underrightarrow{s}$：

$$\underrightarrow{r} = \begin{bmatrix} r_1 & r_2 & r_3 \end{bmatrix} \begin{bmatrix} \underrightarrow{1}_1 \\ \underrightarrow{1}_2 \\ \underrightarrow{1}_3 \end{bmatrix}, \quad \underrightarrow{s} = \begin{bmatrix} \underrightarrow{1}_1 & \underrightarrow{1}_2 & \underrightarrow{1}_3 \end{bmatrix} \begin{bmatrix} s_1 \\ s_2 \\ s_3 \end{bmatrix}$$

那么它们的**点积**（dot product）（又名内积）的定义为：

$$\begin{aligned} \underrightarrow{r} \cdot \underrightarrow{s} &= \begin{bmatrix} r_1 & r_2 & r_3 \end{bmatrix} \begin{bmatrix} \underrightarrow{1}_1 \\ \underrightarrow{1}_2 \\ \underrightarrow{1}_3 \end{bmatrix} \cdot \begin{bmatrix} \underrightarrow{1}_1 & \underrightarrow{1}_2 & \underrightarrow{1}_3 \end{bmatrix} \begin{bmatrix} s_1 \\ s_2 \\ s_3 \end{bmatrix} \\ &= \begin{bmatrix} r_1 & r_2 & r_3 \end{bmatrix} \begin{bmatrix} \underrightarrow{1}_1 \cdot \underrightarrow{1}_1 & \underrightarrow{1}_1 \cdot \underrightarrow{1}_2 & \underrightarrow{1}_1 \cdot \underrightarrow{1}_3 \\ \underrightarrow{1}_2 \cdot \underrightarrow{1}_1 & \underrightarrow{1}_2 \cdot \underrightarrow{1}_2 & \underrightarrow{1}_2 \cdot \underrightarrow{1}_3 \\ \underrightarrow{1}_3 \cdot \underrightarrow{1}_1 & \underrightarrow{1}_3 \cdot \underrightarrow{1}_2 & \underrightarrow{1}_3 \cdot \underrightarrow{1}_3 \end{bmatrix} \begin{bmatrix} s_1 \\ s_2 \\ s_3 \end{bmatrix} \end{aligned}$$

由于：

$$\underrightarrow{1}_1 \cdot \underrightarrow{1}_1 = \underrightarrow{1}_2 \cdot \underrightarrow{1}_2 = \underrightarrow{1}_3 \cdot \underrightarrow{1}_3 = 1$$

以及：

$$\underrightarrow{1}_1 \cdot \underrightarrow{1}_2 = \underrightarrow{1}_2 \cdot \underrightarrow{1}_3 = \underrightarrow{1}_3 \cdot \underrightarrow{1}_1 = 0$$

因此，得到：

$$\underrightarrow{r} \cdot \underrightarrow{s} = \boldsymbol{r}_1^{\mathrm{T}} \mathbf{1} \boldsymbol{s}_1 = \boldsymbol{r}_1^{\mathrm{T}} \boldsymbol{s}_1 = r_1 s_1 + r_2 s_2 + r_3 s_3$$

符号 **1** 表示**单位矩阵**（identity matrix）。它的维数由具体情况决定。

6.1.3 叉积

我们把两个相同参考系下的向量的**叉积**（cross product）定义为：

$$\begin{aligned} \underrightarrow{r} \times \underrightarrow{s} &= \begin{bmatrix} r_1 & r_2 & r_3 \end{bmatrix} \begin{bmatrix} \underrightarrow{1}_1 \times \underrightarrow{1}_1 & \underrightarrow{1}_1 \times \underrightarrow{1}_2 & \underrightarrow{1}_1 \times \underrightarrow{1}_3 \\ \underrightarrow{1}_2 \times \underrightarrow{1}_1 & \underrightarrow{1}_2 \times \underrightarrow{1}_2 & \underrightarrow{1}_2 \times \underrightarrow{1}_3 \\ \underrightarrow{1}_3 \times \underrightarrow{1}_1 & \underrightarrow{1}_3 \times \underrightarrow{1}_2 & \underrightarrow{1}_3 \times \underrightarrow{1}_3 \end{bmatrix} \begin{bmatrix} s_1 \\ s_2 \\ s_3 \end{bmatrix} \\ &= \begin{bmatrix} r_1 & r_2 & r_3 \end{bmatrix} \begin{bmatrix} 0 & \underrightarrow{1}_3 & -\underrightarrow{1}_2 \\ -\underrightarrow{1}_3 & 0 & \underrightarrow{1}_1 \\ \underrightarrow{1}_2 & -\underrightarrow{1}_1 & 0 \end{bmatrix} \begin{bmatrix} s_1 \\ s_2 \\ s_3 \end{bmatrix} \\ &= \begin{bmatrix} \underrightarrow{1}_1 & \underrightarrow{1}_2 & \underrightarrow{1}_3 \end{bmatrix} \begin{bmatrix} 0 & -r_3 & r_2 \\ r_3 & 0 & -r_1 \\ -r_2 & r_1 & 0 \end{bmatrix} \begin{bmatrix} s_1 \\ s_2 \\ s_3 \end{bmatrix} \\ &= \underrightarrow{\mathcal{F}}_1^{\mathrm{T}} \boldsymbol{r}_1^{\times} \boldsymbol{s}_1 \end{aligned}$$

上式用到了基向量正交和右手定则的性质。因此，如果 $\underrightarrow{r}$ 和 $\underrightarrow{s}$ 都在相同参考系下，那么我们可以用下面的 3×3 矩阵

$$\boldsymbol{r}_1{}^{\times} = \begin{bmatrix} 0 & -r_3 & r_2 \\ r_3 & 0 & -r_1 \\ -r_2 & r_1 & 0 \end{bmatrix} \tag{6.2}$$

来构建叉积的元素。这种矩阵是**反对称**（skew-symmetric）[1]的，它满足：

$$(\boldsymbol{r}_1{}^{\times})^{\mathrm{T}} = -\boldsymbol{r}_1{}^{\times}$$

容易验证：

$$\boldsymbol{r}_1{}^{\times}\boldsymbol{r}_1 = \mathbf{0}$$

$$\boldsymbol{r}_1{}^{\times}\boldsymbol{s}_1 = -\boldsymbol{s}_1{}^{\times}\boldsymbol{r}_1$$

其中 $\mathbf{0}$ 是所有项均为零的列向量。

6.2 旋 转

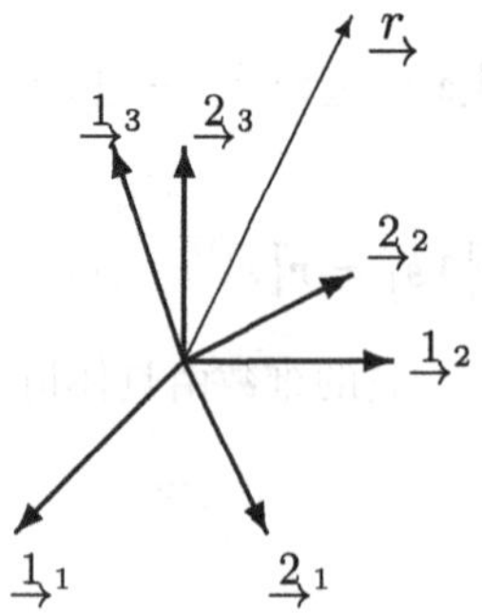

两个坐标系间的旋转

为了估计物体在三维世界中的运动，我们需要将它的旋转参数化。本节首先引入旋转矩阵，再介绍其他的表示方法。

6.2.1 旋转矩阵

设有原点相同的参考系 $\underrightarrow{\mathcal{F}}_1$ 和 $\underrightarrow{\mathcal{F}}_2$，那么向量 $\underrightarrow{r}$ 在这两个参考系下可以分别表示为：

$$\underrightarrow{r} = \underrightarrow{\mathcal{F}}_1^{\mathrm{T}}\boldsymbol{r}_1 = \underrightarrow{\mathcal{F}}_2^{\mathrm{T}}\boldsymbol{r}_2$$

---

1 文献中有许多等价的反对称写法：$\boldsymbol{r}_1{}^{\times} = \hat{\boldsymbol{r}}_1 = \boldsymbol{r}_1^{\wedge} = -[[\boldsymbol{r}_1]] = [\boldsymbol{r}_1]_{\times}$。现在，我们采用第一个表示形式，因为它和叉积有明显的联系。在后面的章节中我们也会使用 $(\cdot)^{\wedge}$，因为它在机器人学中用途很广泛。

为了找到 $\boldsymbol{r}_1$ 和 $\boldsymbol{r}_2$ 的转换关系，我们继续推导：

$$\begin{aligned}\underrightarrow{\mathcal{F}}_2^{\mathrm{T}}\boldsymbol{r}_2 &= \underrightarrow{\mathcal{F}}_1^{\mathrm{T}}\boldsymbol{r}_1\\ \underrightarrow{\mathcal{F}}_2\cdot\underrightarrow{\mathcal{F}}_2^{\mathrm{T}}\boldsymbol{r}_2 &= \underrightarrow{\mathcal{F}}_2\cdot\underrightarrow{\mathcal{F}}_1^{\mathrm{T}}\boldsymbol{r}_1\\ \boldsymbol{r}_2 &= \boldsymbol{C}_{21}\boldsymbol{r}_1\end{aligned}$$

这就定义了：

$$\begin{aligned}\boldsymbol{C}_{21} &= \underrightarrow{\mathcal{F}}_2\cdot\underrightarrow{\mathcal{F}}_1^{\mathrm{T}}\\ &= \begin{bmatrix}\underrightarrow{2}_1\\ \underrightarrow{2}_2\\ \underrightarrow{2}_3\end{bmatrix}\cdot\begin{bmatrix}\underrightarrow{1}_1 & \underrightarrow{1}_2 & \underrightarrow{1}_3\end{bmatrix}\\ &= \begin{bmatrix}\underrightarrow{2}_1\cdot\underrightarrow{1}_1 & \underrightarrow{2}_1\cdot\underrightarrow{1}_2 & \underrightarrow{2}_1\cdot\underrightarrow{1}_3\\ \underrightarrow{2}_2\cdot\underrightarrow{1}_1 & \underrightarrow{2}_2\cdot\underrightarrow{1}_2 & \underrightarrow{2}_2\cdot\underrightarrow{1}_3\\ \underrightarrow{2}_3\cdot\underrightarrow{1}_1 & \underrightarrow{2}_3\cdot\underrightarrow{1}_2 & \underrightarrow{2}_3\cdot\underrightarrow{1}_3\end{bmatrix}\end{aligned}$$

我们称矩阵 $\boldsymbol{C}_{21}$ 为**旋转矩阵**（rotation matrix）。有时我们也称它为方向余弦矩阵，因为两个单位向量的点积结果就是它们之间夹角的余弦值。

于是，$\underrightarrow{\mathcal{F}}_2$ 中的单位向量可以与 $\underrightarrow{\mathcal{F}}_1$ 中的单位向量关联起来：

$$\underrightarrow{\mathcal{F}}_1^{\mathrm{T}} = \underrightarrow{\mathcal{F}}_2^{\mathrm{T}}\boldsymbol{C}_{21} \tag{6.3}$$

旋转矩阵拥有一些特殊性质：

$$\boldsymbol{r}_1 = \boldsymbol{C}_{21}^{-1}\boldsymbol{r}_2 = \boldsymbol{C}_{12}\boldsymbol{r}_2$$

由于 $\boldsymbol{C}_{21}^{\mathrm{T}} = \boldsymbol{C}_{12}$，我们有：

$$\boldsymbol{C}_{12} = \boldsymbol{C}_{21}^{-1} = \boldsymbol{C}_{21}^{\mathrm{T}} \tag{6.4}$$

$\boldsymbol{C}_{21}$ 的逆就是它的转置，因此我们称 $\boldsymbol{C}_{21}$ 为**正交矩阵**（orthonormal matrix）。

接下来我们考虑三个坐标系 $\underrightarrow{\mathcal{F}}_1$，$\underrightarrow{\mathcal{F}}_2$ 和 $\underrightarrow{\mathcal{F}}_3$。向量 $\underrightarrow{r}$ 在这三个坐标系中的元素分别为 $\boldsymbol{r}_1$，$\boldsymbol{r}_2$ 和 $\boldsymbol{r}_3$。现在有

$$\boldsymbol{r}_3 = \boldsymbol{C}_{32}\boldsymbol{r}_2 = \boldsymbol{C}_{32}\boldsymbol{C}_{21}\boldsymbol{r}_1$$

但是因为 $\boldsymbol{r}_3 = \boldsymbol{C}_{31}\boldsymbol{r}_1$，所以：

$$\boldsymbol{C}_{31} = \boldsymbol{C}_{32}\boldsymbol{C}_{21}$$

6.2.2 基本旋转矩阵

在考虑通用的旋转之前，先来考虑绕着某个基向量旋转的情况。图中 $\underrightarrow{\mathcal{F}}_2$ 是通过绕着坐标系 $\underrightarrow{\mathcal{F}}_1$ 的第三轴旋转得来的。此时旋转矩阵为：

$$\boldsymbol{C}_3 = \begin{bmatrix}\cos\theta_3 & \sin\theta_3 & 0\\ -\sin\theta_3 & \cos\theta_3 & 0\\ 0 & 0 & 1\end{bmatrix} \tag{6.5}$$

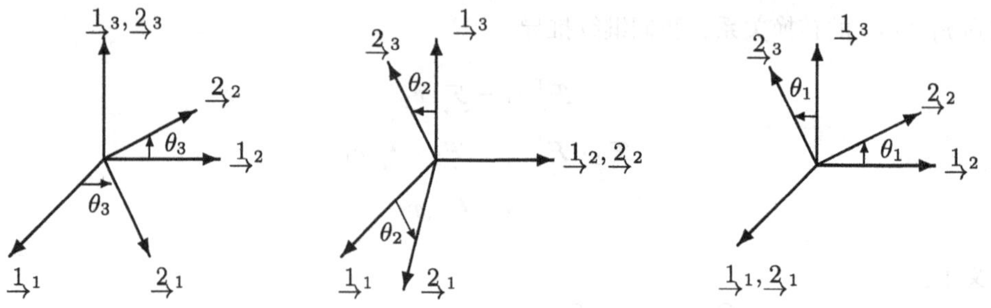

三个主轴上的旋转

对于绕着第二轴旋转的情况，旋转矩阵为：

$$\boldsymbol{C}_2 = \begin{bmatrix} \cos\theta_2 & 0 & -\sin\theta_2 \\ 0 & 1 & 0 \\ \sin\theta_2 & 0 & \cos\theta_2 \end{bmatrix} \tag{6.6}$$

同理，绕着第一轴旋转的旋转矩阵为：

$$\boldsymbol{C}_1 = \begin{bmatrix} 1 & 0 & 0 \\ 0 & \cos\theta_1 & \sin\theta_1 \\ 0 & -\sin\theta_1 & \cos\theta_1 \end{bmatrix} \tag{6.7}$$

6.2.3 其他的旋转表示形式

我们已经介绍了两参考系之间旋转关系的表达方式——**旋转矩阵**。每个旋转矩阵都全局地、唯一地表示了一个旋转运动。它包含了九个参数（但参数间是相关的）。除了旋转矩阵之外，还有很多旋转的表示方式。

我们要知道，不论是哪种旋转表示方式，都只有三个自由度。那些多于三个参数的表示形式，必定有某种约束条件，使自由度保持在三个。对于只有三个参数的表示形式，则必然存在奇异点（singularity）[2]。所以，没有所谓完美的旋转表示形式，既能用最少的参数表达旋转（比方说只有三个参数），又完全没有奇异点[49]。

欧拉角

两个参考系间的旋转关系可以用一系列绕三个主轴的旋转序列来表示。下面是一个例子：

1. 在原始坐标系基础上沿着主轴 3 旋转 ψ 度；
2. 在第一步的基础上，沿着新坐标系的主轴 1 旋转 γ 度；
3. 在第二步的基础上，沿着新坐标系的主轴 3 旋转 θ 度。

[2] 例如，在 yaw-pitch-roll 的顺序下，欧拉角在 pitch 为 90° 时将丢失一个自由度，即万向锁问题（Gimbol Lock）。其他顺序的欧拉角亦存在此问题，称为奇异点。——译者注

莱昂哈德·欧拉（Leonhard Euler，1707—1783）被认为是 18 世纪的杰出数学家，也是世界上最伟大的数学家。他在诸如无穷小、微积分和图论等多个领域取得了重要的发现。他还介绍了很多现代数学术语和符号，特别是对于数学分析，如数学函数的概念。他也以他在力学、流体力学、光学、天文学和音乐理论方面的工作而闻名。

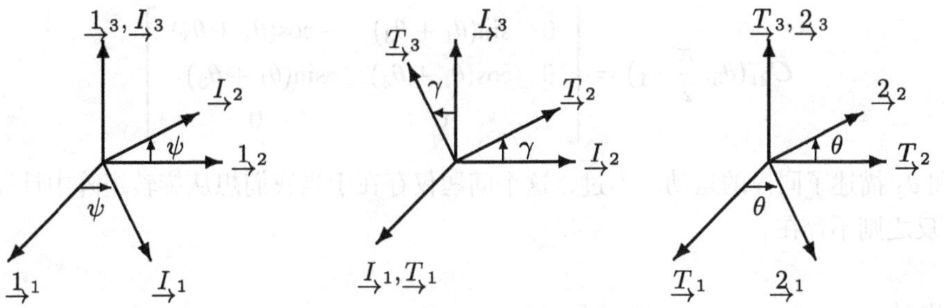

3-1-3 顺序下的三个角

上面这种表示方式成为 3-1-3 顺序，最早由欧拉提出。在经典的力学文献中，这三个角度被命名为

θ：自旋角（spin angle）;

γ：章动角（nutation angle）;

ψ：进动角（precession angle）。

那么，从参考系 1 到参考系 2 的旋转矩阵为

$$
\begin{aligned}
\boldsymbol{C}_{21}(\theta,\gamma,\psi) &= \boldsymbol{C}_{2T}\boldsymbol{C}_{TI}\boldsymbol{C}_{I1}\\
&= \boldsymbol{C}_3(\theta)\boldsymbol{C}_1(\gamma)\boldsymbol{C}_3(\psi)\\
&= \begin{bmatrix} c_\theta c_\psi - s_\theta c_\gamma s_\psi & s_\psi c_\theta + c_\gamma s_\theta c_\psi & s_\gamma s_\theta \\ -c_\psi s_\theta - c_\theta c_\gamma s_\psi & -s_\psi s_\theta + c_\theta c_\gamma c_\psi & s_\gamma c_\theta \\ s_\psi s_\gamma & -s_\gamma c_\psi & c_\gamma \end{bmatrix}
\end{aligned} \tag{6.8}
$$

其中，我们采用了三角函数的缩写形式 $s=\sin(\cdot)$，$c=\cos(\cdot)$。

另一种旋转序列的表示形式如下所示：

1. 沿着原始坐标系的主轴 1 旋转 θ_1 度（翻滚角）;
2. 沿着新坐标系的主轴 2 旋转 θ_2 度（俯仰角）;
3. 沿着新坐标系主轴 3 旋转 θ_3 度（偏航角）。

这种序列被广泛运用在航空航天领域，称为 1-2-3 姿态序列，或是 RPY（翻滚角-俯仰角-偏航角）表示法。这种情况下，可以得到参考系 1 到参考系 2 的旋转矩阵为：

$$
\begin{aligned}
\boldsymbol{C}_{21}(\theta_3,\theta_2,\theta_1) &= \boldsymbol{C}_3(\theta_3)\boldsymbol{C}_2(\theta_2)\boldsymbol{C}_1(\theta_1)\\
&= \begin{bmatrix} c_2c_3 & c_1s_3+s_1s_2c_3 & s_1s_3-c_1s_2c_3 \\ -c_2s_3 & c_1c_3-s_1s_2s_3 & s_1c_3+c_1s_2s_3 \\ s_2 & -s_1c_2 & c_1c_2 \end{bmatrix}
\end{aligned} \tag{6.9}
$$

其中 $s_i = \sin\theta_i$，$c_i = \cos\theta_i$。

所有的欧拉序列都有奇异点。例如，如果 3-1-3 序列中的 $\gamma = 0$，那么改变欧拉角 θ 或 ψ 会对运动造成同样的效果。这使得原本应该有两个自由度的旋转变成了一个自由度，从而无法确定这两个角度各自的值。

对于 1-2-3 序列，$\theta_2 = \pi/2$ 是它的奇异点，旋转矩阵可简化成以下形式：

$$\boldsymbol{C}_{21}(\theta_3, \frac{\pi}{2}, \theta_1) = \begin{bmatrix} 0 & \sin(\theta_1+\theta_3) & -\cos(\theta_1+\theta_3) \\ 0 & \cos(\theta_1+\theta_3) & \sin(\theta_1+\theta_3) \\ 1 & 0 & 0 \end{bmatrix}$$

可见 θ_1 和 θ_3 描述了同样的运动。不过，这个问题仅存在于当我们想从旋转矩阵中计算欧拉角的过程中，反之则不存在。

无穷小旋转

现在考虑在 1-2-3 转换中，旋转角 θ_1，θ_2，θ_3 极小的情况。在这种情况下，三角函数可近似为 $c_i \approx 1$，$s_i \approx \theta_i$，并且可以忽略两个极小角度的乘积 $\theta_i\theta_j \approx 0$。那么有：

$$\begin{aligned} \boldsymbol{C}_{21} &\approx \begin{bmatrix} 1 & \theta_3 & -\theta_2 \\ -\theta_3 & 1 & \theta_1 \\ \theta_2 & -\theta_1 & 1 \end{bmatrix} \\ &\approx \mathbf{1} - \boldsymbol{\theta}^\times \end{aligned} \tag{6.10}$$

其中

$$\boldsymbol{\theta} = \begin{bmatrix} \theta_1 \\ \theta_2 \\ \theta_3 \end{bmatrix}$$

我们把这一向量称作**旋转向量**（rotation vector）。

容易看出这种无穷小旋转（即小角度旋转的近似）对应的旋转矩阵与坐标轴旋转的次序无关。例如，可以用 2-1-3 欧拉序列的无穷小旋转得到相同的旋转矩阵。

欧拉参数表示法

欧拉旋转定理（Euler's rotation theorem）告诉我们，刚体在三维空间里的一般运动可分解为刚体上方某一点的平移，以及绕经过此点的旋转轴的转动。

我们定义旋转运动的**旋转轴**（axis of rotation）为单位向量 $\boldsymbol{a} = [a_1, a_2, a_3]^\mathrm{T}$，满足：

$$\boldsymbol{a}^\mathrm{T}\boldsymbol{a} = a_1^2 + a_2^2 + a_3^2 = 1 \tag{6.11}$$

同时把沿着 $\boldsymbol{a}$ 旋转的**旋转角度**（angle of rotation）定义为 ϕ。这种情况下的旋转矩阵为[3]：

$$\boldsymbol{C}_{21} = \cos\phi\mathbf{1} + (1-\cos\phi)\boldsymbol{a}\boldsymbol{a}^\mathrm{T} - \sin\phi\boldsymbol{a}^\times \tag{6.12}$$

[3] 即罗德里格斯公式。——译者注

它与 $\boldsymbol{a}$ 在哪个参考系下的表示无关，因为：

$$\boldsymbol{C}_{21}\boldsymbol{a} = \boldsymbol{a} \tag{6.13}$$

定义变量的组合：

$$\eta = \cos\frac{\phi}{2}, \quad \boldsymbol{\varepsilon} = \boldsymbol{a}\sin\frac{\phi}{2} = \begin{bmatrix} a_1\sin(\phi/2) \\ a_2\sin(\phi/2) \\ a_3\sin(\phi/2) \end{bmatrix} = \begin{bmatrix} \varepsilon_1 \\ \varepsilon_2 \\ \varepsilon_3 \end{bmatrix} \tag{6.14}$$

这一形式非常有用。这四个参数 $\{\boldsymbol{\varepsilon}, \eta\}$ 被称作旋转运动对应的**欧拉参数**（Euler parameters）[4]。它们并非独立变量，因为它们之间存在约束：

$$\eta^2 + \varepsilon_1^2 + \varepsilon_2^2 + \varepsilon_3^2 = 1$$

我们可以用欧拉参数表示旋转矩阵：

$$\begin{aligned} \boldsymbol{C}_{21} &= (\eta^2 - \boldsymbol{\varepsilon}^{\mathrm{T}}\boldsymbol{\varepsilon})\mathbf{1} + 2\boldsymbol{\varepsilon}\boldsymbol{\varepsilon}^{\mathrm{T}} - 2\eta\boldsymbol{\varepsilon}^{\times} \\ &= \begin{bmatrix} 1-2(\varepsilon_2^2+\varepsilon_3^2) & 2(\varepsilon_1\varepsilon_2+\varepsilon_3\eta) & 2(\varepsilon_1\varepsilon_3-\varepsilon_2\eta) \\ 2(\varepsilon_2\varepsilon_1-\varepsilon_3\eta) & 1-2(\varepsilon_3^2+\varepsilon_1^2) & 2(\varepsilon_2\varepsilon_3+\varepsilon_1\eta) \\ 2(\varepsilon_3\varepsilon_1+\varepsilon_2\eta) & 2(\varepsilon_3\varepsilon_2-\varepsilon_1\eta) & 1-2(\varepsilon_1^2+\varepsilon_2^2) \end{bmatrix} \end{aligned} \tag{6.15}$$

欧拉参数在航天器设计中有广泛应用。这种表示法不存在奇异点，旋转矩阵里也不存在难以计算的三角函数。它唯一的缺点就是要用到四个参数，比用欧拉角表示多一个。这为状态估计问题提出了一个挑战，因为它引入了一个额外的约束条件。

四元数

在这一小节中，我们使用文献 [50] 采用的符号标识方法。**四元数**（quaternion）是一个 4×1 的列向量，记为：

$$\boldsymbol{q} = \begin{bmatrix} \boldsymbol{\varepsilon} \\ \eta \end{bmatrix} \tag{6.16}$$

其中 $\boldsymbol{\varepsilon}$ 是 3×1 的列向量，η 是标量[5]。我们定义四元数的左手形式的复合算子 $+$ 和右手形式的复合算子 $\oplus$，满足[6]：

$$\boldsymbol{q}^{+} = \begin{bmatrix} \eta\mathbf{1} - \boldsymbol{\varepsilon}^{\times} & \boldsymbol{\varepsilon} \\ -\boldsymbol{\varepsilon}^{\mathrm{T}} & \eta \end{bmatrix}, \quad \boldsymbol{q}^{\oplus} = \begin{bmatrix} \eta\mathbf{1} + \boldsymbol{\varepsilon}^{\times} & \boldsymbol{\varepsilon} \\ -\boldsymbol{\varepsilon}^{\mathrm{T}} & \eta \end{bmatrix} \tag{6.17}$$

四元数的逆定义为：

$$\boldsymbol{q}^{-1} = \begin{bmatrix} -\boldsymbol{\varepsilon} \\ \eta \end{bmatrix} \tag{6.18}$$

---

4 当写成 $\boldsymbol{q} = \begin{bmatrix} \boldsymbol{\varepsilon} \\ \eta \end{bmatrix}$ 形式时，我们又把它称为**单位四元数**（unit length quaternion）。后文会有详细的讨论。

5 $\boldsymbol{\varepsilon}$ 和 η 分别对应传统文献中四元数的虚部和实部。——译者注

6 这两个运算可看作四元数之间的左右乘法。——译者注

1843 年，威廉·哈密顿爵士（Sir William Rowan Hamilton，1805—1865）首先提出了四元数，并把它应用于三维空间的力学。哈密顿是爱尔兰物理学家、天文学家和数学家，他对古典力学、光学和代数做出了重要贡献。他对机械和光学系统的研究发展了新的数学概念和技术。他对数学物理学的最出名的贡献是牛顿力学的重新公式化，现在称为哈密顿力学。这项工作已经被证明是现代研究古典领域理论如电磁学和量子力学发展的核心。在数学领域中，他又是四元数的发明者。

为了介绍四元数中一些有用的恒等式，我们假设 $\boldsymbol{u}$，$\boldsymbol{v}$ 和 $\boldsymbol{w}$ 为四元数，那么有

$$\boldsymbol{u}^+\boldsymbol{v} \equiv \boldsymbol{v}^\oplus\boldsymbol{u} \tag{6.19}$$

以及

$$\begin{aligned}
(\boldsymbol{u}^+)^{\mathrm{T}} \equiv (\boldsymbol{u}^+)^{-1} \equiv \left(\boldsymbol{u}^{-1}\right)^+, \quad & \quad (\boldsymbol{u}^\oplus)^{\mathrm{T}} \equiv (\boldsymbol{u}^\oplus)^{-1} \equiv \left(\boldsymbol{u}^{-1}\right)^\oplus \\
(\boldsymbol{u}^+\boldsymbol{v})^{-1} \equiv \boldsymbol{v}^{-1^+}\boldsymbol{u}^{-1}, \quad & \quad (\boldsymbol{u}^\oplus\boldsymbol{v})^{-1} \equiv \boldsymbol{v}^{-1^\oplus}\boldsymbol{u}^{-1} \\
(\boldsymbol{u}^+\boldsymbol{v})^+\boldsymbol{w} \equiv \boldsymbol{u}^+(\boldsymbol{v}^+\boldsymbol{w}) \equiv \boldsymbol{u}^+\boldsymbol{v}^+\boldsymbol{w}, \quad & \quad (\boldsymbol{u}^\oplus\boldsymbol{v})^\oplus\boldsymbol{w} \equiv \boldsymbol{u}^\oplus(\boldsymbol{v}^\oplus\boldsymbol{w}) \equiv \boldsymbol{u}^\oplus\boldsymbol{v}^\oplus\boldsymbol{w} \\
\alpha\boldsymbol{u}^+ + \beta\boldsymbol{v}^+ \equiv (\alpha\boldsymbol{u}+\beta\boldsymbol{v})^+, \quad & \quad \alpha\boldsymbol{u}^\oplus + \beta\boldsymbol{v}^\oplus \equiv (\alpha\boldsymbol{u}+\beta\boldsymbol{v})^\oplus
\end{aligned} \tag{6.20}$$

其中 α 和 β 是标量。我们也有

$$\boldsymbol{u}^+\boldsymbol{v}^\oplus \equiv \boldsymbol{v}^\oplus\boldsymbol{u}^+ \tag{6.21}$$

证明过程将留给读者。

四元数构成了一个**非交换群**（non-commutative group）[7]，这表明 $+$ 运算和 $\oplus$ 运算不可交换。上述的很多恒等式都表明了这一点。这个群的单位元素 $\boldsymbol{\iota} = [0,0,0,1]^{\mathrm{T}}$ 满足：

$$\boldsymbol{\iota}^+ = \boldsymbol{\iota}^\oplus = \mathbf{1} \tag{6.22}$$

其中 $\mathbf{1}$ 是 4×4 的单位矩阵。

旋转可以由单位四元数来刻画。单位四元数满足：

$$\boldsymbol{q}^{\mathrm{T}}\boldsymbol{q} = 1 \tag{6.23}$$

所有可以表示旋转的四元数构成了一个**子群**（sub-group）。

我们自然可以用四元数 $\boldsymbol{q}$ 来旋转某个点。记点的齐次坐标为：

$$\boldsymbol{v} = \begin{bmatrix} x \\ y \\ z \\ 1 \end{bmatrix} \tag{6.24}$$

那么旋转的计算如下：

$$\boldsymbol{u} = \boldsymbol{q}^+\boldsymbol{v}^+\boldsymbol{q}^{-1} = \boldsymbol{q}^+\boldsymbol{q}^{-1^\oplus}\boldsymbol{v} = \boldsymbol{R}\boldsymbol{v} \tag{6.25}$$

其中

$$\boldsymbol{R} = \boldsymbol{q}^+\boldsymbol{q}^{-1^\oplus} = \boldsymbol{q}^{-1^\oplus}\boldsymbol{q}^+ = \boldsymbol{q}^{\oplus^{\mathrm{T}}}\boldsymbol{q}^+ = \begin{bmatrix} \boldsymbol{C} & \mathbf{0} \\ \mathbf{0}^{\mathrm{T}} & 1 \end{bmatrix} \tag{6.26}$$

上式中的 $\boldsymbol{C}$ 就是我们熟悉的 3×3 旋转矩阵。至此，我们已经介绍了多种 $\boldsymbol{R}$ 的表示形式。相信读者已经了解到了两个参考系的转换是可以用多种结构来表示的。

[7] 下一章将会讨论群理论，它能更详细地描述旋转。

吉布斯向量

约西亚·威拉德·吉布斯（Josiah Willard Gibbs，1839—1903）是美国科学家。他在物理、化学和数学方面做出了重要的理论贡献。作为数学家，他发明了现代的矢量演算（在同一时期英国科学家 Oliver Heaviside 也进行了类似工作）。吉布斯向量也有时被称为 Cayley-Rodrigues 参数。

其实我们还有一种对旋转进行参数化的方式，那就是吉布斯（Gibbs）向量。运用前面讨论过的旋转轴和旋转角，我们就可以直接给出吉布斯向量的表示形式：

$$\boldsymbol{g} = \boldsymbol{a} \tan \frac{\phi}{2} \tag{6.27}$$

我们注意到它存在奇异点 $\phi = \pi$，在这一角度时它是无法使用的。接下来我们展示用吉布斯向量来表示旋转矩阵 $\boldsymbol{C}$：

$$\boldsymbol{C} = \left(\mathbf{1} + \boldsymbol{g}^{\times}\right)^{-1}\left(\mathbf{1} - \boldsymbol{g}^{\times}\right) = \frac{1}{1 + \boldsymbol{g}^{\mathrm{T}}\boldsymbol{g}}\left((1 - \boldsymbol{g}^{\mathrm{T}}\boldsymbol{g})\mathbf{1} + 2\boldsymbol{g}\boldsymbol{g}^{\mathrm{T}} - 2\boldsymbol{g}^{\times}\right) \tag{6.28}$$

代入吉布斯向量的定义，等式右侧变为：

$$\boldsymbol{C} = \frac{1}{1 + \tan^2 \frac{\phi}{2}}\left(\left(1 - \tan^2 \frac{\phi}{2}\right)\mathbf{1} + 2\tan^2 \frac{\phi}{2}\boldsymbol{a}\boldsymbol{a}^{\mathrm{T}} - 2\tan \frac{\phi}{2}\boldsymbol{a}^{\times}\right) \tag{6.29}$$

其中用到了 $\boldsymbol{a}^{\mathrm{T}}\boldsymbol{a} = 1$。再利用 $\left(1 + \tan^2 \frac{\phi}{2}\right)^{-1} = \cos^2 \frac{\phi}{2}$，可得：

$$\begin{aligned}\boldsymbol{C} &= \underbrace{\left(\cos^2 \frac{\phi}{2} - \sin^2 \frac{\phi}{2}\right)}_{\cos\phi}\mathbf{1} + \underbrace{2\sin^2 \frac{\phi}{2}}_{1-\cos\phi}\boldsymbol{a}\boldsymbol{a}^{\mathrm{T}} - \underbrace{2\sin\frac{\phi}{2}\cos\frac{\phi}{2}}_{\sin\phi}\boldsymbol{a}^{\times} \\ &= \cos\phi\mathbf{1} + (1 - \cos\phi)\boldsymbol{a}\boldsymbol{a}^{\mathrm{T}} - \sin\phi\boldsymbol{a}^{\times}\end{aligned} \tag{6.30}$$

这就是利用转轴参数和转角参数来表示的旋转矩阵公式。

下面我们探寻这两个 $\boldsymbol{C}$ 的表达式与式（6.28）中吉布斯向量 $\boldsymbol{g}$ 的联系。首先，注意到：

$$\left(\mathbf{1} + \boldsymbol{g}^{\times}\right)^{-1} = \mathbf{1} - \boldsymbol{g}^{\times} + \boldsymbol{g}^{\times}\boldsymbol{g}^{\times} - \boldsymbol{g}^{\times}\boldsymbol{g}^{\times}\boldsymbol{g}^{\times} + \cdots = \sum_{n=0}^{\infty}\left(-\boldsymbol{g}^{\times}\right)^n \tag{6.31}$$

然后我们又观察到：

$$\begin{aligned}\boldsymbol{g}^{\mathrm{T}}\boldsymbol{g}\left(\mathbf{1} + \boldsymbol{g}^{\times}\right)^{-1} &= (\boldsymbol{g}^{\mathrm{T}}\boldsymbol{g})\mathbf{1} - \underbrace{(\boldsymbol{g}^{\mathrm{T}}\boldsymbol{g})\boldsymbol{g}^{\times}}_{-\boldsymbol{g}^{\times}\boldsymbol{g}^{\times}\boldsymbol{g}^{\times}} + \underbrace{(\boldsymbol{g}^{\mathrm{T}}\boldsymbol{g})\boldsymbol{g}^{\times}\boldsymbol{g}^{\times}}_{-\boldsymbol{g}^{\times}\boldsymbol{g}^{\times}\boldsymbol{g}^{\times}\boldsymbol{g}^{\times}} - \underbrace{(\boldsymbol{g}^{\mathrm{T}}\boldsymbol{g})\boldsymbol{g}^{\times}\boldsymbol{g}^{\times}\boldsymbol{g}^{\times}}_{-\boldsymbol{g}^{\times}\boldsymbol{g}^{\times}\boldsymbol{g}^{\times}\boldsymbol{g}^{\times}\boldsymbol{g}^{\times}} + \cdots \\ &= \mathbf{1} + \boldsymbol{g}\boldsymbol{g}^{\mathrm{T}} - \boldsymbol{g}^{\times} - \left(\mathbf{1} + \boldsymbol{g}^{\times}\right)^{-1}\end{aligned} \tag{6.32}$$

上面的推导多次用到了下面的变换：

$$(\boldsymbol{g}^{\mathrm{T}}\boldsymbol{g})\boldsymbol{g}^{\times} = \left(-\boldsymbol{g}^{\times}\boldsymbol{g}^{\times} + \boldsymbol{g}\boldsymbol{g}^{\mathrm{T}}\right)\boldsymbol{g}^{\times} = -\boldsymbol{g}^{\times}\boldsymbol{g}^{\times}\boldsymbol{g}^{\times} + \boldsymbol{g}\underbrace{\boldsymbol{g}^{\mathrm{T}}\boldsymbol{g}^{\times}}_{\mathbf{0}} = -\boldsymbol{g}^{\times}\boldsymbol{g}^{\times}\boldsymbol{g}^{\times} \tag{6.33}$$

因此得到：

$$\left(\mathbf{1} + \boldsymbol{g}^{\mathrm{T}}\boldsymbol{g}\right)\left(\mathbf{1} + \boldsymbol{g}^{\times}\right)^{-1} = \mathbf{1} + \boldsymbol{g}\boldsymbol{g}^{\mathrm{T}} - \boldsymbol{g}^{\times} \tag{6.34}$$

从而有：

$$
\begin{aligned}
(\mathbf{1}+\boldsymbol{g}^{\mathrm{T}}\boldsymbol{g})\underbrace{(\mathbf{1}+\boldsymbol{g}^{\times})^{-1}(\mathbf{1}-\boldsymbol{g}^{\times})}_{\boldsymbol{C}} &= (\mathbf{1}+\boldsymbol{g}\boldsymbol{g}^{\mathrm{T}}-\boldsymbol{g}^{\times})(\mathbf{1}-\boldsymbol{g}^{\times}) \\
&= \mathbf{1}+\boldsymbol{g}\boldsymbol{g}^{\mathrm{T}}-2\boldsymbol{g}^{\times}-\boldsymbol{g}\underbrace{\boldsymbol{g}^{\mathrm{T}}\boldsymbol{g}^{\times}}_{\mathbf{0}}+\underbrace{\boldsymbol{g}^{\times}\boldsymbol{g}^{\times}}_{-\boldsymbol{g}^{\mathrm{T}}\boldsymbol{g}\mathbf{1}+\boldsymbol{g}\boldsymbol{g}^{\mathrm{T}}} = (1-\boldsymbol{g}^{\mathrm{T}}\boldsymbol{g})\mathbf{1}+2\boldsymbol{g}\boldsymbol{g}^{\mathrm{T}}-2\boldsymbol{g}^{\times}
\end{aligned}
\tag{6.35}
$$

在等式两边同时除以 $(1+\boldsymbol{g}^{\mathrm{T}}\boldsymbol{g})$，就得到了期望的结果。

6.2.4 旋转运动学

在上一节中，我们知道了两参考系间的旋转可以利用不同方法来表示。旋转矩阵既可以表示为欧拉角的函数，又可以表示成欧拉参数的函数。然而要注意的是，在大多数场合中，方位是随着时间变化的，因此必须考虑载体的**运动学**（kinematics）来表示旋转随时间的变化关系。这在运动模型中是很重要的。

我们先介绍旋转中的坐标系的角速度，然后再介绍它的加速度。我们将推导出表示方位的变化率与角速度关系的表达式。

角速度

设参考系 $\underrightarrow{\mathcal{F}}_2$ 相对着参考系 $\underrightarrow{\mathcal{F}}_1$ 旋转。$\underrightarrow{\mathcal{F}}_2$ 相对于 $\underrightarrow{\mathcal{F}}_1$ 的旋转速度记为 $\underrightarrow{\omega}_{21}$，$\underrightarrow{\mathcal{F}}_1$ 相对于 $\underrightarrow{\mathcal{F}}_2$ 的旋转速度记为 $\underrightarrow{\omega}_{12}=-\underrightarrow{\omega}_{21}$。

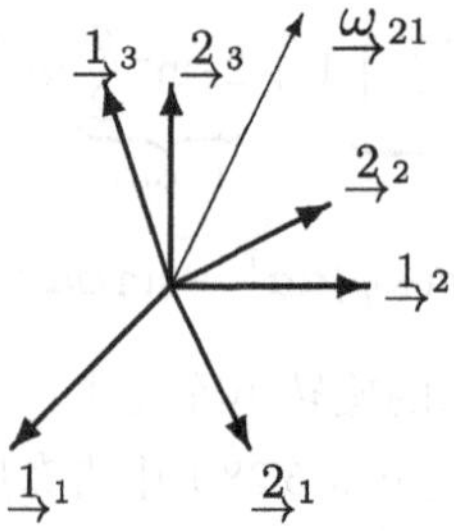

坐标系的角速度

$\underrightarrow{\omega}_{21}$ 的模 $|\underrightarrow{\omega}_{21}|=\sqrt{(\underrightarrow{\omega}_{21}\cdot\underrightarrow{\omega}_{21})}$ 即为旋转速率。$\underrightarrow{\omega}_{21}$ 的旋转方向就是**瞬时旋转轴**（instantaneous axis of rotation），也就是 $\underrightarrow{\omega}_{21}$ 方向上的单位向量，记为 $|\underrightarrow{\omega}_{21}|^{-1}\underrightarrow{\omega}_{21}$。

处在参考系 $\underrightarrow{\mathcal{F}}_2$ 和 $\underrightarrow{\mathcal{F}}_1$ 的观测者所看到的运动是不一样的，这是由它们自己的运动造成的。我们记处在 $\underrightarrow{\mathcal{F}}_1$ 的观测者所看到的**向量时间导数**（vector time derivative）为 $(\cdot)^{\bullet}$，处在 $\underrightarrow{\mathcal{F}}_2$ 的观测者所看到的运动的时间导数为 $(\cdot)^{\circ}$。在这个定义下，有[8]：

$$
\underrightarrow{\mathcal{F}}^{\bullet}_1=\underrightarrow{0},\quad \underrightarrow{\mathcal{F}}^{\circ}_2=\underrightarrow{0}
$$

可以看出：

$$
\underrightarrow{2}^{\bullet}_1=\underrightarrow{\omega}_{21}\times\underrightarrow{2}_1,\quad \underrightarrow{2}^{\bullet}_2=\underrightarrow{\omega}_{21}\times\underrightarrow{2}_2,\quad \underrightarrow{2}^{\bullet}_3=\underrightarrow{\omega}_{21}\times\underrightarrow{2}_3
$$

[8] 意为两个坐标系基向量在各自的参考系下不动。——译者注

或者等价的有：

$$\left[\ \underrightarrow{2}^{\bullet}_{1}\quad \underrightarrow{2}^{\bullet}_{2}\quad \underrightarrow{2}^{\bullet}_{3}\ \right] = \underrightarrow{\omega}_{21} \times \left[\ \underrightarrow{2}_{1}\quad \underrightarrow{2}_{2}\quad \underrightarrow{2}_{3}\ \right]$$

或着：

$$\underrightarrow{\boldsymbol{\mathcal{F}}}^{\bullet\mathrm{T}}_{2} = \underrightarrow{\omega}_{21} \times \underrightarrow{\boldsymbol{\mathcal{F}}}^{\mathrm{T}}_{2} \tag{6.36}$$

我们想要得到任意向量在两个参考系下的向量时间导数，那么可以写成：

$$\underrightarrow{r} = \underrightarrow{\boldsymbol{\mathcal{F}}}^{\mathrm{T}}_{1}\boldsymbol{r}_1 = \underrightarrow{\boldsymbol{\mathcal{F}}}^{\mathrm{T}}_{2}\boldsymbol{r}_2$$

所以，处在参考系 $\underrightarrow{\boldsymbol{\mathcal{F}}}_1$ 上所看到运动的时间导数为：

$$\underrightarrow{r}^{\bullet} = \underrightarrow{\boldsymbol{\mathcal{F}}}^{\bullet\mathrm{T}}_{1}\boldsymbol{r}_1 + \underrightarrow{\boldsymbol{\mathcal{F}}}^{\mathrm{T}}_{1}\dot{\boldsymbol{r}}_1 = \underrightarrow{\boldsymbol{\mathcal{F}}}^{\mathrm{T}}_{1}\dot{\boldsymbol{r}}_1 \tag{6.37}$$

同理，我们可以得到处在参考系 $\underrightarrow{\boldsymbol{\mathcal{F}}}_2$ 上所看到运动的时间导数：

$$\underrightarrow{r}^{\circ} = \underrightarrow{\boldsymbol{\mathcal{F}}}^{\circ\mathrm{T}}_{2}\boldsymbol{r}_2 + \underrightarrow{\boldsymbol{\mathcal{F}}}^{\mathrm{T}}_{2}\mathring{\boldsymbol{r}}_2 = \underrightarrow{\boldsymbol{\mathcal{F}}}^{\mathrm{T}}_{2}\mathring{\boldsymbol{r}}_2 = \underrightarrow{\boldsymbol{\mathcal{F}}}^{\mathrm{T}}_{2}\dot{\boldsymbol{r}}_2 \tag{6.38}$$

（注意，对于不是向量的量，有 $(\dot{\ }) = (^{\circ})$，也就是 $\mathring{\boldsymbol{r}}_2 = \dot{\boldsymbol{r}}_2$。）

我们也可以用 $\underrightarrow{\boldsymbol{\mathcal{F}}}_2$ 中的向量来表示在 $\underrightarrow{\boldsymbol{\mathcal{F}}}_1$ 中看到的时间导数：

$$\begin{aligned}\underrightarrow{r}^{\bullet} &= \underrightarrow{\boldsymbol{\mathcal{F}}}^{\mathrm{T}}_{2}\dot{\boldsymbol{r}}_2 + \underrightarrow{\boldsymbol{\mathcal{F}}}^{\bullet\mathrm{T}}_{2}\boldsymbol{r}_2 \\ &= \underrightarrow{\boldsymbol{\mathcal{F}}}^{\mathrm{T}}_{2}\dot{\boldsymbol{r}}_2 + \underrightarrow{\omega}_{21} \times \underrightarrow{\boldsymbol{\mathcal{F}}}^{\mathrm{T}}_{2}\boldsymbol{r}_2 \\ &= \underrightarrow{r}^{\circ} + \underrightarrow{\omega}_{21} \times \underrightarrow{r}\end{aligned} \tag{6.39}$$

对任意向量 $\underrightarrow{r}$，上式均成立。我们可以通过将式（6.39）对应到定位应用场景中，来理解它的物理意义。通常我们用 $\underrightarrow{r}$ 来代表位置，$\underrightarrow{\boldsymbol{\mathcal{F}}}_1$ 为静止的惯性参考系，$\underrightarrow{\boldsymbol{\mathcal{F}}}_2$ 为运动参考系，例如机器人、车辆等。那么，式（6.39）刻画了惯性系下速度与运动系下速度的变换关系。

我们把 $\underrightarrow{\boldsymbol{\mathcal{F}}}_2$ 下的角速度记为：

$$\underrightarrow{\omega}_{21} = \underrightarrow{\boldsymbol{\mathcal{F}}}^{\mathrm{T}}_{2}\boldsymbol{\omega}_2^{21} \tag{6.40}$$

因此，

$$\begin{aligned}\underrightarrow{r}^{\bullet} = \underrightarrow{\boldsymbol{\mathcal{F}}}^{\mathrm{T}}_{1}\dot{\boldsymbol{r}}_1 &= \underrightarrow{\boldsymbol{\mathcal{F}}}^{\mathrm{T}}_{2}\dot{\boldsymbol{r}}_2 + \underrightarrow{\omega}_{21} \times \underrightarrow{r} \\ &= \underrightarrow{\boldsymbol{\mathcal{F}}}^{\mathrm{T}}_{2}\dot{\boldsymbol{r}}_2 + \underrightarrow{\boldsymbol{\mathcal{F}}}^{\mathrm{T}}_{2}\boldsymbol{\omega}_2^{21^{\times}}\boldsymbol{r}_2 \\ &= \underrightarrow{\boldsymbol{\mathcal{F}}}^{\mathrm{T}}_{2}(\dot{\boldsymbol{r}}_2 + \boldsymbol{\omega}_2^{21^{\times}}\boldsymbol{r}_2)\end{aligned} \tag{6.41}$$

利用旋转矩阵 $\boldsymbol{C}_{12}$，我们可以求出从 $\underrightarrow{\boldsymbol{\mathcal{F}}}_1$ 参考系中观察到的惯性时间导数：

$$\dot{\boldsymbol{r}}_1 = \boldsymbol{C}_{12}(\dot{\boldsymbol{r}}_2 + \boldsymbol{\omega}_2^{21^{\times}}\boldsymbol{r}_2) \tag{6.42}$$

加速度

我们记**速度**（velocity）为：

$$\underrightarrow{v} = \underrightarrow{r}^{\bullet} = \underrightarrow{r}^{\circ} + \underrightarrow{\omega}_{21} \times \underrightarrow{r}$$

利用式（6.39），我们可以计算出**加速度**（acceleration）：

$$
\begin{aligned}
\underrightarrow{r}^{\bullet\bullet} = \underrightarrow{v}^{\bullet} &= \underrightarrow{v}^{\circ} + \underrightarrow{\omega}_{21} \times \underrightarrow{v} \\
&= \left(\underrightarrow{r}^{\circ\circ} + \underrightarrow{\omega}_{21} \times \underrightarrow{r}^{\circ} + \underrightarrow{\omega}^{\circ}_{21} \times \underrightarrow{r}\right) \\
&\quad + \left(\underrightarrow{\omega}_{21} \times \underrightarrow{r}^{\circ} + \underrightarrow{\omega}_{21} \times \left(\underrightarrow{\omega}_{21} \times \underrightarrow{r}\right)\right) \\
&= \underrightarrow{r}^{\circ\circ} + 2\underrightarrow{\omega}_{21} \times \underrightarrow{r}^{\circ} + \underrightarrow{\omega}^{\circ}_{21} \times \underrightarrow{r} + \underrightarrow{\omega}_{21} \times \left(\underrightarrow{\omega}_{21} \times \underrightarrow{r}\right)
\end{aligned}
\tag{6.43}
$$

不同参考系下表示的加速度可以通过代入下面的式子得到：

$$
\underrightarrow{r}^{\bullet\bullet} = \underrightarrow{\boldsymbol{\mathcal{F}}}_1^{\mathrm{T}}\ddot{\boldsymbol{r}}_1, \quad \underrightarrow{r}^{\circ\circ} = \underrightarrow{\boldsymbol{\mathcal{F}}}_2^{\mathrm{T}}\ddot{\boldsymbol{r}}_2, \quad \underrightarrow{\omega}^{\circ}_{21} = \underrightarrow{\boldsymbol{\mathcal{F}}}_2^{\mathrm{T}}\dot{\boldsymbol{\omega}}_2^{21}
$$

得到的表达式为：

$$
\ddot{\boldsymbol{r}}_1 = \boldsymbol{C}_{12}\left[\ddot{\boldsymbol{r}}_2 + 2\boldsymbol{\omega}_2^{21^\times}\dot{\boldsymbol{r}}_2 + \dot{\boldsymbol{\omega}}_2^{21^\times}\boldsymbol{r}_2 + \boldsymbol{\omega}_2^{21^\times}\boldsymbol{\omega}_2^{21^\times}\boldsymbol{r}_2\right] \tag{6.44}
$$

上式中各项都有专门的名字：

$$
\begin{aligned}
\underrightarrow{r}^{\circ\circ}: &\quad \text{参考系 } \underrightarrow{\boldsymbol{\mathcal{F}}}_2 \text{ 下的加速度；} \\
2\underrightarrow{\omega}_{21} \times \underrightarrow{r}^{\circ}: &\quad \text{科里奥利加速度（Coriolis acceleration）；} \\
\underrightarrow{\omega}^{\circ}_{21} \times \underrightarrow{r}: &\quad \text{角加速度；} \\
\underrightarrow{\omega}_{21} \times \left(\underrightarrow{\omega}_{21} \times \underrightarrow{r}\right): &\quad \text{向心加速度。}
\end{aligned}
$$

角速度与旋转矩阵

我们从刻画两个参考系间的旋转关系的式（6.3）开始，有：

$$
\underrightarrow{\boldsymbol{\mathcal{F}}}_1^{\mathrm{T}} = \underrightarrow{\boldsymbol{\mathcal{F}}}_2^{\mathrm{T}}\boldsymbol{C}_{21}
$$

现在我们同时对等式两边求导（注意观测者在参考系 $\underrightarrow{\boldsymbol{\mathcal{F}}}_1$ 上）：

$$
\underrightarrow{0} = \underrightarrow{\boldsymbol{\mathcal{F}}}_2^{\bullet\mathrm{T}}\boldsymbol{C}_{21} + \underrightarrow{\boldsymbol{\mathcal{F}}}_2^{\mathrm{T}}\dot{\boldsymbol{C}}_{21}
$$

用式（6.36）替换 $\underrightarrow{\boldsymbol{\mathcal{F}}}_2^{\bullet\mathrm{T}}$：

$$
\underrightarrow{0} = \underrightarrow{\omega}_{21} \times \underrightarrow{\boldsymbol{\mathcal{F}}}_2^{\mathrm{T}}\boldsymbol{C}_{21} + \underrightarrow{\boldsymbol{\mathcal{F}}}_2^{\mathrm{T}}\dot{\boldsymbol{C}}_{21}
$$

现在利用式（6.40）得到：

$$
\begin{aligned}
\underrightarrow{0} &= \boldsymbol{\omega}_2^{21^{\mathrm{T}}}\underrightarrow{\boldsymbol{\mathcal{F}}}_2 \times \underrightarrow{\boldsymbol{\mathcal{F}}}_2^{\mathrm{T}}\boldsymbol{C}_{21} + \underrightarrow{\boldsymbol{\mathcal{F}}}_2^{\mathrm{T}}\dot{\boldsymbol{C}}_{21} \\
&= \underrightarrow{\boldsymbol{\mathcal{F}}}_2^{\mathrm{T}}\left(\boldsymbol{\omega}_2^{21^\times}\boldsymbol{C}_{21} + \dot{\boldsymbol{C}}_{21}\right)
\end{aligned}
$$

经过变换，我们得到以下关系：

$$
\dot{\boldsymbol{C}}_{21} = -\boldsymbol{\omega}_2^{21^\times}\boldsymbol{C}_{21} \tag{6.45}
$$

这就是**泊松公式**（Poisson's equation）。给定参考系 $\underrightarrow{\boldsymbol{\mathcal{F}}}_2$ 下测量到的角速度，再对上式进行积分，就可以得到从参考系 $\underrightarrow{\boldsymbol{\mathcal{F}}}_1$ 到 $\underrightarrow{\boldsymbol{\mathcal{F}}}_2$ 的旋转矩阵[9]。

---

[9] 这被称作“捷联式导航”，因为测量角速度 $\boldsymbol{\omega}_2^{21}$ 的传感器连接在旋转参考系 $\underrightarrow{\boldsymbol{\mathcal{F}}}_2$ 上。

西蒙·德尼·泊松（Siméon Denis Poisson，1781—1840），法国数学家、几何学家和物理学家。

通过一些简单的数学变换，我们也可以得到角速度 $\boldsymbol{\omega}_2^{21}$ 的表达式（显函数形式）

$$\begin{aligned}\boldsymbol{\omega}_2^{21^\times} &= -\dot{\boldsymbol{C}}_{21}\boldsymbol{C}_{21}^{-1} \\ &= -\dot{\boldsymbol{C}}_{21}\boldsymbol{C}_{21}^{\mathrm{T}}\end{aligned} \tag{6.46}$$

利用上式，如果已知旋转矩阵相对于时间的函数，就可以计算出各个时段的角速度了。

欧拉角

假设我们使用的是 1-2-3 欧拉角序列，在这种情况下，式（6.46）变成：

$$\boldsymbol{\omega}_2^{21^\times} = -\boldsymbol{C}_3\boldsymbol{C}_2\dot{\boldsymbol{C}}_1\boldsymbol{C}_1^{\mathrm{T}}\boldsymbol{C}_2^{\mathrm{T}}\boldsymbol{C}_3^{\mathrm{T}} - \boldsymbol{C}_3\dot{\boldsymbol{C}}_2\boldsymbol{C}_2^{\mathrm{T}}\boldsymbol{C}_3^{\mathrm{T}} - \dot{\boldsymbol{C}}_3\boldsymbol{C}_3^{\mathrm{T}} \tag{6.47}$$

利用每个坐标轴对应的角速度与其旋转矩阵的关系

$$-\dot{\boldsymbol{C}}_i\boldsymbol{C}_i^{\mathrm{T}} = \mathbf{1}_i^\times\dot{\theta}_i \tag{6.48}$$

其中 i 代表主轴的标号，$\mathbf{1}_i$ 指的是单位矩阵 $\mathbf{1}$ 的第 i 列。再利用恒等式：

$$(\boldsymbol{C}_i\boldsymbol{r})^\times \equiv \boldsymbol{C}_i\boldsymbol{r}^\times\boldsymbol{C}_i^{\mathrm{T}} \tag{6.49}$$

我们可以得到

$$\boldsymbol{\omega}_2^{21^\times} = \left(\boldsymbol{C}_3\boldsymbol{C}_2\mathbf{1}_1\dot{\theta}_1\right)^\times + \left(\boldsymbol{C}_3\mathbf{1}_2\dot{\theta}_2\right)^\times + \left(\mathbf{1}_3\dot{\theta}_3\right)^\times \tag{6.50}$$

将上式简化，可以得到

$$\begin{aligned}\boldsymbol{\omega}_2^{21} &= \underbrace{\begin{bmatrix} \boldsymbol{C}_3(\theta_3)\boldsymbol{C}_2(\theta_2)\mathbf{1}_1 & \boldsymbol{C}_3(\theta_3)\mathbf{1}_2 & \mathbf{1}_3 \end{bmatrix}}_{\boldsymbol{S}(\theta_2,\theta_3)} \underbrace{\begin{bmatrix}\dot{\theta}_1 \\ \dot{\theta}_2 \\ \dot{\theta}_3\end{bmatrix}}_{\dot{\boldsymbol{\theta}}} \\ &= \boldsymbol{S}(\theta_2,\theta_3)\dot{\boldsymbol{\theta}}\end{aligned} \tag{6.51}$$

现在，我们得到了用欧拉角和欧拉角速度 $\dot{\boldsymbol{\theta}}$ 来表示的角速度，其中 $\boldsymbol{S}(\theta_2,\theta_3)$ 为

$$\boldsymbol{S}(\theta_2,\theta_3) = \begin{bmatrix} \cos\theta_2\cos\theta_3 & \sin\theta_3 & 0 \\ -\cos\theta_2\sin\theta_3 & \cos\theta_3 & 0 \\ \sin\theta_2 & 0 & 1 \end{bmatrix} \tag{6.52}$$

通过对矩阵 $\boldsymbol{S}$ 求逆，我们可以得到一组关于欧拉角的差分方程。如果 $\boldsymbol{\omega}_2^{21}$ 已知，那么通过对差分方程进行积分可以计算出欧拉角的大小。

$$\dot{\boldsymbol{\theta}} = \boldsymbol{S}^{-1}(\theta_2,\theta_3)\boldsymbol{\omega}_2^{21} = \begin{bmatrix} \sec\theta_2\cos\theta_3 & -\sec\theta_2\sin\theta_3 & 0 \\ \sin\theta_3 & \cos\theta_3 & 0 \\ -\tan\theta_2\cos\theta_3 & \tan\theta_2\sin\theta_3 & 1 \end{bmatrix}\boldsymbol{\omega}_2^{21} \tag{6.53}$$

可以观察到，当 $\theta_2=\pi/2$ 的时，$\boldsymbol{S}^{-1}$ 不存在，这个角度也正是 1-2-3 序列的奇异点。

值得注意的是，上面的结论通常对于所有的欧拉序列都是成立的。如果我们换用 α-β-γ 集合

$$\boldsymbol{C}_{21}(\theta_1,\theta_2,\theta_3)=\boldsymbol{C}_\gamma(\theta_3)\boldsymbol{C}_\beta(\theta_2)\boldsymbol{C}_\alpha(\theta_1) \tag{6.54}$$

我们同样可以得到

$$\boldsymbol{S}(\theta_2,\theta_3)=\left[\begin{array}{ccc}\boldsymbol{C}_\gamma(\theta_3)\boldsymbol{C}_\beta(\theta_2)\mathbf{1}_\alpha & \boldsymbol{C}_\gamma(\theta_3)\mathbf{1}_\beta & \mathbf{1}_\gamma\end{array}\right] \tag{6.55}$$

可以看到在 $\boldsymbol{S}$ 的奇异点处，$\boldsymbol{S}^{-1}$ 也不存在。

6.2.5 加上扰动的旋转

现在我们已经大体介绍了一套处理三维空间旋转的数学工具，下面要谈一些经常被误解、误用甚至是完全被无视的问题。在前面几个小节中，我们引入了平移和旋转的概念，它们各自拥有三个自由度。然而问题就出在旋转对应的自由度是比较独特的，需要非常小心地对待。这是因为旋转不属于**向量空间**（vector space）[10]，而是属于**非交换群**（non-commutative group），所有旋转构成了 $SO(3)$ 群。

通过前面几节的介绍，我们知道旋转的表示方式有很多，包括旋转矩阵、轴角公式、欧拉角、欧拉参数和单位长度的四元数。但是无论是哪种表示形式，旋转都只有三个自由度：3×3 的旋转矩阵虽然有 9 个元素，但至多只有三个元素间是相互独立的；欧拉参数虽然有 4 个参数，但是也至多只有三个参数是相互独立的。在所有的表示方式之中，只有欧拉角表示法刚刚好有三个参数，但是这种表示法存在奇异点。因为不同的欧拉序列对应不同的奇异点，所以我们只能针对具体问题来选择欧拉序列，来避开这些奇异点。

当我们对与旋转有关的运动方程和观测模型进行线性化时，我们会遇到一个麻烦：旋转并不属于向量空间！因此很多向量空间的性质不能用了。那么问题来了：我们该如何对旋转进行线性化呢？

幸运的是，我们还有一个值得尝试的方向：考虑某个参考系进行一个极小乃至无穷小的旋转时，它会有什么变化。这一小节中，我们会推导出一些极小旋转的关键性质，然后利用这些性质来讨论如何线性化一个由欧拉角序列构成的旋转矩阵。

一些重要等式

欧拉旋转定理告诉了我们如何用旋转轴 $\boldsymbol{a}$ 和旋转角度 ϕ 来表示旋转矩阵 $\boldsymbol{C}$：

$$\boldsymbol{C}=\cos\phi\mathbf{1}+(1-\cos\phi)\boldsymbol{a}\boldsymbol{a}^{\mathrm{T}}-\sin\phi\boldsymbol{a}^{\times} \tag{6.56}$$

---

[10] 这里我们指的是线性代数意义下的向量空间。

旋转矩阵对旋转角求导可以得到：

$$\begin{aligned}\frac{\partial \boldsymbol{C}}{\partial \phi} &= -\sin\phi\mathbf{1} + \sin\phi\boldsymbol{a}\boldsymbol{a}^{\mathrm{T}} - \cos\phi\boldsymbol{a}^{\times} && \text{(6.57a)}\\ &= \sin\phi\underbrace{(-\mathbf{1}+\boldsymbol{a}\boldsymbol{a}^{\mathrm{T}})}_{\boldsymbol{a}^{\times}\boldsymbol{a}^{\times}} - \cos\phi\boldsymbol{a}^{\times} && \text{(6.57b)}\\ &= -\cos\phi\boldsymbol{a}^{\times} + (1-\cos\phi)\underbrace{\boldsymbol{a}^{\times}\boldsymbol{a}}_{\mathbf{0}}\boldsymbol{a}^{\mathrm{T}} + \sin\phi\boldsymbol{a}^{\times}\boldsymbol{a}^{\times} && \text{(6.57c)}\\ &= -\boldsymbol{a}^{\times}\underbrace{(\cos\phi\mathbf{1} + (1-\cos\phi)\boldsymbol{a}\boldsymbol{a}^{\mathrm{T}} - \sin\phi\boldsymbol{a}^{\times})}_{\boldsymbol{C}} && \text{(6.57d)}\end{aligned}$$

因此，我们得到了第一个重要等式：

$$\frac{\partial \boldsymbol{C}}{\partial \phi} \equiv -\boldsymbol{a}^{\times}\boldsymbol{C} \tag{6.58}$$

立刻可见，如果是绕着主轴 α 旋转，那么：

$$\frac{\partial \boldsymbol{C}_{\alpha}(\theta)}{\partial \theta} \equiv -\mathbf{1}_{\alpha}^{\times}\boldsymbol{C}_{\alpha}(\theta) \tag{6.59}$$

其中 $\mathbf{1}_{\alpha}$ 代表单位矩阵的第 α 列。

现在考虑 α-β-γ 欧拉序列：

$$\boldsymbol{C}(\boldsymbol{\theta}) = \boldsymbol{C}_{\gamma}(\theta_3)\boldsymbol{C}_{\beta}(\theta_2)\boldsymbol{C}_{\alpha}(\theta_1) \tag{6.60}$$

其中 $\boldsymbol{\theta} = (\theta_1, \theta_2, \theta_3)$ 。此外，我们再选择一个任意的常向量 $\boldsymbol{v}$，利用式（6.59），我们可以得到：

$$\begin{aligned}\frac{\partial(\boldsymbol{C}(\boldsymbol{\theta})\boldsymbol{v})}{\partial \theta_3} &= -\mathbf{1}_{\gamma}^{\times}\boldsymbol{C}_{\gamma}(\theta_3)\boldsymbol{C}_{\beta}(\theta_2)\boldsymbol{C}_{\alpha}(\theta_1)\boldsymbol{v} = (\boldsymbol{C}(\boldsymbol{\theta})\boldsymbol{v})^{\times}\mathbf{1}_{\gamma} && \text{(6.61a)}\\ \frac{\partial(\boldsymbol{C}(\boldsymbol{\theta})\boldsymbol{v})}{\partial \theta_2} &= -\boldsymbol{C}_{\gamma}(\theta_3)\mathbf{1}_{\beta}^{\times}\boldsymbol{C}_{\beta}(\theta_2)\boldsymbol{C}_{\alpha}(\theta_1)\boldsymbol{v} = (\boldsymbol{C}(\boldsymbol{\theta})\boldsymbol{v})^{\times}\boldsymbol{C}_{\gamma}(\theta_3)\mathbf{1}_{\beta} && \text{(6.61b)}\\ \frac{\partial(\boldsymbol{C}(\boldsymbol{\theta})\boldsymbol{v})}{\partial \theta_1} &= -\boldsymbol{C}_{\gamma}(\theta_3)\boldsymbol{C}_{\beta}(\theta_2)\mathbf{1}_{\alpha}^{\times}\boldsymbol{C}_{\alpha}(\theta_1)\boldsymbol{v} = (\boldsymbol{C}(\boldsymbol{\theta})\boldsymbol{v})^{\times}\boldsymbol{C}_{\gamma}(\theta_3)\boldsymbol{C}_{\beta}(\theta_2)\mathbf{1}_{\alpha} && \text{(6.61c)}\end{aligned}$$

其中我们使用了两个等式：

$$\boldsymbol{r}^{\times}\boldsymbol{s} \equiv -\boldsymbol{s}^{\times}\boldsymbol{r} \tag{6.62a}$$

$$(\boldsymbol{R}\boldsymbol{s})^{\times} \equiv \boldsymbol{R}\boldsymbol{s}^{\times}\boldsymbol{R}^{\mathrm{T}} \tag{6.62b}$$

这里的 $\boldsymbol{r}, \boldsymbol{s}$ 为任意向量，$\boldsymbol{R}$ 为任意旋转矩阵。结合式（6.61）的结果，得到：

$$\begin{aligned}\frac{\partial(\boldsymbol{C}(\boldsymbol{\theta})\boldsymbol{v})}{\partial \boldsymbol{\theta}} &= \begin{bmatrix} \frac{\partial(\boldsymbol{C}(\boldsymbol{\theta})\boldsymbol{v})}{\partial \theta_1} & \frac{\partial(\boldsymbol{C}(\boldsymbol{\theta})\boldsymbol{v})}{\partial \theta_2} & \frac{\partial(\boldsymbol{C}(\boldsymbol{\theta})\boldsymbol{v})}{\partial \theta_3} \end{bmatrix}\\ &= (\boldsymbol{C}(\boldsymbol{\theta})\boldsymbol{v})^{\times}\underbrace{\begin{bmatrix} \boldsymbol{C}_{\gamma}(\theta_3)\boldsymbol{C}_{\beta}(\theta_2)\mathbf{1}_{\alpha} & \boldsymbol{C}_{\gamma}(\theta_3)\mathbf{1}_{\beta} & \mathbf{1}_{\gamma} \end{bmatrix}}_{\boldsymbol{S}(\theta_2,\theta_3)}\end{aligned} \tag{6.63}$$

因此我们又得到了一个重要的等式：

$$\frac{\partial(\boldsymbol{C}(\boldsymbol{\theta})\boldsymbol{v})}{\partial \boldsymbol{\theta}} \equiv \Big(\boldsymbol{C}(\boldsymbol{\theta})\boldsymbol{v}\Big)^{\times}\boldsymbol{S}(\theta_2, \theta_3) \tag{6.64}$$

上式对于所有的欧拉序列都成立。在下一节讨论旋转矩阵的线性化问题时，我们将会认识到这是一个非常重要的结论。

对旋转矩阵施加扰动

现在我们回到如何对旋转进行线性化的问题。假设有一个关于 $\boldsymbol{x}$ 的函数 $\boldsymbol{f}(\boldsymbol{x})$，我们把 $\boldsymbol{x}$ 等价为标称量 $\bar{\boldsymbol{x}}$ 与扰动量 $\delta\boldsymbol{x}$ 的和，那么可以得到 $\boldsymbol{f}$ 关于 $\bar{\boldsymbol{x}}$ 的泰勒展开式。

$$\boldsymbol{f}(\bar{\boldsymbol{x}}+\delta\boldsymbol{x})=\boldsymbol{f}(\bar{\boldsymbol{x}})+\left.\frac{\partial \boldsymbol{f}(\boldsymbol{x})}{\partial \boldsymbol{x}}\right|_{\bar{\boldsymbol{x}}}\delta\boldsymbol{x}+(\text{高阶项}) \tag{6.65}$$

在 $\delta\boldsymbol{x}$ 非常小的情况下，可以求得 $\boldsymbol{f}$ 的一阶泰勒展开式：

$$\boldsymbol{f}(\bar{\boldsymbol{x}}+\delta\boldsymbol{x})\approx\boldsymbol{f}(\bar{\boldsymbol{x}})+\left.\frac{\partial \boldsymbol{f}(\boldsymbol{x})}{\partial \boldsymbol{x}}\right|_{\bar{\boldsymbol{x}}}\delta\boldsymbol{x} \tag{6.66}$$

要注意的是，在上面的展开操作中，我们其实默认了 $\delta\boldsymbol{x}$ 是一个无约束的量。但是大部分的旋转表达式是有约束的，因此不能像上面一样进行简单的泰勒展开。这也意味着，给旋转加上一个扰动并不是一件简单的事。幸运的是，我们还有一个例外，那就是欧拉角表达式并没有约束限制。这是因为欧拉角表示法只有三个参数，所以各个参数之间是相互独立的，不存在参数间的约束。如果能合理地利用好欧拉角表示法，我们就可以成功地施加扰动。

下面我们要做的事是对旋转矩阵 $\boldsymbol{C}(\boldsymbol{\theta})\boldsymbol{v}$ 的欧拉角 $\boldsymbol{\theta}$ 施加扰动，在这里 $\boldsymbol{v}$ 为任意常向量。假设 $\bar{\boldsymbol{\theta}}=(\bar{\theta}_1,\bar{\theta}_2,\bar{\theta}_3)$ 和 $\delta\boldsymbol{\theta}=(\delta\theta_1,\delta\theta_2,\delta\theta_3)$，然后进行一阶泰勒近似：

$$\begin{aligned}\boldsymbol{C}(\bar{\boldsymbol{\theta}}+\delta\boldsymbol{\theta})\boldsymbol{v}&\approx\boldsymbol{C}(\bar{\boldsymbol{\theta}})\boldsymbol{v}+\left.\frac{\partial(\boldsymbol{C}(\boldsymbol{\theta})\boldsymbol{v})}{\partial\boldsymbol{\theta}}\right|_{\bar{\boldsymbol{\theta}}}\delta\boldsymbol{\theta}\\&=\boldsymbol{C}(\bar{\boldsymbol{\theta}})\boldsymbol{v}+\Big((\boldsymbol{C}(\boldsymbol{\theta})\boldsymbol{v})^{\times}\boldsymbol{S}(\theta_2,\theta_3)\Big)\Big|_{\bar{\boldsymbol{\theta}}}\delta\boldsymbol{\theta}\\&=\boldsymbol{C}(\bar{\boldsymbol{\theta}})\boldsymbol{v}+\big(\boldsymbol{C}(\bar{\boldsymbol{\theta}})\boldsymbol{v}\big)^{\times}\boldsymbol{S}(\bar{\theta}_2,\bar{\theta}_3)\delta\boldsymbol{\theta}\\&=\boldsymbol{C}(\bar{\boldsymbol{\theta}})\boldsymbol{v}-\big(\boldsymbol{S}(\bar{\theta}_2,\bar{\theta}_3)\delta\boldsymbol{\theta}\big)^{\times}\big(\boldsymbol{C}(\bar{\boldsymbol{\theta}})\boldsymbol{v}\big)\\&=\Big(\mathbf{1}-\big(\boldsymbol{S}(\bar{\theta}_2,\bar{\theta}_3)\delta\boldsymbol{\theta}\big)^{\times}\Big)\boldsymbol{C}(\bar{\boldsymbol{\theta}})\boldsymbol{v}\end{aligned} \tag{6.67}$$

第二行的推导利用了式（6.64）的结论。由于 $\boldsymbol{v}$ 可以是任意向量，所以在等式两边消去它，可以得到：

$$\boldsymbol{C}(\bar{\boldsymbol{\theta}}+\delta\boldsymbol{\theta})\approx\underbrace{\Big(\mathbf{1}-\big(\boldsymbol{S}(\bar{\theta}_2,\bar{\theta}_3)\delta\boldsymbol{\theta}\big)^{\times}\Big)}_{\text{无穷小旋转矩阵}}\boldsymbol{C}(\bar{\boldsymbol{\theta}}) \tag{6.68}$$

上式可以理解成是极小角旋转矩阵与未被扰动的旋转矩阵 $\boldsymbol{C}(\bar{\boldsymbol{\theta}})$ 相乘（而不是相加）。为了简化，我们写成

$$\boldsymbol{C}(\bar{\boldsymbol{\theta}}+\delta\boldsymbol{\theta})\approx\big(\mathbf{1}-\delta\boldsymbol{\phi}^{\times}\big)\boldsymbol{C}(\bar{\boldsymbol{\theta}}) \tag{6.69}$$

其中 $\delta\boldsymbol{\phi}=\boldsymbol{S}(\bar{\theta}_2,\bar{\theta}_3)\delta\boldsymbol{\theta}$。式（6.68）非常重要。当旋转矩阵作为某个函数的变量时，我们可以用这个方法对一个旋转矩阵施加扰动（也就是对欧拉角施加扰动）。

例 6.1 本例展示如何对旋转矩阵的函数进行线性化。假设有一个标量函数 J，满足：

$$J(\boldsymbol{\theta})=\boldsymbol{u}^{\mathrm{T}}\boldsymbol{C}(\boldsymbol{\theta})\boldsymbol{v} \tag{6.70}$$

其中 $\boldsymbol{u}$ 和 $\boldsymbol{v}$ 可以是任意向量。应用上面介绍的方法对旋转进行线性化，有

$$J(\bar{\boldsymbol{\theta}}+\delta\boldsymbol{\theta})\approx\boldsymbol{u}^{\mathrm{T}}(\mathbf{1}-\delta\boldsymbol{\phi}^{\times})\boldsymbol{C}(\bar{\boldsymbol{\theta}})\boldsymbol{v}=\underbrace{\boldsymbol{u}^{\mathrm{T}}\boldsymbol{C}(\bar{\boldsymbol{\theta}})\boldsymbol{v}}_{J(\bar{\boldsymbol{\theta}})}+\underbrace{\boldsymbol{u}^{\mathrm{T}}\big(\boldsymbol{C}(\bar{\boldsymbol{\theta}})\boldsymbol{v}\big)^{\times}\delta\boldsymbol{\phi}}_{\delta J(\delta\boldsymbol{\theta})} \tag{6.71}$$

得到线性化后的方程为：

$$\delta J(\delta\boldsymbol{\theta}) = \underbrace{\left(\boldsymbol{u}^{\mathrm{T}}\left(\boldsymbol{C}(\bar{\boldsymbol{\theta}})\boldsymbol{v}\right)^{\times}\boldsymbol{S}(\bar{\theta}_2,\bar{\theta}_3)\right)}_{\text{常数}}\delta\boldsymbol{\theta} \tag{6.72}$$

我们发现，$\delta\boldsymbol{\theta}$ 前面的系数是常数；实际上，它就是 $\left.\frac{\partial J}{\partial \boldsymbol{\theta}}\right|_{\bar{\boldsymbol{\theta}}}$，$J$ 关于 $\boldsymbol{\theta}$ 的雅可比矩阵。

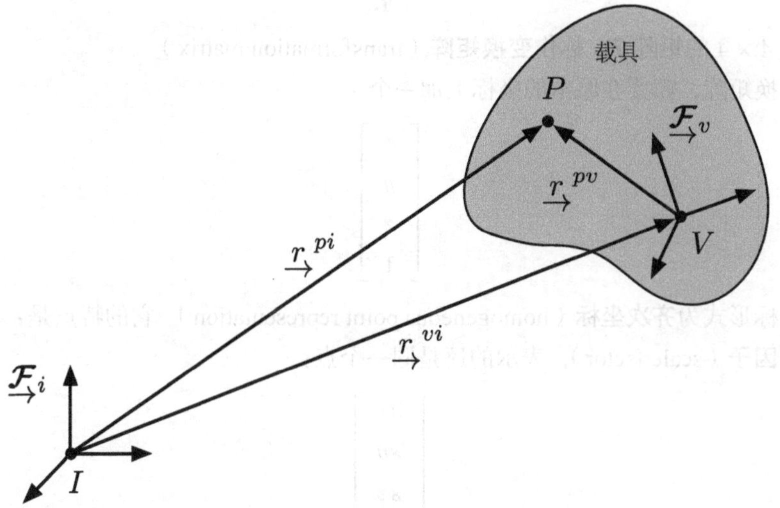

图 6–2 姿态估计问题通常关心点 P 在运动坐标系和静止坐标系之间的坐标变换情况

6.3 姿 态

前面我们用大量篇幅介绍了旋转，现在我们介绍**平移**（translation）的概念。我们把旋转和平移的组合称作**姿态**（pose）。姿态估计问题通常关心运动坐标系（运动包括了平移和旋转）和静止坐标系之间的点 P 的转换关系，如图 6–2 所示。

图 6–2 中的向量关系如下：

$$\underrightarrow{r}^{pi} = \underrightarrow{r}^{pv} + \underrightarrow{r}^{vi} \tag{6.73}$$

但是此时还没有选择具体的坐标系来表示这种关系。如果是在静止的参考系 $\underrightarrow{\mathcal{F}}_i$ 下表示这个关系，得到：

$$\boldsymbol{r}_i^{pi} = \boldsymbol{r}_i^{pv} + \boldsymbol{r}_i^{vi} \tag{6.74}$$

如果点 P 固定在载具上，我们又知道它在 $\underrightarrow{\mathcal{F}}_v$ 参考系中的坐标（这里的参考系 $\underrightarrow{\mathcal{F}}_v$ 是从 $\underrightarrow{\mathcal{F}}_i$ 旋转得来的），那么在引入 $\boldsymbol{C}_{iv}$ 来表示它们之间的关系后，我们可以把上面的关系式重新写为：

$$\boldsymbol{r}_i^{pi} = \boldsymbol{C}_{iv}\boldsymbol{r}_v^{pv} + \boldsymbol{r}_i^{vi} \tag{6.75}$$

上式刻画了已知平移 $\boldsymbol{r}_i^{vi}$ 和旋转矩阵 $\boldsymbol{C}_{iv}$ 的情况下，如何将参考系 $\underrightarrow{\mathcal{F}}_v$ 上的点 P 转换到参考系 $\underrightarrow{\mathcal{F}}_i$ 上。我们把载具的**姿态**记为：

$$\{\boldsymbol{r}_i^{vi}, \boldsymbol{C}_{iv}\} \tag{6.76}$$

6.3.1 变换矩阵

我们还可以把式（6.75）写成以下形式

$$\begin{bmatrix} \boldsymbol{r}_i^{pi} \\ 1 \end{bmatrix} = \underbrace{\begin{bmatrix} \boldsymbol{C}_{iv} & \boldsymbol{r}_i^{vi} \\ \boldsymbol{0}^{\mathrm{T}} & 1 \end{bmatrix}}_{\boldsymbol{T}_{iv}} \begin{bmatrix} \boldsymbol{r}_v^{pv} \\ 1 \end{bmatrix} \tag{6.77}$$

我们把上式中 4×4 的矩阵 $\boldsymbol{T}_{iv}$ 称作**变换矩阵**（transformation matrix）。

为使用变换矩阵，需要在原本的坐标上加一个 1：

$$\begin{bmatrix} x \\ y \\ z \\ 1 \end{bmatrix} \tag{6.78}$$

我们称这种坐标形式为**齐次坐标**（homogeneous point representation）。它的特点是：在它各项上同乘以一个**尺度因子**（scale factor），表示的还是同一个点：

$$\begin{bmatrix} sx \\ sy \\ sz \\ s \end{bmatrix} \tag{6.79}$$

奥古斯特·费迪南德·莫比乌斯（Augustus Ferdinand MÖbius，1790—1868）在 1827 年出版的标题为《重心的计算》的文献中首次提出了齐次坐标的概念。莫比乌斯以重物 m_1，m_2 和 m_3 来参数化平面上的一个点 (x, y)，这三个重物必须放置在固定三角形的顶点，使得平面上的那个点成为三角形的质心。坐标 (m_1, m_2, m_3) 不是唯一的，因为可以乘以任意非零缩放系数，且不改变质心位置。当曲线的方程写在该坐标系中时，(m_1, m_2, m_3) 就会以齐次坐标的形式展现出来。例如，以 (a, b) 为中心的圆半径为 r 的圆：$(x-a)^2 + (y-b)^2 = r_2$ 写为 $x = m_1/m_3$ 和 $y = m_2/m_3$ 的齐次坐标，方程式为 $(m_1 - m_3 a)^2 + (m_2 - m_3 b)^2 = m_3^2 r^2$，其中每一项在齐次坐标中都是二次的[51]。

如果要还原成原本的坐标 (x, y, z)，我们只需要让前三项除以第四项。这样我们就可以通过把尺度因子设为 0 来表示无穷远的点。文献 [52] 详细讨论了齐次坐标在计算机视觉中的应用。

我们接下来探讨变换矩阵的逆：

$$\begin{bmatrix} \boldsymbol{r}_v^{pv} \\ 1 \end{bmatrix} = \boldsymbol{T}_{iv}^{-1} \begin{bmatrix} \boldsymbol{r}_i^{pi} \\ 1 \end{bmatrix} \tag{6.80}$$

其中

$$\begin{aligned} \boldsymbol{T}_{iv}^{-1} &= \begin{bmatrix} \boldsymbol{C}_{iv} & \boldsymbol{r}_i^{vi} \\ \boldsymbol{0}^{\mathrm{T}} & 1 \end{bmatrix}^{-1} = \begin{bmatrix} \boldsymbol{C}_{iv}^{\mathrm{T}} & -\boldsymbol{C}_{iv}^{\mathrm{T}} \boldsymbol{r}_i^{vi} \\ \boldsymbol{0}^{\mathrm{T}} & 1 \end{bmatrix} = \begin{bmatrix} \boldsymbol{C}_{vi} & -\boldsymbol{r}_v^{vi} \\ \boldsymbol{0}^{\mathrm{T}} & 1 \end{bmatrix} \\ &= \begin{bmatrix} \boldsymbol{C}_{vi} & \boldsymbol{r}_v^{iv} \\ \boldsymbol{0}^{\mathrm{T}} & 1 \end{bmatrix} = \boldsymbol{T}_{vi} \end{aligned} \tag{6.81}$$

在推导中我们利用了性质 $\boldsymbol{r}_v^{iv} = -\boldsymbol{r}_v^{vi}$ 来变换向量的方向。

我们还可以用单个变换矩阵来表示多次转换的结果：

$$\boldsymbol{T}_{iv} = \boldsymbol{T}_{ia}\boldsymbol{T}_{ab}\boldsymbol{T}_{bv} \tag{6.82}$$

因此，我们可以仅用一个变换矩阵就可以表示复杂的变换结果。

$$\underrightarrow{\mathcal{F}}_i \overset{\boldsymbol{T}_{iv}}{\leftarrow} \underrightarrow{\mathcal{F}}_v = \underrightarrow{\mathcal{F}}_i \overset{\boldsymbol{T}_{ia}}{\leftarrow} \underrightarrow{\mathcal{F}}_a \overset{\boldsymbol{T}_{ab}}{\leftarrow} \underrightarrow{\mathcal{F}}_b \overset{\boldsymbol{T}_{bv}}{\leftarrow} \underrightarrow{\mathcal{F}}_v \tag{6.83}$$

以一个运动中的载具做例子。载具在不同时刻下的姿态都可以看作是一个参考系，利用上面的性质，我们可以把多个相对运动的结果表示成一个变换矩阵。

变换矩阵的优点在于它告诉我们如何用平移和旋转来表示一个运动，即先平移然后再旋转。可是，在推导中我们经常会省略上标和下标，导致符号意义的混淆。

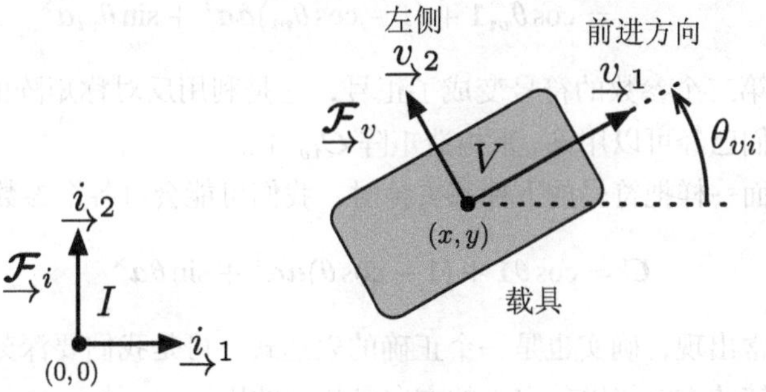

图 6–3 这是一个平面坐标系的例子，坐标系内的载具的状态是它的坐标 (x, y) 和旋转方向 θ_{vi}。通常我们把载具坐标系的轴 1 当做载具的前进方向，向左为轴 2 的方向。注意轴 3 垂直纸面向上

6.3.2 机器人学的符号惯例

机器人学在处理符号时会稍有不同。我们通过一个简单的例子来把这些符号定义描述清楚。想象一下在 xy 平面上行驶的汽车，如图 6–3 所示。

车辆的位置可以直接写成：

$$\boldsymbol{r}_i^{vi} = \begin{bmatrix} x \\ y \\ 0 \end{bmatrix} \tag{6.84}$$

由于只考虑平面运动，所以 z 轴坐标设为零。

以参考系 $\underrightarrow{\mathcal{F}}_i$ 为基准，绕着主轴 3 旋转 θ_{vi} 度（我们添加下标来表明这是一个点）可以得到参考系 $\underrightarrow{\mathcal{F}}_v$。我们把这个旋转的方向定义为正方向（根据右手定则）。因此，我们有：

$$\boldsymbol{C}_{vi} = \boldsymbol{C}_3(\theta_{vi}) = \begin{bmatrix} \cos\theta_{vi} & \sin\theta_{vi} & 0 \\ -\sin\theta_{vi} & \cos\theta_{vi} & 0 \\ 0 & 0 & 1 \end{bmatrix} \tag{6.85}$$

使用 θ_{vi} 来表示方位是很合理的，它更加符合我们的认知习惯，因为它描述的是 $\underrightarrow{\mathcal{F}}_v$ 相对于 $\underrightarrow{\mathcal{F}}_i$ 的旋转角度。但是在上一节的推导中，我们所用的旋转矩阵是采用 θ_{iv} 来构建的（而不是 θ_{vi}），它们之间的关系为 $\boldsymbol{C}_{iv}=\boldsymbol{C}_{vi}^{\mathrm{T}}=\boldsymbol{C}_3(-\theta_{vi})=\boldsymbol{C}_3(\theta_{iv})$。这里，我们想尽可能避免使用不符合我们认知习惯的 θ_{iv}。

用 θ_{vi} 来表示的姿态可以写成下面的变换矩阵

$$\boldsymbol{T}_{iv}=\begin{bmatrix}\boldsymbol{C}_{iv} & \boldsymbol{r}_i^{vi}\\ \boldsymbol{0}^{\mathrm{T}} & 1\end{bmatrix}=\begin{bmatrix}\cos\theta_{vi} & -\sin\theta_{vi} & 0 & x\\ \sin\theta_{vi} & \cos\theta_{vi} & 0 & y\\ 0 & 0 & 1 & 0\\ 0 & 0 & 0 & 1\end{bmatrix} \tag{6.86}$$

这种形式就非常理想。就算旋转轴 $\boldsymbol{a}$ 不为主轴 $\underrightarrow{i}_3$，我们一样可以把旋转矩阵写成

$$\begin{aligned}\boldsymbol{C}_{iv}=\boldsymbol{C}_{vi}^{\mathrm{T}}&=(\cos\theta_{vi}\mathbf{1}+(1-\cos\theta_{vi})\boldsymbol{a}\boldsymbol{a}^{\mathrm{T}}-\sin\theta_{vi}\boldsymbol{a}^{\times})^{\mathrm{T}}\\ &=\cos\theta_{vi}\mathbf{1}+(1-\cos\theta_{vi})\boldsymbol{a}\boldsymbol{a}^{\mathrm{T}}+\sin\theta_{vi}\boldsymbol{a}^{\times}\end{aligned} \tag{6.87}$$

我们注意到等式右边第三个参数的符号变成了正号，这是利用反对称矩阵的性质 $\boldsymbol{a}^{\times^{\mathrm{T}}}=-\boldsymbol{a}^{\times}$ 得到的。那么至此，我们已经可以用 θ_{vi} 来构造矩阵 $\boldsymbol{C}_{iv}$ 了。

然而当我们像下面一样把符号的下标都去掉时，我们可能会对各个参数的定义产生困惑

$$\boldsymbol{C}=\cos\theta\mathbf{1}+(1-\cos\theta)\boldsymbol{a}\boldsymbol{a}^{\mathrm{T}}+\sin\theta\boldsymbol{a}^{\times} \tag{6.88}$$

上式在机器人学中经常出现，确实也是一个正确的表达式。可是我们要深刻地认识到，把公式写成上面的形式时，旋转的方向与以前定义的方向是相反的[11]。

我们还改用了另一个符号，那就是用 $(\cdot)^{\wedge}$ 符号来代替 $(\cdot)^{\times}$ [53]，这个符号在变换矩阵应用中经常出现。最终，旋转矩阵的表达式如下

$$\boldsymbol{C}=\cos\theta\mathbf{1}+(1-\cos\theta)\boldsymbol{a}\boldsymbol{a}^{\mathrm{T}}+\sin\theta\boldsymbol{a}^{\wedge} \tag{6.89}$$

要注意的是，角速度的表示形式也要与上述的角度表示形式相对应。

最终，姿态可记为

$$\boldsymbol{T}=\begin{bmatrix}\boldsymbol{C} & \boldsymbol{r}\\ \boldsymbol{0}^{\mathrm{T}} & 1\end{bmatrix} \tag{6.90}$$

上式的下标都已全部去掉。我们只需记住这里面的各个参数代表的意义是什么就好了。

为了保持和机器人学的联系，我们之后会一直用式（6.89）的形式。但是，我们认为从一开始就定义清楚所有与姿态相关的量是非常值得的。

6.3.3 弗莱纳参考系

经典的**弗莱纳参考系**（Frenet-Serret frame）[12]可以认为是姿态变量（变换矩阵）的一种特例。图 6-4 表示一个点 V 在空间中进行平滑的移动，其中弗莱纳参考系的第一个坐标轴的方向指向点

[11] 这一小节的目的是让公式的含义更加清晰，而不是争论哪一种惯例更好。不过值得注意的是，从式（6.88）中第三个参数是正的可以看出，这一惯例是基于左手定则的旋转。

[12] 部分中文书上称为弗雷耐标架。——译者注

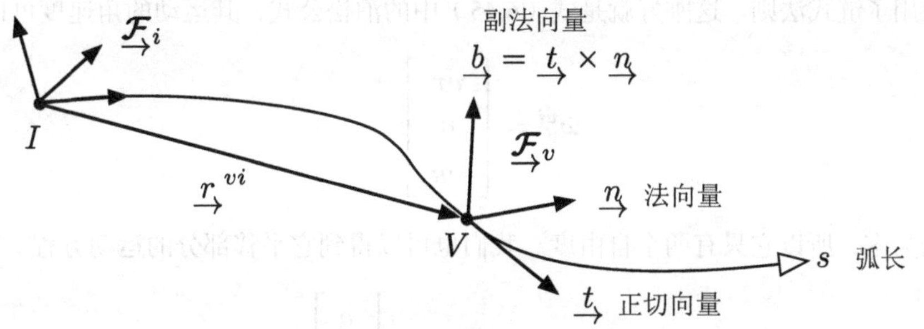

图 6–4　这是经典的 Frenet-Serret 移动坐标系，它可以用来描述一个运动的点。这种参考系的三个坐标分别指向当前点所处曲线的正切方向、法线方向和副法线方向。这种参考系和它的移动方程以它的发现者的名字命名，他们是两个法国的数学家 Jean Frédéric Frenet（在他 1847 年发表的文章中提出）和 Joseph Alfred Serret（在他 1851 年发表的文章中提出）

V 运动的切线方向，第二个坐标轴指向是弧长的切线导数（也就是曲线的法向量），然后第三个坐标轴的方向由右手定则得到，又称为副法线。

弗莱纳公式描述了参考系的轴是如何随着弧长变化的

$$\frac{\mathrm{d}}{\mathrm{d}s}\underset{\rightarrow}{t} = \kappa \underset{\rightarrow}{n} \tag{6.91a}$$

$$\frac{\mathrm{d}}{\mathrm{d}s}\underset{\rightarrow}{n} = -\kappa \underset{\rightarrow}{t} + \tau \underset{\rightarrow}{b} \tag{6.91b}$$

$$\frac{\mathrm{d}}{\mathrm{d}s}\underset{\rightarrow}{b} = -\tau \underset{\rightarrow}{n} \tag{6.91c}$$

其中 κ 称为路径的**曲率**（curvature），τ 称为路径的**挠率**（torsion）。我们得到参考系 $\underset{\rightarrow}{\mathcal{F}}_v$：

$$\underset{\rightarrow}{\mathcal{F}}_v = \begin{bmatrix} \underset{\rightarrow}{t} \\ \underset{\rightarrow}{n} \\ \underset{\rightarrow}{b} \end{bmatrix} \tag{6.92}$$

把弗莱纳公式记成如下矩阵形式

$$\frac{\mathrm{d}}{\mathrm{d}s}\underset{\rightarrow}{\mathcal{F}}_v = \begin{bmatrix} 0 & \kappa & 0 \\ -\kappa & 0 & \tau \\ 0 & -\tau & 0 \end{bmatrix} \underset{\rightarrow}{\mathcal{F}}_v \tag{6.93}$$

两边同时乘以运动速度 $v = \mathrm{d}s/\mathrm{d}t$，然后再右乘 $\underset{\rightarrow}{\mathcal{F}}_i^{\mathrm{T}}$，可以得到

$$\underbrace{\frac{\mathrm{d}}{\mathrm{d}t}\left(\underset{\rightarrow}{\mathcal{F}}_v \cdot \underset{\rightarrow}{\mathcal{F}}_i^{\mathrm{T}}\right)}_{\dot{\boldsymbol{C}}_{vi}} = \underbrace{\begin{bmatrix} 0 & v\kappa & 0 \\ -v\kappa & 0 & v\tau \\ 0 & -v\tau & 0 \end{bmatrix}}_{-\boldsymbol{\omega}_v^{vi\wedge}} \underbrace{\left(\underset{\rightarrow}{\mathcal{F}}_v \cdot \underset{\rightarrow}{\mathcal{F}}_i^{\mathrm{T}}\right)}_{\boldsymbol{C}_{vi}} \tag{6.94}$$

上面的推导利用了链式法则。这刚好就是式（6.45）中的泊松公式，其运动的角速度可以表示为：

$$\boldsymbol{\omega}_v^{vi} = \begin{bmatrix} \upsilon\tau \\ 0 \\ \upsilon\kappa \end{bmatrix} \tag{6.95}$$

因为第二项恒为零，所以它只有两个自由度。我们也可以得到它平移部分的运动方程

$$\dot{\boldsymbol{r}}_i^{vi} = \boldsymbol{C}_{vi}^{\mathrm{T}}\boldsymbol{\nu}_v^{vi}, \quad \boldsymbol{\nu}_v^{vi} = \begin{bmatrix} \upsilon \\ 0 \\ 0 \end{bmatrix} \tag{6.96}$$

我们的目标是在载体坐标系上表示上面的量。注意到：

$$\begin{aligned} \dot{\boldsymbol{r}}_v^{iv} &= \frac{\mathrm{d}}{\mathrm{d}t}\left(-\boldsymbol{C}_{vi}\boldsymbol{r}_i^{vi}\right) = -\dot{\boldsymbol{C}}_{vi}\boldsymbol{r}_i^{vi} - \boldsymbol{C}_{vi}\dot{\boldsymbol{r}}_i^{vi} \\ &= \boldsymbol{\omega}_v^{vi\wedge}\boldsymbol{C}_{vi}\boldsymbol{r}_i^{vi} - \boldsymbol{C}_{vi}\boldsymbol{C}_{vi}^{\mathrm{T}}\boldsymbol{\nu}_v^{vi} = -\boldsymbol{\omega}_v^{vi\wedge}\boldsymbol{r}_i^{iv} - \boldsymbol{\nu}_v^{vi} \end{aligned} \tag{6.97}$$

我们把将平移和旋转的运动方程像下式一样组合起来：

$$\begin{aligned} \dot{\boldsymbol{T}}_{vi} &= \frac{\mathrm{d}}{\mathrm{d}t}\begin{bmatrix} \boldsymbol{C}_{vi} & \boldsymbol{r}_v^{iv} \\ \mathbf{0}^{\mathrm{T}} & 1 \end{bmatrix} = \begin{bmatrix} \dot{\boldsymbol{C}}_{vi} & \dot{\boldsymbol{r}}_v^{iv} \\ \mathbf{0}^{\mathrm{T}} & 0 \end{bmatrix} = \begin{bmatrix} -\boldsymbol{\omega}_v^{vi\wedge}\boldsymbol{C}_{vi} & -\boldsymbol{\omega}_v^{vi\wedge}\boldsymbol{r}_v^{iv} - \boldsymbol{\nu}_v^{vi} \\ \mathbf{0}^{\mathrm{T}} & 0 \end{bmatrix} \\ &= \begin{bmatrix} -\boldsymbol{\omega}_v^{vi\wedge} & -\boldsymbol{\nu}_v^{vi} \\ \mathbf{0}^{\mathrm{T}} & 0 \end{bmatrix}\begin{bmatrix} \boldsymbol{C}_{vi} & \boldsymbol{r}_v^{iv} \\ \mathbf{0}^{\mathrm{T}} & 1 \end{bmatrix} = \begin{bmatrix} 0 & \upsilon\kappa & 0 & -\upsilon \\ -\upsilon\kappa & 0 & \upsilon\tau & 0 \\ 0 & -\upsilon\tau & 0 & 0 \\ 0 & 0 & 0 & 0 \end{bmatrix}\boldsymbol{T}_{vi} \end{aligned} \tag{6.98}$$

对上式进行积分后，可以求出运动参考系的平移和旋转。因为只需要 (υ, κ, τ) 就可以确定运动规律，所以我们可以把这三个量作为输入值。在下一章中我们将会看到运动方程可以归纳成下面的形式：

$$\dot{\boldsymbol{T}} = \begin{bmatrix} \boldsymbol{\omega}^{\wedge} & -\boldsymbol{\nu} \\ \mathbf{0}^{\mathrm{T}} & 0 \end{bmatrix}\boldsymbol{T} \tag{6.99}$$

其中

$$\boldsymbol{\varpi} = \begin{bmatrix} \boldsymbol{\nu} \\ \boldsymbol{\omega} \end{bmatrix} \tag{6.100}$$

是运动参考系下的六自由度速度向量。弗莱纳参考系可以视为这一通用运动方程的一种特例。

如果我们想用 $\boldsymbol{T}_{iv}$（原因在上一节中已经提及），而不是 $\boldsymbol{T}_{vi}$，可以有两种办法。第一种就是直接对上面求出的 $\boldsymbol{T}$ 求逆，即 $\boldsymbol{T}_{iv} = \boldsymbol{T}_{vi}^{-1}$。另一种方法是对下式进行积分

$$\dot{\boldsymbol{T}}_{iv} = \boldsymbol{T}_{iv}\begin{bmatrix} 0 & -\upsilon\kappa & 0 & \upsilon \\ \upsilon\kappa & 0 & -\upsilon\tau & 0 \\ 0 & \upsilon\tau & 0 & 0 \\ 0 & 0 & 0 & 0 \end{bmatrix} \tag{6.101}$$

由上面两种方法均能得到一样的结果（证明过程作为课后习题留给读者）。如果我们把运动限制在 xy 平面，只需要将初始条件设成

$$\boldsymbol{T}_{iv}(0) = \begin{bmatrix} \cos\theta_{vi}(0) & -\sin\theta_{vi}(0) & 0 & x(0) \\ \sin\theta_{vi}(0) & \cos\theta_{vi}(0) & 0 & y(0) \\ 0 & 0 & 1 & 0 \\ 0 & 0 & 0 & 1 \end{bmatrix} \tag{6.102}$$

以及使 $\tau = 0$，那么运动方程可以简化为

$$\begin{aligned} \dot{x} &= v\cos\theta \\ \dot{y} &= v\sin\theta \\ \dot{\theta} &= \omega \end{aligned} \tag{6.103}$$

其中 $\omega = v\kappa$，$\theta = \theta_{vi}$。上面的模型被称为是差分驱动移动机器人的“独轮车模型”。纵向速度 v 和旋转速度 ω 构成了它的输入。这类机器人由于轮子的限制，无法进行横向运动，所以它只能向前或向后滚动。

6.4 传感器模型

现在我们已经掌握了一套描述三维几何的数学工具，接下来将会应用这些工具来对三维传感器建模。通常，传感器是安装在机器人上的，它们之间的位置关系如图 6–5 描述的那样。

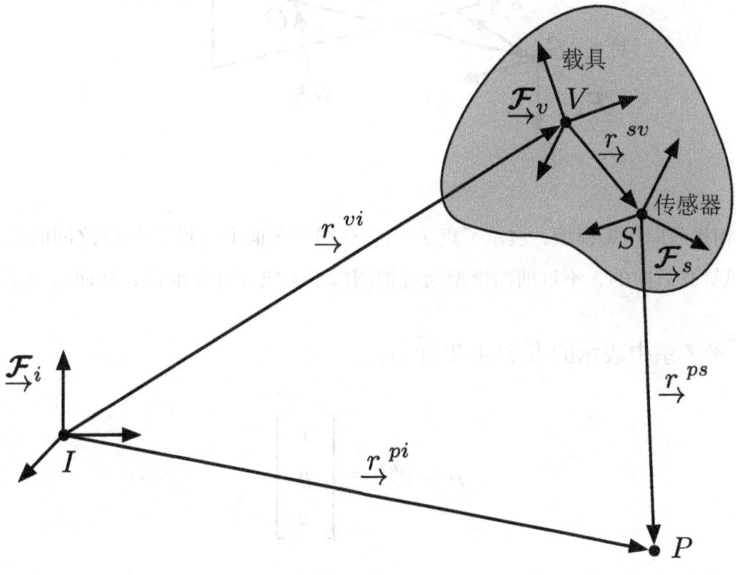

图 6–5 这是一个包含了传感器的载具参考系，该传感器观测到了世界坐标系中的 P 点

这里有惯性参考系 $\underrightarrow{\mathcal{F}}_i$，载具参考系 $\underrightarrow{\mathcal{F}}_v$，还有一个传感器参考系 $\underrightarrow{\mathcal{F}}_s$。我们称传感器参考系和载具参考系之间的相对姿态为**传感器外参**（extrinsic sensor parameters），$\boldsymbol{T}_{sv}$。它是一个固定的

值，可以通过一些校正方法测得，或是直接作为一个待估的状态估计量来求解。在下面的讨论中，我们主要谈论点 P 是如何被参考系 $\underrightarrow{\mathcal{F}}_s$ 上的传感器观测到的。

6.4.1 透视相机

透视相机是最重要的传感器。尽管它很便宜，但却可以通过图像信息估计物体的运动和三维世界的形状。

归一化图像坐标

图 6–6 描绘了在理想透视相机中，被观测点 P 投影在像平面上的点 O 的几何示意图。在现实中，像平面是放在相机针孔后面的，但是为了让模型更加直观（即避免了反复翻转图像的脑力劳动），我们采取了另一种等效模型。这种模型称作**前投影模型**（frontal projection model）。参考系 $\underrightarrow{\mathcal{F}}_s$ 的轴 $\underrightarrow{s}_3$ 被称为**光轴**（optical axis），它与图像平面正交。相机针孔 S 与图像平面中心点 C 的距离称作**焦距**（focal length），在理想相机模型中焦距被设为 1。

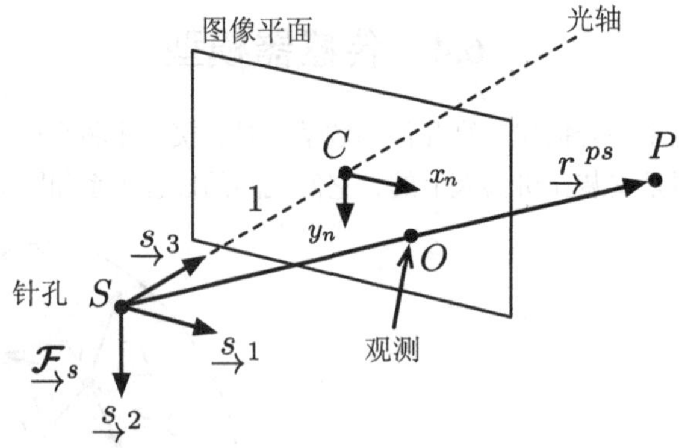

图 6–6 这是一个相机前向投影模型，展示了点 P 与它在图像平面上的投影点 O 之间的关系。在现实中，图像平面本应在相机针孔后面的，不过前向模型通过把图像平面放在针孔前面，从而避免了翻转图像

如果在 $\underrightarrow{\mathcal{F}}_s$ 参考系中表示的点 P 的坐标为：

$$\boldsymbol{\rho} = \boldsymbol{r}_s^{ps} = \begin{bmatrix} x \\ y \\ z \end{bmatrix} \tag{6.104}$$

其中 $\underrightarrow{s}_3$ 轴正交于像平面，那么像平面上点 O 的坐标就为：

$$x_n = x/z \tag{6.105a}$$
$$y_n = y/z \tag{6.105b}$$

这就是（二维的）**归一化图像坐标**（normalized image coordinates）。用齐次坐标表示可记为：

$$\boldsymbol{p} = \begin{bmatrix} x_n \\ y_n \\ 1 \end{bmatrix} \tag{6.106}$$

本质矩阵

假设相机在某个位置观测到了点 P，然后相机移动一定距离后，又对同一个点 P 进行了观测，如图 6–7所示。这两次观测分别得到的投影坐标为 $\boldsymbol{p}_a$ 和 $\boldsymbol{p}_b$。它们之间有以下约束：

$$\boldsymbol{p}_a^{\mathrm{T}} \boldsymbol{E}_{ab} \boldsymbol{p}_b = 0 \tag{6.107}$$

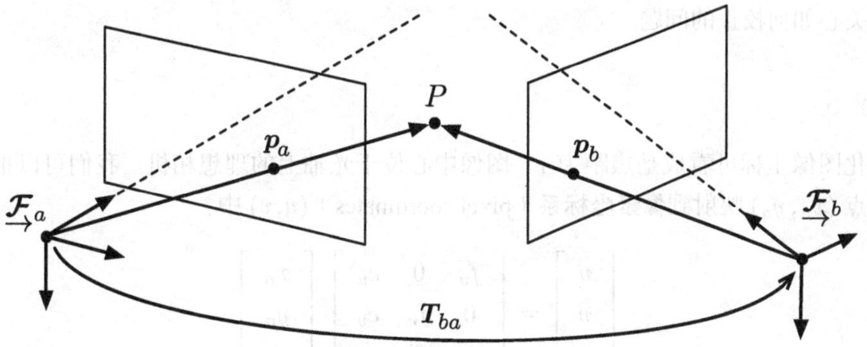

图 6–7　两个相机观测同一个点 P

上式的 $\boldsymbol{E}_{ab}$ 被称为**本质矩阵**（essential matrix）。它有如下定义：

$$\boldsymbol{E}_{ab} = \boldsymbol{C}_{ba}^{\mathrm{T}} \boldsymbol{r}_b^{ab\wedge} \tag{6.108}$$

从上面看出，它与相机的姿态变化密切相关，因为

$$\boldsymbol{T}_{ba} = \begin{bmatrix} \boldsymbol{C}_{ba} & \boldsymbol{r}_b^{ab} \\ \boldsymbol{0}^{\mathrm{T}} & 1 \end{bmatrix} \tag{6.109}$$

为了证明这个约束条件成立，对 $j = a, b$，令：

$$\boldsymbol{p}_j = \frac{1}{z_j} \boldsymbol{\rho}_j, \quad \boldsymbol{\rho}_j = \begin{bmatrix} x_j \\ y_j \\ z_j \end{bmatrix} \tag{6.110}$$

那么有：

$$\boldsymbol{\rho}_a = \boldsymbol{C}_{ba}^{\mathrm{T}} (\boldsymbol{\rho}_b - \boldsymbol{r}_b^{ab}) \tag{6.111}$$

这是两个投影坐标之间的关系。把这个关系代入到约束条件式中，有：

$$\begin{aligned}\boldsymbol{p}_a^{\mathrm{T}}\boldsymbol{E}_{ab}\boldsymbol{p}_b &= \frac{1}{z_a z_b}\boldsymbol{\rho}_a^{\mathrm{T}}\boldsymbol{E}_{ab}\boldsymbol{\rho}_b = \frac{1}{z_a z_b}(\boldsymbol{\rho}_b - \boldsymbol{r}_b^{ab})^{\mathrm{T}}\underbrace{\boldsymbol{C}_{ba}\boldsymbol{C}_{ba}^{\mathrm{T}}}_{\mathbf{1}}\boldsymbol{r}_b^{ab^\wedge}\boldsymbol{\rho}_b \\ &= \frac{1}{z_a z_b}(-\underbrace{\boldsymbol{\rho}_b^{\mathrm{T}}\boldsymbol{\rho}_b^\wedge}_{\mathbf{0}}\boldsymbol{r}_b^{ab} - \underbrace{\boldsymbol{r}_b^{ab^{\mathrm{T}}}\boldsymbol{r}_b^{ab^\wedge}}_{\mathbf{0}}\boldsymbol{\rho}_b) = 0\end{aligned} \tag{6.112}$$

本质矩阵在一些姿态估计问题中非常有用，包括相机校准问题。

透镜畸变

透镜效应通常会造成图像畸变，从而使归一化图像坐标方程不再成立。现在有许多分析模型可用来校准这些误差，使归一化图像坐标方程保持成立。这些方法一般是通过校正原始图像，让校正后的图像看起来像是从理想相机模型中得到的一样。我们假设已经采用了这类补偿失真的方法，不再关心如何校正的问题。

相机内参数

归一化图像坐标可看成是焦距为 1、图像中心位于光轴上的理想相机。我们可以把归一化图像坐标的点 (x_n, y_n) 映射到**像素坐标系**（pixel coordinates）(u, v) 中：

$$\begin{bmatrix} u \\ v \\ 1 \end{bmatrix} = \underbrace{\begin{bmatrix} f_u & 0 & c_u \\ 0 & f_v & c_v \\ 0 & 0 & 1 \end{bmatrix}}_{\boldsymbol{K}} \begin{bmatrix} x_n \\ y_n \\ 1 \end{bmatrix} \tag{6.113}$$

这里的 $\boldsymbol{K}$ 是相机的**内部参数矩阵**（intrinsic parameter matrix），包含了实际相机分别在水平和垂直像素中的焦距 f_u 和 f_v，以及图像原点相对于光轴交点的偏移量 (c_u, c_v)[13]。在相机校正过程中（为了消除透镜效应），我们可以求出这些内部参数，因此默认矩阵 $\boldsymbol{K}$ 是已知的。图6–8展示了相机的内参数。

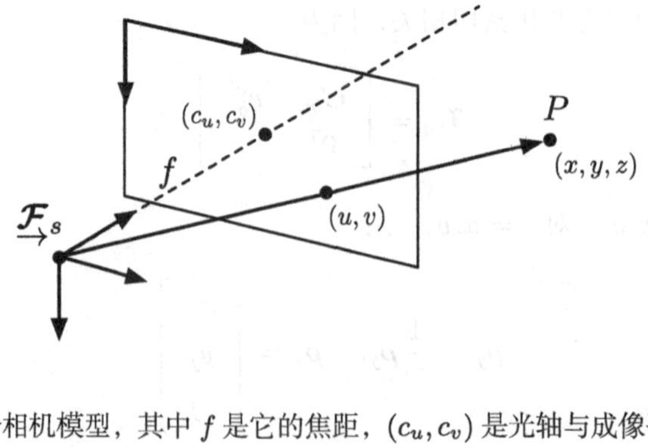

图 6–8 这是一个相机模型，其中 f 是它的焦距，(c_u, c_v) 是光轴与成像平面相交点的坐标

[13] 对于许多图像传感器来说，像素并不是方形的，导致了在水平和垂直方向上像素大小不同。

基本矩阵

与本质矩阵的约束条件类似，同一个点投影到不同位置的相机（也可以是不同的两个相机）得到的两个齐次像素坐标之间也存在约束条件。令：

$$\boldsymbol{q}_i = \boldsymbol{K}_i \boldsymbol{p}_i \tag{6.114}$$

其中 $i = a, b$ 分别代表是从两个内部参数不同的相机观测到的。它们有如下约束条件：

$$\boldsymbol{q}_a^{\mathrm{T}} \boldsymbol{F}_{ab} \boldsymbol{q}_b = 0 \tag{6.115}$$

其中

$$\boldsymbol{F}_{ab} = \boldsymbol{K}_a^{-\mathrm{T}} \boldsymbol{E}_{ab} \boldsymbol{K}_b^{-1} \tag{6.116}$$

上面的矩阵被称作**基本矩阵**（fundamental matrix）。易证约束条件：

$$\boldsymbol{q}_a^{\mathrm{T}} \boldsymbol{F}_{ab} \boldsymbol{q}_b = \boldsymbol{p}_a^{\mathrm{T}} \underbrace{\boldsymbol{K}_a^{\mathrm{T}} \boldsymbol{K}_a^{-\mathrm{T}}}_{\mathbf{1}} \boldsymbol{E}_{ab} \underbrace{\boldsymbol{K}_b^{-1} \boldsymbol{K}_b}_{\mathbf{1}} \boldsymbol{p}_b = 0 \tag{6.117}$$

其中最后一步推导中应用了本质矩阵的约束条件。

本质矩阵的约束条件又被称为**对极约束**（epipolar constraint）。图 6–9 给出了这一约束的几何示意图。如果 $\boldsymbol{q}_a$ 为一个相机观测到的一个点的投影，且两个相机间的基本矩阵已知，那么约束条件就相当于指定了一条被称为**极线**（epipolar line）的线，然后第二个相机观测到的同一个点的投影 $\boldsymbol{q}_b$ 必然在这条线上。这一性质可用来缩小匹配点的搜索范围。因为相机模型的映射本质上是一种**仿射变换**（affine transformation），意味着欧式空间的一条直线会在图像空间投影出一条直线。基本矩阵有时也可以用来确定相机的内参。

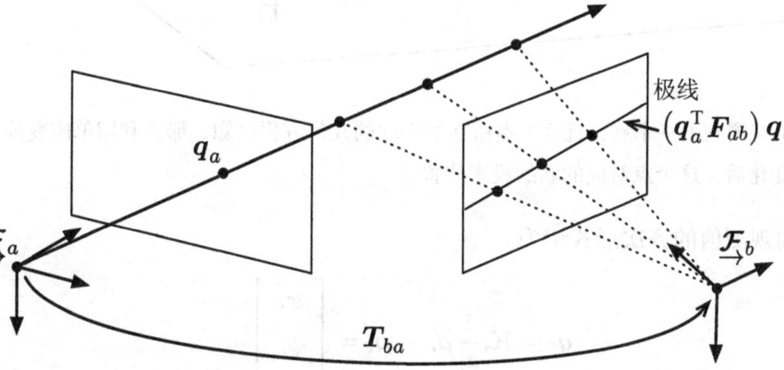

图 6–9　如果一个点在图像中的投影坐标为 $\boldsymbol{q}_a$，且基础矩阵 $\boldsymbol{F}_{ab}$ 已知，那么在第二个图像中定义一条线，该点在图像二中的投影必在这条线上

完整的模型

把上面讨论的所有模型结合起来，可以得到透视相机的模型：

$$\begin{bmatrix} u \\ v \end{bmatrix} = \boldsymbol{s}(\boldsymbol{\rho}) = \boldsymbol{P}\boldsymbol{K}\frac{1}{z}\boldsymbol{\rho} \tag{6.118}$$

其中

$$\boldsymbol{P}=\begin{bmatrix}1&0&0\\0&1&0\end{bmatrix},\quad \boldsymbol{K}=\begin{bmatrix}f_x&0&c_u\\0&f_y&c_v\\0&0&1\end{bmatrix},\quad \boldsymbol{\rho}=\begin{bmatrix}x\\y\\z\end{bmatrix} \tag{6.119}$$

乘以矩阵 $\boldsymbol{P}$ 的目的是去掉齐次坐标的最后一行。从模型中我们可以更加清晰地观察到，我们将三个参数的坐标 $\boldsymbol{\rho}$ 转换成只有两个参数的坐标 (u,v)，从而丢失了一个维度的信息；所以我们不能用二维的像素坐标还原出三维坐标。也就是说，我们无法从单个相机测到图像的深度信息。

单应性

尽管我们不能从单个相机中测到深度信息，但是如果观测点所在平面的几何方程是已知的，我们也可以求出它的深度信息，并推导出该观测点在另一个相机中的投影坐标。图 6–10 描述了这种几何关系。

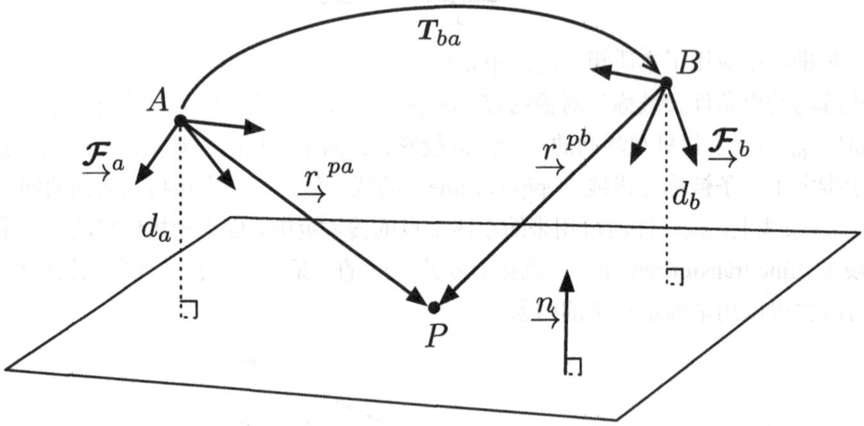

图 6–10 如果相机观测到了一个点，且这个点所在的平面的几何方程已知，那么利用单应变换，我们可以推测出在相机姿态变化后，这个点对应的新的投影位置

两个相机的观测值的齐次形式记为

$$\boldsymbol{q}_i=\boldsymbol{K}_i\frac{1}{z_i}\boldsymbol{\rho}_i,\quad \boldsymbol{\rho}_i=\begin{bmatrix}x_i\\y_i\\z_i\end{bmatrix} \tag{6.120}$$

其中 $\boldsymbol{\rho}_i$ 是对应 $i=a,b$ 两个相机坐标系中点 P 的坐标。假设我们已知点 P 所在的平面方程，那么在这两个相机坐标系下表示的平面方程可以记成：

$$\{\boldsymbol{n}_i,d_i\} \tag{6.121}$$

其中 d_i 代表相机 i 到平面的距离，$\boldsymbol{n}_i$ 代表参考系 i 下的平面法向量。因为 P 在平面上，所以它们有如下关系

$$\boldsymbol{n}_i^{\mathrm{T}}\boldsymbol{\rho}_i+d_i=0 \tag{6.122}$$

解出式（6.120）中的 $\boldsymbol{\rho}_i$，然后将其代入平面方程，可以得到

$$z_i \boldsymbol{n}_i^{\mathrm{T}} \boldsymbol{K}_i^{-1} \boldsymbol{q}_i + d_i = 0 \tag{6.123}$$

或

$$z_i = -\frac{d_i}{\boldsymbol{n}_i^{\mathrm{T}} \boldsymbol{K}_i^{-1} \boldsymbol{q}_i} \tag{6.124}$$

这是点 P 在各个相机 $i = a, b$ 中的深度，进而可得各个相机参考系下点 P 的坐标：

$$\boldsymbol{\rho}_i = -\frac{d_i}{\boldsymbol{n}_i^{\mathrm{T}} \boldsymbol{K}_i^{-1} \boldsymbol{q}_i} \boldsymbol{K}_i^{-1} \boldsymbol{q}_i \tag{6.125}$$

这说明尽管单个摄像头无法获得深度，我们也可以通过平面参数 $\{\boldsymbol{n}_i, d_i\}$ 来还原 P 的三维信息。

我们又假设参考系 $\underrightarrow{\mathcal{F}}_a$ 与 $\underrightarrow{\mathcal{F}}_b$ 之间的变换矩阵为 $\boldsymbol{T}_{ba}$：

$$\begin{bmatrix} \boldsymbol{\rho}_b \\ 1 \end{bmatrix} = \underbrace{\begin{bmatrix} \boldsymbol{C}_{ba} & \boldsymbol{r}_b^{ab} \\ \boldsymbol{0}^{\mathrm{T}} & 1 \end{bmatrix}}_{\boldsymbol{T}_{ba}} \begin{bmatrix} \boldsymbol{\rho}_a \\ 1 \end{bmatrix} \tag{6.126}$$

或

$$\boldsymbol{\rho}_b = \boldsymbol{C}_{ba} \boldsymbol{\rho}_a + \boldsymbol{r}_b^{ab} \tag{6.127}$$

将式（6.120）代入其中，有：

$$z_b \boldsymbol{K}_b^{-1} \boldsymbol{q}_b = z_a \boldsymbol{C}_{ba} \boldsymbol{K}_a^{-1} \boldsymbol{q}_a + \boldsymbol{r}_b^{ab} \tag{6.128}$$

接着可以得到 $\boldsymbol{q}_b$ 与 $\boldsymbol{q}_a$ 之间的关系式：

$$\boldsymbol{q}_b = \frac{z_a}{z_b} \boldsymbol{K}_b \boldsymbol{C}_{ba} \boldsymbol{K}_a^{-1} \boldsymbol{q}_a + \frac{1}{z_b} \boldsymbol{K}_b \boldsymbol{r}_b^{ab} \tag{6.129}$$

然后再用（6.124）替换 z_b，得到

$$\boldsymbol{q}_b = \frac{z_a}{z_b} \boldsymbol{K}_b \boldsymbol{C}_{ba} (\boldsymbol{1} + \frac{1}{d_a} \boldsymbol{r}_a^{ba} \boldsymbol{n}_a^{\mathrm{T}}) \boldsymbol{K}_a^{-1} \boldsymbol{q}_a \tag{6.130}$$

这里我们运用了性质 $\boldsymbol{r}_b^{ab} = -\boldsymbol{C}_{ba} \boldsymbol{r}_a^{ba}$。最后，我们把上式简化成

$$\boldsymbol{q}_b = \boldsymbol{K}_b \boldsymbol{H}_{ba} \boldsymbol{K}_a^{-1} \boldsymbol{q}_a \tag{6.131}$$

其中

$$\boldsymbol{H}_{ba} = \frac{z_a}{z_b} \boldsymbol{C}_{ba} \left(\boldsymbol{1} + \frac{1}{d_a} \boldsymbol{r}_a^{ba} \boldsymbol{n}_a^{\mathrm{T}} \right) \tag{6.132}$$

被称为**单应矩阵**（homography matrix）。由于 $\boldsymbol{q}_b$ 是齐次坐标，不受缩放因子影响，而参数 z_a/z_b 相当于是 $\boldsymbol{q}_b$ 的缩放因子，所以在实际应用中可以去掉。这一特性也意味着 $\boldsymbol{H}_{ba}$ 仅是姿态变化和平面参数的函数。

值得注意的是，当只进行旋转运动时，即 $\boldsymbol{r}_a^{ba} = \boldsymbol{0}$，单应矩阵简化成：

$$\boldsymbol{H}_{ba} = \boldsymbol{C}_{ba} \tag{6.133}$$

这里去掉了缩放因子 z_a/z_b。

单应矩阵是可逆的，如下所示：

$$\boldsymbol{H}_{ba}^{-1}=\boldsymbol{H}_{ab}=\frac{z_b}{z_a}\boldsymbol{C}_{ab}\left(\mathbf{1}+\frac{1}{d_b}\boldsymbol{r}_b^{ab}\boldsymbol{n}_b^{\mathrm{T}}\right) \tag{6.134}$$

利用它可以把观测方向颠倒过来。

6.4.2 立体相机

另一种常见的三维传感器是立体相机。它是由两个透视相机组成的，且这两个透视相机的位置关系及转换关系均已知。图 6–11 描述了经典的立体相机模型，可以看到处于 x 轴上两个相机均在**基线**（baseline）b 上。与单目相机不同的是，立体相机的优点是可以测量观测点的深度信息。

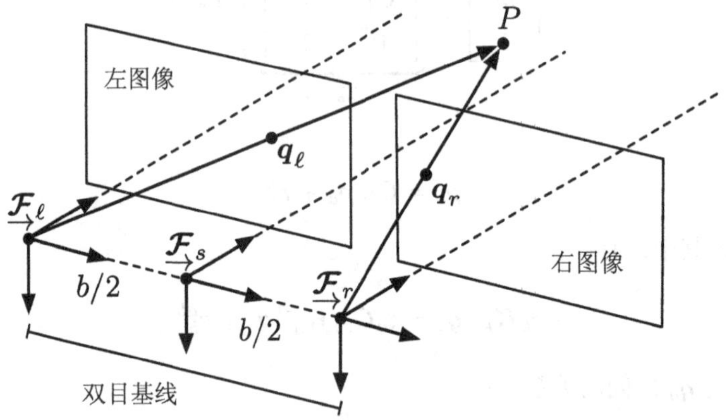

图 6–11 这是一个立体相机模型。两个相机都指向相同的方向，它们只在 x 轴方向间隔一个已知的距离。我们在这里取两个相机之间的中点作为坐标系的原点

中点模型

在 $\underrightarrow{\mathcal{F}}_s$ 中表示的点 P 的坐标为：

$$\boldsymbol{\rho}=\boldsymbol{r}_s^{ps}=\begin{bmatrix}x\\y\\z\end{bmatrix} \tag{6.135}$$

那么左边相机的模型为：

$$\begin{bmatrix}u_\ell\\v_\ell\end{bmatrix}=\boldsymbol{PK}\frac{1}{z}\begin{bmatrix}x+\frac{b}{2}\\y\\z\end{bmatrix} \tag{6.136}$$

右边相机的模型为：

$$\begin{bmatrix} u_r \\ v_r \end{bmatrix} = \boldsymbol{PK}\frac{1}{z}\begin{bmatrix} x - \frac{b}{2} \\ y \\ z \end{bmatrix} \tag{6.137}$$

假设这两个相机都拥有相同的内部参数矩阵，那么把两个相机的观测矩阵组合起来，可以得到下面的立体相机模型：

$$\begin{bmatrix} u_\ell \\ v_\ell \\ u_r \\ v_r \end{bmatrix} = \boldsymbol{s}(\boldsymbol{\rho}) = \underbrace{\begin{bmatrix} f_u & 0 & c_u & f_u\frac{b}{2} \\ 0 & f_v & c_v & 0 \\ f_u & 0 & c_u & -f_u\frac{b}{2} \\ 0 & f_v & c_v & 0 \end{bmatrix}}_{\boldsymbol{M}} \frac{1}{z}\begin{bmatrix} x \\ y \\ z \\ 1 \end{bmatrix} \tag{6.138}$$

其中 $\boldsymbol{M}$ 是一个联合参数矩阵。值得一提的是，$\boldsymbol{M}$ 是不可逆的，因为它其中的两行是相同的。实际上，由于这种相机排布方式的特性，不难看出两个相机观测值的垂直坐标总是一样的。此时两个相机的极线与相机平面保持水平。所以，当一个相机观测到一个观测点时，我们想要知道另一个相机上关于这个测量点的观测值，那么只需要沿着这条极线找到另一个相机中垂直方向上像素坐标相同的那个点，就是我们想要找的点了。我们利用基本矩阵约束条件来证明这一点。已知左右两个相机的姿态关系为 $\boldsymbol{C}_{r\ell} = \boldsymbol{1}$，$\boldsymbol{r}_r^{\ell r} = [-b,\ 0,\ 0]^{\mathrm{T}}$，其约束条件为

$$\begin{bmatrix} u_\ell & v_\ell & 1 \end{bmatrix} \underbrace{\begin{bmatrix} f_u & 0 & 0 \\ 0 & f_v & 0 \\ c_u & c_v & 1 \end{bmatrix}}_{\boldsymbol{K}_\ell^{\mathrm{T}}} \underbrace{\begin{bmatrix} 0 & 0 & 0 \\ 0 & 0 & b \\ 0 & -b & 0 \end{bmatrix}}_{\boldsymbol{E}_{\ell r}} \underbrace{\begin{bmatrix} f_u & 0 & c_u \\ 0 & f_v & c_v \\ 0 & 0 & 1 \end{bmatrix}}_{\boldsymbol{K}_r} \begin{bmatrix} u_r \\ v_r \\ 1 \end{bmatrix} = 0 \tag{6.139}$$

将矩阵展开，易得 $v_r = v_\ell$。

左眼模型

同样地，我们也可以取左相机为传感器参考系原点，见图 6–12。此时相机模型变为：

$$\begin{bmatrix} u_\ell \\ v_\ell \\ u_r \\ v_r \end{bmatrix} = \begin{bmatrix} f_u & 0 & c_u & 0 \\ 0 & f_v & c_v & 0 \\ f_u & 0 & c_u & -f_u b \\ 0 & f_v & c_v & 0 \end{bmatrix} \frac{1}{z}\begin{bmatrix} x \\ y \\ z \\ 1 \end{bmatrix} \tag{6.140}$$

上面的矩阵表达是有冗余的，删掉 v_r 对应的方程后，再把 u_r 对应的方程用**视差** (disparity)[14] d 来表示：

$$d = u_\ell - u_r = \frac{1}{z}f_u b \tag{6.141}$$

[14] 就像我们在前面的非线性估计章节中见到的那样，视差方程可以用在一维立体相机模型中。

就可以得到简化后的立体相机模型：

$$\begin{bmatrix} u_\ell \\ v_\ell \\ d \end{bmatrix} = \mathbf{s}(\boldsymbol{\rho}) = \begin{bmatrix} f_u & 0 & c_u & 0 \\ 0 & f_v & c_v & 0 \\ 0 & 0 & 0 & f_u b \end{bmatrix} \frac{1}{z} \begin{bmatrix} x \\ y \\ z \\ 1 \end{bmatrix} \tag{6.142}$$

这一模型有着非常吸引人的性质，那就是我们用三个观测值 (u_ℓ, v_ℓ, d) 代替了三个坐标参数 (x, y, z)。右模型也可以用相似的方法推导出来。

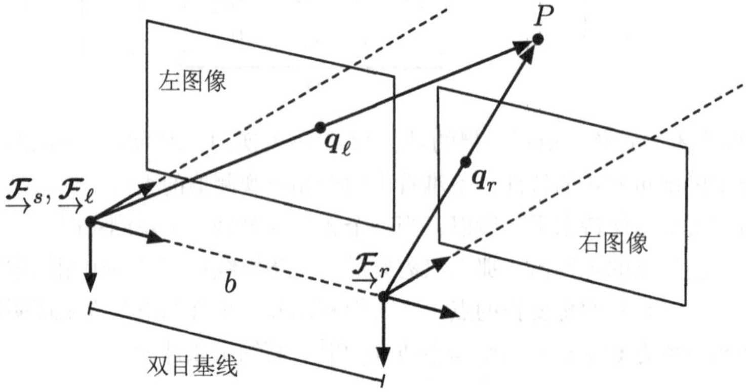

图 6–12 坐标系原点位于左侧相机的立体相机模型

6.4.3 距离-方位角-俯仰角模型

我们有时会用**距离-方位角-俯仰角模型**（range-azimuth-elevation, RAE）来为另一些传感器建模，例如雷达（利用激光测距）。雷达观测的点 P 通常可以用球面坐标来表示。它是利用反射的激光脉冲进行位置测量的一种传感器，方位角和俯仰角描述的是激光束反射镜的角度，可用来控制光束发射的方向；距离是通过测量飞行时间（time of flight）得到的。这种传感器的几何示意图如图 6–13 所示。

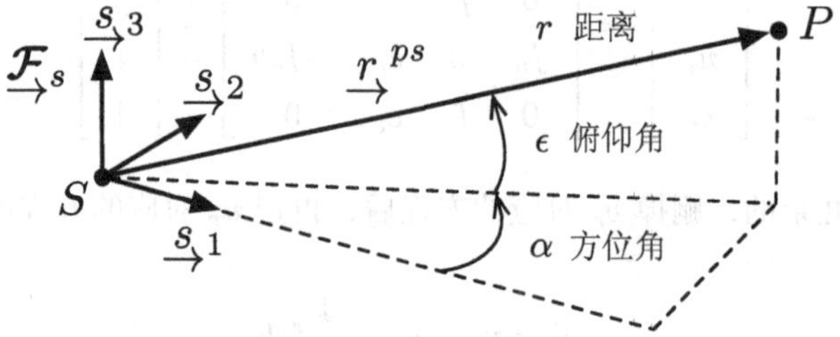

图 6–13 这是一个距离-方位角-俯仰角模型，在球面坐标中，它观测到了点 P

点 P 在参考系 $\underrightarrow{\mathcal{F}}_s$ 下的坐标为：

$$\boldsymbol{\rho} = \boldsymbol{r}_s^{ps} = \begin{bmatrix} x \\ y \\ z \end{bmatrix} \tag{6.143}$$

也可以写做：

$$\boldsymbol{\rho} = \boldsymbol{C}_3^{\mathrm{T}}(\alpha)\boldsymbol{C}_2^{\mathrm{T}}(-\epsilon)\begin{bmatrix} r \\ 0 \\ 0 \end{bmatrix} \tag{6.144}$$

其中 α 是方位角，ϵ 是俯仰角，r 是距离，$\boldsymbol{C}_i$ 是沿着轴 i 的旋转矩阵。根据右手定则，图 6–13 中表示的俯仰旋转是反向旋转。将主轴旋转公式代入上式，然后展开，可以得到坐标与测量值之间的关系：

$$\begin{bmatrix} x \\ y \\ z \end{bmatrix} = \begin{bmatrix} r\cos\alpha\cos\epsilon \\ r\sin\alpha\cos\epsilon \\ r\sin\epsilon \end{bmatrix} \tag{6.145}$$

这就是常用的球面坐标表达式。不过，我们想要得到的是用 (x, y, z) 来表示 (r, α, ϵ) 的表达式。因此只需对上式进行求逆，就可以得到距离-方位角-俯仰角模型（RAE 模型）的表达式：

$$\begin{bmatrix} r \\ \alpha \\ \epsilon \end{bmatrix} = \boldsymbol{s}(\boldsymbol{\rho}) = \begin{bmatrix} \sqrt{x^2+y^2+z^2} \\ \tan^{-1}(y/x) \\ \sin^{-1}(z/\sqrt{x^2+y^2+z^2}) \end{bmatrix} \tag{6.146}$$

当点 P 在 xy 平面上时，有 $z = 0$，因此 $\epsilon = 0$，所以得到 RAE 模型可以化简成距离-方位角模型（range-bearing model）：

$$\begin{bmatrix} r \\ \alpha \end{bmatrix} = \boldsymbol{s}(\boldsymbol{\rho}) = \begin{bmatrix} \sqrt{x^2+y^2} \\ \tan^{-1}(y/x) \end{bmatrix} \tag{6.147}$$

这一模型在移动机器人领域中广泛使用。

6.4.4 惯性测量单元

另一种测量三维运动数据的常用传感器就是**惯性测量单元**（inertial measurement unit, IMU）。理想的惯性测量单元包含三个正交、线性的加速度计和三个正交的陀螺仪[15]。它们分别测量三个相互正交的坐标轴的加速度和角速率。就像图 6–14 显示的那样，对惯性测量来说，所有的测量值都表示在传感器参考系下，而不是在载具参考系下。

为了对 IMU 进行建模，我们假设载具的状态可以用以下量表示：

$$\underbrace{\boldsymbol{r}_i^{vi},\quad \boldsymbol{C}_{vi},}_{\text{位姿}}\quad \underbrace{\boldsymbol{\omega}_v^{vi},}_{\text{角速度}}\quad \underbrace{\dot{\boldsymbol{\omega}}_v^{vi},}_{\text{角加速度}} \tag{6.148}$$

[15] 通常因为制作工艺的问题，三个轴并不能做到完美的正交，所以需要进行额外的校准。

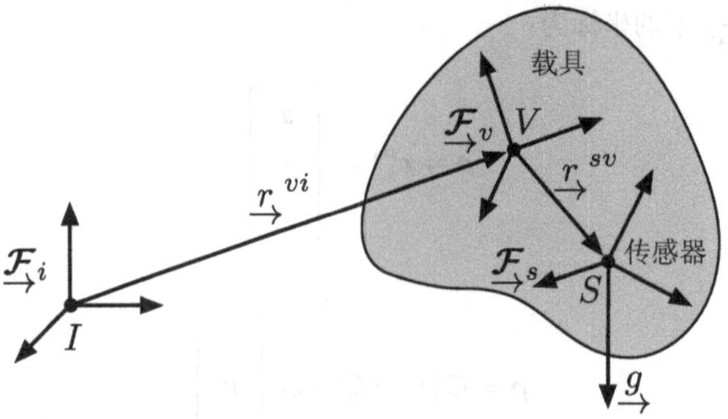

图 6–14 这是一个惯性测量单元，它有三个线性的加速度计和三个速率陀螺仪，通常传感器参考系和载具参考系是不重合的

我们还假设载具参考系 $\underrightarrow{\mathcal{F}}_v$ 和传感器参考系 $\underrightarrow{\mathcal{F}}_s$ 之间的位置关系是固定的，其旋转和平移用 $\boldsymbol{r}_v^{sv}$ 和 $\boldsymbol{C}_{sv}$ 表达，这里的 $\boldsymbol{r}_v^{sv}$ 和 $\boldsymbol{C}_{sv}$ 可以通过校准获得。

因为陀螺仪模型比加速度计模型更简单些，所以我们先讨论它。实际上，测到的角速率 $\boldsymbol{\omega}$ 就是在传感器参考系下表示的载具的速率，其关系如下：

$$\boldsymbol{\omega} = \boldsymbol{C}_{sv}\boldsymbol{\omega}_v^{vi} \tag{6.149}$$

这里利用了传感器参考系到载具参考系的相对位姿固定的假设，即 $\dot{\boldsymbol{C}}_{sv} = \mathbf{0}$。

加速度计通常使用测试重物来计算加速度，因此得到的观察值 $\boldsymbol{a}$ 可以记为：

$$\boldsymbol{a} = \boldsymbol{C}_{si}(\ddot{\boldsymbol{r}}_i^{si} - \boldsymbol{g}_i) \tag{6.150}$$

这里的 $\ddot{\boldsymbol{r}}_i^{si}$ 表示传感器原点 S 的惯性加速度，$\boldsymbol{g}_i$ 为重力加速度。值得注意的是，在自由落体运动中，加速度计测量值为 $\boldsymbol{a} = \mathbf{0}$，而在静止时，加速度计测量值只有重力加速度（在传感器参考系下表示的重力加速度）。但注意到由这个公式得到的并不表示载具参考系的加速度值，因此我们需要将传感器参考系的加速度转换到载具参考系下。注意到：

$$\boldsymbol{r}_i^{si} = \boldsymbol{r}_i^{vi} + \boldsymbol{C}_{vi}^{\mathrm{T}}\boldsymbol{r}_v^{sv} \tag{6.151}$$

对上式求导两次（利用泊松公式（6.45）和 $\dot{\boldsymbol{r}}_v^{sv} = 0$），得到：

$$\ddot{\boldsymbol{r}}_i^{si} = \ddot{\boldsymbol{r}}_i^{vi} + \boldsymbol{C}_{vi}^{\mathrm{T}}\dot{\boldsymbol{\omega}}_v^{vi^\wedge}\boldsymbol{r}_v^{sv} + \boldsymbol{C}_{vi}^{\mathrm{T}}\boldsymbol{\omega}_v^{vi^\wedge}\boldsymbol{\omega}_v^{vi^\wedge}\boldsymbol{r}_v^{sv} \tag{6.152}$$

又注意到，等式的右边刚好是由状态量[16]和已知的校准参数组成的，因此把这个结果代入到式（6.150）中，就可以得到最终的加速度计模型：

$$\boldsymbol{a} = \boldsymbol{C}_{sv}\left(\boldsymbol{C}_{vi}\left(\ddot{\boldsymbol{r}}_i^{vi} - \boldsymbol{g}_i\right) + \dot{\boldsymbol{\omega}}_v^{vi^\wedge}\boldsymbol{r}_v^{sv} + \boldsymbol{\omega}_v^{vi^\wedge}\boldsymbol{\omega}_v^{vi^\wedge}\boldsymbol{r}_v^{sv}\right) \tag{6.153}$$

如果传感器和载具参考系的偏移量 $\boldsymbol{r}_v^{sv}$ 足够小，就可以忽略上式最后两项。

[16] 如果状态变量不包含角加速度 $\dot{\boldsymbol{\omega}}_v^{vi}$，那我们可以利用先前两个或更多的陀螺仪测量值来估计角加速度的值。

总的来说，我们把加速度计和陀螺仪模型写成矩阵形式，就得到了联合 IMU 传感器模型：

$$
\begin{aligned}
\begin{bmatrix} \boldsymbol{a} \\ \boldsymbol{\omega} \end{bmatrix} &= \boldsymbol{s}(\boldsymbol{r}_i^{vi}, \boldsymbol{C}_{vi}, \boldsymbol{\omega}_v^{vi}, \dot{\boldsymbol{\omega}}_v^{vi}) \\
&= \begin{bmatrix} \boldsymbol{C}_{sv}\left(\boldsymbol{C}_{vi}(\ddot{\boldsymbol{r}}_i^{vi} - \boldsymbol{g}_i) + \dot{\boldsymbol{\omega}}_v^{vi\wedge}\boldsymbol{r}_v^{sv} + \boldsymbol{\omega}_v^{vi\wedge}\boldsymbol{\omega}_v^{vi\wedge}\boldsymbol{r}_v^{sv}\right) \\ \boldsymbol{C}_{sv}\boldsymbol{\omega}_v^{vi} \end{bmatrix}
\end{aligned}
\tag{6.154}
$$

其中 $\boldsymbol{C}_{sv}$ 和 $\boldsymbol{r}_v^{sv}$ 是已知的，$\boldsymbol{g}_i$ 是表示在惯性参考系下的重力加速度。

对于高精度的惯性测量单元来说，上面的模型是远远不够的。例如，为了方便建模，我们假设地球表面可以作为惯性参考系，但实际上这是不成立的。对于高端惯性测量单元来说，它精准到能检测地球的自转，因此我们需要一个更加精确的传感器模型。图 6–15 描述了惯性测量单元的经典模型。此时，惯性参考系的原点在地球的质心上（而不是旋转中心），还有一个位于地球表面的参考系（用于跟踪载具的运动）。这就需要对之前介绍的传感器模型进行推广，使之适用于更精确的测量场合。但本书限于篇幅，不展开介绍。

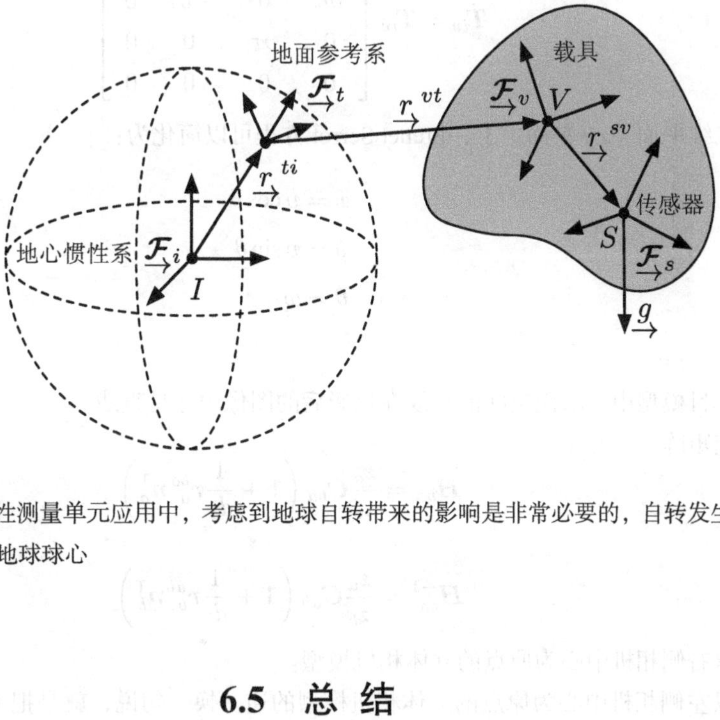

图 6–15　在高精度的惯性测量单元应用中，考虑到地球自转带来的影响是非常必要的，自转发生在地面参考系，而惯性参考系位于地球球心

6.5　总　结

本章的要点如下：

1. 三维旋转会给状态估计问题带来困难，这在本书第一部分就提到了，原因是三维旋转不能被向量空间描述。
2. 对旋转进行参数化的方法有很多种（例如旋转矩阵、欧拉角、单位长度的四元数，等等）。它们各有优缺点：有些方法会有奇异点，而一些会有额外的约束条件。在本书里，我们偏向于使用旋转矩阵，它常用于将向量从一个参考系变换到另一个参考系中。

3. 不同领域会有许多不同的符号惯例（例如机器人学、计算机视觉、航空航天）。再加上多种多样的旋转系数，人们很容易搞混各个符号的含义。本书的目标就是用通篇一致的符号惯例来解释三维运动的状态估计问题。

下一章我们将会引入李代数来更深入地从数学角度介绍旋转和姿态。

6.6 习 题

1. 证明对任意两个 3×1 向量 $\boldsymbol{u}$ 和 $\boldsymbol{v}$，都有 $\boldsymbol{u}^\wedge \boldsymbol{v} \equiv -\boldsymbol{v}^\wedge \boldsymbol{u}$。
2. 请用下式证明 $\boldsymbol{C}^{-1} = \boldsymbol{C}^{\mathrm{T}}$：

$$\boldsymbol{C} = \cos\theta \mathbf{1} + (1 - \cos\theta)\boldsymbol{a}\boldsymbol{a}^{\mathrm{T}} + \sin\theta \boldsymbol{a}^\wedge$$

3. 证明对任意 3×1 向量 $\boldsymbol{v}$ 和旋转矩阵 $\boldsymbol{C}$，都有 $(\boldsymbol{C}\boldsymbol{v})^\wedge \equiv \boldsymbol{C}\boldsymbol{v}^\wedge \boldsymbol{C}^{\mathrm{T}}$。
4. 证明：

$$\dot{\boldsymbol{T}}_{iv} = \boldsymbol{T}_{iv} \begin{bmatrix} 0 & -\upsilon\kappa & 0 & \upsilon \\ \upsilon\kappa & 0 & -\upsilon\tau & 0 \\ 0 & \upsilon\tau & 0 & 0 \\ 0 & 0 & 0 & 0 \end{bmatrix}$$

5. 证明在二维平面（xy 平面）上，Frenet Serret 方程可以简化为：

$$\dot{x} = \upsilon \cos\theta$$
$$\dot{y} = \upsilon \sin\theta$$
$$\dot{\theta} = \omega$$

其中，$\omega = \upsilon\kappa$。

6. 证明在单目模型中，欧氏空间的直线在投影后的图像中亦是直线。
7. 证明单应矩阵

$$\boldsymbol{H}_{ba} = \frac{z_a}{z_b}\boldsymbol{C}_{ba}\left(\mathbf{1} + \frac{1}{d_a}\boldsymbol{r}_a^{ba}\boldsymbol{n}_a^{\mathrm{T}}\right)$$

的逆是：

$$\boldsymbol{H}_{ba}^{-1} = \frac{z_a}{z_b}\boldsymbol{C}_{ab}\left(\mathbf{1} + \frac{1}{d_b}\boldsymbol{r}_b^{ab}\boldsymbol{n}_b^{\mathrm{T}}\right)$$

8. 请推出以右侧相机中心为原点的立体相机模型。
9. 请推出以左侧相机中心为原点的立体相机模型的逆。换一句说，就是把 (u_ℓ, v_ℓ, d) 映射到点坐标 (x, y, z) 的模型。
10. 请推出如图 6–15 所示的惯性测量单元模型，并回答在模型的哪一个部分需要考虑地球自转带来的影响？

第 7 章　矩阵李群

在之前的章节中，我们已经介绍了在三维空间中**旋转**和**姿态**的表示方法。在本章中，我们将更加深入地探讨这些量的本质。事实上旋转量的表达，与我们熟知的向量表达非常地不一样。旋转量构成的集合并非我们在线性代数中提及的**向量空间**。然而旋转量确实构成了另一种数学结构：**非交换群**（non-commutative group），它仅符合一部分的向量空间性质。

在本章中，我们将关注两种**矩阵李群**上的集合。文献 [54] 中叙述了李群的基本理论，文献 [55] 则是在机器人领域很好的参考教材。

马里乌斯·索菲斯·李（Marius Sophus Lie, 1842—1899）是挪威数学家。他在很大程度上创造了连续对称理论，并将其应用于几何和微分方程的研究。

7.1　几何学

本节，我们将介绍两种特殊的矩阵李群：用于表示旋转的**特殊正交群**（special orthogonal group）$SO(3)$，和用于表示姿态的**特殊欧几里得群**（special Euclidean group）$SE(3)$。

7.1.1　特殊正交群和特殊欧几里得群

特殊正交群是有效的旋转矩阵的集合，用于表示旋转：

$$SO(3) = \left\{ \boldsymbol{C} \in \mathbb{R}^{3\times3} | \boldsymbol{C}\boldsymbol{C}^{\mathrm{T}} = \mathbf{1}, \det \boldsymbol{C} = 1 \right\} \tag{7.1}$$

正交约束 $\boldsymbol{C}\boldsymbol{C}^{\mathrm{T}} = \mathbf{1}$ 给具有九个参数的旋转矩阵引入了六项约束，把旋转矩阵的自由度降到了三：

$$(\det \boldsymbol{C})^2 = \det\left(\boldsymbol{C}\boldsymbol{C}^{\mathrm{T}}\right) = \det \mathbf{1} = 1 \tag{7.2}$$

于是我们得到：

$$\det \boldsymbol{C} = \pm 1 \tag{7.3}$$

这里存在两种情况，我们选择 $\det \boldsymbol{C} = 1$ 来保证我们获得一个**有效旋转**（proper rotation）[1]。

尽管全体矩阵的集合可以组成一个向量空间，但 $SO(3)$ 并不是一个有效的子空间[2]。比如，$SO(3)$ 对于加法并不封闭，所以直接把两个旋转矩阵相加无法获得一个有效的旋转矩阵：

$$\boldsymbol{C}_1, \boldsymbol{C}_2 \in SO(3) \nRightarrow \boldsymbol{C}_1 + \boldsymbol{C}_2 \in SO(3) \tag{7.4}$$

---

1 当 $\det \boldsymbol{C} = -1$ 时，$\boldsymbol{C}$ 被称为**瑕旋转**（improper rotation）或者**反射旋转**（rotary reflection）。

2 一个向量空间的子空间仍然是一个向量空间。

同样地，零矩阵也不是一个有效的旋转矩阵：$\mathbf{0} \notin SO(3)$。如果没有这些性质（以及其他一些性质），$SO(3)$ 无法构成一个向量空间（至少不是一个 $\mathbb{R}^{3\times3}$ 的子空间）。

用于表示姿态的**特殊欧几里得群**（包括平移量和旋转量），是有效的变换矩阵的集合：

$$SE(3) = \left\{ \boldsymbol{T} = \begin{bmatrix} \boldsymbol{C} & \boldsymbol{r} \\ \mathbf{0}^{\mathrm{T}} & 1 \end{bmatrix} \in \mathbb{R}^{4\times4} \middle| \boldsymbol{C} \in SO(3), \boldsymbol{r} \in \mathbb{R}^3 \right\} \tag{7.5}$$

采用与 $SO(3)$ 类似的思路，可以证明 $SE(3)$ 不是一个向量空间（至少不是 $\mathbb{R}^{4\times4}$ 的一个子空间）。

尽管 $SO(3)$ 和 $SE(3)$ 都不是向量空间，但它们都是**矩阵李群**（matrix Lie group）[3]，接下来我们将解释其具体含义。在数学中，**群**由一个集合以及一个二元运算所组成，它的运算需要满足以下四个条件：

1. 封闭性（closure）；
2. 结合律（associativity）；
3. 存在幺元（identity）；
4. 存在逆（invertibility）。

同时，**李群**（Lie group）也是一个**微分流形**（differential manifold），群上的运算是光滑的[4]。更进一步来说，**矩阵**李群中的元素都是矩阵形式，把它们组合起来的运算是矩阵乘法，而逆运算是矩阵求逆。

表 7–1 给出了两种李群及其对应的性质。对于 $SO(3)$，封闭性直接服从欧拉旋转定理，即两个旋转总可以组合成一个旋转。或者可以通过以下推导来证明：

$$\begin{aligned} (\boldsymbol{C}_1\boldsymbol{C}_2)(\boldsymbol{C}_1\boldsymbol{C}_2)^{\mathrm{T}} &= \boldsymbol{C}_1 \underbrace{\boldsymbol{C}_2\boldsymbol{C}_2^{\mathrm{T}}}_{\mathbf{1}} \boldsymbol{C}_1^{\mathrm{T}} = \underbrace{\boldsymbol{C}_1\boldsymbol{C}_1^{\mathrm{T}}}_{\mathbf{1}} = \mathbf{1} \\ \det(\boldsymbol{C}_1\boldsymbol{C}_2) &= \underbrace{\det(\boldsymbol{C}_1)}_{1} \underbrace{\det(\boldsymbol{C}_2)}_{1} = 1 \end{aligned} \tag{7.6}$$

表 7–1 矩阵李群的性质

性质	$SO(3)$	$SE(3)$
封闭性	$\boldsymbol{C}_1, \boldsymbol{C}_2 \in SO(3) \Rightarrow \boldsymbol{C}_1\boldsymbol{C}_2 \in SO(3)$	$\boldsymbol{T}_1, \boldsymbol{T}_2 \in SE(3) \Rightarrow \boldsymbol{T}_1\boldsymbol{T}_2 \in SE(3)$
结合律	$\boldsymbol{C}_1(\boldsymbol{C}_2\boldsymbol{C}_3) = (\boldsymbol{C}_1\boldsymbol{C}_2)\boldsymbol{C}_3 = \boldsymbol{C}_1\boldsymbol{C}_2\boldsymbol{C}_3$	$\boldsymbol{T}_1(\boldsymbol{T}_2\boldsymbol{T}_3) = (\boldsymbol{T}_1\boldsymbol{T}_2)\boldsymbol{T}_3 = \boldsymbol{T}_1\boldsymbol{T}_2\boldsymbol{T}_3$
幺元	$\boldsymbol{C}, \mathbf{1} \in SO(3) \Rightarrow \boldsymbol{C}\mathbf{1} = \mathbf{1}\boldsymbol{C} = \boldsymbol{C}$	$\boldsymbol{T}, \mathbf{1} \in SE(3) \Rightarrow \boldsymbol{T}\mathbf{1} = \mathbf{1}\boldsymbol{T} = \boldsymbol{T}$
逆	$\boldsymbol{C} \in SO(3) \Rightarrow \boldsymbol{C}^{-1} \in SO(3)$	$\boldsymbol{T} \in SE(3) \Rightarrow \boldsymbol{T}^{-1} \in SE(3)$

因此若 $\boldsymbol{C}_1, \boldsymbol{C}_2 \in SO(3)$，$\boldsymbol{C}_1\boldsymbol{C}_2 \in SO(3)$。对于 $SE(3)$，封闭性可以看作是乘法操作，

$$\boldsymbol{T}_1\boldsymbol{T}_2 = \begin{bmatrix} \boldsymbol{C}_1 & \boldsymbol{r}_1 \\ \mathbf{0}^{\mathrm{T}} & 1 \end{bmatrix} \begin{bmatrix} \boldsymbol{C}_2 & \boldsymbol{r}_2 \\ \mathbf{0}^{\mathrm{T}} & 1 \end{bmatrix} = \begin{bmatrix} \boldsymbol{C}_1\boldsymbol{C}_2 & \boldsymbol{C}_1\boldsymbol{r}_2 + \boldsymbol{r}_1 \\ \mathbf{0}^{\mathrm{T}} & 1 \end{bmatrix} \in SE(3) \tag{7.7}$$

[3] 实际上它们都是**非阿贝尔群**（non-Abelian）（或非交换群），因为它们的群运算不满足交换律。

[4] 光滑的意思是，我们可以在流形上进行微分操作；或者说，如果在群运算中，我们对输入进行微小地改变，输出也只会发生微小地改变。

其中 $\boldsymbol{C}_1\boldsymbol{C}_2 \in SO(3)$ 且 $\boldsymbol{C}_1\boldsymbol{r}_2+\boldsymbol{r}_1 \in \mathbb{R}^3$。对于两种群而言，结合律都是由矩阵乘法的性质推断而来的[5]。单位矩阵是两种群的单位元素，同样可根据矩阵乘法的性质推断而来。最后，由 $\boldsymbol{C}\boldsymbol{C}^{\mathrm{T}}=\mathbf{1}$ 推得，$\boldsymbol{C}^{-1}=\boldsymbol{C}^{\mathrm{T}}$，我们知道一个 $SO(3)$ 元素的逆仍然是属于 $SO(3)$。推导如下：

$$
\begin{aligned}
\left(\boldsymbol{C}^{-1}\right)\left(\boldsymbol{C}^{-1}\right)^{\mathrm{T}} &= \left(\boldsymbol{C}^{\mathrm{T}}\right)\left(\boldsymbol{C}^{\mathrm{T}}\right)^{\mathrm{T}} = \underbrace{\boldsymbol{C}^{\mathrm{T}}\boldsymbol{C}}_{\mathbf{1}} = \mathbf{1} \\
\det\left(\boldsymbol{C}^{-1}\right) &= \det\left(\boldsymbol{C}^{\mathrm{T}}\right) = \underbrace{\det \boldsymbol{C}}_{1} = 1
\end{aligned}
\tag{7.8}
$$

一个 $SE(3)$ 元素的逆为：

$$
\boldsymbol{T}^{-1} = \begin{bmatrix} \boldsymbol{C} & \boldsymbol{r} \\ \mathbf{0}^{\mathrm{T}} & 1 \end{bmatrix}^{-1} = \begin{bmatrix} \boldsymbol{C}^{\mathrm{T}} & -\boldsymbol{C}^{\mathrm{T}}\boldsymbol{r} \\ \mathbf{0}^{\mathrm{T}} & 1 \end{bmatrix} \in SE(3) \tag{7.9}
$$

由于 $\boldsymbol{C}^{\mathrm{T}} \in SO(3)$，$-\boldsymbol{C}^{\mathrm{T}}\boldsymbol{r} \in \mathbb{R}^3$，因此它同样满足可逆性。这些准则与光滑性准则一起，将 $SO(3)$ 和 $SE(3)$ 构建为矩阵李群。

7.1.2　李代数

每一个矩阵李群都对应一个**李代数**（Lie algebra）。李代数由数域[6] $\mathbb{F}$ 上张成的向量空间[7] $\mathbb{V}$ 和一个二元运算符 $[\cdot,\cdot]$（称为**李括号**（Lie bracket））构成。对于所有的 $\boldsymbol{X},\boldsymbol{Y},\boldsymbol{Z} \in \mathbb{V}$ 和 $a,b \in \mathbb{F}$，李代数满足以下四个性质：

$$
\begin{aligned}
\text{封闭性（closure）：} & [\boldsymbol{X},\boldsymbol{Y}] \in \mathbb{V} \\
\text{双线性（bilinearity）：} & [a\boldsymbol{X}+b\boldsymbol{Y},\boldsymbol{Z}] = a[\boldsymbol{X},\boldsymbol{Z}]+b[\boldsymbol{Y},\boldsymbol{Z}] \\
& [\boldsymbol{Z},a\boldsymbol{X}+b\boldsymbol{Y}] = a[\boldsymbol{Z},\boldsymbol{X}]+b[\boldsymbol{Z},\boldsymbol{Y}] \\
\text{自反性（alternating）：} & [\boldsymbol{X},\boldsymbol{X}] = \mathbf{0} \\
\text{雅可比恒等式（Jacobi identity）：} & [\boldsymbol{X},[\boldsymbol{Y},\boldsymbol{Z}]]+[\boldsymbol{Y},[\boldsymbol{Z},\boldsymbol{X}]]+[\boldsymbol{Z},[\boldsymbol{X},\boldsymbol{Y}]] = \mathbf{0}
\end{aligned}
$$

李代数的向量空间是一个**切空间**（tangent space），这个切空间与对应李群上的幺元相关联[8]，它完全地刻画了这个李群的局部性质。

旋转

与 $SO(3)$ 相关联的李代数由以下定义给出：

$$
\begin{aligned}
\text{向量空间：} & \mathfrak{so}(3) = \left\{\boldsymbol{\Phi} = \boldsymbol{\phi}^{\wedge} \in \mathbb{R}^{3\times 3} | \boldsymbol{\phi} \in \mathbb{R}^3\right\} \\
\text{域：} & \mathbb{R} \\
\text{李括号：} & [\boldsymbol{\Phi}_1,\boldsymbol{\Phi}_2] = \boldsymbol{\Phi}_1\boldsymbol{\Phi}_2 - \boldsymbol{\Phi}_2\boldsymbol{\Phi}_1
\end{aligned}
$$

---

[5] 所有实矩阵的集合可以被证明是一个**代数**（algebra），于是矩阵乘法的结合律是一个必须的性质。

[6] 可以是实数域 $\mathbb{R}$。

[7] 可以是实方阵的子空间，即向量空间。

[8] 可以认为李代数是李群幺元处的切空间。更准确地说，李群所关联的李代数空间和这个李群的幺元处的切空间是同构的。——译者注

其中

$$\boldsymbol{\phi}^\wedge = \begin{bmatrix} \phi_1 \\ \phi_2 \\ \phi_3 \end{bmatrix}^\wedge = \begin{bmatrix} 0 & -\phi_3 & \phi_2 \\ \phi_3 & 0 & -\phi_1 \\ -\phi_2 & \phi_1 & 0 \end{bmatrix} \in \mathbb{R}^{3\times 3}, \quad \boldsymbol{\phi} \in \mathbb{R}^3 \tag{7.10}$$

在上一章讨论叉积和旋转的时候，我们已经见过这个线性、反对称的运算符。稍后我们还将使用到这个符号的逆运算 $(\cdot)^\vee$，因此有

$$\boldsymbol{\Phi} = \boldsymbol{\phi}^\wedge \Rightarrow \boldsymbol{\phi} = \boldsymbol{\Phi}^\vee \tag{7.11}$$

我们略去证明 $\mathfrak{so}(3)$ 是一个向量空间的过程，但我们将简单地证明李括号的四个性质。令 $\boldsymbol{\Phi}, \boldsymbol{\Phi}_1 = \boldsymbol{\phi}_1^\wedge, \boldsymbol{\Phi}_2 = \boldsymbol{\phi}_2^\wedge \in \mathfrak{so}(3)$。对于封闭性，我们有：

$$[\boldsymbol{\Phi}_1, \boldsymbol{\Phi}_2] = \boldsymbol{\Phi}_1\boldsymbol{\Phi}_2 - \boldsymbol{\Phi}_2\boldsymbol{\Phi}_1 = \boldsymbol{\phi}_1^\wedge\boldsymbol{\phi}_2^\wedge - \boldsymbol{\phi}_2^\wedge\boldsymbol{\phi}_1^\wedge = \Big(\underbrace{\boldsymbol{\phi}_1^\wedge\boldsymbol{\phi}_2}_{\in\mathbb{R}^3}\Big)^\wedge \in \mathfrak{so}(3) \tag{7.12}$$

由于 $(\cdot)^\wedge$ 是一个线性运算符，可以直接验证双线性的性质。自反性可以通过以下的式子得到证明：

$$[\boldsymbol{\Phi}, \boldsymbol{\Phi}] = \boldsymbol{\Phi}\boldsymbol{\Phi} - \boldsymbol{\Phi}\boldsymbol{\Phi} = \mathbf{0} \in \mathfrak{so}(3) \tag{7.13}$$

最后，通过替换和应用李括号的定义，可以验证雅可比等价的性质。为了方便，通常我们会把 $\mathfrak{so}(3)$ 直接称为李代数，虽然严格说来它只是一个关联在李群上的向量空间而已。

卡尔·雅可比（Carl Gustav Jacob, 1804—1851）是一位德国数学家，对椭圆函数、动力学、微分方程和数论做出了重大贡献。

姿态

与 $SE(3)$ 相关联的李代数由以下定义给出：

$$\begin{aligned} \text{向量空间：} & \ \mathfrak{se}(3) = \left\{ \boldsymbol{\Xi} = \boldsymbol{\xi}^\wedge \in \mathbb{R}^{4\times 4} | \boldsymbol{\xi} \in \mathbb{R}^6 \right\} \\ \text{域：} & \ \mathbb{R} \\ \text{李括号：} & \ [\boldsymbol{\Xi}_1, \boldsymbol{\Xi}_2] = \boldsymbol{\Xi}_1\boldsymbol{\Xi}_2 - \boldsymbol{\Xi}_2\boldsymbol{\Xi}_1 \end{aligned}$$

其中

$$\boldsymbol{\xi}^\wedge = \begin{bmatrix} \boldsymbol{\rho} \\ \boldsymbol{\phi} \end{bmatrix}^\wedge = \begin{bmatrix} \boldsymbol{\phi}^\wedge & \boldsymbol{\rho} \\ \mathbf{0}^{\mathrm{T}} & 0 \end{bmatrix} \in \mathbb{R}^{4\times 4}, \quad \boldsymbol{\rho}, \boldsymbol{\phi} \in \mathbb{R}^3 \tag{7.14}$$

这是对原本 $(\cdot)^\wedge$ 运算符的重载[56]。它可以将 $\mathbb{R}^6$ 中的元素转化为 $\mathbb{R}^{4\times 4}$ 中的元素，并保持线性性质。我们同样会使用它的逆运算符 $(\cdot)^\vee$，于是：

$$\boldsymbol{\Xi} = \boldsymbol{\xi}^\wedge \Rightarrow \boldsymbol{\xi} = \boldsymbol{\Xi}^\vee \tag{7.15}$$

同样地，我们省略证明 $\mathfrak{se}(3)$ 是向量空间的过程，但简单地证明李括号的四个性质。令 $\boldsymbol{\Xi}, \boldsymbol{\Xi}_1 = \boldsymbol{\xi}_1^\wedge$，$\boldsymbol{\Xi}_2 = \boldsymbol{\xi}_2^\wedge \in \mathfrak{se}(3)$。对于封闭性，我们有：

$$[\boldsymbol{\Xi}_1, \boldsymbol{\Xi}_2] = \boldsymbol{\Xi}_1\boldsymbol{\Xi}_2 - \boldsymbol{\Xi}_2\boldsymbol{\Xi}_1 = \boldsymbol{\xi}_1^\wedge\boldsymbol{\xi}_2^\wedge - \boldsymbol{\xi}_2^\wedge\boldsymbol{\xi}_1^\wedge = \Big(\underbrace{\boldsymbol{\xi}_1^\curlywedge\boldsymbol{\xi}_2}_{\in\mathbb{R}^6}\Big)^\wedge \in \mathfrak{se}(3) \tag{7.16}$$

其中

$$\boldsymbol{\xi}^{\curlywedge} = \begin{bmatrix} \boldsymbol{\rho} \\ \boldsymbol{\phi} \end{bmatrix}^{\curlywedge} = \begin{bmatrix} \boldsymbol{\phi}^{\wedge} & \boldsymbol{\rho}^{\wedge} \\ \mathbf{0} & \boldsymbol{\phi}^{\wedge} \end{bmatrix} \in \mathbb{R}^{6\times 6}, \quad \boldsymbol{\rho}, \boldsymbol{\phi} \in \mathbb{R}^3 \tag{7.17}$$

由于 $(\cdot)^{\wedge}$ 是一个线性运算符，可以直接验证双线性的性质。自反性可以通过以下的式子得到证明：

$$[\boldsymbol{\Xi}, \boldsymbol{\Xi}] = \boldsymbol{\Xi}\boldsymbol{\Xi} - \boldsymbol{\Xi}\boldsymbol{\Xi} = \mathbf{0} \in \mathfrak{se}(3) \tag{7.18}$$

最后，通过替换和应用李括号的定义，可以验证雅可比等价的性质。为了方便，通常我们会把 $\mathfrak{se}(3)$ 直接称为李代数，尽管理论上这只是与它相关的向量空间而已。

在下一节中，我们将理清矩阵李群和与它们对应的李代数之间的关系：

$$SO(3) \leftrightarrow \mathfrak{so}(3)$$
$$SE(3) \leftrightarrow \mathfrak{se}(3)$$

为此我们需要**指数映射**（exponential map）。

7.1.3 指数映射

指数映射是联系矩阵李群和相应的李代数的关键操作。矩阵的指数表示如下：

$$\exp(\boldsymbol{A}) = \mathbf{1} + \boldsymbol{A} + \frac{1}{2!}\boldsymbol{A}^2 + \frac{1}{3!}\boldsymbol{A}^3 + \cdots = \sum_{n=0}^{\infty} \frac{1}{n!}\boldsymbol{A}^n \tag{7.19}$$

其中，$\boldsymbol{A} \in \mathbb{R}^{M\times M}$ 是一个方阵。同样地，有矩阵的对数运算：

$$\ln(\boldsymbol{A}) = \sum_{n=1}^{\infty} \frac{(-1)^{n-1}}{n}(\boldsymbol{A} - \mathbf{1})^n \tag{7.20}$$

旋转

对于旋转，我们可以通过指数映射把 $SO(3)$ 中的元素与 $\mathfrak{so}(3)$ 中的元素关联起来：

$$\boldsymbol{C} = \exp(\boldsymbol{\phi}^{\wedge}) = \sum_{n=0}^{\infty} \frac{1}{n!}(\boldsymbol{\phi}^{\wedge})^n \tag{7.21}$$

其中 $\boldsymbol{C} \in SO(3)$，$\boldsymbol{\phi} \in \mathbb{R}^3$（因此 $\boldsymbol{\phi}^{\wedge} \in \mathfrak{so}(3)$）。以上操作的反向操作（不唯一）如下：

$$\boldsymbol{\phi} = \ln(\boldsymbol{C})^{\vee} \tag{7.22}$$

从数学上看，从 $\mathfrak{so}(3)$ 到 $SO(3)$ 的指数映射是一个**满射**（surjective-only）[9]。这说明每一个 $SO(3)$ 中的元素都可以对应多个 $\mathfrak{so}(3)$ 中的元素[10]。

---

[9] 在某些书籍中又叫满的（surjective）、到上（onto）、非单射的（non-injective）、多对一的（many-to-one），等等。——译者注

[10] 满射在旋转的参数化中，与奇异性（或非唯一性）的概念相关。我们知道每一个用三参数表示旋转的方法都无法保证全局且唯一。非唯一性表明，给定 $\boldsymbol{C}$，我们无法唯一地找到一个 $\boldsymbol{\phi} \in \mathbb{R}^3$ 去产生它；因为对应的 $\boldsymbol{\phi}$ 有无数个。

我们需要更加深入地讨论满射的性质。首先，我们将推导前向（指数）映射，即 $\boldsymbol{\phi} \in \mathbb{R}^3$ 映射到 $\boldsymbol{C} \in SO(3)$ 的闭式解。令 $\boldsymbol{\phi} = \phi \boldsymbol{a}$，其中 $\phi = |\boldsymbol{\phi}|$ 是旋转的角度，$\boldsymbol{a} = \boldsymbol{\phi}/\phi$ 是单位长度的旋转轴。对于矩阵的指数映射，我们有：

$$
\begin{aligned}
\exp(\boldsymbol{\phi}^\wedge) &= \exp(\phi \boldsymbol{a}^\wedge) \\
&= \underbrace{\mathbf{1}}_{\boldsymbol{a}\boldsymbol{a}^{\mathrm{T}} - \boldsymbol{a}^\wedge \boldsymbol{a}^\wedge} + \phi \boldsymbol{a}^\wedge + \frac{1}{2!}\phi^2 \boldsymbol{a}^\wedge \boldsymbol{a}^\wedge + \frac{1}{3!}\phi^3 \underbrace{\boldsymbol{a}^\wedge \boldsymbol{a}^\wedge \boldsymbol{a}^\wedge}_{-\boldsymbol{a}^\wedge} + \frac{1}{4!}\phi^4 \underbrace{\boldsymbol{a}^\wedge \boldsymbol{a}^\wedge \boldsymbol{a}^\wedge \boldsymbol{a}^\wedge}_{-\boldsymbol{a}^\wedge \boldsymbol{a}^\wedge} - \cdots \\
&= \boldsymbol{a}\boldsymbol{a}^{\mathrm{T}} + \underbrace{\left(\phi - \frac{1}{3!}\phi^3 + \frac{1}{5!}\phi^5 - \cdots\right)}_{\sin\phi} \boldsymbol{a}^\wedge - \underbrace{\left(1 - \frac{1}{2!}\phi^2 + \frac{1}{4!}\phi^4 - \cdots\right)}_{\cos\phi} \underbrace{\boldsymbol{a}^\wedge \boldsymbol{a}^\wedge}_{-\mathbf{1} + \boldsymbol{a}\boldsymbol{a}^{\mathrm{T}}} \\
&= \underbrace{\cos\phi \mathbf{1} + (1 - \cos\phi)\boldsymbol{a}\boldsymbol{a}^{\mathrm{T}} + \sin\phi \boldsymbol{a}^\wedge}_{\boldsymbol{C}}
\end{aligned} \tag{7.23}
$$

这是旋转矩阵的标准轴角形式。其中，我们用到了下面几个性质（当 $\boldsymbol{a}$ 是单位向量时）：

$$
\boldsymbol{a}^\wedge \boldsymbol{a}^\wedge \equiv -\mathbf{1} + \boldsymbol{a}\boldsymbol{a}^{\mathrm{T}} \tag{7.24a}
$$

$$
\boldsymbol{a}^\wedge \boldsymbol{a}^\wedge \boldsymbol{a}^\wedge \equiv -\boldsymbol{a}^\wedge \tag{7.24b}
$$

它们的证明过程就留给读者了。式（7.23）表明每一个 $\boldsymbol{\phi} \in \mathbb{R}^3$ 可以产生一个有效的 $\boldsymbol{C} \in SO(3)$。同时，这也说明了如果我们在一个旋转中加入多个 2π，即

$$
\boldsymbol{C} = \exp((\phi + 2\pi m)\boldsymbol{a}^\wedge) \tag{7.25}
$$

其中 m 为任意正整数，我们将得到同样的 $\boldsymbol{C}$，这是因为 $\cos(\phi + 2\pi m) = \cos\phi$ 且 $\sin(\phi + 2\pi m) = \sin\phi$。如果我们限制旋转角度的输入为 $|\boldsymbol{\phi}| < \pi$，那么每一个 $\boldsymbol{C}$ 都由唯一的一个 $\boldsymbol{\phi}$ 产生。

另外，每个 $\boldsymbol{C} \in SO(3)$ 也可以由一些 $\boldsymbol{\phi} \in \mathbb{R}^3$ 来生成，为此我们需要逆（对数）映射：$\boldsymbol{\phi} = \ln(\boldsymbol{C})^\vee$。下面，我们将推导该问题的闭式解。由于旋转矩阵绕其旋转轴进行转动并不会改变其旋转轴：

$$
\boldsymbol{C}\boldsymbol{a} = \boldsymbol{a} \tag{7.26}
$$

这表明 $\boldsymbol{a}$ 是 $\boldsymbol{C}$ 的一个（单位长度）特征向量，特征值为 1。因此，在解 $\boldsymbol{C}$ 的特征值时，我们可以得到 $\boldsymbol{a}$[11]。通过旋转矩阵的迹（对角元素之和），可以计算出旋转的角度：

$$
\begin{aligned}
\operatorname{tr}(\boldsymbol{C}) &= \operatorname{tr}(\cos\phi \mathbf{1} + (1 - \cos\phi)\boldsymbol{a}\boldsymbol{a}^{\mathrm{T}} + \sin\phi \boldsymbol{a}^\wedge) \\
&= \cos\phi \underbrace{\operatorname{tr}(\mathbf{1})}_{3} + (1 - \cos\phi) \underbrace{\operatorname{tr}(\boldsymbol{a}\boldsymbol{a}^{\mathrm{T}})}_{\boldsymbol{a}^{\mathrm{T}}\boldsymbol{a} = 1} + \sin\phi \underbrace{\operatorname{tr}(\boldsymbol{a}^\wedge)}_{0} = 2\cos\phi + 1
\end{aligned} \tag{7.27}
$$

解方程得：

$$
\phi = \cos^{-1}\left(\frac{\operatorname{tr}(\boldsymbol{C}) - 1}{2}\right) + 2\pi m \tag{7.28}
$$

说明旋转角 ϕ 有多个解。按照惯例，我们会选择一个角度，使 $|\boldsymbol{\phi}| < \pi$。最后，结合 $\boldsymbol{a}$ 和 $\boldsymbol{\phi}$，可以得到 $\boldsymbol{\phi} = \phi \boldsymbol{a}$。值得注意的是，角度 ϕ 的符号是不确定的，因为 $\cos\phi$ 是一个偶函数；我们可以采

[11] 当多于一个特征值等于 1 时情况会比较特殊，例如 $\boldsymbol{C} = \mathbf{1}$，则 $\boldsymbol{a}$ 不唯一且可以是任何单位向量。

用另一个方法做验证，看看 $\boldsymbol{\phi}$ 是否产生了一个有效的 $\boldsymbol{C}$，如果不是的话，则 ϕ 的符号取反。这表明每一个 $\boldsymbol{C} \in SO(3)$ 至少可以由一个 $\boldsymbol{\phi} \in \mathbb{R}^3$ 产生。

图 7–1 给出了一个简单的例子，说明了当旋转被约束在平面上时，李群和李代数之间的关系。在零旋转点的附近，即 $\theta_{vi} = 0$，李代数的向量空间就是旋转圆的切线。而在旋转接近零时，李代数反映了李群的局部结构信息。注意，这一个例子是约束在平面上的（只有一个轴的旋转自由度），但通常李代数的向量空间的维度为三。换言之，图中的直线是整个三维李代数向量空间中的一维子空间。

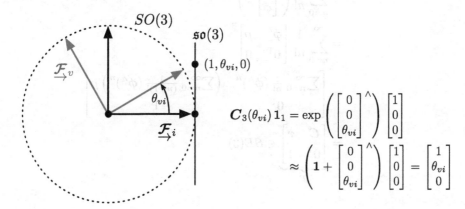

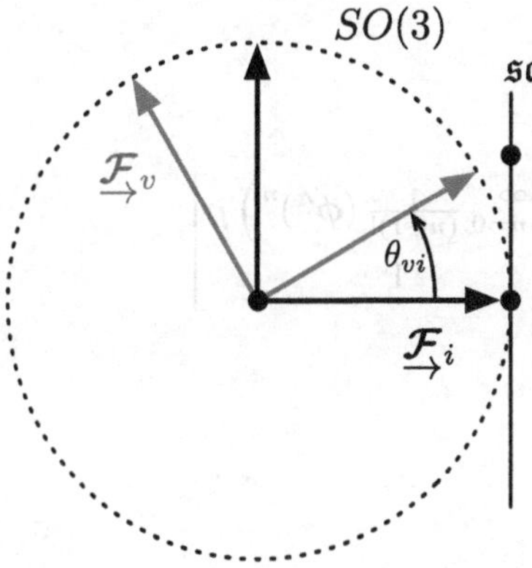

$$\boldsymbol{C}_3(\theta_{vi})\,\mathbf{1}_1 = \exp\left(\begin{bmatrix}0\\0\\\theta_{vi}\end{bmatrix}^{\wedge}\right)\begin{bmatrix}1\\0\\0\end{bmatrix}$$
$$\approx \left(\mathbf{1} + \begin{bmatrix}0\\0\\\theta_{vi}\end{bmatrix}^{\wedge}\right)\begin{bmatrix}1\\0\\0\end{bmatrix} = \begin{bmatrix}1\\\theta_{vi}\\0\end{bmatrix}$$

图 7–1　在旋转的情况下，李群和李代数被限制在平面上的例子。在 $\theta_{vi} = 0$ 附近很小的领域内，李代数对应的向量空间是圆的切线

将旋转矩阵与指数映射联系起来后，可以很方便地使用**雅可比方程**（Jacobi's formula）来证明 $\det(\boldsymbol{C}) = 1$，对于一个普通的复数方阵 $\boldsymbol{A}$，有：

$$\det(\exp(\boldsymbol{A})) = \exp(\operatorname{tr}(\boldsymbol{A})) \tag{7.29}$$

对于旋转而言，我们有：

$$\det(\boldsymbol{C}) = \det(\exp(\boldsymbol{\phi}^{\wedge})) = \exp(\operatorname{tr}(\boldsymbol{\phi}^{\wedge})) = \exp(0) = 1 \tag{7.30}$$

这是因为 $\boldsymbol{\phi}^{\wedge}$ 反对称，且对角元都是零，所以迹为零。

姿态

对于姿态而言，$\mathfrak{se}(3)$ 中的元素可以通过指数映射与 $SE(3)$ 中的元素相对应：

$$\boldsymbol{T} = \exp(\boldsymbol{\xi}^{\wedge}) = \sum_{n=0}^{\infty} \frac{1}{n!}(\boldsymbol{\xi}^{\wedge})^n \tag{7.31}$$

其中 $\boldsymbol{T} \in SE(3)$，$\boldsymbol{\xi} \in \mathbb{R}^6$（因此 $\boldsymbol{\xi}^{\wedge} \in \mathfrak{se}(3)$）。这个映射同样可以反向操作[12]：

$$\boldsymbol{\xi} = \ln(\boldsymbol{T})^{\vee} \tag{7.32}$$

[12] 同 $SO(3)$ 一样，也是非唯一的。

从 $\mathfrak{se}(3)$ 到 $SE(3)$ 的指数映射同样是一个满射：每一个 $\boldsymbol{T} \in SE(3)$ 可以由多个 $\boldsymbol{\xi} \in \mathbb{R}^6$ 产生。

为了证明指数映射满射的性质，我们首先从正向推导。由 $\boldsymbol{\xi} = \begin{bmatrix} \boldsymbol{\rho} \\ \boldsymbol{\phi} \end{bmatrix} \in \mathbb{R}^6$ 出发，有：

$$\begin{aligned} \exp(\boldsymbol{\xi}^\wedge) &= \sum_{n=0}^{\infty} \frac{1}{n!}(\boldsymbol{\xi}^\wedge)^n \\ &= \sum_{n=0}^{\infty} \frac{1}{n!}\left(\begin{bmatrix} \boldsymbol{\rho} \\ \boldsymbol{\phi} \end{bmatrix}^\wedge\right)^n \\ &= \sum_{n=0}^{\infty} \frac{1}{n!}\begin{bmatrix} \boldsymbol{\phi}^\wedge & \boldsymbol{\rho} \\ \mathbf{0}^\mathrm{T} & 0 \end{bmatrix}^n \\ &= \begin{bmatrix} \sum_{n=0}^{\infty} \frac{1}{n!}(\boldsymbol{\phi}^\wedge)^n & \left(\sum_{n=0}^{\infty} \frac{1}{(n+1)!}(\boldsymbol{\phi}^\wedge)^n\right)\boldsymbol{\rho} \\ \mathbf{0}^\mathrm{T} & 1 \end{bmatrix} \\ &= \underbrace{\begin{bmatrix} \boldsymbol{C} & \boldsymbol{r} \\ \mathbf{0}^\mathrm{T} & 1 \end{bmatrix}}_{\boldsymbol{T}} \in SE(3) \end{aligned} \tag{7.33}$$

其中

$$\boldsymbol{r} = \boldsymbol{J}\boldsymbol{\rho} \in \mathbb{R}^3, \quad \boldsymbol{J} = \sum_{n=0}^{\infty} \frac{1}{(n+1)!}(\boldsymbol{\phi}^\wedge)^n \tag{7.34}$$

这表明每一个 $\boldsymbol{\xi} \in \mathbb{R}^6$ 可以生成一个有效的 $\boldsymbol{T} \in SE(3)$。后面我们将更深入地讨论矩阵 $\boldsymbol{J}$。图 7–2 通过一个矩形块的六种运动变化（三个轴上的平移和绕三个轴的旋转），说明了 $\boldsymbol{\xi}$ 中每一个分量的物理意义。通过这些基本旋转平移的组合，可以获得任意姿态。

接下来我们将反过来推导。从 $\boldsymbol{T} = \begin{bmatrix} \boldsymbol{C} & \boldsymbol{r} \\ \mathbf{0}^\mathrm{T} & 1 \end{bmatrix}$ 开始，我们希望证明它可以由 $\boldsymbol{\xi} = \begin{bmatrix} \boldsymbol{\rho} \\ \boldsymbol{\phi} \end{bmatrix} \in \mathbb{R}^6$ 产生；为此我们需要逆映射，$\boldsymbol{\xi} = \ln(\boldsymbol{T})^\vee$。在上一节中，我们已经学习过如何将 $\boldsymbol{C} \in SO(3)$ 映射到 $\boldsymbol{\phi} \in \mathbb{R}^3$。接下来我们可以计算

$$\boldsymbol{\rho} = \boldsymbol{J}^{-1}\boldsymbol{r} \tag{7.35}$$

其中 $\boldsymbol{J}$ 由 $\boldsymbol{\phi}$（已经算出）生成。最终，我们把 $\boldsymbol{\rho}, \boldsymbol{\phi} \in \mathbb{R}^3$ 组合成 $\boldsymbol{\xi} \in \mathbb{R}^6$。这证明了每一个 $\boldsymbol{T} \in SE(3)$ 至少可以由一个 $\boldsymbol{\xi} \in \mathbb{R}^6$ 生成。

雅可比矩阵

之前提到的矩阵 $\boldsymbol{J}$，在将 $\mathfrak{se}(3)$ 中的平移分量转化为 $SE(3)$ 中的平移分量的过程中起到了非常重要的作用，即 $\boldsymbol{r} = \boldsymbol{J}\boldsymbol{\rho}$。这个量在处理其他矩阵李群时同样有效。在本章的后面我们将会学到，这叫做 $SO(3)$ 的**左雅可比**（left Jacobian）。在本节中，我们将推导出它的其他几种形式。

我们已经定义 $\boldsymbol{J}$：

$$\boldsymbol{J} = \sum_{n=0}^{\infty} \frac{1}{(n+1)!}(\boldsymbol{\phi}^\wedge)^n \tag{7.36}$$

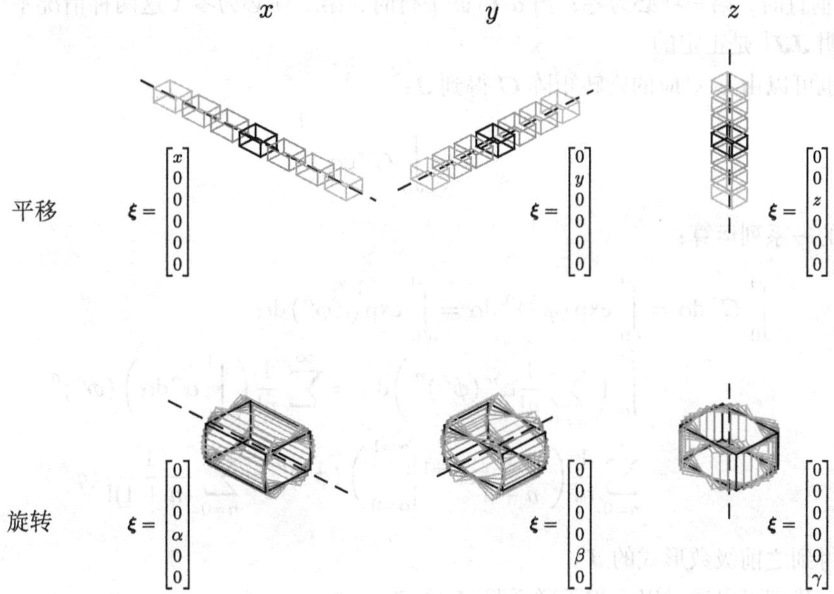

图 7–2　改变 $\boldsymbol{\xi}$ 中的每一个分量，构建 $\boldsymbol{T}=\exp(\boldsymbol{\xi}^\wedge)$，然后用它作用于长方体的角点上，我们可以看到角点的姿态可以被平移或旋转。把这些基本移动结合起来，可以生成任意姿态变换

展开这个级数，可以得到 $\boldsymbol{J}$ 及其逆的封闭表达式：

$$\boldsymbol{J}=\frac{\sin\phi}{\phi}\mathbf{1}+\left(1-\frac{\sin\phi}{\phi}\right)\boldsymbol{a}\boldsymbol{a}^{\mathrm{T}}+\frac{1-\cos\phi}{\phi}\boldsymbol{a}^\wedge \tag{7.37a}$$

$$\boldsymbol{J}^{-1}=\frac{\phi}{2}\cot\frac{\phi}{2}\mathbf{1}+\left(1-\frac{\phi}{2}\cot\frac{\phi}{2}\right)\boldsymbol{a}\boldsymbol{a}^{\mathrm{T}}-\frac{\phi}{2}\boldsymbol{a}^\wedge \tag{7.37b}$$

其中，$\phi=|\boldsymbol{\phi}|$ 为旋转角度，$\boldsymbol{a}=\boldsymbol{\phi}/\phi$ 是单位长度的旋转轴。根据三角函数 $\cot(\phi/2)$ 的性质，当 $\phi=2\pi m$（m 为非零整数）时，$\boldsymbol{J}$ 具有奇异性（即不存在逆矩阵）。

有时候我们会处理到矩阵 $\boldsymbol{J}\boldsymbol{J}^{\mathrm{T}}$ 和它的逆。由式（7.37a），我们有

$$\begin{gathered}\boldsymbol{J}\boldsymbol{J}^{\mathrm{T}}=\gamma\mathbf{1}+(1-\gamma)\boldsymbol{a}\boldsymbol{a}^{\mathrm{T}},\quad(\boldsymbol{J}\boldsymbol{J}^{\mathrm{T}})^{-1}=\frac{1}{\gamma}\mathbf{1}+\left(1-\frac{1}{\gamma}\right)\boldsymbol{a}\boldsymbol{a}^{\mathrm{T}}\\ \gamma=2\frac{1-\cos\phi}{\phi^2}\end{gathered} \tag{7.38}$$

这表明 $\boldsymbol{J}\boldsymbol{J}^{\mathrm{T}}$ 是正定的。有两种情况需要考虑，$\phi=0$ 和 $\phi\neq0$。对于 $\phi=0$，我们有 $\boldsymbol{J}\boldsymbol{J}^{\mathrm{T}}=\mathbf{1}$，它是正定的。对于 $\phi\neq0$，我们有 $\boldsymbol{x}\neq\mathbf{0}$，则

$$\begin{aligned}\boldsymbol{x}^{\mathrm{T}}\boldsymbol{J}\boldsymbol{J}^{\mathrm{T}}\boldsymbol{x}&=\boldsymbol{x}^{\mathrm{T}}(\gamma\mathbf{1}+(1-\gamma)\boldsymbol{a}\boldsymbol{a}^{\mathrm{T}})\boldsymbol{x}=\boldsymbol{x}^{\mathrm{T}}(\boldsymbol{a}\boldsymbol{a}^{\mathrm{T}}-\gamma\boldsymbol{a}^\wedge\boldsymbol{a}^\wedge)\boldsymbol{x}\\&=\boldsymbol{x}^{\mathrm{T}}\boldsymbol{a}\boldsymbol{a}^{\mathrm{T}}\boldsymbol{x}+\gamma(\boldsymbol{a}^\wedge\boldsymbol{x})^{\mathrm{T}}(\boldsymbol{a}^\wedge\boldsymbol{x})\\&=\underbrace{(\boldsymbol{a}^{\mathrm{T}}\boldsymbol{x})^{\mathrm{T}}(\boldsymbol{a}^{\mathrm{T}}\boldsymbol{x})}_{\geqslant0}+\underbrace{2\frac{1-\cos\phi}{\phi^2}}_{>0}\underbrace{(\boldsymbol{a}^\wedge\boldsymbol{x})^{\mathrm{T}}(\boldsymbol{a}^\wedge\boldsymbol{x})}_{\geqslant0}>0\end{aligned} \tag{7.39}$$

当 $\boldsymbol{a}$ 和 $\boldsymbol{x}$ 垂直时，第一项必为零；当 $\boldsymbol{a}$ 和 $\boldsymbol{x}$ 平行时，第二项必为零（这两种情况不会同时发生）。因此这表明 $\boldsymbol{J}\boldsymbol{J}^{\mathrm{T}}$ 是正定的。

我们也可以由 $\boldsymbol{\varphi}$ 对应的旋转矩阵 $\boldsymbol{C}$ 得到 $\boldsymbol{J}$：

$$\boldsymbol{J} = \int_0^1 \boldsymbol{C}^{\alpha} \mathrm{d}\alpha \tag{7.40}$$

通过如下的一系列运算：

$$\begin{aligned}\int_0^1 \boldsymbol{C}^{\alpha}\mathrm{d}\alpha &= \int_0^1 \exp\left(\boldsymbol{\phi}^{\wedge}\right)^{\alpha}\mathrm{d}\alpha = \int_0^1 \exp\left(\alpha\boldsymbol{\phi}^{\wedge}\right)\mathrm{d}\alpha \\ &= \int_0^1 \left(\sum_{n=0}^{\infty}\frac{1}{n!}\alpha^n\left(\boldsymbol{\phi}^{\wedge}\right)^n\right)\mathrm{d}\alpha = \sum_{n=0}^{\infty}\frac{1}{n!}\left(\int_0^1 \alpha^n \mathrm{d}\alpha\right)\left(\boldsymbol{\phi}^{\wedge}\right)^n \\ &= \sum_{n=0}^{\infty}\frac{1}{n!}\left(\left.\frac{1}{n+1}\alpha^{n+1}\right|_{\alpha=0}^{\alpha=1}\right)\left(\boldsymbol{\phi}^{\wedge}\right)^n = \sum_{n=0}^{\infty}\frac{1}{(n+1)!}\left(\boldsymbol{\phi}^{\wedge}\right)^n\end{aligned} \tag{7.41}$$

恰好可以得到之前级数形式的 $\boldsymbol{J}$。

最后，我们可以通过以下式子联系起 $\boldsymbol{J}$ 和 $\boldsymbol{C}$：

$$\boldsymbol{C} = \mathbf{1} + \boldsymbol{\phi}^{\wedge}\boldsymbol{J} \tag{7.42}$$

但由于 $\boldsymbol{\phi}^{\wedge}$ 不可逆，不可能通过这种方式求出 $\boldsymbol{J}$。

直接级数表示

通过下面的恒等式，我们同样可以通过指数映射对矩阵 $\boldsymbol{T}$ 建立直接级数表示：

$$(\boldsymbol{\xi}^{\wedge})^4 + \phi^2(\boldsymbol{\xi}^{\wedge})^2 \equiv \mathbf{0} \tag{7.43}$$

其中 $\boldsymbol{\xi} = \begin{bmatrix}\boldsymbol{\rho}\\ \boldsymbol{\phi}\end{bmatrix}$ 且 $\phi = |\boldsymbol{\phi}|$。展开级数并利用该性质，把四阶项及更高阶的项重写，并保留低阶项，可得：

$$\begin{aligned}\boldsymbol{T} &= \exp(\boldsymbol{\xi}^{\wedge}) \\ &= \sum_{n=0}^{\infty}\frac{1}{n!}(\boldsymbol{\xi}^{\wedge})^n \\ &= \mathbf{1} + \boldsymbol{\xi}^{\wedge} + \frac{1}{2!}(\boldsymbol{\xi}^{\wedge})^2 + \frac{1}{3!}(\boldsymbol{\xi}^{\wedge})^3 + \frac{1}{4!}(\boldsymbol{\xi}^{\wedge})^4 + \frac{1}{5!}(\boldsymbol{\xi}^{\wedge})^5 + \cdots \\ &= \mathbf{1} + \boldsymbol{\xi}^{\wedge} + \underbrace{\left(\frac{1}{2!} - \frac{1}{4!}\phi^2 + \frac{1}{6!}\phi^4 - \frac{1}{8!}\phi^6 + \cdots\right)}_{\frac{1-\cos\phi}{\phi^2}}(\boldsymbol{\xi}^{\wedge})^2 + \underbrace{\left(\frac{1}{3!} - \frac{1}{5!}\phi^2 + \frac{1}{7!}\phi^4 - \frac{1}{9!}\phi^6 + \cdots\right)}_{\frac{\phi-\sin\phi}{\phi^3}}(\boldsymbol{\xi}^{\wedge})^3 \\ &= \mathbf{1} + \boldsymbol{\xi}^{\wedge} + \left(\frac{1-\cos\phi}{\phi^2}\right)(\boldsymbol{\xi}^{\wedge})^2 + \left(\frac{\phi-\sin\phi}{\phi^3}\right)(\boldsymbol{\xi}^{\wedge})^3\end{aligned} \tag{7.44}$$

利用该方法计算 $\boldsymbol{T}$ 时，省去了分别处理每个子块的麻烦。

7.1.4 伴 随

一个 6×6 的变换矩阵 $\boldsymbol{\mathcal{T}}$，可以直接由一个 4×4 的变换矩阵构造而成。我们将其称为 $SE(3)$ 元素的**伴随**（adjoint）：

$$\boldsymbol{\mathcal{T}} = \mathrm{Ad}(\boldsymbol{T}) = \mathrm{Ad}\left(\begin{bmatrix} \boldsymbol{C} & \boldsymbol{r} \\ \boldsymbol{0}^{\mathrm{T}} & 1 \end{bmatrix}\right) = \begin{bmatrix} \boldsymbol{C} & \boldsymbol{r}^{\wedge}\boldsymbol{C} \\ \boldsymbol{0} & \boldsymbol{C} \end{bmatrix} \tag{7.45}$$

稍微不严格一些，可把 $SE(3)$ 中所有元素的伴随矩阵的集合记为：

$$\mathrm{Ad}(SE(3)) = \{\boldsymbol{\mathcal{T}} = \mathrm{Ad}(\boldsymbol{T}) | \boldsymbol{T} \in SE(3)\} \tag{7.46}$$

这里 $\mathrm{Ad}(SE(3))$ 也是一个矩阵李群，稍后给出证明。

李群

首先证明封闭性，令 $\boldsymbol{\mathcal{T}}_1 = \mathrm{Ad}(\boldsymbol{T}_1), \boldsymbol{\mathcal{T}}_2 = \mathrm{Ad}(\boldsymbol{T}_2) \in \mathrm{Ad}(SE(3))$，有：

$$\begin{aligned}
\boldsymbol{\mathcal{T}}_1\boldsymbol{\mathcal{T}}_2 &= \mathrm{Ad}(\boldsymbol{T}_1)\mathrm{Ad}(\boldsymbol{T}_2) = \mathrm{Ad}\left(\begin{bmatrix} \boldsymbol{C}_1 & \boldsymbol{r}_1 \\ \boldsymbol{0}^{\mathrm{T}} & 1 \end{bmatrix}\right)\mathrm{Ad}\left(\begin{bmatrix} \boldsymbol{C}_2 & \boldsymbol{r}_2 \\ \boldsymbol{0}^{\mathrm{T}} & 1 \end{bmatrix}\right) \\
&= \begin{bmatrix} \boldsymbol{C}_1 & \boldsymbol{r}_1^{\wedge}\boldsymbol{C}_1 \\ \boldsymbol{0} & \boldsymbol{C}_1 \end{bmatrix}\begin{bmatrix} \boldsymbol{C}_2 & \boldsymbol{r}_2^{\wedge}\boldsymbol{C}_2 \\ \boldsymbol{0} & \boldsymbol{C}_2 \end{bmatrix} = \begin{bmatrix} \boldsymbol{C}_1\boldsymbol{C}_2 & \boldsymbol{C}_1\boldsymbol{r}_2^{\wedge}\boldsymbol{C}_2 + \boldsymbol{r}_1^{\wedge}\boldsymbol{C}_1\boldsymbol{C}_2 \\ \boldsymbol{0} & \boldsymbol{C}_1\boldsymbol{C}_2 \end{bmatrix} \\
&= \begin{bmatrix} \boldsymbol{C}_1\boldsymbol{C}_2 & (\boldsymbol{C}_1\boldsymbol{r}_2 + \boldsymbol{r}_1)^{\wedge}\boldsymbol{C}_1\boldsymbol{C}_2 \\ \boldsymbol{0} & \boldsymbol{C}_1\boldsymbol{C}_2 \end{bmatrix} \\
&= \mathrm{Ad}\left(\begin{bmatrix} \boldsymbol{C}_1\boldsymbol{C}_2 & \boldsymbol{C}_1\boldsymbol{r}_2 + \boldsymbol{r}_1 \\ \boldsymbol{0}^{\mathrm{T}} & 1 \end{bmatrix}\right) \in \mathrm{Ad}(SE(3))
\end{aligned} \tag{7.47}$$

其中我们利用了一个重要的性质，即对于任意 $\boldsymbol{C} \in SO(3)$ 且 $\boldsymbol{v} \in \mathbb{R}^3$，有[13]：

$$\boldsymbol{C}\boldsymbol{v}^{\wedge}\boldsymbol{C}^{\mathrm{T}} = (\boldsymbol{C}\boldsymbol{v})^{\wedge} \tag{7.48}$$

结合律是矩阵乘法的基本性质，群中的单位元素就是 6×6 的单位矩阵。对于可逆性，我们使 $\boldsymbol{\mathcal{T}} = \mathrm{Ad}(\boldsymbol{T}) \in \mathrm{Ad}(SE(3))$，然后得到：

$$\begin{aligned}
\boldsymbol{\mathcal{T}}^{-1} &= \mathrm{Ad}(\boldsymbol{T})^{-1} = \mathrm{Ad}\left(\begin{bmatrix} \boldsymbol{C} & \boldsymbol{r} \\ \boldsymbol{0}^{\mathrm{T}} & 1 \end{bmatrix}\right)^{-1} = \begin{bmatrix} \boldsymbol{C} & \boldsymbol{r}^{\wedge}\boldsymbol{C} \\ \boldsymbol{0} & \boldsymbol{C} \end{bmatrix}^{-1} \\
&= \begin{bmatrix} \boldsymbol{C}^{\mathrm{T}} & -\boldsymbol{C}^{\mathrm{T}}\boldsymbol{r}^{\wedge} \\ \boldsymbol{0} & \boldsymbol{C}^{\mathrm{T}} \end{bmatrix} = \begin{bmatrix} \boldsymbol{C}^{\mathrm{T}} & (-\boldsymbol{C}^{\mathrm{T}}\boldsymbol{r})^{\wedge}\boldsymbol{C}^{\mathrm{T}} \\ \boldsymbol{0} & \boldsymbol{C}^{\mathrm{T}} \end{bmatrix} \\
&= \mathrm{Ad}\left(\begin{bmatrix} \boldsymbol{C}^{\mathrm{T}} & -\boldsymbol{C}^{\mathrm{T}}\boldsymbol{r} \\ \boldsymbol{0}^{\mathrm{T}} & 1 \end{bmatrix}\right) = \mathrm{Ad}(\boldsymbol{T}^{-1}) \in \mathrm{Ad}(SE(3))
\end{aligned} \tag{7.49}$$

这些准则与光滑性准则共同证明了 $\mathrm{Ad}(SE(3))$ 是一个矩阵李群。

[13] 但是该性质并不容易证明。一种证明技巧见：`https://math.stackexchange.com/questions/2190603/derivation-of-adjoint-for-so3`。——译者注

李代数

我们同样可以讨论 $\mathfrak{se}(3)$ 的**伴随矩阵**。令 $\boldsymbol{\Xi} = \boldsymbol{\xi}^\wedge \in \mathfrak{se}(3)$，那么其伴随矩阵是：

$$\mathrm{ad}(\boldsymbol{\Xi}) = \mathrm{ad}(\boldsymbol{\xi}^\wedge) = \boldsymbol{\xi}^\curlywedge \tag{7.50}$$

其中

$$\boldsymbol{\xi}^\curlywedge = \begin{bmatrix} \boldsymbol{\rho} \\ \boldsymbol{\phi} \end{bmatrix}^\curlywedge = \begin{bmatrix} \boldsymbol{\phi}^\wedge & \boldsymbol{\rho}^\wedge \\ \mathbf{0} & \boldsymbol{\phi}^\wedge \end{bmatrix} \in \mathbb{R}^{6\times 6}, \quad \boldsymbol{\rho}, \boldsymbol{\phi} \in \mathbb{R}^3 \tag{7.51}$$

注意，我们使用的大写的 $\mathrm{Ad}(\cdot)$ 表示 $SE(3)$ 的伴随矩阵；对于 $\mathfrak{se}(3)$，则使用小写表示，即 $\mathrm{ad}(\cdot)$。

李群 $\mathrm{Ad}(SE(3))$ 对应的李代数有如下性质：

$$\begin{aligned} \text{向量空间：} & \ \mathrm{ad}(\mathfrak{se}(3)) = \{\boldsymbol{\Psi} = \mathrm{ad}(\boldsymbol{\Xi}) \in \mathbb{R}^{6\times 6} | \boldsymbol{\Xi} \in \mathfrak{se}(3)\} \\ \text{域：} & \ \mathbb{R} \\ \text{李括号：} & \ [\boldsymbol{\Psi}_1, \boldsymbol{\Psi}_2] = \boldsymbol{\Psi}_1\boldsymbol{\Psi}_2 - \boldsymbol{\Psi}_2\boldsymbol{\Psi}_1 \end{aligned}$$

同样地，我们将省略证明 $\mathrm{ad}(\mathfrak{se}(3))$ 是一个向量空间的过程，但会简单证明李括号的四个性质。令 $\boldsymbol{\Psi}, \boldsymbol{\Psi}_1 = \boldsymbol{\xi}_1^\curlywedge, \boldsymbol{\Psi}_2 = \boldsymbol{\xi}_2^\curlywedge \in \mathrm{ad}(\mathfrak{se}(3))$。那么对于封闭性，我们有：

$$[\boldsymbol{\Psi}_1, \boldsymbol{\Psi}_2] = \boldsymbol{\Psi}_1\boldsymbol{\Psi}_2 - \boldsymbol{\Psi}_2\boldsymbol{\Psi}_1 = \boldsymbol{\xi}_1^\curlywedge\boldsymbol{\xi}_2^\curlywedge - \boldsymbol{\xi}_2^\curlywedge\boldsymbol{\xi}_1^\curlywedge = \Big(\underbrace{\boldsymbol{\xi}_1^\curlywedge\boldsymbol{\xi}_2}_{\in\mathbb{R}^6}\Big)^\curlywedge \in \mathrm{ad}(\mathfrak{se}(3)) \tag{7.52}$$

由于 $(\cdot)^\curlywedge$ 是一个线性算符，双线性必然成立。自反性可以很容易地通过以下式子证得：

$$[\boldsymbol{\Psi}, \boldsymbol{\Psi}] = \boldsymbol{\Psi}\boldsymbol{\Psi} - \boldsymbol{\Psi}\boldsymbol{\Psi} = \mathbf{0} \in \mathrm{ad}(\mathfrak{se}(3)) \tag{7.53}$$

最后，雅可比等价可以通过李括号的定义来验证。同样地，为了方便，通常我们会把 $\mathrm{ad}(\mathfrak{se}(3))$ 直接称为李代数，尽管理论上这只是与它相关的向量空间而已。

指数映射

另一个需要讨论的是 $\mathrm{Ad}(SE(3))$ 和 $\mathrm{ad}(\mathfrak{se}(3))$ 上的指数映射。显然，我们有：

$$\boldsymbol{\mathcal{T}} = \exp(\boldsymbol{\xi}^\curlywedge) = \sum_{n=0}^{\infty} \frac{1}{n!} \left(\boldsymbol{\xi}^\curlywedge\right)^n \tag{7.54}$$

其中 $\boldsymbol{\mathcal{T}} \in \mathrm{Ad}(SE(3))$ 且 $\boldsymbol{\xi} \in \mathbb{R}^6$（因此 $\boldsymbol{\xi}^\curlywedge \in \mathrm{ad}(\mathfrak{se}(3))$）。它的反向操作为：

$$\boldsymbol{\xi} = \ln(\boldsymbol{\mathcal{T}})^\curlyvee \tag{7.55}$$

其中 $\curlyvee$ 抵消了 $\curlywedge$ 运算。接下来我们将要讨论，指数映射仍然是一个满射。

首先，我们注意到不同的李群李代数之间都有可交换的关系。

$$\begin{array}{cccc} & \text{李代数} & & \text{李群} \\ 4\times 4 & \boldsymbol{\xi}^\wedge \in \mathfrak{se}(3) & \xrightarrow{\exp} & \boldsymbol{T} \in SE(3) \\ & \Big\downarrow \mathrm{ad} & & \Big\downarrow \mathrm{Ad} \\ 6\times 6 & \boldsymbol{\xi}^\curlywedge \in \mathrm{ad}(\mathfrak{se}(3)) & \xrightarrow{\exp} & \boldsymbol{\mathcal{T}} \in \mathrm{Ad}(SE)(3) \end{array} \tag{7.56}$$

我们可以用这些可交换的关系来证明从 $\mathrm{ad}(\mathfrak{se}(3))$ 到 $\mathrm{Ad}(SE(3))$ 的指数映射具有满射的性质，从上图可以看出该路径存在。当然也可以直接来证明：

$$\underbrace{\mathrm{Ad}(\exp(\boldsymbol{\xi}^\wedge))}_{\boldsymbol{\mathcal{T}}} = \exp\big(\underbrace{\mathrm{ad}(\boldsymbol{\xi}^\wedge)}_{\boldsymbol{\xi}^\curlywedge}\big) \tag{7.57}$$

这表明 $\boldsymbol{\xi} \in \mathbb{R}^6$ 和 $\boldsymbol{\mathcal{T}} \in \mathrm{Ad}(SE(3))$ 可以进行相互转换。

为了证明以上结论，首先令 $\boldsymbol{\xi} = \begin{bmatrix} \boldsymbol{\rho} \\ \boldsymbol{\phi} \end{bmatrix}$。从等式右边开始推导，我们有：

$$\begin{aligned} \exp(\mathrm{ad}(\boldsymbol{\xi}^\wedge)) &= \exp(\boldsymbol{\xi}^\curlywedge) = \sum_{n=0}^{\infty} \frac{1}{n!} \left(\boldsymbol{\xi}^\curlywedge\right)^n \\ &= \sum_{n=0}^{\infty} \frac{1}{n!} \begin{bmatrix} \boldsymbol{\phi}^\wedge & \boldsymbol{\rho}^\wedge \\ \mathbf{0} & \boldsymbol{\phi}^\wedge \end{bmatrix}^n = \begin{bmatrix} \boldsymbol{C} & \boldsymbol{K} \\ \mathbf{0} & \boldsymbol{C} \end{bmatrix} \end{aligned} \tag{7.58}$$

其中，$\boldsymbol{C}$ 是关于 $\boldsymbol{\phi}$ 的旋转矩阵。通过整理可得：

$$\boldsymbol{K} = \sum_{n=0}^{\infty} \sum_{m=0}^{\infty} \frac{1}{(n+m+1)!} \left(\boldsymbol{\phi}^\wedge\right)^n \boldsymbol{\rho}^\wedge \left(\boldsymbol{\phi}^\wedge\right)^m$$

从等式左边开始推导，我们有：

$$\mathrm{Ad}(\exp(\boldsymbol{\xi}^\wedge)) = \mathrm{Ad}\left(\begin{bmatrix} \boldsymbol{C} & \boldsymbol{J\rho} \\ \mathbf{0}^\mathrm{T} & 1 \end{bmatrix}\right) = \begin{bmatrix} \boldsymbol{C} & (\boldsymbol{J\rho})^\wedge \boldsymbol{C} \\ \mathbf{0} & \boldsymbol{C} \end{bmatrix} \tag{7.59}$$

其中 $\boldsymbol{J}$ 在式（7.36）中给出。对比式（7.58）和式（7.59），现在只剩下右上角矩阵的等价性需要证明：$\boldsymbol{K} = (\boldsymbol{J\rho})^\wedge \boldsymbol{C}$。为了证明该等价性，我们需要进行以下操作：

$$\begin{aligned} (\boldsymbol{J\rho})^\wedge \boldsymbol{C} &= \left(\int_0^1 \boldsymbol{C}^\alpha \mathrm{d}\alpha \boldsymbol{\rho}\right)^\wedge \boldsymbol{C} = \int_0^1 (\boldsymbol{C}^\alpha \boldsymbol{\rho})^\wedge \boldsymbol{C} \mathrm{d}\alpha \\ &= \int_0^1 \boldsymbol{C}^\alpha \boldsymbol{\rho}^\wedge \boldsymbol{C}^{1-\alpha} \mathrm{d}\alpha = \int_0^1 \exp(\alpha \boldsymbol{\phi}^\wedge) \boldsymbol{\rho}^\wedge \exp\left((1-\alpha)\boldsymbol{\phi}^\wedge\right) \mathrm{d}\alpha \\ &= \int_0^1 \left(\sum_{n=0}^{\infty} \frac{1}{n!} (\alpha \boldsymbol{\phi}^\wedge)^n\right) \boldsymbol{\rho}^\wedge \left(\sum_{m=0}^{\infty} \frac{1}{m!} ((1-\alpha)\boldsymbol{\phi}^\wedge)^m\right) \mathrm{d}\alpha \\ &= \sum_{n=0}^{\infty} \sum_{m=0}^{\infty} \frac{1}{n!m!} \left(\int_0^1 \alpha^n (1-\alpha)^m \mathrm{d}\alpha\right) (\boldsymbol{\phi}^\wedge)^n \boldsymbol{\rho}^\wedge (\boldsymbol{\phi}^\wedge)^m \end{aligned} \tag{7.60}$$

其中，我们用到了 $\wedge$ 是线性，且 $(\boldsymbol{Cv})^\wedge = \boldsymbol{C}\boldsymbol{v}^\wedge \boldsymbol{C}^\mathrm{T}$ 的性质。经过一些积分操作之后，可以证明：

$$\int_0^1 \alpha^n (1-\alpha)^m \mathrm{d}\alpha = \frac{n!m!}{(n+m+1)!} \tag{7.61}$$

因此，$\boldsymbol{K} = (\boldsymbol{J\rho})^\wedge \boldsymbol{C}$，正是我们希望得到的结果。

直接级数表示

与 $\boldsymbol{T}$ 的直接级数表示相似，我们同样可以利用下面的性质得出 $\boldsymbol{\mathcal{T}} = \mathrm{Ad}(\boldsymbol{T})$ 的直接级数表示：

$$\left(\boldsymbol{\xi}^{\curlywedge}\right)^5 + 2\phi^2\left(\boldsymbol{\xi}^{\curlywedge}\right)^3 + \phi^4\boldsymbol{\xi}^{\curlywedge} \equiv \mathbf{0} \tag{7.62}$$

其中 $\boldsymbol{\xi} = \begin{bmatrix}\boldsymbol{\rho}\\ \boldsymbol{\phi}\end{bmatrix}$ 且 $\phi = |\boldsymbol{\phi}|$。展开级数，把高阶项重写为低阶项后，我们有：

$$\begin{aligned}
\boldsymbol{\mathcal{T}} &= \exp(\boldsymbol{\xi}^{\curlywedge})\\
&= \sum_{n=0}^{\infty}\frac{1}{n!}(\boldsymbol{\xi}^{\curlywedge})^n\\
&= \mathbf{1} + \boldsymbol{\xi}^{\curlywedge} + \frac{1}{2!}(\boldsymbol{\xi}^{\curlywedge})^2 + \frac{1}{3!}(\boldsymbol{\xi}^{\curlywedge})^3 + \frac{1}{4!}(\boldsymbol{\xi}^{\curlywedge})^4 + \frac{1}{5!}(\boldsymbol{\xi}^{\curlywedge})^5 + \cdots\\
&= \mathbf{1} + \underbrace{\left(1 - \frac{1}{5!}\phi^4 + \frac{2}{7!}\phi^6 - \frac{3}{9!}\phi^8 + \frac{4}{11!}\phi^{10} - \cdots\right)}_{\frac{3\sin\phi - \phi\cos\phi}{2\phi}}\boldsymbol{\xi}^{\curlywedge}\\
&\quad + \underbrace{\left(\frac{1}{2!} - \frac{1}{6!}\phi^4 + \frac{2}{8!}\phi^6 - \frac{3}{10!}\phi^8 + \frac{4}{12!}\phi^{10} - \cdots\right)}_{\frac{4-\phi\sin\phi-4\cos\phi}{2\phi^2}}(\boldsymbol{\xi}^{\curlywedge})^2\\
&\quad + \underbrace{\left(\frac{1}{3!} - \frac{2}{5!}\phi^2 + \frac{3}{7!}\phi^4 - \frac{4}{9!}\phi^6 + \frac{5}{11!}\phi^8 - \cdots\right)}_{\frac{\sin\phi-\phi\cos\phi}{2\phi^3}}(\boldsymbol{\xi}^{\curlywedge})^3\\
&\quad + \underbrace{\left(\frac{1}{4!} - \frac{2}{6!}\phi^2 + \frac{3}{8!}\phi^4 - \frac{4}{10!}\phi^6 + \frac{5}{12!}\phi^8 - \cdots\right)}_{\frac{2-\phi\sin\phi-2\cos\phi}{2\phi^4}}(\boldsymbol{\xi}^{\curlywedge})^4\\
&= \mathbf{1} + \left(\frac{3\sin\phi - \phi\cos\phi}{2\phi}\right)\boldsymbol{\xi}^{\curlywedge} + \left(\frac{4 - \phi\sin\phi - 4\cos\phi}{2\phi^2}\right)(\boldsymbol{\xi}^{\curlywedge})^2\\
&\quad + \left(\frac{\sin\phi - \phi\cos\phi}{2\phi^3}\right)(\boldsymbol{\xi}^{\curlywedge})^3 + \left(\frac{2 - \phi\sin\phi - 2\cos\phi}{2\phi^4}\right)(\boldsymbol{\xi}^{\curlywedge})^4
\end{aligned} \tag{7.63}$$

同样，这使得我们在计算 $\boldsymbol{\mathcal{T}}$ 时无需分别处理每个子块。

7.1.5 Baker-Campbell-Hausdorff

我们知道标量的指数乘法满足下式：

$$\exp(a)\exp(b) = \exp(a+b) \tag{7.64}$$

其中 $a, b \in \mathbb{R}$。可惜以上公式对矩阵并不成立。要把两个矩阵的指数相乘，我们需要使用 **Baker-Campbell-Hausdorff**（BCH）公式：

$$
\begin{aligned}
&\ln(\exp(\boldsymbol{A})\exp(\boldsymbol{B}))\\
&=\sum_{n=1}^{\infty}\frac{(-1)^{n-1}}{n}\sum_{\substack{r_i+s_i>0,\\1\leqslant i\leqslant n}}\frac{(\sum_{i=1}^{n}(r_i+s_i))^{-1}}{\prod_{i=1}^{n}r_i!s_i!}[\boldsymbol{A}^{r_1}\boldsymbol{B}^{s_1}\boldsymbol{A}^{r_2}\boldsymbol{B}^{s_2}\cdots\boldsymbol{A}^{r_n}\boldsymbol{B}^{s_n}]
\end{aligned}
\tag{7.65}
$$

其中

$$
\begin{aligned}
&[\boldsymbol{A}^{r_1}\boldsymbol{B}^{s_1}\boldsymbol{A}^{r_2}\boldsymbol{B}^{s_2}\cdots\boldsymbol{A}^{r_n}\boldsymbol{B}^{s_n}]\\
&=[\underbrace{\boldsymbol{A},\cdots[\boldsymbol{A},}_{r_1}\underbrace{[\boldsymbol{B},\cdots[\boldsymbol{B},}_{s_1}\cdots\underbrace{[\boldsymbol{A},\cdots[\boldsymbol{A},}_{r_n}\underbrace{[\boldsymbol{B},\cdots[\boldsymbol{B},\boldsymbol{B}]\cdots]}_{s_n}]\cdots]\cdots]\cdots]]\cdots]
\end{aligned}
\tag{7.66}
$$

当 $s_n > 1$ 或 $s_n = 0$ 且 $r_n > 1$ 的时候，它的值为 0。

亨利·弗雷德里克·贝克（Henry Frederick Baker，1866—1956）是一位英国数学家，主要致力于代数几何的研究，同时对偏微分方程和李群做出了巨大贡献。约翰·爱德华·坎贝尔（John Edward Campbell，1862—1924）是一位英国数学家，因其对 BCH 公式的贡献与李群李代数思想的提出而知名。费利克斯·豪斯多夫（Felix Hausdorff，1868—1942）是一位德国数学家，被认为是现代拓扑学的奠基人，对集合论、描述集合论、测度论、泛函理论和泛函分析作出了重大贡献。据说庞加莱（Henri Poincaré，1854—1912）对 BCH 公式也有所贡献。

李括号的定义依然与之前相同：

$$
[\boldsymbol{A},\boldsymbol{B}]=\boldsymbol{AB}-\boldsymbol{BA}
\tag{7.67}
$$

值得注意的是，BCH 公式是一个无穷级数。当 $[\boldsymbol{A},\boldsymbol{B}]=\boldsymbol{0}$ 时，BCH 公式可以简化为：

$$
\ln(\exp(\boldsymbol{A})\exp(\boldsymbol{B}))=\boldsymbol{A}+\boldsymbol{B}
\tag{7.68}
$$

但这个公式对我们来说并不是很有用，除非是做近似。广义 BCH 公式的前几项如下：

$$
\begin{aligned}
\ln(\exp(\boldsymbol{A})\exp(\boldsymbol{B}))=&\ \boldsymbol{A}+\boldsymbol{B}+\frac{1}{2}[\boldsymbol{A},\boldsymbol{B}]\\
&+\frac{1}{12}[\boldsymbol{A},[\boldsymbol{A},\boldsymbol{B}]]-\frac{1}{12}[\boldsymbol{B},[\boldsymbol{A},\boldsymbol{B}]]-\frac{1}{24}[\boldsymbol{B},[\boldsymbol{A},[\boldsymbol{A},\boldsymbol{B}]]]\\
&-\frac{1}{720}([[[[\boldsymbol{A},\boldsymbol{B}],\boldsymbol{B}],\boldsymbol{B}],\boldsymbol{B}]+[[[[\boldsymbol{B},\boldsymbol{A}],\boldsymbol{A}],\boldsymbol{A}],\boldsymbol{A}])\\
&+\frac{1}{360}([[[[\boldsymbol{A},\boldsymbol{B}],\boldsymbol{B}],\boldsymbol{B}],\boldsymbol{A}]+[[[[\boldsymbol{B},\boldsymbol{A}],\boldsymbol{A}],\boldsymbol{A}],\boldsymbol{B}])\\
&+\frac{1}{120}([[[[\boldsymbol{A},\boldsymbol{B}],\boldsymbol{A}],\boldsymbol{B}],\boldsymbol{A}]+[[[[\boldsymbol{B},\boldsymbol{A}],\boldsymbol{B}],\boldsymbol{A}],\boldsymbol{B}])+\cdots
\end{aligned}
\tag{7.69}
$$

如果我们只保留与 $\boldsymbol{A}$ 有关的线性项，广义 BCH 公式会变为以下形式[57]：

$$
\ln(\exp(\boldsymbol{A})\exp(\boldsymbol{B}))\approx\boldsymbol{B}+\sum_{n=0}^{\infty}\frac{B_n}{n!}\underbrace{[\boldsymbol{B},[\boldsymbol{B},\cdots[\boldsymbol{B},}_{n}\boldsymbol{A}]\cdots]]
\tag{7.70}
$$

如果我们只保留与 $\boldsymbol{B}$ 有关的线性项，广义 BCH 公式会变为以下形式：

$$\ln(\exp(\boldsymbol{A})\exp(\boldsymbol{B})) \approx \boldsymbol{A} + \sum_{n=0}^{\infty}(-1)^n \frac{B_n}{n!} \underbrace{[\boldsymbol{A},[\boldsymbol{A},\cdots[\boldsymbol{A},\boldsymbol{B}]\cdots]]}_{n} \tag{7.71}$$

其中，B_n 是**伯努利数**[14]：

$$\begin{aligned} B_0 = 1, B_1 = -\frac{1}{2}, B_2 = \frac{1}{6}, B_3 = 0, B_4 = -\frac{1}{30}, B_5 = 0, B_6 = \frac{1}{42}, \\ B_7 = 0, B_8 = -\frac{1}{30}, B_9 = 0, B_{10} = \frac{5}{66}, B_{11} = 0, B_{12} = -\frac{691}{2730}, \\ B_{13} = 0, B_{14} = \frac{7}{6}, B_{15} = 0, \cdots \end{aligned} \tag{7.72}$$

这在数论中可以经常见到。值得注意的是，对于所有 $n > 1$ 的奇数都有 $B_n = 0$，因此在对无穷级数做近似时项数就减少了。

伯努利数是瑞士数学家雅各布·伯努利（Jakob Bernoulli, 1655—1705）和日本数学家关孝和（Seki Kōwa, 1642—1708）在同一时间发现的。在关孝和死后的 1712 年出版的著作 *Katsuyo Sampo*，以及在伯努利死后的 1713 年出版的《猜度术》（*The Art of Conjecture*）中，都有着伯努利数的描述。埃达·洛夫莱斯（Ada Lovelace）在她 1842 年发表的《注记》（*Note G*）中，描述了一种使用巴贝奇（Charles Babbage）制造的分析机来生成伯努利数的算法。因此，伯努利数很荣幸地成为了第一段计算机程序关注的问题。

李乘积公式（Lie product formula）为：

$$\exp(\boldsymbol{A}+\boldsymbol{B}) = \lim_{\alpha\to\infty}(\exp(\boldsymbol{A}/\alpha)\exp(\boldsymbol{B}/\alpha))^{\alpha} \tag{7.73}$$

这个公式给矩阵的指数相乘提供了另一种思路。把每一个矩阵的指数切割成无穷多个无穷薄片，然后再交错地插回去。接下来，我们将讨论广义 BCH 公式在旋转和姿态中的应用。

旋转

在 $SO(3)$ 中，我们可以证明：

$$\begin{aligned} \ln(\boldsymbol{C}_1\boldsymbol{C}_2)^{\vee} &= \ln\left(\exp(\boldsymbol{\phi}_1^{\wedge})\exp(\boldsymbol{\phi}_2^{\wedge})\right)^{\vee} \\ &= \boldsymbol{\phi}_1 + \boldsymbol{\phi}_2 + \frac{1}{2}\boldsymbol{\phi}_1^{\wedge}\boldsymbol{\phi}_2 + \frac{1}{12}\boldsymbol{\phi}_1^{\wedge}\boldsymbol{\phi}_1^{\wedge}\boldsymbol{\phi}_2 + \frac{1}{12}\boldsymbol{\phi}_2^{\wedge}\boldsymbol{\phi}_2^{\wedge}\boldsymbol{\phi}_1 + \cdots \end{aligned} \tag{7.74}$$

其中 $\boldsymbol{C}_1 = \exp(\boldsymbol{\phi}_1^{\wedge}), \boldsymbol{C}_2 = \exp(\boldsymbol{\phi}_2^{\wedge}) \in SO(3)$。另外，如果我们假设 $\boldsymbol{\phi}_1$ 或 $\boldsymbol{\phi}_2$ 很小，利用 BCH 公式近似，我们可以得到：

$$\ln(\boldsymbol{C}_1\boldsymbol{C}_2)^{\vee} = \ln\left(\exp(\boldsymbol{\phi}_1^{\wedge})\exp(\boldsymbol{\phi}_2^{\wedge})\right)^{\vee} \approx \begin{cases} \boldsymbol{J}_{\ell}(\boldsymbol{\phi}_2)^{-1}\boldsymbol{\phi}_1 + \boldsymbol{\phi}_2 & \text{若 } \boldsymbol{\phi}_1 \text{ 很小} \\ \boldsymbol{\phi}_1 + \boldsymbol{J}_r(\boldsymbol{\phi}_1)^{-1}\boldsymbol{\phi}_2 & \text{若 } \boldsymbol{\phi}_2 \text{ 很小} \end{cases} \tag{7.75}$$

[14] 准确地说，这里的是**第一**伯努利数，另一种伯努利数为**第二**伯努利数。

其中

$$
\boldsymbol{J}_r(\boldsymbol{\phi})^{-1}=\sum_{n=0}^{\infty}\frac{B_n}{n!}(-\boldsymbol{\phi}^\wedge)^n=\frac{\phi}{2}\cot\frac{\phi}{2}\mathbf{1}+\left(1-\frac{\phi}{2}\cot\frac{\phi}{2}\right)\boldsymbol{a}\boldsymbol{a}^{\mathrm{T}}+\frac{\phi}{2}\boldsymbol{a}^\wedge \tag{7.76a}
$$

$$
\boldsymbol{J}_\ell(\boldsymbol{\phi})^{-1}=\sum_{n=0}^{\infty}\frac{B_n}{n!}(\boldsymbol{\phi}^\wedge)^n=\frac{\phi}{2}\cot\frac{\phi}{2}\mathbf{1}+\left(1-\frac{\phi}{2}\cot\frac{\phi}{2}\right)\boldsymbol{a}\boldsymbol{a}^{\mathrm{T}}-\frac{\phi}{2}\boldsymbol{a}^\wedge \tag{7.76b}
$$

在李群中，$\boldsymbol{J}_r$ 和 $\boldsymbol{J}_\ell$ 分别被称为 $SO(3)$ 的**右雅可比**和**左雅可比**。如之前提到的，因为 $\cot(\phi/2)$ 的性质，$\boldsymbol{J}_r$ 和 $\boldsymbol{J}_\ell$ 在 $\phi=2\pi m$（m 为非零整数）时有奇异性。对上式取逆，可以得到两个雅可比的表达式：

$$
\begin{aligned}
\boldsymbol{J}_r(\boldsymbol{\phi})&=\sum_{n=0}^{\infty}\frac{1}{(n+1)!}(-\boldsymbol{\phi}^\wedge)^n=\int_0^1\boldsymbol{C}^{-\alpha}\mathrm{d}\alpha\\
&=\frac{\sin\phi}{\phi}\mathbf{1}+\left(1-\frac{\sin\phi}{\phi}\right)\boldsymbol{a}\boldsymbol{a}^{\mathrm{T}}-\frac{1-\cos\phi}{\phi}\boldsymbol{a}^\wedge
\end{aligned} \tag{7.77a}
$$

$$
\begin{aligned}
\boldsymbol{J}_\ell(\boldsymbol{\phi})&=\sum_{n=0}^{\infty}\frac{1}{(n+1)!}(\boldsymbol{\phi}^\wedge)^n=\int_0^1\boldsymbol{C}^{\alpha}\mathrm{d}\alpha\\
&=\frac{\sin\phi}{\phi}\mathbf{1}+\left(1-\frac{\sin\phi}{\phi}\right)\boldsymbol{a}\boldsymbol{a}^{\mathrm{T}}+\frac{1-\cos\phi}{\phi}\boldsymbol{a}^\wedge
\end{aligned} \tag{7.77b}
$$

其中 $\boldsymbol{C}=\exp(\boldsymbol{\phi}^\wedge)$，$\phi=|\boldsymbol{\phi}|$，且 $\boldsymbol{a}=\boldsymbol{\phi}/\phi$。我们需要注意，事实上：

$$
\boldsymbol{J}_\ell(\boldsymbol{\phi})=\boldsymbol{C}\boldsymbol{J}_r(\boldsymbol{\phi}) \tag{7.78}
$$

通过该等式，可以把两个雅可比关联起来。使用定义易得：

$$
\begin{aligned}
\boldsymbol{C}\boldsymbol{J}_r(\boldsymbol{\phi})&=\boldsymbol{C}\int_0^1\boldsymbol{C}^{-\alpha}\mathrm{d}\alpha=\int_0^1\boldsymbol{C}^{1-\alpha}\mathrm{d}\alpha\\
&=-\int_1^0\boldsymbol{C}^{\beta}\mathrm{d}\beta=\int_0^1\boldsymbol{C}^{\beta}\mathrm{d}\beta=\boldsymbol{J}_\ell(\boldsymbol{\phi})
\end{aligned} \tag{7.79}
$$

左右雅可比的另一个关系是：

$$
\boldsymbol{J}_\ell(-\boldsymbol{\phi})=\boldsymbol{J}_r(\boldsymbol{\phi}) \tag{7.80}
$$

同样这可以很容易地被证明：

$$
\boldsymbol{J}_r(\boldsymbol{\phi})=\int_0^1\boldsymbol{C}(\boldsymbol{\phi})^{-\alpha}\mathrm{d}\alpha=\int_0^1\left(\boldsymbol{C}(\boldsymbol{\phi})^{-1}\right)^{\alpha}\mathrm{d}\alpha=\int_0^1\left(\boldsymbol{C}(-\boldsymbol{\phi})\right)^{\alpha}\mathrm{d}\alpha=\boldsymbol{J}_\ell(-\boldsymbol{\phi}) \tag{7.81}
$$

接下来我们讨论 $SE(3)$ 的情况。

姿态

对于 $SE(3)$ 和 $\mathrm{Ad}(SE((3))$，我们有：

$$
\begin{aligned}
\ln(\boldsymbol{T}_1\boldsymbol{T}_2)^\vee&=\ln\left(\exp(\boldsymbol{\xi}_1^\wedge)\exp(\boldsymbol{\xi}_2^\wedge)\right)^\vee\\
&=\boldsymbol{\xi}_1+\boldsymbol{\xi}_2+\frac{1}{2}\boldsymbol{\xi}_1^\curlywedge\boldsymbol{\xi}_2+\frac{1}{12}\boldsymbol{\xi}_1^\curlywedge\boldsymbol{\xi}_1^\curlywedge\boldsymbol{\xi}_2+\frac{1}{12}\boldsymbol{\xi}_2^\curlywedge\boldsymbol{\xi}_2^\curlywedge\boldsymbol{\xi}_1+\cdots
\end{aligned} \tag{7.82a}
$$

$$\begin{aligned}\ln(\mathcal{T}_1\mathcal{T}_2)^{\curlyvee} &= \ln\left(\exp(\boldsymbol{\xi}_1^{\curlywedge})\exp(\boldsymbol{\xi}_2^{\curlywedge})\right)^{\curlyvee} \\ &= \boldsymbol{\xi}_1+\boldsymbol{\xi}_2+\frac{1}{2}\boldsymbol{\xi}_1^{\curlywedge}\boldsymbol{\xi}_2+\frac{1}{12}\boldsymbol{\xi}_1^{\curlywedge}\boldsymbol{\xi}_1^{\curlywedge}\boldsymbol{\xi}_2+\frac{1}{12}\boldsymbol{\xi}_2^{\curlywedge}\boldsymbol{\xi}_2^{\curlywedge}\boldsymbol{\xi}_1+\cdots\end{aligned} \tag{7.82b}$$

其中 $\boldsymbol{T}_1=\exp(\boldsymbol{\xi}_1^{\wedge})$，$\boldsymbol{T}_2=\exp(\boldsymbol{\xi}_2^{\wedge})\in SE(3)$，且 $\mathcal{T}_1=\exp(\boldsymbol{\xi}_1^{\curlywedge}),\mathcal{T}_2=\exp(\boldsymbol{\xi}_2^{\curlywedge})\in \mathrm{Ad}(SE(3))$。另外，如果我们假设 $\boldsymbol{\xi}_1$，$\boldsymbol{\xi}_2$ 很小，根据近似 BCH 公式，可以得出：

$$\begin{aligned}\ln(\boldsymbol{T}_1\boldsymbol{T}_2)^{\vee} &= \ln\left(\exp(\boldsymbol{\xi}_1^{\wedge})\exp(\boldsymbol{\xi}_2^{\wedge})\right)^{\vee} \\ &\approx \begin{cases}\mathcal{J}_\ell(\boldsymbol{\xi}_2)^{-1}\boldsymbol{\xi}_1+\boldsymbol{\xi}_2 & \text{若 } \boldsymbol{\xi}_1 \text{ 很小} \\ \boldsymbol{\xi}_1+\mathcal{J}_r(\boldsymbol{\xi}_1)^{-1}\boldsymbol{\xi}_2 & \text{若 } \boldsymbol{\xi}_2 \text{ 很小}\end{cases}\end{aligned} \tag{7.83a}$$

$$\begin{aligned}\ln(\mathcal{T}_1\mathcal{T}_2)^{\curlyvee} &= \ln\left(\exp(\boldsymbol{\xi}_1^{\curlywedge})\exp(\boldsymbol{\xi}_2^{\curlywedge})\right)^{\curlyvee} \\ &\approx \begin{cases}\mathcal{J}_\ell(\boldsymbol{\xi}_2)^{-1}\boldsymbol{\xi}_1+\boldsymbol{\xi}_2 & \text{若 } \boldsymbol{\xi}_1 \text{ 很小} \\ \boldsymbol{\xi}_1+\mathcal{J}_r(\boldsymbol{\xi}_1)^{-1}\boldsymbol{\xi}_2 & \text{若 } \boldsymbol{\xi}_2 \text{ 很小}\end{cases}\end{aligned} \tag{7.83b}$$

其中

$$\mathcal{J}_r(\boldsymbol{\xi})^{-1}=\sum_{n=0}^{\infty}\frac{B_n}{n!}\left(-\boldsymbol{\xi}^{\curlywedge}\right)^n \tag{7.84a}$$

$$\mathcal{J}_\ell(\boldsymbol{\xi})^{-1}=\sum_{n=0}^{\infty}\frac{B_n}{n!}\left(\boldsymbol{\xi}^{\curlywedge}\right)^n \tag{7.84b}$$

在李群中，$\mathcal{J}_r$ 和 $\mathcal{J}_\ell$ 被称为 $SE(3)$ 的**右雅可比**和**左雅可比**。对上式取逆，可以得到两个雅可比的表达式：

$$\mathcal{J}_r(\boldsymbol{\xi})=\sum_{n=0}^{\infty}\frac{1}{(n+1)!}\left(-\boldsymbol{\xi}^{\curlywedge}\right)^n=\int_0^1\mathcal{T}^{-\alpha}\mathrm{d}\alpha=\begin{bmatrix}\boldsymbol{J}_r & \boldsymbol{Q}_r\\ \boldsymbol{0} & \boldsymbol{J}_r\end{bmatrix} \tag{7.85a}$$

$$\mathcal{J}_\ell(\boldsymbol{\xi})=\sum_{n=0}^{\infty}\frac{1}{(n+1)!}\left(\boldsymbol{\xi}^{\curlywedge}\right)^n=\int_0^1\mathcal{T}^{\alpha}\mathrm{d}\alpha=\begin{bmatrix}\boldsymbol{J}_\ell & \boldsymbol{Q}_\ell\\ \boldsymbol{0} & \boldsymbol{J}_\ell\end{bmatrix} \tag{7.85b}$$

其中

$$\boldsymbol{Q}_\ell(\boldsymbol{\xi})=\sum_{n=0}^{\infty}\sum_{m=0}^{\infty}\frac{1}{(n+m+2)!}(\boldsymbol{\phi}^{\wedge})^n\boldsymbol{\rho}^{\wedge}(\boldsymbol{\phi}^{\wedge})^m \tag{7.86a}$$

$$\begin{aligned}&=\frac{1}{2}\boldsymbol{\rho}^{\wedge}+\left(\frac{\phi-\sin\phi}{\phi^3}\right)(\boldsymbol{\phi}^{\wedge}\boldsymbol{\rho}^{\wedge}+\boldsymbol{\rho}^{\wedge}\boldsymbol{\phi}^{\wedge}+\boldsymbol{\phi}^{\wedge}\boldsymbol{\rho}^{\wedge}\boldsymbol{\phi}^{\wedge})\\ &\quad+\left(\frac{\phi^2+2\cos\phi-2}{2\phi^4}\right)(\boldsymbol{\phi}^{\wedge}\boldsymbol{\phi}^{\wedge}\boldsymbol{\rho}^{\wedge}+\boldsymbol{\rho}^{\wedge}\boldsymbol{\phi}^{\wedge}\boldsymbol{\phi}^{\wedge}-3\boldsymbol{\phi}^{\wedge}\boldsymbol{\rho}^{\wedge}\boldsymbol{\phi}^{\wedge})\\ &\quad+\left(\frac{2\phi-3\sin\phi+\phi\cos\phi}{2\phi^5}\right)(\boldsymbol{\phi}^{\wedge}\boldsymbol{\rho}^{\wedge}\boldsymbol{\phi}^{\wedge}\boldsymbol{\phi}^{\wedge}+\boldsymbol{\phi}^{\wedge}\boldsymbol{\phi}^{\wedge}\boldsymbol{\rho}^{\wedge}\boldsymbol{\phi}^{\wedge})\end{aligned} \tag{7.86b}$$

$$\boldsymbol{Q}_r(\boldsymbol{\xi})=\boldsymbol{Q}_\ell(-\boldsymbol{\xi})=\boldsymbol{C}\boldsymbol{Q}_\ell(\boldsymbol{\xi})+(\boldsymbol{J}_\ell\boldsymbol{\rho})^{\wedge}\boldsymbol{C}\boldsymbol{J}_\ell \tag{7.86c}$$

且 $\boldsymbol{\mathcal{T}}=\exp(\boldsymbol{\xi}^{\curlywedge})$，$\boldsymbol{T}=\exp(\boldsymbol{\xi}^{\wedge})$，$\boldsymbol{C}=\exp(\boldsymbol{\phi}^{\wedge})$，$\boldsymbol{\xi}=\begin{bmatrix}\boldsymbol{\rho}\\ \boldsymbol{\phi}\end{bmatrix}$。$\boldsymbol{Q}_\ell$ 最终表达式的导出，需要先将级数展开，然后再重新组合成三角函数的级数形式[15]。$\boldsymbol{Q}_r$ 和 $\boldsymbol{Q}_\ell$ 的关系来自于左右雅可比之间的关系：

$$\boldsymbol{\mathcal{J}}_\ell(\boldsymbol{\xi})=\boldsymbol{\mathcal{T}}\boldsymbol{\mathcal{J}}_r(\boldsymbol{\xi}),\quad \boldsymbol{\mathcal{J}}_\ell(-\boldsymbol{\xi})=\boldsymbol{\mathcal{J}}_r(\boldsymbol{\xi}) \tag{7.87}$$

上式中，第一项的推导如下：

$$\begin{aligned}\boldsymbol{\mathcal{T}}\boldsymbol{\mathcal{J}}_r(\boldsymbol{\xi})&=\boldsymbol{\mathcal{T}}\int_0^1\boldsymbol{\mathcal{T}}^{-\alpha}\mathrm{d}\alpha=\int_0^1\boldsymbol{\mathcal{T}}^{1-\alpha}\mathrm{d}\alpha\\&=-\int_1^0\boldsymbol{\mathcal{T}}^{\beta}\mathrm{d}\beta=\int_0^1\boldsymbol{\mathcal{T}}^{\beta}\mathrm{d}\beta=\boldsymbol{\mathcal{J}}_\ell(\boldsymbol{\xi})\end{aligned} \tag{7.88}$$

第二项的推导也类似：

$$\begin{aligned}\boldsymbol{\mathcal{J}}_r(\boldsymbol{\xi})&=\int_0^1\boldsymbol{\mathcal{T}}(\boldsymbol{\xi})^{-\alpha}\mathrm{d}\alpha=\int_0^1\left(\boldsymbol{\mathcal{T}}(\boldsymbol{\xi})^{-1}\right)^{\alpha}\mathrm{d}\alpha\\&=\int_0^1(\boldsymbol{\mathcal{T}}(-\boldsymbol{\xi}))^{\alpha}\mathrm{d}\alpha=\boldsymbol{\mathcal{J}}_\ell(-\boldsymbol{\xi})\end{aligned} \tag{7.89}$$

利用 7.1.4 节中的结果，我们也可以推导出 $\boldsymbol{\mathcal{J}}_\ell$ 的直接级数表达。根据级数表达的形式，可得：

$$\boldsymbol{\mathcal{T}}\equiv\mathbf{1}+\boldsymbol{\xi}^{\curlywedge}\boldsymbol{\mathcal{J}}_\ell \tag{7.90}$$

展开上式中的雅可比：

$$\boldsymbol{\mathcal{J}}_\ell=\sum_{n=0}^{\infty}\frac{1}{(n+1)!}\left(\boldsymbol{\xi}^{\curlywedge}\right)^n=\mathbf{1}+\alpha_1\boldsymbol{\xi}^{\curlywedge}+\alpha_2\left(\boldsymbol{\xi}^{\curlywedge}\right)^2+\alpha_3\left(\boldsymbol{\xi}^{\curlywedge}\right)^3+\alpha_4\left(\boldsymbol{\xi}^{\curlywedge}\right)^4 \tag{7.91}$$

其中 α_1，α_2，α_3，α_4 都是未知系数。我们知道，利用式（7.62）可以将级数表达为只包含四次项的形式，于是将其代入式（7.90）中，我们有：

$$\boldsymbol{\mathcal{T}}=\mathbf{1}+\boldsymbol{\xi}^{\curlywedge}+\alpha_1(\boldsymbol{\xi}^{\curlywedge})^2+\alpha_2\left(\boldsymbol{\xi}^{\curlywedge}\right)^3+\alpha_3\left(\boldsymbol{\xi}^{\curlywedge}\right)^4+\alpha_4\left(\boldsymbol{\xi}^{\curlywedge}\right)^5 \tag{7.92}$$

参考式（7.62），利用低阶项来重写五次项，我们有：

$$\boldsymbol{\mathcal{T}}=\mathbf{1}+(1-\phi^4\alpha_4)\boldsymbol{\xi}^{\curlywedge}+\alpha_1\left(\boldsymbol{\xi}^{\curlywedge}\right)^2+(\alpha_2-2\phi^2\alpha_4)\left(\boldsymbol{\xi}^{\curlywedge}\right)^3+\alpha_3\left(\boldsymbol{\xi}^{\curlywedge}\right)^4 \tag{7.93}$$

对比上式和式（7.63）中的系数，我们可以解出 α_1，α_2，α_3 和 α_4

$$\begin{aligned}\boldsymbol{\mathcal{J}}_\ell=\mathbf{1}&+\left(\frac{4-\phi\sin\phi-4\cos\phi}{2\phi^2}\right)\boldsymbol{\xi}^{\curlywedge}+\left(\frac{4\phi-5\sin\phi+\phi\cos\phi}{2\phi^3}\right)\left(\boldsymbol{\xi}^{\curlywedge}\right)^2\\&+\left(\frac{2-\phi\sin\phi-2\cos\phi}{2\phi^4}\right)\left(\boldsymbol{\xi}^{\curlywedge}\right)^3+\left(\frac{2\phi-3\sin\phi+\phi\cos\phi}{2\phi^5}\right)\left(\boldsymbol{\xi}^{\curlywedge}\right)^4\end{aligned} \tag{7.94}$$

这样做避免了先分别求解 $\boldsymbol{J}_\ell$ 和 $\boldsymbol{Q}_\ell$，然后再把它们组合成 $\boldsymbol{\mathcal{J}}_\ell$ 的操作。

---

[15] 推导过程很长，但结果是对的。

雅可比的逆还可以写为：

$$\boldsymbol{\mathcal{J}}_r^{-1} = \begin{bmatrix} \boldsymbol{J}_r^{-1} & -\boldsymbol{J}_r^{-1}\boldsymbol{Q}_r\boldsymbol{J}_r^{-1} \\ \mathbf{0} & \boldsymbol{J}_r^{-1} \end{bmatrix} \tag{7.95a}$$

$$\boldsymbol{\mathcal{J}}_\ell^{-1} = \begin{bmatrix} \boldsymbol{J}_\ell^{-1} & -\boldsymbol{J}_\ell^{-1}\boldsymbol{Q}_\ell\boldsymbol{J}_\ell^{-1} \\ \mathbf{0} & \boldsymbol{J}_\ell^{-1} \end{bmatrix} \tag{7.95b}$$

$\boldsymbol{\mathcal{J}}_r$ 和 $\boldsymbol{\mathcal{J}}_\ell$ 的奇异性与 $\boldsymbol{J}_r$ 和 $\boldsymbol{J}_\ell$ 的奇异性完全一致，因为

$$\det(\boldsymbol{\mathcal{J}}_r) = (\det(\boldsymbol{J}_r))^2, \quad \det(\boldsymbol{\mathcal{J}}_\ell) = (\det(\boldsymbol{J}_\ell))^2 \tag{7.96}$$

且行列式非零，这是可逆性的充分必要条件（因此是非奇异的）。

同样地，我们有：

$$\boldsymbol{T} = \begin{bmatrix} \boldsymbol{C} & \boldsymbol{J}_\ell\boldsymbol{\rho} \\ \mathbf{0}^{\mathrm{T}} & 1 \end{bmatrix} = \begin{bmatrix} \boldsymbol{C} & \boldsymbol{C}\boldsymbol{J}_r\boldsymbol{\rho} \\ \mathbf{0}^{\mathrm{T}} & 1 \end{bmatrix} \tag{7.97a}$$

$$\boldsymbol{\mathcal{T}} = \begin{bmatrix} \boldsymbol{C} & (\boldsymbol{J}_\ell\boldsymbol{\rho})^\wedge\boldsymbol{C} \\ \mathbf{0} & \boldsymbol{C} \end{bmatrix} = \begin{bmatrix} \boldsymbol{C} & \boldsymbol{C}(\boldsymbol{J}_r\boldsymbol{\rho})^\wedge \\ \mathbf{0} & \boldsymbol{C} \end{bmatrix} \tag{7.97b}$$

上式告诉我们如何将 $\boldsymbol{\rho}$ 与 $\boldsymbol{T}$ 或 $\boldsymbol{\mathcal{T}}$ 的平移项关联起来。

需要注意的是，$\boldsymbol{\mathcal{J}}\boldsymbol{\mathcal{J}}^{\mathrm{T}} > 0$（正定）对于左右雅可比而言都一定成立。我们可以通过以下的分解看出：

$$\boldsymbol{\mathcal{J}}\boldsymbol{\mathcal{J}}^{\mathrm{T}} = \underbrace{\begin{bmatrix} \mathbf{1} & \boldsymbol{Q}\boldsymbol{J}^{-1} \\ \mathbf{0} & \mathbf{1} \end{bmatrix}}_{>0} \underbrace{\begin{bmatrix} \boldsymbol{J}\boldsymbol{J}^{\mathrm{T}} & \mathbf{0} \\ \mathbf{0} & \boldsymbol{J}\boldsymbol{J}^{\mathrm{T}} \end{bmatrix}}_{>0} \underbrace{\begin{bmatrix} \mathbf{1} & \mathbf{0} \\ \boldsymbol{J}^{-\mathrm{T}}\boldsymbol{Q}^{\mathrm{T}} & \mathbf{1} \end{bmatrix}}_{>0} > 0 \tag{7.98}$$

其中，我们利用了之前的结论，$\boldsymbol{J}\boldsymbol{J}^{\mathrm{T}} > 0$。

使用左/右雅可比

在之后的章节中，我们将选择左雅可比进行讨论（尽管选择哪一种实际上是随意的），因此我们需要把式（7.75）和式（7.83）中的 BCH 近似形式写成只关于左雅可比的形式。对于 $SO(3)$，我们有：

$$\begin{aligned} \ln(\boldsymbol{C}_1\boldsymbol{C}_2)^\vee &= \ln\left(\exp(\boldsymbol{\phi}_1^\wedge)\exp(\boldsymbol{\phi}_2^\wedge)\right)^\vee \\ &\approx \begin{cases} \boldsymbol{J}(\boldsymbol{\phi}_2)^{-1}\boldsymbol{\phi}_1 + \boldsymbol{\phi}_2 & \text{若 } \boldsymbol{\phi}_1 \text{ 很小} \\ \boldsymbol{\phi}_1 + \boldsymbol{J}(-\boldsymbol{\phi}_1)^{-1}\boldsymbol{\phi}_2 & \text{若 } \boldsymbol{\phi}_2 \text{ 很小} \end{cases} \end{aligned} \tag{7.99}$$

在这里根据约定，我们默认有 $\boldsymbol{J} = \boldsymbol{J}_\ell$[16]。

同理，对于 $SE(3)$ 我们有：

$$\begin{aligned} \ln(\boldsymbol{T}_1\boldsymbol{T}_2)^\vee &= \ln\left(\exp(\boldsymbol{\xi}_1^\wedge)\exp(\boldsymbol{\xi}_2^\wedge)\right)^\vee \\ &\approx \begin{cases} \boldsymbol{\mathcal{J}}(\boldsymbol{\xi}_2)^{-1}\boldsymbol{\xi}_1 + \boldsymbol{\xi}_2 & \text{若 } \boldsymbol{\xi}_1 \text{ 很小} \\ \boldsymbol{\xi}_1 + \boldsymbol{\mathcal{J}}(-\boldsymbol{\xi}_1)^{-1}\boldsymbol{\xi}_2 & \text{若 } \boldsymbol{\xi}_2 \text{ 很小} \end{cases} \end{aligned} \tag{7.100a}$$

---

[16] 我们将在本书中全程遵守该约定，除非出现必须要区分下角标的情况。

$$\begin{aligned}\ln(\boldsymbol{\mathcal{T}}_1\boldsymbol{\mathcal{T}}_2)^{\curlyvee} &= \ln\left(\exp(\boldsymbol{\xi}_1^{\curlywedge})\exp(\boldsymbol{\xi}_2^{\curlywedge})\right)^{\curlyvee} \\ &\approx \begin{cases}\boldsymbol{\mathcal{J}}(\boldsymbol{\xi}_2)^{-1}\boldsymbol{\xi}_1 + \boldsymbol{\xi}_2 & \text{若 } \boldsymbol{\xi}_1 \text{ 很小} \\ \boldsymbol{\xi}_1 + \boldsymbol{\mathcal{J}}(-\boldsymbol{\xi}_1)^{-1}\boldsymbol{\xi}_2 & \text{若 } \boldsymbol{\xi}_2 \text{ 很小}\end{cases}\end{aligned} \tag{7.100b}$$

同样根据约定，$\boldsymbol{\mathcal{J}} = \boldsymbol{\mathcal{J}}_\ell$。

7.1.6 距离、体积与积分

在本节中，我们将学习李群中的距离（distance）、体积（volume）与积分（integration）的概念。我们将针对旋转和姿态，快速地介绍这几个概念。

旋转

通常有两种方式去定义两个旋转之间的差异：

$$\boldsymbol{\phi}_{12} = \ln\left(\boldsymbol{C}_1^{\mathrm{T}}\boldsymbol{C}_2\right)^{\vee} \tag{7.101a}$$

$$\boldsymbol{\phi}_{21} = \ln\left(\boldsymbol{C}_2\boldsymbol{C}_1^{\mathrm{T}}\right)^{\vee} \tag{7.101b}$$

其中 $\boldsymbol{C}_1$，$\boldsymbol{C}_2 \in SO(3)$。一个可以被称为右差，另一个可以被称为左差。我们可以定义 $\mathfrak{so}(3)$ 的内积为：

$$\langle\boldsymbol{\phi}_1^{\wedge}, \boldsymbol{\phi}_2^{\wedge}\rangle = \frac{1}{2}\operatorname{tr}\left(\boldsymbol{\phi}_1^{\wedge}\boldsymbol{\phi}_2^{\wedge\mathrm{T}}\right) = \boldsymbol{\phi}_1^{\mathrm{T}}\boldsymbol{\phi}_2 \tag{7.102}$$

两个旋转的**距离**可以有两种方式定义：（1）两个旋转的差的内积的平方根，（2）两个旋转的差的欧几里得范数：

$$\phi_{12} = \sqrt{\langle\ln(\boldsymbol{C}_1^{\mathrm{T}}\boldsymbol{C}_2), \ln(\boldsymbol{C}_1^{\mathrm{T}}\boldsymbol{C}_2)\rangle} = \sqrt{\langle\boldsymbol{\phi}_{12}^{\wedge}, \boldsymbol{\phi}_{12}^{\wedge}\rangle} = \sqrt{\boldsymbol{\phi}_{12}^{\mathrm{T}}\boldsymbol{\phi}_{12}} = |\boldsymbol{\phi}_{12}| \tag{7.103a}$$

$$\phi_{21} = \sqrt{\langle\ln(\boldsymbol{C}_2\boldsymbol{C}_1^{\mathrm{T}}), \ln(\boldsymbol{C}_2\boldsymbol{C}_1^{\mathrm{T}})\rangle} = \sqrt{\langle\boldsymbol{\phi}_{21}^{\wedge}, \boldsymbol{\phi}_{21}^{\wedge}\rangle} = \sqrt{\boldsymbol{\phi}_{21}^{\mathrm{T}}\boldsymbol{\phi}_{21}} = |\boldsymbol{\phi}_{21}| \tag{7.103b}$$

这也可以看作是两旋转角度差异的大小。

为了得到旋转的积分方程，我们对旋转进行参数化：$\boldsymbol{C} = \exp(\boldsymbol{\phi}^{\wedge}) \in SO(3)$。对 $\boldsymbol{\phi}$ 施加一个微小的扰动，可以产生一个新的旋转矩阵 $\boldsymbol{C}' = \exp\left((\boldsymbol{\phi} + \delta\boldsymbol{\phi})^{\wedge}\right) \in SO(3)$。由此，我们可以得到关于 $\boldsymbol{C}$ 的右差和左差：

$$\begin{aligned}\ln(\delta\boldsymbol{C}_r)^{\vee} &= \ln\left(\boldsymbol{C}^{\mathrm{T}}\boldsymbol{C}'\right)^{\vee} = \ln\left(\boldsymbol{C}^{\mathrm{T}}\exp\left((\boldsymbol{\phi}+\delta\boldsymbol{\phi})^{\wedge}\right)\right)^{\vee} \\ &\approx \ln\left(\boldsymbol{C}^{\mathrm{T}}\boldsymbol{C}\exp\left((\boldsymbol{J}_r\delta\boldsymbol{\phi})^{\wedge}\right)\right)^{\vee} = \boldsymbol{J}_r\delta\boldsymbol{\phi}\end{aligned} \tag{7.104a}$$

$$\begin{aligned}\ln(\delta\boldsymbol{C}_\ell)^{\vee} &= \ln\left(\boldsymbol{C}'\boldsymbol{C}^{\mathrm{T}}\right)^{\vee} = \ln\left(\exp\left((\boldsymbol{\phi}+\delta\boldsymbol{\phi})^{\wedge}\right)\boldsymbol{C}^{\mathrm{T}}\right)^{\vee} \\ &\approx \ln\left(\exp\left((\boldsymbol{J}_\ell\delta\boldsymbol{\phi})^{\wedge}\right)\boldsymbol{C}\boldsymbol{C}^{\mathrm{T}}\right)^{\vee} = \boldsymbol{J}_\ell\delta\boldsymbol{\phi}\end{aligned} \tag{7.104b}$$

其中 $\boldsymbol{J}_r$ 和 $\boldsymbol{J}_\ell$ 都是在 $\boldsymbol{\phi}$ 处求得。为了得到无穷小量，我们需要先求得 $\boldsymbol{J}_r$ 和 $\boldsymbol{J}_\ell$ 的列元素所构成的

平行六面体的体积，简单来说即它们的行列式[17]：

$$\mathrm{d}\boldsymbol{C}_r = |\det(\boldsymbol{J}_r)|\mathrm{d}\boldsymbol{\phi} \tag{7.105a}$$

$$\mathrm{d}\boldsymbol{C}_\ell = |\det(\boldsymbol{J}_\ell)|\mathrm{d}\boldsymbol{\phi} \tag{7.105b}$$

注意到：

$$\det(\boldsymbol{J}_\ell) = \det(\boldsymbol{C}\boldsymbol{J}_r) = \underbrace{\det(\boldsymbol{C})}_{1}\det(\boldsymbol{J}_r) = \det(\boldsymbol{J}_r) \tag{7.106}$$

这表明无论我们使用哪一种距离度量，右差或者左差，无穷小量都是相同的。这在**幺模**（unimodular）的李群，如在 $SO(3)$ 中总是成立的。因此旋转的无穷小量为：

$$\mathrm{d}\boldsymbol{C} = |\det(\boldsymbol{J})|\mathrm{d}\boldsymbol{\phi} \tag{7.107}$$

可以证明：

$$\begin{aligned} |\det(\boldsymbol{J})| = 2\frac{1-\cos\phi}{\phi^2} &= \frac{2}{\phi^2}\left(1 - 1 + \frac{\phi^2}{2!} - \frac{\phi^4}{4!} + \frac{\phi^6}{6!} - \frac{\phi^8}{8!} + \cdots\right) \\ &= 1 - \frac{1}{2}\phi^2 + \frac{1}{360}\phi^4 - \frac{1}{20160}\phi^6 + \cdots \end{aligned} \tag{7.108}$$

其中 $\phi = |\boldsymbol{\phi}|$。在实际应用中，我们通常只取等式中的前两项，甚至是第一项。

接下来，我们可以引出旋转的积分方程：

$$\int_{SO(3)} f(\boldsymbol{C})\mathrm{d}\boldsymbol{C} \to \int_{|\boldsymbol{\phi}|<\pi} f(\boldsymbol{\phi})|\det(\boldsymbol{J})|\mathrm{d}\boldsymbol{\phi} \tag{7.109}$$

在这里我们令 $|\boldsymbol{\phi}| < \pi$（由于指数映射满射的性质），从而保证 $SO(3)$ 中的每一个元素只取一次。

姿态

和 $SO(3)$ 很类似，在此简单介绍 $SE(3)$ 和 $\mathrm{Ad}(SE(3))$。定义右和左的距离度量：

$$\boldsymbol{\xi}_{12} = \ln\left(\boldsymbol{T}_1^{-1}\boldsymbol{T}_2\right)^\vee = \ln\left(\boldsymbol{\mathcal{T}}_1^{-1}\boldsymbol{\mathcal{T}}_2\right)^\curlyvee \tag{7.110a}$$

$$\boldsymbol{\xi}_{21} = \ln\left(\boldsymbol{T}_2\boldsymbol{T}_1^{-1}\right)^\vee = \ln\left(\boldsymbol{\mathcal{T}}_2\boldsymbol{\mathcal{T}}_1^{-1}\right)^\curlyvee \tag{7.110b}$$

4×4 和 6×6 的内积为：

$$\langle\boldsymbol{\xi}_1^\wedge, \boldsymbol{\xi}_2^\wedge\rangle = -\mathrm{tr}\left(\boldsymbol{\xi}_1^\wedge \begin{bmatrix} \frac{1}{2}\mathbf{1} & \mathbf{0} \\ \mathbf{0}^\mathrm{T} & 1 \end{bmatrix} \boldsymbol{\xi}_2^{\wedge\mathrm{T}}\right) = \boldsymbol{\xi}_1^\mathrm{T}\boldsymbol{\xi}_2 \tag{7.111a}$$

$$\langle\boldsymbol{\xi}_1^\curlywedge, \boldsymbol{\xi}_2^\curlywedge\rangle = -\mathrm{tr}\left(\boldsymbol{\xi}_1^\curlywedge \begin{bmatrix} \frac{1}{4}\mathbf{1} & \mathbf{0} \\ \mathbf{0} & \frac{1}{2}\mathbf{1} \end{bmatrix} \boldsymbol{\xi}_2^{\curlywedge\mathrm{T}}\right) = \boldsymbol{\xi}_1^\mathrm{T}\boldsymbol{\xi}_2 \tag{7.111b}$$

注意，我们可以调整上式中的权重矩阵，从而控制旋转和平移的权重。右差和左差分别为：

$$\xi_{12} = \sqrt{\langle\boldsymbol{\xi}_{12}^\wedge, \boldsymbol{\xi}_{12}^\wedge\rangle} = \sqrt{\langle\boldsymbol{\xi}_{12}^\curlywedge, \boldsymbol{\xi}_{12}^\curlywedge\rangle} = \sqrt{\boldsymbol{\xi}_{12}^\mathrm{T}\boldsymbol{\xi}_{12}} = |\boldsymbol{\xi}_{12}| \tag{7.112a}$$

$$\xi_{21} = \sqrt{\langle\boldsymbol{\xi}_{21}^\wedge, \boldsymbol{\xi}_{21}^\wedge\rangle} = \sqrt{\langle\boldsymbol{\xi}_{21}^\curlywedge, \boldsymbol{\xi}_{21}^\curlywedge\rangle} = \sqrt{\boldsymbol{\xi}_{21}^\mathrm{T}\boldsymbol{\xi}_{21}} = |\boldsymbol{\xi}_{21}| \tag{7.112b}$$

[17] 在此，我们稍微不严格地使用了符号 $\mathrm{d}\boldsymbol{C}$，希望读者可以根据上下文清楚地知道其含义。

使用姿态的李代数：

$$\boldsymbol{T} = \exp(\boldsymbol{\xi}^\wedge) \tag{7.113}$$

并施加微小扰动：

$$\boldsymbol{T}' = \exp\left((\boldsymbol{\xi} + \delta\boldsymbol{\xi})^\wedge\right) \tag{7.114}$$

相对于 $\boldsymbol{T}$ 的差为：

$$\ln(\delta\boldsymbol{T}_r)^\vee = \ln\left(\boldsymbol{T}^{-1}\boldsymbol{T}'\right)^\vee \approx \boldsymbol{\mathcal{J}}_r\delta\boldsymbol{\xi} \tag{7.115a}$$

$$\ln(\delta\boldsymbol{T}_\ell)^\vee = \ln\left(\boldsymbol{T}'\boldsymbol{T}^{-1}\right)^\vee \approx \boldsymbol{\mathcal{J}}_\ell\delta\boldsymbol{\xi} \tag{7.115b}$$

右无穷小量和左无穷小量分别为：

$$\mathrm{d}\boldsymbol{T}_r = |\det(\boldsymbol{\mathcal{J}}_r)|\mathrm{d}\boldsymbol{\xi} \tag{7.116a}$$

$$\mathrm{d}\boldsymbol{T}_\ell = |\det(\boldsymbol{\mathcal{J}}_\ell)|\mathrm{d}\boldsymbol{\xi} \tag{7.116b}$$

由于 $\det(\boldsymbol{\mathcal{T}}) = (\det(\boldsymbol{C}))^2 = 1$，我们有：

$$\det(\boldsymbol{\mathcal{J}}_\ell) = \det(\boldsymbol{\mathcal{T}}\boldsymbol{\mathcal{J}}_r) = \det(\boldsymbol{\mathcal{T}})\det(\boldsymbol{\mathcal{J}}_r) = \det(\boldsymbol{\mathcal{J}}_r) \tag{7.117}$$

因此积分量为：

$$\mathrm{d}\boldsymbol{T} = |\det(\boldsymbol{\mathcal{J}})|\mathrm{d}\boldsymbol{\xi} \tag{7.118}$$

最后得到：

$$\begin{aligned} |\det(\boldsymbol{\mathcal{J}})| = |\det(\boldsymbol{J})|^2 &= \left(2\frac{1-\cos\phi}{\phi^2}\right)^2 \\ &= 1 - \phi^2 + \frac{23}{90}\phi^4 - \frac{57}{20160}\phi^6 + \cdots \end{aligned} \tag{7.119}$$

与 $SO(3)$ 中的情况相同，通常我们只取式子中的前两项，或者第一项即可。

为了对 $SE(3)$ 中的元素进行积分，我们需要在计算中使用无穷小量：

$$\int_{SE(3)} f(\boldsymbol{T})\mathrm{d}\boldsymbol{T} = \int_{\mathbb{R}^3, |\boldsymbol{\phi}|<\pi} f(\boldsymbol{\xi})|\det(\boldsymbol{\mathcal{J}})|\mathrm{d}\boldsymbol{\xi} \tag{7.120}$$

我们限制 $\boldsymbol{\phi}$ 在半径为 π 的球体上活动（由于指数映射满射的性质），但允许 $\boldsymbol{\rho} \in \mathbb{R}^3$。

7.1.7　插 值

有时候，我们需要在两个矩阵李群之间进行插值。然而常用的线性插值方法并不适用，因为它不满足结合律（所以插值的结果不再属于群）。经典的线性插值为：

$$x = (1-\alpha)\,x_1 + \alpha x_2, \quad \alpha \in [0,1] \tag{7.121}$$

换而言之：

$$(1-\alpha)\boldsymbol{C}_1 + \alpha\boldsymbol{C}_2 \notin SO(3) \tag{7.122a}$$

$$(1-\alpha)\boldsymbol{T}_1 + \alpha\boldsymbol{T}_2 \notin SE(3) \tag{7.122b}$$

其中 $\alpha \in [0,1]$，$\boldsymbol{C}_1, \boldsymbol{C}_2 \in SO(3)$，$\boldsymbol{T}_1, \boldsymbol{T}_2 \in SE(3)$。我们需要重新思考李群中插值的意义。

旋转

我们可以定义多种插值的方式，下式就是其中之一：

$$\boldsymbol{C} = \left(\boldsymbol{C}_2\boldsymbol{C}_1^{\mathrm{T}}\right)^{\alpha}\boldsymbol{C}_1, \quad \alpha \in [0,1] \tag{7.123}$$

其中 $\boldsymbol{C}, \boldsymbol{C}_1, \boldsymbol{C}_2 \in SO(3)$。我们发现，当 $\alpha = 0$ 时，有 $\boldsymbol{C} = \boldsymbol{C}_1$；当 $\alpha = 1$ 时，有 $\boldsymbol{C} = \boldsymbol{C}_2$。这种方式的好处是，对于所有 $\alpha \in [0,1]$，$\boldsymbol{C} \in SO(3)$，结合律均成立。由于李群的结合律，我们可知 $\boldsymbol{C}_{21} = \exp(\boldsymbol{\phi}_{21}^{\wedge}) = \boldsymbol{C}_2\boldsymbol{C}_1^{\mathrm{T}}$ 仍然是一个旋转矩阵。用插值的变量作为幂数，可以保证结果仍然属于 $SO(3)$：

$$\boldsymbol{C}_{21}^{\alpha} = \exp\left(\boldsymbol{\phi}_{21}^{\wedge}\right)^{\alpha} = \exp\left(\alpha\boldsymbol{\phi}_{21}^{\wedge}\right) \in SO(3) \tag{7.124}$$

最终，乘上一个 $\boldsymbol{C}_1$ 的结果仍然属于 $SO(3)$（还是根据李群的结合律）。$\boldsymbol{C}_{21}$ 的旋转角度被 α 乘了一个尺度因子，这在直观上是合理的。

如果我们重新排列一下，会发现式（7.123）的方法与式（7.121）很类似：

$$x = \alpha(x_2 - x_1) + x_1 \tag{7.125}$$

或者，令 $x = \ln(y)$, $x_1 = \ln(y_1)$, $x_2 = \ln(y_2)$，上式可以重写为：

$$y = \left(y_2 y_1^{-1}\right)^{\alpha} y_1 \tag{7.126}$$

这与我们提出的方法很类似。根据我们对 $\mathfrak{so}(3)$ 和 $SO(3)$ 关系的理解（通过指数映射），式（7.123）事实上是定义在李代数上类似于线性插值的方法，并且可以将其中的元素作为向量看待。

为了进一步验证，我们使 $\boldsymbol{C} = \exp(\boldsymbol{\phi}^{\wedge}), \boldsymbol{C}_1 = \exp(\boldsymbol{\phi}_1^{\wedge}), \boldsymbol{C}_2 = \exp(\boldsymbol{\phi}_2^{\wedge}) \in SO(3)$，其中 $\boldsymbol{\phi}, \boldsymbol{\phi}_1, \boldsymbol{\phi}_2 \in \mathbb{R}^3$。如果我们可以假设 $\boldsymbol{\phi}_{21}$ 很小（即上一节中提到的距离很小），那么我们有

$$\begin{aligned}\boldsymbol{\phi} &= \ln(\boldsymbol{C})^{\vee} = \ln\left(\left(\boldsymbol{C}_2\boldsymbol{C}_1^{\mathrm{T}}\right)^{\alpha}\boldsymbol{C}_1\right)^{\vee} \\ &= \ln\left(\exp\left(\alpha\boldsymbol{\phi}_{21}^{\wedge}\right)\exp\left(\boldsymbol{\phi}_1^{\wedge}\right)\right)^{\vee} \approx \alpha\boldsymbol{J}\left(\boldsymbol{\phi}_1\right)^{-1}\boldsymbol{\phi}_{21} + \boldsymbol{\phi}_1\end{aligned} \tag{7.127}$$

这与式（7.125）类似，具有线性插值的形式。另一种情况是当 $\boldsymbol{C}_1 = \mathbf{1}$ 时，有

$$\boldsymbol{C} = \boldsymbol{C}_2^{\alpha}, \quad \boldsymbol{\phi} = \alpha\boldsymbol{\phi}_2 \tag{7.128}$$

这里没有做任何近似操作。

解释我们的插值方式的另一种方法是，在插值过程中，我们强制约束了角速度为常量 $\boldsymbol{\omega}$。如果我们认为旋转矩阵是一个与时间相关的函数，则有

$$\boldsymbol{C}(t) = \left(\boldsymbol{C}(t_2)\boldsymbol{C}(t_1)^{\mathrm{T}}\right)^{\alpha}\boldsymbol{C}(t_1), \quad \alpha = \frac{t - t_1}{t_2 - t_1} \tag{7.129}$$

定义角速度常量为：

$$\boldsymbol{\omega} = \frac{1}{t_2 - t_1}\boldsymbol{\phi}_{21} \tag{7.130}$$

则有

$$\boldsymbol{C}(t) = \exp\left((t - t_1)\boldsymbol{\omega}^{\wedge}\right)\boldsymbol{C}(t_1) \tag{7.131}$$

其实，这正是角速度为常数时[18]泊松方程（6.45）的解，

$$\dot{\boldsymbol{C}}(t) = \boldsymbol{\omega}^\wedge \boldsymbol{C}(t) \tag{7.132}$$

因此，尽管可能还有其他的插值方式，但我们仍然选择这一种，因为这种插值方法具有很强的物理意义。

旋转的扰动

另一个有意思的问题是，如果我们对 $\boldsymbol{C}_1$ 或/和 $\boldsymbol{C}_2$ 施加微小扰动，$\boldsymbol{C}$ 会发生什么改变。假设 $\boldsymbol{C}', \boldsymbol{C}_1', \boldsymbol{C}_2' \in SO(3)$ 是被微扰的旋转矩阵，其中左差为[19]：

$$\delta\boldsymbol{\phi} = \ln\left(\boldsymbol{C}'\boldsymbol{C}^{\mathrm{T}}\right)^\vee, \quad \delta\boldsymbol{\phi}_1 = \ln\left(\boldsymbol{C}_1'\boldsymbol{C}_1^{\mathrm{T}}\right)^\vee, \quad \delta\boldsymbol{\phi}_2 = \ln\left(\boldsymbol{C}_2'\boldsymbol{C}_2^{\mathrm{T}}\right)^\vee \tag{7.133}$$

微扰旋转矩阵时，必须要用到插值：

$$\boldsymbol{C}' = \left(\boldsymbol{C}_2'\boldsymbol{C}_1'^{\mathrm{T}}\right)^\alpha \boldsymbol{C}_1', \quad \alpha \in [0,1] \tag{7.134}$$

我们希望能找出 $\delta\boldsymbol{\phi}$ 和 $\delta\boldsymbol{\phi}_1, \delta\boldsymbol{\phi}_2$ 之间的关系。把微扰项替换，可得

$$\exp(\delta\boldsymbol{\phi}^\wedge)\boldsymbol{C} = \Big(\underbrace{\exp(\delta\boldsymbol{\phi}_2^\wedge)\boldsymbol{C}_2\boldsymbol{C}_1^{\mathrm{T}}\exp(-\delta\boldsymbol{\phi}_1^\wedge)}_{\approx\exp((\boldsymbol{\phi}_{21}+\boldsymbol{J}(\boldsymbol{\phi}_{21})^{-1}(\delta\boldsymbol{\phi}_2-\boldsymbol{C}_{21}\delta\boldsymbol{\phi}_1))^\wedge)}\Big)^\alpha \exp(\delta\boldsymbol{\phi}_1^\wedge)\boldsymbol{C}_1 \tag{7.135}$$

其中，我们假设微扰很小，以保证括号内的近似成立。把插值变量 α 放进指数函数中，有：

$$\begin{aligned}
&\exp(\delta\boldsymbol{\phi}^\wedge)\boldsymbol{C} \\
&\approx \underbrace{\exp\left(\left(\alpha\boldsymbol{\phi}_{21} + \alpha\boldsymbol{J}(\boldsymbol{\phi}_{21})^{-1}(\delta\boldsymbol{\phi}_2 - \boldsymbol{C}_{21}\delta\boldsymbol{\phi}_1)\right)^\wedge\right)}_{\approx\exp((\alpha\boldsymbol{J}(\alpha\boldsymbol{\phi}_{21})\boldsymbol{J}(\boldsymbol{\phi}_{21})^{-1}(\delta\boldsymbol{\phi}_2-\boldsymbol{C}_{21}\delta\boldsymbol{\phi}_1))^\wedge)\boldsymbol{C}_{21}^\alpha} \exp(\delta\boldsymbol{\phi}_1^\wedge)\boldsymbol{C}_1 \\
&\approx \exp\left(\left(\alpha\boldsymbol{J}(\alpha\boldsymbol{\phi}_{21})\boldsymbol{J}(\boldsymbol{\phi}_{21})^{-1}(\delta\boldsymbol{\phi}_2 - \boldsymbol{C}_{21}\delta\boldsymbol{\phi}_1)\right)^\wedge\right) \\
&\quad \times \exp\left((\boldsymbol{C}_{21}^\alpha\delta\boldsymbol{\phi}_1)^\wedge\right) \underbrace{\boldsymbol{C}_{21}^\alpha\boldsymbol{C}_1}_{\boldsymbol{C}}
\end{aligned} \tag{7.136}$$

把两边的 $\boldsymbol{C}$ 都消掉，展开矩阵指数函数，把乘法分配开，并只保留微扰量的一阶项，可得：

$$\delta\boldsymbol{\phi} = \alpha\boldsymbol{J}(\alpha\boldsymbol{\phi}_{21})\boldsymbol{J}(\boldsymbol{\phi}_{21})^{-1}(\delta\boldsymbol{\phi}_2 - \boldsymbol{C}_{21}\delta\boldsymbol{\phi}_1) + \boldsymbol{C}_{21}^\alpha\delta\boldsymbol{\phi}_1 \tag{7.137}$$

再调整一下（使用一些性质，包括雅可比的性质），我们可以把上式简化为：

$$\delta\boldsymbol{\phi} = (\mathbf{1} - \boldsymbol{A}(\alpha, \boldsymbol{\phi}_{21}))\delta\boldsymbol{\phi}_1 + \boldsymbol{A}(\alpha, \boldsymbol{\phi}_{21})\delta\boldsymbol{\phi}_2 \tag{7.138}$$

其中

$$\boldsymbol{A}(\alpha, \boldsymbol{\phi}) = \alpha\boldsymbol{J}(\alpha\boldsymbol{\phi})\boldsymbol{J}(\boldsymbol{\phi})^{-1} \tag{7.139}$$

---

[18] 在本章的后面，我们将介绍运动学的相关内容。

[19] 在这里我们只考虑使用左微扰，在之前的章节中我们已经看到过，右微扰和中微扰的结果也是一样的。

我们发现这种形式与常见的线性插值方法很类似。尤其是，当 $\boldsymbol{\phi}$ 很小时，$\boldsymbol{A}(\alpha,\boldsymbol{\phi}) \approx \alpha\mathbf{1}$。

尽管可以利用 $\boldsymbol{J}(\cdot)$ 求解出 $\boldsymbol{A}(\alpha,\boldsymbol{\phi})$ 的闭式表达式，我们同样可以用级数来表示它。根据我们对 $\boldsymbol{J}(\cdot)$ 及其反函数的级数表达式，我们有：

$$\boldsymbol{A}(\alpha,\boldsymbol{\phi}) = \alpha \underbrace{\left(\sum_{k=0}^{\infty} \frac{1}{(k+1)!}\alpha^k (\boldsymbol{\phi}^\wedge)^k\right)}_{\boldsymbol{J}(\alpha\boldsymbol{\phi})} \underbrace{\left(\sum_{\ell=0}^{\infty} \frac{B_\ell}{\ell!}(\boldsymbol{\phi}^\wedge)^\ell\right)}_{\boldsymbol{J}(\boldsymbol{\phi})^{-1}} \tag{7.140}$$

我们可以采用离散卷积，或者**柯西乘积**（Cauchy product）（两个级数之间的）来重写以上方程：

$$\boldsymbol{A}(\alpha,\boldsymbol{\phi}) = \sum_{n=0}^{\infty} \frac{F_n(\alpha)}{n!}(\boldsymbol{\phi}^\wedge)^n \tag{7.141}$$

其中

$$F_n(\alpha) = \frac{1}{n+1}\sum_{m=0}^{n}\binom{n+1}{m}B_m \alpha^{n+1-m} = \sum_{\beta=0}^{\alpha-1}\beta^n \tag{7.142}$$

这是**等幂求和**（Faulhaber's formula）中的一个版本。Faulhaber 数列中前几项的系数为：

$$F_0(\alpha) = \alpha, F_1 = \frac{\alpha(\alpha-1)}{2}, F_2(\alpha) = \frac{\alpha(\alpha-1)(2\alpha-1)}{6}, F_3(\alpha) = \frac{\alpha^2(\alpha-1)^2}{4}, \cdots \tag{7.143}$$

把它们代入 $\boldsymbol{A}(\alpha,\boldsymbol{\phi})$ 中，可得：

$$\boldsymbol{A}(\alpha,\boldsymbol{\phi}) = \alpha\mathbf{1} + \frac{\alpha(\alpha-1)}{2}\boldsymbol{\phi}^\wedge + \frac{\alpha(\alpha-1)(2\alpha-1)}{12}\boldsymbol{\phi}^\wedge\boldsymbol{\phi}^\wedge + \frac{\alpha^2(\alpha-1)^2}{24}\boldsymbol{\phi}^\wedge\boldsymbol{\phi}^\wedge\boldsymbol{\phi}^\wedge + \cdots \tag{7.144}$$

如果 $\boldsymbol{\phi}$ 很小，则不需要保留很多项。

奥古斯丁·路易·柯西（Baron Augustin-Louis Cauchy, 1789—1857）是一位法国数学家，率先研究了无穷小问题中的连续性，建立了复变分析，并开创了抽象代数中置换群的研究。约翰·福尔哈伯（Johann Faulhaber，1580—1635）是一位德国数学家，他的主要贡献是等幂求和。伯努利在他的《猜度术》中提到了福尔哈伯。

微扰旋转的另一种解释

严格说来，虽然式（7.142）的最右边几项几乎没有意义（由于 $\alpha \in [0,1]$），但我们可以通过另一种方法来求解它。如果 α 是一个正整数，插值公式的指数部分可以根据下式展开：

$$\left(\exp(\delta\boldsymbol{\phi}^\wedge)\boldsymbol{C}\right)^\alpha = \underbrace{\exp(\delta\boldsymbol{\phi}^\wedge)\boldsymbol{C}\cdots\exp(\delta\boldsymbol{\phi}^\wedge)\boldsymbol{C}}_{\alpha} \tag{7.145}$$

其中 $\boldsymbol{C} = \exp(\boldsymbol{\phi}^\wedge)$。接着我们把所有 $\delta\boldsymbol{\phi}$ 移到最左边，可得：

$$\left(\exp(\delta\boldsymbol{\phi}^\wedge)\boldsymbol{C}\right)^\alpha = \exp(\delta\boldsymbol{\phi}^\wedge)\exp\left((\boldsymbol{C}\delta\boldsymbol{\phi})^\wedge\right)\cdots\exp\left((\boldsymbol{C}^{\alpha-1}\delta\boldsymbol{\phi})^\wedge\right)\boldsymbol{C}^\alpha \tag{7.146}$$

在这个过程中我们没有做任何近似假设。展开每个指数项，乘开，并只保留 $\delta\boldsymbol{\phi}$ 的一阶项后，可得：

$$\left(\exp(\delta\boldsymbol{\phi}^\wedge)\boldsymbol{C}\right)^\alpha \approx \left(\mathbf{1}+\left(\left(\sum_{\beta=0}^{\alpha-1}\boldsymbol{C}^\beta\right)\delta\boldsymbol{\phi}\right)^\wedge\right)\boldsymbol{C}^\alpha \\ = \left(\mathbf{1}+(\boldsymbol{A}(\alpha,\boldsymbol{\phi})\delta\boldsymbol{\phi})^\wedge\right)\boldsymbol{C}^\alpha \tag{7.147}$$

其中

$$\boldsymbol{A}(\alpha,\boldsymbol{\phi}) = \sum_{\beta=0}^{\alpha-1}\boldsymbol{C}^\beta = \sum_{\beta=0}^{\alpha-1}\exp(\beta\boldsymbol{\phi}^\wedge) = \sum_{\beta=0}^{\alpha-1}\sum_{n=0}^{\infty}\frac{1}{n!}\beta^n(\boldsymbol{\phi}^\wedge)^n \\ = \sum_{n=0}^{\infty}\frac{1}{n!}\underbrace{\left(\sum_{\beta=0}^{\alpha-1}\beta^n\right)}_{F_n(\alpha)}(\boldsymbol{\phi}^\wedge)^n = \sum_{n=0}^{\infty}\frac{F_n(\alpha)}{n!}(\boldsymbol{\phi}^\wedge)^n \tag{7.148}$$

结果与式（7.141）相同。其中一些 Faulhaber 系数为：

$$F_0(\alpha) = 0^0+1^0+2^0+\cdots+(\alpha-1)^0 = \alpha \tag{7.149a}$$

$$F_1(\alpha) = 0^1+1^1+2^1+\cdots+(\alpha-1)^1 = \frac{\alpha(\alpha-1)}{2} \tag{7.149b}$$

$$F_2(\alpha) = 0^2+1^2+2^2+\cdots+(\alpha-1)^2 = \frac{\alpha(\alpha-1)(2\alpha-1)}{6} \tag{7.149c}$$

$$F_3(\alpha) = 0^3+1^3+2^3+\cdots+(\alpha-1)^3 = \frac{\alpha^2(\alpha-1)^2}{4} \tag{7.149d}$$

与我们之前得到的相同。有趣的是，当 $\alpha \in [0,1]$ 时，这些表达式仍然成立。

姿态

$SE(3)$ 的元素插值与 $SO(3)$ 类似。我们定义如下的插值方式：

$$\boldsymbol{T} = \left(\boldsymbol{T}_2\boldsymbol{T}_1^{-1}\right)^\alpha\boldsymbol{T}_1, \quad \alpha\in[0,1] \tag{7.150}$$

只要 $\boldsymbol{T}_1 = \exp(\boldsymbol{\xi}_1^\wedge), \boldsymbol{T}_2 = \exp(\boldsymbol{\xi}_2^\wedge) \in SE(3)$，这种方式就能保证 $\boldsymbol{T} = \exp(\boldsymbol{\xi}^\wedge) \in SE(3)$。令 $\boldsymbol{T}_{21} = \boldsymbol{T}_2\boldsymbol{T}_1^{-1} = \exp(\boldsymbol{\xi}_{21}^\wedge)$，那么：

$$\boldsymbol{\xi} = \ln(\boldsymbol{T})^\vee = \ln\left(\left(\boldsymbol{T}_2\boldsymbol{T}_1^{-1}\right)^\alpha\boldsymbol{T}_1\right)^\vee = \ln\left(\exp(\alpha\boldsymbol{\xi}_{21}^\wedge)\exp(\boldsymbol{\xi}_1^\wedge)\right)^\vee \\ \approx \alpha\boldsymbol{\mathcal{J}}(\boldsymbol{\xi}_1)^{-1}\boldsymbol{\xi}_{21}+\boldsymbol{\xi}_1 \tag{7.151}$$

当 $\boldsymbol{\xi}_{21}$ 很小时，上式右侧的近似成立。当 $\boldsymbol{T}_1 = \mathbf{1}$，有：

$$\boldsymbol{T} = \boldsymbol{T}_2^\alpha, \quad \boldsymbol{\xi} = \alpha\boldsymbol{\xi}_2 \tag{7.152}$$

姿态的扰动

与 $SO(3)$ 的情况类似，我们希望知道扰动 $\boldsymbol{T}_1$ 或/和 $\boldsymbol{T}_2$ 时，$\boldsymbol{T}$ 会发生什么变化。假设 $\boldsymbol{T}', \boldsymbol{T}_1', \boldsymbol{T}_2' \in SE(3)$ 是被微扰的变换矩阵，其左差为：

$$\delta\boldsymbol{\xi} = \ln\left(\boldsymbol{T}'\boldsymbol{T}^{-1}\right)^{\vee}, \quad \delta\boldsymbol{\xi}_1 = \ln\left(\boldsymbol{T}_1'\boldsymbol{T}_1^{-1}\right)^{\vee}, \quad \delta\boldsymbol{\xi}_2 = \ln\left(\boldsymbol{T}_2'\boldsymbol{T}_2^{-1}\right)^{\vee} \tag{7.153}$$

扰动可定义为：

$$\boldsymbol{T}' = \left(\boldsymbol{T}_2'\boldsymbol{T}_1'^{-1}\right)^{\alpha}\boldsymbol{T}_1', \quad \alpha \in [0,1] \tag{7.154}$$

我们希望找出 $\delta\boldsymbol{\xi}$ 和 $\delta\boldsymbol{\xi}_1, \delta\boldsymbol{\xi}_2$ 之间的关系。

推导的过程与 $SO(3)$ 中的也很类似，不妨直接给出结果：

$$\delta\boldsymbol{\xi} = (\mathbf{1} - \boldsymbol{\mathcal{A}}(\alpha, \boldsymbol{\xi}_{21}))\,\delta\boldsymbol{\xi}_1 + \boldsymbol{\mathcal{A}}(\alpha, \boldsymbol{\xi}_{21})\,\delta\boldsymbol{\xi}_2 \tag{7.155}$$

其中

$$\boldsymbol{\mathcal{A}}(\alpha, \boldsymbol{\xi}) = \alpha\boldsymbol{\mathcal{J}}(\alpha\boldsymbol{\xi})\,\boldsymbol{\mathcal{J}}(\boldsymbol{\xi})^{-1} \tag{7.156}$$

我们注意到这是一个 6×6 的矩阵。这种形式与普通的线性插值依然很类似。值得注意的是，当 $\boldsymbol{\xi}$ 很小时，$\boldsymbol{\mathcal{A}}(\alpha, \boldsymbol{\xi}) \approx \alpha\mathbf{1}$。其级数表达为：

$$\boldsymbol{\mathcal{A}}(\alpha, \boldsymbol{\xi}) = \sum_{n=0}^{\infty} \frac{F_n(\alpha)}{n!}\left(\boldsymbol{\xi}^{\curlywedge}\right)^n \tag{7.157}$$

其中 $F_n(\alpha)$ 为我们之前讨论过的 Faulhaber 系数。

7.1.8 齐次坐标点

如第 6.3.1 节所述，一个在 $\mathbb{R}^3$ 的点可以用 4×1 的**齐次坐标**来表达[52]，如下所示：

$$\boldsymbol{p} = \begin{bmatrix} sx \\ sy \\ sz \\ s \end{bmatrix} = \begin{bmatrix} \boldsymbol{\varepsilon} \\ \eta \end{bmatrix}$$

其中 s 为非零实数用来表示尺度，$\boldsymbol{\varepsilon} \in \mathbb{R}^3$，$\eta$ 为标量。当 s 为 0 时，该点不能转换回 $\mathbb{R}^3$，此时表示无穷远点。因此，齐次坐标系可以被用来描述近距离和远距离的路标点，不会带来奇异性或尺度问题[58]。当需要将一个点从一个坐标系转换到另一个坐标系时，使用齐次坐标系表示点坐标会很方便（例如：$\boldsymbol{p}_2 = \boldsymbol{T}_{21}\boldsymbol{p}_1$）。

之后我们将用下面两个操作符[20]来操作 4×1 的向量：

$$\begin{bmatrix} \boldsymbol{\varepsilon} \\ \eta \end{bmatrix}^{\odot} = \begin{bmatrix} \eta\mathbf{1} & -\boldsymbol{\varepsilon}^{\wedge} \\ \mathbf{0}^{\mathrm{T}} & \mathbf{0}^{\mathrm{T}} \end{bmatrix}, \quad \begin{bmatrix} \boldsymbol{\varepsilon} \\ \eta \end{bmatrix}^{\circledcirc} = \begin{bmatrix} \mathbf{0} & \boldsymbol{\varepsilon} \\ -\boldsymbol{\varepsilon}^{\wedge} & \mathbf{0} \end{bmatrix} \tag{7.158}$$

[20] 对 4×1 向量操作的 $\odot$ 操作符和文献 [51] 中定义的 ⊟ 是相似的。

上式的结果分别对应 4×6 和 6×4 的矩阵。有了这些定义，我们可以得到如下恒等式：

$$\boldsymbol{\xi}^{\wedge}\boldsymbol{p} \equiv \boldsymbol{p}^{\odot}\boldsymbol{\xi}, \quad \boldsymbol{p}^{\mathrm{T}}\boldsymbol{\xi}^{\wedge} \equiv \boldsymbol{\xi}^{\mathrm{T}}\boldsymbol{p}^{\circledcirc} \tag{7.159}$$

其中 $\boldsymbol{\xi}\in\mathbb{R}^6$，$\boldsymbol{p}\in\mathbb{R}^4$，当表达式同时涉及到对点和姿态的操作时，上式会非常有用。我们也有如下恒等式：

$$(\boldsymbol{T}\boldsymbol{p})^{\odot} \equiv \boldsymbol{T}\boldsymbol{p}^{\odot}\boldsymbol{\mathcal{T}}^{-1} \tag{7.160}$$

不过我们之前已经见过类似的恒等式。

7.1.9　微积分和优化

在引入齐次坐标点后，我们再来介绍一些有关旋转、姿态函数的微积分知识，以便构造一些用于优化的函数。和之前一样，我们先讨论旋转再讨论姿态。文献 [11] 更加详细地介绍了如何在矩阵流形上进行优化，包括一阶、二阶和信赖域（trust-region）方法。

旋转

在 6.2.5 节，我们已经介绍了如何对欧拉角进行扰动。这里，我们先求解被旋转后的点关于该旋转量（李代数向量）的雅可比：

$$\frac{\partial(\boldsymbol{C}\boldsymbol{v})}{\partial\boldsymbol{\phi}} \tag{7.161}$$

其中 $\boldsymbol{C}=\exp(\boldsymbol{\phi}^{\wedge})\in SO(3)$，$\boldsymbol{v}\in\mathbb{R}^3$ 为任意的三维点。

对于上式，我们先讨论如何对 $\boldsymbol{\phi}=(\phi_1,\phi_2,\phi_3)$ 中的一个元素求微分。按照微分的定义，沿着 $\mathbf{1}_i$ 方向，可得：

$$\frac{\partial(\boldsymbol{C}\boldsymbol{v})}{\partial\phi_i} = \lim_{h\to 0}\frac{\exp\left((\boldsymbol{\phi}+h\mathbf{1}_i)^{\wedge}\right)\boldsymbol{v}-\exp(\boldsymbol{\phi}^{\wedge})\boldsymbol{v}}{h} \tag{7.162}$$

我们将上式称为**方向导数**（directional derivative）。求极限时，h 趋于无穷小，我们可以使用近似 BCH 公式：

$$\exp\left((\boldsymbol{\phi}+h\mathbf{1}_i)^{\wedge}\right) \approx \exp\left((\boldsymbol{J}h\mathbf{1}_i)^{\wedge}\right)\exp(\boldsymbol{\phi}^{\wedge}) \approx \left(\mathbf{1}+h(\boldsymbol{J}\mathbf{1}_i)^{\wedge}\right)\exp(\boldsymbol{\phi}^{\wedge}) \tag{7.163}$$

其中 $\boldsymbol{J}$ 为 $SO(3)$ 在 $\boldsymbol{\phi}$ 处的（左）雅可比矩阵，将式（7.163）代回式（7.162）中，我们发现：

$$\frac{\partial(\boldsymbol{C}\boldsymbol{v})}{\partial\phi_i} = (\boldsymbol{J}\mathbf{1}_i)^{\wedge}\boldsymbol{C}\boldsymbol{v} = -(\boldsymbol{C}\boldsymbol{v})^{\wedge}\boldsymbol{J}\mathbf{1}_i \tag{7.164}$$

将三个方向上的微分结果依次堆叠在一起，便得到期望的雅可比：

$$\frac{\partial(\boldsymbol{C}\boldsymbol{v})}{\partial\boldsymbol{\phi}} = -(\boldsymbol{C}\boldsymbol{v})^{\wedge}\boldsymbol{J} \tag{7.165}$$

此外，如果 $\boldsymbol{C}\boldsymbol{v}$ 出现在另一个标量函数的内部，如 $u(\boldsymbol{x})$，其中 $\boldsymbol{x}=\boldsymbol{C}\boldsymbol{v}$，通过链式求导，我们有：

$$\frac{\partial u}{\partial\boldsymbol{\phi}} = \frac{\partial u}{\partial\boldsymbol{x}}\frac{\partial\boldsymbol{x}}{\partial\boldsymbol{\phi}} = -\frac{\partial u}{\partial\boldsymbol{x}}(\boldsymbol{C}\boldsymbol{v})^{\wedge}\boldsymbol{J} \tag{7.166}$$

如果我们想实现简单的梯度下降，可以在负梯度（在线性化工作点 $\boldsymbol{C}_{\text{op}} = \exp\left(\boldsymbol{\phi}_{\text{op}}^{\wedge}\right)$ 上求得）方向选取一个步长：

$$\boldsymbol{\phi} = \boldsymbol{\phi}_{\text{op}} - \alpha \boldsymbol{J}^{\mathrm{T}} \underbrace{\left(\boldsymbol{C}_{\text{op}}\boldsymbol{v}\right)^{\wedge} \left.\frac{\partial u}{\partial \boldsymbol{x}}\right|^{\mathrm{T}}_{\boldsymbol{x}=\boldsymbol{C}_{\text{op}}\boldsymbol{v}}}_{\boldsymbol{\delta}} \tag{7.167}$$

其中 $\alpha > 0$ 定义了步长的大小。

容易看出，当 $\boldsymbol{\phi}$ 以微小的步长沿着这个方向前进时，函数值将减小：

$$u\left(\exp\left(\boldsymbol{\phi}^{\wedge}\right)\boldsymbol{v}\right) - u(\exp\left(\boldsymbol{\phi}_{\text{op}}^{\wedge}\boldsymbol{v}\right) \approx -\underbrace{\alpha \boldsymbol{\delta}^{\mathrm{T}}\left(\boldsymbol{J}\boldsymbol{J}^{\mathrm{T}}\right)\boldsymbol{\delta}}_{\geqslant 0} \tag{7.168}$$

但是，这不是优化 u（关于 $\boldsymbol{C}$）最精简的方法，因为它需要将旋转保存为旋转向量 $\boldsymbol{\phi}$（与之相关的表达会存在奇异）的形式。另外，我们还需要计算雅可比矩阵 $\boldsymbol{J}$。

一个更加简洁的优化方法是找到一个关于 $\boldsymbol{C}$ 的优化步长，该步长可表达为左乘微小旋转的形式[21]，而不是直接在以李代数表达的 $\boldsymbol{C}$ 上进行操作：

$$\boldsymbol{C} = \exp\left(\boldsymbol{\psi}^{\wedge}\right)\boldsymbol{C}_{\text{op}} \tag{7.169}$$

之前的更新方法可以通过近似 BCH 公式转化为这种形式：

$$\boldsymbol{C} = \exp\left(\boldsymbol{\phi}^{\wedge}\right) = \exp\left(\left(\boldsymbol{\phi}_{\text{op}} - \alpha\boldsymbol{J}^{\mathrm{T}}\boldsymbol{\delta}\right)^{\wedge}\right) \approx \exp\left(-\alpha\left(\boldsymbol{J}\boldsymbol{J}^{\mathrm{T}}\boldsymbol{\delta}\right)^{\wedge}\right)\boldsymbol{C}_{\text{op}} \tag{7.170}$$

或者换句话说，我们可以让 $\boldsymbol{\psi} = -\alpha\boldsymbol{J}\boldsymbol{J}^{\mathrm{T}}\boldsymbol{\delta}$ 来完成与之前相同的事情，但是该过程仍然需要计算 $\boldsymbol{J}$。不过，我们也可以完全丢弃掉 $\boldsymbol{J}\boldsymbol{J}^{\mathrm{T}} > 0$ 一项，只使用

$$\boldsymbol{\psi} = -\alpha\boldsymbol{\delta} \tag{7.171}$$

这依然会使目标函数减小，但此时会使用一个稍有不同的方向：

$$u\left(\boldsymbol{C}\boldsymbol{v}\right) - u\left(\boldsymbol{C}_{\text{op}}\boldsymbol{v}\right) \approx -\underbrace{\alpha\boldsymbol{\delta}^{\mathrm{T}}\boldsymbol{\delta}}_{\geqslant 0} \tag{7.172}$$

另一个求解该问题的方法是，我们只计算扰动量施加在左边[22]时，关于 $\boldsymbol{\psi}$ 的雅可比矩阵。其中沿着 ψ_i 方向有：

$$\frac{\partial(\boldsymbol{C}\boldsymbol{v})}{\partial\psi_i} = \lim_{h\to 0}\frac{\exp\left(h\boldsymbol{1}_i^{\wedge}\right)\boldsymbol{C}\boldsymbol{v} - \boldsymbol{C}\boldsymbol{v}}{h} \approx \lim_{h\to 0}\frac{\left(\boldsymbol{1} + h\boldsymbol{1}_i^{\wedge}\right)\boldsymbol{C}\boldsymbol{v} - \boldsymbol{C}\boldsymbol{v}}{h} = -\left(\boldsymbol{C}\boldsymbol{v}\right)^{\wedge}\boldsymbol{1}_i \tag{7.173}$$

将三个方向的微分堆叠在一起，可得：

$$\frac{\partial(\boldsymbol{C}\boldsymbol{v})}{\partial\boldsymbol{\psi}} = -(\boldsymbol{C}\boldsymbol{v})^{\wedge} \tag{7.174}$$

上式和我们之前的表达是一样的，只是没有了 $\boldsymbol{J}$。

[21] 右乘亦可。

[22] 有时候称为（左）**李微分**（Lie derivative）。

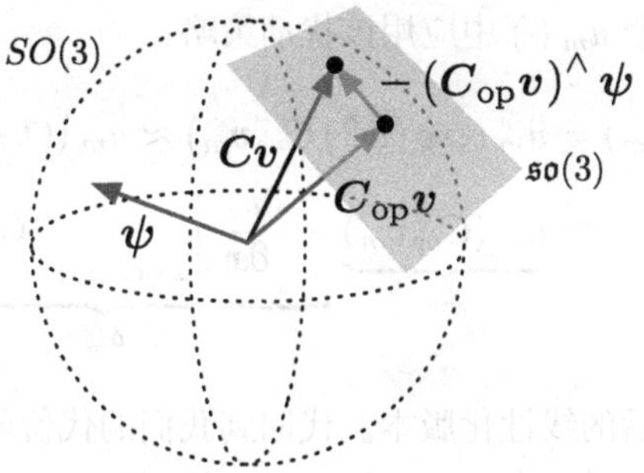

图 7–3 在优化中，我们保存工作点处的旋转量 C_{op}，并考虑附近的李代数扰动 ψ，它正是该旋转点附近的切空间

考虑优化问题更简单的方式是跳过所有的推导，并且以扰动形式来思考。选择扰动策略：

$$C = \exp(\psi^\wedge)C_{op} \tag{7.175}$$

其中 ψ 为施加在工作点 C_{op} 上的微小扰动。当我们将旋转和点 v 相乘时，可以将表达式写成如下近似形式：

$$Cv = \exp(\psi^\wedge)C_{op}v \approx C_{op}v - (C_{op}v)^\wedge\psi \tag{7.176}$$

图 7–3 为示意图。将该扰动代入优化函数中：

$$\begin{aligned} u(Cv) &= u(\exp(\psi^\wedge)C_{op}v) \approx u((1+\psi^\wedge)C_{op}v) \\ &\approx u(C_{op}v) \underbrace{- \left.\frac{\partial u}{\partial x}\right|_{x=C_{op}v} (C_{op}v)^\wedge}_{\delta^T} \psi = u(C_{op}v) + \delta^T\psi \end{aligned} \tag{7.177}$$

接着，我们挑选一个使函数值减小的扰动。例如，对于梯度下降而言，我们选择：

$$\psi = -\alpha D\delta \tag{7.178}$$

其中 $\alpha > 0$ 为微小的步长，$D > 0$ 为任意的正定矩阵。然后，我们再用扰动来更新旋转，并迭代直至收敛：

$$C_{op} \leftarrow \exp(-\alpha D\delta^\wedge)C_{op} \tag{7.179}$$

我们的策略保证了在每次迭代中 $C_{op} \in SO(3)$。

以扰动形式得到的优化方法比基本的梯度下降法更加有趣，并且也更加高效。考虑 4.3.1 节中高斯-牛顿法的另一种推导方式。假设我们有一个关于旋转的二次非线性代价函数：

$$J(C) = \frac{1}{2}\sum_m (u_m(Cv_m))^2 \tag{7.180}$$

其中 $u_m(\cdot)$ 是标量非线性函数，$v_m \in \mathbb{R}^3$ 为三维点。假设我们有初始值 $C_{op} \in SO(3)$，根据扰动公式对其加上（左）扰动：

$$C = \exp(\psi^\wedge)C_{op} \tag{7.181}$$

其中 $\boldsymbol{\psi}$ 为扰动量。在每一个 $u_m(\cdot)$ 中应用该扰动策略：

$$\begin{aligned} u_m(\boldsymbol{C}\boldsymbol{v}_m) &= u_m\left(\exp\left(\boldsymbol{\psi}^\wedge\right)\boldsymbol{C}_{\text{op}}\boldsymbol{v}_m\right) \approx u_m\left(\left(\mathbf{1}+\boldsymbol{\psi}^\wedge\right)\boldsymbol{C}_{\text{op}}\boldsymbol{v}_m\right) \\ &\approx \underbrace{u_m\left(\boldsymbol{C}_{\text{op}}\boldsymbol{v}_m\right)}_{\beta_m} \underbrace{- \left.\frac{\partial u_m}{\partial \boldsymbol{x}}\right|_{\boldsymbol{x}=\boldsymbol{C}_{\text{op}}\boldsymbol{v}_m} \left(\boldsymbol{C}_{\text{op}}\boldsymbol{v}_m\right)^\wedge}_{\boldsymbol{\delta}_m^{\text{T}}} \boldsymbol{\psi} \end{aligned} \tag{7.182}$$

上式为 $u_m(\cdot)$ 施加扰动 $\boldsymbol{\psi}$ 后的线性化版本。代回到我们的代价函数中，有：

$$J(\boldsymbol{C}) \approx \frac{1}{2}\sum_m \left(\boldsymbol{\delta}_m^{\text{T}}\boldsymbol{\psi} + \beta_m\right)^2 \tag{7.183}$$

上式为 $\boldsymbol{\psi}$ 的二次函数。将 J 对 $\boldsymbol{\psi}$ 求微分：

$$\frac{\partial J}{\partial \boldsymbol{\psi}^{\text{T}}} = \sum_m \boldsymbol{\delta}_m\left(\boldsymbol{\delta}_m^{\text{T}}\boldsymbol{\psi} + \beta_m\right) \tag{7.184}$$

令导数为零，则最优的扰动量 $\boldsymbol{\psi}^\star$ 为：

$$\left(\sum_m \boldsymbol{\delta}_m\boldsymbol{\delta}_m^{\text{T}}\right)\boldsymbol{\psi}^\star = -\sum_m \beta_m\boldsymbol{\delta}_m \tag{7.185}$$

上式为线性方程，可以求出 $\boldsymbol{\psi}^\star$。然后，我们将该最优扰动应用到工作点上，更新公式为：

$$\boldsymbol{C}_{\text{op}} \leftarrow \exp\left(\boldsymbol{\psi}^{\star\wedge}\right)\boldsymbol{C}_{\text{op}} \tag{7.186}$$

上式保证了每次迭代后都存在 $\boldsymbol{C}_{\text{op}} \in SO(3)$。我们不断迭代直到收敛，并输出最终的 $\boldsymbol{C}^\star = \boldsymbol{C}_{\text{op}}$ 作为最优旋转。这正是高斯-牛顿算法，只不过利用指数函数的满射特性定义了一个近似的扰动策略，使其在李群 $SO(3)$ 上迭代。

姿态

旋转的相关概念也可以应用到姿态中。使用李代数向量表达变换，那么关于姿态的雅可比为：

$$\frac{\partial(\boldsymbol{T}\boldsymbol{p})}{\partial\boldsymbol{\xi}} = (\boldsymbol{T}\boldsymbol{p})^{\odot}\boldsymbol{\mathcal{J}} \tag{7.187}$$

其中 $\boldsymbol{T} = \exp\left(\boldsymbol{\xi}^\wedge\right) \in SE(3)$ 且 $\boldsymbol{p} \in \mathbb{R}^4$ 为任意齐次坐标系下的三维点。

然而，如果我们在变换矩阵左侧施加扰动：

$$\boldsymbol{T} \leftarrow \exp\left(\boldsymbol{\epsilon}^\wedge\right)\boldsymbol{T} \tag{7.188}$$

则关于该扰动的雅可比（即（左）李微分）可以写成：

$$\frac{\partial(\boldsymbol{T}\boldsymbol{p})}{\partial\boldsymbol{\epsilon}} = (\boldsymbol{T}\boldsymbol{p})^{\odot} \tag{7.189}$$

此时不必计算 $\boldsymbol{\mathcal{J}}$ 矩阵。

最后，对于优化问题，设我们有一个常规的、关于变换的二次非线性代价函数：

$$J(\boldsymbol{T})=\frac{1}{2}\sum_{m}\left(u_{m}\left(\boldsymbol{T}\boldsymbol{p}_{m}\right)\right)^{2} \tag{7.190}$$

其中 $u_m(\cdot)$ 为非线性函数，$\boldsymbol{p}_m\in\mathbb{R}^4$ 为齐次坐标系下的三维点。首先，我们假设一个初始变换 $\boldsymbol{T}_{\text{op}}\in SE(3)$，接着对其施加（左）扰动：

$$\boldsymbol{T}=\exp\left(\boldsymbol{\epsilon}^{\wedge}\right)\boldsymbol{T}_{\text{op}} \tag{7.191}$$

其中 $\boldsymbol{\epsilon}$ 为扰动量。然后，我们在每一个 $u_m(\cdot)$ 内部施加扰动量：

$$\begin{aligned}u_{m}\left(\boldsymbol{T}\boldsymbol{p}_{m}\right)&=u_{m}\left(\exp\left(\boldsymbol{\epsilon}^{\wedge}\right)\boldsymbol{T}_{\text{op}}\boldsymbol{p}_{m}\right)\approx u_{m}\left(\left(\mathbf{1}+\boldsymbol{\epsilon}^{\wedge}\right)\boldsymbol{T}_{\text{op}}\boldsymbol{p}_{m}\right)\\&\approx\underbrace{u_{m}\left(\boldsymbol{T}_{\text{op}}\boldsymbol{p}_{m}\right)}_{\beta_{m}}+\underbrace{\left.\frac{\partial u_{m}}{\partial\boldsymbol{x}}\right|_{\boldsymbol{x}=\boldsymbol{T}_{\text{op}}\boldsymbol{p}_{m}}\left(\boldsymbol{T}_{\text{op}}\boldsymbol{p}_{m}\right)^{\odot}\boldsymbol{\epsilon}}_{\boldsymbol{\delta}_{m}^{\mathrm{T}}}\end{aligned} \tag{7.192}$$

上式为 $u_m(\cdot)$ 施加扰动 $\boldsymbol{\epsilon}$ 后的线性化版本。代回到我们的代价函数中，有：

$$J(\boldsymbol{T})=\frac{1}{2}\sum_{m}\left(\boldsymbol{\delta}_{m}^{\mathrm{T}}\boldsymbol{\epsilon}+\beta_{m}\right)^{2} \tag{7.193}$$

上式为 $\boldsymbol{\epsilon}$ 的二次函数。将 J 对 $\boldsymbol{\epsilon}$ 求微分：

$$\frac{\partial J}{\partial\boldsymbol{\epsilon}^{\mathrm{T}}}=\sum_{m}\boldsymbol{\delta}_{m}\left(\boldsymbol{\delta}_{m}^{\mathrm{T}}\boldsymbol{\epsilon}+\beta_{m}\right) \tag{7.194}$$

令导数等于零可以得到最优的扰动 $\boldsymbol{\epsilon}^{\star}$ 使得 J 最小：

$$\left(\sum_{m}\boldsymbol{\delta}_{m}\boldsymbol{\delta}_{m}^{\mathrm{T}}\right)\boldsymbol{\epsilon}^{\star}=-\sum_{m}\beta_{m}\boldsymbol{\delta}_{m} \tag{7.195}$$

上式为线性方程，可以求解出 $\boldsymbol{\epsilon}^{\star}$。然后根据我们的扰动策略，将最优的扰动应用到初始值上，

$$\boldsymbol{T}_{\text{op}}\leftarrow\exp\left(\boldsymbol{\epsilon}^{\star\wedge}\right)\boldsymbol{T}_{\text{op}} \tag{7.196}$$

对于每次迭代，上式保证了 $\boldsymbol{T}_{\text{op}}\in SE(3)$。我们不断迭代直到收敛，可以得到最优姿态 $\boldsymbol{T}^{\star}$。这正是高斯-牛顿算法，只不过利用指数函数的满射特性定义了一个近似的扰动策略，使其在李群 $SE(3)$ 上迭代。

高斯-牛顿讨论

在使用高斯-牛顿优化算法处理矩阵李群时，我们使用了一个自定义的扰动策略，它有三个主要特性：

1. 我们以无奇异的形式来存储旋转和姿态；
2. 在每次迭代中，我们都在进行无约束优化；
3. 我们的操作都发生在矩阵层面，因此我们不用担心对一堆标量三角函数求导时犯错[23]。

这些特性使得实现过程十分直观。我们还可以结合高斯-牛顿法的改进（已在 4.3.1 节进行概述，如线搜索和 Levenberg-Marquardt）以及鲁棒估计（ 5.3.2 节）中的思想，对我们的算法进行提升。

[23] 此处指欧拉角。——译者注

表 7–2 $SO(3)$ 的性质与其近似形式

李代数	李群	（左）雅可比
$\boldsymbol{u}^\wedge = \begin{bmatrix} u_1 \\ u_2 \\ u_3 \end{bmatrix}^\wedge = \begin{bmatrix} 0 & -u_3 & u_2 \\ u_3 & 0 & -u_1 \\ -u_2 & u_1 & 0 \end{bmatrix}$	$\boldsymbol{C} = \exp(\boldsymbol{\phi}^\wedge) \equiv \sum_{n=0}^{\infty} \frac{1}{n!}(\boldsymbol{\phi}^\wedge)^n$ $\equiv \cos\phi \mathbf{1} + (1-\cos\phi)\boldsymbol{a}\boldsymbol{a}^{\mathrm{T}} + \sin\phi \boldsymbol{a}^\wedge$ $\approx \mathbf{1} + \boldsymbol{\phi}^\wedge$	$\boldsymbol{J} = \int_0^1 \boldsymbol{C}^\alpha \mathrm{d}\alpha \equiv \sum_{n=0}^{\infty} \frac{1}{(n+1)!}(\boldsymbol{\phi}^\wedge)^n$ $\equiv \frac{\sin\phi}{\phi}\mathbf{1} + \left(1 - \frac{\sin\phi}{\phi}\right)\boldsymbol{a}\boldsymbol{a}^{\mathrm{T}} + \frac{1-\cos\phi}{\phi}\boldsymbol{a}^\wedge$ $\approx \mathbf{1} + \frac{1}{2}\boldsymbol{\phi}^\wedge$
$(\alpha\boldsymbol{u} + \beta\boldsymbol{v})^\wedge \equiv \alpha\boldsymbol{u}^\wedge + \beta\boldsymbol{v}^\wedge$	$\boldsymbol{C}^{-1} \equiv \boldsymbol{C}^{\mathrm{T}} \equiv \sum_{n=0}^{\infty} \frac{1}{n!}(-\boldsymbol{\phi}^\wedge)^n \approx \mathbf{1} - \boldsymbol{\phi}^\wedge$	$\boldsymbol{J}^{-1} \equiv \sum_{n=0}^{\infty} \frac{B_n}{n!}(\boldsymbol{\phi}^\wedge)^n$ $\equiv \frac{\phi}{2}\cot\frac{\phi}{2}\mathbf{1} + \left(1 - \frac{\phi}{2}\cot\frac{\phi}{2}\right)\boldsymbol{a}\boldsymbol{a}^{\mathrm{T}} - \frac{\phi}{2}\boldsymbol{a}^\wedge$ $\approx \mathbf{1} - \frac{1}{2}\boldsymbol{\phi}^\wedge$
$\boldsymbol{u}^{\wedge\mathrm{T}} \equiv -\boldsymbol{u}^\wedge$	$\boldsymbol{\phi} = \phi\boldsymbol{a}$	$\exp((\boldsymbol{\phi} + \delta\boldsymbol{\phi})^\wedge) \approx \exp((\boldsymbol{J}\delta\boldsymbol{\phi})^\wedge)\exp(\boldsymbol{\phi}^\wedge)$
$\boldsymbol{u}^\wedge\boldsymbol{v} \equiv -\boldsymbol{v}^\wedge\boldsymbol{u}$	$\boldsymbol{a}^{\mathrm{T}}\boldsymbol{a} \equiv 1$	$\boldsymbol{C} \equiv \mathbf{1} + \boldsymbol{\phi}^\wedge\boldsymbol{J}$
$\boldsymbol{u}^\wedge\boldsymbol{u} \equiv \mathbf{0}$	$\boldsymbol{C}^{\mathrm{T}}\boldsymbol{C} \equiv \mathbf{1} \equiv \boldsymbol{C}\boldsymbol{C}^{\mathrm{T}}$	$\boldsymbol{J}(\boldsymbol{\phi}) \equiv \boldsymbol{C}\boldsymbol{J}(-\boldsymbol{\phi})$
$(\boldsymbol{W}\boldsymbol{u})^\wedge \equiv \boldsymbol{u}^\wedge(\mathrm{tr}(\boldsymbol{W})\mathbf{1} - \boldsymbol{W}) - \boldsymbol{W}^{\mathrm{T}}\boldsymbol{u}^\wedge$	$\mathrm{tr}(\boldsymbol{C}) \equiv 2\cos\phi + 1$	$(\exp(\delta\boldsymbol{\phi}^\wedge)\boldsymbol{C})^\alpha \approx (\mathbf{1} + (\boldsymbol{A}(\alpha, \boldsymbol{\phi})\delta\boldsymbol{\phi})^\wedge)\boldsymbol{C}^\alpha$
$\boldsymbol{u}^\wedge\boldsymbol{v}^\wedge \equiv -(\boldsymbol{u}^{\mathrm{T}}\boldsymbol{v})\mathbf{1} + \boldsymbol{v}\boldsymbol{u}^{\mathrm{T}}$	$\det(\boldsymbol{C}) \equiv 1$	$\boldsymbol{A}(\alpha, \boldsymbol{\phi}) = \alpha\boldsymbol{J}(\alpha\boldsymbol{\phi})\boldsymbol{J}(\boldsymbol{\phi})^{-1} = \sum_{n=0}^{\infty} \frac{F_n(\alpha)}{n!}(\boldsymbol{\phi}^\wedge)^n$
$\boldsymbol{u}^\wedge\boldsymbol{W}\boldsymbol{v}^\wedge \equiv -(-\mathrm{tr}(\boldsymbol{v}\boldsymbol{u}^{\mathrm{T}})\mathbf{1} + \boldsymbol{v}\boldsymbol{u}^{\mathrm{T}})$ $\times(-\mathrm{tr}(\boldsymbol{W})\mathbf{1} + \boldsymbol{W}^{\mathrm{T}}) + \mathrm{tr}(\boldsymbol{W}^{\mathrm{T}}\boldsymbol{v}\boldsymbol{u}^{\mathrm{T}})\mathbf{1} - \boldsymbol{W}^{\mathrm{T}}\boldsymbol{v}\boldsymbol{u}^{\mathrm{T}}$	$\boldsymbol{C}\boldsymbol{a} \equiv \boldsymbol{a}$	
$\boldsymbol{u}^\wedge\boldsymbol{v}^\wedge\boldsymbol{u}^\wedge \equiv \boldsymbol{u}^\wedge\boldsymbol{u}^\wedge\boldsymbol{v}^\wedge + \boldsymbol{v}^\wedge\boldsymbol{u}^\wedge\boldsymbol{u}^\wedge + (\boldsymbol{u}^{\mathrm{T}}\boldsymbol{u})\boldsymbol{v}^\wedge$	$\boldsymbol{C}\boldsymbol{\phi} = \boldsymbol{\phi}$	
$(\boldsymbol{u}^\wedge)^3 + (\boldsymbol{u}^{\mathrm{T}}\boldsymbol{u})\boldsymbol{u}^\wedge \equiv 0$	$\boldsymbol{C}\boldsymbol{a}^\wedge \equiv \boldsymbol{a}^\wedge\boldsymbol{C}$	
$\boldsymbol{u}^\wedge\boldsymbol{v}^\wedge\boldsymbol{v}^\wedge - \boldsymbol{v}^\wedge\boldsymbol{v}^\wedge\boldsymbol{u}^\wedge \equiv (\boldsymbol{v}^\wedge\boldsymbol{u}^\wedge\boldsymbol{v})^\wedge$	$\boldsymbol{C}\boldsymbol{\phi}^\wedge \equiv \boldsymbol{\phi}^\wedge\boldsymbol{C}$	
$[\boldsymbol{u}^\wedge, \boldsymbol{v}^\wedge] \equiv \boldsymbol{u}^\wedge\boldsymbol{v}^\wedge - \boldsymbol{v}^\wedge\boldsymbol{u}^\wedge \equiv (\boldsymbol{u}^\wedge\boldsymbol{v})^\wedge$	$(\boldsymbol{C}\boldsymbol{u})^\wedge \equiv \boldsymbol{C}\boldsymbol{u}^\wedge\boldsymbol{C}^{\mathrm{T}}$	
$\underbrace{[\boldsymbol{u}^\wedge, [\boldsymbol{u}^\wedge, \cdots [\boldsymbol{u}^\wedge}_{n}, \boldsymbol{v}^\wedge] \cdots]] \equiv ((\boldsymbol{u}^\wedge)^n\boldsymbol{v})^\wedge$	$\exp((\boldsymbol{C}\boldsymbol{u})^\wedge) \equiv \boldsymbol{C}\exp(\boldsymbol{u}^\wedge)\boldsymbol{C}^{\mathrm{T}}$	

$\alpha, \beta \in \mathbb{R},\ \boldsymbol{u}, \boldsymbol{v}, \boldsymbol{\phi}, \delta\boldsymbol{\phi} \in \mathbb{R}^3,\ \boldsymbol{W}, \boldsymbol{A}, \boldsymbol{J} \in \mathbb{R}^{3\times 3},\ \boldsymbol{C} \in SO(3)$

表 7-3 $SE(3)$ 的性质与其近似形式

李代数	李群	（左）雅可比
$\boldsymbol{x}^\wedge = \begin{bmatrix}\boldsymbol{u}\\ \boldsymbol{v}\end{bmatrix}^\wedge = \begin{bmatrix}\boldsymbol{v}^\wedge & \boldsymbol{u}\\ \boldsymbol{0}^{\mathrm{T}} & 0\end{bmatrix}$ $\boldsymbol{x}^\curlywedge = \begin{bmatrix}\boldsymbol{u}\\ \boldsymbol{v}\end{bmatrix}^\curlywedge = \begin{bmatrix}\boldsymbol{v}^\wedge & \boldsymbol{u}^\wedge\\ \boldsymbol{0} & \boldsymbol{v}^\wedge\end{bmatrix}$ $(\alpha\boldsymbol{x}+\beta\boldsymbol{y})^\wedge \equiv \alpha\boldsymbol{x}^\wedge + \beta\boldsymbol{y}^\wedge$ $(\alpha\boldsymbol{x}+\beta\boldsymbol{y})^\curlywedge \equiv \alpha\boldsymbol{x}^\curlywedge + \beta\boldsymbol{y}^\curlywedge$ $\boldsymbol{x}^\curlywedge\boldsymbol{y} \equiv -\boldsymbol{y}^\curlywedge\boldsymbol{x}$ $\boldsymbol{x}^\curlywedge\boldsymbol{x} \equiv \boldsymbol{0}$ $(\boldsymbol{x}^\wedge)^4 + (\boldsymbol{v}^{\mathrm{T}}\boldsymbol{v})(\boldsymbol{x}^\wedge)^2 \equiv \boldsymbol{0}$ $(\boldsymbol{x}^\curlywedge)^5 + 2(\boldsymbol{v}^{\mathrm{T}}\boldsymbol{v})(\boldsymbol{x}^\curlywedge)^3 + (\boldsymbol{v}^{\mathrm{T}}\boldsymbol{v})^2(\boldsymbol{x}^\curlywedge) \equiv \boldsymbol{0}$ $[\boldsymbol{x}^\wedge, \boldsymbol{y}^\wedge] \equiv \boldsymbol{x}^\wedge\boldsymbol{y}^\wedge - \boldsymbol{y}^\wedge\boldsymbol{x}^\wedge \equiv (\boldsymbol{x}^\curlywedge\boldsymbol{y})^\wedge$ $[\boldsymbol{x}^\curlywedge, \boldsymbol{y}^\curlywedge] \equiv \boldsymbol{x}^\curlywedge\boldsymbol{y}^\curlywedge - \boldsymbol{y}^\curlywedge\boldsymbol{x}^\curlywedge \equiv (\boldsymbol{x}^\curlywedge\boldsymbol{y})^\curlywedge$ $\underbrace{[\boldsymbol{x}^\wedge, [\boldsymbol{x}^\wedge, \cdots [\boldsymbol{x}^\wedge}_{n}, \boldsymbol{y}^\wedge]\cdots]] \equiv ((\boldsymbol{x}^\curlywedge)^n\boldsymbol{y})^\wedge$ $\underbrace{[\boldsymbol{x}^\curlywedge, [\boldsymbol{x}^\curlywedge, \cdots [\boldsymbol{x}^\curlywedge}_{n}, \boldsymbol{y}^\curlywedge]\cdots]] \equiv ((\boldsymbol{x}^\curlywedge)^n\boldsymbol{y})^\curlywedge$ $\boldsymbol{p}^\odot = \begin{bmatrix}\boldsymbol{\varepsilon}\\ \eta\end{bmatrix}^\odot = \begin{bmatrix}\eta\boldsymbol{1} & -\boldsymbol{\varepsilon}^\wedge\\ \boldsymbol{0}^{\mathrm{T}} & \boldsymbol{0}^{\mathrm{T}}\end{bmatrix}$ $\boldsymbol{p}^\circledcirc = \begin{bmatrix}\boldsymbol{\varepsilon}\\ \eta\end{bmatrix}^\circledcirc = \begin{bmatrix}\boldsymbol{0} & \boldsymbol{\varepsilon}\\ -\boldsymbol{\varepsilon}^\wedge & \boldsymbol{0}\end{bmatrix}$ $\boldsymbol{x}^\wedge\boldsymbol{p} \equiv \boldsymbol{p}^\odot\boldsymbol{x}$ $\boldsymbol{p}^{\mathrm{T}}\boldsymbol{x}^\wedge \equiv \boldsymbol{x}^{\mathrm{T}}\boldsymbol{p}^\circledcirc$	$\boldsymbol{\xi} = \begin{bmatrix}\boldsymbol{\rho}\\ \boldsymbol{\phi}\end{bmatrix}$ $\boldsymbol{T} = \exp(\boldsymbol{\xi}^\wedge) \equiv \sum_{n=0}^{\infty}\frac{1}{n!}(\boldsymbol{\xi}^\wedge)^n$ $\equiv \boldsymbol{1} + \boldsymbol{\xi}^\wedge + \left(\frac{1-\cos\phi}{\phi^2}\right)(\boldsymbol{\xi}^\wedge)^2 + \left(\frac{\phi-\sin\phi}{\phi^3}\right)(\boldsymbol{\xi}^\wedge)^3$ $\approx \boldsymbol{1} + \boldsymbol{\xi}^\wedge$ $\boldsymbol{T} \equiv \begin{bmatrix}\boldsymbol{C} & \boldsymbol{J}\boldsymbol{\rho}\\ \boldsymbol{0}^{\mathrm{T}} & 1\end{bmatrix}$ $\boldsymbol{\xi}^\curlywedge \equiv \mathrm{ad}(\boldsymbol{\xi}^\wedge)$ $\boldsymbol{\mathcal{T}} = \exp(\boldsymbol{\xi}^\curlywedge) \equiv \sum_{n=0}^{\infty}\frac{1}{n!}(\boldsymbol{\xi}^\curlywedge)^n$ $\equiv \boldsymbol{1} + \left(\frac{3\sin\phi-\phi\cos\phi}{2\phi}\right)\boldsymbol{\xi}^\curlywedge + \left(\frac{4-\phi\sin\phi-4\cos\phi}{2\phi^2}\right)(\boldsymbol{\xi}^\curlywedge)^2$ $+\left(\frac{\sin\phi-\phi\cos\phi}{2\phi^3}\right)(\boldsymbol{\xi}^\curlywedge)^3 + \left(\frac{2-\phi\sin\phi-2\cos\phi}{2\phi^4}\right)(\boldsymbol{\xi}^\curlywedge)^4$ $\approx \boldsymbol{1} + \boldsymbol{\xi}^\curlywedge$ $\boldsymbol{\mathcal{T}} = \mathrm{Ad}(\boldsymbol{T}) \equiv \begin{bmatrix}\boldsymbol{C} & (\boldsymbol{J}\boldsymbol{\rho})^\wedge\boldsymbol{C}\\ \boldsymbol{0} & \boldsymbol{C}\end{bmatrix}$ $\mathrm{tr}(\boldsymbol{T}) \equiv 2\cos\phi + 2, \quad \det(\boldsymbol{T}) \equiv 1$ $\mathrm{Ad}(\boldsymbol{T}_1\boldsymbol{T}_2) = \mathrm{Ad}(\boldsymbol{T}_1)\,\mathrm{Ad}(\boldsymbol{T}_2)$ $\boldsymbol{T}^{-1} \equiv \exp(-\boldsymbol{\xi}^\wedge) \equiv \sum_{n=0}^{\infty}\frac{1}{n!}(-\boldsymbol{\xi}^\wedge)^n \approx \boldsymbol{1} - \boldsymbol{\xi}^\wedge$ $\boldsymbol{T}^{-1} \equiv \begin{bmatrix}\boldsymbol{C}^{\mathrm{T}} & -\boldsymbol{C}^{\mathrm{T}}\boldsymbol{r}\\ \boldsymbol{0}^{\mathrm{T}} & 1\end{bmatrix}$ $\boldsymbol{\mathcal{T}}^{-1} \equiv \exp(-\boldsymbol{\xi}^\curlywedge) \equiv \sum_{n=0}^{\infty}\frac{1}{n!}(-\boldsymbol{\xi}^\curlywedge)^n \approx \boldsymbol{1} - \boldsymbol{\xi}^\curlywedge$ $\boldsymbol{\mathcal{T}}^{-1} \equiv \begin{bmatrix}\boldsymbol{C}^{\mathrm{T}} & -\boldsymbol{C}^{\mathrm{T}}(\boldsymbol{J}\boldsymbol{\rho})^\wedge\\ \boldsymbol{0} & \boldsymbol{C}^{\mathrm{T}}\end{bmatrix}$ $\boldsymbol{\mathcal{T}}\boldsymbol{\xi} \equiv \boldsymbol{\xi}$ $\boldsymbol{T}\boldsymbol{\xi}^\wedge \equiv \boldsymbol{\xi}^\wedge\boldsymbol{T}, \quad \boldsymbol{\mathcal{T}}\boldsymbol{\xi}^\curlywedge \equiv \boldsymbol{\xi}^\curlywedge\boldsymbol{\mathcal{T}}$ $(\boldsymbol{\mathcal{T}}\boldsymbol{x})^\wedge \equiv \boldsymbol{T}\boldsymbol{x}^\wedge\boldsymbol{T}^{-1}, \quad (\boldsymbol{\mathcal{T}}\boldsymbol{x})^\curlywedge \equiv \boldsymbol{\mathcal{T}}\boldsymbol{x}^\curlywedge\boldsymbol{\mathcal{T}}^{-1}$ $\exp((\boldsymbol{\mathcal{T}}\boldsymbol{x})^\wedge) \equiv \boldsymbol{T}\exp(\boldsymbol{x}^\wedge)\boldsymbol{T}^{-1}$ $\exp((\boldsymbol{\mathcal{T}}\boldsymbol{x})^\curlywedge) \equiv \boldsymbol{\mathcal{T}}\exp(\boldsymbol{x}^\curlywedge)\boldsymbol{\mathcal{T}}^{-1}$ $(\boldsymbol{T}\boldsymbol{p})^\odot \equiv \boldsymbol{T}\boldsymbol{p}^\odot\boldsymbol{\mathcal{T}}^{-1}$ $(\boldsymbol{T}\boldsymbol{p})^{\odot^{\mathrm{T}}}(\boldsymbol{T}\boldsymbol{p})^\odot \equiv \boldsymbol{\mathcal{T}}^{-\mathrm{T}}\boldsymbol{p}^{\odot^{\mathrm{T}}}\boldsymbol{p}^\odot\boldsymbol{\mathcal{T}}^{-1}$	$\boldsymbol{\mathcal{J}} = \int_0^1\boldsymbol{\mathcal{T}}^\alpha\mathrm{d}\alpha \equiv \sum_{n=0}^{\infty}\frac{1}{(n+1)!}(\boldsymbol{\xi}^\curlywedge)^n$ $= \boldsymbol{1} + \left(\frac{4-\phi\sin\phi-4\cos\phi}{2\phi^2}\right)\boldsymbol{\xi}^\curlywedge + \left(\frac{4\phi-5\sin\phi+\phi\cos\phi}{2\phi^3}\right)(\boldsymbol{\xi}^\curlywedge)^2$ $+\left(\frac{2-\phi\sin\phi-2\cos\phi}{2\phi^4}\right)(\boldsymbol{\xi}^\curlywedge)^3 + \left(\frac{2\phi-3\sin\phi+\phi\cos\phi}{2\phi^5}\right)(\boldsymbol{\xi}^\curlywedge)^4$ $\approx \boldsymbol{1} + \frac{1}{2}\boldsymbol{\xi}^\curlywedge$ $\boldsymbol{\mathcal{J}} \equiv \begin{bmatrix}\boldsymbol{J} & \boldsymbol{Q}\\ \boldsymbol{0} & \boldsymbol{J}\end{bmatrix}$ $\boldsymbol{\mathcal{J}}^{-1} \equiv \sum_{n=0}^{\infty}\frac{B_n}{n!}(\boldsymbol{\xi}^\curlywedge)^n \approx \boldsymbol{1} - \frac{1}{2}\boldsymbol{\xi}^\curlywedge$ $\boldsymbol{\mathcal{J}}^{-1} \equiv \begin{bmatrix}\boldsymbol{J}^{-1} & -\boldsymbol{J}^{-1}\boldsymbol{Q}\boldsymbol{J}^{-1}\\ \boldsymbol{0} & \boldsymbol{J}^{-1}\end{bmatrix}$ $\boldsymbol{Q} = \sum_{n=0}^{\infty}\sum_{m=0}^{\infty}\frac{1}{(n+m+2)!}(\boldsymbol{\phi}^\wedge)^n\boldsymbol{\rho}^\wedge(\boldsymbol{\phi}^\wedge)^m$ $\equiv \frac{1}{2}\boldsymbol{\rho}^\wedge + \left(\frac{\phi-\sin\phi}{\phi^3}\right)(\boldsymbol{\phi}^\wedge\boldsymbol{\rho}^\wedge + \boldsymbol{\rho}^\wedge\boldsymbol{\phi}^\wedge + \boldsymbol{\phi}^\wedge\boldsymbol{\rho}^\wedge\boldsymbol{\phi}^\wedge)$ $+\left(\frac{\phi^2+2\cos\phi-2}{2\phi^4}\right)(\boldsymbol{\phi}^\wedge\boldsymbol{\phi}^\wedge\boldsymbol{\rho}^\wedge + \boldsymbol{\rho}^\wedge\boldsymbol{\phi}^\wedge\boldsymbol{\phi}^\wedge - 3\boldsymbol{\phi}^\wedge\boldsymbol{\rho}^\wedge\boldsymbol{\phi}^\wedge)$ $+\left(\frac{2\phi-3\sin\phi+\phi\cos\phi}{2\phi^5}\right)(\boldsymbol{\phi}^\wedge\boldsymbol{\rho}^\wedge\boldsymbol{\phi}^\wedge\boldsymbol{\phi}^\wedge + \boldsymbol{\phi}^\wedge\boldsymbol{\phi}^\wedge\boldsymbol{\rho}^\wedge\boldsymbol{\phi}^\wedge)$ $\exp((\boldsymbol{\xi}+\delta\boldsymbol{\xi})^\wedge) \approx \exp((\boldsymbol{\mathcal{J}}\delta\boldsymbol{\xi})^\wedge)\exp(\boldsymbol{\xi}^\wedge)$ $\exp((\boldsymbol{\xi}+\delta\boldsymbol{\xi})^\curlywedge) \approx \exp((\boldsymbol{\mathcal{J}}\delta\boldsymbol{\xi})^\curlywedge)\exp(\boldsymbol{\xi}^\curlywedge)$ $\boldsymbol{\mathcal{T}} \equiv \boldsymbol{1} + \boldsymbol{\xi}^\curlywedge\boldsymbol{\mathcal{J}}$ $\boldsymbol{\mathcal{J}}\boldsymbol{\xi}^\curlywedge \equiv \boldsymbol{\xi}^\curlywedge\boldsymbol{\mathcal{J}}$ $\boldsymbol{\mathcal{J}}(\boldsymbol{\xi}) \equiv \boldsymbol{\mathcal{T}}\boldsymbol{\mathcal{J}}(-\boldsymbol{\xi})$ $(\exp(\delta\boldsymbol{\xi}^\wedge)\boldsymbol{T})^\alpha \approx (\boldsymbol{1} + (\boldsymbol{\mathcal{A}}(\alpha,\boldsymbol{\xi})\delta\boldsymbol{\xi})^\wedge)\boldsymbol{T}^\alpha$ $\boldsymbol{\mathcal{A}}(\alpha,\boldsymbol{\xi}) = \alpha\boldsymbol{\mathcal{J}}(\alpha\boldsymbol{\xi})\boldsymbol{\mathcal{J}}(\boldsymbol{\xi})^{-1} = \sum_{n=0}^{\infty}\frac{F_n(\alpha)}{n!}(\boldsymbol{\xi}^\curlywedge)^n$

$\alpha,\beta\in\mathbb{R},\ \boldsymbol{u},\boldsymbol{v},\boldsymbol{\phi},\delta\boldsymbol{\phi}\in\mathbb{R}^3,\ \boldsymbol{p}\in\mathbb{R}^4,\ \boldsymbol{x},\boldsymbol{y},\boldsymbol{\xi},\delta\boldsymbol{\xi}\in\mathbb{R}^6,\ \boldsymbol{C}\in SO(3),\ \boldsymbol{J},\boldsymbol{Q}\in\mathbb{R}^{3\times3},\ \boldsymbol{T},\boldsymbol{T}_1,\boldsymbol{T}_2\in SE(3),\ \boldsymbol{\mathcal{T}}\in\mathrm{Ad}(SE(3)),\ \boldsymbol{\mathcal{J}},\boldsymbol{\mathcal{A}}\in\mathbb{R}^{6\times6}$

7.1.10 公式摘要

我们已经介绍了很多矩阵李群 $SO(3)$ 和 $SE(3)$ 在表达和性质方面的等式。前面两页的表格对此进行了总结，第一页关于 $SO(3)$，第二页关于 $SE(3)$。

7.2 运动学

上一节中，我们介绍了李群的几何学。接下来，我们将研究如何让几何随着时间改变。本节将介绍与 $SO(3)$ 和 $SE(3)$ 相关的**运动学**（kinematics）。

7.2.1 旋 转

在之前的章节中已经介绍了旋转运动学，但是并没有引入李群。

李群

一个旋转矩阵可以表达为：

$$\boldsymbol{C} = \exp(\boldsymbol{\phi}^{\wedge}) \tag{7.197}$$

其中 $\boldsymbol{C} \in SO(3), \boldsymbol{\phi} = \phi \boldsymbol{a} \in \mathbb{R}^3$。角速度 $\boldsymbol{\omega}$ 和旋转之间的关系可以用如下运动学方程表示（即泊松方程）[24]：

$$\dot{\boldsymbol{C}} = \boldsymbol{\omega}^{\wedge}\boldsymbol{C} \quad \text{或} \quad \boldsymbol{\omega}^{\wedge} = \dot{\boldsymbol{C}}\boldsymbol{C}^{\mathrm{T}} \tag{7.198}$$

上式称为李群的运动学；因为采用旋转矩阵 $\boldsymbol{C}$，所以这些等式没有奇异性，但存在约束 $\boldsymbol{C}^{\mathrm{T}}\boldsymbol{C} = \mathbf{1}$。由于从 $\mathfrak{so}(3)$ 到 $SO(3)$ 的指数映射具有满射性质，所以我们也能在李代数下解决运动学问题。

李代数

为了证明在李群下的运动学是等价的，我们需要对 $\boldsymbol{C}$ 微分：

$$\dot{\boldsymbol{C}} = \frac{\mathrm{d}}{\mathrm{d}t}\exp(\boldsymbol{\phi}^{\wedge}) = \int_0^1 \exp(\alpha\boldsymbol{\phi}^{\wedge})\,\dot{\boldsymbol{\phi}}^{\wedge}\exp((1-\alpha)\boldsymbol{\phi}^{\wedge})\,\mathrm{d}\alpha \tag{7.199}$$

此式可从矩阵指数对时间求导得来：

$$\frac{\mathrm{d}}{\mathrm{d}t}\exp(\boldsymbol{A}(t)) = \int_0^1 \exp(\alpha\boldsymbol{A}(t))\frac{\mathrm{d}\boldsymbol{A}(t)}{\mathrm{d}t}\exp((1-\alpha)\boldsymbol{A}(t))\,\mathrm{d}\alpha \tag{7.200}$$

对式（7.199）交换顺序，可得：

$$\dot{\boldsymbol{C}}\boldsymbol{C}^{\mathrm{T}} = \int_0^1 \boldsymbol{C}^{\alpha}\dot{\boldsymbol{\phi}}^{\wedge}\boldsymbol{C}^{-\alpha}\mathrm{d}\alpha = \int_0^1 \left(\boldsymbol{C}^{\alpha}\dot{\boldsymbol{\phi}}\right)^{\wedge}\mathrm{d}\alpha = \left(\int_0^1 \boldsymbol{C}^{\alpha}\mathrm{d}\alpha\dot{\boldsymbol{\phi}}\right)^{\wedge} = \left(\boldsymbol{J}\dot{\boldsymbol{\phi}}\right)^{\wedge} \tag{7.201}$$

[24] 与之前的式（6.45）相比，这个 $\boldsymbol{\omega}$ 符号是相反的。这是因为我们采用了机器人学的习惯（第 6.3.2 节）来描述旋转的角度，因此会得到式（7.197）的形式。这意味着我们必须采用与这个旋转角相关的角速度，并且这里的符号与我们之前讨论的是相反的。

其中，$\boldsymbol{J}=\int_0^1 \boldsymbol{C}^{\alpha}\mathrm{d}\alpha$ 是之前见到的 $SO(3)$ 的（左）雅可比矩阵。比较式（7.198）和（7.201）式，就可以得到一个漂亮的结果：

$$\boldsymbol{\omega}=\boldsymbol{J}\dot{\boldsymbol{\phi}} \tag{7.202}$$

或者：

$$\dot{\boldsymbol{\phi}}=\boldsymbol{J}^{-1}\boldsymbol{\omega} \tag{7.203}$$

这是和运动学等价的表达，但却是在李代数下的表达。注意 $\boldsymbol{J}^{-1}$ 在 $|\boldsymbol{\phi}|=2\pi m$ 处不存在，其中 m 是一个非零整数，这是由于旋转矩阵在 3×1 向量形式下具有奇异性；而好处是我们不用再关心约束了。

数值积分

因为 $\boldsymbol{\phi}$ 是没有约束的，我们能用任意的数值解法对式（7.203）进行积分。但是我们不能直接对式（7.198）积分，因为存在 $\boldsymbol{C}\boldsymbol{C}^{\mathrm{T}}=\mathbf{1}$ 的约束。不过这里有一些简单的策略来解决这个问题。

一种方法是假设 $\boldsymbol{\omega}$ 为分段常量。假设 $\boldsymbol{\omega}$ 是两个时间点 t_1 和 t_2 之间的常数，于是式（7.198）是一个线性时不变的常微分方程，它的解为：

$$\boldsymbol{C}(t_2)=\underbrace{\exp\left((t_2-t_1)\,\boldsymbol{\omega}^{\wedge}\right)}_{\boldsymbol{C}_{21}\in SO(3)}\boldsymbol{C}(t_1) \tag{7.204}$$

其中 $\boldsymbol{C}_{21}$ 实际上满足了旋转矩阵的形式。设对应的旋转向量为：

$$\boldsymbol{\phi}=\phi\boldsymbol{a}=(t_2-t_1)\,\boldsymbol{\omega} \tag{7.205}$$

其中 $\phi=|\boldsymbol{\phi}|$ 为角度，$\boldsymbol{a}=\boldsymbol{\phi}/\phi$ 为转轴。构造旋转矩阵的解析解：

$$\boldsymbol{C}_{21}=\cos\phi\mathbf{1}+(1-\cos\phi)\,\boldsymbol{a}\boldsymbol{a}^{\mathrm{T}}+\sin\phi\boldsymbol{a}^{\wedge} \tag{7.206}$$

那么更新过程变成：

$$\boldsymbol{C}(t_2)=\boldsymbol{C}_{21}\boldsymbol{C}(t_1) \tag{7.207}$$

由于 $\boldsymbol{C}_{21},\boldsymbol{C}(t_1)\in SO(3)$，它在理论上保证了 $\boldsymbol{C}(t_2)$ 会在 $SO(3)$ 中。在很小的时间区间上重复这个步骤就能对等式进行数值积分。

然而，即使遵循上面的方法去积分，尽管算法声称计算得到的旋转矩阵将在 $SO(3)$ 中，但是，很小的数值误差就会导致最终的结果偏离出 $SO(3)$ 空间而违背正交性约束。一个通用的解决方法是周期性的“投影”算得的矩阵，使得 $\boldsymbol{C}\notin SO(3)$ 回到 $SO(3)$ 上。换句话讲，我们尝试找到一个旋转矩阵 $\boldsymbol{R}\in SO(3)$ 在某种程度上最接近 $\boldsymbol{C}$，这个问题可以通过求解如下优化问题来解决[59]：

$$\arg\max_{\boldsymbol{R}} J(\boldsymbol{R}),\quad J(\boldsymbol{R})=\operatorname{tr}\left(\boldsymbol{C}\boldsymbol{R}^{\mathrm{T}}\right)-\underbrace{\frac{1}{2}\sum_{i=1}^{3}\sum_{j=1}^{3}\lambda_{ij}\left(\boldsymbol{r}_i^{\mathrm{T}}\boldsymbol{r}_j-\delta_{ij}\right)}_{\text{拉格朗日乘子}} \tag{7.208}$$

其中拉格朗日乘子项保证了 $\boldsymbol{R}\boldsymbol{R}^{\mathrm{T}}=\mathbf{1}$ 的约束。注意 δ_{ij} 为**克罗内克函数**（Kronecker delta）[25]，且：

$$\boldsymbol{R}^{\mathrm{T}}=[\boldsymbol{r}_1\ \boldsymbol{r}_2\ \boldsymbol{r}_3],\quad \boldsymbol{C}^{\mathrm{T}}=[\boldsymbol{c}_1\ \boldsymbol{c}_2\ \boldsymbol{c}_3] \tag{7.209}$$

展开迹运算：

$$\operatorname{tr}\left(\boldsymbol{C}\boldsymbol{R}^{\mathrm{T}}\right)=\boldsymbol{r}_1^{\mathrm{T}}\boldsymbol{c}_1+\boldsymbol{r}_2^{\mathrm{T}}\boldsymbol{c}_2+\boldsymbol{r}_3^{\mathrm{T}}\boldsymbol{c}_3 \tag{7.210}$$

然后，求 J 关于 $\boldsymbol{R}$ 中的每一行的导数：

$$\frac{\partial J}{\partial \boldsymbol{r}_i^{\mathrm{T}}}=\boldsymbol{c}_i-\sum_{j=1}^{3}\lambda_{ij}\boldsymbol{r}_j,\quad \forall i=1,\cdots,3 \tag{7.211}$$

令上式等于零，$\forall i=1,\cdots,3$，有：

$$\underbrace{\begin{bmatrix}\boldsymbol{r}_1 & \boldsymbol{r}_2 & \boldsymbol{r}_3\end{bmatrix}}_{\boldsymbol{R}^{\mathrm{T}}}\underbrace{\begin{bmatrix}\lambda_{11} & \lambda_{12} & \lambda_{13}\\ \lambda_{21} & \lambda_{22} & \lambda_{23}\\ \lambda_{31} & \lambda_{32} & \lambda_{33}\end{bmatrix}}_{\boldsymbol{\Lambda}}=\underbrace{\begin{bmatrix}\boldsymbol{c}_1 & \boldsymbol{c}_2 & \boldsymbol{c}_3\end{bmatrix}}_{\boldsymbol{C}^{\mathrm{T}}} \tag{7.212}$$

注意由于拉格朗日乘子项的对称性，我们可以假设 $\boldsymbol{\Lambda}$ 为对称的。所以目前为止，我们得到，

$$\boldsymbol{\Lambda}\boldsymbol{R}=\boldsymbol{C},\quad \boldsymbol{\Lambda}=\boldsymbol{\Lambda}^{\mathrm{T}},\quad \boldsymbol{R}^{\mathrm{T}}\boldsymbol{R}=\boldsymbol{R}\boldsymbol{R}^{\mathrm{T}}=\mathbf{1}$$

下面求解 $\boldsymbol{\Lambda}$：

$$\boldsymbol{\Lambda}^2=\boldsymbol{\Lambda}\boldsymbol{\Lambda}^{\mathrm{T}}=\boldsymbol{\Lambda}\underbrace{\boldsymbol{R}\boldsymbol{R}^{\mathrm{T}}}_{\mathbf{1}}\boldsymbol{\Lambda}^{\mathrm{T}}=\boldsymbol{C}\boldsymbol{C}^{\mathrm{T}}\quad\Rightarrow\quad \boldsymbol{\Lambda}=\left(\boldsymbol{C}\boldsymbol{C}^{\mathrm{T}}\right)^{\frac{1}{2}}$$

其中，$(\cdot)^{\frac{1}{2}}$ 表示矩阵的平方根[26]。最后：

$$\boldsymbol{R}=\left(\boldsymbol{C}\boldsymbol{C}^{\mathrm{T}}\right)^{-\frac{1}{2}}\boldsymbol{C}$$

上式看起来像在对 $\boldsymbol{C}$ 做"归一化"。每当正交约束不满足（在一定阈值内）的时候，就计算这个投影并重写积分值：

$$\boldsymbol{C}\leftarrow\boldsymbol{R} \tag{7.213}$$

这个操作确保我们不会偏离 $SO(3)$ 太远[27]。

7.2.2 姿 态

下面引入 $SE(3)$ 的运动学。

---

[25] $\delta_{ij}=\begin{cases}1 & i=j\\ 0 & i\neq j\end{cases}$ ——译者注

[26] 因为 $\boldsymbol{C}\boldsymbol{C}^{\mathrm{T}}$ 是实对称矩阵，对角化之后对特征值开平方即可。——译者注

[27] 严格来说，矩阵的平方根方法只有在满足特定条件时才可行。对于一些病态的 $\boldsymbol{C}$ 矩阵，会得到 $\det\boldsymbol{R}=-1$，而不是期望的 $\det\boldsymbol{R}=1$。这是因为，我们没有添加 $\det\boldsymbol{R}=1$ 的约束到优化问题中。一个更严格的方法是基于奇异值分解，并且这种方法能处理更复杂的情况，在稍后的章节 8.1.3 将会介绍该方法。通过检验 $\det\boldsymbol{C}>0$，可以判断矩阵平方根的方法是否可行。这种方法在积分步长很小的真实场景中几乎都是正确的。如果不可行，就要使用 8.1.3 节详细介绍的方法。

李群

变换矩阵可以写成如下形式：

$$\boldsymbol{T} = \begin{bmatrix} \boldsymbol{C} & \boldsymbol{r} \\ \boldsymbol{0}^{\mathrm{T}} & 1 \end{bmatrix} = \begin{bmatrix} \boldsymbol{C} & \boldsymbol{J}\boldsymbol{\rho} \\ \boldsymbol{0}^{\mathrm{T}} & 1 \end{bmatrix} = \exp\left(\boldsymbol{\xi}^{\wedge}\right) \tag{7.214}$$

其中

$$\boldsymbol{\xi} = \begin{bmatrix} \boldsymbol{\rho} \\ \boldsymbol{\phi} \end{bmatrix}$$

假设将旋转和平移分开，则运动学方程可以写成：

$$\dot{\boldsymbol{r}} = \boldsymbol{\omega}^{\wedge}\boldsymbol{r} + \boldsymbol{\nu} \tag{7.215a}$$

$$\dot{\boldsymbol{C}} = \boldsymbol{\omega}^{\wedge}\boldsymbol{C} \tag{7.215b}$$

其中，$\boldsymbol{\nu}$ 和 $\boldsymbol{\omega}$ 分别为平移速度和旋转速度。利用矩阵变换，它可以等价地写成：

$$\dot{\boldsymbol{T}} = \boldsymbol{\varpi}^{\wedge}\boldsymbol{T} \quad \text{或} \quad \boldsymbol{\varpi}^{\wedge} = \dot{\boldsymbol{T}}\boldsymbol{T}^{-1} \tag{7.216}$$

其中

$$\boldsymbol{\varpi} = \begin{bmatrix} \boldsymbol{\nu} \\ \boldsymbol{\omega} \end{bmatrix}$$

为**广义速度**（generalized velocity）[28]。这些等式同样是非奇异的，但是仍然有 $\boldsymbol{C}\boldsymbol{C}^{\mathrm{T}} = \mathbf{1}$ 的约束。

李代数

类似于在旋转中的情况，同样可以写出以李代数表达的、且具有等价形式的运动学方程：

$$\dot{\boldsymbol{T}} = \frac{\mathrm{d}}{\mathrm{d}t}\exp\left(\boldsymbol{\xi}^{\wedge}\right) = \int_0^1 \exp\left(\alpha\boldsymbol{\xi}^{\wedge}\right)\dot{\boldsymbol{\xi}}^{\wedge}\exp\left(\left(1-\alpha\right)\boldsymbol{\xi}^{\wedge}\right)\mathrm{d}\alpha \tag{7.217}$$

或者，等价的：

$$\dot{\boldsymbol{T}}\boldsymbol{T}^{-1} = \int_0^1 \boldsymbol{T}^{\alpha}\dot{\boldsymbol{\xi}}^{\wedge}\boldsymbol{T}^{-\alpha}\mathrm{d}\alpha = \int_0^1 \left(\boldsymbol{\mathcal{T}}^{\alpha}\dot{\boldsymbol{\xi}}\right)^{\wedge}\mathrm{d}\alpha = \left(\left(\int_0^1 \boldsymbol{\mathcal{T}}^{\alpha}\mathrm{d}\alpha\right)\dot{\boldsymbol{\xi}}\right)^{\wedge} = \left(\boldsymbol{\mathcal{J}}\dot{\boldsymbol{\xi}}\right)^{\wedge} \tag{7.218}$$

其中 $\boldsymbol{\mathcal{J}} = \int_0^1 \boldsymbol{\mathcal{T}}^{\alpha}\mathrm{d}\alpha$ 是 $SE(3)$ 的左雅可比矩阵。对比式（7.216）和式（7.218），可得到关于李代数且具有等价形式的运动学方程：

$$\boldsymbol{\varpi} = \boldsymbol{\mathcal{J}}\dot{\boldsymbol{\xi}} \tag{7.219}$$

或着

$$\dot{\boldsymbol{\xi}} = \boldsymbol{\mathcal{J}}^{-1}\boldsymbol{\varpi} \tag{7.220}$$

同样上面两个等式现在不存在任何约束。

[28] 我们也可以用 6×6 矩阵写出等价形式的运动学方程：$\dot{\boldsymbol{\mathcal{T}}} = \boldsymbol{\varpi}^{\curlywedge}\boldsymbol{\mathcal{T}}$。

混合

注意到，$\dot{\boldsymbol{r}}$ 实际上是广义速度的线性组合，因此可以从这个角度引出另一种运动学方程。通过组合 $\dot{\boldsymbol{r}}$ 和 $\dot{\boldsymbol{\phi}}$，有：

$$\begin{bmatrix}\dot{\boldsymbol{r}}\\ \dot{\boldsymbol{\phi}}\end{bmatrix}=\begin{bmatrix}\mathbf{1} & -\boldsymbol{r}^{\wedge}\\ \mathbf{0} & \boldsymbol{J}^{-1}\end{bmatrix}\begin{bmatrix}\boldsymbol{v}\\ \boldsymbol{\omega}\end{bmatrix} \tag{7.221}$$

由于 $\boldsymbol{J}^{-1}$ 的存在，上式仍然具有奇异性，但是不再需要估计 $\boldsymbol{Q}$，并且避免了积分之后需要进行 $\boldsymbol{r}=\boldsymbol{J}\boldsymbol{\rho}$ 这一转换。同时，该方法也不存在约束条件。该方法将平移固定在向量空间中，而旋转固定在李代数中，因此我们称该方法为**混合**（hybrid）方法。

数值积分

与 $SO(3)$ 中的方法类似，我们可以在不考虑约束条件的情况下对式（7.220）进行积分，但是对式（7.216）进行积分的时候需要多考虑一些。

假设 $\boldsymbol{\varpi}$ 是在 t_1 和 t_2 时间段内为分段常量。在这里，式（7.216）是线性时不变的常微分方程，它的解为：

$$\boldsymbol{T}(t_2)=\underbrace{\exp\left((t_2-t_1)\,\boldsymbol{\varpi}^{\wedge}\right)}_{\boldsymbol{T}_{21}\in SE(3)}\boldsymbol{T}(t_1) \tag{7.222}$$

其中，$\boldsymbol{T}_{21}$ 满足变换矩阵的形式。令：

$$\boldsymbol{\xi}=\begin{bmatrix}\boldsymbol{\rho}\\ \boldsymbol{\phi}\end{bmatrix}=(t_2-t_1)\begin{bmatrix}\boldsymbol{\nu}\\ \boldsymbol{\omega}\end{bmatrix}=(t_2-t_1)\,\boldsymbol{\varpi} \tag{7.223}$$

其中，角度为 $\phi=|\boldsymbol{\phi}|$，旋转轴为 $\boldsymbol{a}=\boldsymbol{\phi}/\phi$。然后，通过解析表达式构造旋转矩阵：

$$\boldsymbol{C}=\cos\phi\mathbf{1}+(1-\cos\phi)\,\boldsymbol{a}\boldsymbol{a}^{\mathrm{T}}+\sin\phi\boldsymbol{a}^{\wedge} \tag{7.224}$$

构造 $\boldsymbol{J}$ 并计算 $\boldsymbol{r}=\boldsymbol{J}\boldsymbol{\rho}$，代入 $\boldsymbol{C}$ 和 $\boldsymbol{r}$：

$$\boldsymbol{T}_{21}=\begin{bmatrix}\boldsymbol{C} & \boldsymbol{r}\\ \mathbf{0}^{\mathrm{T}} & 1\end{bmatrix} \tag{7.225}$$

式（7.222）变为：

$$\boldsymbol{T}(t_2)=\boldsymbol{T}_{21}\boldsymbol{T}(t_1) \tag{7.226}$$

上式在数学上确保了通过 $\boldsymbol{T}_{21},\boldsymbol{T}(t_1)\in SE(3)$ 得到的 $\boldsymbol{T}(t_2)$ 仍在 $SE(3)$ 空间中。在很小的时间区间上重复这个步骤就能对等式进行数值积分。通过将 $\boldsymbol{T}$ 矩阵的左上角旋转矩阵部分定期投影到 $SO(3)$ 空间[29]，将左下角块复位为 $\mathbf{0}^{\mathrm{T}}$，将右下角复位为 1，可以确保 $\boldsymbol{T}$ 不会偏离 $SE(3)$ 空间太远。

[29] 具体请参考之前关于旋转的数值积分这一小节。

动力学

事实上，我们可以通过加入关于平移/旋转动力学的方程（即牛顿第二定律），来扩展上一节中关于姿态的运动学方程[60]：

$$\text{运动学：}\dot{\boldsymbol{T}} = \boldsymbol{\varpi}^\wedge \boldsymbol{T} \tag{7.227a}$$

$$\text{动力学：}\dot{\boldsymbol{\varpi}} = \boldsymbol{\mathcal{M}}^{-1} \boldsymbol{\varpi}^\curlywedge \boldsymbol{\mathcal{M}} \boldsymbol{\varpi} + \boldsymbol{a} \tag{7.227b}$$

其中 $\boldsymbol{T} \in SE(3)$ 表示姿态，$\boldsymbol{\varpi} \in \mathbb{R}^6$ 表示广义速度（在本体坐标系中），$\boldsymbol{a} \in \mathbb{R}^6$ 表示广义作用力（单位质量，在本体坐标系中），$\boldsymbol{\mathcal{M}} \in \mathbb{R}^{6\times 6}$ 表示广义质量矩阵，$\boldsymbol{\mathcal{M}}$ 的形式为：

$$\boldsymbol{\mathcal{M}} = \begin{bmatrix} m\mathbf{1} & -m\boldsymbol{c}^\wedge \\ m\boldsymbol{c}^\wedge & \boldsymbol{I} \end{bmatrix} \tag{7.228}$$

其中 m 表示质量，$\boldsymbol{c} \in \mathbb{R}^3$ 表示质心，$\boldsymbol{I} \in \mathbb{R}^{3\times 3}$ 表示惯性矩阵，这些变量均为本体坐标下的表示。

7.2.3　旋转线性化

李群

关于李群和李代数的运动学方程，可以在它们的标称形式上施加扰动（即线性化）。先从李群开始，考虑如下扰动的旋转矩阵 $\boldsymbol{C}' \in SO(3)$：

$$\boldsymbol{C}' = \exp\left(\delta\boldsymbol{\phi}^\wedge\right)\boldsymbol{C} \approx \left(\mathbf{1} + \delta\boldsymbol{\phi}^\wedge\right)\boldsymbol{C} \tag{7.229}$$

其中 $\boldsymbol{C} \in SO(3)$ 表示标称的旋转矩阵，$\delta\boldsymbol{\phi} \in \mathbb{R}^3$ 表示旋转扰动向量。扰动运动学方程 $\dot{\boldsymbol{C}}' = \boldsymbol{\omega}'^\wedge \boldsymbol{C}'$ 在引入扰动策略后变为：

$$\underbrace{\frac{\mathrm{d}}{\mathrm{d}t}\left(\left(\mathbf{1} + \delta\boldsymbol{\phi}^\wedge\right)\boldsymbol{C}\right)}_{\dot{\boldsymbol{C}}'} \approx \big(\underbrace{\boldsymbol{\omega} + \delta\boldsymbol{\omega}}_{\boldsymbol{\omega}'}\big)^\wedge \underbrace{\left(\mathbf{1} + \delta\boldsymbol{\phi}^\wedge\right)\boldsymbol{C}}_{\boldsymbol{C}'} \tag{7.230}$$

丢掉微小量之间的乘法项后，可以将其变为两个方程：

$$\text{标称运动学方程：}\dot{\boldsymbol{C}} = \boldsymbol{\omega}^\wedge \boldsymbol{C} \tag{7.231a}$$

$$\text{扰动运动学方程：}\delta\dot{\boldsymbol{\phi}} = \boldsymbol{\omega}^\wedge \delta\boldsymbol{\phi} + \delta\boldsymbol{\omega} \tag{7.231b}$$

上式可以分别积分后再组合为一个完整的（近似的）解。

李代数

运动学方程在李代数上施加扰动会更困难一些，但两种方式是等价的。就李代数而言，有：

$$\boldsymbol{\phi}' = \boldsymbol{\phi} + \boldsymbol{J}(\boldsymbol{\phi})^{-1}\delta\boldsymbol{\phi} \tag{7.232}$$

其中 $\dot{\boldsymbol{\phi}} = \ln(\boldsymbol{C}')^\vee$ 表示旋转扰动向量，$\boldsymbol{\phi} = \ln(\boldsymbol{C})^\vee$ 表示标称旋转向量，$\delta\boldsymbol{\phi}$ 表示和李群中相同的扰动。

从扰动的运行学方程出发，$\dot{\boldsymbol{\phi}}' = \boldsymbol{J}(\boldsymbol{\phi}')^{-1}\boldsymbol{\omega}'$，然后引入扰动策略，得到：

$$\underbrace{\frac{\mathrm{d}}{\mathrm{d}t}\left(\boldsymbol{\phi} + \boldsymbol{J}(\boldsymbol{\phi})^{-1}\delta\boldsymbol{\phi}\right)}_{\dot{\boldsymbol{\phi}}'} \approx \Big(\underbrace{\boldsymbol{J}(\boldsymbol{\phi}) + \delta\boldsymbol{J}}_{\boldsymbol{J}(\boldsymbol{\phi}')}\Big)^{-1} \underbrace{(\boldsymbol{\omega} + \delta\boldsymbol{\omega})}_{\boldsymbol{\omega}'} \tag{7.233}$$

通过扰动 $\boldsymbol{J}(\boldsymbol{\phi}')$ 可以直接得到 $\delta\boldsymbol{J}$：

$$\begin{aligned}\boldsymbol{J}(\boldsymbol{\phi}') &= \int_0^1 \boldsymbol{C}'^{\alpha}\mathrm{d}\alpha = \int_0^1 \left(\exp\left(\delta\boldsymbol{\phi}^\wedge\right)\boldsymbol{C}\right)^{\alpha}\mathrm{d}\alpha \\ &\approx \int_0^1 \left(\mathbf{1} + \left(\boldsymbol{A}(\alpha,\boldsymbol{\phi})\,\delta\boldsymbol{\phi}\right)^\wedge\right)\boldsymbol{C}^{\alpha}\mathrm{d}\alpha \\ &= \underbrace{\int_0^1 \boldsymbol{C}^{\alpha}\mathrm{d}\alpha}_{\boldsymbol{J}(\boldsymbol{\phi})} + \underbrace{\int_0^1 \alpha\left(\boldsymbol{J}(\alpha\boldsymbol{\phi})\,\boldsymbol{J}(\boldsymbol{\phi})^{-1}\delta\boldsymbol{\phi}\right)^\wedge \boldsymbol{C}^{\alpha}\mathrm{d}\alpha}_{\delta\boldsymbol{J}}\end{aligned} \tag{7.234}$$

上式使用了 7.1.7 小节的扰动插值公式。由扰动运动学方程推导可得：

$$\begin{aligned}&\dot{\boldsymbol{\phi}} - \boldsymbol{J}(\boldsymbol{\phi})^{-1}\dot{\boldsymbol{J}}(\boldsymbol{\phi})\,\boldsymbol{J}(\boldsymbol{\phi})^{-1}\delta\boldsymbol{\phi} + \boldsymbol{J}(\boldsymbol{\phi})^{-1}\delta\dot{\boldsymbol{\phi}} \\ &\approx \left(\boldsymbol{J}(\boldsymbol{\phi})^{-1} - \boldsymbol{J}(\boldsymbol{\phi})^{-1}\delta\boldsymbol{J}\boldsymbol{J}(\boldsymbol{\phi})^{-1}\right)(\boldsymbol{\omega} + \delta\boldsymbol{\omega})\end{aligned} \tag{7.235}$$

展开，并丢掉标称部分 $\dot{\boldsymbol{\phi}} = \boldsymbol{J}(\boldsymbol{\phi})^{-1}\boldsymbol{\omega}$，以及微小量之间的乘积项，得到：

$$\delta\dot{\boldsymbol{\phi}} = \dot{\boldsymbol{J}}(\boldsymbol{\phi})\,\boldsymbol{J}(\boldsymbol{\phi})^{-1}\delta\boldsymbol{\phi} - \delta\boldsymbol{J}\dot{\boldsymbol{\phi}} + \delta\boldsymbol{\omega} \tag{7.236}$$

代入恒等式[30]：

$$\dot{\boldsymbol{J}}(\boldsymbol{\phi}) - \boldsymbol{\omega}^\wedge\boldsymbol{J}(\boldsymbol{\phi}) \equiv \frac{\partial\boldsymbol{\omega}}{\partial\boldsymbol{\phi}} \tag{7.237}$$

得到：

$$\delta\dot{\boldsymbol{\phi}} = \boldsymbol{\omega}^\wedge\delta\boldsymbol{\phi} + \delta\boldsymbol{\omega} + \underbrace{\frac{\partial\boldsymbol{\omega}}{\partial\boldsymbol{\phi}}\boldsymbol{J}(\boldsymbol{\phi})^{-1}\delta\boldsymbol{\phi} - \delta\boldsymbol{J}\dot{\boldsymbol{\phi}}}_{\text{额外项}} \tag{7.238}$$

上式与李群的扰动运动学有相同的结果，但是有一个额外的项，下面证明该额外项等于零：

$$\begin{aligned}\frac{\partial\boldsymbol{\omega}}{\partial\boldsymbol{\phi}}\boldsymbol{J}(\boldsymbol{\phi})^{-1}\delta\boldsymbol{\phi} &= \left(\frac{\partial}{\partial\boldsymbol{\phi}}\left(\boldsymbol{J}(\boldsymbol{\phi})\,\dot{\boldsymbol{\phi}}\right)\right)\boldsymbol{J}(\boldsymbol{\phi})^{-1}\delta\boldsymbol{\phi} \\ &= \left(\frac{\partial}{\partial\boldsymbol{\phi}}\int_0^1 \boldsymbol{C}^{\alpha}\dot{\boldsymbol{\phi}}\mathrm{d}\alpha\right)\boldsymbol{J}(\boldsymbol{\phi})^{-1}\delta\boldsymbol{\phi} \\ &= \int_0^1 \frac{\partial}{\partial\boldsymbol{\phi}}\left(\boldsymbol{C}^{\alpha}\dot{\boldsymbol{\phi}}\right)\mathrm{d}\alpha\boldsymbol{J}(\boldsymbol{\phi})^{-1}\delta\boldsymbol{\phi} \\ &= -\int_0^1 \alpha\left(\boldsymbol{C}^{\alpha}\dot{\boldsymbol{\phi}}\right)^\wedge\boldsymbol{J}(\alpha\boldsymbol{\phi})\,\mathrm{d}\alpha\boldsymbol{J}(\boldsymbol{\phi})^{-1}\delta\boldsymbol{\phi} \\ &= \underbrace{\int_0^1 \alpha\left(\boldsymbol{J}(\alpha\boldsymbol{\phi})\,\boldsymbol{J}(\boldsymbol{\phi})^{-1}\delta\boldsymbol{\phi}\right)^\wedge\boldsymbol{C}^{\alpha}\mathrm{d}\alpha}_{\delta\boldsymbol{J}}\,\dot{\boldsymbol{\phi}} = \delta\boldsymbol{J}\dot{\boldsymbol{\phi}}\end{aligned} \tag{7.239}$$

---

30 这个恒等式在动力学文献中很常见[61]。

上式使用了 6.2.5 节推导的一个恒等式（一个对旋转矩阵乘以向量求导的公式，公式中用三个参数描述旋转）。因此，等式方程为：

$$\text{标称运动学方程：}\dot{\boldsymbol{\phi}} = \boldsymbol{J}(\boldsymbol{\phi})^{-1}\boldsymbol{\omega} \tag{7.240a}$$

$$\text{扰动运动学方程：}\delta\dot{\boldsymbol{\phi}} = \boldsymbol{\omega}^{\wedge}\delta\boldsymbol{\phi} + \delta\boldsymbol{\omega} \tag{7.240b}$$

上式可以分别积分，再组合为一个完整的（近似的）解。

不同解法的讨论

值得一提的问题是，对完整的运动学方程积分的结果是否（近似）等于先分别对标称运动学模型与扰动运动学模型积分然后再组合的结果。这里用李群来说明这个问题。扰动运动学方程将由下式给出：

$$\boldsymbol{C}' = \boldsymbol{C}'(0) + \int_0^t \boldsymbol{\omega}'(s)^{\wedge}\boldsymbol{C}'(s)\,\mathrm{d}s \tag{7.241}$$

把它分成标称和扰动两部分：

$$\begin{aligned}\boldsymbol{C}'(t) &\approx \left(\mathbf{1} + \delta\boldsymbol{\phi}(0)^{\wedge}\right)\boldsymbol{C}(0) + \int_0^t (\boldsymbol{\omega} + \delta\boldsymbol{\omega})^{\wedge}\left(\mathbf{1} + \delta\boldsymbol{\phi}(s)^{\wedge}\right)\boldsymbol{C}(s)\,\mathrm{d}s \\ &\approx \underbrace{\boldsymbol{C}(0) + \int_0^t \boldsymbol{\omega}(s)^{\wedge}\boldsymbol{C}(s)\,\mathrm{d}s}_{\boldsymbol{C}(t)} \\ &\quad \underbrace{+\,\delta\boldsymbol{\phi}(0)^{\wedge}\boldsymbol{C}(0) + \int_0^t \left(\boldsymbol{\omega}(s)^{\wedge}\delta\boldsymbol{\phi}(s)^{\wedge}\boldsymbol{C}(s) + \delta\boldsymbol{\omega}(s)^{\wedge}\boldsymbol{C}(s)\right)\mathrm{d}s}_{\delta\boldsymbol{\phi}(t)^{\wedge}\boldsymbol{C}(t)} \\ &\approx \left(\mathbf{1} + \delta\boldsymbol{\phi}(t)^{\wedge}\right)\boldsymbol{C}(t)\end{aligned} \tag{7.242}$$

这正是我们期望的结果。根据标称和扰动运动学，注意到：

$$\begin{aligned}\frac{\mathrm{d}}{\mathrm{d}t}\left(\delta\boldsymbol{\phi}^{\wedge}\boldsymbol{C}\right) &= \delta\dot{\boldsymbol{\phi}}^{\wedge}\boldsymbol{C} + \delta\boldsymbol{\phi}^{\wedge}\dot{\boldsymbol{C}} = (\underbrace{\boldsymbol{\omega}^{\wedge}\delta\boldsymbol{\phi} + \delta\boldsymbol{\omega}}_{\text{扰动}})^{\wedge}\boldsymbol{C} + \delta\boldsymbol{\phi}^{\wedge}(\underbrace{\boldsymbol{\omega}^{\wedge}\boldsymbol{C}}_{\text{标称}}) \\ &= \boldsymbol{\omega}^{\wedge}\delta\boldsymbol{\phi}^{\wedge}\boldsymbol{C} - \delta\boldsymbol{\phi}^{\wedge}\boldsymbol{\omega}^{\wedge}\boldsymbol{C} + \delta\boldsymbol{\omega}^{\wedge}\boldsymbol{C} + \delta\boldsymbol{\phi}^{\wedge}\boldsymbol{\omega}^{\wedge}\boldsymbol{C} \\ &= \boldsymbol{\omega}^{\wedge}\delta\boldsymbol{\phi}^{\wedge}\boldsymbol{C} + \delta\boldsymbol{\omega}^{\wedge}\boldsymbol{C}\end{aligned} \tag{7.243}$$

根据上式可以得到式（7.242）第二行最右边部分的积分结果。

积分求解

在这一小节，将讨论标称和扰动运动学的积分。标称运动学方程为非线性方程，可以通过数值积分求解（使用李群或者李代数方程）。而形如

$$\delta\dot{\boldsymbol{\phi}}(t) = \boldsymbol{\omega}(t)^{\wedge}\delta\boldsymbol{\phi}(t) + \delta\boldsymbol{\omega}(t) \tag{7.244}$$

的扰动运动学方程属于**线性时变**（linear time-varying，LTV）方程，它的一般形式为：

$$\dot{\boldsymbol{x}}(t)=\boldsymbol{A}(t)\,\boldsymbol{x}(t)+\boldsymbol{B}(t)\,\boldsymbol{u}(t) \tag{7.245}$$

给定初始值后问题的通解为：

$$\boldsymbol{x}(t)=\boldsymbol{\Phi}(t,0)\,\boldsymbol{x}(0)+\int_0^t\boldsymbol{\Phi}(t,s)\,\boldsymbol{B}(s)\,\boldsymbol{u}(s)\,\mathrm{d}s \tag{7.246}$$

其中 $\boldsymbol{\Phi}(t,s)$ 称为**状态转移矩阵**（state transition matrix），并且满足：

$$\begin{aligned}\dot{\boldsymbol{\Phi}}(t,s)&=\boldsymbol{A}(t)\,\boldsymbol{\Phi}(t,s)\\ \boldsymbol{\Phi}(t,t)&=\mathbf{1}\end{aligned}$$

状态转移矩阵必定存在且唯一，但是并不总能通过解析的方法找到。幸运的是，对于我们特殊的扰动方程，我们可以将该 3×3 状态转移矩阵解析地表达为[31]：

$$\boldsymbol{\Phi}(t,s)=\boldsymbol{C}(t)\,\boldsymbol{C}(s)^{\mathrm{T}} \tag{7.247}$$

因此，解可以由下式给出：

$$\delta\boldsymbol{\phi}(t)=\boldsymbol{C}(t)\,\boldsymbol{C}(0)^{\mathrm{T}}\,\delta\boldsymbol{\phi}(0)+\boldsymbol{C}(t)\int_0^t\boldsymbol{C}(s)^{\mathrm{T}}\,\delta\boldsymbol{\omega}(s)\,\mathrm{d}s \tag{7.248}$$

我们需要得到标称方程 $\boldsymbol{C}(t)$ 的解，不过那很容易得到。为了验证上式是正确的解，可以对其进行微分：

$$\begin{aligned}\delta\dot{\boldsymbol{\phi}}(t)&=\dot{\boldsymbol{C}}(t)\,\boldsymbol{C}(0)^{\mathrm{T}}\,\delta\boldsymbol{\phi}(0)+\dot{\boldsymbol{C}}(t)\int_0^t\boldsymbol{C}(s)^{\mathrm{T}}\,\delta\boldsymbol{\omega}(s)\,\mathrm{d}s+\boldsymbol{C}(t)\,\boldsymbol{C}(t)^{\mathrm{T}}\,\delta\boldsymbol{\omega}(t)\\&=\boldsymbol{\omega}(t)^\wedge\underbrace{\left(\boldsymbol{C}(t)\,\boldsymbol{C}(0)^{\mathrm{T}}\,\delta\boldsymbol{\phi}(0)+\boldsymbol{C}(t)\int_0^t\boldsymbol{C}(s)^{\mathrm{T}}\,\delta\boldsymbol{\omega}(s)\,\mathrm{d}s\right)}_{\delta\boldsymbol{\phi}(t)}+\delta\boldsymbol{\omega}(t)\\&=\boldsymbol{\omega}(t)^\wedge\,\delta\boldsymbol{\phi}(t)+\delta\boldsymbol{\omega}(t)\end{aligned} \tag{7.249}$$

上式为 $\delta\boldsymbol{\phi}(t)$ 的原始微分方程。可以看到，我们的状态转移矩阵满足所需条件：

$$\underbrace{\frac{\mathrm{d}}{\mathrm{d}t}\left(\boldsymbol{C}(t)\,\boldsymbol{C}(s)^{\mathrm{T}}\right)}_{\dot{\boldsymbol{\Phi}}(t,s)}=\dot{\boldsymbol{C}}(t)\,\boldsymbol{C}(s)^{\mathrm{T}}=\boldsymbol{\omega}(t)^\wedge\underbrace{\boldsymbol{C}(t)\,\boldsymbol{C}(s)^{\mathrm{T}}}_{\boldsymbol{\Phi}(t,s)} \tag{7.250a}$$

$$\underbrace{\boldsymbol{C}(t)\,\boldsymbol{C}(t)^{\mathrm{T}}}_{\boldsymbol{\Phi}(t,t)}=\mathbf{1} \tag{7.250b}$$

因此，只要能够对标称运动学方程积分，就可以对扰动运动学方程进行积分了。

7.2.4 线性化姿态

$SE(3)$ 与 $SO(3)$ 的情况非常类似，因此这里将简单地总结 $SE(3)$ 的扰动运动学。

[31] $\boldsymbol{C}(t)$ 为标称旋转矩阵，是状态转移矩阵的**基本矩阵**（fundamental matrix）。

李群

我们将使用扰动的方法：

$$T' = \exp(\delta\boldsymbol{\xi}^\wedge)\,\boldsymbol{T} \approx (\mathbf{1} + \delta\boldsymbol{\xi}^\wedge)\,\boldsymbol{T} \tag{7.251}$$

其中 $\boldsymbol{T}', \boldsymbol{T} \in SE(3), \delta\boldsymbol{\xi} \in \mathbb{R}^6$。扰动运动学方程为：

$$\dot{\boldsymbol{T}}' = \boldsymbol{\varpi}'^\wedge \boldsymbol{T}' \tag{7.252}$$

上式可以分解为标称运动学方程和扰动运动学方程：

$$\text{标称运动学方程：}\dot{\boldsymbol{T}} = \boldsymbol{\varpi}^\wedge \boldsymbol{T} \tag{7.253a}$$

$$\text{扰动运动学方程：}\delta\dot{\boldsymbol{\xi}} = \boldsymbol{\varpi}^\curlywedge \delta\boldsymbol{\xi} + \delta\boldsymbol{\varpi} \tag{7.253b}$$

其中 $\boldsymbol{\varpi}' = \boldsymbol{\varpi} + \delta\boldsymbol{\varpi}$。上式可以分别积分后再组合为一个完整的（近似）解。

积分求解

扰动方程的 6×6 转移矩阵为：

$$\boldsymbol{\Phi}(t, s) = \boldsymbol{\mathcal{T}}(t)\,\boldsymbol{\mathcal{T}}(s)^{-1} \tag{7.254}$$

其中 $\boldsymbol{\mathcal{T}} = \mathrm{Ad}(\boldsymbol{T})$。$\delta\boldsymbol{\xi}(t)$ 的解为：

$$\delta\boldsymbol{\xi}(t) = \boldsymbol{\mathcal{T}}(t)\,\boldsymbol{\mathcal{T}}(0)^{-1}\,\delta\boldsymbol{\xi}(0) + \boldsymbol{\mathcal{T}}(t)\int_0^t \boldsymbol{\mathcal{T}}(s)^{-1}\,\delta\boldsymbol{\varpi}(s)\,\mathrm{d}s \tag{7.255}$$

微分后将得到扰动运动学方程。推导过程需要 6×6 的标称运动学方程：

$$\dot{\boldsymbol{\mathcal{T}}}(t) = \boldsymbol{\varpi}(t)^\curlywedge\,\boldsymbol{\mathcal{T}}(t) \tag{7.256}$$

上式与 4×4 版本等价。

动力学

我们也可以对式（7.227）运动学/动力学方程施加扰动，假设在某线性点附近对所有变量施加如下扰动：

$$\boldsymbol{T}' = \exp(\delta\boldsymbol{\xi}^\wedge)\,\boldsymbol{T}, \quad \boldsymbol{\varpi}' = \boldsymbol{\varpi} + \delta\boldsymbol{\varpi}, \quad \boldsymbol{a}' = \boldsymbol{a} + \delta\boldsymbol{a} \tag{7.257}$$

因此运动学/动力学方程为：

$$\dot{\boldsymbol{T}}' = \boldsymbol{\varpi}'^\wedge \boldsymbol{T}' \tag{7.258a}$$

$$\dot{\boldsymbol{\varpi}}' = \boldsymbol{\mathcal{M}}^{-1}\boldsymbol{\varpi}'^\curlywedge\,\boldsymbol{\mathcal{M}}\boldsymbol{\varpi}' + \boldsymbol{a}' \tag{7.258b}$$

如果我们将 $\delta\boldsymbol{a}$ 看作是未知的噪声输入，那么我们希望知道如何通过运动学和动力学方程中的链式关系，将噪声的不确定性传播到位置和速度等变量上。将扰动代入到运动模型中，我们可以将其拆分为（非线性的）标称运动模型，

$$\text{标称运动学方程：}\dot{\boldsymbol{T}} = \boldsymbol{\varpi}^{\wedge}\boldsymbol{T} \tag{7.259a}$$

$$\text{标称动力学方程：}\dot{\boldsymbol{\varpi}} = \boldsymbol{\mathcal{M}}^{-1}\boldsymbol{\varpi}^{\curlywedge}\boldsymbol{\mathcal{M}}\boldsymbol{\varpi} + \boldsymbol{a} \tag{7.259b}$$

和（线性的）扰动运动学模型：

$$\text{扰动运动学方程：}\delta\dot{\boldsymbol{\xi}} = \boldsymbol{\varpi}^{\curlywedge}\delta\boldsymbol{\xi} + \delta\boldsymbol{\varpi} \tag{7.260a}$$

$$\text{扰动动力学方程：}\delta\dot{\boldsymbol{\varpi}} = \boldsymbol{\mathcal{M}}^{-1}\left(\boldsymbol{\varpi}^{\curlywedge}\boldsymbol{\mathcal{M}} - (\boldsymbol{\mathcal{M}}\boldsymbol{\varpi})^{\curlywedge}\right)\delta\boldsymbol{\varpi} + \delta\boldsymbol{a} \tag{7.260b}$$

将上式组合成矩阵的形式：

$$\begin{bmatrix}\delta\dot{\boldsymbol{\xi}}\\ \delta\dot{\boldsymbol{\varpi}}\end{bmatrix} = \begin{bmatrix}\boldsymbol{\varpi}^{\curlywedge} & \mathbf{1}\\ \mathbf{0} & \boldsymbol{\mathcal{M}}^{-1}\left(\boldsymbol{\varpi}^{\curlywedge}\boldsymbol{\mathcal{M}} - (\boldsymbol{\mathcal{M}}\boldsymbol{\varpi})^{\curlywedge}\right)\end{bmatrix}\begin{bmatrix}\delta\boldsymbol{\xi}\\ \delta\boldsymbol{\varpi}\end{bmatrix} + \begin{bmatrix}\mathbf{0}\\ \delta\boldsymbol{a}\end{bmatrix} \tag{7.261}$$

对于线性时变的随机微分方程（LTV SDE），得到它的状态转移矩阵可能比较困难，但是可以通过数值积分进行求解。

7.3 概率与统计

本章，我们已经认识到矩阵李群的元素并不满足一些基本的操作。对随机变量进行操作的时候同样要考虑到这一点，比如经常处理的高斯随机变量，一般具有下面的形式：

$$\boldsymbol{x} \sim \mathcal{N}(\boldsymbol{\mu}, \boldsymbol{\Sigma}) \tag{7.262}$$

其中 $\boldsymbol{x} \in \mathbb{R}^N$（也就是说 $\boldsymbol{x}$ 属于向量空间）。一种等价的观点是 $\boldsymbol{x}$ 包含了一个“大”且与噪声无关的成分 $\boldsymbol{\mu}$，和一个“小”的零均值噪声成分 $\boldsymbol{\epsilon}$：

$$\boldsymbol{x} = \boldsymbol{\mu} + \boldsymbol{\epsilon}, \quad \boldsymbol{\epsilon} \sim \mathcal{N}(\mathbf{0}, \boldsymbol{\Sigma}) \tag{7.263}$$

这个操作之所以成立，是由于参与运算的量都是向量，并且向量空间对加法运算是封闭的。然而矩阵李群对这种加法是不封闭的，所以我们必须考虑另一随机变量的表达方式。

在本节中，我们将介绍用于旋转和姿态的随机变量以及**概率密度函数**（probability density functions, PDFs）的定义，然后提供四个使用这些新定义的例子。我们参考了文献 [62] 的工作，在旋转不确定性不是很大的情况下，这是一种非常实际的方法。该工作的基础是文献 [55, 63–71]。需要特别说明的是文献 [65]（以及文献 [71] 对其的修订）介绍了即使在不确定性很大的情况下，概率密度函数的表示和传播，而接下来我们的论述是在不确定性比较小的情况下进行的。

7.3.1 高斯随机变量和概率分布函数

我们会简要介绍一般的随机变量及其概率密度函数，然后重点介绍高斯随机变量。我们会重点探讨旋转的情况，然后直接给出姿态的结果。

旋转

李群与李代数的表达方式各有优缺点，但是我们已经多次认识到它们在描述旋转/姿态时的对偶关系。李群没有奇异性，但是需要对矩阵添加额外的约束，尤其是在描述真实世界中的变换关系时。李代数可以认为是向量空间（因此也就有许多数学工具[32]来处理），并且不必添加额外的约束，但是存在奇异性。

考虑到向量空间的重要优点，利用李代数的方法来表示旋转和姿态的随机变量似乎是合乎逻辑的。这样我们就不需要从头开始，而且可以利用现有的概率和统计上的数学工具。有鉴于此，同时参考式（7.263），我们根据不同的扰动选择可以定义三种形式的 $SO(3)$ 随机变量：

	$SO(3)$	$\mathfrak{so}(3)$
左式	$\mathbf{C} = \exp\left(\boldsymbol{\epsilon}_\ell^\wedge\right)\bar{\mathbf{C}}$	$\boldsymbol{\phi} \approx \boldsymbol{\mu} + \mathbf{J}_\ell^{-1}(\boldsymbol{\mu})\,\boldsymbol{\epsilon}_\ell$
中式	$\mathbf{C} = \exp\left((\boldsymbol{\mu}+\boldsymbol{\epsilon}_m)^\wedge\right)$	$\boldsymbol{\phi} = \boldsymbol{\mu} + \boldsymbol{\epsilon}_m$
右式	$\mathbf{C} = \bar{\mathbf{C}}\exp\left(\boldsymbol{\epsilon}_r^\wedge\right)$	$\boldsymbol{\phi} \approx \boldsymbol{\mu} + \mathbf{J}_r^{-1}(\boldsymbol{\mu})\,\boldsymbol{\epsilon}_r$

其中 $\boldsymbol{\epsilon}_\ell, \boldsymbol{\epsilon}_m, \boldsymbol{\epsilon}_r \in \mathbb{R}^N$ 都是向量空间的随机变量，$\boldsymbol{\mu} \in \mathbb{R}^N$ 是一个常量，$\mathbf{C} = \exp(\boldsymbol{\phi}^\wedge), \bar{\mathbf{C}} = \exp(\boldsymbol{\mu}^\wedge) \in SO(3)$。对于上面的三种情况，由于指数映射的满射性质和李群的封闭性质，可以保证 $\mathbf{C} = \exp(\boldsymbol{\phi}^\wedge) \in SO(3)$。这种通过指数映射将随机变量映射到李群的方法有时候也被称为噪声到群的一个“单射”[33]。

通过观察扰动的李代数形式，我们可以推得它们三者之间的关系：

$$\boldsymbol{\epsilon}_m \approx \mathbf{J}_\ell^{-1}(\boldsymbol{\mu})\,\boldsymbol{\epsilon}_\ell \approx \mathbf{J}_r^{-1}(\boldsymbol{\mu})\,\boldsymbol{\epsilon}_r$$

据此，我们知道上述三种表示形式都是可行的。但是对于中式表达来说，我们必须同时保留李代数与扰动的标称值，这可能会带来奇异性，而左式与右式的表示形式则只需要保留李群的标称值。按照习惯，我们将选择左式，当然读者也可以选择右式。

在某种意义上，这种定义随机变量的方式是两全其美的，既保留李群的标称值，从而避免了奇异性，又可以利用李代数下的无约束向量来处理微小噪声。由于我们假设了噪声都比较小，也就是避免了旋转表达[34]可能带来的奇异性。

因此，对于 $SO(3)$ 来说，随机变量 $\mathbf{C}$ 具有如下形式[35]：

$$\mathbf{C} = \exp\left(\boldsymbol{\epsilon}^\wedge\right)\bar{\mathbf{C}} \tag{7.264}$$

---

[32] 包括概率与统计。

[33] 从数学意义上来说，**单射**（injection）的意思是说李代数上的一个元素需要对应李群上的一个元素。我们可以看到李代数到李群的指数映射只是**满射**（surjection），也就是说李代数的元素会对应李群上的元素，但是李群上的元素可能对应李代数上的很多元素。如果我们限制旋转角度 $|\boldsymbol{\phi}| < \pi$，那么指数映射就是**双射**（bijection），也就说既是满射，又是单射（即一对一）。但是我们并没有添加这种限制，所以并不满足单射。

[34] 这种方法在扰动很小时可以很好地工作，更一般的做法是定义李群上的随机变量，但是这种方法很少有人做过尝试[65] [72] [71]。

[35] 为了简洁，接下来我们会忽略下标 ℓ。

其中 $\bar{\boldsymbol{C}} \in SO(3)$ 是一个“大”且与噪声无关的标称旋转量，$\boldsymbol{\epsilon} \in \mathbb{R}^3$ 是一个“小”的噪声量（也就是说它是一个来自于向量空间的随机变量）。因此，我们可以定义 $\boldsymbol{\epsilon}$ 的概率密度函数，同时也就导出了 $SO(3)$ 的概率密度函数：

$$p(\boldsymbol{\epsilon}) \rightarrow p(\boldsymbol{C}) \tag{7.265}$$

我们主要考察状态估计中的高斯概率密度函数的问题，此时令：

$$p(\boldsymbol{\epsilon}) = \frac{1}{\sqrt{(2\pi)^3 \det \boldsymbol{\Sigma}}} \exp\left(-\frac{1}{2}\boldsymbol{\epsilon}^{\mathrm{T}}\boldsymbol{\Sigma}^{-1}\boldsymbol{\epsilon}\right) \tag{7.266}$$

或者说 $\boldsymbol{\epsilon} \sim \mathcal{N}(\boldsymbol{0}, \boldsymbol{\Sigma})$，注意，我们可以将 $\bar{\boldsymbol{C}}$ 看作是旋转量的均值，而 $\boldsymbol{\Sigma}$ 看作是对应的协方差。

由定义可知，$p(\boldsymbol{\epsilon})$ 是一个有效的概率密度函数，因此：

$$\int p(\boldsymbol{\epsilon})\mathrm{d}\boldsymbol{\epsilon} = 1 \tag{7.267}$$

上式中我们刻意没有标出积分上下限，这是因为 $\boldsymbol{\epsilon}$ 被定义为高斯随机变量，也就是意味着它可以在各个方向达到无穷远。然而为了具有明确的意义，我们假设概率主要分布在 $|\boldsymbol{\epsilon}| < \pi$ 区间。参考 7.1.6 节，我们可以将李代数上的体积微元与李群上的体积微元通过下式对应起来：

$$\mathrm{d}\boldsymbol{C} = |\det(\boldsymbol{J}(\boldsymbol{\epsilon}))|\mathrm{d}\boldsymbol{\epsilon} \tag{7.268}$$

注意到我们选择了左扰动的形式，因此雅可比矩阵 $\boldsymbol{J}$ 是在 $\boldsymbol{\epsilon}$（基本上很小）处计算得到的，而不是在 $\boldsymbol{\phi}$（可能会很大）处，这样可以基本保证 $\boldsymbol{J}$ 接近于 $\boldsymbol{1}$。现在，我们可以导出在 $\boldsymbol{C}$ 上的概率密度函数：

$$1 = \int p(\boldsymbol{\epsilon})\mathrm{d}\boldsymbol{\epsilon} \tag{7.269}$$

$$= \int \frac{1}{\sqrt{(2\pi)^3 \det \boldsymbol{\Sigma}}} \exp\left(-\frac{1}{2}\boldsymbol{\epsilon}^{\mathrm{T}}\boldsymbol{\Sigma}^{-1}\boldsymbol{\epsilon}\right)\mathrm{d}\boldsymbol{\epsilon} \tag{7.270}$$

$$= \int \underbrace{\frac{1}{\sqrt{(2\pi)^3 \det \boldsymbol{\Sigma}}} \exp\left(-\frac{1}{2}\ln\left(\boldsymbol{C}\bar{\boldsymbol{C}}^{\mathrm{T}}\right)^{\vee^{\mathrm{T}}}\boldsymbol{\Sigma}^{-1}\ln\left(\boldsymbol{C}\bar{\boldsymbol{C}}^{\mathrm{T}}\right)^{\vee}\right)\frac{1}{|\det(\boldsymbol{J})|}}_{p(\boldsymbol{C})}\mathrm{d}\boldsymbol{C} \tag{7.271}$$

其中，我们标注了导出的 $p(\boldsymbol{C})$。它之所以具有这样的形式，是因为我们先定义了 $p(\boldsymbol{\epsilon})$[36]。

我们通常将以下方程的唯一解定义为**旋转均值**（mean rotation）$\boldsymbol{M} \in SO(3)$：

$$\int \ln\left(\boldsymbol{C}\boldsymbol{M}^{\mathrm{T}}\right)^{\vee} p(\boldsymbol{C})\mathrm{d}\boldsymbol{C} = \boldsymbol{0} \tag{7.272}$$

把 $\boldsymbol{C}$ 替换成 $\boldsymbol{\epsilon}$，可以得到等价的形式：

$$\int \ln\left(\exp\left(\delta\boldsymbol{\epsilon}^{\wedge}\right)\bar{\boldsymbol{C}}\boldsymbol{M}^{\mathrm{T}}\right)^{\vee} p(\boldsymbol{\epsilon})\mathrm{d}\boldsymbol{\epsilon} = \boldsymbol{0} \tag{7.273}$$

令 $\boldsymbol{M} = \bar{\boldsymbol{C}}$，可以得到

$$\begin{aligned}\int \ln\left(\exp\left(\boldsymbol{\epsilon}^{\wedge}\right)\bar{\boldsymbol{C}}\boldsymbol{M}^{\mathrm{T}}\right)^{\vee} p(\boldsymbol{\epsilon})\mathrm{d}\boldsymbol{\epsilon} &= \int \ln\left(\exp\left(\boldsymbol{\epsilon}^{\wedge}\right)\bar{\boldsymbol{C}}\bar{\boldsymbol{C}}^{\mathrm{T}}\right)^{\vee} p(\boldsymbol{\epsilon})\mathrm{d}\boldsymbol{\epsilon} \\ &= \int \boldsymbol{\epsilon} p(\boldsymbol{\epsilon})\mathrm{d}\boldsymbol{\epsilon} = E[\boldsymbol{\epsilon}] = \boldsymbol{0}\end{aligned} \tag{7.274}$$

[36] 也可以像文献 [55] 那样先定义 $p(\boldsymbol{C})$。

这验证了我们之前把 $\bar{\boldsymbol{C}}$ 当作均值的合理性。

对应的**协方差** $\boldsymbol{\Sigma}$ 为：

$$\begin{aligned}\boldsymbol{\Sigma} &= \int \ln\left(\exp\left(\boldsymbol{\epsilon}^{\wedge}\right)\bar{\boldsymbol{C}}\boldsymbol{M}^{\mathrm{T}}\right)^{\vee} \ln\left(\exp\left(\boldsymbol{\epsilon}^{\wedge}\right)\bar{\boldsymbol{C}}\boldsymbol{M}^{\mathrm{T}}\right)^{\vee^{\mathrm{T}}} p(\boldsymbol{\epsilon})\mathrm{d}\boldsymbol{\epsilon} \\ &= \int \ln\left(\exp\left(\boldsymbol{\epsilon}^{\wedge}\right)\bar{\boldsymbol{C}}\bar{\boldsymbol{C}}^{\mathrm{T}}\right)^{\vee} \ln\left(\exp\left(\boldsymbol{\epsilon}^{\wedge}\right)\bar{\boldsymbol{C}}\bar{\boldsymbol{C}}^{\mathrm{T}}\right)^{\vee^{\mathrm{T}}} p(\boldsymbol{\epsilon})\mathrm{d}\boldsymbol{\epsilon} \\ &= \int \boldsymbol{\epsilon}\boldsymbol{\epsilon}^{\mathrm{T}} p(\boldsymbol{\epsilon})\mathrm{d}\boldsymbol{\epsilon} = E[\boldsymbol{\epsilon}\boldsymbol{\epsilon}^{\mathrm{T}}]\end{aligned} \tag{7.275}$$

这意味着选择 $\boldsymbol{\epsilon} \sim \mathcal{N}(\mathbf{0}, \boldsymbol{\Sigma})$ 是非常合理的，并且与噪声的单射是吻合的。事实上，采用类似方式定义的高阶统计量也会和 $\boldsymbol{\epsilon}$ 建立联系。

这种方法的另一个优点是，它可以很好地处理旋转随机变量在纯旋转映射下的关系。设 $\boldsymbol{R} \in SO(3)$ 是一个固定的旋转矩阵，将其作用于 $\boldsymbol{C}$ 上可以得到一个新的随机变量 $\boldsymbol{C}' = \boldsymbol{R}\boldsymbol{C}$，无须近似即可得到下面的结果：

$$\boldsymbol{C}' = \boldsymbol{R}\boldsymbol{C} = \boldsymbol{R}\exp(\boldsymbol{\epsilon}^{\wedge})\bar{\boldsymbol{C}} = \exp\left((\boldsymbol{R}\boldsymbol{\epsilon})^{\wedge}\right)\boldsymbol{R}\bar{\boldsymbol{C}} = \exp(\boldsymbol{\epsilon}'^{\wedge})\bar{\boldsymbol{C}}' \tag{7.276}$$

则新的均值和协方差为：

$$\bar{\boldsymbol{C}}' = \boldsymbol{R}\bar{\boldsymbol{C}}, \quad \boldsymbol{\epsilon}' = \boldsymbol{R}\boldsymbol{\epsilon} \sim \mathcal{N}\left(\mathbf{0}, \boldsymbol{R}\boldsymbol{\Sigma}\boldsymbol{R}^{\mathrm{T}}\right) \tag{7.277}$$

可以看到对于这一常见的操作，这种方法可以导出简洁漂亮的结果。

姿态

与旋转的情况类似，我们可以定义姿态的高斯随机变量为：

$$\boldsymbol{T} = \exp(\boldsymbol{\epsilon}^{\wedge})\bar{\boldsymbol{T}} \tag{7.278}$$

其中 $\bar{\boldsymbol{T}} \in SE(3)$ 是一个“大”的变换均值，$\boldsymbol{\epsilon} \in \mathbb{R}^6 \sim \mathcal{N}(\mathbf{0}, \boldsymbol{\Sigma})$ 是一个“小”的高斯随机变量（来自向量空间）。

那么**变换均值**（mean transformation）$\boldsymbol{M} \in SE(3)$ 是下面方程的唯一解：

$$\int \ln\left(\exp\left(\boldsymbol{\epsilon}^{\wedge}\right)\bar{\boldsymbol{T}}\boldsymbol{M}^{-1}\right)^{\vee} p(\boldsymbol{\epsilon})\mathrm{d}\boldsymbol{\epsilon} = \mathbf{0} \tag{7.279}$$

令 $\boldsymbol{M} = \bar{\boldsymbol{T}}$，可以得到：

$$\begin{aligned}\int \ln\left(\exp(\boldsymbol{\epsilon}^{\wedge})\bar{\boldsymbol{T}}\boldsymbol{M}^{-1}\right)^{\vee} p(\boldsymbol{\epsilon})\mathrm{d}\boldsymbol{\epsilon} &= \int \ln\left(\exp(\boldsymbol{\epsilon}^{\wedge})\bar{\boldsymbol{T}}\bar{\boldsymbol{T}}^{-1}\right)^{\vee} p(\boldsymbol{\epsilon})\mathrm{d}\boldsymbol{\epsilon} \\ &= \int \boldsymbol{\epsilon} p(\boldsymbol{\epsilon})\mathrm{d}\boldsymbol{\epsilon} = E[\boldsymbol{\epsilon}] = \mathbf{0}\end{aligned} \tag{7.280}$$

从而验证了将 $\bar{\boldsymbol{T}}$ 作为均值的正确性。

对应的协方差矩阵 $\boldsymbol{\Sigma}$ 为：

$$\begin{aligned}\boldsymbol{\Sigma} &= \int \ln\left(\exp\left(\boldsymbol{\epsilon}^{\wedge}\right)\bar{\boldsymbol{T}}\boldsymbol{M}^{-1}\right)^{\vee} \ln\left(\exp\left(\boldsymbol{\epsilon}^{\wedge}\right)\bar{\boldsymbol{T}}\boldsymbol{M}^{-1}\right)^{\vee^{\mathrm{T}}} p(\boldsymbol{\epsilon})\mathrm{d}\boldsymbol{\epsilon} \\ &= \int \ln\left(\exp\left(\boldsymbol{\epsilon}^{\wedge}\right)\bar{\boldsymbol{T}}\bar{\boldsymbol{T}}^{-1}\right)^{\vee} \ln\left(\exp\left(\boldsymbol{\epsilon}^{\wedge}\right)\bar{\boldsymbol{T}}\bar{\boldsymbol{T}}^{-1}\right)^{\vee^{\mathrm{T}}} p(\boldsymbol{\epsilon})\mathrm{d}\boldsymbol{\epsilon} \\ &= \int \boldsymbol{\epsilon}\boldsymbol{\epsilon}^{\mathrm{T}} p(\boldsymbol{\epsilon})\mathrm{d}\boldsymbol{\epsilon} = E[\boldsymbol{\epsilon}\boldsymbol{\epsilon}^{\mathrm{T}}]\end{aligned} \tag{7.281}$$

这也表明上面选择 $\boldsymbol{\epsilon} \sim \mathcal{N}(\mathbf{0}, \boldsymbol{\Sigma})$ 是完全合理的，并且与噪声的单射是吻合的。事实上，采用类似方式定义的高阶统计量也会和 $\boldsymbol{\epsilon}$ 建立联系。

同样地，考虑一个姿态变换随机变量在纯变换映射下的关系。设 $\boldsymbol{R} \in SE(3)$ 是一个固定的姿态变换矩阵，将其作用在 $\boldsymbol{T}$ 上可以得到一个新的随机变量 $\boldsymbol{T}' = \boldsymbol{R}\boldsymbol{T}$，无须近似即可得到下面的结果：

$$\boldsymbol{T}' = \boldsymbol{R}\boldsymbol{T} = \boldsymbol{R}\exp(\boldsymbol{\epsilon}^\wedge)\bar{\boldsymbol{T}} = \exp\left((\boldsymbol{\mathcal{R}}\boldsymbol{\epsilon})^\wedge\right)\boldsymbol{R}\bar{\boldsymbol{T}} = \exp(\boldsymbol{\epsilon}'^\wedge)\bar{\boldsymbol{T}}' \tag{7.282}$$

则新的均值和协方差为：

$$\bar{\boldsymbol{T}}' = \boldsymbol{R}\bar{\boldsymbol{T}}, \quad \boldsymbol{\epsilon}' = \boldsymbol{\mathcal{R}}\boldsymbol{\epsilon} \sim \mathcal{N}\left(\mathbf{0}, \boldsymbol{\mathcal{R}}\boldsymbol{\Sigma}\boldsymbol{\mathcal{R}}^{\mathrm{T}}\right) \tag{7.283}$$

其中 $\boldsymbol{\mathcal{R}} = \mathrm{Ad}(\boldsymbol{R})$。

7.3.2 旋转向量的不确定性

考虑如下对位置的旋转映射：

$$\boldsymbol{y} = \boldsymbol{C}\boldsymbol{x} \tag{7.284}$$

其中 $\boldsymbol{x} \in \mathbb{R}^3$ 是一个固定值，并且：

$$\boldsymbol{C} = \exp(\boldsymbol{\epsilon}^\wedge)\bar{\boldsymbol{C}}, \quad \boldsymbol{\epsilon} \sim \mathcal{N}(\mathbf{0}, \boldsymbol{\Sigma}) \tag{7.285}$$

图 7–4 表明 $\boldsymbol{y}$ 的概率分布像是 $\bar{\boldsymbol{C}}$ 和 $\boldsymbol{\Sigma}$ 的某种组合。同时，采样点也落在半径为 $|\boldsymbol{x}|$ 的球上，这是因为旋转变换不改变原向量的长度。

通常我们更关心在向量空间 $\mathbb{R}^3$ 中 $E[\boldsymbol{y}]$ 的计算（也就是说并不必须保证 $\boldsymbol{y}$ 的长度是 $|\boldsymbol{x}|$）。可以设想出三种方法：

1. 大量采样并取平均值。
2. 使用 sigmapoint 变换。
3. 使用解析的近似。

对于第三种方法，我们可以将 $\boldsymbol{C}$ 关于 $\boldsymbol{\epsilon}$ 作如下展开：

$$\boldsymbol{y} = \boldsymbol{C}\boldsymbol{x} = \left(\mathbf{1} + \boldsymbol{\epsilon}^\wedge + \frac{1}{2}\boldsymbol{\epsilon}^\wedge\boldsymbol{\epsilon}^\wedge + \frac{1}{6}\boldsymbol{\epsilon}^\wedge\boldsymbol{\epsilon}^\wedge\boldsymbol{\epsilon}^\wedge + \frac{1}{24}\boldsymbol{\epsilon}^\wedge\boldsymbol{\epsilon}^\wedge\boldsymbol{\epsilon}^\wedge\boldsymbol{\epsilon}^\wedge + \cdots\right)\bar{\boldsymbol{C}}\boldsymbol{x} \tag{7.286}$$

由于 $\boldsymbol{\epsilon}$ 服从高斯分布，奇数项的均值为零，于是：

$$E[\boldsymbol{y}] = \left(\mathbf{1} + \frac{1}{2}E[\boldsymbol{\epsilon}^\wedge\boldsymbol{\epsilon}^\wedge] + \frac{1}{24}E[\boldsymbol{\epsilon}^\wedge\boldsymbol{\epsilon}^\wedge\boldsymbol{\epsilon}^\wedge\boldsymbol{\epsilon}^\wedge] + \cdots\right)\bar{\boldsymbol{C}}\boldsymbol{x} \tag{7.287}$$

分别计算偶数项，可得：

$$E[\boldsymbol{\epsilon}^\wedge\boldsymbol{\epsilon}^\wedge] = E\left[-(\boldsymbol{\epsilon}^{\mathrm{T}}\boldsymbol{\epsilon})\mathbf{1} + \boldsymbol{\epsilon}\boldsymbol{\epsilon}^{\mathrm{T}}\right] = -\mathrm{tr}\left(E\left[\boldsymbol{\epsilon}\boldsymbol{\epsilon}^{\mathrm{T}}\right]\right)\mathbf{1} + E\left[\boldsymbol{\epsilon}\boldsymbol{\epsilon}^{\mathrm{T}}\right] = -\mathrm{tr}(\boldsymbol{\Sigma})\mathbf{1} + \boldsymbol{\Sigma} \tag{7.288}$$

以及：

$$\begin{aligned}
E[\boldsymbol{\epsilon}^\wedge\boldsymbol{\epsilon}^\wedge\boldsymbol{\epsilon}^\wedge\boldsymbol{\epsilon}^\wedge] &= E\left[-(\boldsymbol{\epsilon}^{\mathrm{T}}\boldsymbol{\epsilon})\boldsymbol{\epsilon}^\wedge\boldsymbol{\epsilon}^\wedge\right] \\
&= E\left[-(\boldsymbol{\epsilon}^{\mathrm{T}}\boldsymbol{\epsilon})\left(-(\boldsymbol{\epsilon}^{\mathrm{T}}\boldsymbol{\epsilon})\mathbf{1} + \boldsymbol{\epsilon}\boldsymbol{\epsilon}^{\mathrm{T}}\right)\right] \\
&= \mathrm{tr}\left(E\left[(\boldsymbol{\epsilon}^{\mathrm{T}}\boldsymbol{\epsilon})\boldsymbol{\epsilon}\boldsymbol{\epsilon}^{\mathrm{T}}\right]\right)\mathbf{1} - E\left[(\boldsymbol{\epsilon}^{\mathrm{T}}\boldsymbol{\epsilon})\,\boldsymbol{\epsilon}\boldsymbol{\epsilon}^{\mathrm{T}}\right] \\
&= \mathrm{tr}\left(\boldsymbol{\Sigma}(\mathrm{tr}(\boldsymbol{\Sigma})\mathbf{1} + 2\boldsymbol{\Sigma})\right)\mathbf{1} - \boldsymbol{\Sigma}(\mathrm{tr}(\boldsymbol{\Sigma})\mathbf{1} + 2\boldsymbol{\Sigma}) \\
&= \left((\mathrm{tr}(\boldsymbol{\Sigma}))^2 + 2\mathrm{tr}(\boldsymbol{\Sigma}^2)\right)\mathbf{1} - \boldsymbol{\Sigma}(\mathrm{tr}(\boldsymbol{\Sigma})\mathbf{1} + 2\boldsymbol{\Sigma})
\end{aligned} \tag{7.289}$$

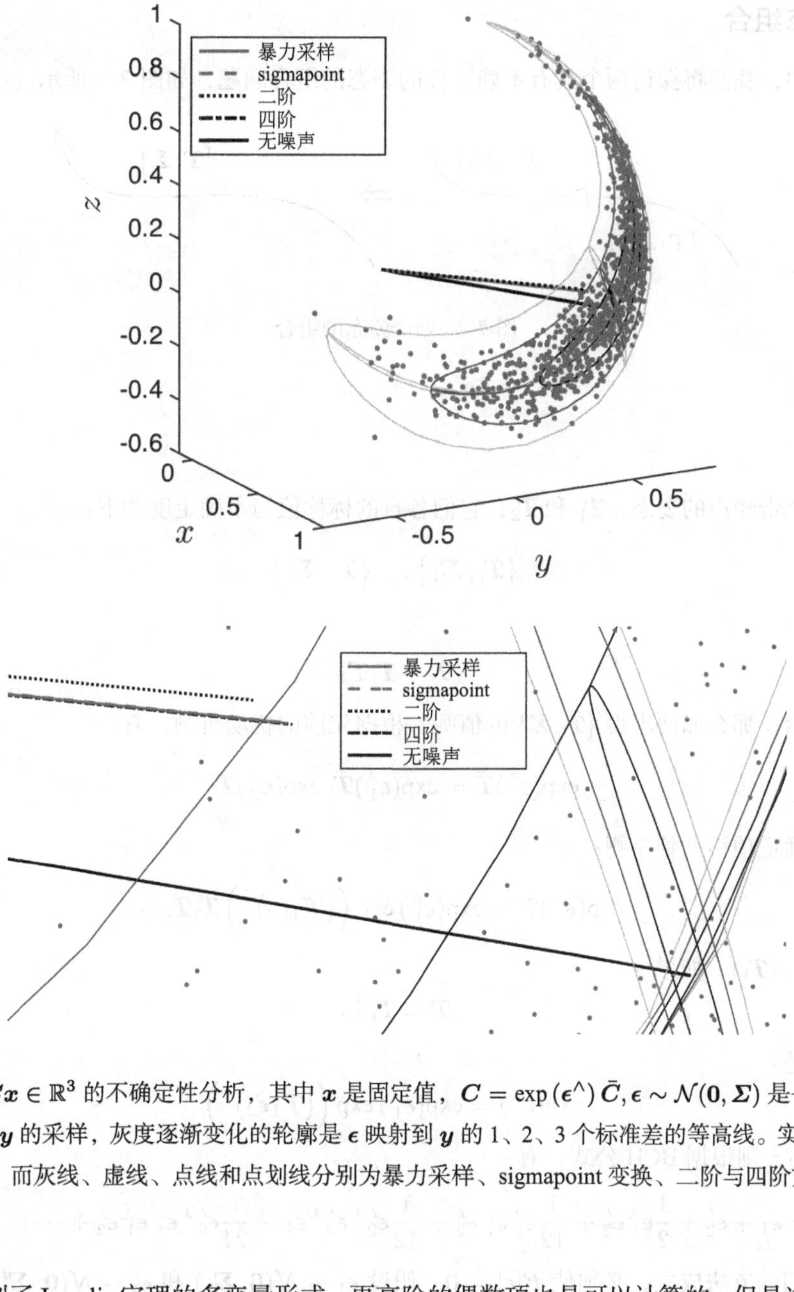

图 7–4　$\boldsymbol{y} = \boldsymbol{C}\boldsymbol{x} \in \mathbb{R}^3$ 的不确定性分析，其中 $\boldsymbol{x}$ 是固定值，$\boldsymbol{C} = \exp(\boldsymbol{\epsilon}^\wedge)\bar{\boldsymbol{C}}, \boldsymbol{\epsilon} \sim \mathcal{N}(\boldsymbol{0}, \boldsymbol{\Sigma})$ 是一个随机变量。图中的点是对 $\boldsymbol{y}$ 的采样，灰度逐渐变化的轮廓是 $\boldsymbol{\epsilon}$ 映射到 $\boldsymbol{y}$ 的 1、2、3 个标准差的等高线。实黑线是无噪声向量 $\bar{\boldsymbol{y}} = \bar{\boldsymbol{C}}\boldsymbol{x}$，而灰线、虚线、点线和点划线分别为暴力采样、sigmapoint 变换、二阶与四阶方法的结果

这里我们用到了 Isserlis 定理的多变量形式，更高阶的偶数项也是可以计算的，但是这里我们只计算到 $\boldsymbol{\epsilon}$ 的 4 阶，则：

$$E(\boldsymbol{y}) \approx \left(\boldsymbol{1} + \frac{1}{2}(-\mathrm{tr}(\boldsymbol{\Sigma})\boldsymbol{1} + \boldsymbol{\Sigma}) + \frac{1}{24}\Big(\big((\mathrm{tr}(\boldsymbol{\Sigma}))^2 + 2\mathrm{tr}(\boldsymbol{\Sigma}^2)\big)\,\boldsymbol{1} - \boldsymbol{\Sigma}\big(\mathrm{tr}(\boldsymbol{\Sigma})\boldsymbol{1} + 2\boldsymbol{\Sigma}\big)\Big)\right)\bar{\boldsymbol{C}}\boldsymbol{x} \quad (7.290)$$

在图 7–4 中，我们把计算到 $\boldsymbol{\epsilon}$ 的 2 阶的方法称为二阶方法，而计算到 $\boldsymbol{\epsilon}$ 的 4 阶的方法称为四阶方法，可以看出采用四阶方法的结果非常接近采用 sigmapoint 方法和随机采样方法的结果。

7.3.3 姿态组合

在本节中，我们将探讨两个具有不确定性的姿态的组合问题，如图 7–5 所示。

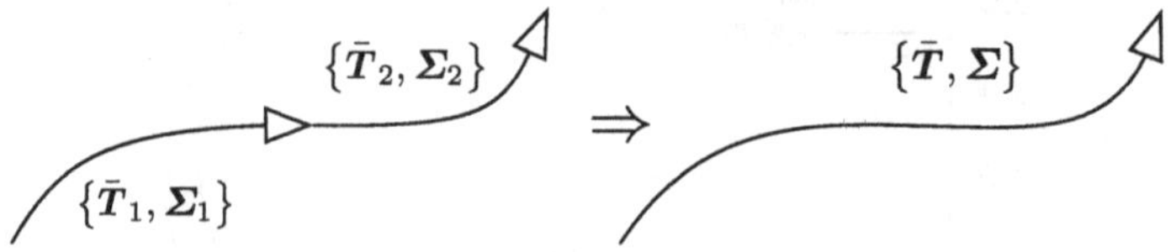

图 7–5 两个姿态的组合

理论

考虑两个带噪声的姿态，T_1 和 T_2，它们各自的标称值与不确定度如下：

$$\{\bar{T}_1, \Sigma_1\}, \quad \{\bar{T}_2, \Sigma_2\} \tag{7.291}$$

假设我们令：

$$T = T_1 T_2 \tag{7.292}$$

如图 7–5 所示，那么如何求得 $\{\bar{T}, \Sigma\}$ 的值呢？根据先前的扰动机制，有：

$$\exp(\epsilon^\wedge)\bar{T} = \exp(\epsilon_1^\wedge)\bar{T}_1 \exp(\epsilon_2^\wedge)\bar{T}_2 \tag{7.293}$$

把所有的不确定项移动到左侧：

$$\exp(\epsilon^\wedge)\bar{T} = \exp(\epsilon_1^\wedge) \exp\left(\left(\bar{\mathcal{T}}_1 \epsilon_2\right)^\wedge\right) \bar{T}_1 \bar{T}_2 \tag{7.294}$$

其中 $\bar{\mathcal{T}}_1 = \mathrm{Ad}(\bar{T}_1)$。如果令：

$$\bar{T} = \bar{T}_1 \bar{T}_2 \tag{7.295}$$

那么剩下的是：

$$\exp(\epsilon^\wedge) = \exp(\epsilon_1^\wedge) \exp\left(\left(\bar{\mathcal{T}}_1 \epsilon_2\right)^\wedge\right) \tag{7.296}$$

令 $\epsilon_2' = \bar{\mathcal{T}}_1 \epsilon_2$，则根据 BCH 公式，有：

$$\epsilon = \epsilon_1 + \epsilon_2' + \frac{1}{2}\epsilon_1^\curlywedge \epsilon_2' + \frac{1}{12}\epsilon_1^\curlywedge \epsilon_1^\curlywedge \epsilon_2' + \frac{1}{12}\epsilon_2'^\curlywedge \epsilon_2'^\curlywedge \epsilon_1 - \frac{1}{24}\epsilon_2'^\curlywedge \epsilon_1^\curlywedge \epsilon_1^\curlywedge \epsilon_2' + \cdots \tag{7.297}$$

为了证明我们的方法成立，必须使 $E[\epsilon] = \mathbf{0}$。假设 $\epsilon_1 \sim \mathcal{N}(\mathbf{0}, \Sigma_1)$ 和 $\epsilon_2' \sim \mathcal{N}(\mathbf{0}, \Sigma_2')$ 是相互无关的，那么有：

$$E[\epsilon] = -\frac{1}{24} E\left[\epsilon_2'^\curlywedge \epsilon_1^\curlywedge \epsilon_1^\curlywedge \epsilon_2'\right] + O\left(\epsilon^6\right) \tag{7.298}$$

上式中除了四阶项之外全是零均值。因此如果只到三阶的话，我们可以保证 $E[\epsilon] = \mathbf{0}$，故而式（7.295）是一种合理的组合姿态的方法[37]。

[37] 也可以证明四阶项是零均值，即 $E\left[\epsilon_2'^\curlywedge \epsilon_1^\curlywedge \epsilon_1^\curlywedge \epsilon_2'\right] = \mathbf{0}$，只要 Σ_1 满足下面的特殊形式：

$$\Sigma_1 = \begin{bmatrix} \Sigma_{1,\rho\rho} & \mathbf{0} \\ \mathbf{0} & \sigma_{1,\phi\phi}^2 \mathbf{1} \end{bmatrix}$$

下一步是计算 $\boldsymbol{\Sigma}=E\left[\boldsymbol{\epsilon}\boldsymbol{\epsilon}^{\mathrm{T}}\right]$。展开到四阶项，得：

$$\begin{aligned}E\left[\boldsymbol{\epsilon}\boldsymbol{\epsilon}^{\mathrm{T}}\right]\approx E\Bigg[&\boldsymbol{\epsilon}_1\boldsymbol{\epsilon}_1^{\mathrm{T}}+\boldsymbol{\epsilon}_2'\boldsymbol{\epsilon}_2'^{\mathrm{T}}+\frac{1}{4}\boldsymbol{\epsilon}_1^{\curlywedge}(\boldsymbol{\epsilon}_2'\boldsymbol{\epsilon}_2'^{\mathrm{T}})\boldsymbol{\epsilon}_1^{\curlywedge^{\mathrm{T}}}\\&+\frac{1}{12}\Big(\big(\boldsymbol{\epsilon}_1^{\curlywedge}\boldsymbol{\epsilon}_1^{\curlywedge}\big)\big(\boldsymbol{\epsilon}_2'\boldsymbol{\epsilon}_2'^{\mathrm{T}}\big)+\big(\boldsymbol{\epsilon}_2'\boldsymbol{\epsilon}_2'^{\mathrm{T}}\big)\big(\boldsymbol{\epsilon}_1^{\curlywedge}\boldsymbol{\epsilon}_1^{\curlywedge}\big)^{\mathrm{T}}\\&+\big(\boldsymbol{\epsilon}_2'^{\curlywedge}\boldsymbol{\epsilon}_2'^{\curlywedge}\big)\big(\boldsymbol{\epsilon}_1\boldsymbol{\epsilon}_1^{\mathrm{T}}\big)+\big(\boldsymbol{\epsilon}_2'^{\curlywedge}\boldsymbol{\epsilon}_2'^{\curlywedge}\big)\big(\boldsymbol{\epsilon}_1\boldsymbol{\epsilon}_1^{\mathrm{T}}\big)\Big)\Bigg]\end{aligned}\tag{7.299}$$

其中，$\boldsymbol{\epsilon}_1$ 和 $\boldsymbol{\epsilon}_2'$ 的奇数次幂为零，因此我们忽略了包含奇数次幂的项。这个式子看起来可能很吓人，但是我们可以逐项计算。为了节省空间，我们定义下面的线性算子：

$$\langle\!\langle \boldsymbol{A}\rangle\!\rangle=-\operatorname{tr}(\boldsymbol{A})\mathbf{1}+\boldsymbol{A}\tag{7.300a}$$

$$\langle\!\langle \boldsymbol{A},\boldsymbol{B}\rangle\!\rangle=\langle\!\langle \boldsymbol{A}\rangle\!\rangle\langle\!\langle \boldsymbol{B}\rangle\!\rangle+\langle\!\langle \boldsymbol{B}\boldsymbol{A}\rangle\!\rangle\tag{7.300b}$$

其中 $\boldsymbol{A},\boldsymbol{B}\in\mathbb{R}^{n\times n}$，从而有下面的恒等式：

$$-\boldsymbol{u}^{\wedge}\boldsymbol{A}\boldsymbol{v}^{\wedge}\equiv\langle\!\langle \boldsymbol{v}\boldsymbol{u}^{\mathrm{T}},\boldsymbol{A}^{\mathrm{T}}\rangle\!\rangle\tag{7.301}$$

其中 $\boldsymbol{u},\boldsymbol{v}\in\mathbb{R}^3$，并且 $\boldsymbol{A}\in\mathbb{R}^{3\times3}$。重复使用这一恒等式，我们可以算出：

$$E\left[\boldsymbol{\epsilon}_1\boldsymbol{\epsilon}_1^{\mathrm{T}}\right]=\boldsymbol{\Sigma}_1=\begin{bmatrix}\boldsymbol{\Sigma}_{1,\rho\rho}&\boldsymbol{\Sigma}_{1,\rho\phi}\\\boldsymbol{\Sigma}_{1,\rho\phi}^{\mathrm{T}}&\boldsymbol{\Sigma}_{1,\phi\phi}\end{bmatrix}\tag{7.302a}$$

$$E\left[\boldsymbol{\epsilon}_2'\boldsymbol{\epsilon}_2'^{\mathrm{T}}\right]=\boldsymbol{\Sigma}_2'=\begin{bmatrix}\boldsymbol{\Sigma}_{2,\rho\rho}'&\boldsymbol{\Sigma}_{2,\rho\phi}'\\\boldsymbol{\Sigma}_{2,\rho\phi}'^{\mathrm{T}}&\boldsymbol{\Sigma}_{2,\phi\phi}'\end{bmatrix}=\bar{\boldsymbol{\mathcal{T}}}_1\boldsymbol{\Sigma}_2\bar{\boldsymbol{\mathcal{T}}}_1^{\mathrm{T}}\tag{7.302b}$$

$$E\left[\boldsymbol{\epsilon}_1^{\curlywedge}\boldsymbol{\epsilon}_1^{\curlywedge}\right]=\boldsymbol{\mathcal{A}}_1=\begin{bmatrix}\langle\!\langle\boldsymbol{\Sigma}_{1,\phi\phi}\rangle\!\rangle&\langle\!\langle\boldsymbol{\Sigma}_{1,\rho\phi}+\boldsymbol{\Sigma}_{1,\rho\phi}^{\mathrm{T}}\rangle\!\rangle\\\mathbf{0}&\langle\!\langle\boldsymbol{\Sigma}_{1,\phi\phi}\rangle\!\rangle\end{bmatrix}\tag{7.302c}$$

$$E\left[\boldsymbol{\epsilon}_2'^{\curlywedge}\boldsymbol{\epsilon}_2'^{\curlywedge}\right]=\boldsymbol{\mathcal{A}}_2'=\begin{bmatrix}\langle\!\langle\boldsymbol{\Sigma}_{2,\phi\phi}'\rangle\!\rangle&\langle\!\langle\boldsymbol{\Sigma}_{2,\rho\phi}'+\boldsymbol{\Sigma}_{2,\rho\phi}'^{\mathrm{T}}\rangle\!\rangle\\\mathbf{0}&\langle\!\langle\boldsymbol{\Sigma}_{2,\phi\phi}'\rangle\!\rangle\end{bmatrix}\tag{7.302d}$$

$$E\left[\boldsymbol{\epsilon}_1^{\curlywedge}(\boldsymbol{\epsilon}_2'\boldsymbol{\epsilon}_2'^{\mathrm{T}})\boldsymbol{\epsilon}_1^{\curlywedge^{\mathrm{T}}}\right]=\boldsymbol{\mathcal{B}}=\begin{bmatrix}\boldsymbol{B}_{\rho\rho}&\boldsymbol{B}_{\rho\phi}\\\boldsymbol{B}_{\rho\phi}^{\mathrm{T}}&\boldsymbol{B}_{\phi\phi}\end{bmatrix}\tag{7.302e}$$

其中

$$\boldsymbol{B}_{\rho\rho}=\langle\!\langle\boldsymbol{\Sigma}_{1,\phi\phi},\boldsymbol{\Sigma}_{2,\rho\rho}'\rangle\!\rangle+\langle\!\langle\boldsymbol{\Sigma}_{1,\rho\phi}^{\mathrm{T}},\boldsymbol{\Sigma}_{2,\rho\phi}'\rangle\!\rangle+\langle\!\langle\boldsymbol{\Sigma}_{1,\rho\phi},\boldsymbol{\Sigma}_{2,\rho\phi}'^{\mathrm{T}}\rangle\!\rangle+\langle\!\langle\boldsymbol{\Sigma}_{1,\rho\rho},\boldsymbol{\Sigma}_{2,\phi\phi}'\rangle\!\rangle\tag{7.303a}$$

$$\boldsymbol{B}_{\rho\phi}=\langle\!\langle\boldsymbol{\Sigma}_{1,\phi\phi},\boldsymbol{\Sigma}_{2,\rho\phi}'^{\mathrm{T}}\rangle\!\rangle+\langle\!\langle\boldsymbol{\Sigma}_{1,\rho\phi}^{\mathrm{T}},\boldsymbol{\Sigma}_{2,\phi\phi}'\rangle\!\rangle\tag{7.303b}$$

$$\boldsymbol{B}_{\phi\phi}=\langle\!\langle\boldsymbol{\Sigma}_{1,\phi\phi},\boldsymbol{\Sigma}_{2,\phi\phi}'\rangle\!\rangle\tag{7.303c}$$

其中下标 ρ 和 ϕ 将协方差矩阵分为平移和旋转两部分。这种形式的 $\boldsymbol{\Sigma}_1$ 很常见，比如在将速度的不确定性通过以 $SE(3)$ 形式的运动学方程进行传递时。根据式（7.222），我们可以得到 $\boldsymbol{T}_1=\exp\left((t_2-t_1)\,\boldsymbol{\varpi}^{\wedge}\right)$，其中 $\boldsymbol{\varpi}$ 是产生的带噪声的广义速度。在这种情况下，我们有理由假设直到第五阶（或者更高阶）均有 $E[\boldsymbol{\epsilon}]=\mathbf{0}$ 成立。

得到精确到四阶项[38]的协方差如下：

$$\boldsymbol{\Sigma}_{\text{4th}} \approx \underbrace{\boldsymbol{\Sigma}_1 + \boldsymbol{\Sigma}_2'}_{\boldsymbol{\Sigma}_{\text{2nd}}} + \underbrace{\frac{1}{4}\boldsymbol{\mathcal{B}} + \frac{1}{12}\left(\boldsymbol{\mathcal{A}}_1\boldsymbol{\Sigma}_2' + \boldsymbol{\Sigma}_2'\boldsymbol{\mathcal{A}}_1^{\mathrm{T}} + \boldsymbol{\mathcal{A}}_2'\boldsymbol{\Sigma}_1 + \boldsymbol{\Sigma}_1\boldsymbol{\mathcal{A}}_2'^{\mathrm{T}}\right)}_{\text{额外的四阶项}} \tag{7.304}$$

这个结果与文献 [68] 中的结果是基本相同的，差别在于我们这里定义的 PDF稍有不同。需要指出的是，尽管我们的方法用了扰动量的四阶项，但协方差只需要二阶即可（与文献 [68] 一样）。文献 [71] 论述了这些结果之间的关系。总之，我们可以用式（7.295）计算均值，用式（7.304）计算协方差，从而组合两个姿态。

Sigmapoint 方法

我们也可以通过 sigmapoint 变换 [34] 来计算姿态组合中不确定度的传播。在本节中，我们采用 $SE(3)$ 的扰动来作为例子，处理的方法类似于文献 [73] 和 [74]。具体来说，采用有限数目的采样点 $\{\boldsymbol{T}_{1,\ell}, \boldsymbol{T}_{2,\ell}\}$，用它们来近似高斯分布：

$$\begin{aligned}
\boldsymbol{L}\boldsymbol{L}^{\mathrm{T}} &= \operatorname{diag}(\boldsymbol{\Sigma}_1, \boldsymbol{\Sigma}_2), \quad \text{（Cholesky 分解；}\boldsymbol{L}\text{ 为下三角矩阵）} \\
\boldsymbol{\psi}_\ell &= \sqrt{\lambda}\operatorname{col}_\ell \boldsymbol{L}, \quad \ell = 1, \cdots, L \\
\boldsymbol{\psi}_{\ell+L} &= -\sqrt{\lambda}\operatorname{col}_\ell \boldsymbol{L}, \quad \ell = 1, \cdots, L \\
\begin{bmatrix} \boldsymbol{\epsilon}_{1,\ell} \\ \boldsymbol{\epsilon}_{2,\ell} \end{bmatrix} &= \boldsymbol{\psi}_\ell, \quad \ell = 1, \cdots, 2L \\
\boldsymbol{T}_{1,\ell} &= \exp(\boldsymbol{\epsilon}_{1,\ell}^{\wedge})\bar{\boldsymbol{T}}_1, \quad \ell = 1, \cdots, 2L \\
\boldsymbol{T}_{2,\ell} &= \exp(\boldsymbol{\epsilon}_{2,\ell}^{\wedge})\bar{\boldsymbol{T}}_2, \quad \ell = 1, \cdots, 2L
\end{aligned}$$

其中 λ 是用户定义的缩放常量[39]，$L = 12$。接下来，我们把每个采样值代入姿态组合模型中并计算与均值的差：

$$\boldsymbol{\epsilon}_\ell = \ln\left(\boldsymbol{T}_{1,\ell}\boldsymbol{T}_{2,\ell}\bar{\boldsymbol{T}}^{-1}\right)^{\vee}, \quad \ell = 1, \cdots, 2L \tag{7.305}$$

所有的输出放在一起得到输出的协方差：

$$\boldsymbol{\Sigma}_{sp} = \frac{1}{2\lambda}\sum_{l=1}^{2L} \boldsymbol{\epsilon}_\ell \boldsymbol{\epsilon}_\ell^{\mathrm{T}} \tag{7.306}$$

需要注意的是我们这里假设了 sigmapoint 的采样输出的均值为零，这与我们的均值传播是一致的。有趣的是，这样得到的结果与上节提到的二阶方法在代数上是相等的，其原因在于 $\boldsymbol{T}_1$ 和 $\boldsymbol{T}_2$ 的噪声源是不相关的。

---

[38] 六阶项虽然需要大量的计算工作，但是仍然可以通过 Isserlis 定理计算出来。

[39] 在本节的所有实验中，我们设置 $\lambda = 1$。我们需要保证旋转自由度的 sigmapoint 小于 π，以避免数值计算的问题。

Sigmapoint 组合范例

相比于 7.3.3 节的定性描述，本节将介绍姿态组合的定量描述。为了便于比较二阶与四阶方法，我们将考虑下面的多次姿态组合：

$$\exp(\boldsymbol{\epsilon}_K^{\wedge})\bar{\boldsymbol{T}}_K = \left(\prod_{k=1}^{K} \exp\left(\boldsymbol{\epsilon}^{\wedge}\right)\bar{\boldsymbol{T}}\right)\exp(\boldsymbol{\epsilon}_0^{\wedge})\bar{\boldsymbol{T}}_0 \tag{7.307}$$

如前所述，上式可以看成是式（7.222）中对 $SE(3)$ 运动学方程的离散时间积分。为了简化，考虑下面的假设：

$$\bar{\boldsymbol{T}}_0 = \mathbf{1}, \quad \boldsymbol{\epsilon}_0 \sim \mathcal{N}(\mathbf{0}, \mathbf{0}) \tag{7.308a}$$

$$\bar{\boldsymbol{T}} = \begin{bmatrix} \bar{\boldsymbol{C}} & \bar{\boldsymbol{r}} \\ \mathbf{0}^{\mathrm{T}} & 1 \end{bmatrix}, \quad \boldsymbol{\epsilon} \sim \mathcal{N}(\mathbf{0}, \boldsymbol{\Sigma}) \tag{7.308b}$$

$$\bar{\boldsymbol{C}} = \mathbf{1}, \quad \bar{\boldsymbol{r}} = \begin{bmatrix} r \\ 0 \\ 0 \end{bmatrix}, \quad \boldsymbol{\Sigma} = \mathrm{diag}(0,0,0,0,0,\sigma^2) \tag{7.308c}$$

尽管这是三维空间的例子，但是为了叙述与绘图的方便，我们将其限制在一个二维平面上。也就是说让刚体沿着 x 轴运动，同时伴随着绕 z 轴的不确定旋转。这样可以描述一个在平面上运动的机器人，它有着固定的线速度，同时伴随着不确定的角速度。我们的问题是随着时间的变化，其协方差矩阵是如何变化的。

根据二阶方法，有：

$$\bar{\boldsymbol{T}}_K = \begin{bmatrix} 1 & 0 & 0 & Kr \\ 0 & 1 & 0 & 0 \\ 0 & 0 & 1 & 0 \\ 0 & 0 & 0 & 1 \end{bmatrix} \tag{7.309a}$$

$$\boldsymbol{\Sigma}_K = \begin{bmatrix} 0 & 0 & 0 & 0 & 0 & 0 \\ 0 & \frac{K(K-1)(2K-1)}{6}r^2\sigma^2 & 0 & 0 & 0 & -\frac{K(K-1)}{2}r\sigma^2 \\ 0 & 0 & 0 & 0 & 0 & 0 \\ 0 & 0 & 0 & 0 & 0 & 0 \\ 0 & 0 & 0 & 0 & 0 & 0 \\ 0 & -\frac{K(K-1)}{2}r\sigma^2 & 0 & 0 & 0 & K\sigma^2 \end{bmatrix} \tag{7.309b}$$

其中，$\boldsymbol{\Sigma}_K$ 的最左上角对应 x 轴上的不确定性，它并没有发生变化，但是在四阶方法中这一项是非零的。这是多种因素导致的，但是主要来自于矩阵 $\boldsymbol{\mathcal{B}}$ 中的 $\boldsymbol{B}_{\rho\rho}$。这种额外的一个自由度的不确定性是无法通过二阶方法得到的。图 7–6 提供了这种效应的数值化例子。可以看到如同文献 [70] 中讨论的那样，二阶与四阶方法都可以很好地表示这个“香蕉”形状的密度分布，但是四阶方法在运动方向上有一些不确定性（和采样方法的结果一致），而二阶方法则没有。

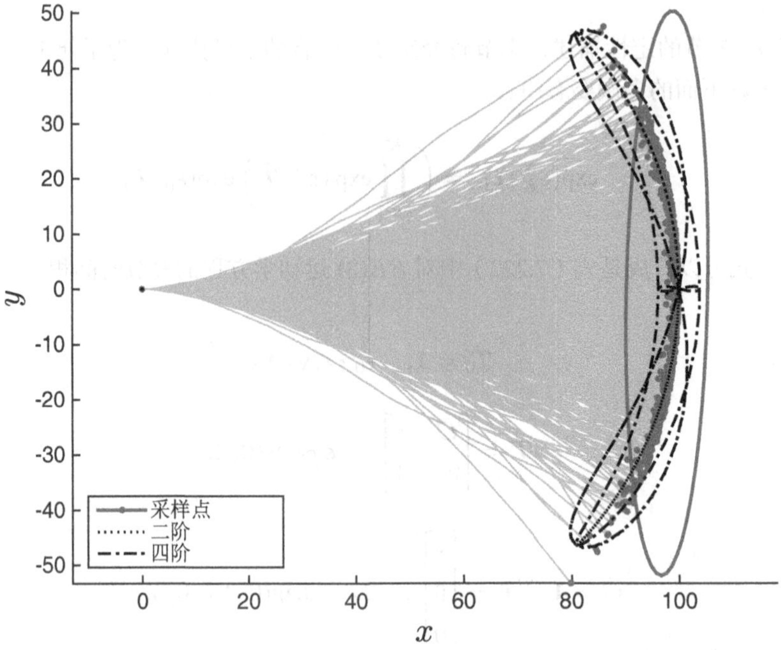

图 7–6 $K = 100$ 个姿态组合。浅灰色线与灰点表示了 1000 个独立的采样点，这些采样点从 $(0, 0)$ 开始匀速向右移动的同时，伴随着不确定的角速度。灰色的 1-sigma 协方差椭圆只是对采样点粗略的拟合，展示了 xy 协方差的样子。而黑点线（二阶）和点划线（四阶）是 $\boldsymbol{\Sigma}_K$ 对应的 1-sigma 协方差椭球的主体，投影在 xy 平面的样子。在对应正前方向的 $(95, 0)$ 上，四阶项有非零的不确定性（和采样点方法一样），而二阶方法则没有。我们使用的参数是 $r = 1, \sigma = 0.03$

组合实验

为了定量评价姿态组合的结果，我们进行第二个实验，也包括了协方差的组合计算：

$$\begin{aligned}\bar{\boldsymbol{T}}_1 &= \exp(\bar{\boldsymbol{\xi}}_1^\wedge), \quad \bar{\boldsymbol{\xi}}_1 = [0 \ \ 2 \ \ 0 \ \ \pi/6 \ \ 0 \ \ 0]^{\mathrm{T}} \\ \boldsymbol{\Sigma}_1 &= \alpha \times \operatorname{diag}\left\{10, 5, 5, \frac{1}{2}, 1, \frac{1}{2}\right\}\end{aligned} \tag{7.310a}$$

$$\begin{aligned}\bar{\boldsymbol{T}}_2 &= \exp(\bar{\boldsymbol{\xi}}_2^\wedge), \quad \bar{\boldsymbol{\xi}}_2 = [0 \ \ 0 \ \ 1 \ \ 0 \ \ \pi/4 \ \ 0]^{\mathrm{T}} \\ \boldsymbol{\Sigma}_2 &= \alpha \times \operatorname{diag}\left\{5, 10, 5, \frac{1}{2}, \frac{1}{2}, 1\right\}\end{aligned} \tag{7.310b}$$

其中 $\alpha \in [0, 1]$ 是一个是用于调节不确定性大小的缩放参数。

我们利用式（7.293）对这两个姿态进行组合，均值为 $\bar{\boldsymbol{T}} = \bar{\boldsymbol{T}}_1\bar{\boldsymbol{T}}_2$，而协方差 $\boldsymbol{\Sigma}$ 采用下面的方法进行计算：

1. **蒙特卡罗法**：我们根据输入的协方差矩阵，随机采样 $M = 1\,000\,000$ 个数据 $(\boldsymbol{\epsilon}_{m_1}, \boldsymbol{\epsilon}_{m_2})$，进行姿态组合，再计算一下协方差 $\boldsymbol{\Sigma}_{mc} = \frac{1}{M}\sum_{m=1}^{M} \boldsymbol{\epsilon}_m \boldsymbol{\epsilon}_m^{\mathrm{T}}$，其中 $\boldsymbol{\epsilon}_m = \ln(\boldsymbol{T}_m \bar{\boldsymbol{T}}^{-1})^\vee$。均值则为

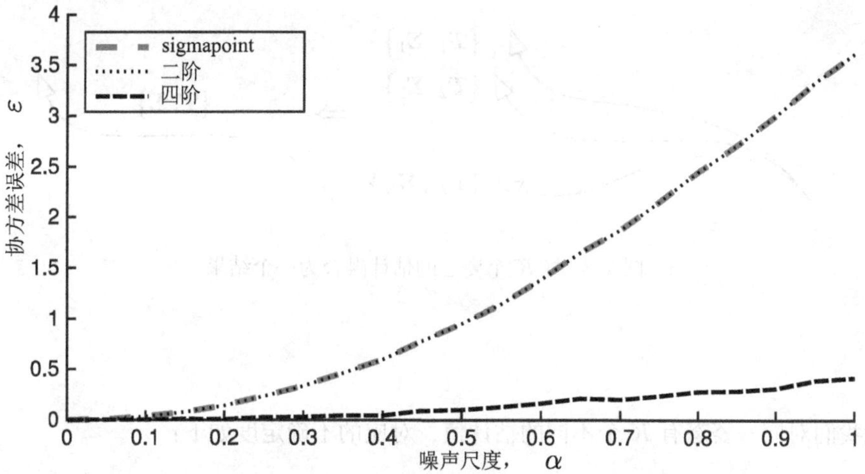

图 7–7　组合实验的结果，即用三种方法得到的姿态组合与蒙特卡罗方法结果的比较。这个问题中的 Sigmapoint 方法和二阶方法在代数上是相等的，因此二者的曲线是完全重合的。随着输入协方差的参数 α 不断增大，很明显可以看到四阶方法的优越性

$\boldsymbol{T}_m = \exp(\boldsymbol{\epsilon}_{m_1}^{\wedge})\bar{\boldsymbol{T}}_1 \exp(\boldsymbol{\epsilon}_{m_2}^{\wedge})\bar{\boldsymbol{T}}_2$。这种慢但是准确的做法可作为与后面三个快速方法进行比较的基准值。

2. **二阶**：我们使用上面介绍的二阶方法来计算 $\boldsymbol{\Sigma}_{\text{2nd}}$。
3. **四阶**：我们使用上面介绍的四阶方法来计算 $\boldsymbol{\Sigma}_{\text{4th}}$。
4. **Sigmapoint**：我们使用上面介绍的 sigmapoint 方法来计算 $\boldsymbol{\Sigma}_{\text{sp}}$。

我们利用下面的 **Frobenius 范数**来比较三个协方差与蒙特卡罗得到的结果：

$$\varepsilon = \sqrt{\operatorname{tr}\left((\boldsymbol{\Sigma} - \boldsymbol{\Sigma}_{\text{mc}})^{\mathrm{T}}(\boldsymbol{\Sigma} - \boldsymbol{\Sigma}_{\text{mc}})\right)}$$

图 7–7 表明，当输入的协方差矩阵比较小时（即 α 比较小），几种方法的结果差别很小，与基准值的误差也都比较小。但是当我们不断增大输入协方差的大小时，所有的方法都会变差，其中四阶方法表现最好，误差大概只有其他方法的七分之一左右。需要注意的是 α 缩放协方差时，对应的噪声会呈二次方增长。

二阶方法与 sigmapoint 方法的结果很难辨识开，因为它们在代数上是相等的。而四阶方法由于考虑了高阶项，表现得比前两者都好。我们并没有比较各种方法的计算复杂度，因为它们都比蒙特卡罗方法高效许多。

同时需要注意的是随着输入不确定性的增大，我们正确计算 $SE(3)$ 的不确定性的能力是不断下降的。这一点可以在图 7–7 中看到，输入不确定性增大的同时误差也在不断增大。这也说明了最明智的处理方法只计算相对姿态关系，因为这时候的不确定性比较小。

7.3.4　姿态融合

如图 7–8 所示，本节的主要内容是不同姿态估计的融合，我们会首先将其归结为李群上的估计问题，并且利用 7.1.9 节引入的最优化方法。

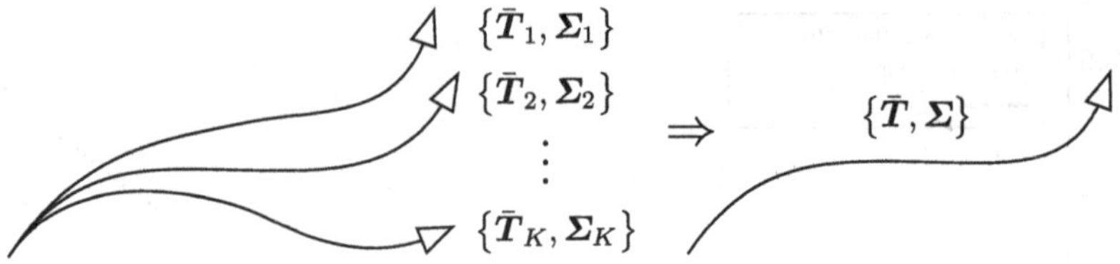

图 7–8 将 K 个姿态的估计融合为一个结果

理论

假设我们对同一姿态有 K 个不同的估计值，对应的不确定度如下：

$$\left\{\bar{\boldsymbol{T}}_1, \boldsymbol{\Sigma}_1\right\}, \left\{\bar{\boldsymbol{T}}_2, \boldsymbol{\Sigma}_2\right\}, \cdots, \left\{\bar{\boldsymbol{T}}_K, \boldsymbol{\Sigma}_K\right\} \tag{7.311}$$

如果我们将它们看成是对真值 $\boldsymbol{T}_{\text{true}}$ 的很多个不准确的测量值，那么该如何将它们融合成一个较为准确的估计值 $\{\bar{\boldsymbol{T}}, \boldsymbol{\Sigma}\}$ 呢?

在本书的第一部分，我们可以看到，可以直接利用向量空间方法进行融合求解，同时得到准确的闭式解如下：

$$\bar{\boldsymbol{x}} = \boldsymbol{\Sigma} \sum_{k=1}^{K} \boldsymbol{\Sigma}_k^{-1} \bar{\boldsymbol{x}}_k, \quad \boldsymbol{\Sigma} = \left(\sum_{k=1}^{K} \boldsymbol{\Sigma}_k^{-1} \right)^{-1} \tag{7.312}$$

但是这种方法处理 $SE(3)$ 稍显复杂，我们需要换一种简单的方法。

我们定义每个测量值与最优估计值之间 $\boldsymbol{T}$ 的测量误差（即需要进行最小化的量）为 $\boldsymbol{e}_k(\boldsymbol{T})$:

$$\boldsymbol{e}_k(\boldsymbol{T}) = \ln(\bar{\boldsymbol{T}}_k \boldsymbol{T}^{-1})^{\vee} \tag{7.313}$$

回想之前处理姿态最优化时的方法[40]，首先给定一个初始的估计值 $\boldsymbol{T}_{\text{op}}$，接着添加一个左扰动 $\boldsymbol{\epsilon}$:

$$\boldsymbol{T} = \exp(\boldsymbol{\epsilon}^{\wedge}) \boldsymbol{T}_{\text{op}} \tag{7.314}$$

将其代入误差定义式，可以得到：

$$\begin{aligned} \boldsymbol{e}_k(\boldsymbol{T}) &= \ln\left(\bar{\boldsymbol{T}}_k \boldsymbol{T}^{-1}\right)^{\vee} = \ln\Big(\underbrace{\bar{\boldsymbol{T}}_k \boldsymbol{T}_{\text{op}}^{-1}}_{\text{微小量}} \exp(-\boldsymbol{\epsilon}^{\wedge})\Big)^{\vee} \\ &= \ln\left(\exp(\boldsymbol{e}_k(\boldsymbol{T}_{\text{op}})^{\wedge}) \exp(-\boldsymbol{\epsilon}^{\wedge})\right)^{\vee} = \boldsymbol{e}_k(\boldsymbol{T}_{\text{op}}) - \boldsymbol{G}_k \boldsymbol{\epsilon} \end{aligned} \tag{7.315}$$

其中 $\boldsymbol{e}_k(\boldsymbol{T}_{\text{op}}) = \ln\left(\bar{\boldsymbol{T}}_k \boldsymbol{T}_{\text{op}}^{-1}\right)^{\vee}$，$\boldsymbol{G}_k = \boldsymbol{\mathcal{J}}(-\boldsymbol{e}_k(\boldsymbol{T}_{\text{op}}))^{-1}$。利用式（7.100）的 BCH 近似式就可以得到最终的表达式。因为 $\boldsymbol{e}_k(\boldsymbol{T}_{\text{op}})$ 相当小，所以这个序列会快速收敛，我们可以只保留部分项。而在我们的迭代框架中，$\boldsymbol{\epsilon}$ 会（在理想情况下）收敛至零，因此我们只选择保留线性项。

[40] 需要注意的是本节中我们对带李群约束的扰动采用了两种不同的方法。第一种是给李群添加单射噪声，从而可以定义概率和统计，第二种则使用扰动形式，以便进行迭代的优化。

我们定义需要优化的代价函数为：

$$
\begin{aligned}
J(\boldsymbol{T}) &= \frac{1}{2}\sum_{k=1}^{K}\boldsymbol{e}_k(\boldsymbol{T})^{\mathrm{T}}\boldsymbol{\Sigma}_k^{-1}\boldsymbol{e}_k(\boldsymbol{T}) \\
&\approx \frac{1}{2}\sum_{k=1}^{K}(\boldsymbol{e}_k(\boldsymbol{T}_{\mathrm{op}})-\boldsymbol{G}_k\boldsymbol{\epsilon})^{\mathrm{T}}\boldsymbol{\Sigma}_k^{-1}(\boldsymbol{e}_k(\boldsymbol{T}_{\mathrm{op}})-\boldsymbol{G}_k\boldsymbol{\epsilon})
\end{aligned} \tag{7.316}
$$

该式已经是（近似的）$\boldsymbol{\epsilon}$ 的二次型。这实际上是 **Mahalanobis 距离**[19] 的平方。因为我们已经选择权重矩阵是协方差矩阵的逆，因此针对 $\boldsymbol{\epsilon}$ 来最小化 J 等价于最大化各个估计值的联合似然函数。需要注意的是，因为我们使用了对约束敏感的扰动机制，所以不需要在优化过程中对状态变量进行限制。对 $\boldsymbol{\epsilon}$ 进行微分然后令其为零，则可以通过下面的线性方程求得最佳的 $\boldsymbol{\epsilon}$：

$$
\left(\sum_{k=1}^{K}\boldsymbol{G}_k^{\mathrm{T}}\boldsymbol{\Sigma}_k^{-1}\boldsymbol{G}_k\right)\boldsymbol{\epsilon}^{\star} = \sum_{k=1}^{K}\boldsymbol{G}_k^{\mathrm{T}}\boldsymbol{\Sigma}_k^{-1}\boldsymbol{e}_k(\boldsymbol{T}_{\mathrm{op}}) \tag{7.317}
$$

与式（7.312）相比，这个式子可能显得有些奇怪，由于矩阵指数的存在，我们定义的误差实际上是非线性的，所以这里出现了雅可比项。接下来将这个扰动添加到我们当前的估计值：

$$
\boldsymbol{T}_{\mathrm{op}} \leftarrow \exp(\boldsymbol{\epsilon}^{\star\wedge})\boldsymbol{T}_{\mathrm{op}} \tag{7.318}
$$

上式保证了 $\boldsymbol{T}_{\mathrm{op}}$ 仍在 $SE(3)$ 中，然后迭代直至收敛。在最后的迭代中，我们令 $\bar{\boldsymbol{T}} = \boldsymbol{T}_{\mathrm{op}}$ 作为我们融合后的均值，而协方差则为：

$$
\boldsymbol{\Sigma} = \left(\sum_{k=1}^{K}\boldsymbol{G}_k^{\mathrm{T}}\boldsymbol{\Sigma}_k^{-1}\boldsymbol{G}_k\right)^{-1} \tag{7.319}
$$

这种方法有着类似于 7.1.9 节中提到的高斯-牛顿法的形式。

这里的融合问题与文献 [66] 是相似的，但是他们只讨论了 $K=2$ 的情况。我们的方法与文献 [70] 类似，他们讨论了 $N=2$ 的情况，并且推导了任意数目测量下融合后均值与协方差的闭式表达式，但并没有进行迭代，并且用了稍微不同的 PDF。文献 [69] 也使用了一个稍微不同的 PDF，他们讨论了任意数目 K 下的非迭代的融合方法，并且给出了 $K=2$ 时的数值结果。我们的方法推广了之前的这些工作：（1）可以使用任意数目的 K 个测量结果；（2）在雅可比矩阵的逆 $\boldsymbol{\mathcal{J}}^{-1}$ 的近似中保留了任意数目的前 N 项；（3）使用了高斯-牛顿法进行迭代直至收敛。我们的方法也比前面的方法更加容易实现。

融合实验

为了验证姿态融合方法的有效性，我们利用下面的真实姿态：

$$
\boldsymbol{T}_{\mathrm{true}} = \exp(\boldsymbol{\xi}_{\mathrm{true}}^{\wedge}), \quad \boldsymbol{\xi}_{\mathrm{true}} = [1\ 0\ 0\ 0\ 0\ \pi/6]^{\mathrm{T}} \tag{7.320}
$$

然后产生三个随机的姿态测量值：

$$
\bar{\boldsymbol{T}}_1 = \exp(\boldsymbol{\epsilon}_1^{\wedge})\boldsymbol{T}_{\mathrm{true}}, \quad \bar{\boldsymbol{T}}_2 = \exp(\boldsymbol{\epsilon}_2^{\wedge})\boldsymbol{T}_{\mathrm{true}}, \quad \bar{\boldsymbol{T}}_3 = \exp(\boldsymbol{\epsilon}_3^{\wedge})\boldsymbol{T}_{\mathrm{true}} \tag{7.321}
$$

其中

$$\begin{aligned}\boldsymbol{\epsilon}_1 &\sim \mathcal{N}\left(\mathbf{0}, \operatorname{diag}\left\{10,5,5,\frac{1}{2},1,\frac{1}{2}\right\}\right)\\ \boldsymbol{\epsilon}_2 &\sim \mathcal{N}\left(\mathbf{0}, \operatorname{diag}\left\{5,15,5,\frac{1}{2},\frac{1}{2},1\right\}\right)\\ \boldsymbol{\epsilon}_3 &\sim \mathcal{N}\left(\mathbf{0}, \operatorname{diag}\left\{5,5,25,1,\frac{1}{2},\frac{1}{2}\right\}\right)\end{aligned} \tag{7.322}$$

接下来我们进行高斯-牛顿法的迭代求解，初始条件为 $\boldsymbol{T}_{\mathrm{op}} = \mathbf{1}$。我们保留 $\boldsymbol{G}_k = \boldsymbol{\mathcal{J}}(-\boldsymbol{e}_k(\boldsymbol{T}_{\mathrm{op}}))^{-1}$ 展开式的前 N 项，重复 $N = 1, \cdots, 6$ 进行实验。我们也可以利用闭式表示式求解 $\boldsymbol{\mathcal{J}}$ 的解析形式（然后利用数值方法求解其逆），记为“$N = \infty$”。

图 7–9 绘制了二者的具体表现。首先，它绘制了代价函数的最终收敛值 J_m 在 $M = 1000$ 次试验后的均值 $J = \frac{1}{M}\sum_{m=1}^{M} J_m$。其次，它绘制了通过同样的 M 次试验后的估计值 $\bar{\boldsymbol{T}}_m$ 的均方根误差：

$$\varepsilon = \sqrt{\frac{1}{M}\sum_{m=1}^{M} \boldsymbol{\varepsilon}_m^{\mathrm{T}} \boldsymbol{\varepsilon}_m}, \quad \boldsymbol{\varepsilon}_m = \ln\left(\boldsymbol{T}_{\mathrm{true}} \bar{\boldsymbol{T}}_m^{-1}\right)^{\vee}$$

由图可见，随着 N 的增大，二者的测量误差都是单调递减的，四阶项就可以得到非常好的效果了（甚至两阶项）。$N = 2, 3$ 的结果与 $N = 4, 5$ 的结果是一样的，这是由于在伯努利序列中，$B_3 = B_5 = 0$，所以这些项并没有改变 $\boldsymbol{\mathcal{J}}^{-1}$ 的值。同时也要注意到，如果令式（7.322）的旋转部分增大，我们就会得到很多旋转超过 π 的采样点。这可能会对目前的评价标准带来问题。

图 7–10 显示了单次试验中代价函数 J 的收敛过程。左侧可以看到迭代次数增加带来的明显好处，而右侧的图则可以看到通过在 $\boldsymbol{\mathcal{J}}^{-1}$ 的展开式中保留更多的项（如 $N = 2, 4, \infty$）可以让代价函数收敛到更小的值。本例中取 $N = 4$，在第 7 次迭代时，可以得到最好的结果。

7.3.5 非线性相机模型中的不确定性传播

在估计问题中，我们经常遇到的问题是如何将不确定性通过非线性模型进行传递，得到预测的测量结果。常见的思路是进行线性化处理[75]。文献 [76] 介绍了在考虑路标点位置的不确定性时（而没有考虑姿态的不确定性），在立体相机模型中如何进行二阶传播。在本节中，我们将推导均值（也包括协方差）的二阶完整形式，并且将其与蒙特卡罗方法、sigmapoint 变换与线性化方法进行比较。我们先介绍点的表示，然后是测量模型（相机模型）的泰勒级数展开，最后是实验分析。

齐次坐标点扰动

如 7.1.8 节所述，三维空间中的点可以用 4×1 的齐次坐标来表示：

$$\boldsymbol{p} = \begin{bmatrix} sx \\ sy \\ sz \\ s \end{bmatrix} \tag{7.323}$$

其中 s 是非负的实数标量。

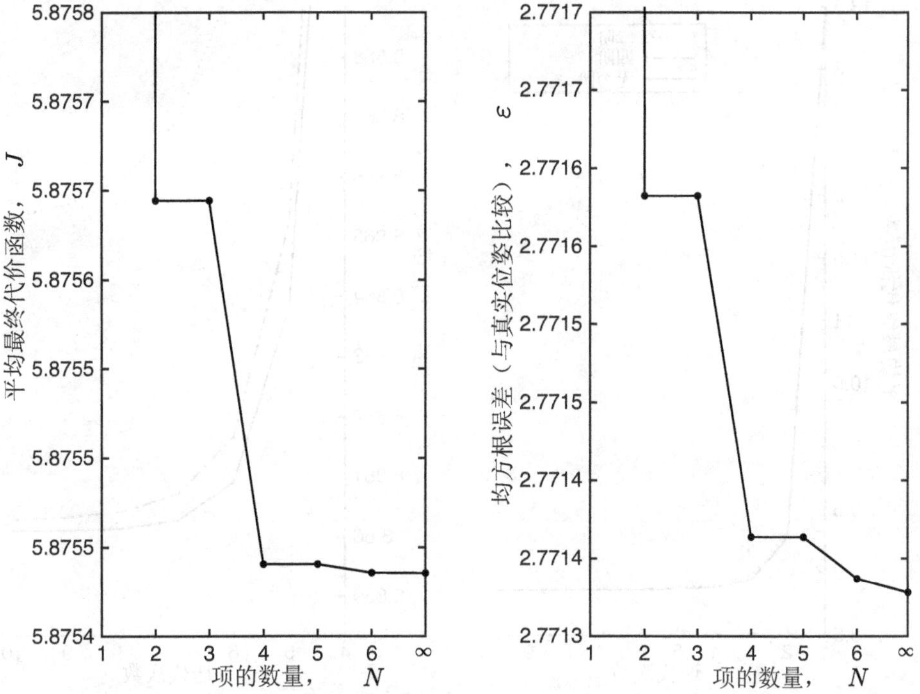

图 7–9　融合实验的结果。左图是平均最终代价函数 J 随着参数 N 的变化；右图则是均方根误差与真实姿态的比较。两张图都表明了 $\mathcal{J}^{-1}$ 展开式中保留更多项的好处。图中 ∞ 表示保留展开式中所有项，即其解析形式

齐次坐标的扰动可以直接通过对 xyz 坐标的操作来实现，如下

$$\boldsymbol{p} = \bar{\boldsymbol{p}} + \boldsymbol{D}\boldsymbol{\zeta} \tag{7.324}$$

其中 $\boldsymbol{\zeta} \in \mathbb{R}^3$ 是扰动量，$\boldsymbol{D}$ 是膨胀矩阵，具有如下形式：

$$\boldsymbol{D} = \begin{bmatrix} 1 & 0 & 0 \\ 0 & 1 & 0 \\ 0 & 0 & 1 \\ 0 & 0 & 0 \end{bmatrix} \tag{7.325}$$

因此有 $E[\boldsymbol{p}] = \bar{\boldsymbol{p}}$，以及：

$$E\left[(\boldsymbol{p} - \bar{\boldsymbol{p}})(\boldsymbol{p} - \bar{\boldsymbol{p}})^{\mathrm{T}}\right] = \boldsymbol{D}E\left[\boldsymbol{\zeta}\boldsymbol{\zeta}^{\mathrm{T}}\right]\boldsymbol{D}^{\mathrm{T}} \tag{7.326}$$

相机模型的泰勒级数展开

在姿态估计问题中常见的操作是把非线性模型进行线性化处理，本节中我们会进行一个更加一般形式的泰勒展开，然后主要处理二阶的情况。我们的相机模型是：

$$\boldsymbol{y} = \boldsymbol{g}(\boldsymbol{T}, \boldsymbol{p}) \tag{7.327}$$

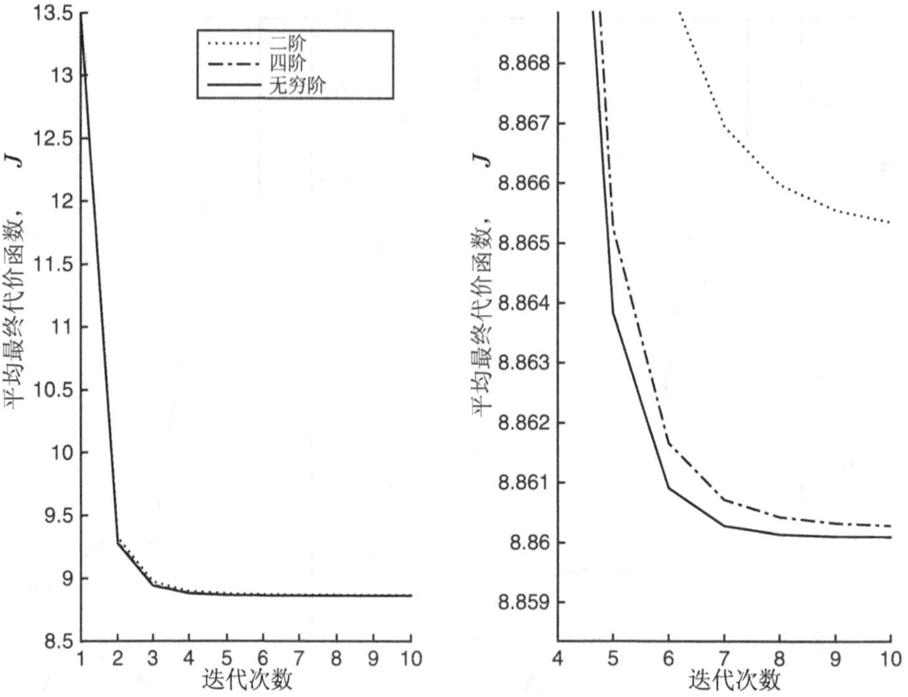

图 7–10 融合实验的结果：左图是代价函数 J 的收敛过程。这只是图 7–9 中 M 次试验中的一次。右图与左图一样，但是进行了局部放大，可以看到 $N = 2, 4, \infty$ 次可以收敛到更低的数值

其中 $\boldsymbol{T}$ 是相机的姿态，$\boldsymbol{p}$ 是齐次形式的路标点。对于一组相机姿态与路标点 $\{\bar{\boldsymbol{T}}, \bar{\boldsymbol{p}}, \boldsymbol{\Xi}\}$，其中 $\boldsymbol{\Xi}$ 是二者组合在一起的 9×9 的协方差矩阵，我们的任务是通过相机模型产生对应的测量均值与协方差 $\{\boldsymbol{y}, \boldsymbol{R}\}$[41]。

我们可以将相机模型看成是两个非线性方程的组合。一个是将路标点转换到相机坐标系下，即 $\boldsymbol{z}(\boldsymbol{T}, \boldsymbol{p}) = \boldsymbol{T}\boldsymbol{p}$；另一个则是将相机坐标系下的点投影生成观测数据，即 $\boldsymbol{y} = \boldsymbol{s}(\boldsymbol{z})$。因此有下面的式子：

$$\boldsymbol{g}(\boldsymbol{T}, \boldsymbol{p}) = \boldsymbol{s}(\boldsymbol{z}(\boldsymbol{T}, \boldsymbol{p})) \tag{7.328}$$

我们会依次处理这两个非线性方程。如果给相机姿态或者路标点的坐标分别施加一个微小的扰动量，则有如下的式子：

$$\boldsymbol{z} = \boldsymbol{T}\boldsymbol{p} = \exp(\boldsymbol{\epsilon}^\wedge)\bar{\boldsymbol{T}}(\bar{\boldsymbol{p}} + \boldsymbol{D}\boldsymbol{\zeta}) \approx \left(\mathbf{1} + \boldsymbol{\epsilon}^\wedge + \frac{1}{2}\boldsymbol{\epsilon}^\wedge\boldsymbol{\epsilon}^\wedge\right)\bar{\boldsymbol{T}}(\bar{\boldsymbol{p}} + \boldsymbol{D}\boldsymbol{\zeta}) \tag{7.329}$$

其中姿态的泰勒展开只保留了前两项。展开上面的式子，并且只保留 $\boldsymbol{\epsilon}$ 与 $\boldsymbol{\zeta}$ 的一、二阶项，则有：

$$\boldsymbol{z} \approx \bar{\boldsymbol{z}} + \boldsymbol{Z}\boldsymbol{\theta} + \frac{1}{2}\sum_{i=1}^{4} \underbrace{\boldsymbol{\theta}^{\mathrm{T}}\boldsymbol{\mathcal{Z}}_i\boldsymbol{\theta}}_{\text{标量}} \mathbf{1}_i \tag{7.330}$$

[41] 在这个例子中，不确定性主要来自于姿态与路标点的坐标，并且我们忽略了内部测量噪声。如果需要的话，该噪声也可以加到模型里面去。

其中 $\mathbf{1}_i$ 是 4×4 单位矩阵的第 i 列，且：

$$\bar{\boldsymbol{z}} = \bar{\boldsymbol{T}}\bar{\boldsymbol{p}} \tag{7.331a}$$

$$\boldsymbol{Z} = \begin{bmatrix} (\bar{\boldsymbol{T}}\bar{\boldsymbol{p}})^{\odot} & \bar{\boldsymbol{T}}\boldsymbol{D} \end{bmatrix} \tag{7.331b}$$

$$\boldsymbol{\mathcal{Z}}_i = \begin{bmatrix} \mathbf{1}_i^{\circledcirc}(\bar{\boldsymbol{T}}\bar{\boldsymbol{p}})^{\odot} & \mathbf{1}_i^{\circledcirc}\bar{\boldsymbol{T}}\boldsymbol{D} \\ (\mathbf{1}_i^{\circledcirc}\bar{\boldsymbol{T}}\boldsymbol{D})^{\mathrm{T}} & \mathbf{0} \end{bmatrix} \tag{7.331c}$$

$$\boldsymbol{\theta} = \begin{bmatrix} \boldsymbol{\epsilon} \\ \boldsymbol{\zeta} \end{bmatrix} \tag{7.331d}$$

不断使用 7.1.8 节的性质就能得到上面的这些式子。

为了应用到相机的非线性模型中，我们需要对一阶与二阶微分使用链式法则：

$$\boldsymbol{g}(\boldsymbol{T},\boldsymbol{p}) \approx \bar{\boldsymbol{g}} + \boldsymbol{G}\boldsymbol{\theta} + \frac{1}{2}\sum_j \underbrace{\boldsymbol{\theta}^{\mathrm{T}}\boldsymbol{\mathcal{G}}_j\boldsymbol{\theta}}_{\text{标量}}\mathbf{1}_j \tag{7.332}$$

同样计算到 $\boldsymbol{\theta}$ 的二阶项，如下：

$$\bar{\boldsymbol{g}} = \boldsymbol{s}(\bar{\boldsymbol{z}}) \tag{7.333a}$$

$$\boldsymbol{G} = \boldsymbol{S}\boldsymbol{Z}, \quad \boldsymbol{S} = \left.\frac{\partial \boldsymbol{s}}{\partial \boldsymbol{z}}\right|_{\bar{\boldsymbol{z}}} \tag{7.333b}$$

$$\boldsymbol{\mathcal{G}}_j = \boldsymbol{Z}^{\mathrm{T}}\boldsymbol{\mathcal{S}}_j\boldsymbol{Z} + \sum_{i=1}^{4}\underbrace{\mathbf{1}_j^{\mathrm{T}}\boldsymbol{S}\mathbf{1}_i}_{\text{标量}}\boldsymbol{\mathcal{Z}}_i \tag{7.333c}$$

$$\boldsymbol{\mathcal{S}}_j = \left.\frac{\partial^2 s_j}{\partial \boldsymbol{z}\,\partial \boldsymbol{z}^{\mathrm{T}}}\right|_{\bar{\boldsymbol{z}}} \tag{7.333d}$$

其中 j 是 $\boldsymbol{s}(\cdot)$ 的行索引，$\mathbf{1}_j$ 是单位矩阵的第 j 列。$\boldsymbol{s}(\cdot)$ 的雅可比矩阵为 $\boldsymbol{S}$，$s_j(\cdot)$ 的海塞矩阵是 $\boldsymbol{\mathcal{S}}_j$。

如果我们只关注一阶扰动的话，则有下面更简单的形式：

$$\boldsymbol{g}(\boldsymbol{T},\boldsymbol{p}) = \bar{\boldsymbol{g}} + \boldsymbol{G}\boldsymbol{\theta} \tag{7.334}$$

其中 $\bar{\boldsymbol{g}}$ 和 $\boldsymbol{G}$ 的定义都和上面的一样。

这些扰动的测量模型可以用到任何估计框架中。在下一小节中，我们将展示它在立体相机模型中的应用以及二阶项的优势。

相机的高斯不确定性传播

假设输入的不确定性由 $\boldsymbol{\theta}$ 引入，它具有零均值高斯噪声：

$$\boldsymbol{\theta} \sim \mathcal{N}(\mathbf{0}, \boldsymbol{\Xi}) \tag{7.335}$$

其中需要注意的是，一般情况下姿态 $\boldsymbol{T}$ 与路标点 $\boldsymbol{p}$ 都是关联的。

精确到一阶项的测量为：

$$\boldsymbol{y}_{\text{1st}} = \bar{\boldsymbol{g}} + \boldsymbol{G}\boldsymbol{\theta} \tag{7.336}$$

由于 $E[\boldsymbol{\theta}]=\mathbf{0}$，故而 $\bar{\boldsymbol{y}}_{\text{1st}}=E[\boldsymbol{y}_{\text{1st}}]=\bar{\boldsymbol{g}}$。那么一阶相机模型对应的二阶协方差如下：

$$\boldsymbol{R}_{\text{2nd}}=E\left[\left(\boldsymbol{y}_{\text{1st}}-\bar{\boldsymbol{y}}_{\text{1st}}\right)\left(\boldsymbol{y}_{\text{1st}}-\bar{\boldsymbol{y}}_{\text{1st}}\right)^{\mathrm{T}}\right]=\boldsymbol{G}\boldsymbol{\Xi}\boldsymbol{G}^{\mathrm{T}} \tag{7.337}$$

对于二阶相机模型，有如下的结果：

$$\boldsymbol{y}_{\text{2nd}}=\bar{\boldsymbol{g}}+\boldsymbol{G}\boldsymbol{\theta}+\frac{1}{2}\sum_{j}\boldsymbol{\theta}^{\mathrm{T}}\boldsymbol{\mathcal{G}}_{j}\boldsymbol{\theta}\mathbf{1}_{j} \tag{7.338}$$

因此有：

$$\bar{\boldsymbol{y}}_{\text{2nd}}=E[\boldsymbol{y}_{\text{2nd}}]=\bar{\boldsymbol{g}}+\frac{1}{2}\sum_{j}\operatorname{tr}(\boldsymbol{\mathcal{G}}_{j}\boldsymbol{\Xi})\mathbf{1}_{j} \tag{7.339}$$

相比于一阶相机模型，此处多了一个非零项。输入的协方差 $\boldsymbol{\Xi}$ 越大，这个非零项就越大，具体大小取决于非线性的程度。对于线性相机模型来说，有 $\boldsymbol{\mathcal{G}}_{j}=\mathbf{0}$，则一阶相机模型与二阶相机模型是完全一样的。

我们下面只用相机模型的二阶展开来计算四阶协方差。原则上，为了达到这个目的，我们需要把相机模型展开到三阶项，因为额外的四阶项需要相机模型的一阶与三阶相乘，但是这样又会带来相机三阶微分的复杂表达式，故而我们来近似地计算四阶协方差：

$$\begin{aligned}\boldsymbol{R}_{\text{4th}}&\approx E\left[\left(\boldsymbol{y}_{\text{2nd}}-\bar{\boldsymbol{y}}_{\text{2nd}}\right)\left(\boldsymbol{y}_{\text{2nd}}-\bar{\boldsymbol{y}}_{\text{2nd}}\right)^{\mathrm{T}}\right]\\&=\boldsymbol{G}\boldsymbol{\Xi}\boldsymbol{G}^{\mathrm{T}}-\frac{1}{4}\left(\sum_{i=1}^{J}\operatorname{tr}(\boldsymbol{\mathcal{G}}_{j}\boldsymbol{\Xi})\mathbf{1}_{i}\right)\left(\sum_{j=1}^{J}\operatorname{tr}(\boldsymbol{\mathcal{G}}_{j}\boldsymbol{\Xi})\mathbf{1}_{j}\right)^{\mathrm{T}}\\&\quad+\frac{1}{4}\sum_{i,j=1}^{J}\sum_{k,\ell,m,n=1}^{9}\mathcal{G}_{ik\ell}\mathcal{G}_{jmn}\left(\Xi_{k\ell}\Xi_{mn}+\Xi_{km}\Xi_{\ell n}+\Xi_{kn}\Xi_{\ell m}\right)\end{aligned} \tag{7.340}$$

其中 $\mathcal{G}_{ik\ell}$ 是 $\boldsymbol{\mathcal{G}}_{j}$ 的第 $k\ell$ 个元素，$\Xi_{k\ell}$ 是 $\boldsymbol{\Xi}$ 的第 $k\ell$ 个元素。由于高斯分布的对称性，协方差中的一阶与三阶项都是零。上式中的最后一项需要利用高斯变量的 **Isserlis 定理**来计算。

Sigmapoint 方法

最后我们也可以通过 sigmapoint 变换在非线性相机模型中进行不确定性的传播。与姿态组合一节中的操作相同，这里具体采用 $SE(3)$ 的扰动形式来进行推导。我们仍然采样一定数目的点 $\{\boldsymbol{T}_{\ell},\boldsymbol{p}_{\ell}\}$ 来作为输入高斯信息的近似：

$$\boldsymbol{L}\boldsymbol{L}^{\mathrm{T}}=\boldsymbol{\Xi},\quad \text{（Cholesky 分解，}\boldsymbol{L}\text{ 为下三角矩阵）} \tag{7.341a}$$

$$\boldsymbol{\theta}_{\ell}=\mathbf{0} \tag{7.341b}$$

$$\boldsymbol{\theta}_{\ell}=\sqrt{L+\kappa}\operatorname{col}_{\ell}\boldsymbol{L},\quad \ell=1,\cdots,L \tag{7.341c}$$

$$\boldsymbol{\theta}_{l+L}=-\sqrt{L+\kappa}\operatorname{col}_{\ell}\boldsymbol{L},\quad \ell=1,\cdots,L \tag{7.341d}$$

$$\begin{bmatrix}\boldsymbol{\epsilon}_{\ell}\\\boldsymbol{\zeta}_{\ell}\end{bmatrix}=\boldsymbol{\theta}_{\ell} \tag{7.341e}$$

$$\boldsymbol{T}_{\ell}=\exp(\boldsymbol{\epsilon}_{\ell}^{\wedge})\bar{\boldsymbol{T}} \tag{7.341f}$$

$$\boldsymbol{p}_{\ell}=\bar{\boldsymbol{p}}+\boldsymbol{D}\boldsymbol{\zeta}_{\ell} \tag{7.341g}$$

其中 κ 是用户定义的常量[42]，$L=9$。接下来，我们把每个采样值代入相机的非线性模型中：

$$\boldsymbol{y}_\ell = \boldsymbol{s}(\boldsymbol{T}_\ell \boldsymbol{p}_\ell), \quad \ell = 0, \cdots, 2L \tag{7.342}$$

所有的输出放在一起得到输出的均值与协方差：

$$\bar{\boldsymbol{y}}_{\mathrm{sp}} = \frac{1}{L+\kappa}\left(\kappa \boldsymbol{y}_0 + \frac{1}{2}\sum_{\ell=1}^{2L} \boldsymbol{y}_\ell\right) \tag{7.343a}$$

$$\boldsymbol{R}_{\mathrm{sp}} = \frac{1}{L+\kappa}\left(\kappa(\boldsymbol{y}_0 - \bar{\boldsymbol{y}}_{\mathrm{sp}})(\boldsymbol{y}_0 - \bar{\boldsymbol{y}}_{\mathrm{sp}})^{\mathrm{T}} + \frac{1}{2}\sum_{\ell=1}^{2L}(\boldsymbol{y}_\ell - \bar{\boldsymbol{y}}_{\mathrm{sp}})(\boldsymbol{y}_\ell - \bar{\boldsymbol{y}}_{\mathrm{sp}})^{\mathrm{T}}\right) \tag{7.343b}$$

下一节会介绍一种具体的非线性相机模型 $\boldsymbol{s}(\cdot)$，也就是立体相机模型。

立体相机模型

为了进一步说明非线性相机模型 $\boldsymbol{s}(\cdot)$ 的不确定性传播，我们会使用下面的中点立体相机模型：

$$\boldsymbol{s}(\boldsymbol{\rho}) = \boldsymbol{M}\frac{1}{z_3}\boldsymbol{z} \tag{7.344}$$

其中

$$\boldsymbol{s} = \begin{bmatrix} s_1 \\ s_2 \\ s_3 \\ s_4 \end{bmatrix}, \quad \boldsymbol{z} = \begin{bmatrix} \boldsymbol{\rho} \\ 1 \end{bmatrix} = \begin{bmatrix} z_1 \\ z_2 \\ z_3 \\ z_4 \end{bmatrix}, \quad \boldsymbol{M} = \begin{bmatrix} f_u & 0 & c_u & f_u\frac{b}{2} \\ 0 & f_v & c_v & 0 \\ f_u & 0 & c_u & -f_u\frac{b}{2} \\ 0 & f_v & c_v & 0 \end{bmatrix} \tag{7.345}$$

f_u, f_v 分别是水平与竖直方向的焦距（以像素为单位），(c_u, c_v) 是光心在图像上的坐标（以像素为单位），b 是相机的基线长度（以米为单位），相机光轴沿着 z_3 方向。

该测量模型的雅可比矩阵如下：

$$\frac{\partial \boldsymbol{s}}{\partial \boldsymbol{z}} = \boldsymbol{M}\frac{1}{z_3}\begin{bmatrix} 1 & 0 & -\frac{z_1}{z_3} & 0 \\ 0 & 1 & -\frac{z_2}{z_3} & 0 \\ 0 & 0 & 0 & 0 \\ 0 & 0 & -\frac{z_4}{z_3} & 1 \end{bmatrix} \tag{7.346}$$

[42] 在本节的所有实验中，我们设置 $\kappa=0$。

而海塞矩阵的各部分如下：

$$\frac{\partial^2 s_1}{\partial \boldsymbol{z}\,\partial \boldsymbol{z}^{\mathrm{T}}} = \frac{f_u}{z_3^2}\begin{bmatrix} 0 & 0 & -1 & 0 \\ 0 & 0 & 0 & 0 \\ -1 & 0 & \frac{2z_1+bz_4}{z_3} & -\frac{b}{2} \\ 0 & 0 & -\frac{b}{2} & 0 \end{bmatrix}$$

$$\frac{\partial^2 s_2}{\partial \boldsymbol{z}\,\partial \boldsymbol{z}^{\mathrm{T}}} = \frac{\partial^2 s_4}{\partial \boldsymbol{z}\,\partial \boldsymbol{z}^{\mathrm{T}}} = \frac{f_v}{z_3^2}\begin{bmatrix} 0 & 0 & 0 & 0 \\ 0 & 0 & -1 & 0 \\ 0 & -1 & \frac{2z_2}{z_3} & 0 \\ 0 & 0 & 0 & 0 \end{bmatrix} \tag{7.347}$$

$$\frac{\partial^2 s_3}{\partial \boldsymbol{z}\,\partial \boldsymbol{z}^{\mathrm{T}}} = \frac{f_u}{z_3^2}\begin{bmatrix} 0 & 0 & -1 & 0 \\ 0 & 0 & 0 & 0 \\ -1 & 0 & \frac{2z_1-bz_4}{z_3} & \frac{b}{2} \\ 0 & 0 & \frac{b}{2} & 0 \end{bmatrix}$$

相机实验

我们将利用下面的几种方法来计算在非线性立体相机模型下姿态与路标点坐标的不确定性的传播：

1. **蒙特卡罗法**：根据输入的密度分布，随机采样 $M = 1\,000\,000$ 次，接着通过相机模型进行计算，然后计算均值 $\bar{\boldsymbol{y}}_{\mathrm{mc}}$ 与协方差 $\boldsymbol{R}_{\mathrm{mc}}$。这种处理慢但是准确的方法作为与后面三个快速方法进行比较的基准值。
2. **一阶/二阶**：我们使用上面介绍的一阶相机模型来计算 $\bar{\boldsymbol{y}}_{\mathrm{1st}}$ 和 $\boldsymbol{R}_{\mathrm{2nd}}$。
3. **二阶/四阶**：我们使用上面介绍的二阶相机模型来计算 $\bar{\boldsymbol{y}}_{\mathrm{2nd}}$ 和 $\boldsymbol{R}_{\mathrm{4th}}$。
4. **Sigmapoint**：我们使用上面介绍的 sigmapoint 方法来计算 $\bar{\boldsymbol{y}}_{\mathrm{sp}}$ 和 $\boldsymbol{R}_{\mathrm{sp}}$。

相机的参数设置为：

$$b = 0.25\ \mathrm{m}, \quad f_u = f_v = 200\ \mathrm{pixel}, \quad c_u = c_v = 0\ \mathrm{pixel}$$

我们使用的相机姿态是 $\boldsymbol{T} = \mathbf{1}$，并将路标点放在 $\boldsymbol{p} = [10 \quad 10 \quad 10 \quad 1]^{\mathrm{T}}$ 上，接着设置姿态与路标点二者组合的协方差矩阵如下：

$$\boldsymbol{\Xi} = \alpha \times \operatorname{diag}\left\{\frac{1}{10}, \frac{1}{10}, \frac{1}{10}, \frac{1}{100}, \frac{1}{100}, \frac{1}{100}, 1, 1, 1\right\}$$

其中 $\alpha \in [0, 1]$ 是可以调节不确定性大小的缩放参数。

为了评价各个方法的结果，我们将各方法的均值/协方差与蒙特卡罗法得到的结果进行如下比较：

$$\varepsilon_{\mathrm{mean}} = \sqrt{(\bar{\boldsymbol{y}} - \bar{\boldsymbol{y}}_{\mathrm{mc}})^{\mathrm{T}}(\bar{\boldsymbol{y}} - \bar{\boldsymbol{y}}_{\mathrm{mc}})}$$

$$\varepsilon_{\mathrm{cov}} = \sqrt{\operatorname{tr}((\boldsymbol{R} - \boldsymbol{R}_{\mathrm{mc}})^{\mathrm{T}}(\boldsymbol{R} - \boldsymbol{R}_{\mathrm{mc}}))}$$

后者即为 **Frobenius** 范数。

图 7–11 中显示了缩放参数 α 在较大范围内变化中三种方法的 $\varepsilon_{\text{mean}}$ 和 ε_{cov} 的变化情况。可以看到 sigmapoint 方法在均值与协方差上的表现都是最好的。二阶方法得到的均值比较好，但是对应的四阶协方差就不好了（如前所述，我们这里只能得到四阶协方差的近似值）。

图 7–12 中显示了在给定相机姿态与路标点坐标及对应的不确定性的情况下，前面四种方法在立体相机中左图部分对应的均值与单位标准差椭圆。可以看出应用 sigmapoint 方法求得的均值与协方差都比其他方法好得多。

7.4　总　结

本章要点如下：

1. 尽管旋转和变换不能在通常的向量空间中表示，但能用李群 $SO(3)$ 和 $SE(3)$ 表达它们。
2. 我们能用指数映射来扰动旋转和姿态，它们（仅满射地）将 $\mathbb{R}^3$ 和 $\mathbb{R}^6$ 分别映到 $SO(3)$ 和 $SE(3)$ 上。这种映射在状态估计中有两个用途：
   (a) 在优化过程中对某次估计（均值或最大后验估计）作一个小的调整。
   (b) 假设高斯噪声通过 $SO(3)$ 或 $SE(3)$ 作用于某个旋转或平移，就可以定义类高斯的概率密度函数。
3. 本节用到的旋转和姿态不确定的表达方式，仅限于小量的扰动。不可能将整个 $SO(3)$ 或 $SE(3)$ 都用类高斯的概率密度表示出来；或者，如果你真想那么做，请参见文献 [10]。然而本书介绍

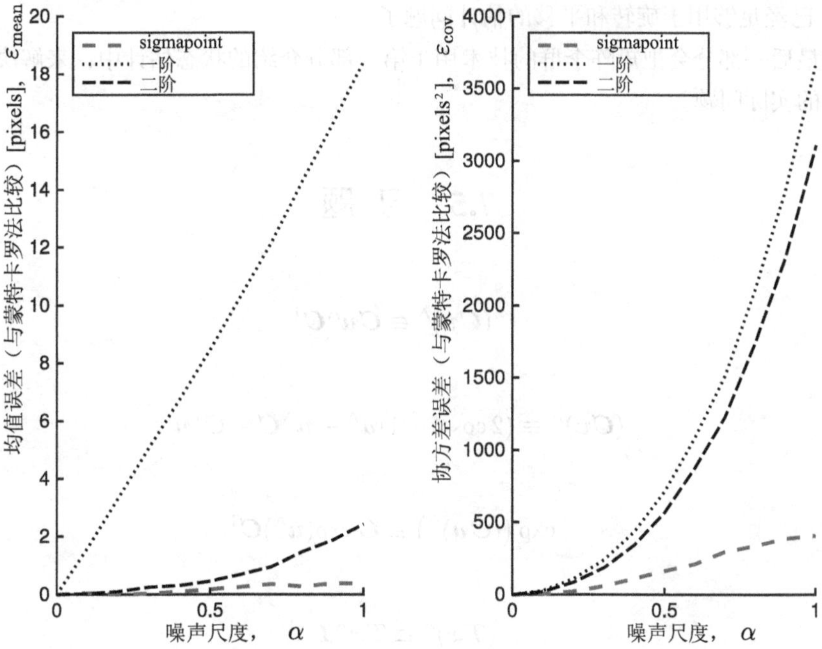

图 7–11　立体相机的实验结果：（左）均值误差 $\varepsilon_{\text{mean}}$，（右）协方差误差 ε_{cov}。利用三种方法计算在非线性立体相机模型下姿态与路标点坐标的不确定性的传播，其结果与蒙特卡罗法的比较。参数 α 用于控制输入协方差矩阵的大小

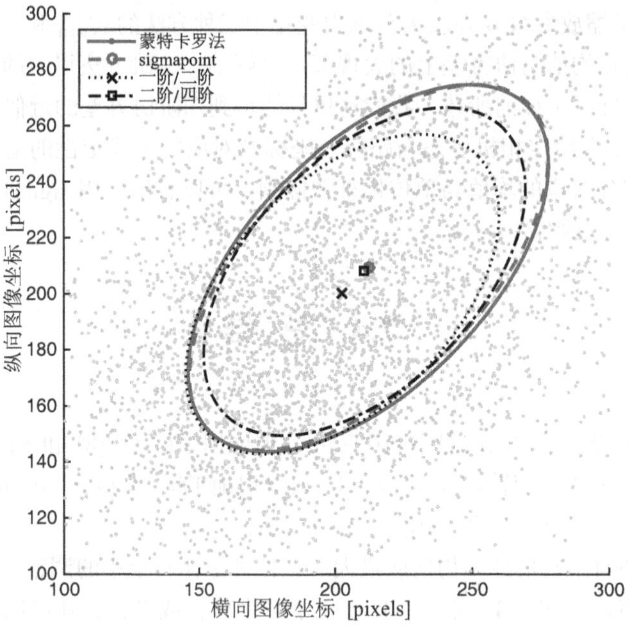

图 7–12 立体相机的实验结果：在给定相机姿态与路标点坐标及对应的不确定性的情况下，四种方法在立体相机中左图部分对应的均值与单位标准偏差椭圆。这种情况对应于图 7–11 中 $\alpha = 1$ 的情况

的技术，已经足够用于旋转和平移的估计问题了。

本书的最后一部分会把矩阵李群的技术用于第一部分介绍的状态估计中，来解决一些机器人状态估计中的实际问题。

7.5 习 题

1. 证明：

$$(\boldsymbol{C}\boldsymbol{u})^\wedge \equiv \boldsymbol{C}\boldsymbol{u}^\wedge\boldsymbol{C}^{\mathrm{T}}$$

2. 证明：

$$(\boldsymbol{C}\boldsymbol{u})^\wedge \equiv (2\cos\phi + 1)\boldsymbol{u}^\wedge - \boldsymbol{u}^\wedge\boldsymbol{C} - \boldsymbol{C}^{\mathrm{T}}\boldsymbol{u}^\wedge$$

3. 证明：

$$\exp\left((\boldsymbol{C}\boldsymbol{u})^\wedge\right) \equiv \boldsymbol{C}\exp(\boldsymbol{u}^\wedge)\boldsymbol{C}^{\mathrm{T}}$$

4. 证明：

$$(\boldsymbol{\mathcal{T}}\boldsymbol{x})^\wedge \equiv \boldsymbol{T}\boldsymbol{x}^\wedge\boldsymbol{T}^{-1}$$

5. 证明：

$$\exp\left((\boldsymbol{\mathcal{T}}\boldsymbol{x})^\wedge\right) \equiv \boldsymbol{T}\exp(\boldsymbol{x}^\wedge)\boldsymbol{T}^{-1}$$

6. 计算式（7.86b）中的 $\boldsymbol{Q}_\ell(\boldsymbol{\xi})$。

7. 证明：

$$\boldsymbol{x}^{\wedge}\boldsymbol{p} \equiv \boldsymbol{p}^{\odot}\boldsymbol{x}$$

8. 证明：

$$\boldsymbol{p}^{\mathrm{T}}\boldsymbol{x}^{\wedge} \equiv \boldsymbol{x}^{\mathrm{T}}\boldsymbol{p}^{\circledcirc}$$

9. 证明：

$$\int_0^1 \alpha^n(1-\alpha)^m \mathrm{d}\alpha \equiv \frac{n!m!}{(n+m+1)!}$$

提示：用分部积分。

10. 证明等式：

$$\dot{\boldsymbol{J}}(\boldsymbol{\phi}) - \boldsymbol{\omega}^{\wedge}\boldsymbol{J}(\boldsymbol{\phi}) \equiv \frac{\partial \boldsymbol{\omega}}{\partial \boldsymbol{\phi}}$$

其中

$$\boldsymbol{\omega} = \boldsymbol{J}(\boldsymbol{\phi})\dot{\boldsymbol{\phi}}$$

为 $\mathfrak{so}(3)$ 形式的旋转运动学表达式。提示：把等式逐项展开。

11. 证明：

$$(\boldsymbol{T}\boldsymbol{p})^{\odot} \equiv \boldsymbol{T}\boldsymbol{p}^{\odot}\boldsymbol{\mathcal{T}}^{-1}$$

12. 证明：

$$(\boldsymbol{T}\boldsymbol{p})^{\odot^{\mathrm{T}}}(\boldsymbol{T}\boldsymbol{p})^{\odot} \equiv \boldsymbol{\mathcal{T}}^{-\mathrm{T}}\boldsymbol{p}^{\odot^{\mathrm{T}}}\boldsymbol{p}^{\odot}\boldsymbol{\mathcal{T}}^{-1}$$

13. 从 $SE(3)$ 的运动学

$$\dot{\boldsymbol{T}} = \boldsymbol{\varpi}^{\wedge}\boldsymbol{T}$$

开始，证明它亦可写成伴随形式：

$$\dot{\boldsymbol{\mathcal{T}}} = \boldsymbol{\varpi}^{\curlywedge}\boldsymbol{\mathcal{T}}$$

14. 证明齐次坐标点伴随形式的变换可写成：

$$\underbrace{\mathrm{Ad}(\overbrace{\boldsymbol{T}\boldsymbol{p}}^{4\times 1})}_{6\times 3} = \underbrace{\mathrm{Ad}(\boldsymbol{T})}_{6\times 6}\underbrace{\mathrm{Ad}(\boldsymbol{p})}_{6\times 3}$$

其中，齐次坐标点的伴随运算定义为：

$$\mathrm{Ad}\left(\begin{bmatrix} \boldsymbol{c} \\ 1 \end{bmatrix}\right) = \begin{bmatrix} \boldsymbol{c}^{\wedge} \\ \boldsymbol{1} \end{bmatrix},$$
$$\mathrm{Ad}^{-1}\left(\begin{bmatrix} \boldsymbol{A} \\ \boldsymbol{B} \end{bmatrix}\right) = \begin{bmatrix} \left(\boldsymbol{A}\boldsymbol{B}^{-1}\right)^{\vee} \\ 1 \end{bmatrix}$$

其中 $\boldsymbol{c}$ 为 3×1 向量，$\boldsymbol{A}, \boldsymbol{B}$ 为 3×3 矩阵。

第三部分

应用

第 8 章　位姿估计问题

在本书最后的应用部分，我们将第一部分的状态估计机理和第二部分的三维运动机理结合起来，探讨一些机器人学中重要的三维运动估计问题。

本章开篇要讨论的一个重要问题是，使用最小二乘法对准两个点云（点的集合称为点云）。随后，我们回到 EKF 和批量式状态估计，将这些估计方法应用到特定的位姿估计问题中，求解旋转量和位姿量。我们主要讨论在周围环境结构已知时的机器人定位问题。下一章讲述更复杂的未知环境下的估计问题。

8.1　点云对准

在本节中，我们将研究位姿估计中的一个经典解法，即通过最小二乘代价函数来解决两个三维点集（或称**点云**（point-clouds））的对准问题。需要注意的是，这里代价函数中每一项的权重因子必须是**标量**，而非矩阵；这也称为**普通**（ordinary）最小二乘法[1]。

这个解法常用于**迭代最近点算法**（iterative closest point, ICP）[78]。ICP 是一种传统的将三维点集对准到三维模型的解决方案。这个解法通常需要套在带外点剔除的框架中，例如 RANSAC [42]（见 5.3.1 节），能够使用最小数量的点集来快速算出位姿。

我们将会使用三种不同的旋转/位姿参数化的方法来讲解该解法，分别是单位四元数、旋转矩阵和变换矩阵。（非迭代式的）基于四元数的方法可归结为求解特征值问题。（非迭代式的）基于旋转矩阵的方法则可转化为奇异值分解问题。迭代式的基于变换矩阵的方法则只需要求解一个线性方程系统。

8.1.1　问题描述

我们使用图 8–1 来说明待解的问题。这里有两个参考系，一个是静止不动的 $\underrightarrow{\mathcal{F}}_i$，另一个是附着于机器人的 $\underrightarrow{\mathcal{F}}_{v_k}$。特别地，存在机器人对三维点的 M 个观测 $\boldsymbol{r}_{v_k}^{p_j v_k}$，其中 $j = 1, \cdots, M$，在移动参考系 $\underrightarrow{\mathcal{F}}_{v_k}$ 下表示。我们假设观测值受到噪声干扰。

假设每个点 P_j 的位置 $\boldsymbol{r}_i^{p_j i}$ 已知，在固定参考系 $\underrightarrow{\mathcal{F}}_i$ 下表示。举个例子，在 ICP 算法中，这些点可以通过找到模型中与每个观测点最接近的点来确定。这样，我们的目标是对准含有 M 个点的点集在两个参考系下的不同坐标。换种说法，我们希望找到一个对准两个点云的最佳平移和旋转

1　此问题起源于空间飞行器的姿态估值问题，即著名的 Wahba 问题[77]。

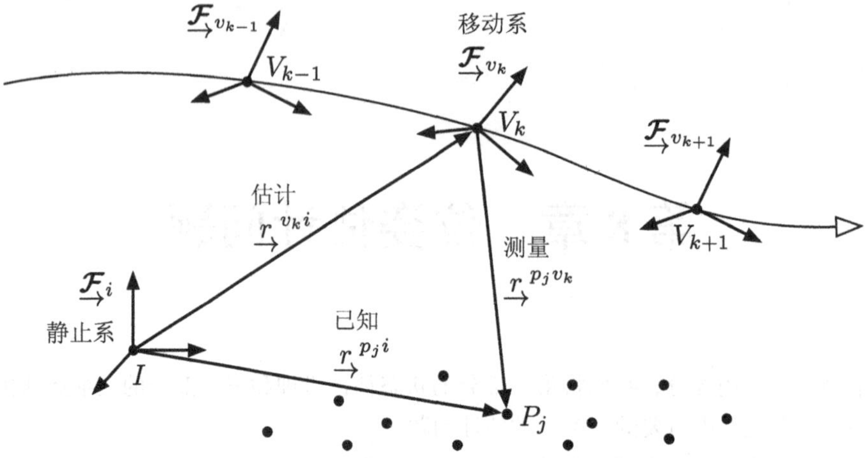

图 8–1 点云对准问题的参考系定义。有一个静止参考系和一个附着在机器人上的移动参考系。有一批点 P_j 同时被两个参考系观测到。问题的目标是通过对准两个点云的手段来求解移动系相对于静止系的相对位姿

变换[2]。注意，在此问题中，我们只执行单个时刻 k 的对准。连续时刻的点云跟踪问题会在本章后面部分讲到。

8.1.2 单位四元数解法

我们首先讲述点云对准的单位四元数解法[3]。这种解法最初来自 Davenport 在航空领域的研究[79]，随后由 Horn 在机器人领域使用[80]。我们使用在 6.2.3 节中定义的四元数表示法。相比下一节的旋转矩阵解法，四元数解法的优点在于，一个旋转约束用单位四元数来表达更方便。

为了配合四元数，首先定义点的 4×1 齐次坐标：

$$\mathbf{y}_j = \begin{bmatrix} \mathbf{r}_{v_k}^{p_j v_k} \\ 1 \end{bmatrix}, \quad \mathbf{p}_j = \begin{bmatrix} \mathbf{r}_i^{p_j i} \\ 1 \end{bmatrix} \tag{8.1}$$

这里丢掉了除了点的索引值 j 之外的上下标。

我们想找到最能对准这些点的平移量 $\mathbf{r}$ 和旋转量 $\mathbf{q}$，从而得到 $\underrightarrow{\mathcal{F}}_{v_k}$ 和 $\underrightarrow{\mathcal{F}}_i$ 之间的相对位姿。将四元数版本的平移量 $\mathbf{r}$ 及旋转量 $\mathbf{q}$，和惯用的 3×1 平移向量 $\mathbf{r}_i^{v_k i}$ 及 3×3 旋转矩阵 $\mathbf{C}_{v_k i}$ 之间的关系定义为：

$$\underbrace{\begin{bmatrix} \mathbf{r}_{v_k}^{p_j v_k} \\ 1 \end{bmatrix}}_{\mathbf{y}_j} = \underbrace{\begin{bmatrix} \mathbf{C}_{v_k i} & \mathbf{0} \\ \mathbf{0}^{\mathrm{T}} & 1 \end{bmatrix}}_{\mathbf{q}^{-1^+}\mathbf{q}^{\oplus}} \left(\underbrace{\begin{bmatrix} \mathbf{r}_i^{p_j i} \\ 1 \end{bmatrix}}_{\mathbf{p}_j} - \underbrace{\begin{bmatrix} \mathbf{r}_i^{v_k i} \\ 0 \end{bmatrix}}_{\mathbf{r}} \right) \tag{8.2}$$

这是在不受任何观测噪声干扰的情况下，该问题中几何关系的表达式。使用式（6.19）的相关性质，将上式重写为：

[2] 有的问题里两个点云会存在不同的**尺度**（scale）。这里我们假定两个点云的尺度相同。

[3] 虽然本书主要使用旋转矩阵，但这个例子里使用单位四元数更方便些。

$$\boldsymbol{y}_j = \boldsymbol{q}^{-1^+}(\boldsymbol{p}_j - \boldsymbol{r})^+\boldsymbol{q} \tag{8.3}$$

注意这里同样不考虑噪声影响。

由上式，可以针对点 P_j 构造一个四元数的误差函数：

$$\boldsymbol{e}_j = \boldsymbol{y}_j - \boldsymbol{q}^{-1^+}(\boldsymbol{p}_j - \boldsymbol{r})^+\boldsymbol{q} \tag{8.4}$$

更进一步，我们可以用其构造一个相对于 $\boldsymbol{q}$ 来说是线性的误差函数：

$$\boldsymbol{e}'_j = \boldsymbol{q}^+\boldsymbol{e}_j = \left(\boldsymbol{y}_j^{\oplus} - (\boldsymbol{p}_j - \boldsymbol{r})^+\right)\boldsymbol{q} \tag{8.5}$$

定义需要最小化的总体目标函数 J 为：

$$J(\boldsymbol{q}, \boldsymbol{r}, \lambda) = \frac{1}{2}\sum_{j=1}^{M} w_j \boldsymbol{e}'^{\mathrm{T}}_j \boldsymbol{e}'_j - \underbrace{\frac{1}{2}\lambda(\boldsymbol{q}^{\mathrm{T}}\boldsymbol{q} - 1)}_{\text{拉格朗日乘子项}} \tag{8.6}$$

其中 w_j 为针对每对点的权重数值，右侧加入的拉格朗日乘子项是为了保证四元数保持单位模长。值得注意的是，用 $\boldsymbol{e}'_j$ 代替 $\boldsymbol{e}_j$ 对目标函数并没有影响：

$$\boldsymbol{e}'^{\mathrm{T}}_j \boldsymbol{e}'_j = (\boldsymbol{q}^+\boldsymbol{e}_j)^{\mathrm{T}}(\boldsymbol{q}^+\boldsymbol{e}_j) = \boldsymbol{e}_j^{\mathrm{T}}\boldsymbol{q}^{+^{\mathrm{T}}}\boldsymbol{q}^+\boldsymbol{e}_j = \boldsymbol{e}_j^{\mathrm{T}}\left(\boldsymbol{q}^{-1^+}\boldsymbol{q}\right)^+\boldsymbol{e}_j = \boldsymbol{e}_j^{\mathrm{T}}\boldsymbol{e}_j \tag{8.7}$$

将 $\boldsymbol{e}'_j$ 代入目标函数，得到：

$$\begin{aligned} J(\boldsymbol{q}, \boldsymbol{r}, \lambda) = \frac{1}{2}\sum_{j=1}^{M} w_j \boldsymbol{q}^{\mathrm{T}}\left(\boldsymbol{y}_j^{\oplus} - (\boldsymbol{p}_j - \boldsymbol{r})^+\right)^{\mathrm{T}}\left(\boldsymbol{y}_j^{\oplus} - (\boldsymbol{p}_j - \boldsymbol{r})^+\right)\boldsymbol{q} \\ - \frac{1}{2}\lambda(\boldsymbol{q}^{\mathrm{T}}\boldsymbol{q} - 1) \end{aligned} \tag{8.8}$$

目标函数分别对 $\boldsymbol{q}, \boldsymbol{r}, \lambda$ 求偏导，有：

$$\frac{\partial J}{\partial \boldsymbol{q}^{\mathrm{T}}} = \sum_{j=1}^{M} w_j\left(\boldsymbol{y}_j^{\oplus} - (\boldsymbol{p}_j - \boldsymbol{r})^+\right)^{\mathrm{T}}\left(\boldsymbol{y}_j^{\oplus} - (\boldsymbol{p}_j - \boldsymbol{r})^+\right)\boldsymbol{q} - \lambda\boldsymbol{q} \tag{8.9a}$$

$$\frac{\partial J}{\partial \boldsymbol{r}^{\mathrm{T}}} = \boldsymbol{q}^{-1^{\oplus}}\sum_{j=1}^{M} w_j\left(\boldsymbol{y}_j^{\oplus} - (\boldsymbol{p}_j - \boldsymbol{r})^+\right)\boldsymbol{q} \tag{8.9b}$$

$$\frac{\partial J}{\partial \lambda} = -\frac{1}{2}(\boldsymbol{q}^{\mathrm{T}}\boldsymbol{q} - 1) \tag{8.9c}$$

将第二个表达式设为零，得到：

$$\boldsymbol{r} = \boldsymbol{p} - \boldsymbol{q}^+\boldsymbol{y}^+\boldsymbol{q}^{-1} \tag{8.10}$$

其中 $\boldsymbol{p}$ 和 $\boldsymbol{y}$ 在下方定义。因此可以得到，最优平移量为两个点云质心的差值，这是在静止参考系下表示的。

将 $\boldsymbol{r}$ 代入第一个表达式中并设为零，可得：

$$\boldsymbol{W}\boldsymbol{q} = \lambda\boldsymbol{q} \tag{8.11}$$

其中

$$\boldsymbol{W}=\frac{1}{w}\sum_{j=1}^{M}w_j\left((\boldsymbol{y}_j-\boldsymbol{y})^{\oplus}-(\boldsymbol{p}_j-\boldsymbol{p})^{+}\right)^{\mathrm{T}}\left((\boldsymbol{y}_j-\boldsymbol{y})^{\oplus}-(\boldsymbol{p}_j-\boldsymbol{p})^{+}\right) \tag{8.12a}$$

$$\boldsymbol{y}=\frac{1}{w}\sum_{j=1}^{M}w_j\boldsymbol{y}_j,\quad \boldsymbol{p}=\frac{1}{w}\sum_{j=1}^{M}w_j\boldsymbol{p}_j,\quad w=\sum_{j=1}^{M}w_j \tag{8.12b}$$

可以看到，这就是一个特征值问题[4]。如果特征值都为正，且最小的特征值没有重复值（不是特征方程的重根），那么找到最小的特征值及其对应的特征向量，和 $\boldsymbol{q}$ 仅相差一个乘法因子，同时 $\boldsymbol{q}^{\mathrm{T}}\boldsymbol{q}=1$ 的约束使得该解为唯一解。

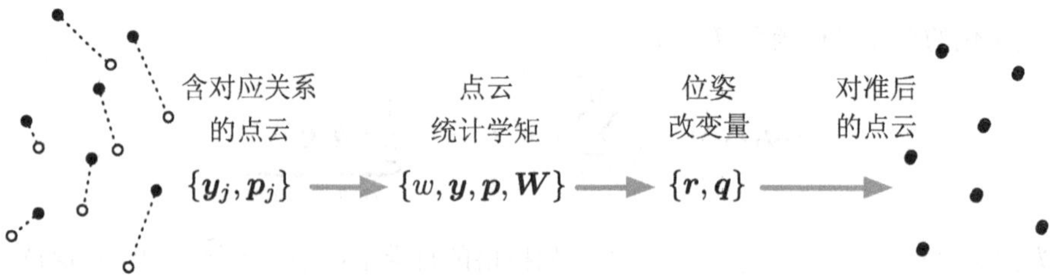

图 8–2 对准两个点云的步骤

为了验证我们所需要的就是最小的特征值，首先我们注意到，$\boldsymbol{W}$ 是一个对称并且半正定的矩阵。半正定意味着 $\boldsymbol{W}$ 的所有特征值非负。然后，将式（8.9a）设为零，得到 $\boldsymbol{W}$ 的等价表达式：

$$\boldsymbol{W}=\sum_{j=1}^{M}w_j\left(\boldsymbol{y}_j^{\oplus}-(\boldsymbol{p}_j-\boldsymbol{r})^{+}\right)^{\mathrm{T}}\left(\boldsymbol{y}_j^{\oplus}-(\boldsymbol{p}_j-\boldsymbol{r})^{+}\right) \tag{8.13}$$

将此式代入式（8.8）中的目标函数，即得：

$$J(\boldsymbol{q},\boldsymbol{r},\lambda)=\frac{1}{2}\boldsymbol{q}^{\mathrm{T}}\underbrace{\boldsymbol{W}\boldsymbol{q}}_{\lambda\boldsymbol{q}}-\frac{1}{2}\lambda(\boldsymbol{q}^{\mathrm{T}}\boldsymbol{q}-1)=\frac{1}{2}\lambda \tag{8.14}$$

因此，选择能够得到的最小的特征值即可最小化目标函数。

然而，存在 $\boldsymbol{W}$ 为奇异矩阵或者最小特征值有重复值的特殊情况。此时，最小特征值可以对应多个特征向量，导致解不唯一。这里我们对此不作深入探讨，因其需要较高级的线性代数技巧（如约当标准型），我们会在下一节的旋转矩阵解法中回到这个话题。

注意，上述方法中没有使用任何线性化或者近似手段，这主要依赖于权重因子使用了标量而非矩阵。图 8–2 演示了对准两个点云的过程。一旦求得 $\boldsymbol{r}$ 和 $\boldsymbol{q}$，即可得最终的旋转矩阵 $\hat{\boldsymbol{C}}_{v_k i}$ 和平移向量 $\hat{\boldsymbol{r}}_i^{v_k i}$：

$$\begin{bmatrix}\hat{\boldsymbol{C}}_{v_k i} & \boldsymbol{0}\\ \boldsymbol{0}^{\mathrm{T}} & 1\end{bmatrix}=\boldsymbol{q}^{-1^{+}}\boldsymbol{q}^{\oplus},\quad \begin{bmatrix}\hat{\boldsymbol{r}}_i^{v_k i}\\ 0\end{bmatrix}=\boldsymbol{r} \tag{8.15}$$

---

[4] 关于 $N\times N$ 矩阵 $\boldsymbol{A}$ 的**特征值问题**，定义为 $\boldsymbol{A}\boldsymbol{x}=\lambda\boldsymbol{x}$。其中 N 个**特征值** λ_i（可以有重复值）由 $\det(\boldsymbol{A}-\lambda\boldsymbol{1})=0$ 解出。将每个特征值代入原式并经过适当转换，可求得与每个特征值相对应的**特征向量** $\boldsymbol{x}_i$。处理存在重复特征值的问题比较复杂，需要较高级的线性代数知识。

将旋转量和平移量结合，构造变换矩阵：

$$\hat{\boldsymbol{T}}_{v_k i} = \begin{bmatrix} \hat{\boldsymbol{C}}_{v_k i} & -\hat{\boldsymbol{C}}_{v_k i}\hat{\boldsymbol{r}}_i^{v_k i} \\ \boldsymbol{0}^{\mathrm{T}} & 1 \end{bmatrix} \tag{8.16}$$

此即为对准两个点云的最优变换矩阵。再回顾 6.3.2 节，我们实际上感兴趣的量可能是 $\hat{\boldsymbol{T}}_{iv_k}$，可由下式求得：

$$\hat{\boldsymbol{T}}_{iv_k} = \hat{\boldsymbol{T}}_{v_k i}^{-1} = \begin{bmatrix} \hat{\boldsymbol{C}}_{iv_k} & \hat{\boldsymbol{r}}_i^{v_k i} \\ \boldsymbol{0}^{\mathrm{T}} & 1 \end{bmatrix} \tag{8.17}$$

两种变换形式都是有用的，取决于具体问题。

8.1.3 旋转矩阵解法

旋转矩阵解法起源于非机器人领域[59][77]，随后被应用到机器人领域[80][81]，而文献 [82] 则引入了 $\det \boldsymbol{C} = 1$ 的约束。这里我们使用文献 [83] 的框架，考虑了所有 $\boldsymbol{C}$ 有唯一解的情况。我们还会指明在不存在唯一全局解的情况下，存在多少全局解和局部解。

和上一节类似，采用简略的上下标的表示法：

$$\boldsymbol{y}_j = \boldsymbol{r}_{v_k}^{p_j v_k}, \quad \boldsymbol{p}_j = \boldsymbol{r}_i^{p_j i}, \quad \boldsymbol{r} = \boldsymbol{r}_i^{v_k i}, \quad \boldsymbol{C} = \boldsymbol{C}_{v_k i} \tag{8.18}$$

同时，定义：

$$\boldsymbol{y} = \frac{1}{w}\sum_{j=1}^{M} w_j \boldsymbol{y}_j, \quad \boldsymbol{p} = \frac{1}{w}\sum_{j=1}^{M} w_j \boldsymbol{p}_j, \quad w = \sum_{j=1}^{M} w_j \tag{8.19}$$

这里 w_j 为每个点的权重因子标量。注意，与上节不同，此处部分符号表示的向量是 3×1 而非 4×1 的。

定义每个点的误差函数：

$$\boldsymbol{e}_j = \boldsymbol{y}_j - \boldsymbol{C}(\boldsymbol{p}_j - \boldsymbol{r}) \tag{8.20}$$

于是，这里的估计问题就转化为全局最小化一个代价函数：

$$J(\boldsymbol{C}, \boldsymbol{r}) = \frac{1}{2}\sum_{j=1}^{M} w_j \boldsymbol{e}_j^{\mathrm{T}} \boldsymbol{e}_j = \frac{1}{2}\sum_{j=1}^{M} w_j (\boldsymbol{y}_j - \boldsymbol{C}(\boldsymbol{p}_j - \boldsymbol{r}))^{\mathrm{T}} (\boldsymbol{y}_j - \boldsymbol{C}(\boldsymbol{p}_j - \boldsymbol{r})) \tag{8.21}$$

其中 $\boldsymbol{C} \in SO(3)$（即 $\boldsymbol{C}\boldsymbol{C}^{\mathrm{T}} = \boldsymbol{1}$ 且 $\det \boldsymbol{C} = 1$）。

在执行优化前，对平移量的表示作一点小改动，定义：

$$\boldsymbol{d} = \boldsymbol{r} + \boldsymbol{C}^{\mathrm{T}}\boldsymbol{y} - \boldsymbol{p} \tag{8.22}$$

这是为了在其他值已知时方便分离出 $\boldsymbol{r}$。在此情况下，可以将代价函数改写为：

$$J(\boldsymbol{C}, \boldsymbol{d}) = \underbrace{\frac{1}{2}\sum_{j=1}^{M} w_j ((\boldsymbol{y}_j - \boldsymbol{y}) - \boldsymbol{C}(\boldsymbol{p}_j - \boldsymbol{p}))^{\mathrm{T}} ((\boldsymbol{y}_j - \boldsymbol{y}) - \boldsymbol{C}(\boldsymbol{p}_j - \boldsymbol{p}))}_{\text{仅依赖于}\boldsymbol{C}} + \underbrace{\frac{1}{2}\boldsymbol{d}^{\mathrm{T}}\boldsymbol{d}}_{\text{仅依赖于}\boldsymbol{d}} \tag{8.23}$$

这是两个半正定项之和，其中第一项仅依赖于 $\boldsymbol{C}$ 而第二项仅依赖于 $\boldsymbol{d}$。我们可以简单地令 $\boldsymbol{d}=\boldsymbol{0}$ 来最小化第二项，这意味着：

$$\boldsymbol{r}=\boldsymbol{p}-\boldsymbol{C}^{\mathrm{T}}\boldsymbol{y} \tag{8.24}$$

如四元数解法中所述，此即两个点云的几何中心的差值，在静止参考系下表达。

剩下的问题就是如何最小化第一项。我们注意到，将其通过乘法分解，最终只有一部分真正依赖于 $\boldsymbol{C}$：

$$\begin{aligned}&((\boldsymbol{y}_j-\boldsymbol{y})-\boldsymbol{C}(\boldsymbol{p}_j-\boldsymbol{p}))^{\mathrm{T}}((\boldsymbol{y}_j-\boldsymbol{y})-\boldsymbol{C}(\boldsymbol{p}_j-\boldsymbol{p}))\\&=\underbrace{(\boldsymbol{y}_j-\boldsymbol{y})^{\mathrm{T}}(\boldsymbol{y}_j-\boldsymbol{y})}_{\text{独立于}\boldsymbol{C}}-2\underbrace{((\boldsymbol{y}_j-\boldsymbol{y})^{\mathrm{T}}\boldsymbol{C}(\boldsymbol{p}_j-\boldsymbol{p}))}_{\mathrm{tr}(\boldsymbol{C}(\boldsymbol{p}_j-\boldsymbol{p})(\boldsymbol{y}_j-\boldsymbol{y})^{\mathrm{T}})}+\underbrace{(\boldsymbol{p}_j-\boldsymbol{p})^{\mathrm{T}}(\boldsymbol{p}_j-\boldsymbol{p})}_{\text{独立于}\boldsymbol{C}}\end{aligned} \tag{8.25}$$

将中间项对所有点加权求和，得到：

$$\begin{aligned}\frac{1}{w}\sum_{j=1}^{M}w_j((\boldsymbol{y}_j-\boldsymbol{y})^{\mathrm{T}}\boldsymbol{C}(\boldsymbol{p}_j-\boldsymbol{p}))&=\frac{1}{w}\sum_{j=1}^{M}w_j\mathrm{tr}(\boldsymbol{C}(\boldsymbol{p}_j-\boldsymbol{p})(\boldsymbol{y}_j-\boldsymbol{y})^{\mathrm{T}})\\&=\mathrm{tr}\left(\boldsymbol{C}\frac{1}{w}\sum_{j=1}^{M}w_j(\boldsymbol{p}_j-\boldsymbol{p})(\boldsymbol{y}_j-\boldsymbol{y})^{\mathrm{T}}\right)=\mathrm{tr}(\boldsymbol{C}\boldsymbol{W}^{\mathrm{T}})\end{aligned} \tag{8.26}$$

其中

$$\boldsymbol{W}=\frac{1}{w}\sum_{j=1}^{M}w_j(\boldsymbol{y}_j-\boldsymbol{y})(\boldsymbol{p}_j-\boldsymbol{p})^{\mathrm{T}} \tag{8.27}$$

这个 $\boldsymbol{W}$ 矩阵和在四元数解法中的作用类似，虽非完全一样，但都涵盖了所有点在空间中的分布信息（类似于动力学中的惯性矩阵）。因此，我们可以定义一个新的相对于 $\boldsymbol{C}$ 的代价函数：

$$J(\boldsymbol{C},\boldsymbol{\Lambda},\gamma)=-\mathrm{tr}(\boldsymbol{C}\boldsymbol{W}^{\mathrm{T}})+\underbrace{\mathrm{tr}(\boldsymbol{\Lambda}(\boldsymbol{C}\boldsymbol{C}^{\mathrm{T}}-\boldsymbol{1}))+\gamma(\det\boldsymbol{C}-1)}_{\text{拉格朗日乘子项}} \tag{8.28}$$

其中 $\boldsymbol{\Lambda}$ 和 γ 是与右侧两项相关的拉格朗日乘子，用于保证 $\boldsymbol{C}\in SO(3)$ 约束。可以注意到，当 $\boldsymbol{C}\boldsymbol{C}^{\mathrm{T}}=\boldsymbol{1}$ 和 $\det\boldsymbol{C}=1$ 时，它们对代价函数整体没有影响。同时，$\boldsymbol{\Lambda}$ 为对称矩阵，因为我们只需保证六个正交约束。通过 $\boldsymbol{C}$ 来最小化这个新的代价函数，等价于最小化原代价函数。

计算 $J(\boldsymbol{C},\boldsymbol{\Lambda},\gamma)$ 相对于 $\boldsymbol{C},\boldsymbol{\Lambda},\gamma$ 的偏导[5]：

$$\frac{\partial J}{\partial\boldsymbol{C}}=-\boldsymbol{W}+2\boldsymbol{\Lambda}\boldsymbol{C}+\gamma\underbrace{\det\boldsymbol{C}}_{1}\underbrace{\boldsymbol{C}^{-\mathrm{T}}}_{\boldsymbol{C}}=-\boldsymbol{W}+\boldsymbol{L}\boldsymbol{C} \tag{8.29a}$$

$$\frac{\partial J}{\partial\boldsymbol{\Lambda}}=\boldsymbol{C}\boldsymbol{C}^{\mathrm{T}}-\boldsymbol{1} \tag{8.29b}$$

$$\frac{\partial J}{\partial\gamma}=\det\boldsymbol{C}-1 \tag{8.29c}$$

---

[5] 在求偏导过程中使用了以下公式：

$\frac{\partial}{\partial\boldsymbol{A}}\det\boldsymbol{A}=\det(\boldsymbol{A})\boldsymbol{A}^{-\mathrm{T}}$

$\frac{\partial}{\partial\boldsymbol{A}}\mathrm{tr}(\boldsymbol{A}\boldsymbol{B}^{\mathrm{T}})=\boldsymbol{B}$

$\frac{\partial}{\partial\boldsymbol{A}}\mathrm{tr}(\boldsymbol{B}\boldsymbol{A}\boldsymbol{A}^{\mathrm{T}})=(\boldsymbol{B}+\boldsymbol{B}^{\mathrm{T}})\boldsymbol{A}$

其中我们将拉格朗日乘子归并为 $\boldsymbol{L}=2\boldsymbol{\Lambda}+\gamma\mathbf{1}$。将第一式设为零，可得：

$$\boldsymbol{L}\boldsymbol{C}=\boldsymbol{W} \tag{8.30}$$

至此，我们可以用两种方式处理剩下的分析工作：简略版或者详细版。这取决于我们想对问题挖掘得有多深入。

不过在进一步讲解之前，还可以表明式（8.30）能够不借助拉格朗日乘子而使用李群的方法得到。考虑一个旋转矩阵的左扰动：

$$\boldsymbol{C}'=\exp(\boldsymbol{\phi}^{\wedge})\boldsymbol{C} \tag{8.31}$$

随后求目标函数关于 $\boldsymbol{\phi}$ 的偏导，并在临界点处将其设为零。对 $\boldsymbol{\phi}$ 的第 i 个元素，其对应的偏导为

$$\begin{aligned}
\frac{\partial J}{\partial \phi_i} &= \lim_{h\to 0}\frac{J(\boldsymbol{C}')-J(\boldsymbol{C})}{h}\\
&= \lim_{h\to 0}\frac{-\operatorname{tr}(\boldsymbol{C}'\boldsymbol{W}^{\mathrm{T}})+\operatorname{tr}(\boldsymbol{C}\boldsymbol{W}^{\mathrm{T}})}{h}\\
&= \lim_{h\to 0}\frac{-\operatorname{tr}(\exp(h\mathbf{1}_i^{\wedge})\boldsymbol{C}\boldsymbol{W}^{\mathrm{T}})+\operatorname{tr}(\boldsymbol{C}\boldsymbol{W}^{\mathrm{T}})}{h}\\
&\approx \lim_{h\to 0}\frac{-\operatorname{tr}((\mathbf{1}+h\mathbf{1}_i^{\wedge})\boldsymbol{C}\boldsymbol{W}^{\mathrm{T}})+\operatorname{tr}(\boldsymbol{C}\boldsymbol{W}^{\mathrm{T}})}{h}\\
&= \lim_{h\to 0}\frac{-\operatorname{tr}(h\mathbf{1}_i^{\wedge}\boldsymbol{C}\boldsymbol{W}^{\mathrm{T}})}{h}\\
&= -\operatorname{tr}(\mathbf{1}_i^{\wedge}\boldsymbol{C}\boldsymbol{W}^{\mathrm{T}})
\end{aligned} \tag{8.32}$$

将其设为零，得到：

$$(\forall i)\ \operatorname{tr}(\mathbf{1}_i^{\wedge}\underbrace{\boldsymbol{C}\boldsymbol{W}^{\mathrm{T}}}_{\boldsymbol{L}})=0 \tag{8.33}$$

得益于 $\wedge$ 函数的负对称性质，上式意味着 $\boldsymbol{L}=\boldsymbol{C}\boldsymbol{W}^{\mathrm{T}}$ 为在临界点处的对称矩阵。取其转置，右侧乘以 $\boldsymbol{C}$，即得到式（8.30）。现在我们回到主线讲解。

简略版

如果通过某种方式得到 $\det\boldsymbol{W}>0$，则下面的论述可以成立。首先，让式（8.30）自乘其转置：

$$\boldsymbol{L}\underbrace{\boldsymbol{C}\boldsymbol{C}^{\mathrm{T}}}_{\mathbf{1}}\boldsymbol{L}^{\mathrm{T}}=\boldsymbol{W}\boldsymbol{W}^{\mathrm{T}} \tag{8.34}$$

由于 $\boldsymbol{L}$ 是对称的，有

$$\boldsymbol{L}=(\boldsymbol{W}\boldsymbol{W}^{\mathrm{T}})^{\frac{1}{2}} \tag{8.35}$$

这里使用了矩阵的平方根。将其代回式（8.30），可得最优旋转矩阵为

$$\boldsymbol{C}=(\boldsymbol{W}\boldsymbol{W}^{\mathrm{T}})^{-\frac{1}{2}}\boldsymbol{W} \tag{8.36}$$

这和 7.2.1一节中讨论的结果投影到 $SO(3)$ 上是一样的形式。

不幸的是，这一方法并不完整，因为它依赖于针对 $\boldsymbol{W}$ 的某种假设，无法涵盖问题中种种细微之处。如果场景中有大量不共面的点，这个方法通常有效。但是，仍然存在一些困难的情况，需要更详尽地分析。一个常见的案例就是，在前面讨论过的 RANSAC 算法框架内对齐两个仅含有三个受噪声影响的点的点云。针对这些困难的情况，下节将给出更详尽深入的分析。

详细版

首先对实方阵 $\boldsymbol{W}$ 作奇异值分解（SVD）[6]：

$$\boldsymbol{W} = \boldsymbol{U}\boldsymbol{D}\boldsymbol{V}^{\mathrm{T}} \tag{8.37}$$

其中 $\boldsymbol{U}, \boldsymbol{V}$ 都是正交方阵，$\boldsymbol{D} = \mathrm{diag}(d_1, d_2, d_3)$ 为对角阵，奇异值 $d_1 \geqslant d_2 \geqslant d_3 \geqslant 0$。

回到式（8.30），代入 $\boldsymbol{W}$ 的 SVD，可得

$$\boldsymbol{L}^2 = \boldsymbol{L}\boldsymbol{L}^{\mathrm{T}} = \boldsymbol{L}\boldsymbol{C}\boldsymbol{C}^{\mathrm{T}}\boldsymbol{L}^{\mathrm{T}} = \boldsymbol{W}\boldsymbol{W}^{\mathrm{T}} = \boldsymbol{U}\boldsymbol{D}\underbrace{\boldsymbol{V}^{\mathrm{T}}\boldsymbol{V}}_{\mathbf{1}}\boldsymbol{D}^{\mathrm{T}}\boldsymbol{U}^{\mathrm{T}} = \boldsymbol{U}\boldsymbol{D}^2\boldsymbol{U}^{\mathrm{T}} \tag{8.38}$$

取矩阵的平方根，有：

$$\boldsymbol{L} = \boldsymbol{U}\boldsymbol{M}\boldsymbol{U}^{\mathrm{T}} \tag{8.39}$$

其中 $\boldsymbol{M}$ 为 $\boldsymbol{D}^2$ 的对称的平方根，即：

$$\boldsymbol{M}^2 = \boldsymbol{D}^2 \tag{8.40}$$

可证（见文献 [83]）满足这一条件的任一实对称矩阵 $\boldsymbol{M}$ 都可写成：

$$\boldsymbol{M} = \boldsymbol{Y}\boldsymbol{D}\boldsymbol{S}\boldsymbol{Y}^{\mathrm{T}} \tag{8.41}$$

其中 $\boldsymbol{S} = \mathrm{diag}(s_1, s_2, s_3), s_i = \pm 1$，$\boldsymbol{Y}$ 为正交矩阵（$\boldsymbol{Y}^{\mathrm{T}}\boldsymbol{Y} = \boldsymbol{Y}\boldsymbol{Y}^{\mathrm{T}} = \mathbf{1}$）。此性质的一个明显例子就是 $\boldsymbol{Y} = \mathbf{1}$，$s_i = \pm 1$，而 d_i 为任意值的情况。另一个可能出现的不那么明显的例子是当 $d_1 = d_2$ 时，对任意给定的 θ，存在：

$$\begin{aligned}\boldsymbol{M} &= \begin{bmatrix} d_1\cos\theta & d_1\sin\theta & 0 \\ d_1\sin\theta & -d_1\cos\theta & 0 \\ 0 & 0 & d_3 \end{bmatrix} \\ &= \underbrace{\begin{bmatrix} \cos\frac{\theta}{2} & -\sin\frac{\theta}{2} & 0 \\ \sin\frac{\theta}{2} & \cos\frac{\theta}{2} & 0 \\ 0 & 0 & 1 \end{bmatrix}}_{\boldsymbol{Y}} \underbrace{\begin{bmatrix} d_1 & 0 & 0 \\ 0 & -d_1 & 0 \\ 0 & 0 & d_3 \end{bmatrix}}_{\boldsymbol{D}\boldsymbol{S}} \underbrace{\begin{bmatrix} \cos\frac{\theta}{2} & -\sin\frac{\theta}{2} & 0 \\ \sin\frac{\theta}{2} & \cos\frac{\theta}{2} & 0 \\ 0 & 0 & 1 \end{bmatrix}^{\mathrm{T}}}_{\boldsymbol{Y}^{\mathrm{T}}}\end{aligned} \tag{8.42}$$

---

[6] 一个 $M \times N$ 实矩阵 $\boldsymbol{A}$ 的**奇异值分解**，形如 $\boldsymbol{A} = \boldsymbol{U}\boldsymbol{D}\boldsymbol{V}^{\mathrm{T}}$，其中 $\boldsymbol{U}$ 为 $M \times M$ 正交实矩阵（$\boldsymbol{U}^{\mathrm{T}}\boldsymbol{U} = \mathbf{1}$），$\boldsymbol{D}$ 为除了主对角元素 $d_i \geqslant 0$ 之外都为零的 $M \times N$ 实矩阵，$\boldsymbol{V}$ 为 $N \times N$ 正交实矩阵。d_i 称为**奇异值**，通常以从大到小的顺序沿着 $\boldsymbol{D}$ 的主对角排列。注意 SVD 的解并不唯一。

这也说明了重要的一点，$\boldsymbol{Y}$ 的构造在处理含重复值的奇异值时会变得更复杂（就是说，我们没法随意选择一个 $\boldsymbol{Y}$）。与此相关的，由于 $\boldsymbol{Y}$ 的区块结构和 $\boldsymbol{D}$ 的奇异值多重性之间的关系[7]，永远有：

$$\boldsymbol{D} = \boldsymbol{Y}\boldsymbol{D}\boldsymbol{Y}^{\mathrm{T}} \tag{8.43}$$

现在，我们可以对目标函数进行如下操作：

$$\begin{aligned} J &= -\mathrm{tr}(\boldsymbol{C}\boldsymbol{W}^{\mathrm{T}}) = -\mathrm{tr}(\boldsymbol{W}\boldsymbol{C}^{\mathrm{T}}) = -\mathrm{tr}(\boldsymbol{L}) = -\mathrm{tr}(\boldsymbol{U}\boldsymbol{Y}\boldsymbol{D}\boldsymbol{S}\boldsymbol{Y}^{\mathrm{T}}\boldsymbol{U}^{\mathrm{T}}) \\ &= -\mathrm{tr}(\underbrace{\boldsymbol{Y}^{\mathrm{T}}\boldsymbol{U}^{\mathrm{T}}\boldsymbol{U}\boldsymbol{Y}}_{\boldsymbol{1}}\boldsymbol{D}\boldsymbol{S}) = -\mathrm{tr}(\boldsymbol{D}\boldsymbol{S}) = -(d_1 s_1 + d_2 s_2 + d_3 s_3) \end{aligned} \tag{8.44}$$

这里有几种情况需要考虑。

情况 1：$\det \boldsymbol{W} \neq 0$

此时所有的奇异值为正。由式（8.30）和式（8.39），有：

$$\begin{aligned} \det \boldsymbol{W} &= \det \boldsymbol{L} \underbrace{\det \boldsymbol{C}}_{1} = \det \boldsymbol{L} = \det(\boldsymbol{U}\boldsymbol{Y}\boldsymbol{D}\boldsymbol{S}\boldsymbol{Y}^{\mathrm{T}}\boldsymbol{U}^{\mathrm{T}}) \\ &= \underbrace{\det(\boldsymbol{Y}^{\mathrm{T}}\boldsymbol{U}^{\mathrm{T}}\boldsymbol{U}\boldsymbol{Y})}_{1} \det \boldsymbol{D} \det \boldsymbol{S} = \underbrace{\det \boldsymbol{D}}_{>0} \det \boldsymbol{S} \end{aligned} \tag{8.45}$$

由于奇异值皆正，所以 $\det \boldsymbol{D} > 0$。或者说，$\boldsymbol{S}$ 和 $\boldsymbol{W}$ 的行列式符号必须一致，这意味着

$$\begin{aligned} \det \boldsymbol{S} &= \mathrm{sgn}(\det \boldsymbol{S}) = \mathrm{sgn}(\det \boldsymbol{W}) = \mathrm{sgn}\left(\det(\boldsymbol{U}\boldsymbol{D}\boldsymbol{V}^{\mathrm{T}})\right) \\ &= \mathrm{sgn}(\underbrace{\det \boldsymbol{U}}_{\pm 1}\ \underbrace{\det \boldsymbol{D}}_{>0}\ \underbrace{\det \boldsymbol{V}}_{\pm 1}) = \det \boldsymbol{U}\ \det \boldsymbol{V} = \pm 1 \end{aligned} \tag{8.46}$$

注意我们由 $(\det \boldsymbol{U})^2 = \det(\boldsymbol{U}^{\mathrm{T}}\boldsymbol{U}) = \det \boldsymbol{1} = 1$ 得到 $\det \boldsymbol{U} = \pm 1$，$\boldsymbol{V}$ 同理。于是，现在有四种子情况需要考虑：

子情况 1-a：$\det \boldsymbol{W} > 0$

既然已经假定 $\det \boldsymbol{W} > 0$，则必须有 $\det \boldsymbol{S} = 1$，且因为 d_i 皆为正，为了最小化式（8.44）中的 J，必须取 $s_1 = s_2 = s_3 = 1$。$\boldsymbol{Y}$ 也必须是对角阵。于是，当 $\boldsymbol{S} = \mathrm{diag}(1,1,1) = \boldsymbol{1}$，由式（8.30）可得：

$$\begin{aligned} \boldsymbol{C} &= \boldsymbol{L}^{-1}\boldsymbol{W} = (\boldsymbol{U}\boldsymbol{Y}\boldsymbol{D}\boldsymbol{S}\boldsymbol{Y}^{\mathrm{T}}\boldsymbol{U}^{\mathrm{T}})^{-1}\boldsymbol{U}\boldsymbol{D}\boldsymbol{V}^{\mathrm{T}} \\ &= \boldsymbol{U}\boldsymbol{Y}\underbrace{\boldsymbol{S}^{-1}}_{\boldsymbol{S}}\boldsymbol{D}^{-1}\boldsymbol{Y}^{\mathrm{T}}\underbrace{\boldsymbol{U}^{\mathrm{T}}\boldsymbol{U}}_{\boldsymbol{1}}\boldsymbol{D}\boldsymbol{V}^{\mathrm{T}} = \boldsymbol{U}\boldsymbol{Y}\boldsymbol{S}\boldsymbol{D}^{-1}\underbrace{\boldsymbol{Y}^{\mathrm{T}}\boldsymbol{D}}_{\boldsymbol{D}\boldsymbol{Y}^{\mathrm{T}}}\boldsymbol{V}^{\mathrm{T}} \\ &= \boldsymbol{U}\boldsymbol{Y}\boldsymbol{S}\boldsymbol{Y}^{\mathrm{T}}\boldsymbol{V}^{\mathrm{T}} = \boldsymbol{U}\boldsymbol{S}\boldsymbol{V}^{\mathrm{T}} \end{aligned} \tag{8.47}$$

这与我们在前一小节“简要版”中给出的解法是等价的。

---

[7] 这里的关系指的是，由式（8.40）和式（8.41），有 $\boldsymbol{D}^2 = \boldsymbol{M}^2 = \boldsymbol{Y}\boldsymbol{D}\boldsymbol{S}\boldsymbol{Y}^{\mathrm{T}}\boldsymbol{Y}\boldsymbol{D}\boldsymbol{S}\boldsymbol{Y}^{\mathrm{T}} = \boldsymbol{Y}\boldsymbol{D}^2\boldsymbol{Y}^{\mathrm{T}}$，即 $\boldsymbol{D}^2\boldsymbol{Y} = \boldsymbol{Y}\boldsymbol{D}^2$，根据 $\boldsymbol{D}$ 为对角阵且 d_i 非负，可以推断，若两个奇异值不相等，其在 $\boldsymbol{Y}$ 的对应区块必是对角阵；若两个奇异值为重复值，则其在 $\boldsymbol{Y}$ 的对应区块可以不是对角阵。例如式（8.42）中，$d_2 \neq d_3$，故 $\boldsymbol{Y}$ 的右下角 2×2 区块为对角阵；反之 $d_1 = d_2$，其对应的 $\boldsymbol{Y}$ 左上角区块就不必是对角阵。这里的关键在于 $\boldsymbol{D}$ 为对角阵且 d_i 非负，上述关系显然对 $\boldsymbol{D}^2$ 和 $\boldsymbol{D}$ 都能成立，故可得式（8.43）。——译者注

子情况 1-b：$\det \boldsymbol{W} < 0, d_1 \geqslant d_2 > d_3 > 0$

既然已经假定 $\det \boldsymbol{W} < 0$，则有 $\det \boldsymbol{S} = -1$，这意味着 s_i 中必有一个为负。此时，由于奇异值的最小值 d_3 没有重复值，最小化式（8.44）中 J 的唯一方案是令 $s_1 = s_2 = 1, s_3 = -1$。由于 $s_1 = s_2 = 1$，$\boldsymbol{Y}$ 必须为对角阵，因此，由式（8.30），有：

$$\boldsymbol{C} = \boldsymbol{U}\boldsymbol{S}\boldsymbol{V}^{\mathrm{T}} \tag{8.48}$$

其中 $\boldsymbol{S} = \operatorname{diag}(1, 1, -1)$。

子情况 1-c：$\det \boldsymbol{W} < 0, d_1 > d_2 = d_3 > 0$

与上一子情况类似，应有 $\det \boldsymbol{S} = -1$，这意味着 s_i 中必有一个为负。观察式（8.44），由于 $d_2 = d_3$，我们可以选择 $s_2 = -1$ 或 $s_3 = -1$，两者得到的 J 值相等。此时，可以从以下选项中任选一个 $\boldsymbol{Y}$：

$$\boldsymbol{Y} = \operatorname{diag}(\pm 1, \pm 1, \pm 1), \quad \boldsymbol{Y} = \begin{bmatrix} \pm 1 & 0 & 0 \\ 0 & \pm \cos \frac{\theta}{2} & \mp \sin \frac{\theta}{2} \\ 0 & \pm \sin \frac{\theta}{2} & \pm \cos \frac{\theta}{2} \end{bmatrix} \tag{8.49}$$

其中 θ 为自由变量。我们可以代入以上任意一个 $\boldsymbol{Y}$，通过式（8.30）可以得到最小化的解 $\boldsymbol{C}$：

$$\boldsymbol{C} = \boldsymbol{U}\boldsymbol{Y}\boldsymbol{S}\boldsymbol{Y}^{\mathrm{T}}\boldsymbol{V}^{\mathrm{T}} \tag{8.50}$$

其中 $\boldsymbol{S} = \operatorname{diag}(1, 1-1)$ 或 $\boldsymbol{S} = \operatorname{diag}(1, -1, 1)$。由于 θ 可以是任意值，这意味着最小化目标函数的解有无数个。

子情况 1-d：$\det \boldsymbol{W} < 0, d_1 = d_2 = d_3 > 0$

与上一子情况类似，应有 $\det \boldsymbol{S} = -1$，这意味着 s_i 中必有一个为负。观察式（8.44），由于 $d_1 = d_2 = d_3$，我们可以选择 $s_1 = -1$，$s_2 = -1$ 或 $s_3 = -1$，三者得到的 J 值相等，这意味着最小化目标函数有无数个解。

情况 2：$\det \boldsymbol{W} = 0$

该条件有以下三个子情况需要考虑，具体取决于奇异值为零的个数。

子情况 2-a：$\operatorname{rank} \boldsymbol{W} = 2$

此时有 $d_1 \geqslant d_2 > d_3 = 0$。观察式（8.44），可以看到最小化 J 的唯一方案是取 $s_1 = s_2 = 1$；由于 $d_3 = 0$，s_3 的值不会影响 J，所以 s_3 为自由变量。此时回到式（8.30），有：

$$(\boldsymbol{U}\boldsymbol{Y}\boldsymbol{D}\boldsymbol{S}\boldsymbol{Y}^{\mathrm{T}}\boldsymbol{U}^{\mathrm{T}})\boldsymbol{C} = \boldsymbol{U}\boldsymbol{D}\boldsymbol{V}^{\mathrm{T}} \tag{8.51}$$

左乘 $\boldsymbol{U}^{\mathrm{T}}$、右乘 $\boldsymbol{V}$，同时由 $d_3 = 0$ 可知 $\boldsymbol{D}\boldsymbol{S} = \boldsymbol{D}$，并根据式（8.43）的 $\boldsymbol{Y}\boldsymbol{D}\boldsymbol{Y}^{\mathrm{T}} = \boldsymbol{D}$，可得：

$$\boldsymbol{D}\underbrace{\boldsymbol{U}^{\mathrm{T}}\boldsymbol{C}\boldsymbol{V}}_{\boldsymbol{Q}} = \boldsymbol{D} \tag{8.52}$$

由于$\boldsymbol{U},\boldsymbol{V},\boldsymbol{C}$都是正交矩阵，则$\boldsymbol{Q}$也是正交矩阵。根据$\boldsymbol{DQ}=\boldsymbol{D},\boldsymbol{D}=\mathrm{diag}(d_1,d_2,0)$，且$\boldsymbol{QQ}^{\mathrm{T}}=\mathbf{1}$，可得$\boldsymbol{Q}=\mathrm{diag}(1,1,q_3),q_3=\pm1$。同时也有：

$$q_3=\det\boldsymbol{Q}=\det\boldsymbol{U}\underbrace{\det\boldsymbol{C}}_{1}\det\boldsymbol{V}=\det\boldsymbol{U}\det\boldsymbol{V}=\pm1 \tag{8.53}$$

因此，重新整理可得：

$$\boldsymbol{C}=\boldsymbol{USV}^{\mathrm{T}} \tag{8.54}$$

其中$\boldsymbol{S}=\mathrm{diag}(1,1,\det\boldsymbol{U}\det\boldsymbol{V})$。

子情况 2-b：$\mathrm{rank}\,\boldsymbol{W}=1$

此时有$d_1\geqslant d_2=d_3=0$。取$s_1=1$来最小化J，s_2,s_3对J无影响所以为自由变量。和上一子情况一样，可以推得：

$$\boldsymbol{DQ}=\boldsymbol{D} \tag{8.55}$$

其中$\boldsymbol{D}=\mathrm{diag}(d_1,0,0)$，$\boldsymbol{QQ}^{\mathrm{T}}=\mathbf{1}$，这意味着$\boldsymbol{Q}$为以下形式中的一种：

$$\underbrace{\boldsymbol{Q}=\begin{bmatrix}1&0&0\\0&\cos\theta&-\sin\theta\\0&\sin\theta&\cos\theta\end{bmatrix}}_{\det\boldsymbol{Q}=1}\quad\text{或}\quad\underbrace{\boldsymbol{Q}=\begin{bmatrix}1&0&0\\0&\cos\theta&\sin\theta\\0&\sin\theta&-\cos\theta\end{bmatrix}}_{\det\boldsymbol{Q}=-1} \tag{8.56}$$

其中θ为自由变量。这意味存在无数最小化解。由于：

$$\det\boldsymbol{Q}=\det\boldsymbol{U}\underbrace{\det\boldsymbol{C}}_{1}\det\boldsymbol{V}=\det\boldsymbol{U}\det\boldsymbol{V}=\pm1 \tag{8.57}$$

我们有（将$\boldsymbol{Q}$写作$\boldsymbol{S}$）：

$$\boldsymbol{C}=\boldsymbol{USV}^{\mathrm{T}} \tag{8.58}$$

其中

$$\boldsymbol{S}=\begin{cases}\begin{bmatrix}1&0&0\\0&\cos\theta&-\sin\theta\\0&\sin\theta&\cos\theta\end{bmatrix} & \text{如果 }\det\boldsymbol{U}\det\boldsymbol{V}=1\\ \begin{bmatrix}1&0&0\\0&\cos\theta&\sin\theta\\0&\sin\theta&-\cos\theta\end{bmatrix} & \text{如果 }\det\boldsymbol{U}\det\boldsymbol{V}=-1\end{cases} \tag{8.59}$$

在物理意义上，这种情况相当于所有点（至少在一个参考系下）共线，于是绕着这些点形成的轴旋转任意角度θ，都不会改变目标函数J的值。

子情况 2-c：$\mathrm{rank}\,\boldsymbol{W}=0$

这种情况相当于不存在任何点，或者说所有点都重合在一处，因此任何$\boldsymbol{C}\in SO(3)$造成的目标函数J的值都是相等的。

小结

上面我们提供了点云对齐在所有可能的情况下 $\boldsymbol{C}$ 的求法。根据 $\boldsymbol{W}$ 的不同性质，$\boldsymbol{C}$ 可能有一个或者无数个全局解。回顾上述的所有情况和子情况，可以发现如果有一个 $\boldsymbol{C}$ 的唯一全局解，其形式永远是：

$$\boldsymbol{C} = \boldsymbol{U}\boldsymbol{S}\boldsymbol{V}^{\mathrm{T}} \tag{8.60}$$

其中 $\boldsymbol{S} = \mathrm{diag}(1, 1, \det \boldsymbol{U} \det \boldsymbol{V})$，$\boldsymbol{W} = \boldsymbol{U}\boldsymbol{D}\boldsymbol{V}^{\mathrm{T}}$ 为 $\boldsymbol{W}$ 的奇异值分解。全局唯一解存在的充分必要条件是：

1. $\det \boldsymbol{W} > 0$，或
2. $\det \boldsymbol{W} < 0$ 且最小奇异值无重复值：$d_1 \geqslant d_2 > d_3 > 0$，或
3. $\mathrm{rank}\, \boldsymbol{W} = 2$。

如果以上所有条件都不满足，则存在 $\boldsymbol{C}$ 的无数个解。然而，这些条件都是相当“病态的”，在现实环境里并不经常发生。

一旦我们获得了最优解旋转矩阵，将我们得到的旋转的估计量记为 $\hat{\boldsymbol{C}}_{v_k i} = \boldsymbol{C}$。平移量的估计则为：

$$\hat{\boldsymbol{r}}_i^{v_k i} = \boldsymbol{p} - \hat{\boldsymbol{C}}_{v_k i}^{\mathrm{T}} \boldsymbol{y} \tag{8.61}$$

平移和旋转量结合，就可以得到估计的变换矩阵：

$$\hat{\boldsymbol{T}}_{v_k i} = \begin{bmatrix} \hat{\boldsymbol{C}}_{v_k i} & -\hat{\boldsymbol{C}}_{v_k i} \hat{\boldsymbol{r}}_i^{v_k i} \\ \boldsymbol{0}^{\mathrm{T}} & 1 \end{bmatrix} \tag{8.62}$$

这个矩阵完整地提供了对齐两个点云的最优变换。此外，如同 6.3.2 一节所提到的一样，我们感兴趣的量也可能是 $\hat{\boldsymbol{T}}_{i v_k}$，可用下式求得：

$$\hat{\boldsymbol{T}}_{i v_k} = \hat{\boldsymbol{T}}_{v_k i}^{-1} = \begin{bmatrix} \hat{\boldsymbol{C}}_{i v_k} & \hat{\boldsymbol{r}}_i^{v_k i} \\ \boldsymbol{0}^{\mathrm{T}} & 1 \end{bmatrix} \tag{8.63}$$

两种形式的变换矩阵都是有用的，取决于在何种情况下使用。

例 8.1 这里提供一个**子情况 1-b** 的实例方便读者理解。考虑以下两个需要对准的点云，每个点云含有六个点：

$$\boldsymbol{p}_1 = 3 \times \boldsymbol{1}_1,\ \boldsymbol{p}_2 = 2 \times \boldsymbol{1}_2,\ \boldsymbol{p}_3 = \boldsymbol{1}_3,\ \boldsymbol{p}_4 = -3 \times \boldsymbol{1}_1$$

$$\boldsymbol{p}_5 = -2 \times \boldsymbol{1}_2,\ \boldsymbol{p}_6 = -\boldsymbol{1}_3$$

$$\boldsymbol{y}_1 = -3 \times \boldsymbol{1}_1,\ \boldsymbol{y}_2 = -2 \times \boldsymbol{1}_2,\ \boldsymbol{y}_3 = -\boldsymbol{1}_3,\ \boldsymbol{y}_4 = 3 \times \boldsymbol{1}_1$$

$$\boldsymbol{y}_5 = 2 \times \boldsymbol{1}_2,\ \boldsymbol{y}_6 = \boldsymbol{1}_3$$

其中 $\boldsymbol{1}_i$ 表示 3×3 单位矩阵的第 i 列。第一个点云中的点是一个长方体的各个面的中心，并且每个点与第二个点云中的一个点相对应，对应点正好在长方体上与其相对的面上[8]。

[8] 从物理意义上讲，该例子可以想象成用橡皮筋连接六个点对，找到最优解 $\boldsymbol{C}$ 最小化我们的代价函数，就如同找到一个旋转量，使得所有的橡皮筋储存的弹性势能最小一样。

由这些点，可以得到：

$$\boldsymbol{p}=\mathbf{0}, \quad \boldsymbol{y}=\mathbf{0}, \quad \boldsymbol{W}=\operatorname{diag}(-18,-8,-2) \tag{8.64}$$

可以看到两个点云的几何中心已经重合，所以我们只需要求一个旋转量来对准它们。

使用“简要版”方法，有：

$$\boldsymbol{C}=(\boldsymbol{W}\boldsymbol{W}^{\mathrm{T}})^{-\frac{1}{2}}\boldsymbol{W}=\operatorname{diag}(-1,-1,-1) \tag{8.65}$$

很不幸，显然 $\det\boldsymbol{C}=1$，$\boldsymbol{C}\notin SO(3)$，所以这个方法行不通。

使用更严格的解法，$\boldsymbol{W}$ 的奇异值分解为：

$$\begin{gathered}\boldsymbol{W}=\boldsymbol{U}\boldsymbol{D}\boldsymbol{V}^{\mathrm{T}} \\ \boldsymbol{U}=\operatorname{diag}(1,1,1), \quad \boldsymbol{D}=\operatorname{diag}(18,8,2), \quad \boldsymbol{V}=\operatorname{diag}(-1,-1,-1)\end{gathered} \tag{8.66}$$

可以看到 $\det\boldsymbol{W}=-288<0$，并且最小奇异值无重复值，所以我们需要**子情况 1-b** 的解法。所以最小解应该形如 $\boldsymbol{C}=\boldsymbol{U}\boldsymbol{S}\boldsymbol{V}^{\mathrm{T}},\boldsymbol{S}=\operatorname{diag}(1,1,-1)$。代入后可得：

$$\boldsymbol{C}=\operatorname{diag}(-1,-1,1) \tag{8.67}$$

于是 $\det\boldsymbol{C}=1$。这是一个绕 $\mathbf{1}_3$ 轴旋转了 π 弧度的旋转量，经旋转后四个点的差值变为零，另外两个点的差值非零。最后得到的目标函数最小值为 $J=8$。

局部最小值测试

前一小节试求了点云对准问题的全局最小值解，发现可以有唯一解或者无数解。不过，我们尚未指出局部最小值存在的可能性，这也是这一小结所要研究的。回到式（8.30），这是我们的优化问题的临界点的条件，因此满足该条件的任何解可以是目标函数 J 的最小值、最大值或鞍点。

给定一个满足式（8.30）的解 $\boldsymbol{C}\in SO(3)$，我们给它一个轻微的扰动，看目标是相应地上升还是下降（或者升降都有）。考虑如下扰动：

$$\boldsymbol{C}'=\exp(\boldsymbol{\phi}^{\wedge})\boldsymbol{C} \tag{8.68}$$

其中 $\boldsymbol{\phi}\in\mathbb{R}^3$ 为任意方向的扰动，但需满足 $\boldsymbol{C}'\in SO(3)$ 的约束。由此扰动所引起的目标函数的变动 δJ 为：

$$\delta J=J(\boldsymbol{C}')-J(\boldsymbol{C})=-\operatorname{tr}(\boldsymbol{C}'\boldsymbol{W}^{\mathrm{T}})+\operatorname{tr}(\boldsymbol{C}\boldsymbol{W}^{\mathrm{T}})=-\operatorname{tr}\left((\boldsymbol{C}'-\boldsymbol{C})\boldsymbol{W}^{\mathrm{T}}\right) \tag{8.69}$$

其中我们忽略了拉格朗日乘子项，因为已假定满足 $\boldsymbol{C}'\in SO(3)$ 约束。

现在，对扰动作二阶估计，这会告诉我们临界点的一些信息：

$$\begin{aligned}\delta J&\approx-\operatorname{tr}\left(\left(\left(\mathbf{1}+\boldsymbol{\phi}^{\wedge}+\frac{1}{2}\boldsymbol{\phi}^{\wedge}\boldsymbol{\phi}^{\wedge}\right)\boldsymbol{C}-\boldsymbol{C}\right)\boldsymbol{W}^{\mathrm{T}}\right) \\ &=-\operatorname{tr}(\boldsymbol{\phi}^{\wedge}\boldsymbol{C}\boldsymbol{W}^{\mathrm{T}})-\frac{1}{2}\operatorname{tr}(\boldsymbol{\phi}^{\wedge}\boldsymbol{\phi}^{\wedge}\boldsymbol{C}\boldsymbol{W}^{\mathrm{T}})\end{aligned} \tag{8.70}$$

然后，代入式（8.30）的一个临界点的条件，有：

$$\delta J = -\operatorname{tr}(\boldsymbol{\phi}^{\wedge}\boldsymbol{U}\boldsymbol{Y}\boldsymbol{D}\boldsymbol{S}\boldsymbol{Y}^{\mathrm{T}}\boldsymbol{U}^{\mathrm{T}}) - \frac{1}{2}\operatorname{tr}(\boldsymbol{\phi}^{\wedge}\boldsymbol{\phi}^{\wedge}\boldsymbol{U}\boldsymbol{Y}\boldsymbol{D}\boldsymbol{S}\boldsymbol{Y}^{\mathrm{T}}\boldsymbol{U}^{\mathrm{T}}) \tag{8.71}$$

其中第一项恰好等于零（因其在临界点），这可由以下两点得到：其一，

$$\begin{aligned}\operatorname{tr}(\boldsymbol{\phi}^{\wedge}\boldsymbol{U}\boldsymbol{Y}\boldsymbol{D}\boldsymbol{S}\boldsymbol{Y}^{\mathrm{T}}\boldsymbol{U}^{\mathrm{T}}) &= \operatorname{tr}(\boldsymbol{Y}^{\mathrm{T}}\boldsymbol{U}^{\mathrm{T}}\boldsymbol{\phi}^{\wedge}\boldsymbol{U}\boldsymbol{Y}\boldsymbol{D}\boldsymbol{S}) \\ &= \operatorname{tr}\left((\boldsymbol{Y}^{\mathrm{T}}\boldsymbol{U}^{\mathrm{T}}\boldsymbol{\phi})^{\wedge}\boldsymbol{D}\boldsymbol{S}\right) \\ &= \operatorname{tr}(\boldsymbol{\varphi}^{\wedge}\boldsymbol{D}\boldsymbol{S}) \\ &= 0\end{aligned} \tag{8.72}$$

其中

$$\boldsymbol{\varphi} = \begin{bmatrix}\varphi_1 \\ \varphi_2 \\ \varphi_3\end{bmatrix} = \boldsymbol{Y}^{\mathrm{T}}\boldsymbol{U}^{\mathrm{T}}\boldsymbol{\phi} \tag{8.73}$$

其二是反对称矩阵的性质（对角元素为零）。对于式（8.71）第二项，由 $\boldsymbol{u}^{\wedge}\boldsymbol{u}^{\wedge} = -\boldsymbol{u}^{\mathrm{T}}\boldsymbol{u}\mathbf{1} + \boldsymbol{u}\boldsymbol{u}^{\mathrm{T}}$，可得：

$$\begin{aligned}\delta J &= -\frac{1}{2}\operatorname{tr}(\boldsymbol{\phi}^{\wedge}\boldsymbol{\phi}^{\wedge}\boldsymbol{U}\boldsymbol{Y}\boldsymbol{D}\boldsymbol{S}\boldsymbol{Y}^{\mathrm{T}}\boldsymbol{U}^{\mathrm{T}}) \\ &= -\frac{1}{2}\operatorname{tr}\left(\boldsymbol{Y}^{\mathrm{T}}\boldsymbol{U}^{\mathrm{T}}\left(-\boldsymbol{\phi}^{\mathrm{T}}\boldsymbol{\phi}\mathbf{1} + \boldsymbol{\phi}\boldsymbol{\phi}^{\mathrm{T}}\right)\boldsymbol{U}\boldsymbol{Y}\boldsymbol{D}\boldsymbol{S}\right) \\ &= -\frac{1}{2}\operatorname{tr}((-\varphi^2\mathbf{1} + \boldsymbol{\varphi}\boldsymbol{\varphi}^{\mathrm{T}})\boldsymbol{D}\boldsymbol{S})\end{aligned} \tag{8.74}$$

其中 $\varphi^2 = \boldsymbol{\varphi}^{\mathrm{T}}\boldsymbol{\varphi} = \varphi_1^2 + \varphi_2^2 + \varphi_3^2$。

稍作调整，得：

$$\begin{aligned}\delta J &= \frac{1}{2}\varphi^2\operatorname{tr}(\boldsymbol{D}\boldsymbol{S}) - \frac{1}{2}\boldsymbol{\varphi}^{\mathrm{T}}\boldsymbol{D}\boldsymbol{S}\boldsymbol{\varphi} \\ &= \frac{1}{2}\left(\varphi_1^2(d_2s_2 + d_3s_3) + \varphi_2^2(d_1s_1 + d_3s_3) + \varphi_3^2(d_1s_1 + d_2s_2)\right)\end{aligned} \tag{8.75}$$

其符号完全取决于 $\boldsymbol{D}\boldsymbol{S}$ 的性质。

使用前一小节所求的全局唯一最小值，我们可以验证上式能够用来试求一个最小值。对于**子情况 1-a**，当 $d_1 \geqslant d_2 \geqslant d_3$ 且 $s_1 = s_2 = s_3$，对于所有 $\boldsymbol{\varphi} \neq \mathbf{0}$，我们有：

$$\delta J = \frac{1}{2}\left(\varphi_1^2(d_2 + d_3) + \varphi_2^2(d_1 + d_3) + \varphi_3^2(d_1 + d_2)\right) > 0 \tag{8.76}$$

可以确定一个最小值。对于**子情况 1-b**，当 $d_1 \geqslant d_2 > d_3 > 0$ 且 $s_1 = s_2 = 1$，$s_3 = -1$，对于所有 $\boldsymbol{\varphi} \neq \mathbf{0}$，我们有：

$$\delta J = \frac{1}{2}\left(\varphi_1^2\underbrace{(d_2 - d_3)}_{>0} + \varphi_2^2\underbrace{(d_1 - d_3)}_{>0} + \varphi_3^2(d_1 + d_2)\right) > 0 \tag{8.77}$$

也可以确定一个最小值。最后，对于**子情况 2-a**，当 $d_1 \geqslant d_2 > d_3 = 0$ 且 $s_1 = s_2 = 1, s_3 = \pm 1$，对于所有 $\boldsymbol{\varphi} \neq \mathbf{0}$，我们有：

$$\delta J = \frac{1}{2}(\varphi_1^2 d_2 + \varphi_2^2 d_1 + \varphi_3^2(d_1 + d_2)) > 0 \tag{8.78}$$

同样可以确定一个最小值。

更有趣的问题在于，有没有其他的局部最小值需要考虑呢？这对于使用迭代式方法来优化旋转和位姿量来说非常重要。比如，考虑**子情况 1-a**，进一步假设 $d_1 > d_2 > d_3 > 0$。此时会有其他满足式（8.30）并产生临界点的解法。例如，我们可以取 $s_1 = s_2 = -1, s_3 = 1$，于是 $\det \boldsymbol{S} = 1$。此时有：

$$\delta J = \frac{1}{2}\Big(\varphi_1^2 \underbrace{(d_3 - d_2)}_{<0} + \varphi_2^2 \underbrace{(d_3 - d_1)}_{<0} + \varphi_3^2 \underbrace{(-d_1 - d_2)}_{<0}\Big) < 0 \tag{8.79}$$

这对应着一个极大值，因为任何的 $\boldsymbol{\varphi} \neq \boldsymbol{0}$ 都会使目标函数减小。另外两种情况，$\boldsymbol{S} = \operatorname{diag}(-1, 1, -1)$ 和 $\boldsymbol{S} = \operatorname{diag}(1, -1, -1)$ 的结果则是鞍点，因为目标函数在不同的扰动方向上可能上升或下降。由于没有更多的临界点，我们可以得出结论：除了全局最小值之外，没有其他局部最小值。

同理，对于**子情况 1-b**，我们需要 $\det \boldsymbol{S} = -1$，可以证明 $\boldsymbol{S} = \operatorname{diag}(-1, -1, -1)$ 为极大值，$\boldsymbol{S} = \operatorname{diag}(-1, 1, 1)$ 和 $\boldsymbol{S} = \operatorname{diag}(1, -1, 1)$ 为鞍点。由于没有其他临界点，可以确定此情况也不存在全局解之外的局部最小值。

还有对于**子情况 2-a**，有：

$$\delta J = \frac{1}{2}(\varphi_1^2 d_2 s_2 + \varphi_2^2 d_1 s_1 + \varphi_3^2 (d_1 s_1 + d_2 s_2)) \tag{8.80}$$

因而构造一个局部最小值的唯一方法是取 $s_1 = s_2 = 1$，这就是我们已经讨论的全局最小值。所以，此情况也不存在额外的局部最小值。

迭代式方法

我们也可以考虑使用迭代式方法来求解最优的旋转矩阵 $\boldsymbol{C}$。我们采用 $SO(3)$ 敏感的方法来求解。这里的重点在于，我们所执行的优化是无约束的，因而避免了前面两种方法的难处[9]。从技术上讲，迭代式方法的结果不是全局最优，而仅是局部最优，因为我们需要从一个初始猜测开始逐步迭代；通常来说，所需迭代步数不多。但是，从上一部分局部最小值的讨论可知，在所有存在全局唯一最小值的重要情况中，并没有额外的局部最小值需要担心。

我们从已经省略了平移分量的代价函数开始：

$$J(\boldsymbol{C}) = \frac{1}{2}\sum_{j=1}^{M} w_j((\boldsymbol{y}_j - \boldsymbol{y}) - \boldsymbol{C}(\boldsymbol{p}_j - \boldsymbol{p}))^{\mathrm{T}}((\boldsymbol{y}_j - \boldsymbol{y}) - \boldsymbol{C}(\boldsymbol{p}_j - \boldsymbol{p})) \tag{8.81}$$

可以插入一个 $SO(3)$ 敏感的扰动：

$$\boldsymbol{C} = \exp(\boldsymbol{\psi}^\wedge)\boldsymbol{C}_{\mathrm{op}} \approx (\boldsymbol{1} + \boldsymbol{\psi}^\wedge)\boldsymbol{C}_{\mathrm{op}} \tag{8.82}$$

其中 $\boldsymbol{C}_{\mathrm{op}}$ 为当前估计值，$\boldsymbol{\psi}$ 为扰动；我们需要求一个最优的值来更新估计值（然后依此迭代）。将扰动的近似形式代入代价函数，可以得到一个关于 $\boldsymbol{\psi}$ 的二次型，其最小化的解 $\boldsymbol{\psi}^\star$ 可通过求解以

---

[9] 迭代式方法不需要求解一个特征值问题或者进行一次奇异值分解。

下方程得到：

$$\underbrace{\boldsymbol{C}_{\text{op}}\left(-\frac{1}{w}\sum_{j=1}^{M}w_j(\boldsymbol{p}_j-\boldsymbol{p})^\wedge(\boldsymbol{p}_j-\boldsymbol{p})^\wedge\right)\boldsymbol{C}_{\text{op}}^{\text{T}}}_{\text{常量}}\boldsymbol{\psi}^\star \\ =-\frac{1}{w}\sum_{j=1}^{M}w_j(\boldsymbol{y}_i-\boldsymbol{y})^\wedge\boldsymbol{C}_{\text{op}}(\boldsymbol{p}_j-\boldsymbol{p}) \tag{8.83}$$

乍一看，上式右边需要在每次迭代中使用每个点进行重新计算。幸运的是，可以将其转化为更好用的形式。上式右边是一个 3×1 的列向量，其第 i 行是：

$$\begin{aligned}\boldsymbol{1}_i^{\text{T}}\left(-\frac{1}{w}\sum_{j=1}^{M}w_j(\boldsymbol{y}_j-\boldsymbol{y})^\wedge\boldsymbol{C}_{\text{op}}(\boldsymbol{p}_j-\boldsymbol{p})\right)&=\frac{1}{w}\sum_{j=1}^{M}w_j(\boldsymbol{y}_j-\boldsymbol{y})^{\text{T}}\boldsymbol{1}_i^\wedge\boldsymbol{C}_{\text{op}}(\boldsymbol{p}_j-\boldsymbol{p})\\&=\frac{1}{w}\sum_{j=1}^{M}w_j\,\text{tr}(\boldsymbol{1}_i^\wedge\boldsymbol{C}_{\text{op}}(\boldsymbol{p}_j-\boldsymbol{p})(\boldsymbol{y}_j-\boldsymbol{y})^{\text{T}})\\&=\text{tr}(\boldsymbol{1}_i^\wedge\boldsymbol{C}_{\text{op}}\boldsymbol{W}^{\text{T}})\end{aligned} \tag{8.84}$$

其中，如同前述非迭代式方法，有：

$$\boldsymbol{W}=\frac{1}{w}\sum_{j=1}^{M}w_j(\boldsymbol{y}_j-\boldsymbol{y})(\boldsymbol{p}_j-\boldsymbol{p})^{\text{T}} \tag{8.85}$$

令

$$\boldsymbol{I}=-\frac{1}{w}\sum_{j=1}^{M}w_j(\boldsymbol{p}_j-\boldsymbol{p})^\wedge(\boldsymbol{p}_j-\boldsymbol{p})^\wedge \tag{8.86a}$$

$$\boldsymbol{b}=[\text{tr}(\boldsymbol{1}_i^\wedge\boldsymbol{C}_{\text{op}}\boldsymbol{W}^{\text{T}})]_i \tag{8.86b}$$

最优更新量可以写为如下封闭形式：

$$\boldsymbol{\psi}^\star=\boldsymbol{C}_{\text{op}}\boldsymbol{I}^{-1}\boldsymbol{C}_{\text{op}}^{\text{T}}\boldsymbol{b} \tag{8.87}$$

我们将此更新量应用到初始猜测上：

$$\boldsymbol{C}_{\text{op}}\leftarrow\exp\left(\boldsymbol{\psi}^{\star\wedge}\right)\boldsymbol{C}_{\text{op}} \tag{8.88}$$

然后迭代直至收敛，得到最后一次迭代结果 $\hat{\boldsymbol{C}}_{v_k i}=\boldsymbol{C}_{\text{op}}$ 作为我们的旋转估计量。迭代收敛之后，平移分量通过非迭代式方法求得：

$$\hat{\boldsymbol{r}}_i^{v_k i}=\boldsymbol{p}-\hat{\boldsymbol{C}}_{v_k i}^{\text{T}}\boldsymbol{y} \tag{8.89}$$

值得注意的是，矩阵 $\boldsymbol{I}$ 和 $\boldsymbol{W}$ 都可以事先计算，所以迭代过程中不需要用到初始点。

三个非共线点的条件

显然，上面的 $\boldsymbol{\psi}^\star$ 若要有唯一解，需有 $\det \boldsymbol{I} \neq 0$。一个充分条件是 $\boldsymbol{I}$ 为正定，即对任意 $\boldsymbol{x} \neq \boldsymbol{0}$，一定有：

$$\boldsymbol{x}^{\mathrm{T}} \boldsymbol{I} \boldsymbol{x} > 0 \tag{8.90}$$

于是，可以注意到：

$$\begin{aligned} \boldsymbol{x}^{\mathrm{T}} \boldsymbol{I} \boldsymbol{x} &= \boldsymbol{x}^{\mathrm{T}} \left(-\frac{1}{w} \sum_{j=1}^{M} w_j (\boldsymbol{p}_j - \boldsymbol{p})^\wedge (\boldsymbol{p}_j - \boldsymbol{p})^\wedge \right) \boldsymbol{x} \\ &= \frac{1}{w} \sum_{j=1}^{M} w_j \underbrace{((\boldsymbol{p}_j - \boldsymbol{p})^\wedge \boldsymbol{x})^{\mathrm{T}} ((\boldsymbol{p}_j - \boldsymbol{p})^\wedge \boldsymbol{x})}_{\geqslant 0} \geqslant 0 \end{aligned} \tag{8.91}$$

因求和项中每一项为非负，所以总和必为非负。使得总和为零的唯一情况是求和项中的**每一项**皆为零，即：

$$(\forall j)\ (\boldsymbol{p}_j - \boldsymbol{p})^\wedge \boldsymbol{x} = \boldsymbol{0} \tag{8.92}$$

换句话说，必须有 $\boldsymbol{x} = \boldsymbol{0}$（不符合假设）、$\boldsymbol{p}_j = \boldsymbol{p}$ 或 $\boldsymbol{x}$ 平行于 $\boldsymbol{p}_j - \boldsymbol{p}$。只要存在至少三个点且不共线，后两个条件就永远不会成立。

注意，有三个不共线的点只是 $\boldsymbol{\psi}^\star$ 在每次迭代有唯一解的充分条件，并不能提供目标函数最小化全局解的数量的一般信息——这一部分在前面的小节已有详细讨论，我们已经知道可以存在一个或者无数个全局解；而且，如果存在一个唯一全局解，就没有额外的局部最小值需要担忧。

8.1.4　变换矩阵解法

最后，为了完整性，我们还提供一种使用变换矩阵及其相关的指数映射来求解位姿更新量的迭代式方法[10]。和前两节一样，我们使用了省略重复上下标的简化表示法：

$$\begin{gathered} \mathcal{y}_j = \begin{bmatrix} \boldsymbol{y}_j \\ 1 \end{bmatrix} = \begin{bmatrix} \boldsymbol{r}_{v_k}^{p_j v_k} \\ 1 \end{bmatrix}, \quad \mathcal{p}_j = \begin{bmatrix} \boldsymbol{p}_j \\ 1 \end{bmatrix} = \begin{bmatrix} \boldsymbol{r}_i^{p_j i} \\ 1 \end{bmatrix} \\ \boldsymbol{T} = \boldsymbol{T}_{v_k i} = \begin{bmatrix} \boldsymbol{C}_{v_k i} & -\boldsymbol{C}_{v_k i} \boldsymbol{r}_i^{v_k i} \\ \boldsymbol{0}^{\mathrm{T}} & 1 \end{bmatrix} \end{gathered} \tag{8.93}$$

这里我们使用了不同的字体来表示点的齐次坐标；为了方便和上一节的旋转矩阵解法建立联系，点的非齐次坐标表示法也会保留。

对每个点，我们定义误差函数项为：

$$\boldsymbol{e}_j = \mathcal{y}_j - \boldsymbol{T} \mathcal{p}_j \tag{8.94}$$

并定义目标函数为：

$$J(\boldsymbol{T}) = \frac{1}{2} \sum_{j=1}^{M} w_j \boldsymbol{e}_j^{\mathrm{T}} \boldsymbol{e}_j = \frac{1}{2} \sum_{j=1}^{M} w_j (\mathcal{y}_j - \boldsymbol{T} \mathcal{p}_j)^{\mathrm{T}} (\mathcal{y}_j - \boldsymbol{T} \mathcal{p}_j) \tag{8.95}$$

---

[10] 我们将会使用 7.1.9 节中讲述的优化方法。

其中 $w_j > 0$ 为普通的标量权重因子。我们的目标是相对于 $\boldsymbol{T} \in SE(3)$ 来最小化 J。注意，此处的目标函数与单位四元数解法和旋转矩阵解法中的目标函数是等价的，所以其最小值应该相同。

为此，我们使用 $SE(3)$ 敏感的扰动形式：

$$\boldsymbol{T} = \exp(\boldsymbol{\epsilon}^\wedge)\boldsymbol{T}_{\text{op}} \approx (\mathbf{1} + \boldsymbol{\epsilon}^\wedge)\boldsymbol{T}_{\text{op}} \tag{8.96}$$

其中 $\boldsymbol{T}_{\text{op}}$ 为某个初始猜测（例如线性化所在点），$\boldsymbol{\epsilon}$ 为对该猜测值的扰动。将其代入目标函数，有：

$$J(\boldsymbol{T}) \approx \frac{1}{2}\sum_{j=1}^{M} w_j \left((\boldsymbol{y}_j - \boldsymbol{z}_j) - \boldsymbol{z}_j^{\odot}\boldsymbol{\epsilon}\right)^{\mathrm{T}}\left((\boldsymbol{y}_j - \boldsymbol{z}_j) - \boldsymbol{z}_j^{\odot}\boldsymbol{\epsilon}\right) \tag{8.97}$$

其中 $\boldsymbol{z}_j = \boldsymbol{T}_{\text{op}}\boldsymbol{p}_j$，并利用了 7.1.8 节中的式子：

$$\boldsymbol{\epsilon}^\wedge \boldsymbol{z}_j = \boldsymbol{z}_j^{\odot}\boldsymbol{\epsilon} \tag{8.98}$$

现在我们的目标函数是关于 $\boldsymbol{\epsilon}$ 的二次型，因此可以针对 $\boldsymbol{\epsilon}$ 做一个简单的**无约束**的优化。对其求导，有：

$$\frac{\partial J}{\partial \boldsymbol{\epsilon}^{\mathrm{T}}} = -\sum_{j=1}^{M} w_j \boldsymbol{z}_j^{\odot^{\mathrm{T}}}\left((\boldsymbol{y}_j - \boldsymbol{z}_j) - \boldsymbol{z}_j^{\odot}\boldsymbol{\epsilon}\right) \tag{8.99}$$

将其设为零，得到可求解最优 $\boldsymbol{\epsilon}^\star$ 的方程：

$$\left(\frac{1}{w}\sum_{j=1}^{M} w_j \boldsymbol{z}_j^{\odot^{\mathrm{T}}}\boldsymbol{z}_j^{\odot}\right)\boldsymbol{\epsilon}^\star = \frac{1}{w}\sum_{j=1}^{M} w_j \boldsymbol{z}_j^{\odot^{\mathrm{T}}}(\boldsymbol{y}_j - \boldsymbol{z}_j) \tag{8.100}$$

虽然我们可以使用上式来计算最优更新量，但其左右两侧在每次迭代中都需要从初始点计算得到。和上一小节中基于旋转矩阵的迭代式方法一样，我们可以将两侧都转化为不依赖于初始点的形式。

首先看左侧，可以证明：

$$\frac{1}{w}\sum_{j=1}^{M} w_j \boldsymbol{z}_j^{\odot^{\mathrm{T}}}\boldsymbol{z}_j^{\odot} = \underbrace{\boldsymbol{\mathcal{T}}_{\text{op}}^{-\mathrm{T}}}_{>0}\underbrace{\left(\frac{1}{w}\sum_{j=1}^{M} w_j \boldsymbol{p}_j^{\odot^{\mathrm{T}}}\boldsymbol{p}_j^{\odot}\right)}_{\boldsymbol{\mathcal{M}}}\underbrace{\boldsymbol{\mathcal{T}}_{\text{op}}^{-1}}_{>0} \tag{8.101}$$

其中

$$\begin{gathered}\boldsymbol{\mathcal{T}}_{\text{op}} = \mathrm{Ad}(\boldsymbol{T}_{\text{op}}), \quad \boldsymbol{\mathcal{M}} = \begin{bmatrix}\mathbf{1} & \mathbf{0} \\ -\boldsymbol{p}^\wedge & \mathbf{1}\end{bmatrix}\begin{bmatrix}\mathbf{1} & \mathbf{0} \\ \mathbf{0} & \mathbf{1}\end{bmatrix}\begin{bmatrix}\mathbf{1} & \boldsymbol{p}^\wedge \\ \mathbf{0} & \mathbf{1}\end{bmatrix}, \\ w = \sum_{j=1}^{M} w_j, \quad \boldsymbol{p} = \frac{1}{w}\sum_{j=1}^{M} w_j \boldsymbol{p}_j, \quad \boldsymbol{I} = -\frac{1}{w}\sum_{j=1}^{M} w_j (\boldsymbol{p}_j - \boldsymbol{p})^\wedge(\boldsymbol{p}_j - \boldsymbol{p})^\wedge\end{gathered} \tag{8.102}$$

6×6 矩阵 $\boldsymbol{\mathcal{M}}$ 形如所谓的**广义质量矩阵**（generalized mass matrix）[56]，其质量代表权重因子。注意，它是一个仅关于静参考系中的点坐标的函数，因而是常量。

再看右侧，可以证明：

$$\boldsymbol{a} = \frac{1}{w}\sum_{j=1}^{M} w_j \boldsymbol{z}_j^{\odot^{\mathrm{T}}}(\boldsymbol{y}_j - \boldsymbol{z}_j) = \begin{bmatrix}\boldsymbol{y} - \boldsymbol{C}_{\text{op}}(\boldsymbol{p} - \boldsymbol{r}_{\text{op}}) \\ \boldsymbol{b} - \boldsymbol{y}^\wedge \boldsymbol{C}_{\text{op}}(\boldsymbol{p} - \boldsymbol{r}_{\text{op}})\end{bmatrix} \tag{8.103}$$

其中

$$\boldsymbol{b} = [\mathrm{tr}(\mathbf{1}_i^\wedge \boldsymbol{C}_{\mathrm{op}} \boldsymbol{W}^{\mathrm{T}})]_i, \quad \boldsymbol{T}_{\mathrm{op}} = \begin{bmatrix} \boldsymbol{C}_{\mathrm{op}} & -\boldsymbol{C}_{\mathrm{op}} \boldsymbol{r}_{\mathrm{op}} \\ \mathbf{0}^{\mathrm{T}} & 1 \end{bmatrix} \tag{8.104}$$

$$\boldsymbol{W} = \frac{1}{w} \sum_{j=1}^{M} w_j (\boldsymbol{y}_j - \boldsymbol{y})(\boldsymbol{p}_j - \boldsymbol{p})^{\mathrm{T}}, \quad \boldsymbol{y} = \frac{1}{w} \sum_{j=1}^{M} w_j \boldsymbol{y}_j \tag{8.105}$$

$\boldsymbol{W}$ 和 $\boldsymbol{y}$ 在前面已经出现过，都可以事先用点坐标计算，从而在每次迭代中直接使用。

再一次地，我们可以将最优更新量写为如下封闭形式：

$$\boldsymbol{\epsilon}^\star = \boldsymbol{\mathcal{T}}_{\mathrm{op}} \boldsymbol{\mathcal{M}}^{-1} \boldsymbol{\mathcal{T}}_{\mathrm{op}}^{\mathrm{T}} \boldsymbol{a} \tag{8.106}$$

计算完成之后，更新估计值：

$$\boldsymbol{T}_{\mathrm{op}} \leftarrow \exp\left(\boldsymbol{\epsilon}^{\star\wedge}\right) \boldsymbol{T}_{\mathrm{op}} \tag{8.107}$$

然后迭代至收敛。取最后一次迭代的结果为转换矩阵的最终估计值 $\hat{\boldsymbol{T}}_{v_k i} = \boldsymbol{T}_{\mathrm{op}}$。或者，问题所需的结果也可以是 $\hat{\boldsymbol{T}}_{i v_k} = \hat{\boldsymbol{T}}_{v_k i}^{-1}$。

注意，使用指数映射将扰动量应用到估计量，能够保证 $\boldsymbol{T}_{\mathrm{op}}$ 在迭代过程中一直处在 $SE(3)$ 空间。此外，回顾 4.3.1 节，可以看到，我们对 $\boldsymbol{T}$ 的迭代式优化在形式上正是高斯-牛顿估计器，只不过被应用到了 $SE(3)$ 空间。

三个非共线点的条件

考虑式（8.100）何时有唯一解是个有趣的问题。由式（8.101）可以直接得到：

$$\det \boldsymbol{\mathcal{M}} = \det \boldsymbol{I} \tag{8.108}$$

因此，为了上面的 $\boldsymbol{\epsilon}^\star$ 有唯一解，需要 $\det \boldsymbol{I} \neq 0$。一个充分条件是 $\boldsymbol{I}$ 为正定，如同前面旋转矩阵一节所述，这个条件在至少存在三个点且它们不共线时可以成立。

8.2　点云跟踪

在这一节中，我们研究一个和点云对准密切相关的问题，即点云跟踪。在对准问题中，我们只是需要通过对准两个点云来决定机器人在某一个时刻的位姿。而在跟踪问题中，我们需要借助一系列测量和先验值（含系统输入值）来估计物体在一段时间内的位姿。相应地，我们会建立运动和观测模型，然后讲述如何将其应用到递归式方法（即 EKF）和批量式方法（即高斯-牛顿）中。

8.2.1　问题描述

我们继续使用图 8-1 中描述的场景。机器人的状态量包括：

$$\boldsymbol{r}_i^{v_k i}：从 \ I \ 到 \ V_k \ 的平移向量，表达在 \ \underrightarrow{\mathcal{F}}_i$$

$$\boldsymbol{C}_{v_k i}：从 \ \underrightarrow{\mathcal{F}}_i \ 到 \ \underrightarrow{\mathcal{F}}_{v_k} \ 的旋转矩阵$$

或者使用一个变换矩阵：

$$\boldsymbol{T}_k = \boldsymbol{T}_{v_k i} = \begin{bmatrix} \boldsymbol{C}_{v_k i} & -\boldsymbol{C}_{v_k i}\boldsymbol{r}_i^{v_k i} \\ \boldsymbol{0}^{\mathrm{T}} & 1 \end{bmatrix} \tag{8.109}$$

我们将姿态的整个轨迹简写为：

$$\boldsymbol{x} = \{\boldsymbol{T}_0, \boldsymbol{T}_1, \cdots, \boldsymbol{T}_K\} \tag{8.110}$$

运动先验值/输入值以及测量值定义如下：

1. 运动先验值/输入值：
   - 我们可以假设已知的输入为初始位姿（含不确定度），

$$\check{\boldsymbol{T}}_0 \tag{8.111}$$

   以及机器人的平移速度 $\boldsymbol{\nu}_{v_k}^{iv_k}$ 和角速度 $\boldsymbol{\omega}_{v_k}^{iv_k}$，注意两者都表达在机器人坐标系下。我们将两者合写为一个离散的序列（假设输入量的时间间隔固定）：

$$\boldsymbol{\varpi}_k = \begin{bmatrix} \boldsymbol{\nu}_{v_k}^{iv_k} \\ \boldsymbol{\omega}_{v_k}^{iv_k} \end{bmatrix}, \quad k = 1, \cdots, K \tag{8.112}$$

   综合起来，所有输入量可以简写为：

$$\boldsymbol{v} = \{\check{\boldsymbol{T}}_0, \boldsymbol{\varpi}_1, \boldsymbol{\varpi}_2, \cdots, \boldsymbol{\varpi}_K\} \tag{8.113}$$

2. 测量值：
   - 假设我们能够测量一个静态的点 P_j 在机器人坐标系下的位置 $\boldsymbol{r}_{v_k}^{p_j v_k}$，并假定该点在静止参考系下的位置 $\boldsymbol{r}_i^{p_j i}$ 已知。由于可能有多个点的测量，所以这里加入了下标 j。记点 P_j 在时刻 k 的观测为：

$$\boldsymbol{y}_{jk} = \boldsymbol{r}_{v_k}^{p_j v_k} \tag{8.114}$$

   结合起来，所有的测量值简写为：

$$\boldsymbol{y} = \{\boldsymbol{y}_{11}, \cdots, \boldsymbol{y}_{M1}, \cdots, \boldsymbol{y}_{1K}, \cdots, \boldsymbol{y}_{MK}\} \tag{8.115}$$

这个位姿估计问题有一定的普遍性，可以用来描述很多场景。

8.2.2 运动先验

我们将会推导一个通用的离散时间运动学先验模型，可以用于很多不同的估计算法。我们先从连续时间的模型开始，再推进到离散时间模型。

连续时间模型

先看 $SE(3)$ 运动学公式[11]：

$$\dot{\boldsymbol{T}} = \boldsymbol{\varpi}^{\wedge}\boldsymbol{T} \tag{8.116}$$

---

[11] 更清楚地讲，此公式中 $\boldsymbol{T} = \boldsymbol{T}_{v_k i}$，$\boldsymbol{\varpi}$ 为表达在 $\underrightarrow{\mathcal{F}}_{v_k}$ 下的广义速度。

式中两个量分别受如下形式的过程噪声影响：

$$\boldsymbol{T} = \exp(\delta\boldsymbol{\xi}^{\wedge})\bar{\boldsymbol{T}} \tag{8.117a}$$

$$\boldsymbol{\varpi} = \bar{\boldsymbol{\varpi}} + \delta\boldsymbol{\varpi} \tag{8.117b}$$

我们按照式（7.253）将其分解为标称运动和扰动运动：

$$\text{标称运动：}\dot{\bar{\boldsymbol{T}}} = \bar{\boldsymbol{\varpi}}^{\wedge}\bar{\boldsymbol{T}} \tag{8.118a}$$

$$\text{扰动运动：}\delta\dot{\boldsymbol{\xi}} = \bar{\boldsymbol{\varpi}}^{\curlywedge}\delta\boldsymbol{\xi} + \delta\boldsymbol{\varpi} \tag{8.118b}$$

其中我们视 $\delta\boldsymbol{\varpi}(t)$ 为影响标称运动的过程噪声。于是，对扰动运动公式进行积分可以让我们追踪系统中姿态的不确定性。虽然我们可以在连续时间模型中这么做，但下面我们准备直接在离散时间模型下的 EKF和批量式离散时间 MAP估计器中使用这个运动学模型。

离散时间模型

如果我们假定离散时刻之间的数值保持不变，就可以借助 7.2.2 节的概念，记标称运动和扰动运动的公式为：

$$\text{标称运动：}\bar{\boldsymbol{T}}_k = \underbrace{\exp(\Delta t_k \bar{\boldsymbol{\varpi}}_k^{\wedge})}_{\boldsymbol{\Xi}_k}\bar{\boldsymbol{T}}_{k-1} \tag{8.119a}$$

$$\text{扰动运动：}\delta\boldsymbol{\xi}_k = \underbrace{\exp(\Delta t_k \bar{\boldsymbol{\varpi}}_k^{\curlywedge})}_{\mathrm{Ad}(\boldsymbol{\Xi}_k)}\delta\boldsymbol{\xi}_{k-1} + \boldsymbol{w}_k \tag{8.119b}$$

其中 $\Delta t_k = t_k - t_{k-1}$。现在过程噪声为 $\boldsymbol{w}_k = \mathcal{N}(\boldsymbol{0}, \boldsymbol{Q}_k)$。

8.2.3　测量模型

下面我们先推导一个测量模型，然后将其线性化。

非线性模型

我们的 3×1 测量模型可以紧凑地写为：

$$\boldsymbol{y}_{jk} = \boldsymbol{D}^{\mathrm{T}}\boldsymbol{T}_k\boldsymbol{p}_j + \boldsymbol{n}_{jk} \tag{8.120}$$

其中已知点在移动机器人上的位置用 4×1 的齐次坐标表示（最后一行为 1）：

$$\boldsymbol{p}_j = \begin{bmatrix} \boldsymbol{r}_i^{p_j i} \\ 1 \end{bmatrix} \tag{8.121}$$

同时

$$\boldsymbol{D}^{\mathrm{T}} = \begin{bmatrix} 1 & 0 & 0 & 0 \\ 0 & 1 & 0 & 0 \\ 0 & 0 & 1 & 0 \end{bmatrix} \tag{8.122}$$

是一个映射矩阵，通过移除最后一行的 1 来确保测量值为 3×1。测量模型中的 $\boldsymbol{n}_{jk} \sim \mathcal{N}(\boldsymbol{0}, \boldsymbol{R}_{jk})$ 为高斯测量噪声。

线性化

使用和运动模型中相同的方法，我们借助以下扰动模型，将式（8.120）线性化：

$$\boldsymbol{T}_k = \exp(\delta\boldsymbol{\xi}_k^{\wedge})\bar{\boldsymbol{T}}_k \tag{8.123a}$$

$$\boldsymbol{y}_{jk} = \bar{\boldsymbol{y}}_{jk} + \delta\boldsymbol{y}_{jk} \tag{8.123b}$$

将其代入测量模型，有：

$$\bar{\boldsymbol{y}}_{jk} + \delta\boldsymbol{y}_{jk} = \boldsymbol{D}^{\mathrm{T}}\left(\exp\left(\delta\boldsymbol{\xi}_k^{\wedge}\right)\bar{\boldsymbol{T}}_k\right)\boldsymbol{p}_j + \boldsymbol{n}_{jk} \tag{8.124}$$

减去标称解（即我们线性化的工作点[12]）：

$$\bar{\boldsymbol{y}}_{jk} = \boldsymbol{D}^{\mathrm{T}}\bar{\boldsymbol{T}}_k\boldsymbol{p}_j \tag{8.125}$$

则剩下（精确到一阶）：

$$\delta\boldsymbol{y}_{jk} \approx \boldsymbol{D}^{\mathrm{T}}\left(\bar{\boldsymbol{T}}_k\boldsymbol{p}_j\right)^{\odot}\delta\boldsymbol{\xi}_k + \boldsymbol{n}_{jk} \tag{8.126}$$

这个扰动测量模型以 $SE(3)$ 约束敏感的方式，将测量模型输入端的微小改变量和输出的微小改变量联系起来。

命名法则

为了确保我们的非线性估计器的推导过程中的变量名的对应关系，定义如下符号：

$\hat{\boldsymbol{T}}_k$ ： 在时刻 k 的 4×4 的校正后位姿估计

$\hat{\boldsymbol{P}}_k$ ： 在时刻 k 的 6×6 的校正后位姿估计协方差（含平移量和旋转量）

$\check{\boldsymbol{T}}_k$ ： 在时刻 k 的 4×4 的预测位姿估计

$\check{\boldsymbol{P}}_k$ ： 在时刻 k 的 6×6 的预测位姿估计协方差（含平移量和旋转量）

$\check{\boldsymbol{T}}_0$ ： 4×4 的先验输入，作为在时刻 0 的位姿

$\boldsymbol{\varpi}_k$ ： 6×1 的先验输入，作为在时刻 k 的广义速度

$\boldsymbol{Q}_k$ ： 6×6 的过程噪声协方差（含平移量和旋转量）

$\boldsymbol{y}_{jk}$ ： 机器人在时刻 k 对点 j 的 3×1 的测量

$\boldsymbol{R}_{jk}$ ： 在时刻 k 的测量 j 的 3×3 的协方差

我们将会在两个不同估计器中使用这些变量，即 EKF 和批量式离散时间MAP 估计器。

8.2.4 EKF 解法

在本节中，我们将使用经典 EKF 来估计机器人位姿，仔细地处理包含在问题中的旋转信息。

[12] 工作点（operating point），即线性化时所用的估计值。下面亦称取值点。——译者注

预测环节

在 EKF 中预测下一时刻的均值并不困难，只需要把先验估计和最新输入量放进式（8.119）的标称运动公式里：

$$\check{\boldsymbol{T}}_k = \underbrace{\exp(\Delta t_k \boldsymbol{\varpi}_k^{\wedge})}_{\boldsymbol{\Xi}_k} \hat{\boldsymbol{T}}_{k-1} \tag{8.127}$$

为了预测估计量的协方差：

$$\check{\boldsymbol{P}}_k = E\left[\delta\check{\boldsymbol{\xi}}_k \delta\check{\boldsymbol{\xi}}_k^{\mathrm{T}}\right] \tag{8.128}$$

我们需要用到式（8.119）中的扰动运动模型，

$$\delta\check{\boldsymbol{\xi}}_k = \underbrace{\exp(\Delta t_k \boldsymbol{\varpi}_k^{\curlywedge})}_{\boldsymbol{F}_{k-1}=\mathrm{Ad}(\boldsymbol{\Xi}_k)} \delta\hat{\boldsymbol{\xi}}_{k-1} + \boldsymbol{w}_k \tag{8.129}$$

于是，此时线性化后的运动模型的系数矩阵为：

$$\boldsymbol{F}_{k-1} = \exp(\Delta t_k \boldsymbol{\varpi}_k^{\curlywedge}) \tag{8.130}$$

此式仅依赖于输入量而与状态量无关，这种便利得益于我们选择通过指数映射来代表不确定度。接着，协方差预测量按照 EKF 常规方法得到：

$$\check{\boldsymbol{P}}_k = \boldsymbol{F}_{k-1} \hat{\boldsymbol{P}}_{k-1} \boldsymbol{F}_{k-1}^{\mathrm{T}} + \boldsymbol{Q}_k \tag{8.131}$$

下面的校正环节，则需要我们对姿态量特别留意。

校正环节

回顾式（8.126）的扰动测量模型：

$$\delta\boldsymbol{y}_{jk} = \underbrace{\boldsymbol{D}^{\mathrm{T}}\left(\check{\boldsymbol{T}}_k \boldsymbol{p}_j\right)^{\odot}}_{\boldsymbol{G}_{jk}} \delta\check{\boldsymbol{\xi}}_k + \boldsymbol{n}_{jk} \tag{8.132}$$

可以看到，线性化后的测量模型系数矩阵为：

$$\boldsymbol{G}_{jk} = \boldsymbol{D}^{\mathrm{T}}\left(\check{\boldsymbol{T}}_k \boldsymbol{p}_j\right)^{\odot} \tag{8.133}$$

其线性化取值用的是姿态的预测均值 $\check{\boldsymbol{T}}_k$。

为了处理机器人观测到 M 个点的情况，可以将多个量合写为：

$$\boldsymbol{y}_k = \begin{bmatrix} \boldsymbol{y}_{1k} \\ \vdots \\ \boldsymbol{y}_{Mk} \end{bmatrix}, \quad \boldsymbol{G}_k = \begin{bmatrix} \boldsymbol{G}_{1k} \\ \vdots \\ \boldsymbol{G}_{Mk} \end{bmatrix}, \quad \boldsymbol{R}_k = \mathrm{diag}(\boldsymbol{R}_{1k}, \cdots, \boldsymbol{R}_{Mk}) \tag{8.134}$$

卡尔曼增益和协方差更新公式则和通用情况一致：

$$\boldsymbol{K}_k = \check{\boldsymbol{P}}_k \boldsymbol{G}_k^{\mathrm{T}} (\boldsymbol{G}_k \check{\boldsymbol{P}}_k \boldsymbol{G}_k^{\mathrm{T}} + \boldsymbol{R}_k)^{-1} \tag{8.135a}$$

$$\hat{\boldsymbol{P}}_k = (\boldsymbol{1} - \boldsymbol{K}_k \boldsymbol{G}_k) \check{\boldsymbol{P}}_k \tag{8.135b}$$

对 EKF 的校正公式，我们需要特别注意，这是由于：

$$\hat{\boldsymbol{P}}_k = E\left[\delta\hat{\boldsymbol{\xi}}_k \delta\hat{\boldsymbol{\xi}}_k^{\mathrm{T}}\right] \tag{8.136}$$

特别地，对于均值的更新，我们将式子重新整理为[13]：

$$\boldsymbol{\epsilon}_k = \underbrace{\ln\left(\hat{\boldsymbol{T}}_k \check{\boldsymbol{T}}_k^{-1}\right)^{\vee}}_{\text{更新}} = \boldsymbol{K}_k \underbrace{(\boldsymbol{y}_k - \check{\boldsymbol{y}}_k)}_{\text{革新量}} \tag{8.137}$$

其中，$\boldsymbol{\epsilon}_k = \ln\left(\hat{\boldsymbol{T}}_k \check{\boldsymbol{T}}_k^{-1}\right)^{\vee}$ 为校正后均值和预测均值的差值，$\check{\boldsymbol{y}}_k$ 为根据非线性标称测量模型在预测均值处的取值，得到的理论测量值为：

$$\check{\boldsymbol{y}}_k = \begin{bmatrix} \check{\boldsymbol{y}}_{1k} \\ \vdots \\ \check{\boldsymbol{y}}_{Mk} \end{bmatrix}, \qquad \check{\boldsymbol{y}}_{jk} = \boldsymbol{D}^{\mathrm{T}} \check{\boldsymbol{T}}_k \boldsymbol{p}_j \tag{8.138}$$

这里我们同样也考虑了机器人同时观测到 M 个点的情况。计算完均值的校正值 $\boldsymbol{\epsilon}_k$ 之后，我们按下式来更新姿态均值：

$$\hat{\boldsymbol{T}}_k = \exp(\boldsymbol{\epsilon}_k^{\wedge}) \check{\boldsymbol{T}}_k \tag{8.139}$$

以确保均值在 $SE(3)$ 空间内。

小结

将前两小节的细节综合起来，可以得到五个针对我们这个系统的 EKF 经典方程：

预测：

$$\check{\boldsymbol{P}}_k = \boldsymbol{F}_{k-1} \hat{\boldsymbol{P}}_{k-1} \boldsymbol{F}_{k-1}^{\mathrm{T}} + \boldsymbol{Q}_k \tag{8.140a}$$

$$\check{\boldsymbol{T}}_k = \boldsymbol{\Xi}_k \hat{\boldsymbol{T}}_{k-1} \tag{8.140b}$$

卡尔曼增益：

$$\boldsymbol{K}_k = \check{\boldsymbol{P}}_k \boldsymbol{G}_k^{\mathrm{T}} (\boldsymbol{G}_k \check{\boldsymbol{P}}_k \boldsymbol{G}_k^{\mathrm{T}} + \boldsymbol{R}_k)^{-1} \tag{8.140c}$$

校正：

$$\hat{\boldsymbol{P}}_k = (\boldsymbol{1} - \boldsymbol{K}_k \boldsymbol{G}_k) \check{\boldsymbol{P}}_k \tag{8.140d}$$

$$\hat{\boldsymbol{T}}_k = \exp\left((\boldsymbol{K}_k (\boldsymbol{y}_k - \check{\boldsymbol{y}}_k))^{\wedge} \right) \check{\boldsymbol{T}}_k \tag{8.140e}$$

我们调整了 EKF 的基本架构，使得所有均值的计算都在李群 $SE(3)$ 空间内，且所有的协方差的计算都在李代数 $\mathfrak{se}(3)$ 空间内。和通常情况一样，我们需要在第一个时刻以 $\check{\boldsymbol{T}}_0$ 来初始化滤波器。通过重新线性化最新估计值和反复迭代校正步骤，我们可以轻松地实现此算法的 EKF迭代，这里不再详述。最后，算法给出的量是 $\hat{\boldsymbol{T}}_{v_k i} = \hat{\boldsymbol{T}}_k$，如果需要，也可以计算 $\hat{\boldsymbol{T}}_{i v_k} = \hat{\boldsymbol{T}}_k^{-1}$。

8.2.5 批量式最大后验解法

在这一节中，我们回到离散时间的批量式估计方法，看看它如何应用到我们的姿态跟踪问题。

[13] 此处的“革新量”（innovation），或称“更新量”，亦称“残差”（residual），专指卡尔曼滤波中测量环节的实际值与预测值之差，请读者注意与普通的“更新”（update）、“更新值”（updated value）区分开。——译者注

误差项和目标函数

和通常的批量式 MAP问题一样，我们从定义每个输入和测量的误差项开始。对于输入量 $\check{\boldsymbol{T}}_0$ 和 $\boldsymbol{\varpi}_k$，我们有：

$$\boldsymbol{e}_{v,k}(\boldsymbol{x}) = \begin{cases} \ln(\check{\boldsymbol{T}}_0 \boldsymbol{T}_0^{-1})^\vee & k=0 \\ \ln(\boldsymbol{\Xi}_k \boldsymbol{T}_{k-1} \boldsymbol{T}_k^{-1})^\vee & k=1,\cdots,K \end{cases} \tag{8.141}$$

其中 $\boldsymbol{\Xi}_k = \exp(\Delta t_k \boldsymbol{\varpi}_k^\wedge)$，同时对状态量用了简便写法 $\boldsymbol{x} = \{\boldsymbol{T}_0, \cdots, \boldsymbol{T}_k\}$。对于测量 $\boldsymbol{y}_{jk}$，我们有：

$$\boldsymbol{e}_{y,jk}(\boldsymbol{x}) = \boldsymbol{y}_{jk} - \boldsymbol{D}^{\mathrm{T}} \boldsymbol{T}_k \boldsymbol{p}_j \tag{8.142}$$

接下来我们考察这些误差项的噪声特性。

从贝叶斯的角度来说，我们认为真实姿态值是由先验值引出的（参看 4.1.1 节），于是：

$$\boldsymbol{T}_k = \exp\left(\delta\boldsymbol{\xi}_k^\wedge\right) \check{\boldsymbol{T}}_k \tag{8.143}$$

其中 $\delta\boldsymbol{\xi}_k \sim \mathcal{N}(\boldsymbol{0}, \check{\boldsymbol{P}}_k)$。

对于第一个输入误差量，我们有：

$$\boldsymbol{e}_{v,0}(\boldsymbol{x}) = \ln\left(\check{\boldsymbol{T}}_0 \boldsymbol{T}_0^{-1}\right)^\vee = \ln\left(\check{\boldsymbol{T}}_0 \check{\boldsymbol{T}}_0^{-1} \exp\left(-\delta\boldsymbol{\xi}_0^\wedge\right)\right)^\vee = -\delta\boldsymbol{\xi}_0 \tag{8.144}$$

于是：

$$\boldsymbol{e}_{v,0}(\boldsymbol{x}) \sim \mathcal{N}(\boldsymbol{0}, \check{\boldsymbol{P}}_0) \tag{8.145}$$

对于后一个输入误差量，我们有：

$$\begin{aligned} \boldsymbol{e}_{v,k}(\boldsymbol{x}) &= \ln(\boldsymbol{\Xi}_k \boldsymbol{T}_{k-1} \boldsymbol{T}_k^{-1})^\vee \\ &= \ln(\boldsymbol{\Xi}_k \exp(\delta\boldsymbol{\xi}_{k-1}^\wedge) \check{\boldsymbol{T}}_{k-1} \check{\boldsymbol{T}}_k^{-1} \exp(-\delta\boldsymbol{\xi}_k^\wedge))^\vee \\ &= \ln\Big(\underbrace{\boldsymbol{\Xi}_k \check{\boldsymbol{T}}_{k-1} \check{\boldsymbol{T}}_k^{-1}}_{\boldsymbol{1}} \exp\left((\mathrm{Ad}(\boldsymbol{\Xi}_k)\delta\boldsymbol{\xi}_{k-1})^\wedge\right) \exp(-\delta\boldsymbol{\xi}_k^\wedge)\Big)^\vee \\ &\approx \mathrm{Ad}(\boldsymbol{\Xi}_k)\delta\boldsymbol{\xi}_{k-1} - \delta\boldsymbol{\xi}_k \\ &= -\boldsymbol{w}_k \end{aligned} \tag{8.146}$$

于是：

$$\boldsymbol{e}_{v,k}(\boldsymbol{x}) \sim \mathcal{N}(\boldsymbol{0}, \boldsymbol{Q}_k) \tag{8.147}$$

对于测量模型，我们认为测量值是通过无噪声版本的模型（基于真实姿态值）产生、再被噪声影响：

$$\boldsymbol{e}_{y,jk}(\boldsymbol{x}) = \boldsymbol{y}_{jk} - \boldsymbol{D}^{\mathrm{T}} \boldsymbol{T}_k \boldsymbol{p}_j = \boldsymbol{n}_{jk} \tag{8.148}$$

于是：

$$\boldsymbol{e}_{y,jk}(\boldsymbol{x}) \sim \mathcal{N}(\boldsymbol{0}, \boldsymbol{R}_{jk}) \tag{8.149}$$

利用噪声特性，我们接下来构造目标函数，以最小化我们的批量式 MAP问题：

$$J_{v,k}(\boldsymbol{x})=\begin{cases}\frac{1}{2}\boldsymbol{e}_{v,0}(\boldsymbol{x})^{\mathrm{T}}\check{\boldsymbol{P}}_0^{-1}\boldsymbol{e}_{v,0}(\boldsymbol{x}) & k=0\\ \frac{1}{2}\boldsymbol{e}_{v,k}(\boldsymbol{x})^{\mathrm{T}}\boldsymbol{Q}_k^{-1}\boldsymbol{e}_{v,k}(\boldsymbol{x}) & k=1,\cdots,K\end{cases} \tag{8.150a}$$

$$J_{y,k}(\boldsymbol{x})=\frac{1}{2}\boldsymbol{e}_{y,k}(\boldsymbol{x})^{\mathrm{T}}\boldsymbol{R}_k^{-1}\boldsymbol{e}_{y,k}(\boldsymbol{x}) \tag{8.150b}$$

其中我们把 M 个点的相关量合写为：

$$\boldsymbol{e}_{y,k}(\boldsymbol{x})=\begin{bmatrix}\boldsymbol{e}_{y,1k}(\boldsymbol{x})\\ \vdots\\ \boldsymbol{e}_{y,Mk}(\boldsymbol{x})\end{bmatrix},\qquad \boldsymbol{R}_k=\operatorname{diag}(\boldsymbol{R}_{1k},\cdots,\boldsymbol{R}_{Mk}) \tag{8.151}$$

于是，我们所要最小化的总体的目标函数为：

$$J(\boldsymbol{x})=\sum_{k=0}^{K}(J_{v,k}(\boldsymbol{x})+J_{y,k}(\boldsymbol{x})) \tag{8.152}$$

为了进行高斯-牛顿优化，下一小节将探讨如何线性化我们的误差项。

线性化误差项

线性化我们的误差项（为了进行高斯-牛顿优化）还是比较直观的，类似于前面线性化运动模型和观测模型。对于每个姿态量，我们选取一个线性化的工作点 $\boldsymbol{T}_{\mathrm{op},k}$，该工作点可以认为是对于需要迭代优化的轨迹的现有猜测值。于是，我们取：

$$\boldsymbol{T}_k=\exp(\boldsymbol{\epsilon}_k^{\wedge})\boldsymbol{T}_{\mathrm{op},k} \tag{8.153}$$

其中 $\boldsymbol{\epsilon}_k$ 为针对每次迭代中待优化的现有猜测值的扰动。我们用：

$$\boldsymbol{x}_{\mathrm{op}}=\{\boldsymbol{T}_{\mathrm{op},1},\boldsymbol{T}_{\mathrm{op},2},\cdots,\boldsymbol{T}_{\mathrm{op},K}\} \tag{8.154}$$

来简要表示整个轨迹的工作点。

对于第一个输入误差项，我们有：

$$\boldsymbol{e}_{v,0}(\boldsymbol{x})=\ln(\check{\boldsymbol{T}}_0\boldsymbol{T}_0^{-1})^{\vee}=\ln\Big(\underbrace{\check{\boldsymbol{T}}_0\boldsymbol{T}_{\mathrm{op},0}^{-1}}_{\exp(\boldsymbol{e}_{v,0}(\boldsymbol{x}_{\mathrm{op}})^{\wedge})}\exp(-\boldsymbol{\epsilon}_0^{\wedge})\Big)^{\vee}\approx\boldsymbol{e}_{v,0}(\boldsymbol{x}_{\mathrm{op}})-\boldsymbol{\epsilon}_0 \tag{8.155}$$

其中 $\boldsymbol{e}_{v,0}(\boldsymbol{x}_{\mathrm{op}})=\ln(\check{\boldsymbol{T}}_0\boldsymbol{T}_{\mathrm{op},0}^{-1})^{\vee}$ 为工作点处的误差值。注意，我们这里用了一版非常粗糙的 BCH 方程来推导上式右侧的近似值（只取最前两项），不过这一近似在 $\boldsymbol{\epsilon}_0$ 趋向于零时还是比较准确的，这会发生在高斯-牛顿法收敛的时候[14]。

[14] 这里当然也可以如同 7.3.4 节用 $SE(3)$ 的雅可比来得到更好的结果，但目前的做法是一个足够合理的起点。

对于之后的输入误差项，我们有：

$$
\begin{aligned}
\boldsymbol{e}_{v,k}(\boldsymbol{x}) &= \ln(\boldsymbol{\Xi}_k \boldsymbol{T}_{k-1}\boldsymbol{T}_k^{-1})^\vee \\
&= \ln\left(\boldsymbol{\Xi}_k \exp(\boldsymbol{\epsilon}_{k-1}^\wedge)\boldsymbol{T}_{\text{op},k-1}\boldsymbol{T}_{\text{op},k}^{-1}\exp(-\boldsymbol{\epsilon}_k^\wedge)\right)^\vee \\
&= \ln\Big(\underbrace{\boldsymbol{\Xi}_k \boldsymbol{T}_{\text{op},k-1}\boldsymbol{T}_{\text{op},k}^{-1}}_{\exp(\boldsymbol{e}_{v,k}(\boldsymbol{x}_{\text{op}})^\wedge)}\exp\left((\text{Ad}(\boldsymbol{T}_{\text{op},k}\boldsymbol{T}_{\text{op},k-1}^{-1})\boldsymbol{\epsilon}_{k-1})^\wedge\right)\exp(-\boldsymbol{\epsilon}_k^\wedge)\Big)^\vee \\
&\approx \boldsymbol{e}_{v,k}(\boldsymbol{x}_{\text{op}}) + \underbrace{\text{Ad}(\boldsymbol{T}_{\text{op},k}\boldsymbol{T}_{\text{op},k-1}^{-1})}_{\boldsymbol{F}_{k-1}}\boldsymbol{\epsilon}_{k-1} - \boldsymbol{\epsilon}_k
\end{aligned}
\tag{8.156}
$$

其中 $\boldsymbol{e}_{v,k}(\boldsymbol{x}_{\text{op}}) = \ln(\boldsymbol{\Xi}_k \boldsymbol{T}_{\text{op},k-1}\boldsymbol{T}_{\text{op},k}^{-1})^\vee$ 为在工作点处取值的误差量。

对于测量误差项，我们有：

$$
\begin{aligned}
\boldsymbol{e}_{y,jk}(\boldsymbol{x}) &= \boldsymbol{y}_{jk} - \boldsymbol{D}^{\mathrm{T}}\boldsymbol{T}_k\boldsymbol{p}_j \\
&= \boldsymbol{y}_{jk} - \boldsymbol{D}^{\mathrm{T}}\exp(\boldsymbol{\epsilon}_k^\wedge)\boldsymbol{T}_{\text{op},k}\boldsymbol{p}_j \\
&\approx \boldsymbol{y}_{jk} - \boldsymbol{D}^{\mathrm{T}}(\mathbf{1}+\boldsymbol{\epsilon}_k^\wedge)\boldsymbol{T}_{\text{op},k}\boldsymbol{p}_j \\
&= \underbrace{\boldsymbol{y}_{jk} - \boldsymbol{D}^{\mathrm{T}}\boldsymbol{T}_{\text{op},k}\boldsymbol{p}_j}_{\boldsymbol{e}_{y,jk}(\boldsymbol{x}_{\text{op}})} - \underbrace{\left(\boldsymbol{D}^{\mathrm{T}}(\boldsymbol{T}_{\text{op},k}\boldsymbol{p}_j)^\odot\right)}_{\boldsymbol{G}_{jk}}\boldsymbol{\epsilon}_k
\end{aligned}
\tag{8.157}
$$

我们可以把时刻 k 的所有点的测量写在一起，有：

$$
\boldsymbol{e}_{y,k}(\boldsymbol{x}) \approx \boldsymbol{e}_{y,k}(\boldsymbol{x}_{\text{op}}) - \boldsymbol{G}_k\boldsymbol{\epsilon}_k \tag{8.158}
$$

其中

$$
\boldsymbol{e}_{y,k}(\boldsymbol{x}) = \begin{bmatrix} \boldsymbol{e}_{y,1k}(\boldsymbol{x}) \\ \vdots \\ \boldsymbol{e}_{y,Mk}(\boldsymbol{x}) \end{bmatrix}, \quad \boldsymbol{e}_{y,k}(\boldsymbol{x}_{\text{op}}) = \begin{bmatrix} \boldsymbol{e}_{y,1k}(\boldsymbol{x}_{\text{op}}) \\ \vdots \\ \boldsymbol{e}_{y,Mk}(\boldsymbol{x}_{\text{op}}) \end{bmatrix}, \quad \boldsymbol{G}_k = \begin{bmatrix} \boldsymbol{G}_{1k} \\ \vdots \\ \boldsymbol{G}_{Mk} \end{bmatrix} \tag{8.159}
$$

接下来，将这些估计量代入到我们的目标函数中，完成高斯-牛顿法的推导。

高斯-牛顿更新

为了构造高斯-牛顿更新，我们定义如下综合量：

$$\delta \boldsymbol{x}=\begin{bmatrix}\boldsymbol{\epsilon}_0\\ \boldsymbol{\epsilon}_1\\ \boldsymbol{\epsilon}_2\\ \vdots\\ \boldsymbol{\epsilon}_K\end{bmatrix},\quad \boldsymbol{H}=\left[\begin{array}{cccccc}\mathbf{1} & & & & & \\ -\boldsymbol{F}_0 & \mathbf{1} & & & & \\ & -\boldsymbol{F}_1 & \ddots & & & \\ & & \ddots & \mathbf{1} & & \\ & & & -\boldsymbol{F}_{K-1} & \mathbf{1} & \\ \hline \boldsymbol{G}_0 & & & & & \\ & \boldsymbol{G}_1 & & & & \\ & & \boldsymbol{G}_2 & & & \\ & & & \ddots & & \\ & & & & \boldsymbol{G}_K & \end{array}\right],\quad \boldsymbol{e}(\boldsymbol{x}_{\mathrm{op}})=\left[\begin{array}{c}\boldsymbol{e}_{v,0}(\boldsymbol{x}_{\mathrm{op}})\\ \boldsymbol{e}_{v,1}(\boldsymbol{x}_{\mathrm{op}})\\ \vdots\\ \boldsymbol{e}_{v,K-1}(\boldsymbol{x}_{\mathrm{op}})\\ \boldsymbol{e}_{v,K}(\boldsymbol{x}_{\mathrm{op}})\\ \hline \boldsymbol{e}_{y,0}(\boldsymbol{x}_{\mathrm{op}})\\ \boldsymbol{e}_{y,1}(\boldsymbol{x}_{\mathrm{op}})\\ \vdots\\ \boldsymbol{e}_{y,K-1}(\boldsymbol{x}_{\mathrm{op}})\\ \boldsymbol{e}_{y,K}(\boldsymbol{x}_{\mathrm{op}})\end{array}\right] \tag{8.160}$$

以及

$$\boldsymbol{W}=\mathrm{diag}(\check{\boldsymbol{P}}_0,\boldsymbol{Q}_1,\cdots,\boldsymbol{Q}_K,\boldsymbol{R}_0,\boldsymbol{R}_1,\cdots,\boldsymbol{R}_K) \tag{8.161}$$

这些在结构上与非线性版本中的矩阵是一样的。于是，对目标函数可以作如下（关于扰动量 $\delta\boldsymbol{x}$ 的）二次型估计：

$$J(\boldsymbol{x})\approx J(\boldsymbol{x}_{\mathrm{op}})-\boldsymbol{b}^{\mathrm{T}}\delta\boldsymbol{x}+\frac{1}{2}\delta\boldsymbol{x}^{\mathrm{T}}\boldsymbol{A}\delta\boldsymbol{x} \tag{8.162}$$

其中

$$\boldsymbol{A}=\underbrace{\boldsymbol{H}^{\mathrm{T}}\boldsymbol{W}^{-1}\boldsymbol{H}}_{\text{三对角块}},\quad \boldsymbol{b}=\boldsymbol{H}^{\mathrm{T}}\boldsymbol{W}^{-1}\boldsymbol{e}(\boldsymbol{x}_{\mathrm{op}}) \tag{8.163}$$

相对于 $\delta\boldsymbol{x}$ 作最小化，我们用

$$\boldsymbol{A}\delta\boldsymbol{x}^{\star}=\boldsymbol{b} \tag{8.164}$$

求得最优扰动值：

$$\delta\boldsymbol{x}^{\star}=\begin{bmatrix}\boldsymbol{\epsilon}_0^{\star}\\ \boldsymbol{\epsilon}_1^{\star}\\ \vdots\\ \boldsymbol{\epsilon}_K^{\star}\end{bmatrix} \tag{8.165}$$

一旦求得最优扰动，我们就可以用最初的扰动机制来更新工作点处的姿态：

$$\boldsymbol{T}_{\mathrm{op},k}\leftarrow \exp\left(\boldsymbol{\epsilon}_k^{\star\wedge}\right)\boldsymbol{T}_{\mathrm{op},k} \tag{8.166}$$

这保证了 $\boldsymbol{T}_{\mathrm{op},k}$ 一直在 $SE(3)$ 空间内。于是我们可以迭代这个框架直至收敛。作为提醒，我们将最后一次迭代的结果 $\hat{\boldsymbol{T}}_{v_k i}=\boldsymbol{T}_{\mathrm{op},k}$ 作为估计值，但如果有需要也可以使用 $\hat{\boldsymbol{T}}_{iv_k}=\hat{\boldsymbol{T}}_{v_k i}^{-1}$。

同样地，我们推导这个高斯-牛顿优化算法问题使用的主要思想，就是在李代数 $\mathfrak{se}(3)$ 空间里计算更新量，而均值在李群 $SE(3)$ 空间里表示。

8.3　位姿图松弛化

另外一个在我们的框架中值得探讨的经典问题是**位姿图松弛化**（pose-graph relaxation）。这里，我们没有显式地测量在静止坐标系中的任何点，而是直接以一组由航迹推算法推演而来的相对位姿的“观测”（又称为伪观测）作为起点。如图 8–3 所示，我们可以把每个白色的三角形都当做三维空间中的参考帧。我们称这种只有位姿而没有三维点的图为**位姿图**（pose graph）。

重要的是，位姿图可以包含回环（以及叶节点），但不幸的是，相对位姿的测量是不确定的，并且在任意一个回环处通过组合计算得到的位姿并不一定为单位矩阵。因此，我们的任务是相对于一个位姿（任意挑选的，称作位姿 0），对位姿图进行“松弛化”。换言之，在给定所有的相对位姿观测的情况下，对于每一个与位姿 0 相关联的位姿，我们将会得到一个最优估计。

8.3.1　问题定义

图 8–3 中，在位姿 k 处有一个隐含的参考帧 $\underrightarrow{\mathcal{F}}_k$。我们将使用变换矩阵来表示从 $\underrightarrow{\mathcal{F}}_0$ 到 $\underrightarrow{\mathcal{F}}_k$ 的位姿变换：

$$\boldsymbol{T}_k : \underrightarrow{\mathcal{F}}_k\text{相对于}\underrightarrow{\mathcal{F}}_0\text{的位姿变换矩阵。}$$

我们的任务是估计所有位姿（除了位姿 0）的变换矩阵。

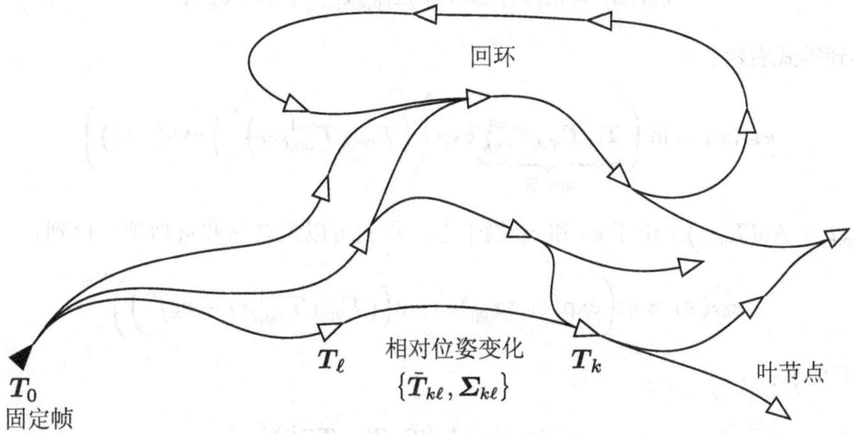

图 8–3　在位姿图松弛化的问题中，只提供了相对位姿变化的“观测”。我们的任务是相对于固定帧（标号为 0），求解出其他所有帧的位姿。由于回环的存在，我们不能简单地通过组合相对位姿进行求解，因为不同的组合会使得回环处的解不一致

如上所述，观测是位姿图中两两节点之间相对的位姿变换。观测会被假定为高斯分布（在 $SE(3)$ 上），因此其均值和协方差矩阵为：

$$\left\{\bar{\boldsymbol{T}}_{k\ell}, \boldsymbol{\Sigma}_{k\ell}\right\} \tag{8.167}$$

显然，一个随机样本 $\boldsymbol{T}_{k\ell}$，可以从高斯密度函数中采样得到：

$$\boldsymbol{T}_{k\ell} = \exp\left(\boldsymbol{\xi}_{k\ell}^{\wedge}\right)\bar{\boldsymbol{T}}_{k\ell} \tag{8.168}$$

其中

$$\boldsymbol{\xi}_{k\ell} \sim \mathcal{N}(\mathbf{0}, \boldsymbol{\Sigma}_{k\ell}) \tag{8.169}$$

这种形式的测量可以从低层次的航迹推算法获得，如轮式里程计、视觉里程计、惯性感知等。实际中，并不是所有的位姿都能够相互观测到，这使得待求解的问题变得非常稀疏。

8.3.2 批量式最大似然解法

接下来我们要讲解批量式最大似然解法，这与 7.3.4 节中提到的位姿融合问题非常相似。对于每一个观测，我们都可以得到一个误差项：

$$\mathbf{e}_{k\ell}(\mathbf{x}) = \ln\left(\bar{\mathbf{T}}_{k\ell}\left(\mathbf{T}_k\mathbf{T}_\ell^{-1}\right)^{-1}\right)^{\vee} = \ln\left(\bar{\mathbf{T}}_{k\ell}\mathbf{T}_\ell\mathbf{T}_k^{-1}\right)^{\vee} \tag{8.170}$$

我们简单记为如下形式：

$$\mathbf{x} = \{\mathbf{T}_1, \cdots, \mathbf{T}_K\} \tag{8.171}$$

对于待估计的状态，我们将采用对 $SE(3)$ 敏感的扰动表达形式：

$$\mathbf{T}_k = \exp(\boldsymbol{\epsilon}_k^{\wedge})\mathbf{T}_{\text{op},k} \tag{8.172}$$

其中，$\mathbf{T}_{\text{op},k}$ 是工作点，$\boldsymbol{\epsilon}_k$ 是微小的扰动。将此项代入误差表达式中，可以得到：

$$\mathbf{e}_{k\ell}(\mathbf{x}) = \ln\left(\bar{\mathbf{T}}_{k\ell}\exp(\boldsymbol{\epsilon}_\ell^{\wedge})\mathbf{T}_{\text{op},\ell}\mathbf{T}_{\text{op},k}^{-1}\exp(-\boldsymbol{\epsilon}_k^{\wedge})\right)^{\vee} \tag{8.173}$$

将 $\boldsymbol{\epsilon}_\ell$ 项移到等式右边：

$$\mathbf{e}_{k\ell}(\mathbf{x}) = \ln\left(\underbrace{\bar{\mathbf{T}}_{k\ell}\mathbf{T}_{\text{op},\ell}\mathbf{T}_{\text{op},k}^{-1}}_{\text{微小量}}\exp\left(\left(\boldsymbol{\mathcal{T}}_{\text{op},k}\boldsymbol{\mathcal{T}}_{\text{op},\ell}^{-1}\boldsymbol{\epsilon}_\ell\right)^{\wedge}\right)\exp(-\boldsymbol{\epsilon}_k^{\wedge})\right)^{\vee} \tag{8.174}$$

其中，$\boldsymbol{\mathcal{T}}_{\text{op},k} = \text{Ad}(\mathbf{T}_{\text{op},k})$。由于 $\boldsymbol{\epsilon}_\ell$ 和 $\boldsymbol{\epsilon}_k$ 趋于零，我们可以组合这些近似项，得到：

$$\mathbf{e}_{k\ell}(\mathbf{x}) \approx \ln\left(\exp\left(\mathbf{e}_{k\ell}(\mathbf{x}_{\text{op}})^{\wedge}\right)\exp\left(\left(\boldsymbol{\mathcal{T}}_{\text{op},k}\boldsymbol{\mathcal{T}}_{\text{op},\ell}^{-1}\boldsymbol{\epsilon}_\ell - \boldsymbol{\epsilon}_k\right)^{\wedge}\right)\right)^{\vee} \tag{8.175}$$

我们已经定义了：

$$\mathbf{e}_{k\ell}(\mathbf{x}_{\text{op}}) = \ln\left(\bar{\mathbf{T}}_{k\ell}\mathbf{T}_{\text{op},\ell}\mathbf{T}_{\text{op},k}^{-1}\right)^{\vee} \tag{8.176a}$$

$$\mathbf{x}_{\text{op}} = \{\mathbf{T}_{\text{op},1}, \cdots, \mathbf{T}_{\text{op},K}\} \tag{8.176b}$$

最后，我们可以利用 BCH 近似公式（7.100）得到线性误差项：

$$\mathbf{e}_{k\ell}(\mathbf{x}) \approx \mathbf{e}_{k\ell}(\mathbf{x}_{\text{op}}) - \mathbf{G}_{k\ell}\delta\mathbf{x}_{k\ell} \tag{8.177}$$

其中

$$\mathbf{G}_{k\ell} = \begin{bmatrix} -\boldsymbol{\mathcal{J}}(-\mathbf{e}_{k\ell}(\mathbf{x}_{\text{op}}))^{-1}\boldsymbol{\mathcal{T}}_{\text{op},k}\boldsymbol{\mathcal{T}}_{\text{op},\ell}^{-1} & \boldsymbol{\mathcal{J}}(-\mathbf{e}_{k\ell}(\mathbf{x}_{\text{op}}))^{-1} \end{bmatrix} \tag{8.178a}$$

$$\delta\mathbf{x}_{k\ell} = \begin{bmatrix} \boldsymbol{\epsilon}_\ell \\ \boldsymbol{\epsilon}_k \end{bmatrix} \tag{8.178b}$$

为了使问题变得简单，我们可以选择近似 $\boldsymbol{\mathcal{J}} \approx \mathbf{1}$，但是正如 7.3.4 节所示，保留整个表达式会有一些益处。这是因为即使收敛后，也可能有 $\boldsymbol{e}_{k\ell}(\boldsymbol{x}_{\mathrm{op}}) \neq \mathbf{0}$，这时该最小二乘问题中存在非零残差项。

利用我们已知的线性误差表达式，我们可以定义最大似然目标函数如下：

$$J(\boldsymbol{x}) = \frac{1}{2}\sum_{k,\ell} \boldsymbol{e}_{k\ell}(\boldsymbol{x})^{\mathrm{T}} \boldsymbol{\Sigma}_{k\ell}^{-1} \boldsymbol{e}_{k\ell}(\boldsymbol{x}) \tag{8.179}$$

我们注意到，对于位姿图中每一个相对位姿的测量，在求和公式中都占有一项。代入我们的近似误差表达式中，可以得到：

$$J(\boldsymbol{x}) \approx \frac{1}{2}\sum_{k,\ell} \Big(\boldsymbol{e}_{k\ell}(\boldsymbol{x}_{\mathrm{op}}) - \boldsymbol{G}_{k\ell}\boldsymbol{P}_{k\ell}\delta\boldsymbol{x}\Big)^{\mathrm{T}} \boldsymbol{\Sigma}_{k\ell}^{-1} \Big(\boldsymbol{e}_{k\ell}(\boldsymbol{x}_{\mathrm{op}}) - \boldsymbol{G}_{k\ell}\boldsymbol{P}_{k\ell}\delta\boldsymbol{x}\Big) \tag{8.180}$$

或者

$$J(\boldsymbol{x}) \approx J(\boldsymbol{x}_{\mathrm{op}}) - \boldsymbol{b}^{\mathrm{T}}\delta\boldsymbol{x} + \frac{1}{2}\delta\boldsymbol{x}^{\mathrm{T}}\boldsymbol{A}\delta\boldsymbol{x} \tag{8.181}$$

其中

$$\boldsymbol{b} = \sum_{k,\ell} \boldsymbol{P}_{k\ell}^{\mathrm{T}}\boldsymbol{G}_{k\ell}^{\mathrm{T}}\boldsymbol{\Sigma}_{k\ell}^{-1}\boldsymbol{e}_{k\ell}(\boldsymbol{x}_{\mathrm{op}}) \tag{8.182a}$$

$$\boldsymbol{A} = \sum_{k,\ell} \boldsymbol{P}_{k\ell}^{\mathrm{T}}\boldsymbol{G}_{k\ell}^{\mathrm{T}}\boldsymbol{\Sigma}_{k\ell}^{-1}\boldsymbol{G}_{k\ell}\boldsymbol{P}_{k\ell} \tag{8.182b}$$

$$\delta\boldsymbol{x}_{k\ell} = \boldsymbol{P}_{k\ell}\delta\boldsymbol{x} \tag{8.182c}$$

投影矩阵 $\boldsymbol{P}_{k\ell}$ 可以从全部的扰动状态中提取出第 $k\ell$ 项扰动变量。全部的扰动状态定义如下：

$$\delta\boldsymbol{x} = \begin{bmatrix} \boldsymbol{\epsilon}_1 \\ \vdots \\ \boldsymbol{\epsilon}_K \end{bmatrix} \tag{8.183}$$

我们的近似目标函数现在正是二次型的，对 $J(\boldsymbol{x})$ 关于变量 $\delta\boldsymbol{x}$ 进行求导：

$$\frac{\partial J(\boldsymbol{x})}{\partial \delta\boldsymbol{x}^{\mathrm{T}}} = -\boldsymbol{b} + \boldsymbol{A}\delta\boldsymbol{x} \tag{8.184}$$

令此项为零，则最优扰动 $\delta\boldsymbol{x}^{\star}$ 就是如下线性系统的解：

$$\boldsymbol{A}\delta\boldsymbol{x}^{\star} = \boldsymbol{b} \tag{8.185}$$

像往常一样，迭代求解式（8.185），可以得到最优扰动：

$$\delta\boldsymbol{x}^{\star} = \begin{bmatrix} \boldsymbol{\epsilon}_1^{\star} \\ \vdots \\ \boldsymbol{\epsilon}_K^{\star} \end{bmatrix} \tag{8.186}$$

再根据最初的机制，使用最优扰动更新标称值：

$$\boldsymbol{T}_{\mathrm{op},k} \leftarrow \exp(\boldsymbol{\epsilon}_k^{\star\wedge})\boldsymbol{T}_{\mathrm{op},k} \tag{8.187}$$

以保证 $\boldsymbol{T}_{\mathrm{op},k}$ 在 $SE(3)$ 空间上。我们一直迭代直到满足收敛条件。一旦收敛，即在最后一次迭代时，我们就令 $\hat{\boldsymbol{T}}_{k0} = \boldsymbol{T}_{\mathrm{op},k}$ 作为机器人位姿最终的估计值（相对于位姿 0）。

8.3.3 初始化

在开始高斯-牛顿优化时，存在一些对工作点 $\boldsymbol{x}_{\mathrm{op}}$ 进行初始化的方法。一个常用的方法是寻找一个生成树，如图 8–4 所示。为设定位姿变量的初始值，我们可以从节点 0 向外出发，不断组合测量信息，设定各节点的初始位姿。注意，生成树并不是唯一的，因此我们可以得到不同的初始化结果。浅的生成树要比深的生成树更好，因为层数浅时累积的不确定性也会少一些。

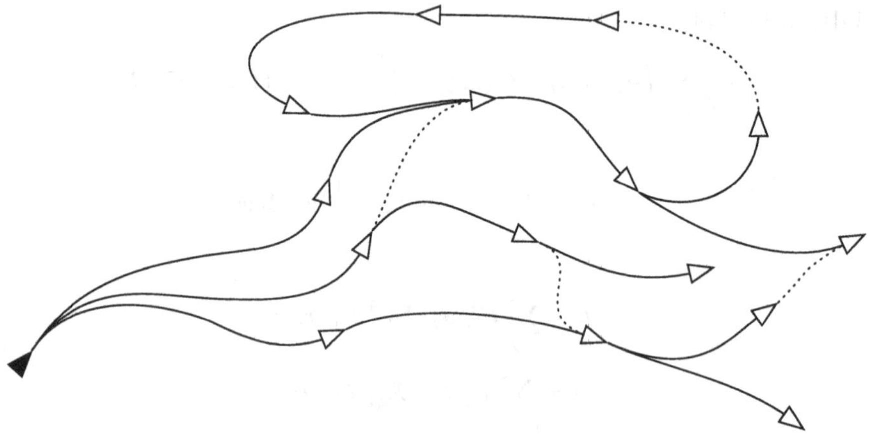

图 8–4 位姿图松弛化的初始化流程可以由生成树（实线）完成。虚线表示的测量则（在初始化时）被忽略，然后从位姿 0 向外，把测量信息组合起来，设定各节点初始值

8.3.4 利用稀疏性

在位姿图中，存在固有的稀疏性。可以利用稀疏性使得位姿图松弛化的过程更加高效[15]。如图 8–5 所示，位姿图中的一些节点（显示为开三角形）有 1 或 2 条边，因此会产生两种类型的**局部边**（local chains）：

1. 约束的：边的两端都有接合的节点（封闭三角形），因此，边上的测量值对于位姿图的其他部分非常重要。
2. 悬挂的：只有边的一端有接合的节点（封闭三角形），因此，边上的测量值不会影响位姿图的其他部分。

我们可以使用 7.3.3 节所提到的任何一种位姿合成的方法，将与约束式局部边相关联的相对位姿测量进行合成，把它当作一个新的相对位姿测量，并替换掉原来的项。这一步完成之后，我们可以利用位姿图松弛化方法来处理只由接合节点（封闭三角形）组成的简化的位姿图。

之后，我们可以固定所有的接合节点，来求解局部边节点（开三角形）。对于悬挂的局部边中的节点，我们可以简单地利用 7.3.3 节中提到的位姿合成方法，由接合节点（封闭三角形）沿着局部边向外合成来求解。合成过程的时间开销是线性的，与局部边的长度有关（不需要迭代）。

对于每一个约束的局部边，可以求解一个由这些边组成的更小型的位姿图松弛化问题，从而求解相关节点的位姿。在这种情况下，两个边界处的接合点（封闭三角形）将会被固定。如果我

[15] 由于这是一个非线性系统，本节的方法可以看作是之前章节中的暴力方法的一个近似。

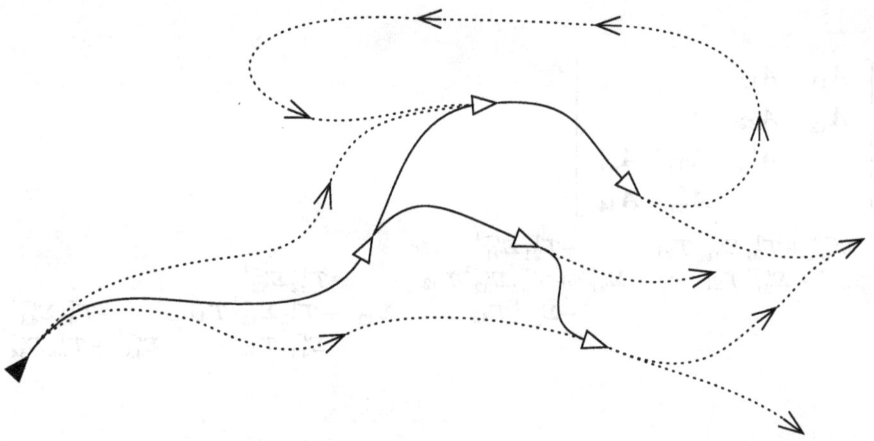

图 8–5　可以利用位姿图的稀疏性来高效求解位姿图松弛化。开三角形节点只有 1 或 2 条边，因此最初并不需要求解。相反，这些开三角形之间相对位姿测量的组合使得封闭三角形节点能够更高效地求解。开三角形节点可以在之后求解

们沿着局部边对变量进行排序，位姿图松弛化中的 $\boldsymbol{A}$ 矩阵将会变成三对角块矩阵，因此，每次迭代的时间开销将会是线性的，并且与边的长度有关（即稀疏 Cholesky 分解，包括前向-后向算法）。

这种位姿图松弛化两步法并不是利用内在稀疏性以获得计算效率的唯一方法。一个好的稀疏性求解器应该能够在整个系统中利用 $\boldsymbol{A}$ 矩阵的稀疏性，同时不需要识别并且记录所有的局部边。

8.3.5　边的例子

这里有必要给出一个位姿图松弛化的例子，如图 8–6 所示。由于节点 0 和节点 5 是固定的，我们只需要求解位姿 1，2，3 和 4。这个例子中的 $\boldsymbol{A}$ 矩阵表示如下：

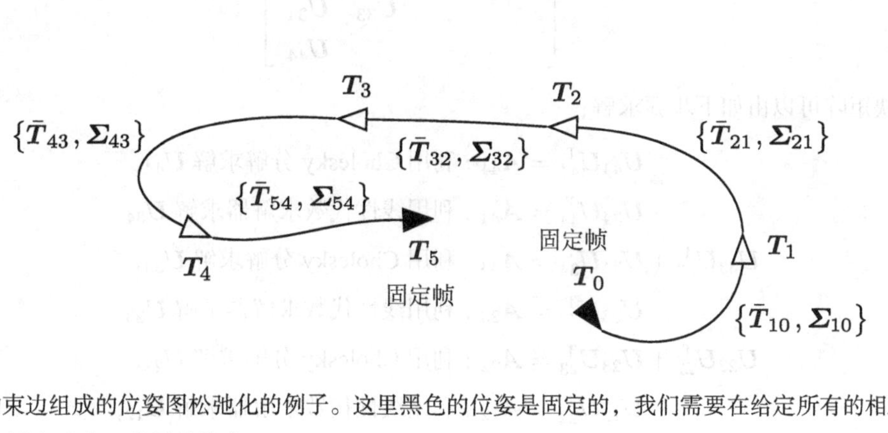

图 8–6　约束边组成的位姿图松弛化的例子。这里黑色的位姿是固定的，我们需要在给定所有的相对位姿测量的情况下求解白色三角形的姿态

$$\boldsymbol{A}=\begin{bmatrix}\boldsymbol{A}_{11} & \boldsymbol{A}_{12} & & \\ \boldsymbol{A}_{12}^{\mathrm{T}} & \boldsymbol{A}_{22} & \boldsymbol{A}_{23} & \\ & \boldsymbol{A}_{23}^{\mathrm{T}} & \boldsymbol{A}_{33} & \boldsymbol{A}_{34} \\ & & \boldsymbol{A}_{34}^{\mathrm{T}} & \boldsymbol{A}_{44}\end{bmatrix}$$

$$=\begin{bmatrix}\boldsymbol{\Sigma}_{10}^{\prime-1}+\boldsymbol{\mathcal{T}}_{21}^{\mathrm{T}}\boldsymbol{\Sigma}_{21}^{\prime-1}\boldsymbol{\mathcal{T}}_{21} & -\boldsymbol{\mathcal{T}}_{21}^{\mathrm{T}}\boldsymbol{\Sigma}_{21}^{\prime-1} & & \\ -\boldsymbol{\Sigma}_{21}^{\prime-1}\boldsymbol{\mathcal{T}}_{21} & \boldsymbol{\Sigma}_{21}^{\prime-1}+\boldsymbol{\mathcal{T}}_{32}^{\mathrm{T}}\boldsymbol{\Sigma}_{32}^{\prime-1}\boldsymbol{\mathcal{T}}_{32} & -\boldsymbol{\mathcal{T}}_{32}^{\mathrm{T}}\boldsymbol{\Sigma}_{32}^{\prime-1} & \\ & -\boldsymbol{\Sigma}_{32}^{\prime-1}\boldsymbol{\mathcal{T}}_{32} & \boldsymbol{\Sigma}_{32}^{\prime-1}+\boldsymbol{\mathcal{T}}_{43}^{\mathrm{T}}\boldsymbol{\Sigma}_{43}^{\prime-1}\boldsymbol{\mathcal{T}}_{43} & -\boldsymbol{\mathcal{T}}_{43}^{\mathrm{T}}\boldsymbol{\Sigma}_{43}^{\prime-1} \\ & & -\boldsymbol{\Sigma}_{43}^{\prime-1}\boldsymbol{\mathcal{T}}_{43} & \boldsymbol{\Sigma}_{43}^{\prime-1}+\boldsymbol{\mathcal{T}}_{54}^{\mathrm{T}}\boldsymbol{\Sigma}_{54}^{\prime-1}\boldsymbol{\mathcal{T}}_{54}\end{bmatrix} \tag{8.188}$$

其中

$$\boldsymbol{\Sigma}_{k\ell}^{\prime-1}=\boldsymbol{\mathcal{J}}_{k\ell}^{-\mathrm{T}}\boldsymbol{\Sigma}_{k\ell}^{-1}\boldsymbol{\mathcal{J}}_{k\ell}^{-1} \tag{8.189a}$$

$$\boldsymbol{\mathcal{T}}_{k\ell}=\boldsymbol{\mathcal{T}}_{\mathrm{op},k}\boldsymbol{\mathcal{T}}_{\mathrm{op},\ell}^{-1} \tag{8.189b}$$

$$\boldsymbol{\mathcal{J}}_{k\ell}=\boldsymbol{\mathcal{J}}(-\boldsymbol{e}_{k\ell}(\boldsymbol{x}_{\mathrm{op}})) \tag{8.189c}$$

矩阵 $\boldsymbol{b}$ 表示如下：

$$\boldsymbol{b}=\begin{bmatrix}\boldsymbol{b}_1\\ \boldsymbol{b}_2\\ \boldsymbol{b}_3\\ \boldsymbol{b}_4\end{bmatrix}=\begin{bmatrix}\boldsymbol{\mathcal{J}}_{10}^{-\mathrm{T}}\boldsymbol{\Sigma}_{10}^{-1}\boldsymbol{e}_{10}(\boldsymbol{x}_{\mathrm{op}})-\boldsymbol{\mathcal{T}}_{21}^{\mathrm{T}}\boldsymbol{\mathcal{J}}_{21}^{-\mathrm{T}}\boldsymbol{\Sigma}_{21}^{-1}\boldsymbol{e}_{21}(\boldsymbol{x}_{\mathrm{op}})\\ \boldsymbol{\mathcal{J}}_{21}^{-\mathrm{T}}\boldsymbol{\Sigma}_{21}^{-1}\boldsymbol{e}_{21}(\boldsymbol{x}_{\mathrm{op}})-\boldsymbol{\mathcal{T}}_{32}^{\mathrm{T}}\boldsymbol{\mathcal{J}}_{32}^{-\mathrm{T}}\boldsymbol{\Sigma}_{32}^{-1}\boldsymbol{e}_{32}(\boldsymbol{x}_{\mathrm{op}})\\ \boldsymbol{\mathcal{J}}_{32}^{-\mathrm{T}}\boldsymbol{\Sigma}_{32}^{-1}\boldsymbol{e}_{32}(\boldsymbol{x}_{\mathrm{op}})-\boldsymbol{\mathcal{T}}_{43}^{\mathrm{T}}\boldsymbol{\mathcal{J}}_{43}^{-\mathrm{T}}\boldsymbol{\Sigma}_{43}^{-1}\boldsymbol{e}_{43}(\boldsymbol{x}_{\mathrm{op}})\\ \boldsymbol{\mathcal{J}}_{43}^{-\mathrm{T}}\boldsymbol{\Sigma}_{43}^{-1}\boldsymbol{e}_{43}(\boldsymbol{x}_{\mathrm{op}})-\boldsymbol{\mathcal{T}}_{54}^{\mathrm{T}}\boldsymbol{\mathcal{J}}_{54}^{-\mathrm{T}}\boldsymbol{\Sigma}_{54}^{-1}\boldsymbol{e}_{54}(\boldsymbol{x}_{\mathrm{op}})\end{bmatrix} \tag{8.190}$$

我们看到，在该例子中 $\boldsymbol{A}$ 是三对角块矩阵，利用稀疏 Cholesky 分解可以高效地求解方程 $\boldsymbol{A}\delta\boldsymbol{x}^{\star}=\boldsymbol{b}$。令

$$\boldsymbol{A}=\boldsymbol{U}\boldsymbol{U}^{\mathrm{T}} \tag{8.191}$$

其中，$\boldsymbol{U}$ 是上三角矩阵，具有以下形式：

$$\boldsymbol{U}=\begin{bmatrix}\boldsymbol{U}_{11} & \boldsymbol{U}_{12} & & \\ & \boldsymbol{U}_{22} & \boldsymbol{U}_{23} & \\ & & \boldsymbol{U}_{33} & \boldsymbol{U}_{34}\\ & & & \boldsymbol{U}_{44}\end{bmatrix} \tag{8.192}$$

$\boldsymbol{U}$ 的分块矩阵可以由如下步骤求解：

$$\begin{aligned}\boldsymbol{U}_{44}\boldsymbol{U}_{44}^{\mathrm{T}}&=\boldsymbol{A}_{44}:\text{利用 Cholesky 分解求解 }\boldsymbol{U}_{44},\\ \boldsymbol{U}_{34}\boldsymbol{U}_{44}^{\mathrm{T}}&=\boldsymbol{A}_{34}:\text{利用线性代数求解器求解 }\boldsymbol{U}_{34},\\ \boldsymbol{U}_{33}\boldsymbol{U}_{33}^{\mathrm{T}}+\boldsymbol{U}_{34}\boldsymbol{U}_{34}^{\mathrm{T}}&=\boldsymbol{A}_{33}:\text{利用 Cholesky 分解求解 }\boldsymbol{U}_{33},\\ \boldsymbol{U}_{23}\boldsymbol{U}_{33}^{\mathrm{T}}&=\boldsymbol{A}_{23}:\text{利用线性代数求解器求解 }\boldsymbol{U}_{23},\\ \boldsymbol{U}_{22}\boldsymbol{U}_{22}^{\mathrm{T}}+\boldsymbol{U}_{23}\boldsymbol{U}_{23}^{\mathrm{T}}&=\boldsymbol{A}_{22}:\text{利用 Cholesky 分解求解 }\boldsymbol{U}_{22},\\ \boldsymbol{U}_{12}\boldsymbol{U}_{22}^{\mathrm{T}}&=\boldsymbol{A}_{12}:\text{利用线性代数求解器求解 }\boldsymbol{U}_{12},\\ \boldsymbol{U}_{11}\boldsymbol{U}_{11}^{\mathrm{T}}+\boldsymbol{U}_{12}\boldsymbol{U}_{12}^{\mathrm{T}}&=\boldsymbol{A}_{11}:\text{利用 Cholesky 分解求解 }\boldsymbol{U}_{11}.\end{aligned}$$

然后，我们可以在前向过程之后，利用后向算法求解 $\delta\boldsymbol{x}^\star$ 的值：

$$\begin{array}{rr} \text{反向} & \text{前向} \\ \boldsymbol{U}\boldsymbol{c} = \boldsymbol{b} & \boldsymbol{U}^{\mathrm{T}}\delta\boldsymbol{x}^\star = \boldsymbol{c} \\ \\ \boldsymbol{U}_{44}\boldsymbol{c}_4 = \boldsymbol{b}_4 & \boldsymbol{U}_{11}^{\mathrm{T}}\boldsymbol{\epsilon}_1^\star = \boldsymbol{c}_1 \\ \boldsymbol{U}_{33}\boldsymbol{c}_3 + \boldsymbol{U}_{34}\boldsymbol{c}_4 = \boldsymbol{b}_3 & \boldsymbol{U}_{12}^{\mathrm{T}}\boldsymbol{\epsilon}_1^\star + \boldsymbol{U}_{22}^{\mathrm{T}}\boldsymbol{\epsilon}_2^\star = \boldsymbol{c}_2 \\ \boldsymbol{U}_{22}\boldsymbol{c}_2 + \boldsymbol{U}_{23}\boldsymbol{c}_3 = \boldsymbol{b}_2 & \boldsymbol{U}_{23}^{\mathrm{T}}\boldsymbol{\epsilon}_2^\star + \boldsymbol{U}_{33}^{\mathrm{T}}\boldsymbol{\epsilon}_3^\star = \boldsymbol{c}_3 \\ \boldsymbol{U}_{11}\boldsymbol{c}_1 + \boldsymbol{U}_{12}\boldsymbol{c}_2 = \boldsymbol{b}_1 & \boldsymbol{U}_{34}^{\mathrm{T}}\boldsymbol{\epsilon}_3^\star + \boldsymbol{U}_{44}^{\mathrm{T}}\boldsymbol{\epsilon}_4^\star = \boldsymbol{c}_4 \end{array}$$

首先，我们可以将左边列从上到下进行计算，求得 $\boldsymbol{c}_4$，$\boldsymbol{c}_3$，$\boldsymbol{c}_2$ 和 $\boldsymbol{c}_1$。然后将右边列从上到下进行计算，求得 $\boldsymbol{\epsilon}_1^\star$，$\boldsymbol{\epsilon}_2^\star$，$\boldsymbol{\epsilon}_3^\star$ 和 $\boldsymbol{\epsilon}_4^\star$。求解每个 $\boldsymbol{U}$，$\boldsymbol{c}$ 以及最终的 $\delta\boldsymbol{x}^\star$，时间开销与边的长度线性相关。一旦我们求出 $\delta\boldsymbol{x}^\star$，就可以更新每个位姿变量的工作点：

$$\boldsymbol{T}_{\mathrm{op},k} \leftarrow \exp\left(\boldsymbol{\epsilon}_k^{\star\wedge}\right)\boldsymbol{T}_{\mathrm{op},k} \tag{8.193}$$

并且进行迭代直到收敛。对于例子中这些短的边，再利用其稀疏性来求解可能不划算，但是对于非常长的约束边，利用稀疏性的好处就非常明显了。

第 9 章　位姿和点的估计问题

本章，我们将介绍移动机器人中最基本的问题，即同时估计机器人的轨迹和它周围世界的结构（即路标点）。在机器人学中，这被称为**同时定位与地图构建**（simultaneous localization and mapping, SLAM）。然而，在计算机视觉中有一个几乎同样的问题，即航拍图像拼接；解决这个问题的经典方法称为**光束平差法**（bundle adjustment, BA）。本书将通过 $SE(3)$ 估计技术来介绍 BA。

9.1　光束平差法

摄影测量法（photogrammetry），即航拍地图构建的过程，从 20 世纪 20 年代[84] 就开始被使用了。该技术涉及到飞机的航线规划、被摄区域的图像采集，以及图像的拼接。早些时候，摄影测量是一件很费力的事情，人们需要将打印好的照片在平面上摊开，并手工将它们拼接起来。从 20 世纪 20 年代末到 60 年代，人们发明了**立体绘图仪**（stereoplotters），用于更精确的图像拼接，但仍然是一项费时费力的工作。直到 20 世纪 60 年代，随着计算机和光束平差法[85] 的出现，第一个自动图像拼接技术应运而生。大约从 20 世纪 70 年代开始，航拍地图逐渐被卫星地图（例如，美国的 Landsat 项目）取代，但是图像拼接用到的基本算法仍然是相同的[58]。值得注意的是，从 Lowe（2004）[86] 的工作开始，随着计算机视觉中新的特征检测算法的发明，自动摄影测量的鲁棒性有了显著的提升。如今，现有的商业化软件中的自动摄影测量，本质上都使用光束平差法做图像配准。

9.1.1　问题描述

图 9–1 展示了光束平差法问题的形式。设待估计的状态为：

$$\begin{aligned} \boldsymbol{T}_k &= \boldsymbol{T}_{v_k i} &&: \text{机器人在 } k \text{ 时刻的变换矩阵} \\ \boldsymbol{p}_j &= \begin{bmatrix} \boldsymbol{r}_i^{p_j i} \\ 1 \end{bmatrix} &&: \text{第 } j \text{ 个路标点的齐次坐标} \end{aligned}$$

其中 $k = 1, \cdots, K$，$j = 1, \cdots, M$。为简化起见，将所有的上标和下标略去。所有待估计的状态可以简写为：

$$\boldsymbol{x} = \{\boldsymbol{T}_1, \cdots, \boldsymbol{T}_K, \boldsymbol{p}_1, \cdots, \boldsymbol{p}_M\} \tag{9.1}$$

其中 $\boldsymbol{x}_{jk} = \{\boldsymbol{T}_k, \boldsymbol{p}_j\}$ 表示包含第 k 个位姿和第 j 个路标点的状态。注意，我们将 $\boldsymbol{T}_0$ 从待估计变量中去掉，否则系统是不能观的。同时请读者回顾 5.1.3 节中未知测量偏差的讨论。

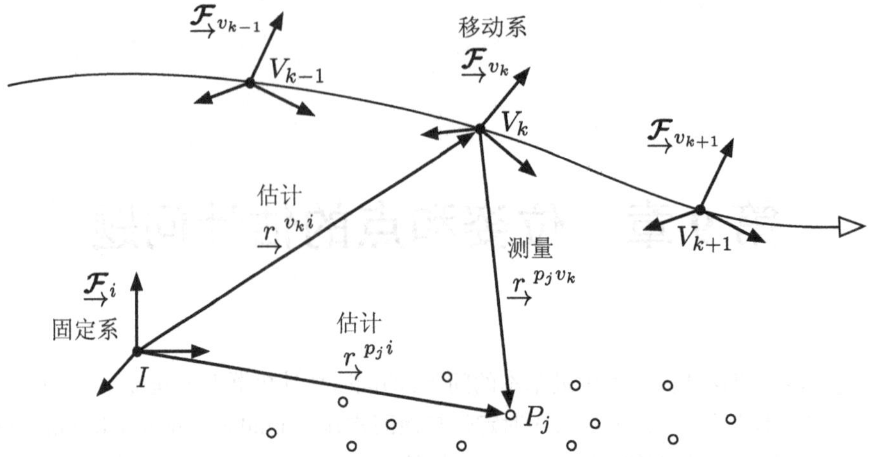

图 9–1 光束平差问题中参考系的定义。有一个固定的参考系和一个随机器人移动的参考系。同时存在一组空间点 P_j 被移动的机器人（使用相机）观测到。我们的目标是计算移动的图像参考系与固定参考系之间的位姿变换，以及所有空间点在固定参考系中的位置

9.1.2 测量模型

本章要解决的问题和上一章要解决的问题之间主要存在两个区别。第一，我们需要估计的状态除了位姿还有点的位置。第二，我们将引入一个非线性的传感器模型（如相机），这样测量模型会变得更加复杂，而不是简单地将在机器人坐标系下的点作为测量。

非线性模型

测量值 $\boldsymbol{y}_{jk}$ 是指点 j 在位姿 k 下的某种观测（例如 $\boldsymbol{r}_{v_k}^{p_j v_k}$ 的某个函数）。定义测量模型为：

$$\boldsymbol{y}_{jk} = \boldsymbol{g}\left(\boldsymbol{x}_{jk}\right) + \boldsymbol{n}_{jk} \tag{9.2}$$

其中 $\boldsymbol{g}(\cdot)$ 是非线性模型，$\boldsymbol{n}_{jk} \sim \mathcal{N}\left(\boldsymbol{0}, \boldsymbol{R}_{jk}\right)$ 是加性高斯噪声。我们使用

$$\boldsymbol{y} = \{\boldsymbol{y}_{10}, \cdots, \boldsymbol{y}_{M0}, \cdots, \boldsymbol{y}_{1K}, \cdots, \boldsymbol{y}_{MK}\} \tag{9.3}$$

来表示所有的观测量。

正如在 7.3.5 节中讨论的，我们认为观测模型由两个非线性的部分组成：一个将点变换到机器人坐标系，另一个通过相机（或其他传感器）将点变换成实际的传感器读数。因此，令：

$$\boldsymbol{z}\left(\boldsymbol{x}_{jk}\right) = \boldsymbol{T}_k \boldsymbol{p}_j \tag{9.4}$$

于是读数写成：

$$\boldsymbol{g}\left(\boldsymbol{x}_{jk}\right) = \boldsymbol{s}\left(\boldsymbol{z}\left(\boldsymbol{x}_{jk}\right)\right) \tag{9.5}$$

其中 $\boldsymbol{s}(\cdot)$ 是非线性相机模型[1]，或者也可以写成复合函数的形式：$\boldsymbol{g} = \boldsymbol{s} \circ \boldsymbol{z}$。

---

[1] 6.4 节有几个不同的相机（或其他传感器）模型。

扰动模型

我们从简单的线性化模型更进一步，来计算二阶的扰动模型。该模型可以用于最大似然估计中偏差的估计，这在 4.3.3 节中已经讨论过了。

定义如下关于状态变量的扰动：

$$\boldsymbol{T}_k = \exp\left(\boldsymbol{\epsilon}_k^{\wedge}\right)\boldsymbol{T}_{\mathrm{op},k} \approx \left(1 + \boldsymbol{\epsilon}_k^{\wedge} + \frac{1}{2}\boldsymbol{\epsilon}_k^{\wedge}\boldsymbol{\epsilon}_k^{\wedge}\right)\boldsymbol{T}_{\mathrm{op},k} \tag{9.6a}$$

$$\boldsymbol{p}_j = \boldsymbol{p}_{\mathrm{op},j} + \boldsymbol{D}\boldsymbol{\zeta}_j \tag{9.6b}$$

其中

$$\boldsymbol{D} = \begin{bmatrix} 1 & 0 & 0 \\ 0 & 1 & 0 \\ 0 & 0 & 1 \\ 0 & 0 & 0 \end{bmatrix} \tag{9.7}$$

是一个扩张矩阵[2]，因此路标点的扰动 $\boldsymbol{\zeta}_j$ 是一个 3×1 的向量。用

$$\boldsymbol{x}_{\mathrm{op}} = \left\{\boldsymbol{T}_{\mathrm{op},1}, \cdots, \boldsymbol{T}_{\mathrm{op},K}, \boldsymbol{p}_{\mathrm{op},1}, \cdots, \boldsymbol{p}_{\mathrm{op},M}\right\}$$

来表示整个轨迹的线性化工作点，用 $\boldsymbol{x}_{\mathrm{op},jk} = \left\{\boldsymbol{T}_{\mathrm{op},k}, \boldsymbol{p}_{\mathrm{op},j}\right\}$ 来表示包含第 k 个位姿和第 j 个路标点的线性化工作点。扰动量可以表示为：

$$\delta\boldsymbol{x} = \begin{bmatrix} \boldsymbol{\epsilon}_1 \\ \vdots \\ \boldsymbol{\epsilon}_K \\ \hline \boldsymbol{\zeta}_1 \\ \vdots \\ \boldsymbol{\zeta}_M \end{bmatrix} \tag{9.8}$$

把位姿的量放在矩阵上半部分，把路标点的量放在下半部分，那么可以用

$$\delta\boldsymbol{x}_{jk} = \begin{bmatrix} \boldsymbol{\epsilon}_k \\ \boldsymbol{\zeta}_j \end{bmatrix} \tag{9.9}$$

表示第 k 个位姿和第 j 个路标点的扰动量。

使用上述的扰动机制，可以推导精确到二阶的展开式：

$$\begin{aligned}
\boldsymbol{z}\left(\boldsymbol{x}_{jk}\right) &\approx \left(\mathbf{1} + \boldsymbol{\epsilon}_k^{\wedge} + \frac{1}{2}\boldsymbol{\epsilon}_k^{\wedge}\boldsymbol{\epsilon}_k^{\wedge}\right)\boldsymbol{T}_{\mathrm{op},k}\left(\boldsymbol{p}_{\mathrm{op},j} + \boldsymbol{D}\boldsymbol{\zeta}_j\right) \\
&\approx \boldsymbol{T}_{\mathrm{op},k}\boldsymbol{p}_{\mathrm{op},j} + \boldsymbol{\epsilon}_k^{\wedge}\boldsymbol{T}_{\mathrm{op},k}\boldsymbol{p}_{\mathrm{op},j} + \boldsymbol{T}_{\mathrm{op},k}\boldsymbol{D}\boldsymbol{\zeta}_j \\
&\quad + \frac{1}{2}\boldsymbol{\epsilon}_k^{\wedge}\boldsymbol{\epsilon}_k^{\wedge}\boldsymbol{T}_{\mathrm{op},k}\boldsymbol{p}_{\mathrm{op},j} + \boldsymbol{\epsilon}_k^{\wedge}\boldsymbol{T}_{\mathrm{op},k}\boldsymbol{D}\boldsymbol{\zeta}_j \\
&= \boldsymbol{z}\left(\boldsymbol{x}_{\mathrm{op},jk}\right) + \boldsymbol{Z}_{jk}\delta\boldsymbol{x}_{jk} + \frac{1}{2}\sum_i \mathbf{1}_i \underbrace{\delta\boldsymbol{x}_{jk}^{\mathrm{T}}\boldsymbol{\mathcal{Z}}_{ijk}\delta\boldsymbol{x}_{jk}}_{\text{标量}}
\end{aligned} \tag{9.10}$$

---

[2] 即把三维噪声转换成四维齐次坐标，但不影响最后一维的数据。——译者注

其中

$$\boldsymbol{z}(\boldsymbol{x}_{\mathrm{op},jk}) = \boldsymbol{T}_{\mathrm{op},k}\boldsymbol{p}_{\mathrm{op},j} \tag{9.11a}$$

$$\boldsymbol{Z}_{jk} = \begin{bmatrix} (\boldsymbol{T}_{\mathrm{op},k}\boldsymbol{p}_{\mathrm{op},j})^{\odot} & \boldsymbol{T}_{\mathrm{op},k}\boldsymbol{D} \end{bmatrix} \tag{9.11b}$$

$$\boldsymbol{\mathcal{Z}}_{ijk} = \begin{bmatrix} \boldsymbol{1}_i^{\circledcirc}(\boldsymbol{T}_{\mathrm{op},k}\boldsymbol{p}_{\mathrm{op},j})^{\odot} & \boldsymbol{1}_i^{\circledcirc}\boldsymbol{T}_{\mathrm{op},k}\boldsymbol{D} \\ (\boldsymbol{1}_i^{\circledcirc}\boldsymbol{T}_{\mathrm{op},k}\boldsymbol{D})^{\mathrm{T}} & \boldsymbol{0} \end{bmatrix} \tag{9.11c}$$

i 是 $\boldsymbol{z}(\cdot)$ 的行索引，$\boldsymbol{1}_i$ 是单位矩阵 $\boldsymbol{1}$ 的第 i 列。

为了应用到非线性相机模型，我们使用链式法则（关于一阶和二阶导数），因此有精确到二阶的展开：

$$\begin{aligned}
\boldsymbol{g}(\boldsymbol{x}_{jk}) &= \boldsymbol{s}(\boldsymbol{z}(\boldsymbol{x}_{jk})) \\
&\approx \boldsymbol{s}\Big(\boldsymbol{z}_{\mathrm{op},jk} + \underbrace{\boldsymbol{Z}_{jk}\delta\boldsymbol{x}_{jk} + \frac{1}{2}\sum_m \boldsymbol{1}_m \delta\boldsymbol{x}_{jk}^{\mathrm{T}}\boldsymbol{\mathcal{Z}}_{mjk}\delta\boldsymbol{x}_{jk}}_{\delta\boldsymbol{z}_{jk}}\Big) \\
&\approx \boldsymbol{s}(\boldsymbol{z}_{\mathrm{op},jk}) + \boldsymbol{S}_{jk}\delta\boldsymbol{z}_{jk} + \frac{1}{2}\sum_i \boldsymbol{1}_i^{\mathrm{T}}\delta\boldsymbol{z}_{jk}^{\mathrm{T}}\boldsymbol{\mathcal{S}}_{ijk}\delta\boldsymbol{z}_{jk} \\
&= \boldsymbol{s}(\boldsymbol{z}_{\mathrm{op},jk}) + \sum_i \boldsymbol{1}_i\left(\boldsymbol{1}_i^{\mathrm{T}}\boldsymbol{S}_{jk}\right)\left(\boldsymbol{Z}_{jk}\delta\boldsymbol{x}_{jk} + \frac{1}{2}\sum_m \boldsymbol{1}_m\delta\boldsymbol{x}_{jk}^{\mathrm{T}}\boldsymbol{\mathcal{Z}}_{mjk}\delta\boldsymbol{x}_{jk}\right) \\
&\quad + \frac{1}{2}\sum_i \boldsymbol{1}_i\left(\boldsymbol{Z}_{jk}\delta\boldsymbol{x}_{jk} + \frac{1}{2}\sum_m \boldsymbol{1}_m\delta\boldsymbol{x}_{jk}^{\mathrm{T}}\boldsymbol{\mathcal{Z}}_{mjk}\delta\boldsymbol{x}_{jk}\right)^{\mathrm{T}} \\
&\quad \times \boldsymbol{\mathcal{S}}_{ijk}\left(\boldsymbol{Z}_{jk}\delta\boldsymbol{x}_{jk} + \frac{1}{2}\sum_m \boldsymbol{1}_m\delta\boldsymbol{x}_{jk}^{\mathrm{T}}\boldsymbol{\mathcal{Z}}_{mjk}\delta\boldsymbol{x}_{jk}\right) \\
&\approx \boldsymbol{g}(\boldsymbol{x}_{\mathrm{op},jk}) + \boldsymbol{G}_{jk}\delta\boldsymbol{x}_{jk} + \frac{1}{2}\sum_i \boldsymbol{1}_i\underbrace{\delta\boldsymbol{x}_{jk}^{\mathrm{T}}\boldsymbol{\mathcal{G}}_{ijk}\delta\boldsymbol{x}_{jk}}_{\text{标量}}
\end{aligned} \tag{9.12}$$

其中

$$\boldsymbol{g}(\boldsymbol{x}_{\mathrm{op},jk}) = \boldsymbol{s}(\boldsymbol{z}(\boldsymbol{x}_{\mathrm{op},jk})) \tag{9.13a}$$

$$\boldsymbol{G}_{jk} = \boldsymbol{S}_{jk}\boldsymbol{Z}_{jk} \tag{9.13b}$$

$$\boldsymbol{S}_{jk} = \left.\frac{\partial\boldsymbol{s}}{\partial\boldsymbol{z}}\right|_{\boldsymbol{z}(\boldsymbol{x}_{\mathrm{op},jk})} \tag{9.13c}$$

$$\boldsymbol{\mathcal{G}}_{ijk} = \boldsymbol{Z}_{jk}^{\mathrm{T}}\boldsymbol{\mathcal{S}}_{ijk}\boldsymbol{Z}_{jk} + \sum_m \underbrace{\boldsymbol{1}_i^{\mathrm{T}}\boldsymbol{S}_{jk}\boldsymbol{1}_m}_{\text{标量}}\boldsymbol{\mathcal{Z}}_{mjk} \tag{9.13d}$$

$$\boldsymbol{\mathcal{S}}_{ijk} = \left.\frac{\partial^2 s_i}{\partial\boldsymbol{z}\,\partial\boldsymbol{z}^{\mathrm{T}}}\right|_{\boldsymbol{z}(\boldsymbol{x}_{\mathrm{op},jk})} \tag{9.13e}$$

其中 i 是 $\boldsymbol{s}(\cdot)$ 的行索引，$\boldsymbol{1}_i$ 是单位矩阵 $\boldsymbol{1}$ 的第 i 列。

如果我们只关心线性化（即一阶）模型，可以用

$$\boldsymbol{g}(\boldsymbol{x}_{jk}) \approx \boldsymbol{g}(\boldsymbol{x}_{\mathrm{op},jk}) + \boldsymbol{G}_{jk}\delta\boldsymbol{x}_{jk} \tag{9.14}$$

作为近似的观测模型。

9.1.3 最大似然解

我们采用 4.3.3 节中介绍的最大似然框架建立光束平差问题，即不使用运动的先验信息[3]。

对于在某个位姿下每个点的观测，我们定义误差项：

$$\boldsymbol{e}_{y,jk}(\boldsymbol{x}) = \boldsymbol{y}_{jk} - \boldsymbol{g}(\boldsymbol{x}_{jk}) \tag{9.15}$$

其中 $\boldsymbol{y}_{jk}$ 是测量值，$\boldsymbol{g}$ 是观测模型。我们需要找到变量 $\boldsymbol{x}$，最小化如下目标函数：

$$J(\boldsymbol{x}) = \frac{1}{2}\sum_{j,k}\boldsymbol{e}_{y,jk}(\boldsymbol{x})^{\mathrm{T}}\boldsymbol{R}_{jk}^{-1}\boldsymbol{e}_{y,jk}(\boldsymbol{x}) \tag{9.16}$$

其中 $\boldsymbol{x}$ 是待估计的所有状态（所有的位姿和路标点），$\boldsymbol{R}_{jk}$ 是第 jk 个测量对应的对称正定协方差矩阵。如果某个特定的路标点在某个位姿下无法被观测到，则可以简单地去掉目标函数中对应的项。通常可以利用高斯-牛顿法求解这个估计问题。这里我们首先推导牛顿法，接着再去近似得到高斯-牛顿法。

牛顿法

对误差函数进行近似，可以得到：

$$\boldsymbol{e}_{y,jk}(\boldsymbol{x}) \approx \underbrace{\boldsymbol{y}_{jk} - \boldsymbol{g}(\boldsymbol{x}_{\mathrm{op},jk})}_{\boldsymbol{e}_{y,jk}(\boldsymbol{x}_{\mathrm{op}})} - \boldsymbol{G}_{jk}\delta\boldsymbol{x}_{jk} - \frac{1}{2}\sum_{i}\boldsymbol{1}_i\delta\boldsymbol{x}_{jk}^{\mathrm{T}}\boldsymbol{\mathcal{G}}_{ijk}\delta\boldsymbol{x}_{jk} \tag{9.17}$$

因此对于扰动目标函数，有精确到二阶项的表示：

$$J(\boldsymbol{x}) \approx J(\boldsymbol{x}_{\mathrm{op}}) - \boldsymbol{b}^{\mathrm{T}}\delta\boldsymbol{x} + \frac{1}{2}\delta\boldsymbol{x}^{\mathrm{T}}\boldsymbol{A}\delta\boldsymbol{x} \tag{9.18}$$

其中

$$\boldsymbol{b} = \sum_{j,k}\boldsymbol{P}_{jk}^{\mathrm{T}}\boldsymbol{G}_{jk}^{\mathrm{T}}\boldsymbol{R}_{jk}^{-1}\boldsymbol{e}_{y,jk}(\boldsymbol{x}_{\mathrm{op}}) \tag{9.19a}$$

$$\boldsymbol{A} = \sum_{j,k}\boldsymbol{P}_{jk}^{\mathrm{T}}\left(\boldsymbol{G}_{jk}^{\mathrm{T}}\boldsymbol{R}_{jk}^{-1}\boldsymbol{G}_{jk} - \overbrace{\sum_{i}\underbrace{\boldsymbol{1}_i^{\mathrm{T}}\boldsymbol{R}_{jk}^{-1}\boldsymbol{e}_{y,jk}(\boldsymbol{x}_{\mathrm{op}})}_{\text{标量}}\boldsymbol{\mathcal{G}}_{ijk}}^{\text{高斯-牛顿法则忽略这一项}}\right)\boldsymbol{P}_{jk} \tag{9.19b}$$

$$\delta\boldsymbol{x}_{jk} = \boldsymbol{P}_{jk}\delta\boldsymbol{x} \tag{9.19c}$$

这里 $\boldsymbol{P}_{jk}$ 是投影矩阵，可以提取出整个扰动状态 $\delta\boldsymbol{x}$ 中的第 jk 项。

值得注意的是，$\boldsymbol{A}$ 是对称正定矩阵。可见高斯-牛顿法通常会忽略 $\boldsymbol{J}$ 的海塞矩阵。当 $\boldsymbol{e}_{y,jk}(\boldsymbol{x}_{\mathrm{op}})$ 较小时，这一项几乎没有影响（因此通常可以忽略这一项）。然而，离极小值较远时，这一项的影响会很明显，这可能会提高收敛速率和改进收敛区域[4]。我们会在下一节考虑高斯-牛顿近似。

---

[3] 在机器人学中，当引入运动先验信息或里程计项时，我们通常称之为 SLAM。

[4] 在实际中，加入额外的这一项有时会使得整个计算过程的数值稳定性变差，因此添加时应谨慎。

为了最小化目标函数 $J(\boldsymbol{x})$，我们需要求得目标函数 $J(\boldsymbol{x})$ 关于 $\delta\boldsymbol{x}$ 的偏导：

$$\frac{\partial J(\boldsymbol{x})}{\partial \delta\boldsymbol{x}^{\mathrm{T}}} = -\boldsymbol{b} + \boldsymbol{A}\delta\boldsymbol{x} \tag{9.20}$$

将偏导设为零，则最优的扰动值 $\delta\boldsymbol{x}^{\star}$，即为如下线性系统的解：

$$\boldsymbol{A}\delta\boldsymbol{x}^{\star} = \boldsymbol{b} \tag{9.21}$$

通常，求解过程会迭代求解式（9.21）得到最优扰动：

$$\delta\boldsymbol{x}^{\star} = \begin{bmatrix} \boldsymbol{\epsilon}_1^{\star} \\ \vdots \\ \boldsymbol{\epsilon}_K^{\star} \\ \hline \boldsymbol{\zeta}_1^{\star} \\ \vdots \\ \boldsymbol{\zeta}_M^{\star} \end{bmatrix} \tag{9.22}$$

并根据我们最初的机制，利用最优扰动更新以下变量：

$$\boldsymbol{T}_{\mathrm{op},k} \longleftarrow \exp\left(\boldsymbol{\epsilon}_k^{\star\wedge}\right)\boldsymbol{T}_{\mathrm{op},k} \tag{9.23a}$$

$$\boldsymbol{p}_{\mathrm{op},j} \longleftarrow \boldsymbol{p}_{\mathrm{op},j} + \boldsymbol{D}\boldsymbol{\zeta}_j^{\star} \tag{9.23b}$$

这样可以保证 $\boldsymbol{T}_{\mathrm{op},k} \in SE(3)$，且保持 $\boldsymbol{p}_{\mathrm{op},j}$ 最后一项（第四项）为 1。算法一直迭代直到满足收敛条件。一旦收敛，我们就设最后一步迭代中的值 $\hat{\boldsymbol{T}}_{v_k i} = \boldsymbol{T}_{\mathrm{op},k}$ 和 $\hat{\boldsymbol{p}}_i^{p_j i} = \boldsymbol{p}_{\mathrm{op},j}$ 作为机器人位姿和路标点的最终估计值。

高斯-牛顿法

在实际中，我们使用高斯-牛顿法近似海塞矩阵，每次迭代时只需要求解线性方程组：

$$\boldsymbol{A}\delta\boldsymbol{x}^{\star} = \boldsymbol{b} \tag{9.24}$$

其中

$$\boldsymbol{b} = \sum_{j,k} \boldsymbol{P}_{jk}^{\mathrm{T}}\boldsymbol{G}_{jk}^{\mathrm{T}}\boldsymbol{R}_{jk}^{-1}\boldsymbol{e}_{y,jk}(\boldsymbol{x}_{\mathrm{op}}) \tag{9.25a}$$

$$\boldsymbol{A} = \sum_{j,k} \boldsymbol{P}_{jk}^{\mathrm{T}}\boldsymbol{G}_{jk}^{\mathrm{T}}\boldsymbol{R}_{jk}^{-1}\boldsymbol{G}_{jk}\boldsymbol{P}_{jk} \tag{9.25b}$$

$$\delta\boldsymbol{x}_{jk} = \boldsymbol{P}_{jk}\delta\boldsymbol{x} \tag{9.25c}$$

高斯-牛顿法的显著优势是，不需要计算测量模型的二阶偏导数。将线性方程组联立，可得：

$$\underbrace{\boldsymbol{G}^{\mathrm{T}}\boldsymbol{R}^{-1}\boldsymbol{G}}_{\boldsymbol{A}}\delta\boldsymbol{x}^{\star} = \underbrace{\boldsymbol{G}^{\mathrm{T}}\boldsymbol{R}^{-1}\boldsymbol{e}_y(\boldsymbol{x}_{\mathrm{op}})}_{\boldsymbol{b}} \tag{9.26}$$

其中，利用之前的定义有：

$$\begin{aligned} \boldsymbol{G}_{jk} &= [\boldsymbol{G}_{1,jk} \quad \boldsymbol{G}_{2,jk}] \\ \boldsymbol{G}_{1,jk} = \boldsymbol{S}_{jk}\left(\boldsymbol{T}_{\text{op},k}\boldsymbol{p}_{\text{op},j}\right)^{\odot}, &\quad \boldsymbol{G}_{2,jk} = \boldsymbol{S}_{jk}\boldsymbol{T}_{\text{op},k}\boldsymbol{D} \end{aligned} \tag{9.27}$$

假设 $K=3$，即 3 个自由位姿（加上固定位姿 0），$M=2$，即 2 个路标点，那么只要把测量值按照特定的顺序排列，就可以得到如下形式的矩阵：

$$\boldsymbol{G} = [\boldsymbol{G}_1 | \boldsymbol{G}_2] = \left[\begin{array}{ccc|ccc} & & & \boldsymbol{G}_{2,10} & \\ & & & & \boldsymbol{G}_{2,20} \\ \boldsymbol{G}_{1,11} & & & \boldsymbol{G}_{2,11} & \\ \boldsymbol{G}_{1,21} & & & & \boldsymbol{G}_{2,21} \\ & \boldsymbol{G}_{1,12} & & \boldsymbol{G}_{2,12} & \\ & \boldsymbol{G}_{1,22} & & & \boldsymbol{G}_{2,22} \\ & & \boldsymbol{G}_{1,13} & \boldsymbol{G}_{2,13} & \\ & & \boldsymbol{G}_{1,23} & & \boldsymbol{G}_{2,23} \end{array}\right], \quad \boldsymbol{e}_y(\boldsymbol{x}_{\text{op}}) = \begin{bmatrix} \boldsymbol{e}_{y,10}(\boldsymbol{x}_{\text{op}}) \\ \boldsymbol{e}_{y,20}(\boldsymbol{x}_{\text{op}}) \\ \boldsymbol{e}_{y,11}(\boldsymbol{x}_{\text{op}}) \\ \boldsymbol{e}_{y,21}(\boldsymbol{x}_{\text{op}}) \\ \boldsymbol{e}_{y,12}(\boldsymbol{x}_{\text{op}}) \\ \boldsymbol{e}_{y,22}(\boldsymbol{x}_{\text{op}}) \\ \boldsymbol{e}_{y,13}(\boldsymbol{x}_{\text{op}}) \\ \boldsymbol{e}_{y,23}(\boldsymbol{x}_{\text{op}}) \end{bmatrix}$$
$$\boldsymbol{R} = \operatorname{diag}\left(\boldsymbol{R}_{10}, \boldsymbol{R}_{20}, \boldsymbol{R}_{11}, \boldsymbol{R}_{21}, \boldsymbol{R}_{12}, \boldsymbol{R}_{22}, \boldsymbol{R}_{13}, \boldsymbol{R}_{23}\right) \tag{9.28}$$

把左边的矩阵乘法展开，即 $\boldsymbol{A} = \boldsymbol{G}^{\mathrm{T}}\boldsymbol{R}^{-1}\boldsymbol{G}$，可以发现：

$$\boldsymbol{A} = \begin{bmatrix} \boldsymbol{A}_{11} & \boldsymbol{A}_{12} \\ \boldsymbol{A}_{12}^{\mathrm{T}} & \boldsymbol{A}_{22} \end{bmatrix} \tag{9.29}$$

其中

$$\boldsymbol{A}_{11} = \boldsymbol{G}_1^{\mathrm{T}}\boldsymbol{R}^{-1}\boldsymbol{G}_1 = \operatorname{diag}\left(\boldsymbol{A}_{11,1}, \cdots, \boldsymbol{A}_{11,K}\right) \tag{9.30a}$$

$$\boldsymbol{A}_{11,k} = \sum_{j=1}^{M} \boldsymbol{G}_{1,jk}^{\mathrm{T}}\boldsymbol{R}_{jk}^{-1}\boldsymbol{G}_{1,jk} \tag{9.30b}$$

$$\boldsymbol{A}_{12} = \boldsymbol{G}_1^{\mathrm{T}}\boldsymbol{R}^{-1}\boldsymbol{G}_2 = \begin{bmatrix} \boldsymbol{A}_{12,11} & \cdots & \boldsymbol{A}_{12,M1} \\ \vdots & \ddots & \vdots \\ \boldsymbol{A}_{12,1K} & \cdots & \boldsymbol{A}_{12,MK} \end{bmatrix} \tag{9.30c}$$

$$\boldsymbol{A}_{12,jk} = \boldsymbol{G}_{1,jk}^{\mathrm{T}}\boldsymbol{R}_{jk}^{-1}\boldsymbol{G}_{2,jk} \tag{9.30d}$$

$$\boldsymbol{A}_{22} = \boldsymbol{G}_2^{\mathrm{T}}\boldsymbol{R}^{-1}\boldsymbol{G}_2 = \operatorname{diag}\left(\boldsymbol{A}_{22,1}, \cdots, \boldsymbol{A}_{22,M}\right) \tag{9.30e}$$

$$\boldsymbol{A}_{22,j} = \sum_{k=0}^{K} \boldsymbol{G}_{2,jk}^{\mathrm{T}}\boldsymbol{R}_{jk}^{-1}\boldsymbol{G}_{2,jk} \tag{9.30f}$$

$\boldsymbol{A}_{11}$ 和 $\boldsymbol{A}_{12}$ 都是对角块矩阵，这意味着该系统具有特殊的稀疏结构，因此在每次迭代求解 $\delta\boldsymbol{x}^{\star}$ 时可以利用这些稀疏结构来提高计算效率。我们将在下一节详细讨论具体的细节。

9.1.4 利用稀疏性

无论选择牛顿法还是高斯-牛顿法，在每次迭代时都需要求解如下形式的问题：

$$\underbrace{\begin{bmatrix} \boldsymbol{A}_{11} & \boldsymbol{A}_{12} \\ \boldsymbol{A}_{12}^{\mathrm{T}} & \boldsymbol{A}_{22} \end{bmatrix}}_{\boldsymbol{A}} \underbrace{\begin{bmatrix} \delta\boldsymbol{x}_1^\star \\ \delta\boldsymbol{x}_2^\star \end{bmatrix}}_{\delta\boldsymbol{x}^\star} = \underbrace{\begin{bmatrix} \boldsymbol{b}_1 \\ \boldsymbol{b}_2 \end{bmatrix}}_{\boldsymbol{b}} \tag{9.31}$$

其中状态 $\delta\boldsymbol{x}^\star$ 被分为两部分，分别为（1）位姿的扰动 $\delta\boldsymbol{x}_1^\star = \boldsymbol{\epsilon}^\star$，以及（2）路标点的扰动 $\delta\boldsymbol{x}_2^\star = \boldsymbol{\zeta}^\star$。

我们发现目标函数的海塞矩阵 $\boldsymbol{A}$ 具有特殊的稀疏性，如图 9–2 所示。有时这被称为**箭头状**（arrowhead）矩阵。这里的稀疏性是由 $\boldsymbol{A}$ 中投影矩阵 $\boldsymbol{P}_{jk}$ 导致的；这表明每个测量只涉及一个位姿变量和一个路标点变量。

正如图 9–2所示，$\boldsymbol{A}_{11}$ 和 $\boldsymbol{A}_{12}$ 都是对角块矩阵，这是因为每个测量值只涉及一个位姿和一个路标点。我们可以利用这个稀疏性来高效地求解 $\delta\boldsymbol{x}^\star$；有时这被称为**稀疏光束平差法**（sparse bundle adjustment）。稀疏光束平差法有几种实现手段，这里我们将介绍舒尔补方法和 Cholesky 方法。

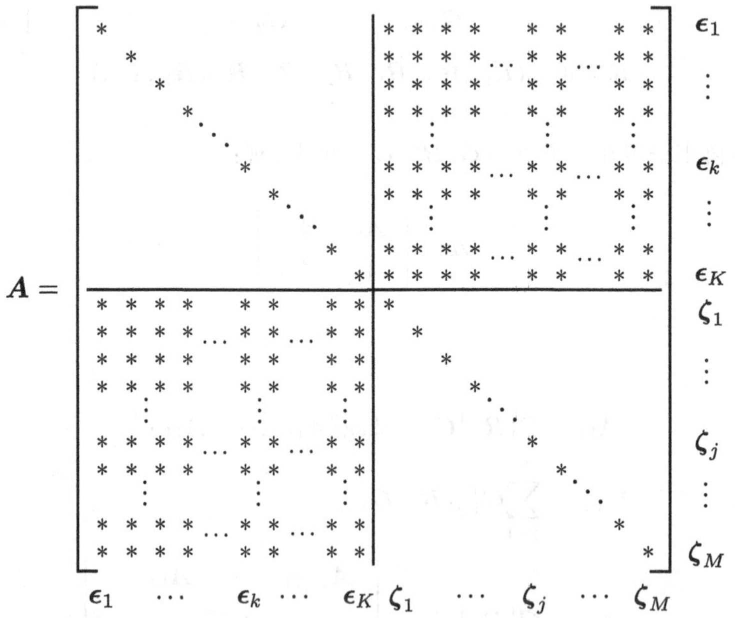

图 9–2 $\boldsymbol{A}$ 的稀疏表示。非零项用 * 表示。$\boldsymbol{\zeta}$ 部分相比 $\boldsymbol{\epsilon}$ 部分较大，因此这种结构通常被称为**箭头状**矩阵

舒尔补

可以用舒尔补方法将式（9.31）转换为更容易高效求解的形式。对方程两边左乘如下矩阵

$$\begin{bmatrix} \mathbf{1} & -\boldsymbol{A}_{12}\boldsymbol{A}_{22}^{-1} \\ \mathbf{0} & \mathbf{1} \end{bmatrix}$$

于是得：

$$\begin{bmatrix} \boldsymbol{A}_{11} - \boldsymbol{A}_{12}\boldsymbol{A}_{22}^{-1}\boldsymbol{A}_{12}^{\mathrm{T}} & \boldsymbol{0} \\ \boldsymbol{A}_{12}^{\mathrm{T}} & \boldsymbol{A}_{22} \end{bmatrix} \begin{bmatrix} \delta\boldsymbol{x}_1^{\star} \\ \delta\boldsymbol{x}_2^{\star} \end{bmatrix} = \begin{bmatrix} \boldsymbol{b}_1 - \boldsymbol{A}_{12}\boldsymbol{A}_{22}^{-1}\boldsymbol{b}_2 \\ \boldsymbol{b}_2 \end{bmatrix}$$

这和式（9.31）的解是相同的[5]。因为 $\boldsymbol{A}_{22}$ 是对角块矩阵，$\boldsymbol{A}_{22}^{-1}$ 的计算也很容易，所以很容易求解 $\delta\boldsymbol{x}_1^{\star}$。由于 $\boldsymbol{A}_{22}$ 的稀疏性，通过回代计算也可以高效地求解 $\delta\boldsymbol{x}_2^{\star}$。这个过程可以将每次计算的复杂度由无稀疏性时的 $O\left((K+M)\right)^3$ 降到有稀疏性时的 $O\left(K^3+K^2M\right)$，当 $K \ll M$ 时最明显。

利用 $\boldsymbol{A}_{11}$ 的稀疏性可以得到类似的计算过程，然而在机器人学问题中可能还会有一些额外的测量值会破坏这个结构，更重要的是，在光束平差时通常 $\delta\boldsymbol{x}_2^{\star}$ 的维度远大于 $\delta\boldsymbol{x}_1^{\star}$。尽管舒尔补方法很好，然而它并不能直接给出计算 $\boldsymbol{A}^{-1}$ 及协方差矩阵关于 $\delta\boldsymbol{x}^{\star}$ 的显式表达。Cholesky 则能很好地解决这个问题。

Cholesky 分解

每个对称正定矩阵，包括 $\boldsymbol{A}$，可以通过 Cholesky 分解为如下矩阵相乘的形式：

$$\underbrace{\begin{bmatrix} \boldsymbol{A}_{11} & \boldsymbol{A}_{12} \\ \boldsymbol{A}_{12}^{\mathrm{T}} & \boldsymbol{A}_{22} \end{bmatrix}}_{\boldsymbol{A}} = \underbrace{\begin{bmatrix} \boldsymbol{U}_{11} & \boldsymbol{U}_{12} \\ \boldsymbol{0} & \boldsymbol{U}_{22} \end{bmatrix}}_{\boldsymbol{U}} \underbrace{\begin{bmatrix} \boldsymbol{U}_{11}^{\mathrm{T}} & \boldsymbol{0} \\ \boldsymbol{U}_{12}^{\mathrm{T}} & \boldsymbol{U}_{22}^{\mathrm{T}} \end{bmatrix}}_{\boldsymbol{U}^{\mathrm{T}}} \tag{9.32}$$

其中 $\boldsymbol{U}$ 是一个上三角矩阵。将矩阵乘法展开可得：

$$\begin{aligned} \boldsymbol{U}_{22}\boldsymbol{U}_{22}^{\mathrm{T}} = \boldsymbol{A}_{22}&: \text{由于}\boldsymbol{A}_{22}\text{是分对角块矩阵，} \\ &\quad \text{很容易通过 Cholesky 分解计算}\boldsymbol{U}_{22} \\ \boldsymbol{U}_{12}\boldsymbol{U}_{22}^{\mathrm{T}} = \boldsymbol{A}_{12}&: \text{由于}\boldsymbol{U}_{22}\text{是分对角块矩阵，} \\ &\quad \text{很容易计算}\boldsymbol{U}_{12} \\ \boldsymbol{U}_{11}\boldsymbol{U}_{11}^{\mathrm{T}} + \boldsymbol{U}_{12}\boldsymbol{U}_{12}^{\mathrm{T}} = \boldsymbol{A}_{11}&: \text{由于}\delta\boldsymbol{x}_1^{\star}\text{元素较少，} \\ &\quad \text{很容易通过 Cholesky 分解计算}\boldsymbol{U}_{11} \end{aligned}$$

由于 $\boldsymbol{A}_{22}$ 的稀疏性，我们可以高效地求解 $\boldsymbol{U}$。注意 $\boldsymbol{U}_{22}$ 也是对角块矩阵。

如果我们关心的只是高效地求解式（9.31），那么只要通过 Cholesky 分解，就可以将其分成两步。首先，求解临时变量 $\boldsymbol{c}$：

$$\boldsymbol{U}\boldsymbol{c} = \boldsymbol{b} \tag{9.33}$$

由于 $\boldsymbol{U}$ 是上三角矩阵，我们可以从矩阵底部到顶部通过代换方法，利用 $\boldsymbol{U}$ 的稀疏性快速求解。第二步，求解 $\delta\boldsymbol{x}^{\star}$：

$$\boldsymbol{U}^{\mathrm{T}}\delta\boldsymbol{x}^{\star} = \boldsymbol{c} \tag{9.34}$$

同样地，由于 $\boldsymbol{U}^{\mathrm{T}}$ 是下三角矩阵，可以从矩阵顶部到底部通过代换方法，利用 $\boldsymbol{U}$ 的稀疏性快速求解。

---

[5] 事实上这就是线性代数中最基本的高斯消元法。——译者注

或者我们可以直接对 $\boldsymbol{U}$ 求逆矩阵：

$$\begin{bmatrix} \boldsymbol{U}_{11} & \boldsymbol{U}_{12} \\ \mathbf{0} & \boldsymbol{U}_{22} \end{bmatrix}^{-1} = \begin{bmatrix} \boldsymbol{U}_{11}^{-1} & -\boldsymbol{U}_{11}^{-1}\boldsymbol{U}_{12}\boldsymbol{U}_{22}^{-1} \\ \mathbf{0} & \boldsymbol{U}_{22}^{-1} \end{bmatrix} \tag{9.35}$$

因为 $\boldsymbol{U}_{22}$ 是对角块阵，$\boldsymbol{U}_{11}$ 是维度较小的矩阵且具有上三角的形式，所以我们可以快速地求解上式。然后我们有：

$$\boldsymbol{U}^{\mathrm{T}}\delta\boldsymbol{x}^{\star} = \boldsymbol{U}^{-1}\boldsymbol{b} \tag{9.36}$$

或

$$\begin{bmatrix} \boldsymbol{U}_{11}^{\mathrm{T}} & \mathbf{0} \\ \boldsymbol{U}_{12}^{\mathrm{T}} & \boldsymbol{U}_{22}^{\mathrm{T}} \end{bmatrix} \begin{bmatrix} \delta\boldsymbol{x}_1^{\star} \\ \delta\boldsymbol{x}_2^{\star} \end{bmatrix} = \begin{bmatrix} \boldsymbol{U}_{11}^{-1}\left(\boldsymbol{b}_1 - \boldsymbol{U}_{12}\boldsymbol{U}_{22}^{-1}\boldsymbol{b}_2\right) \\ \boldsymbol{U}_{22}^{-1}\boldsymbol{b}_2 \end{bmatrix} \tag{9.37}$$

通过该式可以计算 $\delta\boldsymbol{x}_1^{\star}$，然后利用类似于舒尔补方法，通过回代计算出 $\delta\boldsymbol{x}_2^{\star}$。

然而，不同于舒尔补方法，$\boldsymbol{A}^{-1}$ 变得很容易计算：

$$\begin{aligned} \boldsymbol{A}^{-1} &= \left(\boldsymbol{U}\boldsymbol{U}^{\mathrm{T}}\right)^{-1} = \boldsymbol{U}^{-\mathrm{T}}\boldsymbol{U}^{-1} = \boldsymbol{L}\boldsymbol{L}^{\mathrm{T}} \\ &= \underbrace{\begin{bmatrix} \boldsymbol{U}_{11}^{-\mathrm{T}} & \mathbf{0} \\ -\boldsymbol{U}_{22}^{-\mathrm{T}}\boldsymbol{U}_{12}^{\mathrm{T}}\boldsymbol{U}_{11}^{-\mathrm{T}} & \boldsymbol{U}_{22}^{-\mathrm{T}} \end{bmatrix}}_{\boldsymbol{L}} \underbrace{\begin{bmatrix} \boldsymbol{U}_{11}^{-1} & -\boldsymbol{U}_{11}^{-1}\boldsymbol{U}_{12}\boldsymbol{U}_{22}^{-1} \\ \mathbf{0} & \boldsymbol{U}_{22}^{-1} \end{bmatrix}}_{\boldsymbol{L}^{\mathrm{T}}} \\ &= \begin{bmatrix} \boldsymbol{U}_{11}^{-\mathrm{T}}\boldsymbol{U}_{11}^{-1} & -\boldsymbol{U}_{11}^{-\mathrm{T}}\boldsymbol{U}_{11}^{-1}\boldsymbol{U}_{12}\boldsymbol{U}_{22}^{-1} \\ -\boldsymbol{U}_{22}^{-\mathrm{T}}\boldsymbol{U}_{12}^{\mathrm{T}}\boldsymbol{U}_{11}^{-\mathrm{T}}\boldsymbol{U}_{11}^{-1} & \boldsymbol{U}_{22}^{-\mathrm{T}}\left(\boldsymbol{U}_{12}^{\mathrm{T}}\boldsymbol{U}_{11}^{-\mathrm{T}}\boldsymbol{U}_{11}^{-1}\boldsymbol{U}_{12} + \mathbf{1}\right)\boldsymbol{U}_{22}^{-1} \end{bmatrix} \end{aligned} \tag{9.38}$$

该矩阵存在着许多重复项，这为优化提供了空间。

9.1.5 插值的例子

为了把问题说得更清楚，我们来分步求解图 9–3 中小型光束平差问题。假设有三个非共线的路标点和两个自由的位姿。为了使得问题是能观的，我们假设位姿 0 是固定的。我们还假设路标点的观测位于三维空间，因此传感器可以是一个立体相机，或者是一个测量距离-方位角-俯仰角的传感器。然而不幸的是，目前的信息并不足以唯一地求解两个自由位姿和三个路标点。这个问题可能在移动过程中使用卷帘快门相机或激光雷达时出现。

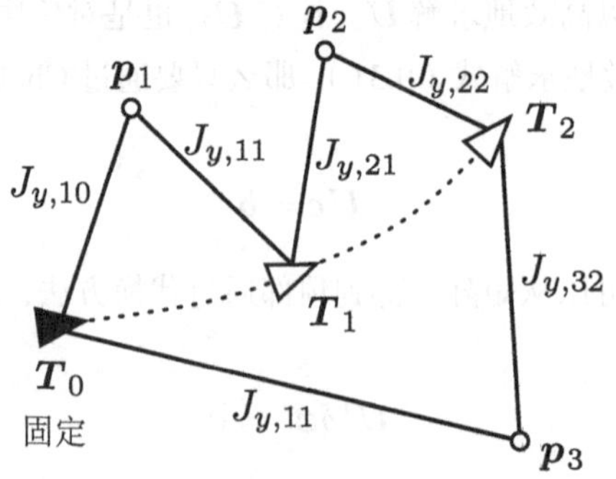

图 9–3 只有三个路标点（非共线）和两个自由位姿（1 和 2）的光束平差问题。位姿 0 是固定的。由于路标点太少不足以约束两个自由位姿，该问题无法得到唯一解。每个测量值 $\boldsymbol{J}_{y,jk}$ 都在误差函数里占有一项

缺少任何额外路标点的观测时，我们唯一可以依赖的就是机器人轨迹的假设。本质上有两种可能的方法：

1. 惩罚项：我们可以使用**最大后验概率**（MAP）方法，假设轨迹的先验概率密度已知，那么可以在目标函数中引入惩罚项，使得估计算法选择一个既符合先观，也符合观测模型的轨迹。本质上这就是**同时定位与地图构建**（SLAM）方法，会在下节中讨论。
2. 约束：我们可以使用**最大似然**（ML）方法，将轨迹约束为某个特定的形式。这里我们通过假设机器人在位姿 0 和位姿 2 之间有恒定的六自由度的速度，可以插值出位姿 1。这使得自由位姿的变量数由 2 降到 1，从而让该问题有唯一解。

我们首先建立方程，使得通过解该方程可以得到位姿 1 和位姿 2，接着再介绍位姿插值的策略。

该问题中待估计的状态变量有：

$$\boldsymbol{x} = \{\boldsymbol{T}_1, \boldsymbol{T}_2, \boldsymbol{p}_1, \boldsymbol{p}_2, \boldsymbol{p}_3\} \tag{9.39}$$

使用常规的扰动机制：

$$\boldsymbol{T}_k = \exp\left(\boldsymbol{\epsilon}_k^{\wedge}\right) \boldsymbol{T}_{\mathrm{op},k}, \quad \boldsymbol{p}_j = \boldsymbol{p}_{\mathrm{op},j} + \boldsymbol{D}\boldsymbol{\zeta}_j \tag{9.40}$$

并将扰动变量堆叠成一个向量：

$$\delta\boldsymbol{x} = \left[\begin{array}{c} \boldsymbol{\epsilon}_1 \\ \boldsymbol{\epsilon}_2 \\ \hline \boldsymbol{\zeta}_1 \\ \boldsymbol{\zeta}_2 \\ \boldsymbol{\zeta}_3 \end{array}\right] \tag{9.41}$$

在每一步迭代中，最优扰动变量应当是如下线性方程组的解

$$\boldsymbol{A}\delta\boldsymbol{x}^{\star} = \boldsymbol{b} \tag{9.42}$$

其中 $\boldsymbol{A}$ 和 $\boldsymbol{b}$ 矩阵有如下形式：

$$\boldsymbol{A} = \left[\begin{array}{cc|ccc} \boldsymbol{A}_{11} & & \boldsymbol{A}_{13} & \boldsymbol{A}_{14} & \\ & \boldsymbol{A}_{22} & & \boldsymbol{A}_{24} & \boldsymbol{A}_{25} \\ \hline \boldsymbol{A}_{13}^{\mathrm{T}} & & \boldsymbol{A}_{33} & & \\ \boldsymbol{A}_{14}^{\mathrm{T}} & \boldsymbol{A}_{24}^{\mathrm{T}} & & \boldsymbol{A}_{44} & \\ & \boldsymbol{A}_{25}^{\mathrm{T}} & & & \boldsymbol{A}_{55} \end{array}\right], \quad \boldsymbol{b} = \left[\begin{array}{c} \boldsymbol{b}_1 \\ \boldsymbol{b}_2 \\ \hline \boldsymbol{b}_3 \\ \boldsymbol{b}_4 \\ \boldsymbol{b}_5 \end{array}\right] \tag{9.43}$$

其中

$$\begin{aligned}
\boldsymbol{A}_{11} &= \boldsymbol{G}_{1,11}^{\mathrm{T}}\boldsymbol{R}_{11}^{-1}\boldsymbol{G}_{1,11} + \boldsymbol{G}_{1,21}^{\mathrm{T}}\boldsymbol{R}_{21}^{-1}\boldsymbol{G}_{1,21} \\
\boldsymbol{A}_{22} &= \boldsymbol{G}_{1,22}^{\mathrm{T}}\boldsymbol{R}_{22}^{-1}\boldsymbol{G}_{1,22} + \boldsymbol{G}_{1,32}^{\mathrm{T}}\boldsymbol{R}_{32}^{-1}\boldsymbol{G}_{1,32} \\
\boldsymbol{A}_{33} &= \boldsymbol{G}_{2,10}^{\mathrm{T}}\boldsymbol{R}_{10}^{-1}\boldsymbol{G}_{2,10} + \boldsymbol{G}_{2,11}^{\mathrm{T}}\boldsymbol{R}_{11}^{-1}\boldsymbol{G}_{2,11} \\
\boldsymbol{A}_{44} &= \boldsymbol{G}_{2,21}^{\mathrm{T}}\boldsymbol{R}_{21}^{-1}\boldsymbol{G}_{2,21} + \boldsymbol{G}_{2,22}^{\mathrm{T}}\boldsymbol{R}_{22}^{-1}\boldsymbol{G}_{2,22} \\
\boldsymbol{A}_{55} &= \boldsymbol{G}_{2,30}^{\mathrm{T}}\boldsymbol{R}_{30}^{-1}\boldsymbol{G}_{2,30} + \boldsymbol{G}_{2,32}^{\mathrm{T}}\boldsymbol{R}_{32}^{-1}\boldsymbol{G}_{2,32} \\
\boldsymbol{A}_{13} &= \boldsymbol{G}_{1,11}^{\mathrm{T}}\boldsymbol{R}_{11}^{-1}\boldsymbol{G}_{2,11} \\
\boldsymbol{A}_{14} &= \boldsymbol{G}_{1,21}^{\mathrm{T}}\boldsymbol{R}_{21}^{-1}\boldsymbol{G}_{2,21} \\
\boldsymbol{A}_{24} &= \boldsymbol{G}_{1,22}^{\mathrm{T}}\boldsymbol{R}_{22}^{-1}\boldsymbol{G}_{2,22} \\
\boldsymbol{A}_{25} &= \boldsymbol{G}_{1,32}^{\mathrm{T}}\boldsymbol{R}_{32}^{-1}\boldsymbol{G}_{2,32}
\end{aligned}$$

$$\begin{aligned}
\boldsymbol{b}_1 &= \boldsymbol{G}_{1,11}^{\mathrm{T}}\boldsymbol{R}_{11}^{-1}\boldsymbol{e}_{y,11}(\boldsymbol{x}_{\mathrm{op}}) + \boldsymbol{G}_{1,21}^{\mathrm{T}}\boldsymbol{R}_{21}^{-1}\boldsymbol{e}_{y,21}(\boldsymbol{x}_{\mathrm{op}}) \\
\boldsymbol{b}_2 &= \boldsymbol{G}_{1,22}^{\mathrm{T}}\boldsymbol{R}_{22}^{-1}\boldsymbol{e}_{y,22}(\boldsymbol{x}_{\mathrm{op}}) + \boldsymbol{G}_{1,32}^{\mathrm{T}}\boldsymbol{R}_{32}^{-1}\boldsymbol{e}_{y,32}(\boldsymbol{x}_{\mathrm{op}}) \\
\boldsymbol{b}_3 &= \boldsymbol{G}_{2,10}^{\mathrm{T}}\boldsymbol{R}_{10}^{-1}\boldsymbol{e}_{y,10}(\boldsymbol{x}_{\mathrm{op}}) + \boldsymbol{G}_{2,11}^{\mathrm{T}}\boldsymbol{R}_{11}^{-1}\boldsymbol{e}_{y,11}(\boldsymbol{x}_{\mathrm{op}}) \\
\boldsymbol{b}_4 &= \boldsymbol{G}_{2,21}^{\mathrm{T}}\boldsymbol{R}_{21}^{-1}\boldsymbol{e}_{y,21}(\boldsymbol{x}_{\mathrm{op}}) + \boldsymbol{G}_{2,22}^{\mathrm{T}}\boldsymbol{R}_{22}^{-1}\boldsymbol{e}_{y,22}(\boldsymbol{x}_{\mathrm{op}}) \\
\boldsymbol{b}_5 &= \boldsymbol{G}_{2,30}^{\mathrm{T}}\boldsymbol{R}_{30}^{-1}\boldsymbol{e}_{y,30}(\boldsymbol{x}_{\mathrm{op}}) + \boldsymbol{G}_{2,32}^{\mathrm{T}}\boldsymbol{R}_{32}^{-1}\boldsymbol{e}_{y,32}(\boldsymbol{x}_{\mathrm{op}})
\end{aligned}$$

不幸的是，$\boldsymbol{A}$ 此时不是可逆矩阵，意味着我们无法在每步迭代时求解 $\delta\boldsymbol{x}^\star$。

为了消除这个问题，我们假设机器人匀速行驶，因此可以使用 7.1.7 节的位姿插值，用 $\boldsymbol{T}_2$ 来表达 $\boldsymbol{T}_1$。为此，我们需要每个位姿对应的时刻：

$$t_0, t_1, t_2 \tag{9.44}$$

然后我们定义插值变量：

$$\alpha = \frac{t_1 - t_0}{t_2 - t_0} \tag{9.45}$$

那么：

$$\boldsymbol{T}_1 = \boldsymbol{T}^\alpha \tag{9.46}$$

其中 $\boldsymbol{T} = \boldsymbol{T}_2$。根据扰动机制有：

$$\boldsymbol{T} = \exp(\boldsymbol{\epsilon}^\wedge)\boldsymbol{T}_{\mathrm{op}} \approx (\mathbf{1} + \boldsymbol{\epsilon}^\wedge)\boldsymbol{T}_{\mathrm{op}} \tag{9.47}$$

对于插值变量有：

$$\boldsymbol{T}^\alpha = (\exp(\boldsymbol{\epsilon}^\wedge)\boldsymbol{T}_{\mathrm{op}})^\alpha \approx \left(\mathbf{1} + (\boldsymbol{\mathcal{A}}(\alpha, \boldsymbol{\xi}_{\mathrm{op}})\boldsymbol{\epsilon})^\wedge\right)\boldsymbol{T}_{\mathrm{op}}^\alpha \tag{9.48}$$

其中 $\boldsymbol{\mathcal{A}}$ 是插值雅可比矩阵，$\boldsymbol{\xi}_{\mathrm{op}} = \ln(\boldsymbol{T}_{\mathrm{op}})^\vee$。利用这个位姿插值策略，我们可以将之前堆叠形式

的扰动变量写为如下简化的形式：

$$\underbrace{\begin{bmatrix} \boldsymbol{\epsilon}_1 \\ \boldsymbol{\epsilon}_2 \\ \hline \boldsymbol{\zeta}_1 \\ \boldsymbol{\zeta}_2 \\ \boldsymbol{\zeta}_3 \end{bmatrix}}_{\delta \boldsymbol{x}} = \underbrace{\begin{bmatrix} \boldsymbol{\mathcal{A}}(\alpha, \boldsymbol{\xi}_{\mathrm{op}}) & & & \\ \mathbf{1} & & & \\ \hline & \mathbf{1} & & \\ & & \mathbf{1} & \\ & & & \mathbf{1} \end{bmatrix}}_{\boldsymbol{\mathcal{I}}} \underbrace{\begin{bmatrix} \boldsymbol{\epsilon} \\ \hline \boldsymbol{\zeta}_1 \\ \boldsymbol{\zeta}_2 \\ \boldsymbol{\zeta}_3 \end{bmatrix}}_{\delta \boldsymbol{x}'} \tag{9.49}$$

其中 $\boldsymbol{\mathcal{I}}$ 被称为**插值矩阵**（interpolation matrix）。新的待估计状态变量为：

$$\boldsymbol{x}' = \{\boldsymbol{T}, \boldsymbol{p}_1, \boldsymbol{p}_2, \boldsymbol{p}_3\} \tag{9.50}$$

此时我们将作为自由变量的 $\boldsymbol{T}_1$ 消掉了。回到原始的最大似然误差函数，我们可以将其改写为：

$$J(\boldsymbol{x}') \approx J\left(\boldsymbol{x}'_{\mathrm{op}}\right) - \boldsymbol{b}'^{\mathrm{T}} \delta \boldsymbol{x}' + \frac{1}{2} \delta \boldsymbol{x}'^{\mathrm{T}} \boldsymbol{A}' \delta \boldsymbol{x}' \tag{9.51}$$

其中

$$\boldsymbol{A}' = \boldsymbol{\mathcal{I}}^{\mathrm{T}} \boldsymbol{A} \boldsymbol{\mathcal{I}}, \quad \boldsymbol{b}' = \boldsymbol{\mathcal{I}}^{\mathrm{T}} \boldsymbol{b} \tag{9.52}$$

最优扰动项（最小化误差函数）$\delta \boldsymbol{x}'^{\star}$ 是下式的解：

$$\boldsymbol{A}' \delta \boldsymbol{x}'^{\star} = \boldsymbol{b}' \tag{9.53}$$

用于更新状态变量：

$$\boldsymbol{x}'_{\mathrm{op}} = \{\boldsymbol{T}_{\mathrm{op}}, \boldsymbol{p}_{\mathrm{op},1}, \boldsymbol{p}_{\mathrm{op},2}, \boldsymbol{p}_{\mathrm{op},3}\} \tag{9.54}$$

我们使用通常的策略是

$$\boldsymbol{T}_{\mathrm{op}} \leftarrow \exp\left(\boldsymbol{\epsilon}^{\star\wedge}\right) \boldsymbol{T}_{\mathrm{op}}, \quad \boldsymbol{p}_{\mathrm{op},j} \leftarrow \boldsymbol{p}_{\mathrm{op},j} + \boldsymbol{D} \boldsymbol{\zeta}_j^{\star} \tag{9.55}$$

并迭代直到收敛。

重要的是，无论对 $\boldsymbol{A}$ 矩阵左乘还是右乘插值矩阵，得到的 $\boldsymbol{A}'$，都不会破坏稀疏性。实际上，右下角对于路标点的部分保持了对角块，因此 $\boldsymbol{A}'$ 仍然是一个箭头状的矩阵：

$$\boldsymbol{A}' = \left[\begin{array}{c|ccc} * & * & * & * \\ \hline * & * & & \\ * & & * & \\ * & & & * \end{array}\right] \tag{9.56}$$

其中 $*$ 表示非零块。这意味着，在进行位姿插值的同时，我们仍然可以使用前一小节的方法，利用稀疏性对问题进行求解。

结论显示，我们可以通过这种插值（或其他的）方式，解决更复杂的光束平差问题。我们只需要确定哪些位姿变量必须作为状态变量保留，哪些可以通过插值得到，然后构造合适的插值矩阵 $\boldsymbol{\mathcal{I}}$ 即可。

9.2 同时定位与地图构建

SLAM 问题本质上和 BA 是一样的，当然除观测之外，我们还知道机器人是如何运动的（即运动模型），因此可以将输入量 $\boldsymbol{v}$ 加入问题中。从逻辑上来说，只需要将额外输入项加入 BA 的误差函数中[39]。文献 [87] 是 SLAM 的经典论文，文献 [88] 和文献 [89] 则对该领域做了详尽的综述。其本质上的区别是：BA是一个**最大似然**（ML）问题，而 SLAM 是一个**最大后验概率**（MAP）问题。我们的批量式 SLAM 方法[90]类似于文献 [91] 提出的基于图优化的 SLAM 算法，但是不同的是，我们使用了李群李代数来处理位姿。

9.2.1 问题描述

另一个细微的差别在于，通过引入输入或先验信息，我们也可以假设初始状态 $\boldsymbol{T}_0$ 具有先验信息，从而将其纳入估计问题中（不像 BA）[6]。因此待估计的状态有：

$$\boldsymbol{x} = \{\boldsymbol{T}_0, \cdots, \boldsymbol{T}_K, \boldsymbol{p}_1, \cdots, \boldsymbol{p}_M\} \tag{9.57}$$

我们假设观测模型和 BA问题一样，观测量为：

$$\boldsymbol{y} = \{\boldsymbol{y}_{10}, \cdots, \boldsymbol{y}_{M0}, \cdots, \boldsymbol{y}_{1K}, \cdots, \boldsymbol{y}_{MK}\} \tag{9.58}$$

我们将采用 8.2 节的运动模型，其中输入为：

$$\boldsymbol{v} = \left\{\check{\boldsymbol{T}}_0, \boldsymbol{\varpi}_1, \boldsymbol{\varpi}_2, \cdots, \boldsymbol{\varpi}_K\right\} \tag{9.59}$$

接下来我们将建立批量式最大后验概率问题。

9.2.2 批量式最大后验的解

定义如下矩阵：

$$\begin{gathered}\delta\boldsymbol{x} = \begin{bmatrix} \delta\boldsymbol{x}_1 \\ \delta\boldsymbol{x}_2 \end{bmatrix}, \quad \boldsymbol{H} = \begin{bmatrix} \boldsymbol{F}^{-1} & \boldsymbol{0} \\ \boldsymbol{G}_1 & \boldsymbol{G}_2 \end{bmatrix}, \quad \boldsymbol{W} = \begin{bmatrix} \boldsymbol{Q} & \boldsymbol{0} \\ \boldsymbol{0} & \boldsymbol{R} \end{bmatrix} \\ \boldsymbol{e}(\boldsymbol{x}_{\text{op}}) = \begin{bmatrix} \boldsymbol{e}_v(\boldsymbol{x}_{\text{op}}) \\ \boldsymbol{e}_y(\boldsymbol{x}_{\text{op}}) \end{bmatrix}\end{gathered} \tag{9.60}$$

[6] 我们也可以选择简单地固定这一项而不估计它的值，这也是很常见的做法。

其中

$$\delta \boldsymbol{x}_1 = \begin{bmatrix} \boldsymbol{\epsilon}_0 \\ \boldsymbol{\epsilon}_1 \\ \vdots \\ \boldsymbol{\epsilon}_K \end{bmatrix}, \quad \delta \boldsymbol{x}_2 = \begin{bmatrix} \boldsymbol{\zeta}_0 \\ \boldsymbol{\zeta}_1 \\ \vdots \\ \boldsymbol{\zeta}_M \end{bmatrix}$$

$$\boldsymbol{e}_v(\boldsymbol{x}_{\text{op}}) = \begin{bmatrix} \boldsymbol{e}_{v,0}(\boldsymbol{x}_{\text{op}}) \\ \boldsymbol{e}_{v,1}(\boldsymbol{x}_{\text{op}}) \\ \vdots \\ \boldsymbol{e}_{v,K}(\boldsymbol{x}_{\text{op}}) \end{bmatrix}, \quad \boldsymbol{e}_y(\boldsymbol{x}_{\text{op}}) = \begin{bmatrix} \boldsymbol{e}_{y,10}(\boldsymbol{x}_{\text{op}}) \\ \boldsymbol{e}_{y,20}(\boldsymbol{x}_{\text{op}}) \\ \vdots \\ \boldsymbol{e}_{y,MK}(\boldsymbol{x}_{\text{op}}) \end{bmatrix}$$

$$\boldsymbol{Q} = \operatorname{diag}\left(\check{\boldsymbol{P}}_0, \boldsymbol{Q}_1, \cdots, \boldsymbol{Q}_K\right), \quad \boldsymbol{R} = \operatorname{diag}\left(\boldsymbol{R}_{10}, \boldsymbol{R}_{20}, \cdots, \boldsymbol{R}_{MK}\right)$$

$$\boldsymbol{F}^{-1} = \begin{bmatrix} \mathbf{1} & & & & \\ -\boldsymbol{F}_0 & \mathbf{1} & & & \\ & -\boldsymbol{F}_1 & \ddots & & \\ & & \ddots & \mathbf{1} & \\ & & & -\boldsymbol{F}_{K-1} & \mathbf{1} \end{bmatrix} \tag{9.61}$$

$$\boldsymbol{G}_1 = \begin{bmatrix} \boldsymbol{G}_{1,10} & & & \\ \vdots & & & \\ \boldsymbol{G}_{1,M0} & & & \\ & \boldsymbol{G}_{1,11} & & \\ & \vdots & & \\ & \boldsymbol{G}_{1,M1} & & \\ & & \ddots & \\ & & \ddots & \\ & & & \boldsymbol{G}_{1,1K} \\ & & & \vdots \\ & & & \boldsymbol{G}_{1,MK} \end{bmatrix}, \quad \boldsymbol{G}_2 = \begin{bmatrix} \boldsymbol{G}_{2,10} & & \\ & \ddots & \\ & & \boldsymbol{G}_{2,M0} \\ \boldsymbol{G}_{2,11} & & \\ & \ddots & \\ & & \boldsymbol{G}_{2,M1} \\ & \vdots & \\ \boldsymbol{G}_{2,1K} & & \\ & \ddots & \\ & & \boldsymbol{G}_{2,MK} \end{bmatrix}$$

参考 8.2.5 节中运动先验的部分和 9.1.3 节中测量的部分，详细分块如下：

$$\boldsymbol{F}_{k-1} = \operatorname{Ad}\left(\boldsymbol{T}_{\text{op},k}\boldsymbol{T}_{\text{op},k-1}^{-1}\right), \quad k = 1, \cdots, K$$

$$\boldsymbol{e}_{v,k}(\boldsymbol{x}_{\text{op}}) = \begin{cases} \ln\left(\check{\boldsymbol{T}}_0 \boldsymbol{T}_{\text{op},0}^{-1}\right)^{\vee} & k = 0 \\ \ln\left(\exp\left((t_k - t_{k-1})\boldsymbol{\varpi}_k^{\wedge}\right)\boldsymbol{T}_{\text{op},k-1}\boldsymbol{T}_{\text{op},k}^{-1}\right)^{\vee} & k = 1, \cdots, K \end{cases} \tag{9.62}$$

$$\boldsymbol{G}_{1,jk} = \boldsymbol{S}_{jk}\left(\boldsymbol{T}_{\text{op},k}\boldsymbol{p}_{\text{op},j}\right)^{\odot}, \quad \boldsymbol{G}_{2,jk} = \boldsymbol{S}_{jk}\boldsymbol{T}_{\text{op},k}\boldsymbol{D}$$

$$\boldsymbol{e}_{y,jk}(\boldsymbol{x}_{\text{op}}) = \boldsymbol{y}_{jk} - \boldsymbol{s}\left(\boldsymbol{T}_{\text{op},k}\boldsymbol{p}_{\text{op},j}\right)$$

最终目标函数和普通形式一样：

$$J(\boldsymbol{x}) \approx J(\boldsymbol{x}_{\mathrm{op}}) - \boldsymbol{b}^{\mathrm{T}}\delta\boldsymbol{x} + \frac{1}{2}\delta\boldsymbol{x}^{\mathrm{T}}\boldsymbol{A}\delta\boldsymbol{x} \tag{9.63}$$

其中

$$\boldsymbol{A} = \boldsymbol{H}^{\mathrm{T}}\boldsymbol{W}^{-1}\boldsymbol{H}, \quad \boldsymbol{b} = \boldsymbol{H}^{\mathrm{T}}\boldsymbol{W}^{-1}\boldsymbol{e}(\boldsymbol{x}_{\mathrm{op}}) \tag{9.64}$$

因此最小化目标函数的扰动项 $\delta\boldsymbol{x}^\star$ 是如下方程的解：

$$\boldsymbol{A}\delta\boldsymbol{x}^\star = \boldsymbol{b} \tag{9.65}$$

首先求解 $\delta\boldsymbol{x}^\star$，然后根据下式更新变量：

$$\boldsymbol{T}_{\mathrm{op},k} \leftarrow \exp\left(\boldsymbol{\epsilon}_k^{\star\wedge}\right)\boldsymbol{T}_{\mathrm{op},k}, \quad \boldsymbol{p}_{\mathrm{op},j} \leftarrow \boldsymbol{p}_{\mathrm{op},j} + \boldsymbol{D}\boldsymbol{\zeta}_j^\star \tag{9.66}$$

并迭代直到收敛。正如 BA 一样，一旦收敛，我们将最后一次迭代后的 $\hat{\boldsymbol{T}}_{v_k i} = \boldsymbol{T}_{\mathrm{op},k}$ 和 $\hat{\boldsymbol{p}}_i^{p_j i} = \boldsymbol{p}_{\mathrm{op},j}$ 作为最后的位姿和路标点的估计。

9.2.3 利用稀疏性

引入运动的先验并不会破坏原始 BA问题的稀疏性。通过下式可以看出

$$\begin{aligned}\boldsymbol{A} = \begin{bmatrix} \boldsymbol{A}_{11} & \boldsymbol{A}_{12} \\ \boldsymbol{A}_{12}^{\mathrm{T}} & \boldsymbol{A}_{22} \end{bmatrix} &= \boldsymbol{H}^{\mathrm{T}}\boldsymbol{W}^{-1}\boldsymbol{H} \\ &= \begin{bmatrix} \boldsymbol{F}^{-\mathrm{T}}\boldsymbol{Q}^{-1}\boldsymbol{F}^{-1} + \boldsymbol{G}_1^{\mathrm{T}}\boldsymbol{R}^{-1}\boldsymbol{G}_1 & \boldsymbol{G}_1^{\mathrm{T}}\boldsymbol{R}^{-1}\boldsymbol{G}_2 \\ \boldsymbol{G}_2^{\mathrm{T}}\boldsymbol{R}^{-1}\boldsymbol{G}_1 & \boldsymbol{G}_2^{\mathrm{T}}\boldsymbol{R}^{-1}\boldsymbol{G}_2 \end{bmatrix}\end{aligned} \tag{9.67}$$

和 BA 问题相比，分块 $\boldsymbol{A}_{12}$ 和 $\boldsymbol{A}_{22}$ 完全没变，表明 $\boldsymbol{A}$ 仍然是一个箭头状的矩阵，其中 $\boldsymbol{A}_{22}$ 是对角块矩阵。接下来我们可以使用舒尔补方法或 Cholesky 方法利用稀疏性在每步迭代时求解扰动项。

然而此时分块矩阵 $\boldsymbol{A}_{11}$ 不同于 BA 问题时的情形：

$$\boldsymbol{A}_{11} = \underbrace{\boldsymbol{F}^{-\mathrm{T}}\boldsymbol{Q}^{-1}\boldsymbol{F}^{-1}}_{\text{先验}} + \underbrace{\boldsymbol{G}_1^{\mathrm{T}}\boldsymbol{R}^{-1}\boldsymbol{G}_1}_{\text{测量}} \tag{9.68}$$

我们之前已经看到（例如 8.2.5 节）它是三对角块矩阵。因此，如果位姿的数量相对路标点的个数比较多时，我们可以选择利用 $\boldsymbol{A}_{11}$ 的稀疏性而不是 $\boldsymbol{A}_{22}$ 的。这种情况下，$\boldsymbol{A}_{11}^{-1}$ 通常是稠密的，我们不需要去构造 $\boldsymbol{A}_{11}^{-1}$，所以更倾向于使用 Cholesky 方法。这里我们利用了主分块结构的稀疏性，除此之外，Kaess 等[92,93] 利用了其他的稀疏性来增量式地求解批量式 SLAM 问题。

9.2.4 例 子

图 9–4 展示了一个有三个路标点和三个自由位姿的 SLAM 问题。与图 9–3 中的 BA 问题相反，由于我们有关于 $\boldsymbol{T}_0$ 的先验信息，和外部参考系的关系 $\{\check{\boldsymbol{T}}_0, \check{\boldsymbol{P}}_0\}$（黑色部分、固定位姿），我们可

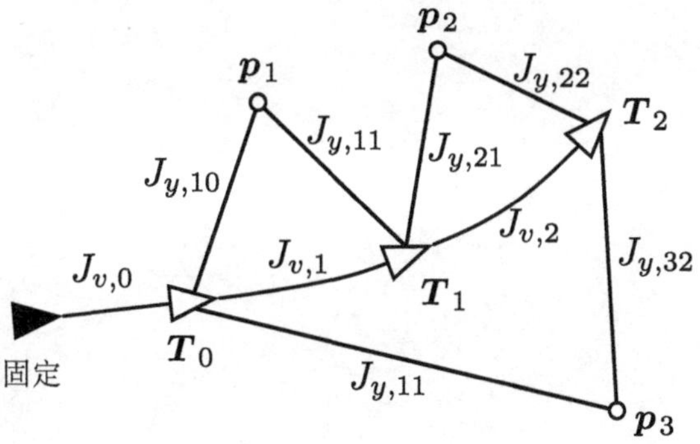

图 9–4　只有三个路标点（非共线）和三个自由位姿（1 和 2）的光束平差问题。我们有关于位姿 0 的先验信息，因此位姿 0 是不固定的。对于每个测量值和运动先验，在误差函数里都有一项，分别是 $J_{y,jk}$ 和 $J_{v,k}$

以估计 $\boldsymbol{T}_0$。图中展示了所有目标函数中的项[7]，每一个对应一个测量和输入，一共九项：

$$J = \underbrace{J_{v,0} + J_{v,1} + J_{v,2}}_{\text{先验项}} + \underbrace{J_{y,10} + J_{y,30} + J_{y,11} + J_{y,21} + J_{y,22} + J_{y,32}}_{\text{测量项}} \tag{9.69}$$

而且，由于现在有了运动的先验信息，$\boldsymbol{A}$ 始终是良态矩阵，即使在没有任何测量的时候，也能很好地估计轨迹。

[7] 有时这种图称为**因子图**（factor graph）。每个因子为状态变量的后验似然，同时对应目标函数中的一项，其误差的形式则正是状态后验的负对数。

第 10 章　连续时间的估计

本书最后一部分的所有的示例都是基于离散时间变量的，已经可以满足大多数的实际需求了。不过，接下来我们将使用第 3.4 和 4.4 节中的方法来处理状态量为 $SE(3)$ 的连续时间的状态估计问题。为此，我们将从特定的非线性随机微分方程开始，并构建一个使得轨迹光滑的运动先验模型[1]；然后介绍该运动先验在轨迹估计问题中的用处；最后我们将展示如何使用高斯过程插值方法，在时间上对位姿进行插值。

10.1　运动先验

首先，我们讨论如何在 $SE(3)$ 上表达一般的运动先验。我们将引入一个特殊的非线性随机微分方程，之后我们将进一步简化分析，使这个方程易于处理。

10.1.1　原问题

理想情况下，我们希望使用以下非线性随机微分方程来构建我们的运动先验[2]：

$$\dot{\boldsymbol{T}}(t) = \boldsymbol{\varpi}(t)^{\wedge} \boldsymbol{T}(t) \tag{10.1a}$$

$$\dot{\boldsymbol{\varpi}}(t) = \boldsymbol{w}(t) \tag{10.1b}$$

$$\boldsymbol{w}(t) \sim \mathcal{GP}(\mathbf{0}, \boldsymbol{Q}\delta(t-t')) \tag{10.1c}$$

为了用这些方程去构建运动先验，我们需要在一些感兴趣的时刻 $t_0, t_1, \cdots, t_K$，估计位姿 $\boldsymbol{T}(t)$ 和质心处的广义速度 $\boldsymbol{\varpi}(t)$。本来在没有噪声的情况下，质心处的广义速度是恒定的。但是，在这个过程中，白噪声 $\boldsymbol{w}(t)$ 会通过广义角加速度进入整个系统。又由于模型本身是非线性的，而且它的状态量形式为 $\{\boldsymbol{T}(t), \boldsymbol{\varpi}(t)\} \in SE(3) \times \mathbb{R}^3$，使得在连续时间的情况下直接使用此模型变得特别复杂。更糟糕的是，4.4 章介绍的非线性处理方法无法直接在这种情况下使用。

---

1 参考文献 [29] 了解处理连续时间变量的方法。

2 这是我们先前两章用于构建离散运动先验的近似模型。

$SE(3)$ 上的高斯过程

受李群上处理高斯随机变量的启发，我们定义位姿的高斯过程。该高斯过程的均值函数定义在 $SE(3)\times\mathbb{R}^3$ 上，协方差函数定义在 $\mathfrak{se}(3)\times\mathbb{R}^3$ 上：

$$\text{均值函数}:\left\{\check{\boldsymbol{T}}(t),\check{\boldsymbol{\varpi}}\right\} \tag{10.2a}$$

$$\text{协方差函数}:\check{\boldsymbol{P}}(t,t') \tag{10.2b}$$

$$\text{整合后}:\boldsymbol{T}(t)=\exp\left(\boldsymbol{\xi}(t)^{\wedge}\right)\check{\boldsymbol{T}}(t) \tag{10.2c}$$

$$\boldsymbol{\varpi}(t)=\check{\boldsymbol{\varpi}}+\boldsymbol{\eta}(t) \tag{10.2d}$$

$$\underbrace{\begin{bmatrix}\boldsymbol{\xi}(t)\\ \boldsymbol{\eta}(t)\end{bmatrix}}_{\boldsymbol{\gamma}(t)}\sim\mathcal{GP}\left(\mathbf{0},\check{\boldsymbol{P}}(t,t')\right) \tag{10.2e}$$

虽然我们可以尝试着直接指定协方差函数，但更好的做法是通过一个随机微分方程去定义它。幸运的是，我们能够用 7.2.4 章的式（7.253）将上面的随机微分方程（SDE）分解为标称（平均）项和扰动（噪声）项：

$$\text{标称（平均）}:\quad\dot{\check{\boldsymbol{T}}}(t)=\check{\boldsymbol{\varpi}}^{\wedge}\check{\boldsymbol{T}}(t) \tag{10.3a}$$

$$\dot{\check{\boldsymbol{\varpi}}}=\mathbf{0} \tag{10.3b}$$

$$\text{扰动（方差）}:\quad\underbrace{\begin{bmatrix}\dot{\boldsymbol{\xi}}(t)\\ \dot{\boldsymbol{\eta}}(t)\end{bmatrix}}_{\dot{\boldsymbol{\gamma}}(t)}=\underbrace{\begin{bmatrix}\check{\boldsymbol{\varpi}}^{\curlywedge} & \mathbf{1}\\ \mathbf{0} & \mathbf{0}\end{bmatrix}}_{\boldsymbol{A}}\underbrace{\begin{bmatrix}\boldsymbol{\xi}(t)\\ \boldsymbol{\eta}(t)\end{bmatrix}}_{\boldsymbol{\gamma}(t)}+\underbrace{\begin{bmatrix}\mathbf{0}\\ \mathbf{1}\end{bmatrix}}_{\boldsymbol{L}}\boldsymbol{w}(t) \tag{10.3c}$$

$$\boldsymbol{w}(t)\sim\mathcal{GP}\left(\mathbf{0},\boldsymbol{Q}\delta(t-t')\right) \tag{10.3d}$$

可以发现，定义均值函数的（确定性）微分方程是非线性的，它可以通过积分的方式得到闭式解：

$$\check{\boldsymbol{T}}(t)=\exp\left((t-t_0)\check{\boldsymbol{\varpi}}^{\wedge}\right)\check{\boldsymbol{T}}_0 \tag{10.4}$$

同理，协方差函数也是由随机微分方程给出的，但是它是线性时不变[3] 的微分方程，因此我们可以用 3.4 章 3.4.3 节中提到的方法来构建出运动先验。值得说明的是，这个新的微分方程组仅仅是本节开始时提到的理想方程组的一个近似，这个近似在 $\boldsymbol{\xi}(t)$ 比较小的时候是特别精确的。另外，Anderson 和 Barfoot 提出了一种采用局部变量对非线性随机微分方程进行近似的方法[94]。

转移函数

当 $\check{\boldsymbol{\varpi}}$ 为常数时，扰动系统的转移函数为：

$$\boldsymbol{\Phi}(t,s)=\begin{bmatrix}\exp\left((t-s)\check{\boldsymbol{\varpi}}^{\curlywedge}\right) & (t-s)\boldsymbol{\mathcal{J}}\left((t-s)\check{\boldsymbol{\varpi}}\right)\\ \mathbf{0} & \mathbf{1}\end{bmatrix} \tag{10.5}$$

[3] 在这种假设下，我们的速度先验是时不变的。然而我们也可以使用其他的时变函数 $\check{\boldsymbol{\varpi}}(t)$ 去构建模型，但是使用这样的函数，计算代价会非常高。实际上一个比较直接的做法是，将其设置为一个分段常值函数。

我们可以通过转移函数的特性 $\boldsymbol{\Phi}(t,t)=\mathbf{1}$，$\dot{\boldsymbol{\Phi}}(t,s)=\boldsymbol{A}\boldsymbol{\Phi}(t,s)$ 来验证这个结果的正确性。另外也可以通过直接求解线性时不变（LTI）系统得到下式：

$$
\begin{aligned}
\boldsymbol{\Phi}(t,s) &= \exp\left(\boldsymbol{A}(t-s)\right) \\
&= \sum_{n=0}^{\infty}\frac{(t-s)^n}{n!}\boldsymbol{A}^n \\
&= \sum_{n=0}^{\infty}\frac{(t-s)^n}{n!}\left(\begin{bmatrix} \check{\boldsymbol{\varpi}}^{\curlywedge} & \mathbf{1} \\ \mathbf{0} & \mathbf{0} \end{bmatrix}\right)^n \\
&= \begin{bmatrix} \sum_{n=0}^{\infty}\frac{(t-s)^n}{n!}\left(\check{\boldsymbol{\varpi}}^{\curlywedge}\right)^n & (t-s)\sum_{n=0}^{\infty}\frac{(t-s)^n}{(n+1)!}\left(\check{\boldsymbol{\varpi}}^{\curlywedge}\right)^n \\ \mathbf{0} & \mathbf{0} \end{bmatrix} \\
&= \begin{bmatrix} \exp\left((t-s)\check{\boldsymbol{\varpi}}^{\curlywedge}\right) & (t-s)\boldsymbol{\mathcal{J}}\left((t-s)\check{\boldsymbol{\varpi}}\right) \\ \mathbf{0} & \mathbf{1} \end{bmatrix}
\end{aligned}
\tag{10.6}
$$

值得注意的是，当 $\boldsymbol{A}$ 不是幂零阵[4]时，我们很难能得到类似式（10.5）这样的如此简洁的转移函数。

误差项

得到转移函数后，我们可以通过最大后验概率估计来定义误差项。初始时刻的误差定义为：

$$
\boldsymbol{e}_{v,0}(\boldsymbol{x}) = -\boldsymbol{\gamma}(t_0) = -\begin{bmatrix} \ln\left(\boldsymbol{T}_0\check{\boldsymbol{T}}_0^{-1}\right)^{\vee} \\ \boldsymbol{\varpi}_0 - \check{\boldsymbol{\varpi}} \end{bmatrix} \tag{10.7}
$$

其中，$\check{\boldsymbol{P}}_0$ 表示初始不确定度。而对于之后的时刻，$k=1,\cdots,K$，我们定义误差项为：

$$
\boldsymbol{e}_{v,k}(\boldsymbol{x}) = \boldsymbol{\Phi}(t_k,t_{k-1})\boldsymbol{\gamma}(t_{k-1}) - \boldsymbol{\gamma}(t_k) \tag{10.8}
$$

对此，需要进行一些简单的说明。首先我们定义的误差在集合 $\mathfrak{se}(3)\times\mathbb{R}^3$ 上，这个想法源于协方差函数也位于该集合上。注意到 $\boldsymbol{\gamma}(t)$ 的期望函数定义为零，这使得误差项定义极其简单。于是我们把式（10.8）展开写为：

$$
\boldsymbol{e}_{v,k}(\boldsymbol{x}) = \boldsymbol{\Phi}(t_k,t_{k-1})\begin{bmatrix} \ln\left(\boldsymbol{T}_{k-1}\check{\boldsymbol{T}}_{k-1}^{-1}\right)^{\vee} \\ \boldsymbol{\varpi}_{k-1} - \check{\boldsymbol{\varpi}} \end{bmatrix} - \begin{bmatrix} \ln\left(\boldsymbol{T}_k\check{\boldsymbol{T}}_k^{-1}\right)^{\vee} \\ \boldsymbol{\varpi}_k - \check{\boldsymbol{\varpi}} \end{bmatrix} \tag{10.9}
$$

在这个误差项中，$\boldsymbol{T}_k, \boldsymbol{\varpi}_k, \boldsymbol{T}_{k-1}$ 和 $\boldsymbol{\varpi}_{k-1}$ 是需要估计的量。我们定义之后时刻的协方差，通过协方差传递公式，如下：

$$
\boldsymbol{Q}_k = \int_{t_{k-1}}^{t_k}\boldsymbol{\Phi}(t_k,s)\boldsymbol{L}\boldsymbol{Q}\boldsymbol{L}^{\mathrm{T}}\boldsymbol{\Phi}(t_k,s)^{\mathrm{T}}\,\mathrm{d}s \tag{10.10}
$$

这个方程在 3.4.3 章节中有比较详尽的讲解。同样地，我们使用定义在 $\mathfrak{se}(3)\times\mathbb{R}^3$ 的随机微分方程去计算协方差。尽管我们的转移函数是闭式的，但是这个积分最好还是通过数值积分或者简化法（将在下一节提到）来计算。最后我们将所有的误差项放在一起组成的目标函数作为运动先验（不含任何观测项）：

$$
J_v(\boldsymbol{x}) = \frac{1}{2}\boldsymbol{e}_{v,0}(\boldsymbol{x})^{\mathrm{T}}\check{\boldsymbol{P}}_0^{-1}\boldsymbol{e}_{v,0}(\boldsymbol{x}) + \frac{1}{2}\sum_{k=1}^{K}\boldsymbol{e}_{v,k}(\boldsymbol{x})^{\mathrm{T}}\boldsymbol{Q}_k^{-1}\boldsymbol{e}_{v,k}(\boldsymbol{x}) \tag{10.11}
$$

---

[4] 若矩阵 $\boldsymbol{A}$ 是幂零阵，则 $\exists n\in N$，使得 $\boldsymbol{A}^n=\mathbf{0}$。——译者注

误差项的线性化

为了线性化上一小节提到的误差项，我们在 $SE(3)$ 上加入了位姿扰动项，在 $\mathbb{R}^6$ 上加入了速度扰动，如下：

$$\boldsymbol{T}_k = \exp\left(\boldsymbol{\epsilon}_k^{\wedge}\right)\boldsymbol{T}_{\text{op},k} \tag{10.12a}$$

$$\boldsymbol{\varpi}_k = \boldsymbol{\varpi}_{\text{op},k} + \boldsymbol{\psi}_k \tag{10.12b}$$

其中 $\{\boldsymbol{T}_{\text{op},k}, \boldsymbol{\varpi}_{\text{op},k}\}$ 为工作点，$(\boldsymbol{\epsilon}_k, \boldsymbol{\psi}_k)$ 是扰动量。用先前提到的位姿扰动方法对位姿进行处理，我们有：

$$\begin{aligned}\boldsymbol{\xi}_k &= \ln\left(\boldsymbol{T}_k\check{\boldsymbol{T}}_k^{-1}\right)^{\vee} = \ln\left(\exp\left(\boldsymbol{\epsilon}^{\wedge}\right)\boldsymbol{T}_{\text{op},k}\check{\boldsymbol{T}}_k^{-1}\right)^{\vee} \\ &= \ln\left(\exp\left(\boldsymbol{\epsilon}^{\wedge}\right)\exp\left(\boldsymbol{\xi}_{\text{op},k}^{\wedge}\right)\right)^{\vee} \approx \boldsymbol{\xi}_{\text{op},k} + \boldsymbol{\epsilon}_k\end{aligned} \tag{10.13}$$

其中 $\boldsymbol{\xi}_{\text{op},k} = \ln\left(\boldsymbol{T}_{\text{op},k}\check{\boldsymbol{T}}_k^{-1}\right)^{\vee}$。在这个近似过程中，我们用了 BCH 公式的近似版本，这个近似只有当 $\boldsymbol{\xi}_{\text{op},k}$ 和 $\boldsymbol{\epsilon}_k$ 都比较小时才生效。当然这个近似也是合理的，因为我们的算法最终可以收敛，所以 $\boldsymbol{\epsilon}_k \to \boldsymbol{0}$。与此同时，如果运动估计有一个很低的不确定度，$\boldsymbol{\xi}_{\text{op},k}$ 也将是一个相当小的量。实际上在这之前，我们已经把 $\boldsymbol{\xi}_{\text{op},k}$ 和 $\boldsymbol{\epsilon}_k$ 都比较小这个假设用于将原始的随机微分方程分成标称项和扰动项的过程中了。最后，我们将线性化结果代入线性化误差项可得：

$$\boldsymbol{e}_{v,k}(\boldsymbol{x}) \approx \begin{cases} \boldsymbol{e}_{v,0}\left(\boldsymbol{x}_{\text{op}}\right) - \boldsymbol{\theta}_0 & k = 0 \\ \boldsymbol{e}_{v,k}\left(\boldsymbol{x}_{\text{op}}\right) + \boldsymbol{F}_{k-1}\boldsymbol{\theta}_{k-1} - \boldsymbol{\theta}_k & k = 1, \cdots, K \end{cases} \tag{10.14}$$

其中

$$\boldsymbol{\theta}_k = \begin{bmatrix} \boldsymbol{\epsilon}_k \\ \boldsymbol{\psi}_k \end{bmatrix} \tag{10.15}$$

是位姿和广义速度在 k 时刻的扰动向量，与此同时：

$$\boldsymbol{F}_{k-1} = \boldsymbol{\Phi}\left(t_k, t_{k-1}\right) \tag{10.16}$$

定义：

$$\begin{gathered}\delta\boldsymbol{x}_1 = \begin{bmatrix} \boldsymbol{\theta}_0 \\ \boldsymbol{\theta}_1 \\ \vdots \\ \boldsymbol{\theta}_K \end{bmatrix}, \quad \boldsymbol{e}_v\left(\boldsymbol{x}_{\text{op}}\right) = \begin{bmatrix} \boldsymbol{e}_{v,0}\left(\boldsymbol{x}_{\text{op}}\right) \\ \boldsymbol{e}_{v,1}\left(\boldsymbol{x}_{\text{op}}\right) \\ \vdots \\ \boldsymbol{e}_{v,K}\left(\boldsymbol{x}_{\text{op}}\right) \end{bmatrix} \\ \boldsymbol{F}^{-1} = \begin{bmatrix} \boldsymbol{1} & & & & \\ -\boldsymbol{F}_0 & \boldsymbol{1} & & & \\ & -\boldsymbol{F}_1 & \ddots & & \\ & & \ddots & \boldsymbol{1} & \\ & & & -\boldsymbol{F}_{K-1} & \boldsymbol{1} \end{bmatrix} \\ \boldsymbol{Q} = \operatorname{diag}\left(\check{\boldsymbol{P}}_0, \boldsymbol{Q}_1, \cdots, \boldsymbol{Q}_K\right)\end{gathered} \tag{10.17}$$

最终，我们可以得到运动先验部分的损失函数为：

$$J_v(\boldsymbol{x}) \approx \frac{1}{2}\left(\boldsymbol{e}_v(\boldsymbol{x}_{\text{op}}) - \boldsymbol{F}^{-1}\delta\boldsymbol{x}_1\right)^{\mathrm{T}} \boldsymbol{Q}^{-1}\left(\boldsymbol{e}_v(\boldsymbol{x}_{\text{op}}) - \boldsymbol{F}^{-1}\delta\boldsymbol{x}_1\right) \tag{10.18}$$

它是扰动项 $\delta\boldsymbol{x}_1$ 的二次函数。

10.1.2　对问题的简化

通常我们可以通过数值方法来计算 $\boldsymbol{Q}$ 矩阵。但是，当（在运动先验的期望）没有旋转的时候，我们能够很容易地算出它的闭式解。为了达到这个目的，我们定义（常值）广义速度：

$$\check{\boldsymbol{\varpi}} = \begin{bmatrix} \check{\boldsymbol{\nu}} \\ \mathbf{0} \end{bmatrix} \tag{10.19}$$

这样均值函数将会是一个常值线性速度（无旋转）$\check{\boldsymbol{\nu}}$。接着，我们有如下表达式：

$$\check{\boldsymbol{\varpi}}^{\curlywedge}\check{\boldsymbol{\varpi}}^{\curlywedge} = \begin{bmatrix} \mathbf{0} & \check{\boldsymbol{\nu}}^{\wedge} \\ \mathbf{0} & \mathbf{0} \end{bmatrix}\begin{bmatrix} \mathbf{0} & \check{\boldsymbol{\nu}}^{\wedge} \\ \mathbf{0} & \mathbf{0} \end{bmatrix} = \mathbf{0} \tag{10.20}$$

因此我们不带任何假设可以得到[5]：

$$\exp\left((t-s)\check{\boldsymbol{\varpi}}^{\curlywedge}\right) = \mathbf{1} + (t-s)\check{\boldsymbol{\varpi}}^{\curlywedge} \tag{10.21a}$$

$$\boldsymbol{\mathcal{J}}\left((t-s)\check{\boldsymbol{\varpi}}\right) = \mathbf{1} + \frac{1}{2}(t-s)\check{\boldsymbol{\varpi}}^{\curlywedge} \tag{10.21b}$$

因此转移函数为：

$$\boldsymbol{\Phi}(t,s) = \begin{bmatrix} \mathbf{1} + (t-s)\check{\boldsymbol{\varpi}}^{\curlywedge} & (t-s)\mathbf{1} + \frac{1}{2}(t-s)^2\check{\boldsymbol{\varpi}}^{\curlywedge} \\ \mathbf{0} & \mathbf{1} \end{bmatrix} \tag{10.22}$$

现在我们能回过头来计算 $\boldsymbol{Q}_k$：

$$\boldsymbol{Q}_k = \int_{t_{k-1}}^{t_k} \boldsymbol{\Phi}(t_k, s)\boldsymbol{L}\boldsymbol{Q}\boldsymbol{L}^{\mathrm{T}}\boldsymbol{\Phi}(t_k, s)^{\mathrm{T}}\,\mathrm{d}s \tag{10.23}$$

计算上面的积分，我们把 $\boldsymbol{Q}_k$ 分成 4 个部分：

$$\boldsymbol{Q}_k = \begin{bmatrix} \boldsymbol{Q}_{k,11} & \boldsymbol{Q}_{k,12} \\ \boldsymbol{Q}_{k,12}^{\mathrm{T}} & \boldsymbol{Q}_{k,22} \end{bmatrix} \tag{10.24a}$$

$$\begin{aligned}\boldsymbol{Q}_{k,11} = \int_0^{\Delta t_{k:k-1}} \Big(&(\Delta t_{k:k-1} - s)^2 \boldsymbol{Q} + \frac{1}{2}(\Delta t_{k:k-1} - s)^3 \\ &\times \left(\check{\boldsymbol{\varpi}}^{\curlywedge}\boldsymbol{Q} + \boldsymbol{Q}\check{\boldsymbol{\varpi}}^{\curlywedge^{\mathrm{T}}}\right) + \frac{1}{4}(\Delta t_{k:k-1} - s)^4 \check{\boldsymbol{\varpi}}^{\curlywedge}\boldsymbol{Q}\check{\boldsymbol{\varpi}}^{\curlywedge^{\mathrm{T}}}\Big)\mathrm{d}s\end{aligned} \tag{10.24b}$$

$$\boldsymbol{Q}_{k,12} = \int_0^{\Delta t_{k:k-1}} \left((\Delta t_{k:k-1} - s)\boldsymbol{Q} + \frac{1}{2}(\Delta t_{k:k-1} - s)^2 \check{\boldsymbol{\varpi}}^{\curlywedge}\boldsymbol{Q}\right)\mathrm{d}s \tag{10.24c}$$

$$\boldsymbol{Q}_{k,22} = \int_0^{\Delta t_{k:k-1}} \boldsymbol{Q}\mathrm{d}s \tag{10.24d}$$

$$\Delta t_{k:k-1} = t_k - t_{k-1} \tag{10.24e}$$

[5] 高次项都为 $\mathbf{0}$。——译者注

展开（简单多项式的）积分我们能得到：

$$\begin{aligned}\boldsymbol{Q}_{k,11} &= \frac{1}{3}\Delta t_{k:k-1}^{3}\boldsymbol{Q} + \frac{1}{8}\Delta t_{k:k-1}^{4}\left(\check{\boldsymbol{\varpi}}^{\curlywedge}\boldsymbol{Q} + \boldsymbol{Q}\check{\boldsymbol{\varpi}}^{\curlywedge^{\mathrm{T}}}\right) \\ &\quad + \frac{1}{20}\Delta t_{k:k-1}^{5}\check{\boldsymbol{\varpi}}^{\curlywedge}\boldsymbol{Q}\check{\boldsymbol{\varpi}}^{\curlywedge^{\mathrm{T}}} \qquad (10.25\text{a})\\ \boldsymbol{Q}_{k,12} &= \frac{1}{2}\Delta t_{k:k-1}^{2}\boldsymbol{Q} + \frac{1}{6}\Delta t_{k:k-1}^{3}\check{\boldsymbol{\varpi}}^{\curlywedge}\boldsymbol{Q} \qquad (10.25\text{b})\\ \boldsymbol{Q}_{k,22} &= \Delta t_{k:k-1}\boldsymbol{Q} \qquad (10.25\text{c})\end{aligned}$$

通过这些表达式和已知的数据 $\check{\boldsymbol{\varpi}}$，$\boldsymbol{Q}$ 以及 $\Delta t_{k:k-1}$，可以计算出矩阵 $\boldsymbol{Q}_k$。

10.2 同时轨迹估计与地图构建

通过前面部分介绍的运动先验，我们可以构建**同时轨迹估计与地图构建**（simultaneous trajectory estimation and mapping, STEAM）问题。STEAM 是 SLAM 问题的一个变种，在 SLAM 问题中，我们仅仅能够求得估计时刻的状态；而在 STEAM 问题中，我们可以从连续时间轨迹中查询任何时刻的状态。在本节中，我们首先讨论如何计算观测时刻的状态，之后讨论如何使用高斯过程进行插值，去查询其他时刻的状态量（包括协方差矩阵）。

10.2.1 问题建模

我们对连续时间运动先验的处理实际上是对 9.2.2 小节中离散时间状态方法的变形。这里需要估计的状态量为：

$$\boldsymbol{x} = \{\boldsymbol{T}_0, \boldsymbol{\varpi}_0, \cdots, \boldsymbol{T}_K, \boldsymbol{\varpi}_K, \boldsymbol{p}_1, \cdots, \boldsymbol{p}_M\} \qquad (10.26)$$

其中包含了位姿、广义速度、路标点的位置三种信息。时刻 $t_0, t_1, \cdots, t_K$ 表示测量时刻，对应的观测值为：

$$\boldsymbol{y} = \{\boldsymbol{y}_{10}, \cdots, \boldsymbol{y}_{M0}, \cdots, \boldsymbol{y}_{1K}, \cdots, \boldsymbol{y}_{MK}\} \qquad (10.27)$$

这里观测值的定义与离散时间 SLAM 问题中的相同。

10.2.2 观测模型

我们使用和离散时间 SLAM 问题中相同的观测模型，不过需要修改其中的一些矩阵块，因为现在的估计量中包含了广义速度 $\boldsymbol{\varpi}_k$，但是实际上这个量在观测模型的误差项中其实并不需要。首先，我们使用扰动机制对路标的位置进行处理：

$$\boldsymbol{p}_j = \boldsymbol{p}_{\mathrm{op},j} + \boldsymbol{D}\boldsymbol{\zeta}_j \qquad (10.28)$$

其中 $\boldsymbol{p}_{\mathrm{op},j}$ 表示工作点，$\boldsymbol{\zeta}_j$ 表示扰动量。

为了建立与观测方程相关联的目标函数，我们定义如下矩阵：

$$\delta \boldsymbol{x}_2 = \begin{bmatrix} \boldsymbol{\zeta}_1 \\ \boldsymbol{\zeta}_2 \\ \vdots \\ \boldsymbol{\zeta}_M \end{bmatrix}, \quad \boldsymbol{e}_y\left(\boldsymbol{x}_{\text{op}}\right) = \begin{bmatrix} \boldsymbol{e}_{y,10}\left(\boldsymbol{x}_{\text{op}}\right) \\ \boldsymbol{e}_{y,20}\left(\boldsymbol{x}_{\text{op}}\right) \\ \vdots \\ \boldsymbol{e}_{y,MK}\left(\boldsymbol{x}_{\text{op}}\right) \end{bmatrix}$$
$$\boldsymbol{R} = \operatorname{diag}\left(\boldsymbol{R}_{10}, \boldsymbol{R}_{20}, \cdots, \boldsymbol{R}_{MK}\right) \tag{10.29}$$

同时定义矩阵：

$$\boldsymbol{G}_1 = \begin{bmatrix} \boldsymbol{G}_{1,10} & & & \\ \vdots & & & \\ \boldsymbol{G}_{1,M0} & & & \\ & \boldsymbol{G}_{1,11} & & \\ & \vdots & & \\ & \boldsymbol{G}_{1,M1} & & \\ & & \ddots & \\ & & \ddots & \\ & & & \boldsymbol{G}_{1,1K} \\ & & & \vdots \\ & & & \boldsymbol{G}_{1,MK} \end{bmatrix}, \quad \boldsymbol{G}_2 = \begin{bmatrix} \boldsymbol{G}_{2,10} & & \\ & \ddots & \\ & & \boldsymbol{G}_{2,M0} \\ \boldsymbol{G}_{2,11} & & \\ & \ddots & \\ & & \boldsymbol{G}_{2,M1} \\ & & \vdots \\ & & \vdots \\ \boldsymbol{G}_{2,1K} & & \\ & \ddots & \\ & & \boldsymbol{G}_{2,MK} \end{bmatrix} \tag{10.30}$$

对于每个矩阵块：

$$\boldsymbol{G}_{1,jk} = \left[\boldsymbol{S}_{jk}\left(\boldsymbol{T}_{\text{op},k}\boldsymbol{p}_{\text{op},j}\right)^{\odot} \quad \mathbf{0}\right], \quad \boldsymbol{G}_{2,jk} = \boldsymbol{S}_{jk}\boldsymbol{T}_{\text{op},k}\boldsymbol{D}$$
$$\boldsymbol{e}_{y,jk}\left(\boldsymbol{x}_{\text{op}}\right) = \boldsymbol{y}_{jk} - \boldsymbol{s}\left(\boldsymbol{T}_{\text{op},k}\boldsymbol{p}_{\text{op},j}\right)$$

可以发现，与之前的 SLAM 问题相比，唯一区别在于矩阵 $\boldsymbol{G}_{1,jk}$ 中填充了很多 $\mathbf{0}$，实际上这是为了和含有广义速度 $\boldsymbol{\varpi}_k$ 的扰动量 $\boldsymbol{\psi}_k$ 在矩阵维度上保持一致，而那些状态量（广义速度）实际上并没有和观测方程建立直接的联系，因此算出来的导数其实就等于 $\mathbf{0}$。最终，关联了观测方程的目标函数可以近似为：

$$J_y(\boldsymbol{x}) \approx \frac{1}{2}\left(\boldsymbol{e}_y\left(\boldsymbol{x}_{\text{op}}\right) - \boldsymbol{G}_1\delta\boldsymbol{x}_1 - \boldsymbol{G}_2\delta\boldsymbol{x}_2\right)^{\mathrm{T}}\boldsymbol{R}^{-1} \times \left(\boldsymbol{e}_y\left(\boldsymbol{x}_{\text{op}}\right) - \boldsymbol{G}_1\delta\boldsymbol{x}_1 - \boldsymbol{G}_2\delta\boldsymbol{x}_2\right) \tag{10.31}$$

这仍是一个关于扰动变量 $\delta\boldsymbol{x}_1$ 和 $\delta\boldsymbol{x}_2$ 的二次函数。

10.2.3 批量式最大后验解

当运动先验和观测方程已知时，我们可以写出全最大后验概率的目标函数：

$$J(\boldsymbol{x}) = J_v(\boldsymbol{x}) + J_y(\boldsymbol{x}) \approx J\left(\boldsymbol{x}_{\text{op}}\right) - \boldsymbol{b}^{\mathrm{T}}\delta\boldsymbol{x} + \delta\boldsymbol{x}^{\mathrm{T}}\boldsymbol{A}\delta\boldsymbol{x} \tag{10.32}$$

其中

$$\boldsymbol{A}=\boldsymbol{H}^{\mathrm{T}}\boldsymbol{W}^{-1}\boldsymbol{H}, \quad \boldsymbol{b}=\boldsymbol{H}^{\mathrm{T}}\boldsymbol{W}^{-1}\boldsymbol{e}\left(\boldsymbol{x}_{\mathrm{op}}\right) \tag{10.33}$$

以及

$$\begin{gathered}\delta\boldsymbol{x}=\left[\begin{array}{c}\delta\boldsymbol{x}_1\\ \delta\boldsymbol{x}_2\end{array}\right], \quad \boldsymbol{H}=\left[\begin{array}{cc}\boldsymbol{F}^{-1} & \mathbf{0}\\ \boldsymbol{G}_1 & \boldsymbol{G}_2\end{array}\right], \quad \boldsymbol{W}=\left[\begin{array}{cc}\boldsymbol{Q} & \mathbf{0}\\ \mathbf{0} & \boldsymbol{R}\end{array}\right]\\ \boldsymbol{e}\left(\boldsymbol{x}_{\mathrm{op}}\right)=\left[\begin{array}{c}\boldsymbol{e}_v\left(\boldsymbol{x}_{\mathrm{op}}\right)\\ \boldsymbol{e}_y\left(\boldsymbol{x}_{\mathrm{op}}\right)\end{array}\right]\end{gathered} \tag{10.34}$$

那么最小化扰动变量 $\delta\boldsymbol{x}^{\star}$ 可以通过下面的式子求解：

$$\boldsymbol{A}\delta\boldsymbol{x}^{\star}=\boldsymbol{b} \tag{10.35}$$

当我们求解出 $\delta\boldsymbol{x}^{\star}$ 之后，通过下面 3 组方程，将其用于更新状态量：

$$\boldsymbol{T}_{\mathrm{op},k}\leftarrow\exp\left(\boldsymbol{\epsilon}_k^{\star\wedge}\right)\boldsymbol{T}_{\mathrm{op},k} \tag{10.36a}$$

$$\boldsymbol{\varpi}_{\mathrm{op},k}\leftarrow\boldsymbol{\varpi}_{\mathrm{op},k}+\boldsymbol{\psi}_k^{\star} \tag{10.36b}$$

$$\boldsymbol{p}_{\mathrm{op},j}\leftarrow\boldsymbol{p}_{\mathrm{op},j}+\boldsymbol{D}\boldsymbol{\zeta}_j^{\star} \tag{10.36c}$$

并迭代直到收敛为止。和之前的 SLAM 问题类似，一旦迭代收敛，我们把最后一次迭代得到的值作为最终的估计量，包括位姿 $\hat{\boldsymbol{T}}_{v_k i}=\boldsymbol{T}_{\mathrm{op},k}$，广义速度 $\hat{\boldsymbol{\varpi}}_{v_k}^{v_k i}=\boldsymbol{\varpi}_{\mathrm{op},k}$，以及路标位置 $\hat{\boldsymbol{p}}_i^{p_j i}=\boldsymbol{p}_{\mathrm{op},j}$。

10.2.4 稀疏性分析

引入连续时间运动先验，其实并不会影响离散时间SLAM 问题的稀疏性。我们可以通过下面这个恒等式说明这件事：

$$\begin{aligned}\boldsymbol{A}&=\left[\begin{array}{cc}\boldsymbol{A}_{11} & \boldsymbol{A}_{12}\\ \boldsymbol{A}_{12}^{\mathrm{T}} & \boldsymbol{A}_{22}\end{array}\right]=\boldsymbol{H}^{\mathrm{T}}\boldsymbol{W}^{-1}\boldsymbol{H}\\ &=\left[\begin{array}{cc}\boldsymbol{F}^{-\mathrm{T}}\boldsymbol{Q}^{-1}\boldsymbol{F}^{-1}+\boldsymbol{G}_1^{\mathrm{T}}\boldsymbol{R}^{-1}\boldsymbol{G}_1 & \boldsymbol{G}_1^{\mathrm{T}}\boldsymbol{R}^{-1}\boldsymbol{G}_2\\ \boldsymbol{G}_2^{\mathrm{T}}\boldsymbol{R}^{-1}\boldsymbol{G}_1 & \boldsymbol{G}_2^{\mathrm{T}}\boldsymbol{R}^{-1}\boldsymbol{G}_2\end{array}\right]\end{aligned} \tag{10.37}$$

相比较于之前的 SLAM 问题，矩阵 $\boldsymbol{A}_{12}$ 和 $\boldsymbol{A}_{22}$ 是不变的，由于 $\boldsymbol{A}_{22}$ 是对角块矩阵，$\boldsymbol{A}$ 仍然是一个箭头形状的矩阵。我们可以利用这个稀疏性，通过舒尔补或者 Cholesky 分解高效地求解扰动量。

虽然矩阵 $\boldsymbol{A}_{11}$ 看起来和离散时间 SLAM 问题中的非常相似：

$$\boldsymbol{A}_{11}=\underbrace{\boldsymbol{F}^{-\mathrm{T}}\boldsymbol{Q}^{-1}\boldsymbol{F}^{-1}}_{\text{先验项}}+\underbrace{\boldsymbol{G}_1^{\mathrm{T}}\boldsymbol{R}^{-1}\boldsymbol{G}_1}_{\text{测量项}} \tag{10.38}$$

但注意到，由于状态量中含有位姿和广义速度，$\boldsymbol{G}_1$ 是稍微有些不同的。尽管如此，$\boldsymbol{A}_{11}$ 仍然是三对角块矩阵。因此，当我们位姿数量多于路标数量时，我们需要利用 $\boldsymbol{A}_{11}$ 而不是 $\boldsymbol{A}_{22}$ 的稀疏性，在这种情况下，Cholesky 分解比舒尔补更好，因为我们不用计算这个稠密的 $\boldsymbol{A}^{-1}$ 矩阵。Yan 等人[95] 解释了如何在增量式的算法[92,93] 中使用稀疏高斯过程。

10.2.5 插 值

当我们求解出观测时刻的状态后，我们可以使用高斯过程插值去查询任一时刻或者多个时刻的状态量。图 10–1 描述了该情形，我们的目标是插值得到查询时刻 τ 的后验位姿（和广义速度）。

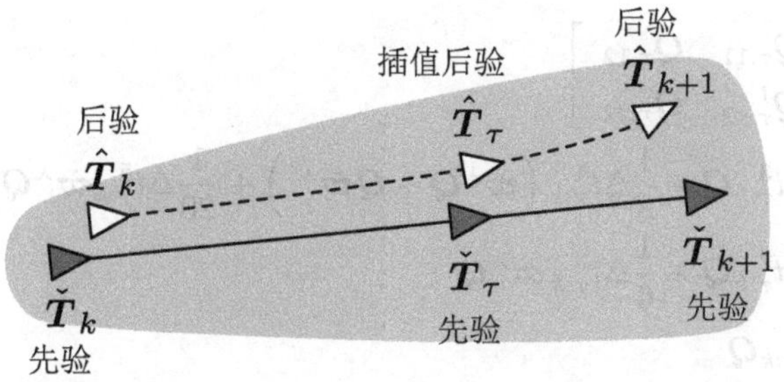

图 10–1　通过连续时间估计的框架，我们可以对两个测量时刻估计的状态进行插值，从而得到插值的期望和方差

由于我们已经深入研究了马尔科夫性质的随机微分方程，其中定义了先验 $\{\boldsymbol{T}_k, \boldsymbol{\varpi}_k\}$，因此我们知道，为了在 τ 时刻进行插值，我们需要考虑该时刻两端的观测时刻的状态。不失一般性，我们假设

$$t_k \leqslant \tau < t_{k+1} \tag{10.39}$$

这 3 个时刻 τ, t_k 和 t_{k+1} 的先验和后验的差为：

$$\boldsymbol{\gamma}_\tau = \begin{bmatrix} \ln\left(\hat{\boldsymbol{T}}_\tau \check{\boldsymbol{T}}_\tau^{-1}\right)^\vee \\ \hat{\boldsymbol{\varpi}}_\tau - \check{\boldsymbol{\varpi}} \end{bmatrix}, \quad \boldsymbol{\gamma}_k = \begin{bmatrix} \ln\left(\hat{\boldsymbol{T}}_k \check{\boldsymbol{T}}_k^{-1}\right)^\vee \\ \hat{\boldsymbol{\varpi}}_k - \check{\boldsymbol{\varpi}} \end{bmatrix}$$
$$\boldsymbol{\gamma}_{k+1} = \begin{bmatrix} \ln\left(\hat{\boldsymbol{T}}_{k+1} \check{\boldsymbol{T}}_{k+1}^{-1}\right)^\vee \\ \hat{\boldsymbol{\varpi}}_{k+1} - \check{\boldsymbol{\varpi}} \end{bmatrix} \tag{10.40}$$

请注意，两个观测时刻的后验估计值等于原问题 MAP 解中最后一次迭代时的工作点：$\left\{\hat{\boldsymbol{T}}_k, \hat{\boldsymbol{\varpi}}_k\right\} = \{\boldsymbol{T}_{\mathrm{op},k}, \boldsymbol{\varpi}_{\mathrm{op},k}\}$。

有了这些定义，利用 3.4 节中的方法，我们可以进一步对定义在 $\mathfrak{se}(3) \times \mathbb{R}^3$ 上的状态量进行插值：

$$\boldsymbol{\gamma}_\tau = \boldsymbol{\Lambda}(\tau)\,\boldsymbol{\gamma}_k + \boldsymbol{\Psi}(\tau)\,\boldsymbol{\gamma}_{k+1} \tag{10.41}$$

其中：

$$\boldsymbol{\Lambda}(\tau) = \boldsymbol{\Phi}(\tau, t_k) - \boldsymbol{Q}_\tau \boldsymbol{\Phi}(t_{k+1}, \tau)^{\mathrm{T}} \boldsymbol{Q}_{k+1}^{-1} \boldsymbol{\Phi}(t_{k+1}, t_k) \tag{10.42a}$$
$$\boldsymbol{\Psi}(\tau) = \boldsymbol{Q}_\tau \boldsymbol{\Phi}(t_{k+1}, \tau)^{\mathrm{T}} \boldsymbol{Q}_{k+1}^{-1} \tag{10.42b}$$

上面的这两个表达式中，只有矩阵 $\boldsymbol{Q}_\tau$ 是未知的，但它可以通过以下式子给出：

$$\boldsymbol{Q}_\tau = \int_{t_k}^{\tau} \boldsymbol{\Phi}(\tau, s)\,\boldsymbol{L}\boldsymbol{Q}\boldsymbol{L}^{\mathrm{T}} \boldsymbol{\Phi}(\tau, s)^{\mathrm{T}}\,\mathrm{d}s \tag{10.43}$$

我们可以采用数值积分或者采用线性运动对上式进行简化（参考 10.1.2 节）：

$$\check{\boldsymbol{\varpi}} = \begin{bmatrix} \check{\boldsymbol{\nu}} \\ \mathbf{0} \end{bmatrix} \tag{10.44}$$

于是有：

$$\boldsymbol{Q}_\tau = \begin{bmatrix} \boldsymbol{Q}_{\tau,11} & \boldsymbol{Q}_{\tau,12} \\ \boldsymbol{Q}_{\tau,12}^{\mathrm{T}} & \boldsymbol{Q}_{\tau,22} \end{bmatrix} \tag{10.45a}$$

$$\boldsymbol{Q}_{\tau,11} = \frac{1}{3}\Delta t_{\tau:k}^3 \boldsymbol{Q} + \frac{1}{8}\Delta t_{\tau:k}^4 \left(\check{\boldsymbol{\varpi}}^{\curlywedge}\boldsymbol{Q} + \boldsymbol{Q}\check{\boldsymbol{\varpi}}^{\curlywedge^{\mathrm{T}}}\right) + \frac{1}{20}\Delta t_{\tau:k}^5 \check{\boldsymbol{\varpi}}^{\curlywedge}\boldsymbol{Q}\check{\boldsymbol{\varpi}}^{\curlywedge^{\mathrm{T}}} \tag{10.45b}$$

$$\boldsymbol{Q}_{\tau,12} = \frac{1}{2}\Delta t_{\tau:k}^2 \boldsymbol{Q} + \frac{1}{6}\Delta t_{\tau:k}^3 \check{\boldsymbol{\varpi}}^{\curlywedge}\boldsymbol{Q} \tag{10.45c}$$

$$\boldsymbol{Q}_{\tau,22} = \Delta t_{\tau:k} \boldsymbol{Q} \tag{10.45d}$$

$$\Delta t_{\tau:k} = \tau - t_k \tag{10.45e}$$

有了它们，我们能够估计：

$$\boldsymbol{\gamma}_\tau = \begin{bmatrix} \boldsymbol{\xi}_\tau \\ \boldsymbol{\eta}_\tau \end{bmatrix} \tag{10.46}$$

然后在 $SE(3) \times \mathbb{R}^3$ 上计算插值处的后验：

$$\hat{\boldsymbol{T}}_\tau = \exp\left(\boldsymbol{\xi}_\tau^\wedge\right)\check{\boldsymbol{T}} \tag{10.47a}$$

$$\hat{\boldsymbol{\varpi}}_\tau = \check{\boldsymbol{\varpi}} + \boldsymbol{\eta}_\tau \tag{10.47b}$$

方程中只涉及到两个观测，因此轨迹查询的时间复杂度为 $O(1)$。我们也可以在不同查询时刻 τ 处重复插值过程。使用类似于 3.4 节中的方法，我们还可以插值得到查询时刻处的协方差。

10.2.6 后 记

需要指出，在本章中，虽然我们的方法考虑的轨迹在时间上是连续的，但是为了能够在测量时刻处进行批量式 MAP 估计，以及能够在查询时刻处进行插值，在处理时对其进行了离散化处理。它的关键在于，我们有一个确定性的方法来计算任意时刻的状态，而不仅仅只是测量时刻。此外，插值方法是预选的，它带来两个好处：（1）使用基于物理的先验来平滑之前的解；（2）在任何感兴趣的时间进行插值。

同样值得注意的是，本章采用的高斯过程方法与 9.1.5 节中提到的方法是不同的。9.1.5 节中提到的方法有一个强制的假设，即两个观测过程之间的质心广义速度是一个常数：它是一个基于约束的插值方法。而这里我们定义了整条轨迹上的概率，并且利用观测值寻找一个比较均衡的解：这是一个基于惩罚项的方法。这两种方法都有其优点。

最后，值得一说的是本章所采用的估计算法的核心思想。我们声称采用了 MAP 方法。然而，在非线性的章节中，MAP 方法总是需要在当前估计下对运动模型进行线性化。从表面上看，我们在本章中做了一些稍微不同的处理：为了将非线性随机微分方程的原问题分解成标称项和扰动项，我们实际上线性化的是先验的均值。接着我们对运动先验构建误差项，并在当前 MAP 估计处对其进行线性化。然而，从另一个角度看，我们求解的并不是原始的随机微分方程的解，而是对问题做了一定的简化，求解了一个近似解，然后将 MAP 算法应用到 $SE(3)$ 上。这并不是将高斯过程应用于 $SE(3)$ 上连续状态估计的唯一的方法，但我们希望这个方法对大家有所帮助，实际上 Anderson 和 Barfoot[94] 提出了另一套方案。

附录 A　补充材料

A.1　李群的工具

A.1.1　*SE*(3) 上的导数

有时候我们需要计算一个 6×6 矩阵与 6×1 向量（对应于某个姿态）乘积关于 6×1 向量的导数。为此，考虑展开向量：$\boldsymbol{\xi} = (\xi_1, \xi_2, \xi_3, \xi_4, \xi_5, \xi_6)$，然后沿 $\mathbf{1}_i$ 上的方向求导，有：

$$\frac{\partial (\boldsymbol{\mathcal{T}}(\boldsymbol{\xi})\boldsymbol{x})}{\partial \xi_i} = \lim_{h \to 0} \frac{\exp\left((\boldsymbol{\xi} + h\mathbf{1}_i)^{\curlywedge}\right)\boldsymbol{x} - \exp\left(\boldsymbol{\xi}^{\curlywedge}\right)\boldsymbol{x}}{h} \tag{A.1}$$

这也是我们前面提到的**方向导数**。因为此处 h 为无穷小，所以可使用 BCH 公式来取近似，写成：

$$\begin{aligned} \exp\left((\boldsymbol{\xi} + h\mathbf{1}_i)^{\curlywedge}\right) &\approx \exp\left((\boldsymbol{\mathcal{J}}(\boldsymbol{\xi})\, h\mathbf{1}_i)^{\curlywedge}\right)\exp\left(\boldsymbol{\xi}^{\curlywedge}\right) \\ &\approx \left(\mathbf{1} + h(\boldsymbol{\mathcal{J}}(\boldsymbol{\xi})\,\mathbf{1}_i)^{\curlywedge}\right)\exp\left(\boldsymbol{\xi}^{\curlywedge}\right) \end{aligned} \tag{A.2}$$

其中 $\boldsymbol{\mathcal{J}}(\boldsymbol{\xi})$ 为 $SE(3)$ 上的左雅可比矩阵，在 $\boldsymbol{\xi}$ 上取值。将此式代入式（A.1）中，得：

$$\frac{\partial (\boldsymbol{\mathcal{T}}(\boldsymbol{\xi})\boldsymbol{x})}{\partial \xi_i} = (\boldsymbol{\mathcal{J}}(\boldsymbol{\xi})\,\mathbf{1}_i)^{\curlywedge}\boldsymbol{\mathcal{T}}(\boldsymbol{\xi})\,\boldsymbol{x} = -(\boldsymbol{\mathcal{T}}(\boldsymbol{\xi})\,\boldsymbol{x})^{\curlywedge}\boldsymbol{\mathcal{J}}(\boldsymbol{\xi})\,\mathbf{1}_i \tag{A.3}$$

然后，把六维方向导数放到一起，就得到了雅可比矩阵：

$$\frac{\partial (\boldsymbol{\mathcal{T}}(\boldsymbol{\xi})\boldsymbol{x})}{\partial \boldsymbol{\xi}} = (-\boldsymbol{\mathcal{T}}(\boldsymbol{\xi})\,\boldsymbol{x})^{\curlywedge}\boldsymbol{\mathcal{J}}(\boldsymbol{\xi}) \tag{A.4}$$

A.2 运动学

A.2.1 *SO*(3) 上的雅可比恒等式

在旋转运动学中有一个很重要的恒等式：

$$\dot{\boldsymbol{J}}(\boldsymbol{\phi})-\boldsymbol{\omega}^{\wedge}\boldsymbol{J}(\boldsymbol{\phi})\equiv\frac{\partial\boldsymbol{\omega}}{\partial\boldsymbol{\phi}} \tag{A.5}$$

其中角速度与旋转参数之间的关系可由下式描述：

$$\boldsymbol{\omega}=\boldsymbol{J}(\boldsymbol{\phi})\dot{\boldsymbol{\phi}} \tag{A.6}$$

从右侧开始，我们有：

$$\begin{aligned}\frac{\partial\boldsymbol{\omega}}{\partial\boldsymbol{\phi}}&=\frac{\partial}{\partial\boldsymbol{\phi}}\left(\boldsymbol{J}(\boldsymbol{\phi})\dot{\boldsymbol{\phi}}\right)=\frac{\partial}{\partial\boldsymbol{\phi}}\left(\underbrace{\int_0^1\boldsymbol{C}(\boldsymbol{\phi})^{\alpha}\mathrm{d}\alpha}_{\boldsymbol{J}(\boldsymbol{\phi})}\dot{\boldsymbol{\phi}}\right)\\&=\int_0^1\frac{\partial}{\partial\boldsymbol{\phi}}\left(\boldsymbol{C}(\alpha\boldsymbol{\phi})\dot{\boldsymbol{\phi}}\right)\mathrm{d}\alpha=-\int_0^1\left(\boldsymbol{C}(\alpha\boldsymbol{\phi})\dot{\boldsymbol{\phi}}\right)^{\wedge}\alpha\boldsymbol{J}(\alpha\boldsymbol{\phi})\mathrm{d}\alpha\end{aligned} \tag{A.7}$$

注意有：

$$\frac{\mathrm{d}}{\mathrm{d}\alpha}\left(\alpha\boldsymbol{J}(\alpha\boldsymbol{\phi})\right)=\boldsymbol{C}(\alpha\boldsymbol{\phi}),\quad\int\boldsymbol{C}(\alpha\boldsymbol{\phi})\mathrm{d}\alpha=\alpha\boldsymbol{J}(\alpha\boldsymbol{\phi}) \tag{A.8}$$

我们可以应用分部积分，可见：

$$\begin{aligned}\frac{\partial\boldsymbol{\omega}}{\partial\boldsymbol{\phi}}&=\underbrace{-\left(\alpha\boldsymbol{J}(\alpha\boldsymbol{\phi})\dot{\boldsymbol{\phi}}\right)^{\wedge}\alpha\boldsymbol{J}(\alpha\boldsymbol{\phi})\Big|_{\alpha=0}^{\alpha=1}}_{\boldsymbol{\omega}^{\wedge}\boldsymbol{J}(\boldsymbol{\phi})}+\int_0^1\underbrace{\left(\alpha\boldsymbol{J}(\alpha\boldsymbol{\phi})\dot{\boldsymbol{\phi}}\right)^{\wedge}\boldsymbol{C}(\alpha\boldsymbol{\phi})}_{\dot{\boldsymbol{C}}(\alpha\boldsymbol{\phi})}\mathrm{d}\alpha\\&=-\boldsymbol{\omega}^{\wedge}\boldsymbol{J}(\boldsymbol{\phi})+\frac{\mathrm{d}}{\mathrm{d}t}\underbrace{\int_0^1\boldsymbol{C}(\boldsymbol{\phi})^{\alpha}\mathrm{d}\alpha}_{\boldsymbol{J}(\boldsymbol{\phi})}=\dot{\boldsymbol{J}}(\boldsymbol{\phi})-\boldsymbol{\omega}^{\wedge}\boldsymbol{J}(\boldsymbol{\phi})\end{aligned} \tag{A.9}$$

这正是我们需要的结果。

A.2.2 *SE*(3) 的雅可比恒等式

关于位姿的运动学，可以推出类似的恒等式：

$$\dot{\boldsymbol{\mathcal{J}}}(\boldsymbol{\xi})-\boldsymbol{\varpi}^{\curlywedge}\boldsymbol{\mathcal{J}}(\boldsymbol{\xi})\equiv\frac{\partial\boldsymbol{\varpi}}{\partial\boldsymbol{\xi}} \tag{A.10}$$

其中广义速度和位姿参数的关系如下：

$$\boldsymbol{\varpi}=\boldsymbol{\mathcal{J}}(\boldsymbol{\xi})\dot{\boldsymbol{\xi}} \tag{A.11}$$

从右边开始，可以推导如下：

$$\begin{aligned}\frac{\partial \boldsymbol{\varpi}}{\partial \boldsymbol{\xi}} &= \frac{\partial}{\partial \boldsymbol{\xi}}\left(\boldsymbol{\mathcal{J}}(\boldsymbol{\xi})\,\dot{\boldsymbol{\xi}}\right) = \frac{\partial}{\partial \boldsymbol{\xi}}\left(\underbrace{\int_0^1 \boldsymbol{\mathcal{T}}(\boldsymbol{\xi})^{\alpha}\mathrm{d}\alpha}_{\boldsymbol{\mathcal{J}}(\boldsymbol{\xi})}\,\dot{\boldsymbol{\xi}}\right) \\ &= \int_0^1 \frac{\partial}{\partial \boldsymbol{\xi}}\left(\boldsymbol{\mathcal{T}}(\alpha\boldsymbol{\xi})\,\dot{\boldsymbol{\xi}}\right)\mathrm{d}\alpha = -\int_0^1 \left(\boldsymbol{\mathcal{T}}(\alpha\boldsymbol{\xi})\,\dot{\boldsymbol{\xi}}\right)^{\curlywedge}\alpha\boldsymbol{\mathcal{J}}(\alpha\boldsymbol{\xi})\,\mathrm{d}\alpha\end{aligned} \tag{A.12}$$

注意到：

$$\frac{\mathrm{d}}{\mathrm{d}\alpha}\left(\alpha\boldsymbol{\mathcal{J}}(\alpha\boldsymbol{\xi})\right) = \boldsymbol{\mathcal{T}}(\alpha\boldsymbol{\xi}), \quad \int \boldsymbol{\mathcal{T}}(\alpha\boldsymbol{\xi})\,\mathrm{d}\alpha = \alpha\boldsymbol{\mathcal{J}}(\alpha\boldsymbol{\xi}) \tag{A.13}$$

于是同样可以用分部积分：

$$\begin{aligned}\frac{\partial \boldsymbol{\varpi}}{\partial \boldsymbol{\xi}} &= \underbrace{-\left(\alpha\boldsymbol{\mathcal{J}}(\alpha\boldsymbol{\xi})\,\dot{\boldsymbol{\xi}}\right)^{\curlywedge}\alpha\boldsymbol{\mathcal{J}}(\alpha\boldsymbol{\xi})\Big|_{\alpha=0}^{\alpha=1}}_{\boldsymbol{\varpi}^{\curlywedge}\boldsymbol{\mathcal{J}}(\boldsymbol{\xi})} + \int_0^1 \underbrace{\left(\alpha\boldsymbol{\mathcal{J}}(\alpha\boldsymbol{\xi})\,\dot{\boldsymbol{\xi}}\right)^{\curlywedge}\boldsymbol{\mathcal{T}}(\alpha\boldsymbol{\xi})}_{\dot{\boldsymbol{\mathcal{T}}}(\alpha\boldsymbol{\xi})}\,\mathrm{d}\alpha \\ &= -\boldsymbol{\varpi}^{\curlywedge}\boldsymbol{\mathcal{J}}(\boldsymbol{\xi}) + \frac{\mathrm{d}}{\mathrm{d}t}\underbrace{\int_0^1 \boldsymbol{\mathcal{T}}(\boldsymbol{\xi})^{\alpha}\mathrm{d}\alpha}_{\boldsymbol{\mathcal{J}}(\boldsymbol{\xi})} = \dot{\boldsymbol{\mathcal{J}}}(\boldsymbol{\xi}) - \boldsymbol{\varpi}^{\curlywedge}\boldsymbol{\mathcal{J}}(\boldsymbol{\xi})\end{aligned} \tag{A.14}$$

这也正是所需的结果。

参考文献

[1] Kalman R E. Contributions to the Theory of Optimal Control. Boletin de la Sociedad Matematica Mexicana, 1960, 5(1):102–119.

[2] Kalman R E. A new approach to linear filtering and prediction problems. Journal of Basic Engineering, 1960, 82(1):35–45.

[3] Thrun S. Probabilistic robotics. Communications of the ACM, 2002, 45(3):52–57.

[4] Dudek G, Jenkin M. Computational principles of mobile robotics. Cambridge University Press, 2010.

[5] Kelly A. Mobile Robotics: Mathematics, Models, and Methods. Cambridge University Press, 2013.

[6] Corke P. Robotics, vision and control: fundamental algorithms in MATLAB, volume 73. Springer, 2011.

[7] Särkkä S. Bayesian filtering and smoothing, volume 3. Cambridge University Press, 2013.

[8] Chirikjian G S. Stochastic Models, Information Theory, and Lie Groups, Volume 2: Analytic Methods and Modern Applications, volume 1-2. New York: Birkhauser, 2011.

[9] Chirikjian G S, Kyatkin A B. Engineering applications of noncommutative harmonic analysis: with emphasis on rotation and motion groups. CRC Press, 2000.

[10] Chirikjian G S, Kyatkin A B. Harmonic Analysis for Engineers and Applied Scientists: Updated and Expanded Edition. Courier Dover Publications, 2016.

[11] Absil P A, Mahony R, Sepulchre R. Optimization algorithms on matrix manifolds. Princeton University Press, 2009.

[12] Papoulis A. Probability, random variables, and stochastic processes. New York: McGraw-Hill, 1965.

[13] Devlin K. The unfinished game: Pascal, Fermat, and the seventeenth-century letter that made the world modern. Basic Books (AZ), 2010.

[14] Bayes T. Essay towards solving a problem in the doctrine of chances. University Press, 1958.

[15] Shannon C E. A mathematical theory of communication. ACM SIGMOBILE Mobile Computing and Communications Review, 2001, 5(1):3–55.

[16] Sherman J, Morrison W J. Adjustment of an inverse matrix corresponding to changes in the elements of a given column or a given row of the original matrix. Annals of Mathematical Statistics, 1949, 20(4).

[17] Sherman J, Morrison W J. Adjustment of an inverse matrix corresponding to a change in one element of a given matrix. The Annals of Mathematical Statistics, 1950, 21(1):124–127.

[18] Woodbury M A. Inverting modified matrices. Memorandum Report, 1950, 42(106):336.

[19] Mahalanobis P C. On the Generalized Distance in Statistics. Proceedings of the National Institute of Sciences, 1936, 2:49–55.

[20] Rasmussen C E, Williams C K. Gaussian processes for machine learning, volume 1. Cambridge, MA: MIT press, 2006.

[21] Bryson A E. Applied optimal control: optimization, estimation and control. CRC Press, 1975.

[22] Maybeck P S. Stochastic models, estimation, and control, volume 3. Academic press, 1982.

[23] Stengel R F. Optimal control and estimation. Courier Corporation, 2012.

[24] Rauch, Herbert E and Tung, F and Striebel, Charlotte T and others. Maximum likelihood estimates of linear dynamic systems. AIAA Journal, 1965, 3(8):1445–1450.

[25] Bierman G J. Sequential square root filtering and smoothing of discrete linear systems. Automatica, 1974, 10(2):147–158.

[26] Simon D. Optimal state estimation: Kalman, H infinity, and nonlinear approaches. John Wiley & Sons, 2006.

[27] Tong C H, Furgale P, Barfoot T D. Gaussian process Gauss-Newton for non-parametric simultaneous localization and mapping. The International Journal of Robotics Research, 2013, 32(5):507–525.

[28] Barfoot T D, Tong C H, Särkkä S. Batch Continuous-Time Trajectory Estimation as Exactly Sparse Gaussian Process Regression. Robotics: Science and Systems, 2014.

[29] Furgale P, Tong C H, Barfoot T D, et al. Continuous-time batch trajectory estimation using temporal basis functions. The International Journal of Robotics Research, 2015, 34(14):1688–1710.

[30] Särkkä S. Recursive Bayesian inference on stochastic differential equations. Helsinki University of Technology, 2006.

[31] Jazwinski A H. Stochastic processes and filtering theory. New York: Academic, 1970.

[32] Bishop C M. Pattern recognition and machine learning. Springer-Verlag, 2006.

[33] McGee L A, Schmidt S F. Discovery of the Kalman filter as a practical tool for aerospace and industry. National Aeronautics and Space Administration, Ames Research, 1985.

[34] Julier S J, Uhlmann J K. A general method for approximating nonlinear transformations of probability distributions. Technical report, Technical report, Robotics Research Group, Department of Engineering Science, University of Oxford, 1996.

[35] Thrun S, Fox D, Burgard W, et al. Robust Monte Carlo localization for mobile robots. Artificial intelligence, 2001, 128(1-2):99–141.

[36] Madow W G. On the Theory of Systematic Sampling, II. The Annals of Mathematical Statistics, 1949, 30:333–354.

[37] Sibley G, Sukhatme G S, Matthies L H. The Iterated Sigma Point Kalman Filter with Applications to Long Range Stereo. Robotics: Science and Systems, 2006, 8:235–244.

[38] Box M. Bias in nonlinear estimation. Journal of the Royal Statistical Society. 1971, Series B (Methodological), 171–201.

[39] Sibley G. A Sliding Window Filter for SLAM. Technical report, 2006.

[40] Anderson S, Barfoot T D, Tong C H, et al. Batch nonlinear continuous-time trajectory estimation as exactly sparse Gaussian process regression. Autonomous Robots, 2015, 39(3):221–238.

[41] Chen C S, Hung Y P, Cheng J B. RANSAC-based DARCES: A new approach to fast automatic registration of partially overlapping range images. IEEE Transactions on Pattern Analysis and Machine Intelligence, 1999, 21(11):1229–1234.

[42] Fischler M A, Bolles R C. Random sample consensus: a paradigm for model fitting with applications to image analysis and automated cartography. Communications of the ACM, 1981, 24(6):381–395.

[43] Zhang Z. Parameter estimation techniques: A tutorial with application to conic fitting. Image and Vision Computing, 1997, 15(1):59–76.

[44] MacTavish K, Barfoot T D. At all costs: A comparison of robust cost functions for camera correspondence outliers. Computer and Robot Vision (CRV), 2015 12th Conference on. IEEE, 2015, 62–69.

[45] Holland P W, Welsch R E. Robust regression using iteratively reweighted least-squares. Communications in Statistics-theory and Methods, 1977, 6(9):813–827.

[46] Peretroukhin V, Vega-Brown W, Roy N, et al. PROBE-GK: Predictive robust estimation using generalized kernels. Robotics and Automation (ICRA), 2016 IEEE International Conference on. IEEE, 2016. 817–824.

[47] Sastry S. Nonlinear systems: analysis, stability, and control, volume 10. Springer Science & Business Media, 2013.

[48] Hughes P C. Spacecraft attitude dynamics. Courier Corporation, 2012.

[49] Stuelpnagel J. On the parametrization of the three-dimensional rotation group. SIAM review, 1964, 6(4):422–430.

[50] Barfoot T, Forbes J R, Furgale P T. Pose estimation using linearized rotations and quaternion algebra. Acta Astronautica, 2011, 68(1):101–112.

[51] Furgale P T. Extensions to the visual odometry pipeline for the exploration of planetary surfaces. University of Toronto, 2011.

[52] Hartley R, Zisserman A. Multiple view geometry in computer vision. Cambridge University Press, 2003.

[53] Murray R M, Li Z, Sastry S S, et al. A mathematical introduction to robotic manipulation. CRC Press, 1994.

[54] Stillwell J. Naive lie theory. Springer, 2008.

[55] Chirikjian G. Stochastic Models, Information Theory, and Lie groups: Classical Results and Geometric Methods. Applied and Numerical Harmonic Analysis, vol. 1. Birkhuser, Berlin, 2009.

[56] Murray R M, Li Z, Sastry S S, et al. A mathematical introduction to robotic manipulation. CRC Press, 1994.

[57] Klarsfeld S, Oteo J. The Baker-Campbell-Hausdorff formula and the convergence of the Magnus expansion. Journal of Physics A: Mathematical and General, 1989, 22(21):4565–4572.

[58] McLauchlan T W, Hartley P, Fitzgibbon R. Bundle Adjustment: A Modern Synthesis. Vision Algorithms: Theory and Practice, 2000, 298–375.

[59] Green B F. The orthogonal approximation of an oblique structure in factor analysis. Psychometrika, 1952, 17(4):429–440.

[60] D'Eleuterio G. Multibody dynamics for space station manipulators: Recursive dynamics of topological chains. Dynacon Report SS-3, 1985, 3.

[61] Hughes P C. Spacecraft attitude dynamics. Courier Corporation, 1986.

[62] Barfoot T D, Furgale P T. Associating uncertainty with three-dimensional poses for use in estimation problems. IEEE Transactions on Robotics, 2014, 30(3):679–693.

[63] Su S F, Lee C. Uncertainty manipulation and propagation and verification of applicability of actions in assembly tasks. Proceedings of the IEEE International Conference on Robotics and Automation, volume 3, 1991. 2471-2476.

[64] Su S F, Lee C G. Manipulation and propagation of uncertainty and verification of applicability of actions in assembly tasks. IEEE Transactions on Systems, Man, and Cybernetics, 1992, 22(6):1376–1389.

[65] Chirikjian G S, Kyatkin A B. Engineering applications of noncommutative harmonic analysis: with emphasis on rotation and motion groups. CRC Press, 2000.

[66] Smith P, Drummond T, Roussopoulos K. Computing MAP trajectories by representing, propagating and combining PDFs over groups. Proceedings of the Ninth IEEE International Conference on Computer Vision-Volume 2. IEEE, 2003. 1275–1282.

[67] Wang Y, Chirikjian G S. Error propagation on the Euclidean group with applications to manipulator kinematics. IEEE Transactions on Robotics, 2006, 22(4):591–602.

[68] Wang Y, Chirikjian G S. Nonparametric second-order theory of error propagation on motion groups. The International Journal of Robotics Research, 2008, 27(11-12):1258–1273.

[69] Wolfe K C, Mashner M. Bayesian fusion on Lie groups. Journal of Algebraic Statistics, 2011, 2(1):75–97.

[70] Long A W, Wolfe K C, Mashner M J, et al. The banana distribution is Gaussian: A localization study with exponential coordinates. Robotics: Science and Systems VIII. MIT Press: Cambridge, MA, USA, 2013. 265–272.

[71] Chirikjian G S, Kyatkin A B. Harmonic Analysis for Engineers and Applied Scientists: Updated and Expanded Edition. Courier Dover Publications, 2016.

[72] Lee T, Leok M, McClamroch N H. Global symplectic uncertainty propagation on SO(3). Decision and Control, 2008. 47th IEEE Conference on. IEEE, 2008. 61–66.

[73] Hertzberg C, Wagner R, Frese U, et al. Integrating generic sensor fusion algorithms with sound state representations through encapsulation of manifolds. Information Fusion, 2013, 14(1):57–77.

[74] Brookshire J, Teller S. Extrinsic calibration from per-sensor egomotion. Robotics: Science and Systems VIII, 2013, 504–512.

[75] Matthies L, Shafer S. Error modeling in stereo navigation. IEEE Journal on Robotics and Automation, 1987, 3(3):239–248.

[76] Sibley G. Long range stereo data-fusion from moving platforms. University of Southern California, 2007.

[77] Farrel J, Stuelpnagel J. A least squares estimate of spacecraft attitude. Siam Review, 1966, 8(3):384–386.

[78] Besl P J, McKay N D, et al. A method for registration of 3-D shapes. IEEE Transactions on Pattern Analysis and Machine Intelligence, 1992, 14(2):239–256.

[79] Davenport P B. A vector approach to the algebra of rotations with applications. 1968.

[80] Horn B K. Closed-form solution of absolute orientation using unit quaternions. Journal of the Optical Society of America A, 1987, 4(4):629–642.

[81] Arun K S, Huang T S, Blostein S D. Least-squares fitting of two 3-D point sets. IEEE Transactions on Pattern Analysis and Machine Intelligence, 1987, (5):698–700.

[82] Umeyama S. Least-squares estimation of transformation parameters between two point patterns. IEEE Transactions on Pattern Analysis and Machine Intelligence, 1991, 13(4):376–380.

[83] Ruiter A H J, Forbes J R. On the Solution of Wahba's Problem on SO(n). The Journal of the Astronautical Sciences, 2013, 60(1):1–31.

[84] Dyce M. Canada between the photograph and the map: Aerial photography, geographical vision and the state. Journal of Historical Geography, 2013, 39:69–84.

[85] Brown D C. A Solution to the General Problem of Multiple Station Analytical Stereotriangulation. RCA-MTP Data Reduction Technical Report, 1958, 43.

[86] Lowe D G. Distinctive Image Features from Scale-Invariant Keypoints. International Journal of Computer Vision, 2004, 60(2):91–110.

[87] Smith R, Self M, Cheeseman P. Estimating Uncertain Spatial Relationships in Robotics. Autonomous Robot Vehicles, 1990. 167–193.

[88] Durrant-Whyte H, Bailey T. Simultaneous Localisation and Mapping (SLAM): Part I The Essential Algorithms. IEEE Robotics and Automation Magazine, 2006, 11(3):99–110.

[89] Bailey T, Durrant-Whyte H. Simultaneous Localisation and Mapping (SLAM): Part II State of the Art. IEEE Robotics and Automation Magazine, 2006, 13(3):108–117.

[90] Lu F, Milios E. Globally Consistent Range Scan Alignment for Environment Mapping. Autonomous. Robots, 1997, 4(4):333–349.

[91] Furgale P, Tong C H, Barfoot T D, et al. The GraphSLAM Algorithm With Applications to Large-Scale Mapping of Urban Structures. International Journal on Robotics Research, 2005, 25(5/6):403–430.

[92] Kaess M, Ranganathan A, Dellaert F. iSAM: Incremental smoothing and mapping. IEEE Transactions on Robotics, 2008, 24(6):1365–1378.

[93] Kaess M, Johannsson H, Roberts R, et al. iSAM2: Incremental smoothing and mapping using the Bayes tree. The International Journal of Robotics Research, 2012, 31(2):216–235.

[94] Anderson S, Barfoot T D. Full STEAM ahead: Exactly sparse Gaussian process regression for batch continuous-time trajectory estimation on SE (3). Intelligent Robots and Systems (IROS), 2015 IEEE/RSJ International Conference on. IEEE, 2015. 157–164.

[95] Yan X, Indelman V, Boots B. Incremental sparse GP regression for continuous-time trajectory estimation and mapping. Robotics and Autonomous Systems, 2017, 87:120–132.

索 引

L

M

N

O

P

Q